全国中等职业学校机械类专业通用教材

全国技工院校机械类专业通用教材（中级技能层级）

铣工工艺与技能训练

（第三版）

人力资源社会保障部教材办公室组织编写

中国劳动社会保障出版社

简介

本书主要内容包括：铣削的基本技能，平面和连接面的铣削，台阶、沟槽、键槽的铣削和切断，分度方法及应用，外花键和牙嵌离合器的铣削，在铣床上加工孔，简单成形面和球面的铣削，螺旋槽和凸轮的铣削，齿轮、齿条和链轮的铣削，刀具齿槽的铣削，铣床的常规调整与一级保养，铣刀几何参数、铣削用量的选择和铣床夹具，综合技能训练与职业技能鉴定试题等。

本书由马苍平任主编，李明强任副主编，王宁、刘媛、王圣伟、杨立友、徐启旺、刘鹏、王文华、王宏斌参加编写。

图书在版编目(CIP)数据

铣工工艺与技能训练 / 人力资源社会保障部教材办公室组织编写. -- 3 版. -- 北京：中国劳动社会保障出版社，2021

全国中等职业学校机械类专业通用教材　全国技工院校机械类专业通用教材. 中级技能层级

ISBN 978 - 7 - 5167 - 4699 - 8

Ⅰ. ①铣…　Ⅱ. ①人…　Ⅲ. ①铣削-中等专业学校-教材　Ⅳ. ①TG54

中国版本图书馆 CIP 数据核字(2020)第 241053 号

中国劳动社会保障出版社出版发行

（北京市惠新东街 1 号　邮政编码：100029）

*

北京市艺辉印刷有限公司印刷装订　新华书店经销

787 毫米×1092 毫米　16 开本　22.25 印张　525 千字

2021 年 1 月第 3 版　　2022 年 8 月第 4 次印刷

定价：45.00 元

读者服务部电话：(010) 64929211/84209101/64921644

营销中心电话：(010) 64962347

出版社网址：http://www.class.com.cn

http://jg.class.com.cn

前 言

为了更好地适应全国技工院校机械类专业的教学要求，全面提升教学质量，人力资源社会保障部教材办公室组织有关学校的一线教师和行业、企业专家，在充分调研企业生产和学校教学情况、广泛听取教师对教材使用反馈意见的基础上，对全国技工院校机械类专业通用教材中所包含的车工、钳工、铣工、焊工、冷作工等工艺（理论）与技能训练（实践）一体化教材进行了修订。

本次教材修订工作的重点主要体现在以下几个方面：

第一，合理更新教材内容。

根据机械类专业毕业生所从事岗位的实际需要和教学实际情况的变化，合理确定学生应具备的能力与知识结构，对部分教材内容及其深度、难度做了适当调整；根据相关专业领域的最新发展，在教材中充实新知识、新技术、新设备、新材料等方面的内容，体现教材的先进性；采用最新国家技术标准，使教材更加科学和规范。

第二，紧密衔接国家职业技能标准要求。

教材编写以国家职业技能标准《车工（2018年版）》《钳工（2020年版）》《铣工（2018年版）》《焊工（2018年版）》等为依据，涵盖国家职业技能标准（中级）的知识和技能要求，并在与教材配套的习题册、技能训练图册中增加了针对相关职业技能鉴定考试的练习题。

第三，精心设计教材形式。

在教材内容的呈现形式上，尽可能使用图片、实物照片和表格等形式将知识点生动地展示出来，力求让学生更直观地理解和掌握所学内容。针对不同的知识点，设计了许多贴近实际的互动栏目，在激发学生学习兴趣和自主学习积极性的同时，使教材“易教易学，易懂易用”。在教材插图的制作中采用了立体造型技术，同时部分教材在印刷工艺上采用了四色印刷，增强了教材的表现力。

第四，提供全方位教学服务。

本套教材配有习题册、技能训练图册和方便教师上课使用的电子课件，电子课件和习题册答案可通过中国技工教育网（http://jg.class.com.cn）下载。另外，在部分教材中使用了二维码技术，针对教材中的教学重点和难点制作了动画、视频、微课等多媒体资源，学生使用移动终端扫描二维码即可在线观看相应内容。

本次教材的修订工作得到了辽宁、江苏、浙江、山东、河南等省人力资源和社会保障厅及有关学校的大力支持，在此我们表示诚挚的谢意。

人力资源社会保障部教材办公室

2020 年 8 月

目 录

绪　论

在科学技术迅速发展的今天，新技术、新工艺不断涌现，但金属切削加工在机械制造业中仍占有极其重要的地位。在实际生产中，绝大多数的机械零件需要通过切削加工来达到规定的尺寸精度及几何精度，以满足产品的性能和使用要求。在车削、铣削、镗削、刨削、磨削、钳加工、制齿等诸多切削加工中，铣削是一种应用极为广泛的切削加工方法，铣工也是机械加工操作最基本的职业之一。

一、课程的任务和要求

铣工工艺与技能训练是集工艺理论与技能训练于一体的专业课程。课程的任务是使学生掌握中级铣工应具备的专业理论知识与操作技能，培养学生理论联系实际、分析和解决生产中一般技术问题的能力。

铣工工艺与技能训练是一门实践性很强的专业课程。学习时应以技能训练为主线，并坚持以理论知识指导技能训练，通过技能训练加深对理论知识的理解、消化、巩固和提高。通过学习，应达到以下具体要求：

1. 掌握典型铣床的主要结构、传动系统、操作方法、维护及保养方法。
2. 能合理选择及使用夹具、刀具和量具，掌握其使用、维护和保养方法。
3. 熟练掌握中级铣工的各种操作技能，并能对工件进行质量分析。
4. 能独立制定中等复杂程度工件的铣削加工工艺，并注意吸收、引进较先进的工艺和技术。
5. 能合理选用切削用量和切削液。
6. 掌握铣削加工中相关的计算方法，学会查阅有关的技术手册和资料。
7. 养成安全生产和文明生产的习惯。

二、铣削的基本内容

铣削是以铣刀的旋转运动为主运动，以铣刀或工件的移动为进给运动的一种切削加工方法。铣削的主要特点是通常采用多刃刀具加工，因刀齿轮替切削，所以刀具冷却效果好，耐用度高，生产效率高，加工范围广。在铣床上使用各种不同的铣刀可以加工平面（平行面、垂直面、斜面）、台阶、沟槽（直角沟槽和V形槽、T形槽、燕尾槽等特形槽）、成形面及切断材料等。若配合分度装置的使用，还可加工需周向等分的花键、齿轮、牙嵌离合器、螺旋槽等。此外，在铣床上还可以进行钻孔、铰孔和镗孔等工作。铣削的基本内容如图0－1所示。

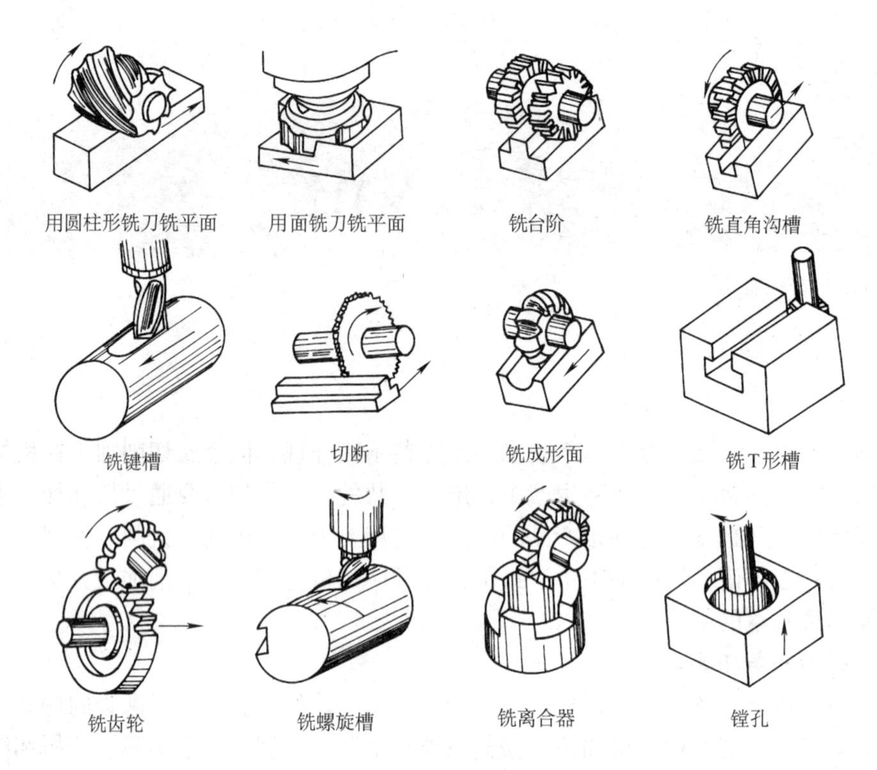

图0-1　铣削的基本内容

铣削有较高的加工精度，其经济加工精度一般为IT9～IT7级，表面粗糙度*Ra*值一般为12.5～1.6 μm。精细铣削精度可达到IT5级，表面粗糙度*Ra*值可达到0.20 μm。

三、安全生产和文明生产

安全生产和文明生产是搞好生产经营管理的重要内容之一，是有效防止人员或设备事故的根本保障。它直接涉及人身安全、产品质量和经济效益，影响设备和工具、夹具、量具的使用寿命，以及生产工人技术水平的正常发挥。在学习及掌握操作技能的同时，务必养成良好的安全生产和文明生产习惯，对于长期生产活动中总结出的实践经验，必须严格执行，为将来走向生产岗位打下良好的基础。

1．安全生产注意事项

（1）工作时应穿好工作服。女生应戴工作帽，若留有长发，应将其盘起并塞入帽内。

（2）禁止戴围巾及穿背心、裙子、短裤、拖鞋、高跟鞋进入生产实习车间。

（3）遵守实习纪律，团结互助，不准在车间内追逐、嬉闹。

（4）严格遵守操作规程，避免出现人身或设备事故。

（5）注意防火，安全用电。一旦出现电气故障，应立即切断电源，并报告实习指导教师。不得擅自进行处理。

2．文明生产要求

（1）量具、工具和刀具应正确使用，放置稳妥、整齐、合理，并有固定位置，便于操作时取用，用后放回原位。

（2）工具箱内的物件应分类、合理地摆放。

（3）保持量具的清洁。使用时应轻拿轻放，使用后应擦净、涂油后放入盒内，并及时归还。使用的量具必须是定期检验并合格的。

（4）爱护机床和车间其他设施。不准在工作台面和导轨面上放置毛坯或工具，更不允许在上面敲击工件。

（5）装卸较重的机床附件时必须有他人协助。安装前，应先擦净机床工作台面和附件的基准面。

（6）图样、工艺卡片应放置在便于阅读的位置，并注意保持清洁和完整。

（7）毛坯、半成品和成品应分开放置，并摆放整齐。半成品和成品应轻拿轻放，不得碰伤工件。

（8）工作场所应保持清洁、整齐，避免堆放杂物，并经常清扫。产品和毛坯应放置在指定区域内，以随时保持安全通道的畅通。工作结束后应先关闭机床电源，再擦拭机床、工具、量具和其他附件，将物品归放原位后清扫工作场地。

3. 铣床安全操作规程要点

（1）技能训练前检查机床

1）检查各手柄的位置是否正常。

2）手摇进给手柄，检查进给运动和进给方向是否正常。

3）检查各机动进给的限位挡铁是否紧固并在限位范围内。

4）进行机床主轴和进给系统的变速检查，检查主轴和工作台由低速到高速运动是否正常。

5）开动机床使主轴回转，检查油窗是否甩油。

6）各项检查完毕，若无异常，对机床各部位注油润滑。

（2）不准戴手套操作机床。

（3）装卸工件、刀具，变换转速和进给速度，测量工件，配置交换齿轮等操作必须在停车状态下进行。

（4）铣削时严禁离开工作岗位，不准做与操作内容无关的事情。

（5）工作台机动进给时，应脱开手动进给离合器，以防手柄随轴转动伤人。不准两个进给方向同时启动机动进给。

（6）装夹工件、工具必须牢固、可靠，不得有松动现象，所用的扳手必须符合标准规格。

（7）高速铣削或刃磨刀具时必须戴好防护眼镜。

（8）切削过程中严禁用手摸或用棉纱擦拭正在转动的刀具和机床的转动部位。清除切屑时，只允许用毛刷清除，禁止用嘴吹。

（9）操作中出现异常现象应及时停车检查，停车时，应先停止进给再停止主轴旋转；出现故障、事故应立即切断电源，第一时间上报，请专业人员检修，未经修复不得使用。

（10）机床不使用时，各手柄应置于空挡位置；各方向进给的紧固手柄应松开；工作台应处于各方向进给的中间位置；导轨面应适当涂抹润滑油。

第一单元

铣削的基本技能

在学习铣削加工技术前，先要掌握一些基本技能，以更好地学习、提高铣削技能。下面分别对铣削加工中经常用到的铣床的操作和维护、铣刀和工件的安装以及正确使用量具检测工件的方法进行学习。

课题一　铣床的操作

铣床是机械制造业广泛采用的重要设备之一。铣床生产效率高，加工范围广，是一种应用广、类型多的金属切削机床。

一、机床型号

机床型号是机床产品的代号，用以简明地表示机床的类别、结构特性等。

1. 机床型号编制方法

根据国家标准《金属切削机床　型号编制方法》（GB/T 15375—2008）的规定，机床型号编制方法如下：

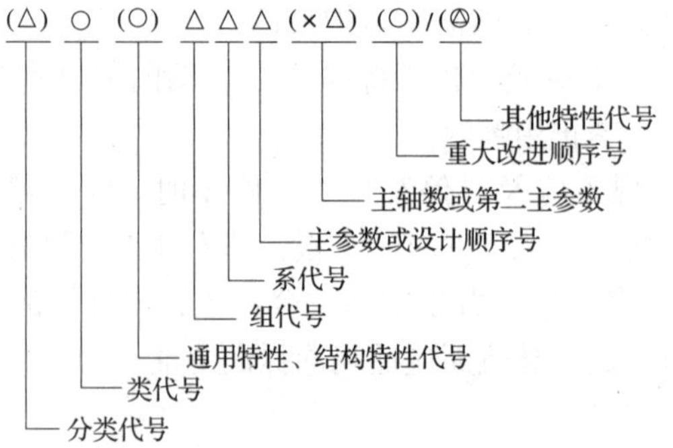

注：1. 有“( )”的代号或数字，当无内容时，则不表示；若有内容则不带括号。
2. 有“○”符号的，为大写的汉语拼音字母。
3. 有“△”符号的，为阿拉伯数字。
4. 有“◎”符号的，为大写的汉语拼音字母或阿拉伯数字，或两者兼有之。

2. 机床的类代号

我国现将机床按工作原理划分为11类。机床的类代号用大写的汉语拼音字母表示。铣床的类代号是“X”，读作“铣”。

3. 机床的通用特性代号

通用特性代号有统一的固定含义，它在各类机床的型号中表示的意义相同。机床的通用特性代号见表1－1。

表1－1　　　　机床的通用特性代号

通用特性	高精度	精密	自动	半自动	数控	加工中心（自动换刀）	仿形	轻型	加重型	柔性加工单元	数显	高速
代号	G	M	Z	B	K	H	F	Q	C	R	X	S
读音	高	密	自	半	控	换	仿	轻	重	柔	显	速

4. 机床的组、系代号

将每类机床划分为10个组，每个组又划分为10个系（系列）。

机床的组用一位阿拉伯数字表示，位于类代号或通用特性代号、结构特性代号之后。

机床的系用一位阿拉伯数字表示，位于组代号之后。

代号分别为0～9的铣床10个组的名称分别是仪表铣床、悬臂及滑枕铣床、龙门铣床、平面铣床、仿形铣床、立式升降台铣床、卧式升降台铣床、床身铣床、工具铣床和其他铣床。

5. 机床的主参数

机床型号中的主参数用折算值表示，位于系代号之后。当折算值大于1时，则取整数，前面不加“0”；当折算值小于1时，则取小数点后第一位数，并在前面加“0”。

常用铣床的组、系划分及型号中主参数的表示方法见表1－2。

表1－2　　　　常用铣床的组、系、主参数

组		系		主参数		组		系		主参数	
代号	名称	代号	名称	折算系数	名称	代号	名称	代号	名称	折算系数	名称
2	龙门铣床	0	龙门铣床	1/100	工作台面宽度	5	立式升降台铣床	0	立式升降台铣床	1/10	工作台面宽度
		1	龙门镗铣床					1	立式升降台镗铣床		
		2	龙门磨铣床					2	摇臂铣床		
		3	定梁龙门铣床					3	万能摇臂铣床		
		4	定梁龙门镗铣床					4	摇臂镗铣床		
		5	高架式横梁移动龙门镗铣床					5	转塔升降台铣床		
		6	龙门移动铣床					6	立式滑枕升降台铣床		
		7	定梁龙门移动铣床					7	万能滑枕升降台铣床		
		8	龙门移动镗铣床					8	圆弧铣床		
		9						9			

续表

组		系		主参数		组		系		主参数	
代号	名称	代号	名称	折算系数	名称	代号	名称	代号	名称	折算系数	名称
6	卧式升降台铣床	0	卧式升降台铣床	1/10	工作台面宽度	8	工具铣床	0			
		1	万能升降台铣床					1	万能工具铣床	1/10	工作台面宽度
		2	万能回转头铣床					2			
		3	万能摇臂铣床					3	钻头铣床	1	最大钻头直径
		4	卧式回转头铣床					4			
		5						5	立铣刀槽铣床	1	最大铣刀直径
		6	卧式滑枕升降台铣床					6			
		7						7			
		8						8			
		9						9			

型号举例：

X6132——万能升降台铣床，工作台面宽度为 320 mm。

X5032——立式升降台铣床，工作台面宽度为 320 mm。

X6325——万能摇臂铣床，工作台面宽度为 250 mm。

X8126——万能工具铣床，工作台面宽度为 260 mm。

X2010——龙门铣床，工作台面宽度为 1 000 mm。

二、常用铣床

铣床的种类很多，常用的有卧式升降台铣床（典型机床型号为 X6132）、立式升降台铣床（典型机床型号为 X5032）、万能摇臂铣床（典型机床型号为 X6325）、万能工具铣床（典型机床型号为 X8126）、龙门铣床（典型机床型号为 X2010）五类。

1. X6132 型万能升降台铣床

（1）X6132 型万能升降台铣床的主要部件及其功用

如图 1－1 所示为 X6132 型万能升降台铣床的外形，其主要部件如下：

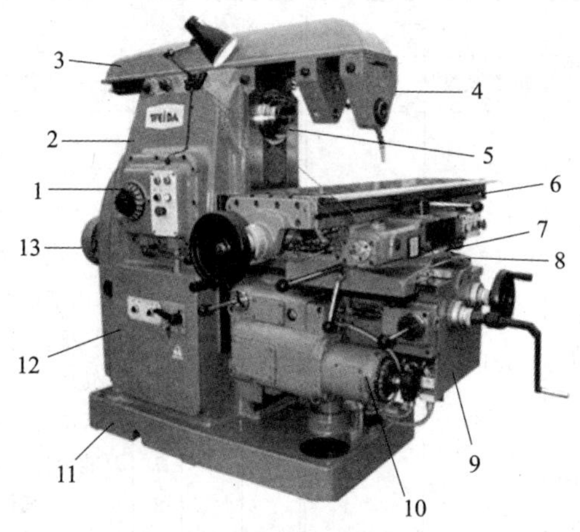

图 1－1　X6132 型万能升降台铣床

1—主轴变速机构　2—床身　3—悬梁　4—刀杆支架　5—主轴　6—工作台　7—回转盘
8—滑鞍　9—升降台　10—进给变速机构　11—底座　12—电气箱　13—主电动机

1）主轴变速机构。主轴变速机构安装在床身内，其功用是将主电动机的额定转速（1 450 r/min）通过齿轮变速，变换成30～1 500 r/min之间18种不同的转速，以适应不同切削条件下铣削加工的需要。

2）床身。床身是机床的主体，用来安装及连接机床其他部件。床身正面有垂直导轨，可引导升降台上下移动。床身顶部有燕尾形水平导轨，用以安装悬梁并按需要引导悬梁水平移动。床身内部装有主轴和主轴变速机构的交换齿轮及传动轴。

3）悬梁。悬梁可沿床身顶部燕尾形水平导轨移动，并可按需要调节其伸出床身的长度。悬梁上可安装刀杆支架。

4）刀杆支架。刀杆支架安装在悬梁上，用以支承刀杆的外端，提高刀杆的刚度。

5）主轴。主轴是一前端带锥孔的空心轴，锥孔的锥度为7∶24，用来安装铣刀杆和铣刀。主电动机输出的回转运动，经主轴变速机构驱动主轴连同铣刀一起回转，实现主运动。

6）工作台。工作台用以安装需用的铣床夹具和工件，铣削时带动工件实现纵向进给运动。

7）滑鞍。滑鞍在铣削时用来带动工作台实现横向进给运动。在滑鞍与工作台之间设有回转盘，可以使工作台在水平面内做±45°范围内的扳转。

8）升降台。升降台用来支承滑鞍和工作台，带动工作台上下移动。升降台内部装有进给电动机和进给变速机构。

9）进给变速机构。进给变速机构用来调整及变换工作台的进给速度，以适应铣削的需要。

10）底座。底座用来支承床身，承受铣床全部质量，存放切削液。

（2）X6132型万能升降台铣床的性能

X6132型万能升降台铣床功率大，转速高，变速范围宽，刚度高，操作方便、灵活，通用性强。它可以安装万能立铣头，使铣刀偏转任意角度，完成立式铣床的工作。该铣床加工范围广，能加工中小型平面、特形表面、各种沟槽、齿轮、螺旋槽和小型箱体上的孔等。

X6132型万能升降台铣床在结构上具有下列特点：

1）机床工作台的机动进给操纵手柄操纵时所指示的方向就是工作台进给运动的方向，操作时不易产生错误。

2）机床的前面和左侧各有一组按钮和手柄的复式操作装置，便于操作者在不同位置上进行操作。

3）机床采用速度预选机构来改变主轴转速和工作台的进给速度，使操作简便、明确。

4）机床工作台的纵向传动丝杆上有双螺母间隙调整机构，所以机床既可进行逆铣又能进行顺铣。

5）机床工作台可以在水平面内±45°范围内偏转，因而可进行各种螺旋槽的铣削。

6）机床采用转速控制继电器（或电磁离合器）进行制动，能使主轴迅速停止回转。

7）机床工作台有快速进给运动装置，用按钮操纵，方便省时。

2. X5032型立式升降台铣床

X5032型立式升降台铣床的外形如图1－2所示。

X5032型立式升降台铣床的规格、操纵机构、传动变速情况等与X6132型万能升降台铣床基本相同，主要不同点如下：

图 1－2　X5032 型立式升降台铣床

1—主轴变速机构　2—床身　3—立铣头回转盘　4—立铣头　5—主轴进给手轮　6—主轴套筒　7—工作台　8—纵向进给手轮　9—滑鞍　10—升降台　11—进给变速机构　12—底座　13—电气箱　14—主电动机

（1）X5032 型立式升降台铣床的主轴与工作台面垂直，安装在可以偏转的铣头壳体内，可以在垂直面 ±45°内偏转。

（2）X5032 型立式升降台铣床的工作台与滑鞍连接处没有回转盘，所以工作台在水平面内不能扳转角度。

3．X6325 型万能摇臂铣床

X6325 型万能摇臂铣床的外形如图 1－3 所示。

X6325 型万能摇臂铣床是一种轻型通用金属切削机床，可铣削中、小零件的平面、斜面、沟槽和花键等。广泛应用于机械加工、模具、仪器、仪表等行业。它具有以下特点：

（1）铣头直接安装于摇臂前端，在平行于纵向的垂直平面内，能向左、右各回转 90°；在平行于横向的垂直平面内，可向前、后各回转 45°。

（2）摇臂在床身上的转盘燕尾槽内可做前后移动，依靠转盘可在水平面内做 360°回转，也可使装在其另一端的插头调整到工作位置上。

（3）工作台纵向和横向有手动进给、机动进给两种进给方式，并且手动和机动互锁；升降台（*Z* 向）的升降可通过手动方式来实现。

（4）手动润滑装置可对纵向、横向、垂向的丝杆及导轨进行强制润滑。

4．X8126 型万能工具铣床

X8126 型万能工具铣床的外形如图 1－4 所示。

X8126 型万能工具铣床的加工范围很广。它有水平主轴和垂直主轴，故能完成卧式铣床和立式铣床的铣削工作内

图 1－3　X6325 型万能摇臂铣床

容。此外，它还有万能角度工作台、圆形工作台、水平工作台以及分度机构等装置，再加上机床用平口虎钳（下简称机用虎钳）和分度头等常用附件，因此用途广泛。该机床特别适合加工各种夹具、刀具、工具、模具和小型复杂工件。它具有以下特点：

（1）有水平主轴和垂直主轴，垂直主轴能在平行于纵向的垂直平面内偏转到±45°范围内的任意所需角度位置。

（2）在垂直台面上可安装水平工作台，此时机床相当于普通的升降台铣床，工作台可做纵向和垂直方向的进给运动，横向进给运动则由主轴完成。

（3）安装分度头或回转工作台后，机床可实现圆周进给运动及进行简单分度，用以加工回转曲面廓形及满足对零件加工中进行等分、角度调整等方面的需要。

（4）安装万能角度工作台后，工作台可在空间绕纵向、横向、垂向三个相互垂直的坐标轴回转角度，以适应加工各种倾斜面和复杂工件的需要。

（5）机床不能用挂轮法加工等速螺旋槽和螺旋面。

5. X2010C 型龙门铣床

（1）X2010C 型龙门铣床具有框架式结构，刚度高。该铣床有三轴和四轴两种布局形式。X2010C 型三轴龙门铣床的外形如图 1－5 所示，它带有一个垂直主轴箱和两个水平主轴箱，能安装 3 把铣刀同时进行铣削。四轴龙门铣床则在悬梁上多增加一个垂直主轴箱。

图 1－4　X8126 型万能工具铣床

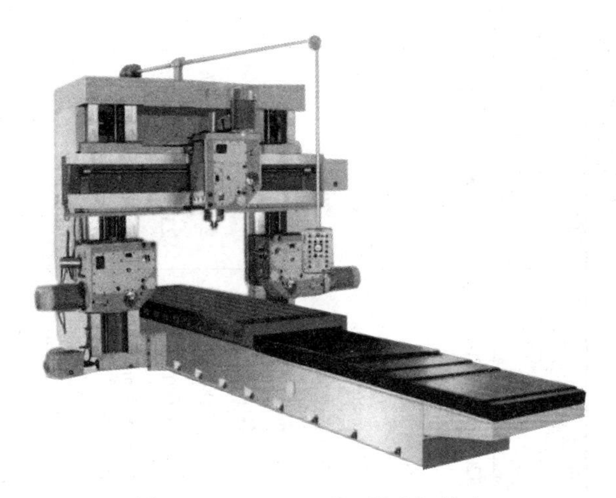

图 1－5　X2010C 型三轴龙门铣床

（2）垂直主轴能在±30°范围内按需要偏转，水平主轴的偏转角度范围为－15°～30°，以满足不同铣削要求。

（3）横向和垂向的进给可由主轴箱在悬梁或立柱上的移动及主轴的伸缩来完成，垂直主轴箱在垂向还可以通过悬梁的上下移动来完成进给，工作台只能做纵向进给运动。

（4）机床刚度高，适宜进行高速铣削和强力铣削。

（5）工作台直接安放在床身上，载重量大，可加工重型工件。

上述五种型号常用铣床的主要技术参数见表 1－3。

表 1–3　常用铣床的主要技术参数

技术参数	机床型号				
	X6132	X5032	X6325	X8126	X2010C
水平工作台面尺寸（宽 × 长）	320 mm × 1 250 mm	320 mm × 1 250 mm	250 mm × 1 120 mm	270 mm × 700 mm	1 000 mm × 3 000 mm
垂直工作台面尺寸（宽 × 长）				260 mm × 710 mm	
工作台最大行程					
纵向（手动 / 机动）	700 mm/680 mm	800 mm/790 mm	700 mm	300 mm	3 500 mm
横向（手动 / 机动）	255 mm/240 mm	300 mm/295 mm	300 mm		
垂向（手动 / 机动）	320 mm/300 mm	400 mm/390 mm	400 mm	330 mm	
工作台进给速度	各 18 级	各 18 级	8 级	各 8 级	直流无级调速
纵向	23.5 ~ 1 180 mm/min	23.5 ~ 1 180 mm/min	18~308 mm/min	25 ~ 285 mm/min	10 ~ 1 000 mm/min
横向	23.5 ~ 1 180 mm/min	23.5 ~ 1 180 mm/min	18~308 mm/min		
垂向	8 ~ 394 mm/min	8 ~ 394 mm/min		25 ~ 285 mm/min	
工作台快速移动速度					
纵向	2 300 mm/min				2 000 mm/min
横向	2 300 mm/min				
垂向	770 mm/min				
工作台最大回转角度	± 45°				
主轴锥孔锥度	7 : 24	7 : 24	7 : 24 或 R8	莫氏 4 号	7 : 24
主轴转速	18 级	18 级	16 级	各 8 级	各 12 级
水平主轴	30 ~ 1 500 r/min		65~4 760 r/min	110 ~ 1 230 r/min	
垂直主轴		30 ~ 1 500 r/min		150 ~ 1 660 r/min	50 ~ 630 r/min
立铣头最大回转角度		± 45°	纵向 ± 90° / 横向 ± 45°	± 45°	
主电动机功率	7.5 kW	7.5 kW	1.5 kW	3 kW	（单台）15 kW
机床工作精度					
平面度	0.02 mm	0.02 mm		0.02 mm/300 mm	
平行度	0.03 mm	0.03 mm		0.015 mm/200 mm	
垂直度	0.02 mm/100 mm	0.02 mm/100 mm		0.02 mm/150 mm	
表面粗糙度 *Ra* 值	1.6 μm	1.6 μm		3.2 μm	

三、X6132 型万能升降台铣床的操作方法（见表 1－4）

表 1－4　　X6132 型万能升降台铣床的操作方法

内容	简图及说明
工作台进给手柄的操作	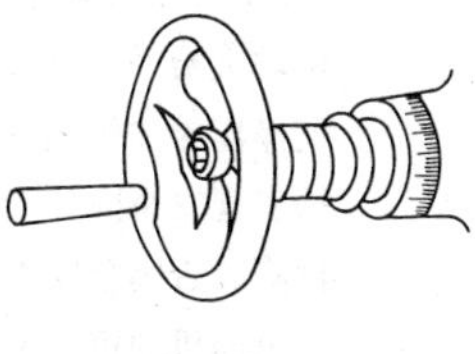 纵向、横向手动进给手柄 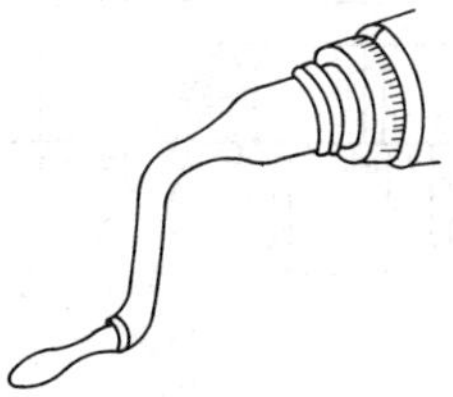　　垂向手动进给手柄 操作时将手柄分别嵌合其手动进给离合器。摇动工作台任何一个进给手柄，就能带动工作台做相应的进给运动。顺时针摇动手柄，即可使工作台前进（或上升）；逆时针摇动手柄，则工作台后退（或下降） 在进给手柄刻度盘上刻有“1 格 = 0.05 mm”，说明进给手柄每转过 1 格，工作台移动 0.05 mm。摇动各手柄，通过刻度盘控制工作台在各进给方向的移动距离。若手柄摇过了尺寸值位置，不能直接摇回，必须将其退回 1 转后，再重新摇到要求的尺寸值位置
主轴变速的操作	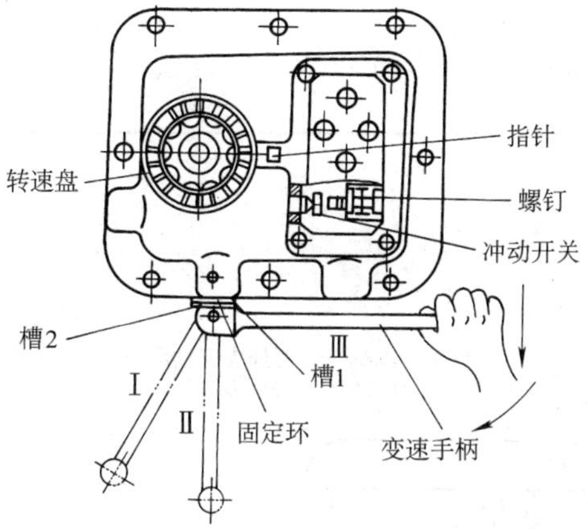 变换主轴转速时按以下步骤进行： 1. 手握变速手柄球部下压，使其定位的榫块脱出固定环的槽 1 位置 2. 将手柄向左推出，使其定位的榫块送入固定环的槽 2 内。手柄处于脱开的位置Ⅰ 3. 转动转速盘，将所选择的转速对准指针 4. 下压变速手柄，并快速将其推至位置Ⅱ。此时，冲动开关瞬时接通，电动机转动，带动变速齿轮转动，便于齿轮啮合。随后，变速手柄继续向右至位置Ⅲ，并将其榫块送入固定环的槽 1 位置，电动机失电，主轴箱内齿轮停止转动 由于电动机启动电流很大，最好不要频繁变速。即使需要变速，中间的间隔时间应不少于5 min。主轴未停止转动时严禁变速
进给变速的操作	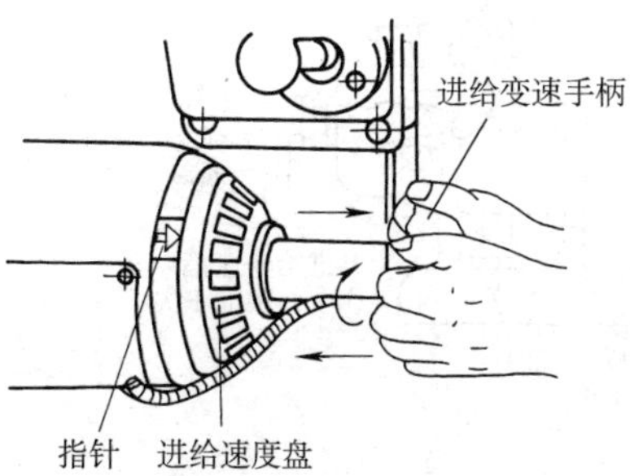 铣床上进给变速机构的操作非常方便，按照以下步骤进行： 1. 向外拉出进给变速手柄 2. 转动进给变速手柄，带动进给速度盘转动。将进给速度盘上选择好的进给速度值对准指针位置 3. 将变速手柄推回原位，即可完成进给变速的操作

续表

内容	简图及说明
工作台机动进给的操作	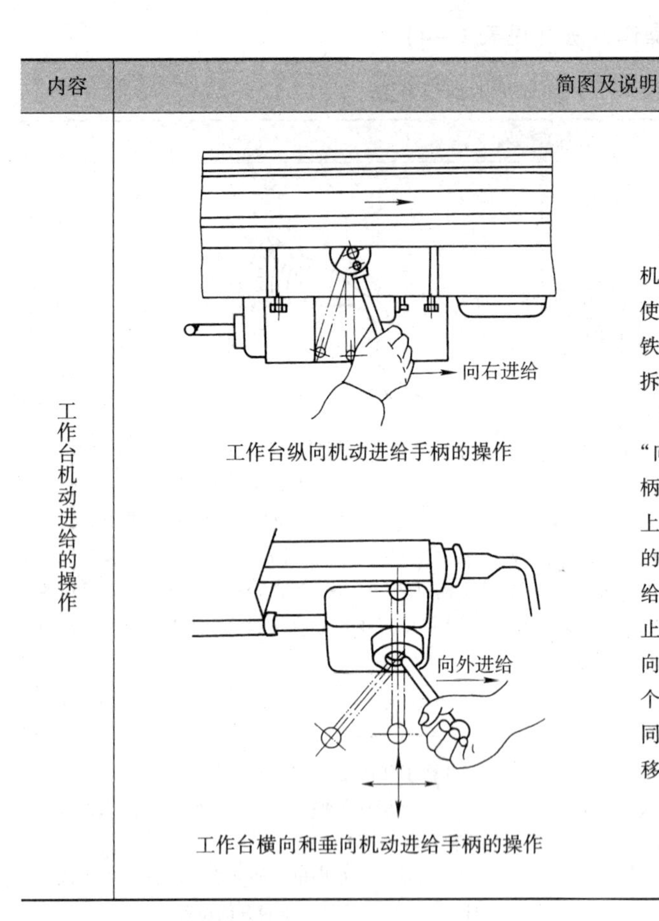 工作台纵向机动进给手柄的操作 工作台横向和垂向机动进给手柄的操作 X6132 型万能升降台铣床的工作台在各个方向的机动进给手柄都有两副，是联动的复式操纵机构，使操作更加便利。三个进给方向各由两块限位挡铁实现安全限位。若非工作需要，不得将其随意拆除，否则会发生工作超程现象 纵向机动进给手柄有三个位置，即“向左进给”“向右进给”和“停止”。横向和垂向机动进给手柄有五个位置，即“向里进给”“向外进给”“向上进给”“向下进给”和“停止”。机动进给手柄的设置使操作非常形象化。当机动进给手柄与进给方向处于垂直状态（零位）时，机动进给是停止的。当机动进给手柄处于倾斜状态时，则该方向的机动进给被接通。在主轴转动时，手柄向哪个方向倾斜，即向哪个方向进行机动进给；如果同时按下快速移动按钮，工作台即向该方向快速移动

四、铣床的润滑方法

铣床润滑图如图 1－6 所示。

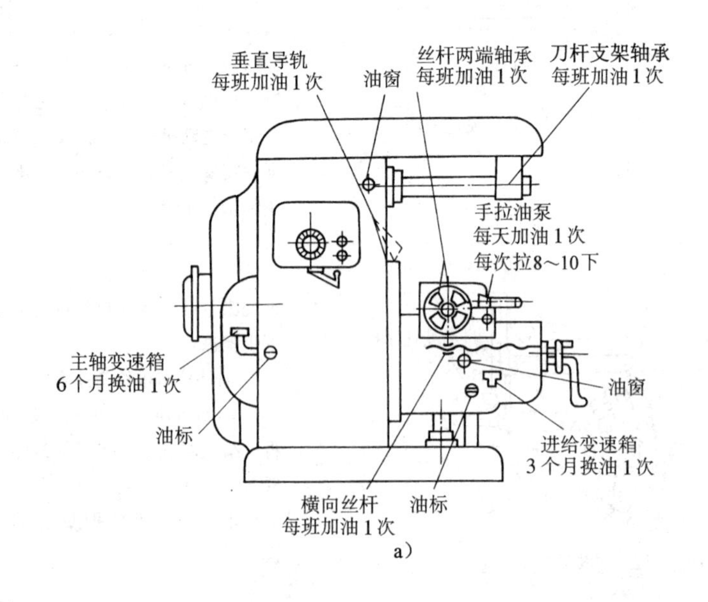

a）

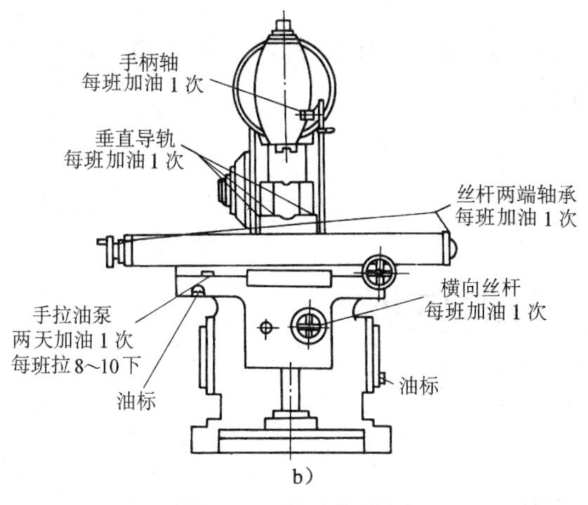

图 1－6　铣床润滑图

a）X6132 型铣床润滑图　b）X5032 型铣床润滑图

X6132 型和 X5032 型铣床的主轴变速箱和进给变速箱均采用自动润滑方式，机床开动后，即可在流油指示器（油标）上显示润滑情况。若油位显示缺油，应立即加油。工作台纵向丝杆和螺母、导轨面、滑鞍导轨等采用手拉油泵注油润滑。其他如工作台纵向丝杆两端轴承、垂直导轨面、刀杆支架轴承等采用油枪注油润滑。

技能训练

X6132 型铣床的基本操作训练

1. 认识机床和手动进给操作练习

（1）熟悉机床各操作手柄的名称、工作位置和作用。

（2）熟悉机床各润滑点的位置，对铣床进行注油润滑。

（3）进行工作台各方向的手动匀速进给练习，使工作台在纵向、横向和垂向移动规定的距离，并能熟练消除因丝杆间隙形成的空行程对工作台移动的影响。

2. 铣床主轴变速和空运转练习

（1）接通电源，按“启动”按钮，使主轴转动 3～5 min，并检查油窗是否甩油。

（2）主轴停转以后，练习变换主轴转速 3 次左右（控制在低速）。

3. 工作台机动进给操作练习

（1）检查铣床。检查各进给方向的紧固螺钉、紧固手柄是否松开，各进给限位挡铁是否有效安装，工作台在各进给方向是否处于中间位置。

（2）机动进给速度的变换练习。练习变换进给速度 3 次左右（控制在低速）。

（3）机动进给操作练习。按主轴“启动”按钮，使主轴回转。分别让工作台做各方向的机动进给，同时应注意进给箱油窗是否甩油。

4. 注意事项

（1）严格遵守安全操作规程。

（2）不准做与以上训练无关的其他操作。

（3）操作必须按照规定步骤和要求进行，不得频繁启动主轴。

（4）练习完毕，认真擦拭机床，使工作台处于各进给方向中间位置，各手柄恢复原来位置，关闭机床电源开关。

课题二 铣刀的安装

一、铣刀简介

1. 铣刀切削部分的材料

（1）对铣刀切削部分材料的基本要求

1）高的硬度。铣刀切削部分材料的硬度必须高于工件材料的硬度，常温下其硬度一般要求在60HRC以上。

2）良好的耐磨性。具有良好的耐磨性，铣刀才不易磨损，使用时间长。

3）足够的强度和韧性。足够的强度可以保证铣刀在承受很大的铣削抗力时不至于断裂和损坏；足够的韧性可以保证铣刀在受到冲击和振动时不易产生崩刃和碎裂。

4）良好的热硬性。在切削过程中，工件的切削区和刀具切削部分的温度都很高，在主轴或进给速度较高时尤其明显，良好的热硬性使刀具在高温下能保持足够的硬度，从而能继续进行切削。

5）良好的工艺性。一般是指材料的可锻性、焊接性、切削加工性、高温塑性以及热处理性能等。材料的工艺性越好，越便于刀具的制造，对形状比较复杂的铣刀尤显重要。

（2）铣刀切削部分的常用材料

常用的铣刀切削部分材料有高速钢和硬质合金两大类。

1）高速钢。热处理后硬度可达63～70HRC，热硬性温度达550～600 ℃（在600 ℃高温下硬度为47～55HRC），具有较好的切削性能，切削速度一般为16～35 m/min。

高速钢的强度较高，韧性也较好，能磨出锋利的刃口（因此又俗称“锋钢”），且具有良好的工艺性，能锻造，并容易加工，是制造铣刀的良好材料。一般形状较复杂的铣刀都是采用高速钢制造的。高速钢的铣刀有整体式和镶齿式两种结构。

2）硬质合金。硬质合金是将高硬度难熔的金属碳化物（如WC、TiC、TaC、NbC等）粉末，以钴或钼、钨为黏结剂，用粉末冶金方法制成。它的硬度很高，常温下硬度可达74～82HRC，热硬性温度高达900～1 000 ℃，耐磨性好，因此，切削性能远超过高速钢。但其韧性较差，承受冲击和振动能力差；切削刃不易磨得非常锐利，低速时切削性能差；加工工艺性较差。

硬质合金多用于制造高速切削用铣刀。铣刀大都不是整体式，而是将硬质合金刀片以焊接或机械夹固的方法镶装于铣刀刀体上。

2. 铣刀的分类

铣刀的分类方法较多，常用的分类方法如下：

（1）按铣刀切削部分的材料分类

按铣刀切削部分的材料分类，可分为高速钢铣刀，硬质合金铣刀，高速钢和硬质合金涂层铣刀，金刚石、陶瓷、立方氮化硼等超硬材料制造的铣刀。

（2）按铣刀刀齿的结构分类

按铣刀刀齿的结构分类，可分为尖齿铣刀和铲齿铣刀。尖齿铣刀在刀齿截面上的齿背廓线是由直线或折线构成的（见图 1－7a）。这种齿形的铣刀制造和刃磨都比较方便，铣刀的刃口也比较锋利，所以多数铣刀都做成尖齿铣刀。铲齿铣刀的齿背廓线在刀齿截面上是一条特殊的曲线（一般为阿基米德螺线）（见图 1－7b），这种铣刀的齿背需在专用的铲齿机上铲出，其优点是刀齿在刃磨后齿形不发生变化，但制造成本较高，切削性能较差，只适合于制造齿轮铣刀等成形铣刀。

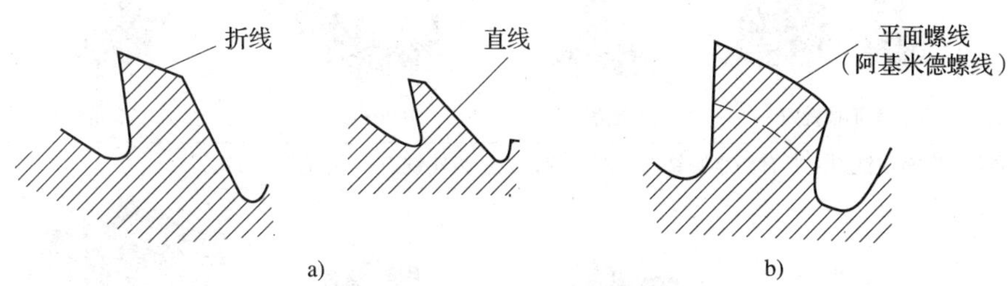

图 1－7　尖齿铣刀与铲齿铣刀的刀齿截面

a）尖齿铣刀　b）铲齿铣刀

（3）按铣刀的用途分类

按铣刀的用途分类，可分为铣削平面用铣刀、铣削直角沟槽用铣刀、铣削特形沟槽用铣刀和铣削成形面用铣刀等，见表 1－5。

表 1－5　　常用铣刀及分类

类型	简图及说明
铣削平面用铣刀	铣削平面用铣刀主要有圆柱形铣刀、套式立铣刀和面铣刀。圆柱形铣刀主要分为粗齿和细齿两种，用于粗铣和半精铣平面；套式立铣刀和面铣刀用于粗铣和精铣较宽大的平面；面铣刀有整体式、镶嵌式和可转位（机械夹固）式三种 圆柱形铣刀　套式立铣刀　硬质合金可转位面铣刀
铣削直角沟槽用铣刀	铣削直角沟槽用铣刀主要有立铣刀、三面刃铣刀、键槽铣刀、锯片铣刀。立铣刀的用途较为广泛，可以用来铣削各种形状的沟槽和孔、台阶平面和侧面、各种盘形凸轮与圆柱凸轮、曲面；三面刃铣刀分为直齿和错齿两种，结构上又分为整体式、焊接式和镶齿式等几种，用于铣削各种槽、台阶平面、工件的侧面及凸台平面；键槽铣刀主要用于铣削键槽；锯片铣刀用于铣削各种窄槽，以及切断板料或型材  立铣刀　直齿和错齿三面刃铣刀　键槽铣刀　锯片铣刀

续表

类型	简图及说明
铣削特形沟槽用铣刀	铣削特形沟槽用铣刀主要有T形槽铣刀、燕尾槽铣刀和角度铣刀，角度铣刀又分为单角铣刀、对称双角铣刀和不对称双角铣刀三种 T形槽铣刀　燕尾槽铣刀　单角铣刀　双角铣刀
铣削成形面用铣刀	铣削特形面用铣刀主要有凸半圆铣刀、凹半圆铣刀、齿轮铣刀、专用特形面铣刀 凸半圆铣刀　凹半圆铣刀　齿轮铣刀　专用特形面铣刀

3. 铣刀的标记

(1) 铣刀标记的内容

为了便于辨别铣刀的规格、材料和制造单位等，在铣刀上一般都刻有标记。标记的内容主要包括以下几个方面：

1）制造厂家的商标。我国制造铣刀的工具厂很多，各制造厂家都有经注册的商标置于其产品上。

2）制造铣刀的材料。一般均用材料的牌号标记，如W18Cr4V。

3）铣刀的尺寸规格。铣刀标记中的尺寸均为基本尺寸，铣刀在使用和刃磨后尺寸往往会产生变化，在使用时应加以注意。

(2) 各类铣刀尺寸规格的标注

铣刀的尺寸规格标注内容随铣刀种类不同而略有区别。

1）圆柱形铣刀、三面刃铣刀、锯片铣刀等，都以外圆直径×宽度×内孔直径来表示。例如，圆柱形铣刀的外径为80 mm、宽度为100 mm、内孔直径为32 mm，则其尺寸规格标记为80×100×32。

2）立铣刀、键槽铣刀等一般只以其外圆直径作为其尺寸规格的标记。

3）角度铣刀、半圆铣刀等，一般以外圆直径×宽度×内孔直径×角度（或圆弧半径）表示。例如，角度铣刀的外径为80 mm、宽度为18 mm、内径为27 mm、角度为60°，则标记为80×18×27×60°；凹半圆铣刀的外径为80 mm、宽度为32 mm、内径为27 mm、圆弧半径为8 mm，则标记为80×32×27×8R。

常用标准铣刀的规格可参见有关手册。

4. 铣刀主要部分的名称和几何角度

铣刀是多刃刀具，每一个刀齿相当于一把简单的刀具（如切刀）。刀具上起切削作用的部分称为切削部分（多刃刀具有多个切削部分），它由切削刃、前面及后面等产生切屑的各要素组成。除切削部分外，组成刀具的要素还有刀体、刀柄、刀孔等。刀体是刀具上夹持刀条或刀片的部分，或由它形成切削刃的部分；刀柄是刀具上的夹持部分；刀孔是刀具上用以安装或紧固于主轴、刀杆或心轴上的内孔。

（1）切刀切削时各部分的名称和几何角度

最简单的单刃刀具切刀的切削情形如图 1－8 所示。切刀、工件上各部分的名称和几何角度如下：

1）待加工表面。工件上有待切除的表面。

2）已加工表面。工件上经刀具切削后形成的表面。

3）基面。是一个假想平面。它是通过切削刃上选定点并与该点切削速度方向垂直的平面。

4）切削平面。是一个假想平面。它是通过切削刃上选定点与切削刃相切并与基面垂直的平面。在图 1－8 中，切削平面与已加工表面重合。

5）前面。又称前刀面，是刀具上切屑流过的表面。

6）后面。又称后刀面，是与工件上切削中产生的表面相对的表面。

7）切削刃。是指在刀具前面上拟作切削用的刃。在图 1－8 中，切削刃即前面与后面的交线。

8）前角。前面与基面间的夹角，符号为 γ_o。

9）后角。后面与切削平面间的夹角，符号为 α_o。

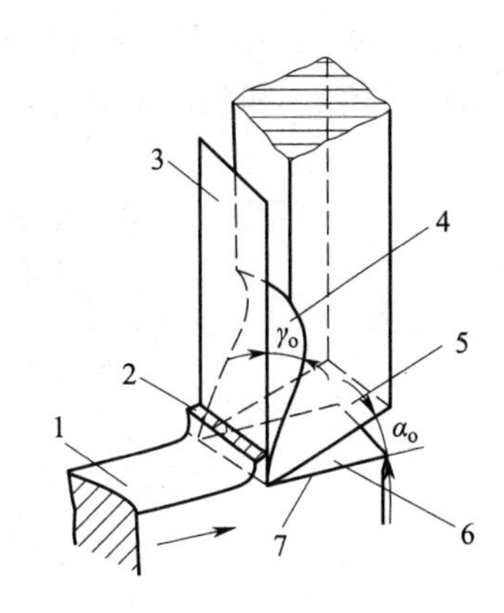

图 1－8　切刀切削时各部分的名称和几何角度

1—待加工表面　2—切屑　3—基面　4—前面　5—后面　6—已加工表面　7—切削平面

（2）圆柱形铣刀的几何角度

圆柱形铣刀可以看成由几把切刀均匀分布在圆周上而成，如图 1－9a 所示。由于铣刀呈圆柱形，因此铣刀的基面是通过切削刃上选定点和圆柱轴线的假想平面。铣刀各部分的名称和几何角度如图 1－9b 所示。

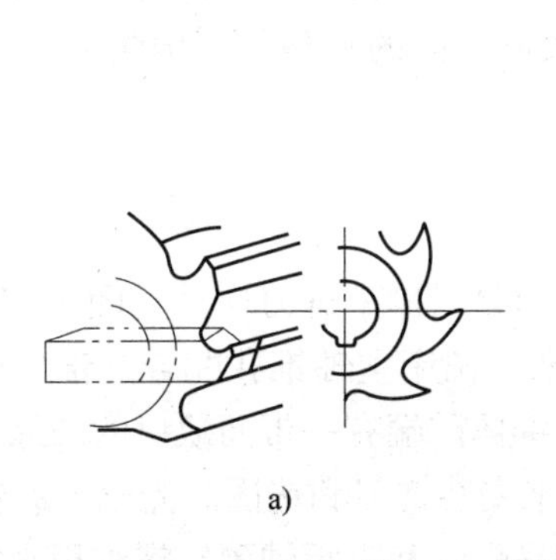

a)

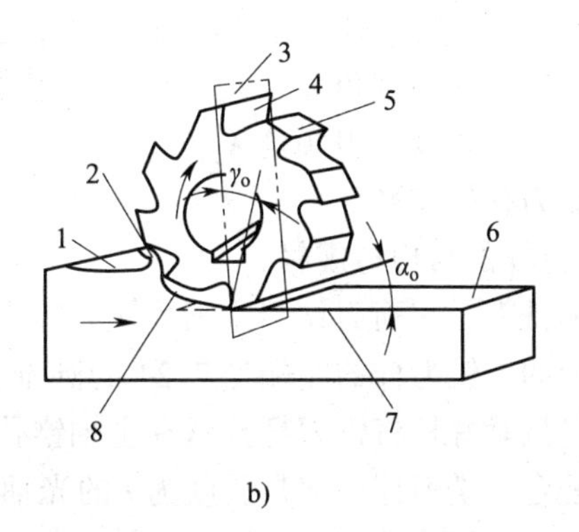

b)

图 1－9　圆柱形铣刀及其组成部分

1—待加工表面　2—切屑　3—基面　4—前面　5—后面　6—已加工表面　7—切削平面　8—过渡表面

在圆柱形铣刀的切削过程中，工件上会形成三种表面，除待加工表面和已加工表面外，还有过渡表面。过渡表面是工件上由切削刃形成的那部分表面，它在下一切削行程，刀具或工件的下一转里被切除，或者由下一切削刃切除。过渡表面可以简单地理解成切削过程中待加工表面与已加工表面之间的那部分连接表面，如图 1－9b 中的弧柱形表面 8。

为了使铣削平稳，排屑顺畅，圆柱形铣刀的刀齿一般都做成螺旋形（见图 1－10）。螺旋齿切削刃的切线与铣刀轴线间的夹角称为圆柱形铣刀的螺旋角，符号为 β。

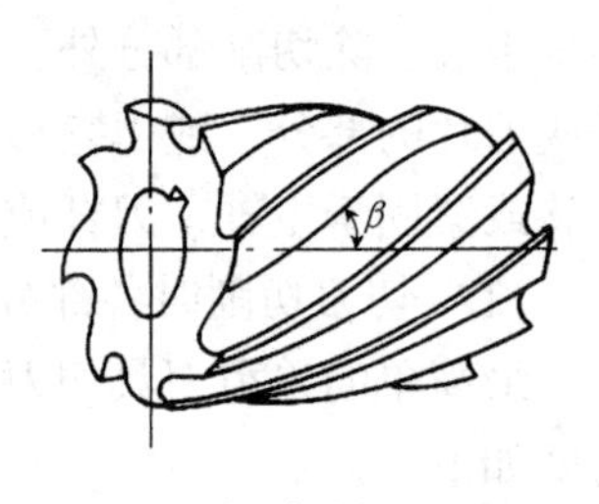

图 1－10 螺旋齿圆柱形铣刀及其螺旋角

（3）三面刃铣刀的几何角度

三面刃铣刀可以看成由几把简单的切槽刀均匀分布在圆周上而成，如图 1－11a 所示。单把切槽刀切削的情形如图 1－11b 所示，为了减小刀具两侧对沟槽两侧的摩擦，切槽刀两侧加工出副后角 α_o' 和副偏角 κ_r'。

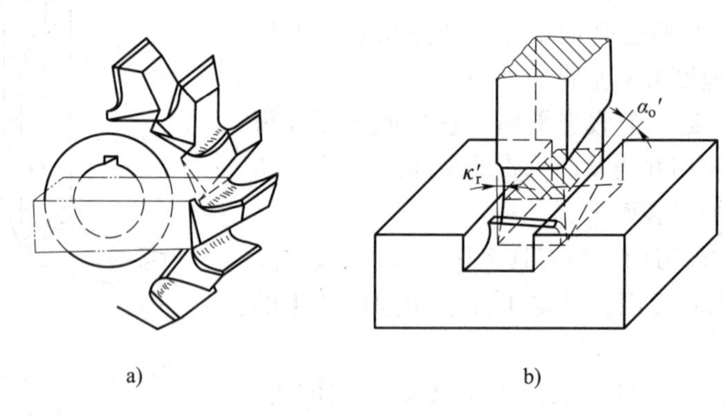

图 1－11 三面刃铣刀的构成

三面刃铣刀圆柱面上的切削刃是主切削刃，主切削刃有直齿和斜齿（螺旋齿）两种，其几何角度（前角、后角等）与圆柱形铣刀相同。斜齿三面刃铣刀的刀齿间隔地向两个方向倾斜，以平衡切削过程中因刀齿倾斜而引起的轴向切削抗力，故称错齿三面刃铣刀。三面刃铣刀两侧面上的切削刃是副切削刃。

（4）面铣刀的几何角度

面铣刀可以看成由几把外圆车刀平行于铣刀轴线且沿圆周均匀分布在刀体上而成，如图 1－12所示。每把外圆车刀（铣刀头）有两条切削刃，面铣刀的主切削刃与已加工表面延长线之间的夹角是主偏角 κ_r，副切削刃与已加工表面之间的夹角是副偏角 κ_r'。主切削刃相对于基面倾斜的角度是刃倾角 λ_s。

二、铣刀杆的安装

1. 铣刀杆的结构与规格

圆柱形铣刀、三面刃铣刀、锯片铣刀等带孔铣刀是借助于铣刀杆（见图 1－13）安装在铣床主轴上的。铣刀杆的左端是 7∶24 的圆锥，用来与铣床主轴锥孔配合。锥体尾端有内螺纹孔，通过拉紧螺杆将铣刀杆拉紧在主轴锥孔内。锥体前端有一带两缺口的凸缘，与主轴轴端的凸键配合。铣刀杆中部是长度为 l 的光轴，用来安装铣刀和垫圈。光轴上有键槽，可以安装定位键，以便将转矩传给铣刀。铣刀杆的右端是螺纹和支承轴颈。螺纹用来安装紧刀螺母，紧固铣刀。支承轴颈用来与刀杆支架轴承孔配合，支承铣刀杆右端。

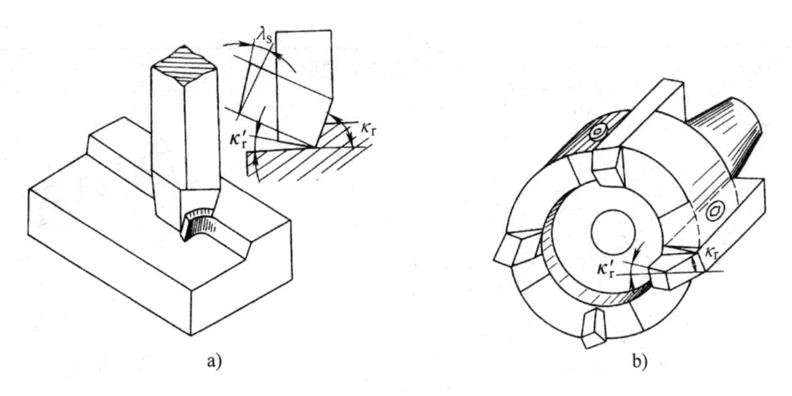

图 1－12　面铣刀的构成

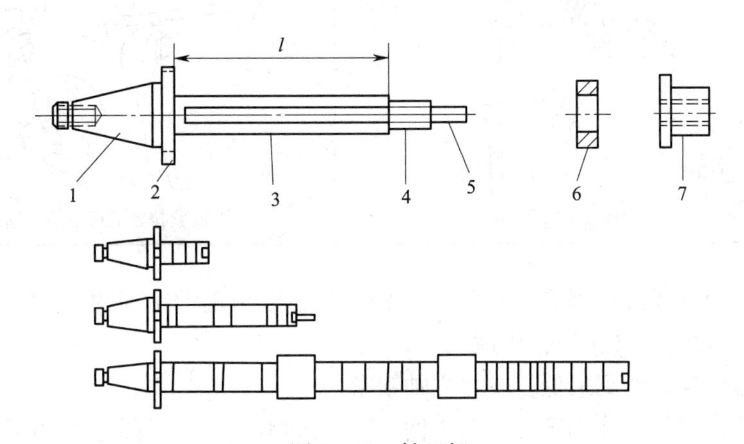

图 1－13　铣刀杆

1—锥柄　2—凸缘　3—光轴（刀杆）　4—螺纹　5—支承轴颈　6—垫圈　7—紧刀螺母

铣刀杆光轴的直径与带孔铣刀的孔径相对应有多种规格，常用的有 22 mm、27 mm 和 32 mm 三种。铣刀杆的光轴长度 l 也有多种规格，可按工作需要选用。

2．铣刀杆的安装步骤（见表 1－6）

表 1－6　　铣刀杆的安装步骤

内容	简图及说明
铣刀杆的安装	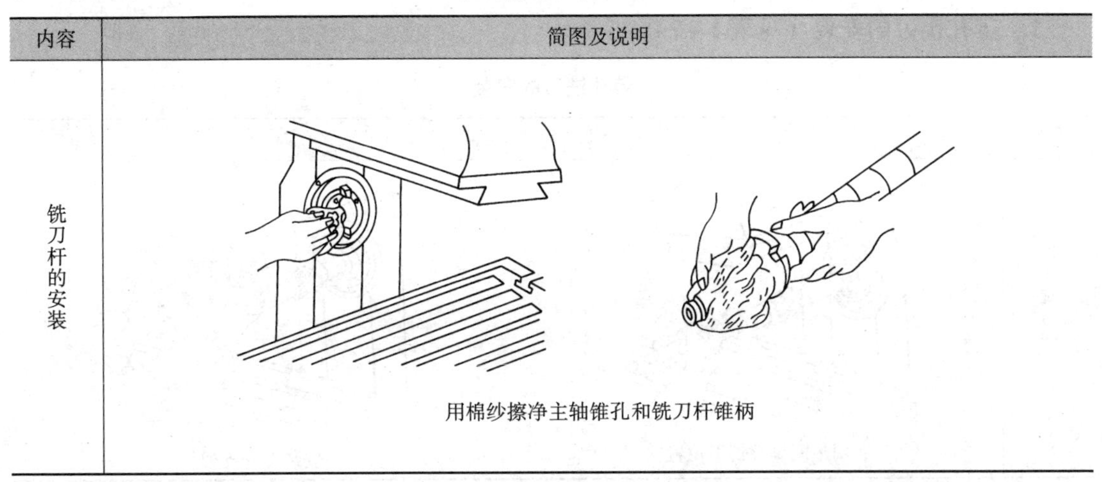 用棉纱擦净主轴锥孔和铣刀杆锥柄

续表

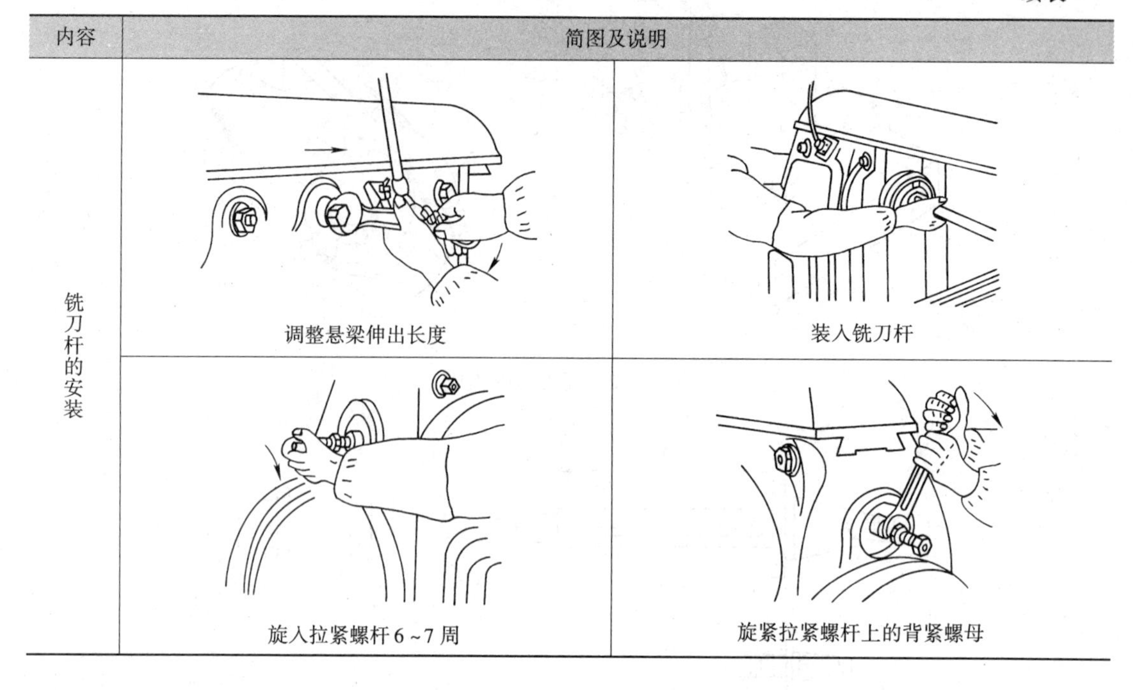

内容	简图及说明	
铣刀杆的安装	调整悬梁伸出长度	装入铣刀杆
	旋入拉紧螺杆 6 ~7 周	旋紧拉紧螺杆上的背紧螺母

（1）根据铣刀孔径选择相应直径的铣刀杆，在不影响正常铣削的前提下，铣刀杆长度应尽量选择短一些的，以提高铣刀的强度。

（2）将主轴转速调整到最低，或将主轴锁紧。

（3）擦净铣床主轴锥孔和铣刀杆的锥柄，以免污物影响铣刀杆的安装精度。

（4）松开铣床悬梁的紧固螺母，适当调整悬梁的伸出长度，使其与铣刀杆长度相适应，然后将悬梁紧固。

（5）安装铣刀杆。右手将铣刀杆的锥柄装入主轴锥孔，此时铣刀杆凸缘上的缺口（槽）应对准主轴端部的凸键。左手转动主轴孔中的拉紧螺杆，使其前端的螺纹部分旋入铣刀杆的螺纹孔 6 ~7 周。最后，用扳手旋紧拉紧螺杆上的背紧螺母，将铣刀杆拉紧在主轴锥孔内。

三、带孔铣刀的装卸

1. 带孔铣刀的安装（见表 1 –7）

表 1 –7　　带孔铣刀的安装

内容	简图及说明	
带孔铣刀的安装	用垫圈调整铣刀位置	安装刀杆支架

续表

内容	简图及说明
带孔铣刀的安装	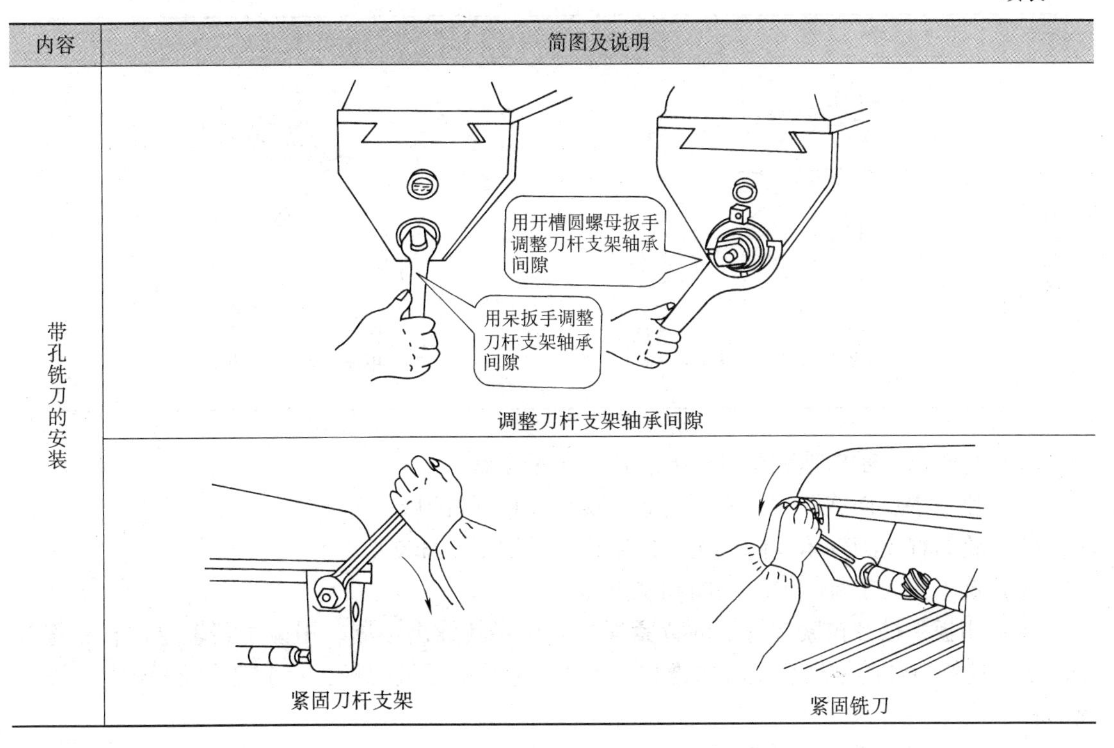 调整刀杆支架轴承间隙 紧固刀杆支架　紧固铣刀

（1）擦净铣刀杆、垫圈和铣刀。确定铣刀在铣刀杆上的位置。

（2）将垫圈和铣刀装入铣刀杆，并用适当分布的垫圈确定铣刀在铣刀杆上的位置。用手旋入紧刀螺母。

（3）擦净刀杆支架轴承孔和铣刀杆的支承轴颈，将刀杆支架装在悬梁导轨上，并注入适量的润滑油。适当调整刀杆支架轴承孔与铣刀杆支承轴颈的间隙，然后用扳手将刀杆支架紧固。使用小刀杆支架时，用呆扳手调整刀杆支架轴承间隙；使用大刀杆支架时，用开槽圆螺母扳手调整刀杆支架轴承间隙。

（4）将铣床主轴锁紧或调整在最低的转速上，用扳手将铣刀杆紧刀螺母旋紧，使铣刀被夹紧在铣刀杆上。

2. 铣刀和铣刀杆的拆卸（见表1－8）

表1－8　铣刀和铣刀杆的拆卸

内容	简图及说明
铣刀的拆卸	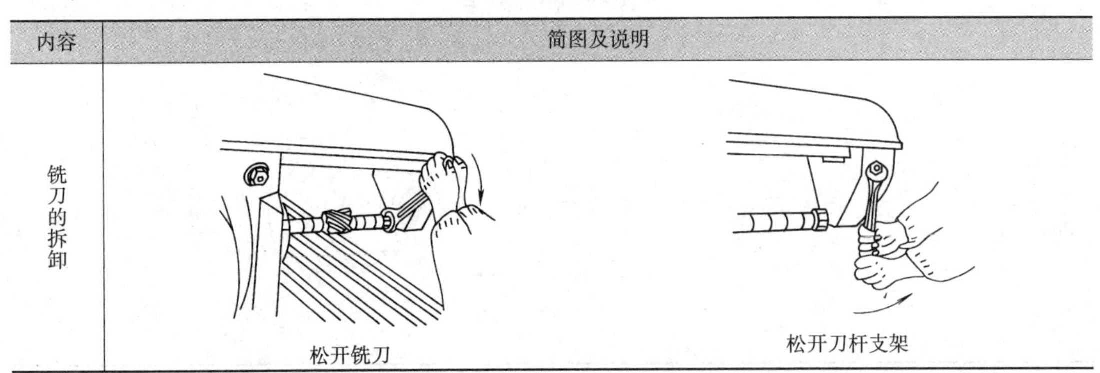 松开铣刀　松开刀杆支架

续表

内容	简图及说明
铣刀杆的拆卸	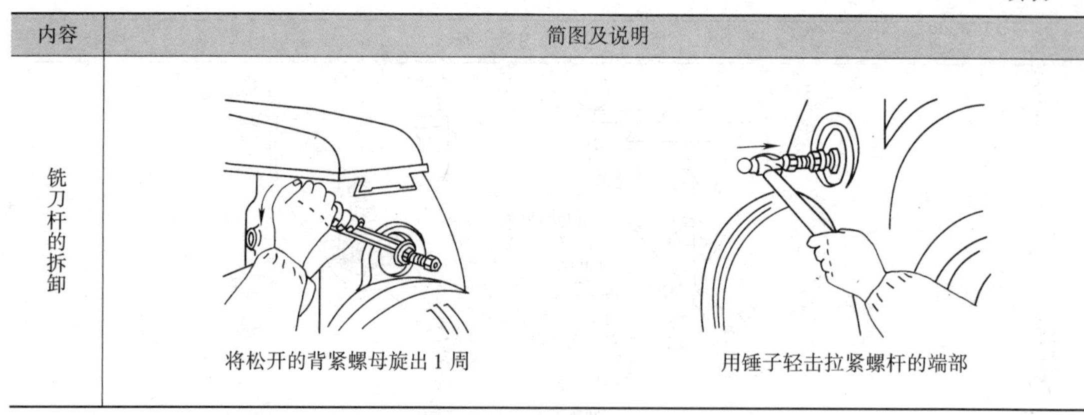 将松开的背紧螺母旋出 1 周　　用锤子轻击拉紧螺杆的端部

（1）将铣床主轴转速调整到最低，或将主轴锁紧。

（2）用扳手反向旋转铣刀杆上的紧刀螺母，松开铣刀。

（3）将刀杆支架轴承间隙调大，然后松开并取下刀杆支架。

（4）旋下紧刀螺母，取下垫圈和铣刀。

（5）用扳手松开拉紧螺杆上的背紧螺母，再将其旋出 1 周。用锤子轻轻敲击拉紧螺杆的端部，使铣刀杆的锥柄从主轴的锥孔中松脱。右手握住铣刀杆，左手旋出拉紧螺杆，取下铣刀杆。

（6）将铣刀杆擦净、涂油，然后垂直放置在专用的支架上，如图 1－14 所示。

图 1－14　铣刀杆的放置

1—铣刀杆　2—木板　3—支架

四、套式立铣刀和套式面铣刀的安装

套式立铣刀和套式面铣刀有内孔带键槽与端面带槽两种结构形式，安装时分别采用带纵键的铣刀杆和带端键的铣刀杆，其安装方法见表 1－9。铣刀杆的安装方法与前面相同。安装铣刀时，先擦净铣刀内孔、端面和铣刀杆圆柱面。若是内孔带键槽的铣刀，将铣刀内孔的键槽对准铣刀杆上的键；若是端面带槽铣刀，则将铣刀端面上的槽对准铣刀杆上凸缘端面上的凸键，装入铣刀。然后旋入紧刀螺钉，用叉形扳手将铣刀紧固。

表 1－9　　套式立铣刀和套式面铣刀的安装

类型	简图及说明
内孔带键槽式	紧刀螺钉　铣刀　键　铣刀杆

续表

类型	简图及说明
端面带槽式	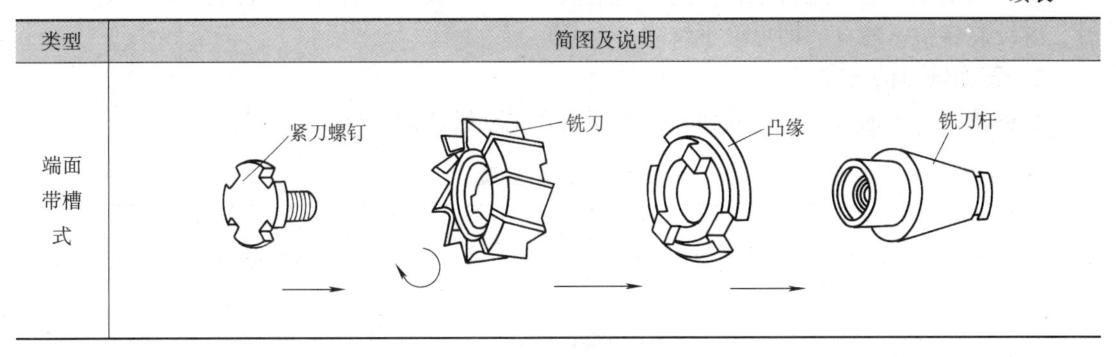

五、带柄铣刀的装卸

带柄铣刀有锥柄和直柄两种。直柄铣刀的柄部为圆柱形。锥柄铣刀的柄部一般采用莫氏锥度，有莫氏 1 号、2 号、3 号、4 号、5 号五种。

1. 锥柄铣刀的装卸（见表 1－10）

当锥柄铣刀柄部的锥度与铣床主轴锥孔的锥度相同时，将铣刀锥柄直接放入主轴锥孔中，然后旋入拉紧螺杆，用专用的拉杆扳手将铣刀拉紧，如图 1－15 所示。此时，只能握在铣刀锥柄外露的端部，以防铣刀伤手。当铣刀柄部的锥度与铣床主轴锥孔的锥度不同时，需要借助中间锥套安装铣刀。中间锥套的外圆锥度与铣床主轴锥孔锥度相同，而内孔锥度与铣刀锥柄锥度一致。安装时，先将铣刀插入中间锥套，然后将中间锥套连同铣刀一起放入主轴锥孔，旋紧拉紧螺杆，紧固铣刀。安装铣刀时，一定要用棉纱将各部位擦拭干净。

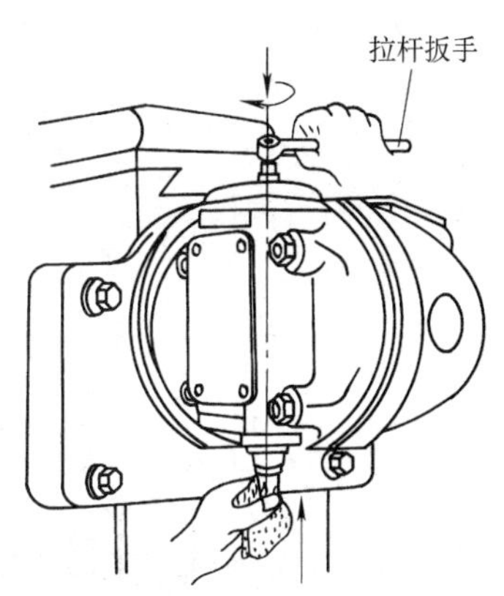

图 1－15　安装锥柄铣刀

表 1－10　　**锥柄铣刀的装卸**

内容	简图
锥柄铣刀的安装	旋转拉紧螺杆时此面产生拉力 铣刀 拉紧螺杆 主轴
锥柄铣刀的拆卸	旋转拉紧螺杆时此面产生拉力 拉紧螺杆 主轴 铣刀

拆卸锥柄铣刀时，先将主轴转速降到最低或将主轴锁紧，然后用拉杆扳手将拉紧螺杆松开，继续旋转拉紧螺杆，即可取下铣刀。

2. 直柄铣刀的安装

直柄铣刀一般通过钻夹头或弹簧夹头安装在主轴锥孔内，见表 1－11。

表 1－11　　直柄铣刀的安装

内容	简图	说明
用钻夹头安装直柄铣刀	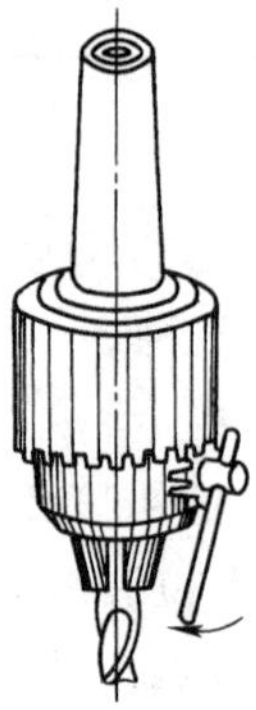	将直柄铣刀插入钻夹头内，用专用扳手将铣刀旋紧
用弹簧夹头安装直柄铣刀	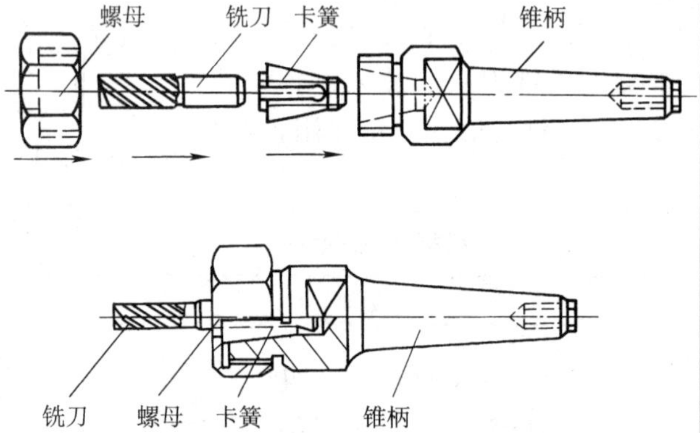 螺母　铣刀　卡簧　锥柄 铣刀　螺母　卡簧　锥柄	用弹簧夹头安装直柄铣刀时，应按铣刀直径选择相同尺寸的卡簧。将铣刀柄插入卡簧内，再一起装入弹簧夹头的圆锥孔内，用扳手将螺母旋紧，即可将铣刀紧固

六、铣刀安装后的检查

铣刀安装后，应做以下几个方面的检查：

1. 检查铣刀装夹是否牢固。

2. 检查刀杆支架轴承孔与铣刀杆支承轴颈的配合间隙是否合适。间隙过大，铣削时会产生振动；间隙过小，则铣削时刀杆支架轴承会发热。

3. 检查铣刀回转方向是否正确。铣刀应向着刀齿前面的方向回转。

4. 检查铣刀刀齿的径向圆跳动和轴向圆跳动，其误差一般不超过 0.06 mm。

铣刀的装卸

1. 训练内容

分别完成圆柱形铣刀、立铣刀的装卸训练。

2. 注意事项

（1）在铣刀杆上安装带孔铣刀时，一般应先紧固刀杆支架，然后紧固铣刀。拆卸铣刀时应先松开铣刀，再松开刀杆支架。

（2）应保证刀杆支架轴承孔与铣刀杆支承轴颈有足够的配合长度，并提供充足的润滑油。

（3）拉紧螺杆的螺纹应与铣刀的螺孔有足够的旋合长度。

（4）装卸铣刀时，对于圆柱形铣刀，应以手持两端面；对于立铣刀，应垫棉纱握刀柄露出的端部，以防铣刀刃口划伤手。

（5）安装铣刀前，应先擦净各接合表面，防止因附有污物而影响铣刀的安装精度。

课题三　工件的装夹

在铣床上装夹工件时，最常用的两种方法是用机用虎钳和压板装夹工件。对于小型工件，一般采用机用虎钳装夹；对大、中型工件，则多是在铣床工作台上用压板来装夹。

一、机用虎钳

机用虎钳是铣床上常用的机床附件。常用的机用虎钳主要有回转型和固定型两种。回转型机用虎钳（见图 1－16）主要由固定钳口、活动钳口、底座等组成。固定型机用虎钳与回转型机用虎钳结构基本相同，只是底座没有转盘，钳体不能回转，但刚度高。回转型机用虎钳可以在水平方向扳转任意角度，其适应性很强。

普通机用虎钳按钳口宽度不同有 100 mm、125 mm、136 mm、160 mm、200 mm、250 mm 六种规格。

二、机用虎钳的安装和校正

1. 机用虎钳的安装

机用虎钳的安装非常方便，首先擦净钳体底座表面和铣床工作台面；然后将底座上的定位键放入工作台中央的 T 形槽内，即可对机用虎钳进行初步的定位；最后旋紧 T 形螺栓上的螺母即可。

图 1 – 16　机用虎钳

1—钳体　2—固定钳口　3—钳口铁　4—活动钳身　5—丝杆手柄　6—压板　7—活动钳口　8—底座

2. 机用虎钳的校正

当工件的加工精度较高时，就需要钳口平面与铣床主轴轴线有较高的垂直度或平行度精度，应对固定钳口进行校正。校正固定钳口常用的方法有用划针校正、用直角尺校正和用百分表校正，见表 1 – 12。校正机用虎钳时，应先松开机用虎钳的紧固螺母，校正后将紧固螺母旋紧。紧固钳体后，应再进行一次复验，以免紧固钳体时破坏了校正精度。

表 1 – 12　　**固定钳口的校正**

方法	简图及说明
用划针校正	用划针校正固定钳口与铣床主轴轴线垂直 校正时，将划针夹持在铣刀杆垫圈间。调整工作台位置，使划针靠近固定钳口平面。然后移动工作台，观察并调整钳口平面与划针针尖的距离，使之在钳口全长范围内一致，即可将机用虎钳的固定螺母紧固。使用划针校正固定钳口的方法精度较低
用直角尺校正	用直角尺校正固定钳口 用直角尺校正固定钳口与主轴轴线平行时，先松开机用虎钳紧固螺母，使固定钳口平面与主轴轴线大致平行；再将直角尺的尺座底面紧靠在床身的垂直导轨面上，调整钳体，使固定钳口平面与直角尺长边的外测量面密合；然后紧固钳体，再进行一次复验，以免紧固钳体时发生偏转

续表

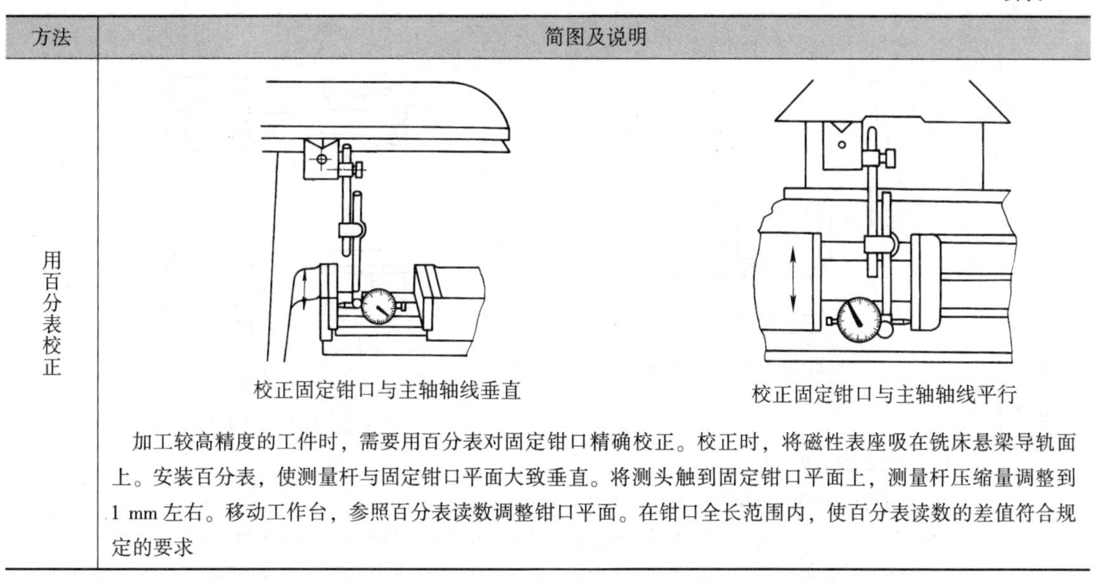

方法	简图及说明
用百分表校正	校正固定钳口与主轴轴线垂直　　校正固定钳口与主轴轴线平行 加工较高精度的工件时，需要用百分表对固定钳口精确校正。校正时，将磁性表座吸在铣床悬梁导轨面上。安装百分表，使测量杆与固定钳口平面大致垂直。将测头触到固定钳口平面上，测量杆压缩量调整到 1 mm 左右。移动工作台，参照百分表读数调整钳口平面。在钳口全长范围内，使百分表读数的差值符合规定的要求

三、用机用虎钳装夹工件

铣削长方体工件的平面、斜面、台阶或轴类工件的键槽时，都可以用机用虎钳进行装夹，见表 1－13。

表 1－13　　用机用虎钳装夹工件

内容	简图及说明
加垫铜皮装夹毛坯	铜皮　工件 选择毛坯上一个大而平整的毛坯面作为粗基准，将其靠在固定钳口上。最好在钳口与工件之间垫上铜皮，以防损伤钳口。用划线盘校正毛坯上平面，直到符合要求后夹紧工件。校正时，工件不宜夹得太紧
加垫圆棒装夹工件	工件　圆棒 以机用虎钳固定钳口作为定位基准时，应将工件的基准面靠向固定钳口，并在活动钳口与工件间放置一圆棒。圆棒要与钳口的上平面平行，其位置应在工件被夹持部分高度的中间偏上。通过圆棒夹紧工件，能保证工件的基准面与固定钳口密合
加垫平行垫铁装夹工件	平行垫铁　工件　钳体导轨面 以钳体导轨面作为定位基准时，将工件的基准面靠向钳体导轨面。在工件与导轨面之间有时要加垫平行垫铁（视工件大小和高度而定）。为了使工件基准面与导轨面平行，工件夹紧后，可用铝棒、纯铜棒或铜锤轻击工件上平面，并用手试移垫铁。当垫铁不再松动时，表明垫铁与工件、垫铁与水平导轨面三者密合较好。敲击工件时，用力要适当，并逐渐减小。用力过大，会因产生的反作用力而影响三者的密合

续表

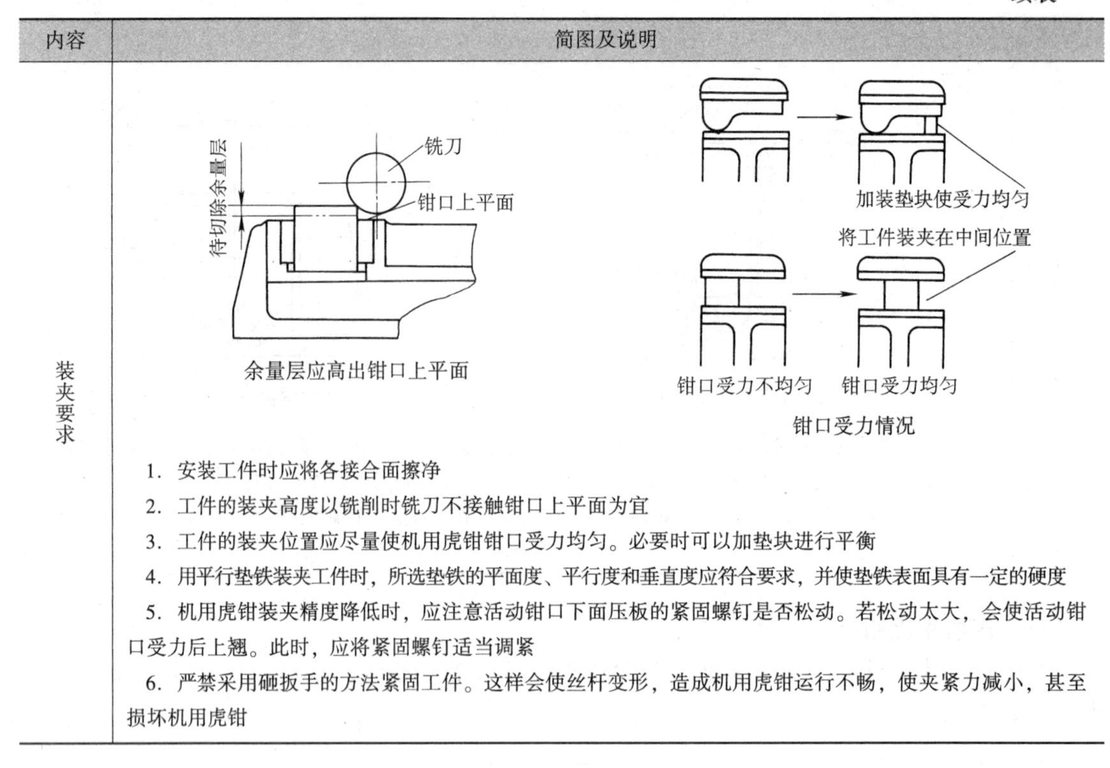

内容	简图及说明
装夹要求	余量层应高出钳口上平面 钳口受力情况 1. 安装工件时应将各接合面擦净 2. 工件的装夹高度以铣削时铣刀不接触钳口上平面为宜 3. 工件的装夹位置应尽量使机用虎钳钳口受力均匀。必要时可以加垫块进行平衡 4. 用平行垫铁装夹工件时，所选垫铁的平面度、平行度和垂直度应符合要求，并使垫铁表面具有一定的硬度 5. 机用虎钳装夹精度降低时，应注意活动钳口下面压板的紧固螺钉是否松动。若松动太大，会使活动钳口受力后上翘。此时，应将紧固螺钉适当调紧 6. 严禁采用砸扳手的方法紧固工件。这样会使丝杆变形，造成机用虎钳运行不畅，使夹紧力减小，甚至损坏机用虎钳

四、用压板装夹工件

1. 用压板装夹工件的方法

对于外形尺寸较大或不便用机用虎钳装夹的工件，常用压板将其压紧在铣床工作台面上，如图 1－17 所示。使用压板装夹工件时，应选择两块以上的压板。压板的一端搭在垫铁上，另一端搭在工件上。垫铁的高度应等于或略高于工件被压紧部位的高度。T 形螺栓略接近于工件一侧，并使压板尽量接近加工位置。在螺母与压板之间必须加垫垫圈。

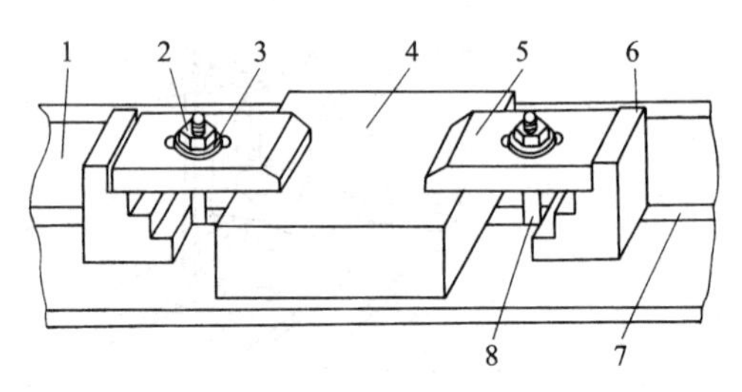

图 1－17　用压板装夹工件

1—工作台面　2—螺母　3—垫圈　4—工件　5—压板　6—台阶垫铁　7—T 形槽　8—T 形螺栓

2. 注意事项

（1）在铣床工作台面上不允许拖拉表面粗糙的工件。夹紧时，应在毛坯件与工作台面间衬垫铜皮，以免损伤工作台面。

（2）用压板在工件已加工表面上夹紧时，应在工件与压板间衬垫铜皮，以免损伤工件已加工表面。

（3）正确选择压板在工件上的夹紧位置，使其尽量靠近加工区域，并处于工件刚度最高的位置。若夹紧部位有悬空现象，应将工件垫实。

（4）拧紧螺栓时尽量不使用活扳手。

（5）每个压板的夹紧力应大小均匀，并逐步以对角压紧，不能一边夹紧力大一边夹紧力小，防止压板的夹紧力偏移而使工件倾斜。

技能训练

校正机用虎钳，装夹工件

1. 安装机用虎钳。

2. 校正机用虎钳

分别使用划针、直角尺和百分表进行校正。

（1）校正机用虎钳固定钳口与铣床主轴轴线平行。

（2）校正机用虎钳固定钳口与铣床主轴轴线垂直。

3. 用机用虎钳装夹工件

（1）在活动钳口加垫圆棒装夹工件。

（2）加垫平行垫铁装夹工件。

4. 用压板装夹工件。

课题四 常用量具的使用

一、游标量具

游标量具是利用尺身和游标尺刻线间长度之差的原理工作的。常用的游标量具有游标卡尺、游标高度卡尺、游标深度卡尺、齿厚游标卡尺和游标万能角度尺等。

1. 游标卡尺

游标卡尺可用来测量工件的长度、厚度、深度、内径、外径和中心距等，其应用极为广泛。游标卡尺的测量精度有0.1 mm、0.05 mm和0.02 mm三种。游标卡尺的测量范围较大，常用的有150 mm和300 mm等。游标卡尺的外形如图1－18所示，其使用方法见表1－14。

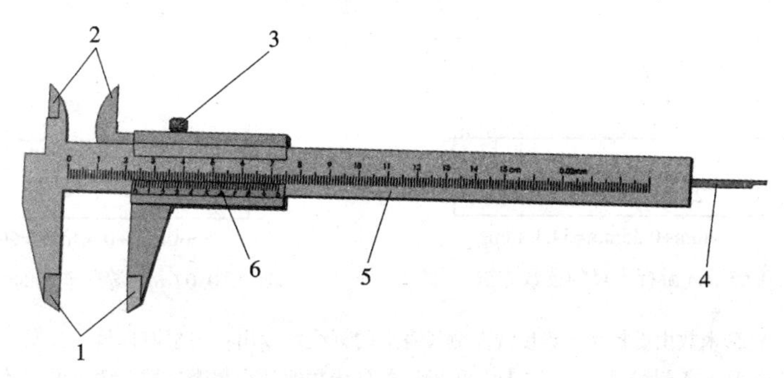

图1－18 游标卡尺

1—外测量爪 2—内测量爪 3—螺钉 4—深度尺 5—尺身 6—游标尺

表 1－14　　游标卡尺的使用方法

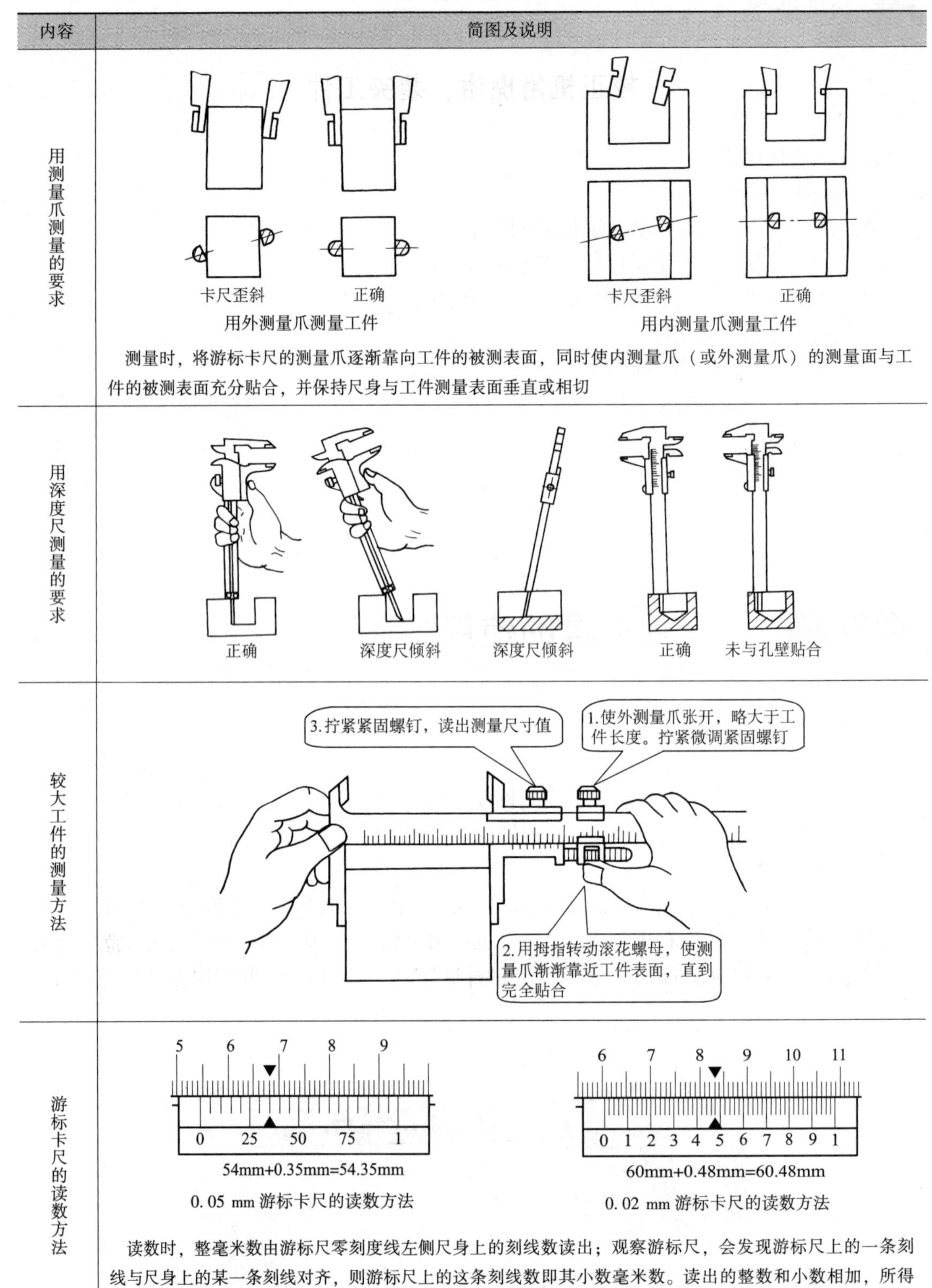

内容	简图及说明
用测量爪测量的要求	用外测量爪测量工件；用内测量爪测量工件 测量时，将游标卡尺的测量爪逐渐靠向工件的被测表面，同时使内测量爪（或外测量爪）的测量面与工件的被测表面充分贴合，并保持尺身与工件测量表面垂直或相切
用深度尺测量的要求	正确；深度尺倾斜；深度尺倾斜；正确；未与孔壁贴合
较大工件的测量方法	1.使外测量爪张开，略大于工件长度。拧紧微调紧固螺钉 2.用拇指转动滚花螺母，使测量爪渐渐靠近工件表面，直到完全贴合 3.拧紧紧固螺钉，读出测量尺寸值
游标卡尺的读数方法	0.05 mm 游标卡尺的读数方法；0.02 mm 游标卡尺的读数方法 读数时，整毫米数由游标尺零刻度线左侧尺身上的刻线数读出；观察游标尺，会发现游标尺上的一条刻线与尺身上的某一条刻线对齐，则游标尺上的这条刻线数即其小数毫米数。读出的整数和小数相加，所得的和就是实际测量的尺寸数值

2. 游标万能角度尺

游标万能角度尺（简称万能角度尺）的结构如图 1－19 所示，它由尺身、基尺、游标尺、直角尺、直尺、卡块、扇形板和锁紧装置等组成。基尺随着尺身相对游标尺转动，转到所需角度时，再用锁紧装置锁紧。

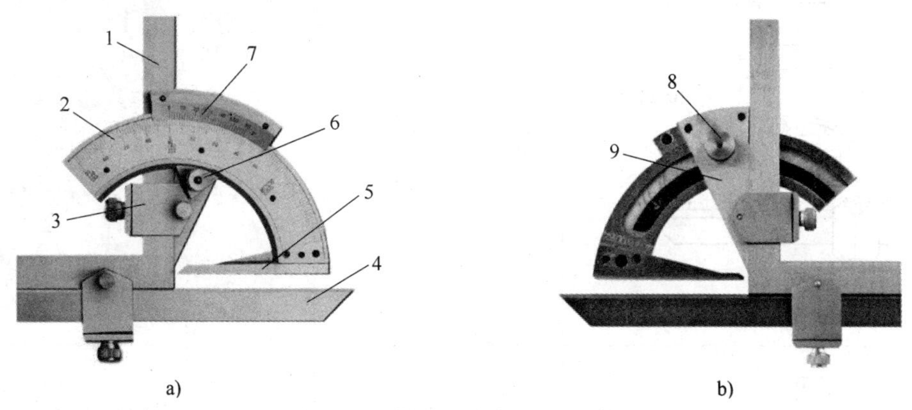

图 1－19　游标万能角度尺的结构

a）正面　b）反面

1—直角尺　2—尺身　3—卡块　4—直尺　5—基尺　6—锁紧装置

7—游标尺　8—调节旋钮　9—扇形板

图 1－20a 是测量精度为 2′的 Ⅰ 型游标万能角度尺的刻线图。尺身刻线每格为 1°，游标尺刻线共 30 格，为 29°，即每格为$\frac{29^\circ}{30}$，与游标每格相差 $1^\circ-\frac{29^\circ}{30}=\frac{1^\circ}{30}=2'$，即游标万能角度尺的测量精度为 2′。游标万能角度尺的读数方法和游标卡尺相似，即先从尺身上读出游标尺零刻度线指示的整度数，再判断游标尺上第几格的刻线与尺身上的刻线对齐，就能确定角度“分”的数值，然后把两者相加，就是被测角度的数值。

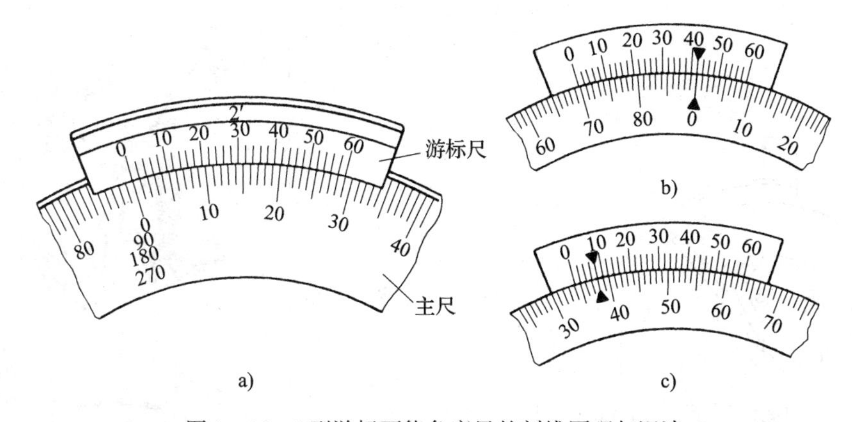

图 1－20　Ⅰ 型游标万能角度尺的刻线原理与识读

在图 1－20b 中，游标尺上的零刻度线落在尺身上 69°到 70°之间，因而该被测角度“度”的数值为 69°；游标尺上第 21 格的刻线与尺身上的某一刻度线对齐，因而被测角度“分”的数值为 2′×21＝42′，所以被测角度的数值为 69°42′。利用同样的方法，可以得出图 1－20c中被测角度的数值为 34°8′。

游标万能角度尺的测量范围及测量方法见表 1－15。

表 1－15　　游标万能角度尺的测量范围及测量方法

测量的角度范围及所读尺身刻度的排数	游标万能角度尺的调整	测量示例
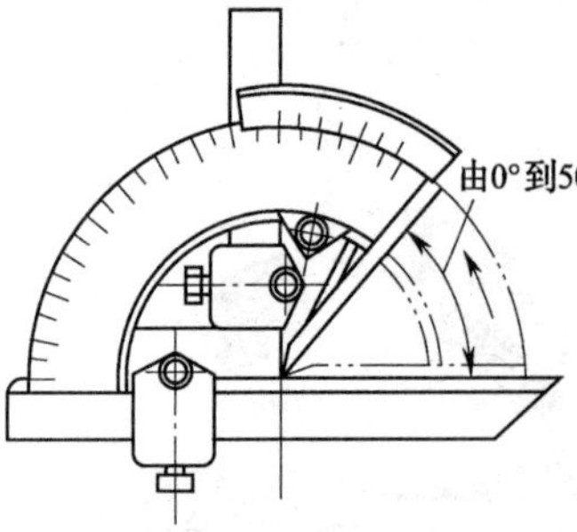 由0°到50° 0°～50°读尺身第一排	被测工件放在基尺和直尺的测量面之间	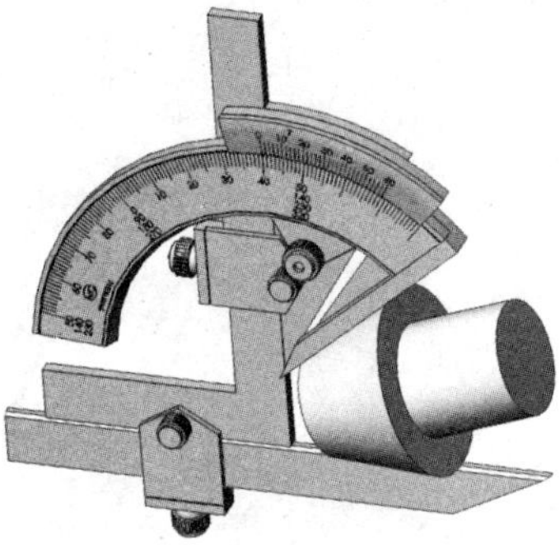
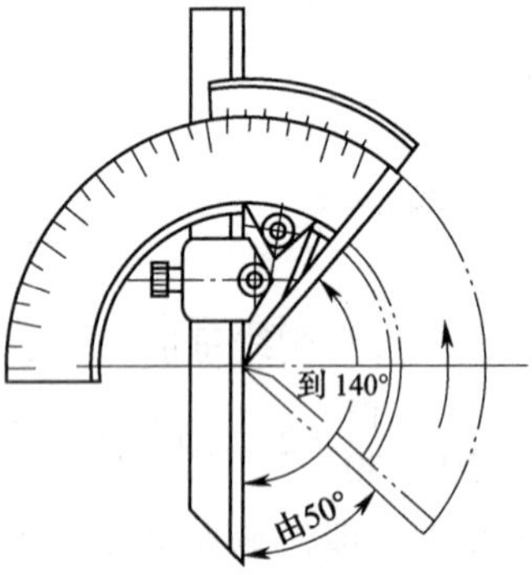 到140° 由50° 50°～140°读尺身第二排	卸下直角尺，用直尺代替	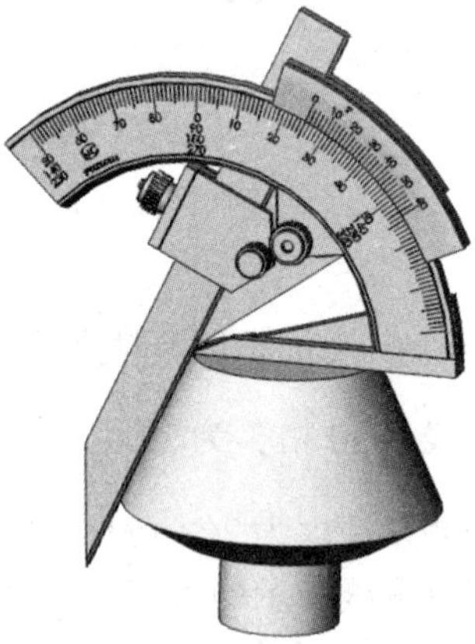
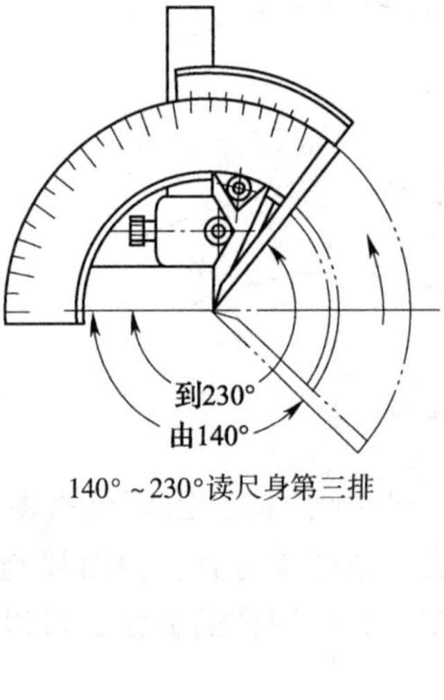 到230° 由140° 140°～230°读尺身第三排	卸下直尺，装上直角尺	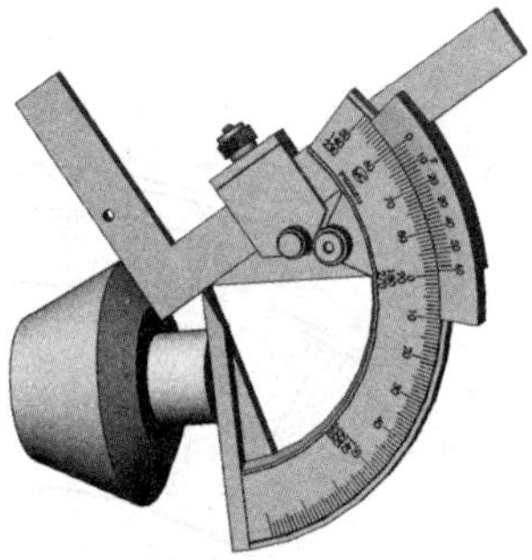 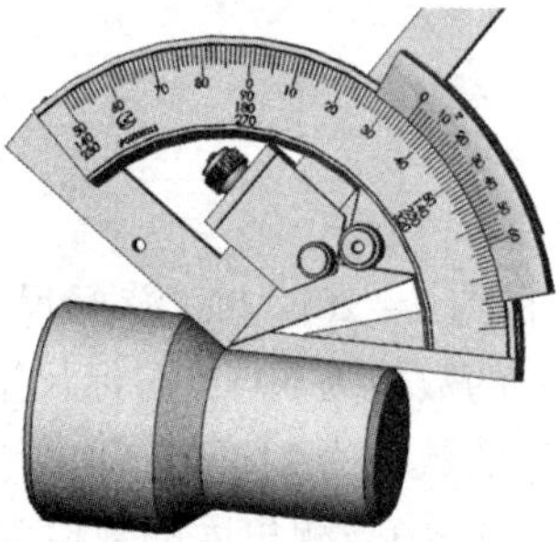

续表

测量的角度范围及所读尺身刻度的排数	游标万能角度尺的调整	测量示例
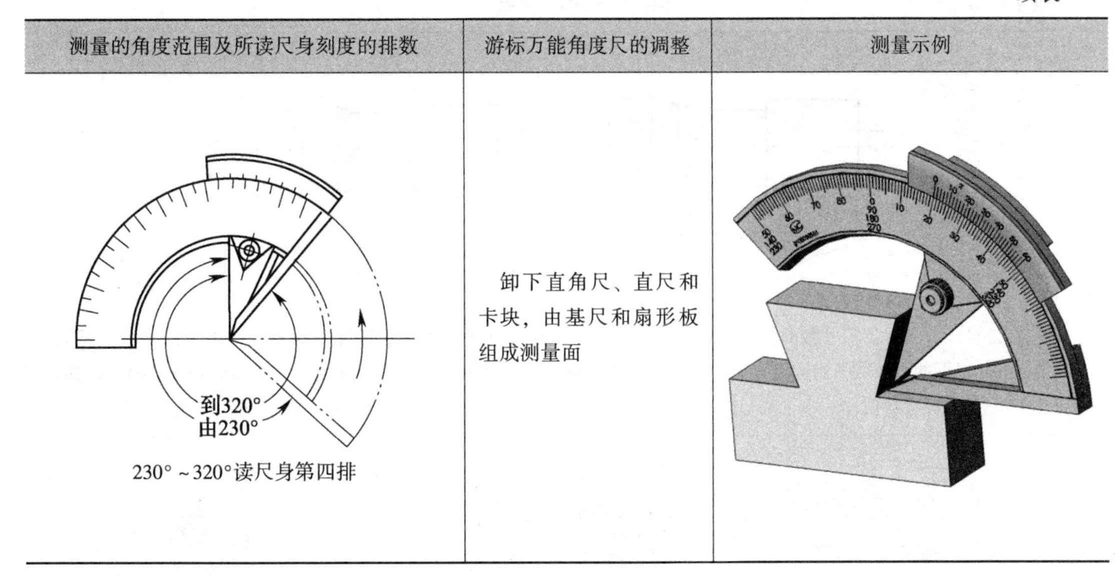 230°~320°读尺身第四排	卸下直角尺、直尺和卡块，由基尺和扇形板组成测量面	

二、千分尺

千分尺的种类较多，按其用途可分为外径千分尺、内径千分尺、深度千分尺、壁厚千分尺、公法线千分尺等。千分尺的测量精度一般为0.01 mm。

1. 外径千分尺的结构

常用的0.01 mm精度外径千分尺的结构如图1－21所示。

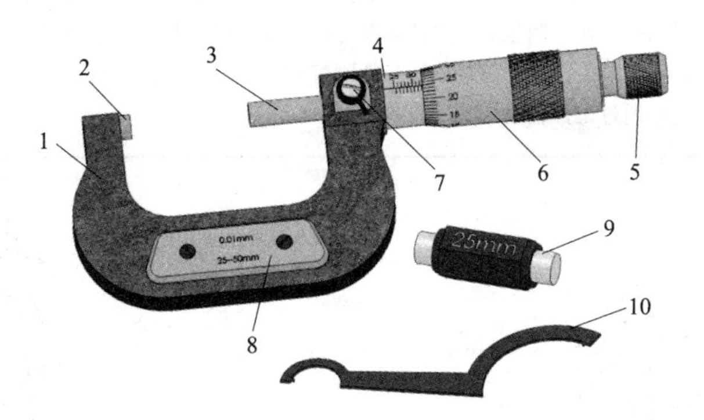

图1－21　外径千分尺的结构

1—尺架　2—测砧　3—测微螺杆　4—固定套管　5—测力装置（棘轮）　6—微分筒
7—锁紧装置　8—隔热装置　9—量块　10—钩形扳手

2. 外径千分尺的使用

外径千分尺是一种常用的精密量具，使用时主要掌握两个方面，一是读数方法，二是测量方法，见表1－16。

三、指示表

指示表是指示式的测量器具，常用的是测量精度为0.01 mm的百分表（见图1－22）、杠杆百分表（见图1－23）和内径百分表（见图1－24）。当测量精度为0.005 mm或0.001 mm时，则称为千分表。

表 1 – 16　　外径千分尺的使用方法

方法	简图及说明
读数方法	12mm+0.24mm=12.24mm　　32.5mm+0.15mm=32.65mm 在外径千分尺上读尺寸数时，整数值或 0. 5 mm 的数值由微分筒（活动套管）在固定套管上的压线数值读出。0. 5 mm 以下的小数数值由固定套管上的基线与所对齐的微分筒上的刻线数值读出。两处读出的数值相加，其和即为实际测量尺寸数值
测量方法	转动微分筒　　转动棘轮测出尺寸　　测量工件外径
测量方法	外径千分尺的测量范围通常是按 25 mm 进行划分的，其常用规格有 0 ~ 25 mm、25 ~ 50 mm、50 ~ 75 mm 和 75 ~ 100 mm 等。使用时应根据工件被测尺寸选择相应测量范围的千分尺。测量前要擦净工件被测表面，以及千分尺的砧座端面和测微螺杆端面。测量时，先转动微分筒，使测微螺杆端面逐渐接近工件的被测表面，再转动棘轮，直到棘轮打滑并发出响声，表明两端面与工件刚好贴合或相切，然后读出测量尺寸数值。测量工件外径时，测微螺杆轴线应基本通过工件轴线

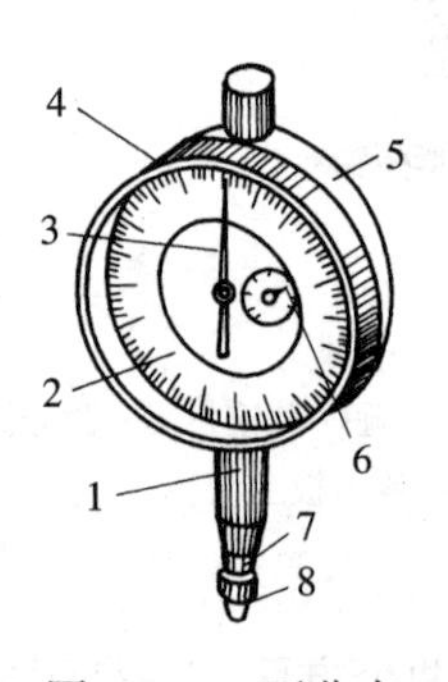

图 1 – 22　百分表

1—表杆　2—表盘　3—长表针　4—表壳
5—表体　6—短表针　7—活动测量杆　8—测头

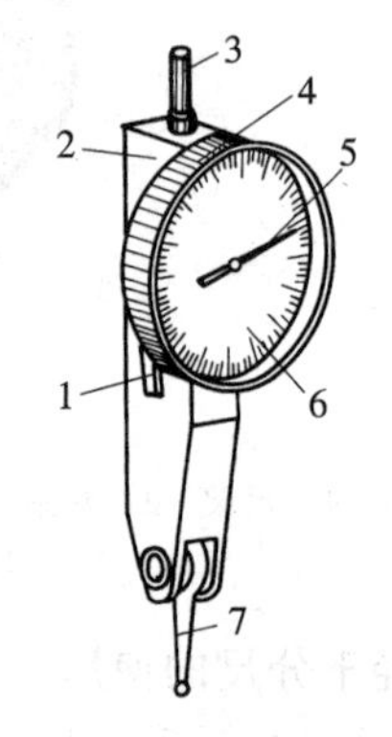

图 1 – 23　杠杆百分表

1—扳手　2—表体　3—连接杆　4—表壳
5—表针　6—表盘　7—活动测量杆

百分表的测量范围常用的有 0 ~ 3 mm、0 ~ 5 mm 和 0 ~ 10 mm 三种，杠杆百分表有 ±0. 4 mm 和 ±0. 5 mm 两种，使用时应根据相应的测量范围来选择。百分表的使用方法见表 1 – 17。

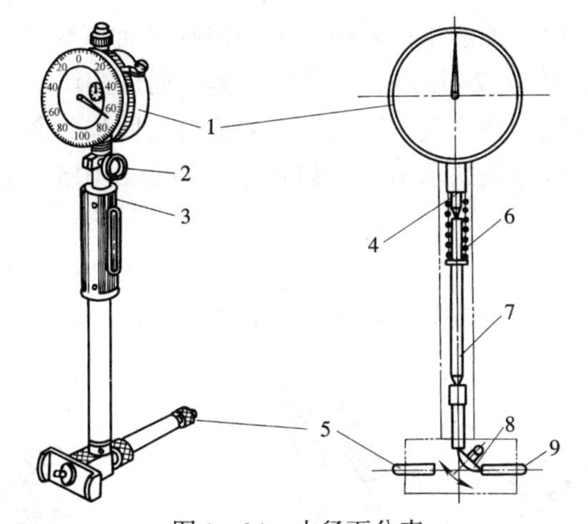

图 1－24　内径百分表

1—百分表　2—百分表固定螺钉　3—隔热套管　4—百分表活动测量杆
5、9—测头　6—弹簧　7—顶杆　8—摆块

表 1－17　　百分表的使用方法

内容	简图及说明
百分表的安装	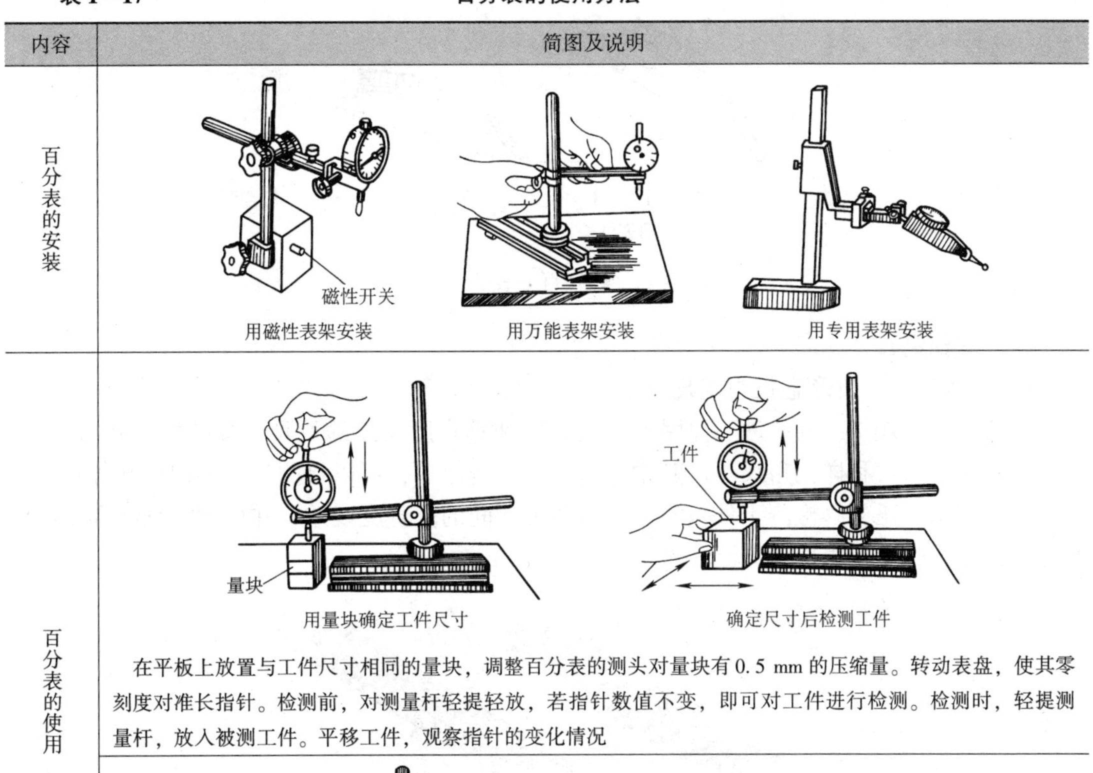用磁性表架安装　用万能表架安装　用专用表架安装
百分表的使用	用量块确定工件尺寸　确定尺寸后检测工件 在平板上放置与工件尺寸相同的量块，调整百分表的测头对量块有 0.5 mm 的压缩量。转动表盘，使其零刻度对准长指针。检测前，对测量杆轻提轻放，若指针数值不变，即可对工件进行检测。检测时，轻提测量杆，放入被测工件。平移工件，观察指针的变化情况
	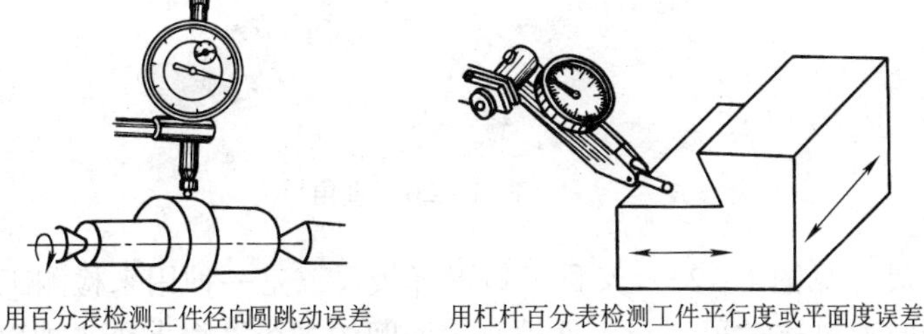用百分表检测工件径向圆跳动误差　用杠杆百分表检测工件平行度或平面度误差

使用百分表检测时，应保证测量杆轴线与工件被测表面基本垂直。

内径百分表的结构如图1－24所示，测量时，测头通过摆块使顶杆上移，使百分表指针转动而指出读数。测量完毕，在弹簧的作用下，测头自动回位。通过更换固定的测头可改变百分表的测量范围。内径百分表的示值误差较大，一般为0.015 mm。因此，在每次测量前最好用千分尺进行校对。

使用杠杆百分表检测时，最好使其活动测量杆轴线与工件被测平面平行，若无法做到平行，也不能让活动测量杆轴线与被测平面的夹角 α 大于15°，如图1－25所示。

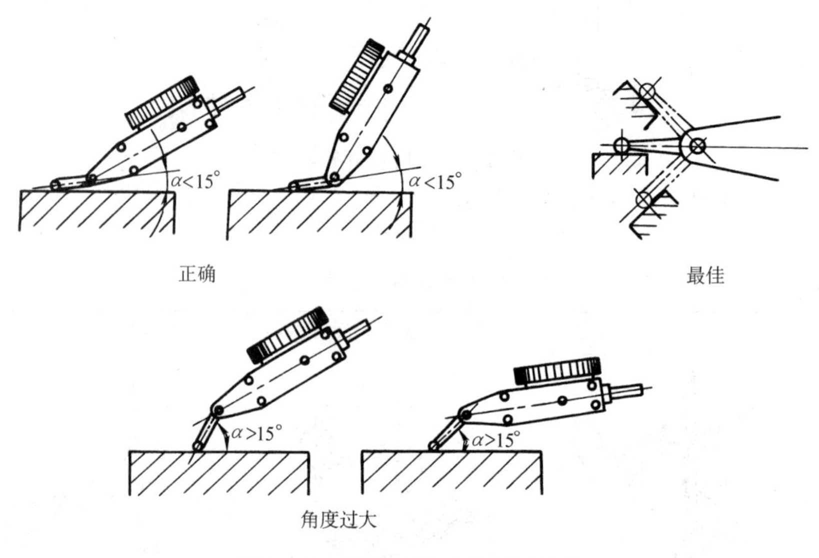

图1－25　杠杆百分表的使用要求

四、其他量具

1. 直角尺、刀口形直尺与塞尺

直角尺（见图1－26）是一种用来检测直角和垂直度误差的量具，其结构形式有多种，常用的有宽座角尺和样板角尺等。其中宽座角尺结构简单，可以检测工件的内角和外角，结合塞尺的使用，还可以检测工件被测表面与基准面间的垂直度误差，并可用于划线和基准的校正等，在生产中应用最为广泛。

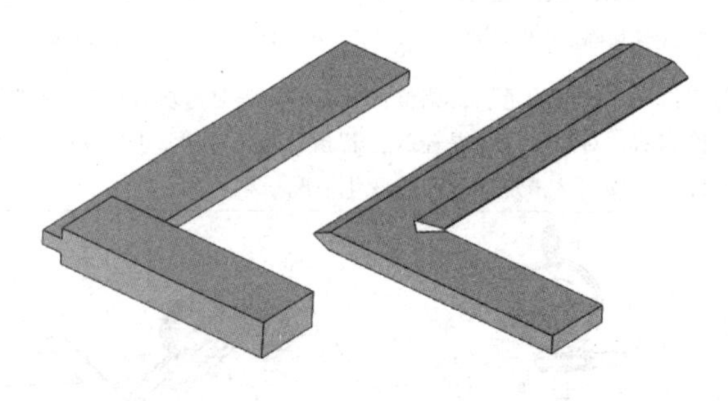

图1－26　直角尺

刀口形直尺（见图1－27）又称刀口形样板尺，是一种用来检测工件的直线度和平面度的量具，检测时通过透过尺刃与工件被测表面间的光线缝隙大小来加以判别。

塞尺（见图1－28）又称厚薄规，是用于检测两表面间缝隙大小的量具。它由若干厚薄不一的钢制塞片组成，按其厚度的尺寸系列配套编组，一端用螺钉或铆钉把一组塞尺组合起来，外面用两块保护板保护塞片。用塞尺检验间隙时，如果用0.09 mm厚的塞片能塞入缝隙，而0.10 mm厚的塞片无法塞入缝隙，则说明此间隙在0.09～0.10 mm之间。塞尺可以单片使用，也可以几片重叠在一起使用。

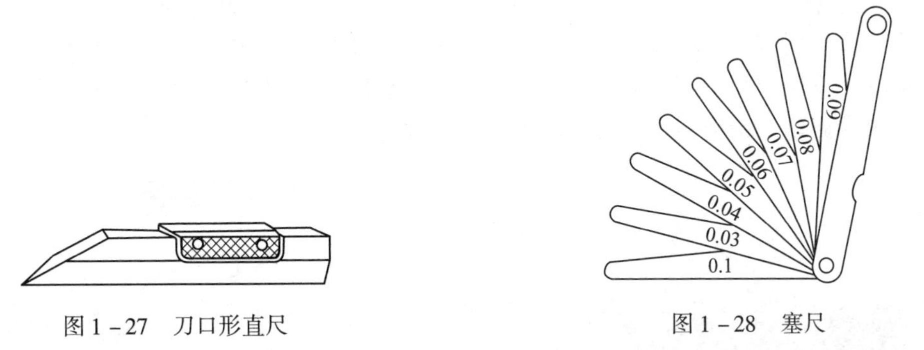

图1－27　刀口形直尺　　　　图1－28　塞尺

2. 光滑极限量规

光滑极限量规用于检验基本尺寸小于或等于500 mm、公差等级为IT16～IT6级的轴和孔，分为轴用极限量规和孔用极限量规，如图1－29所示。它们都是成对使用的，一端为通规，一端为止规。用它们控制工件尺寸是否在规定的极限尺寸范围内，从而判别工件是否合格。

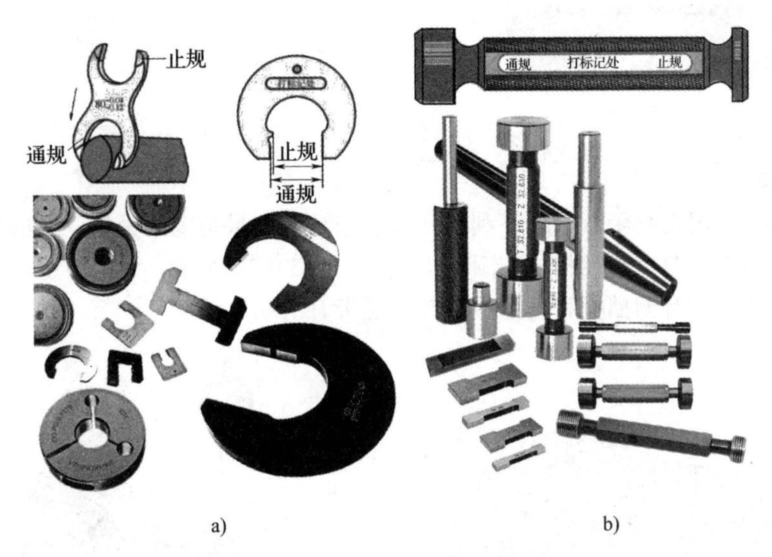

a)　　　　b)

图1－29　光滑极限量规

a）轴用极限量规（环规和卡规）　b）孔用极限量规（塞规）

用光滑极限量规检验工件时，只有通规能通过工件而止规过不去才表示被检工件合格，否则就不合格，即判定工件是否合格的标准是“通端通，止端止”。

3. 量块

量块是没有刻度的平行端面量具，又称块规，是用微变形钢（属低合金刃具钢）或陶瓷材料制成的长方体，如图1－30所示。

量块具有线膨胀系数小、不易变形、耐磨性好等特点。量块具有经过精密加工很平、很光的两个平行平面，称为测量面。两测量面之间的距离为工作尺寸，又称标称尺寸，该尺寸具有很高的精度。量块的标称尺寸大于或等于 10 mm 时，其测量面的尺寸为 35 mm × 9 mm；标称尺寸在10 mm 以下时，其测量面的尺寸为 30 mm × 9 mm。

量块的测量面非常平整和光洁，用少许压力推合两块量块，使它们的测量面紧密接触，两块量块就能黏合在一起。量块的这种特性称为研合性。利用量块的研合性，就可用不同尺寸的量块组合成所需的各种尺寸，如图 1 - 31 所示。量块的应用较为广泛，可用于检定和校准其他量具、量仪，相对测量时用量块组合成一标准尺寸来调整量具和量仪的零位，以及用于精密机床的调整、精密划线和直接测量精密零件等。

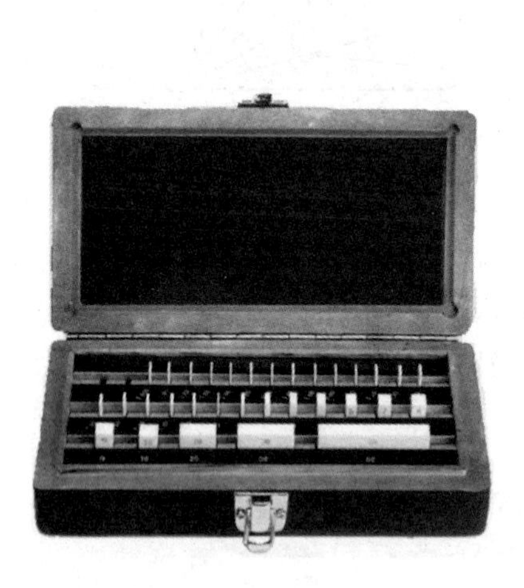

图 1 - 30　量块

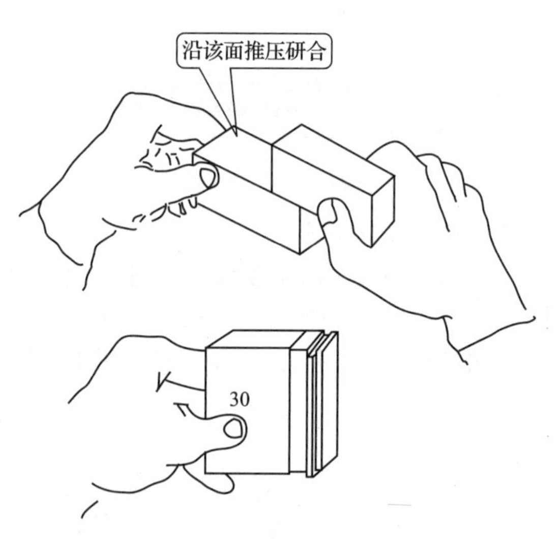

图 1 - 31　量块的组合

4. 正弦规

正弦规是一种用正弦函数原理，利用间接法来精确测量角度的量具。它的结构简单，主要由主体工作平板和两个直径相同的圆柱组成，如图 1 - 32 所示。为了便于被检工件在平板表面定位和定向，装有侧挡板和后挡板，有的还带有滑动支承。

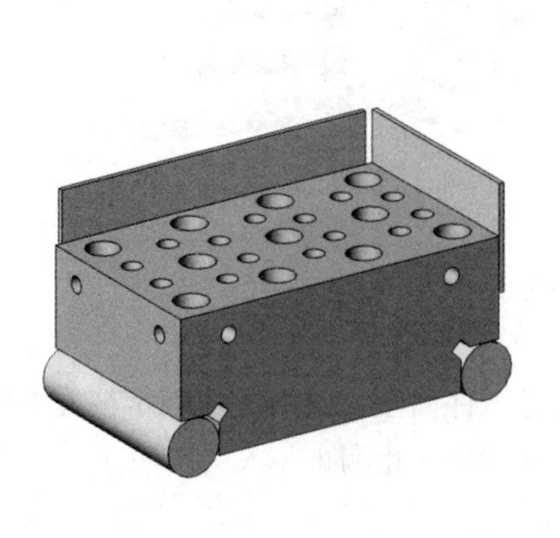

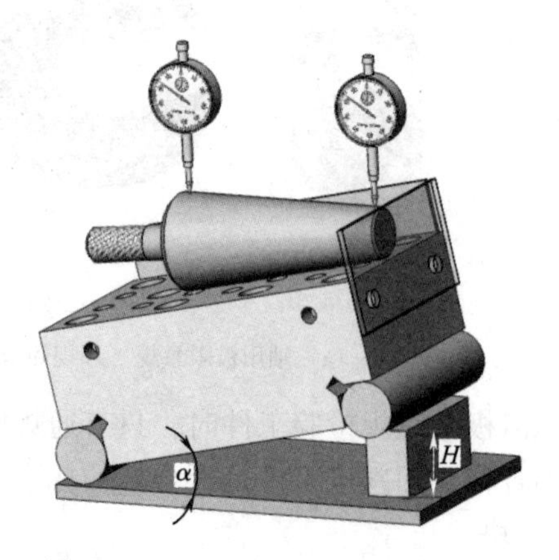

图 1 - 32　正弦规

正弦规结构形式分窄型和宽型两类。两个圆柱中心距精度很高，中心距常用的有 100 mm 和 200 mm 两种，中心距 100 mm 的极限偏差仅为 ±0.003 mm 或 ±0.002 mm。同时，工作平面的平面度精度以及两个圆柱的形状精度和它们之间的相互位置精度都很高，因此可以作精密测量用。

使用时，将正弦规放在平板上，一圆柱与平板接触，另一圆柱下垫上量块组，使正弦规的工作平面与平板间形成一角度，如图 1－33 所示。从图中可以看出：

$$\sin\alpha = \frac{H}{L}$$

式中　α——正弦规放置的角度，(°)；

H——量块组的尺寸，mm；

L——正弦规两圆柱的中心距，mm。

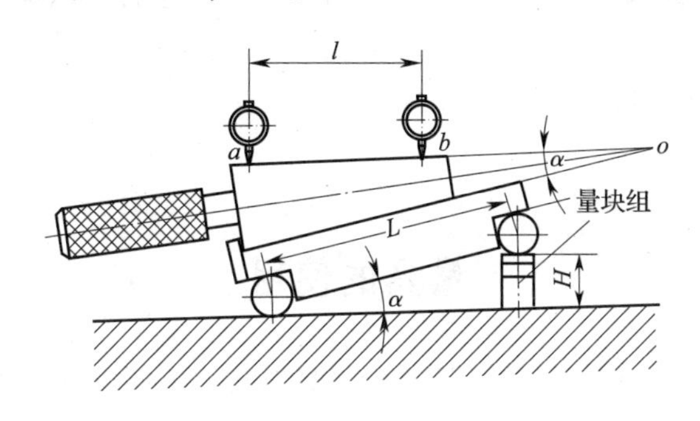

图 1－33　用正弦规检测圆锥塞规

如图 1－33 所示为用正弦规检测圆锥塞规。首先根据被检测的圆锥塞规的基本圆锥角 α，由 $H = L\sin\alpha$ 算出量块组尺寸并组合量块，然后将量块组放在平板上与正弦规一圆柱接触，此时正弦规主体工作平面相对于平板倾斜 α 角。放上圆锥塞规后，用千分表分别测量被测圆锥上 a、b 两点。a、b 两点读数之差 n 与 a、b 两点距离 l 之比即为锥度偏差 $\Delta\alpha$，即：

$$\Delta\alpha = \frac{n}{l}$$

式中 n、l 的单位均取 mm。

五、量具使用的注意事项

1. 量具必须定期校验，使用前应检查合格证，确认在允许的使用期内，以保证其度量准确。

2. 使用量具时应注意爱护量具，掌握正确的测量方法。用前应擦净其工作表面，不准测量毛坯表面。

3. 不准随便拆卸量具的零部件。

4. 不准将量具靠近磁场、热源，更不准将其与其他工具、工件堆放在一起。

5. 使用量具应做到轻拿轻放，用后应仔细擦拭、涂油，放入盒内妥善保管。

6. 使用游标卡尺的注意事项

（1）用前应擦净测量爪的测量面，将测量爪合拢，检查游标尺零线是否与尺身零线对齐。

（2）不准将固定住的游标卡尺卡入工件（相当于用作卡规）进行测量。

（3）严禁用卡尺测量爪的尖部划线。

7. 使用外径千分尺的注意事项

（1）测量前应校正零位。

（2）测量时，当测微螺杆端面接近工件被测表面时，必须通过转动棘轮使两者接触。退出时则反转微分筒。

8. 使用百分表的注意事项

（1）表架要放稳，并使其安装妥当，以免百分表落地摔坏。

（2）避免使百分表受到剧烈振动和碰撞，不要敲打表的任何部位，更不能使其测头突然与被测表面冲击接触。

（3）检测时，测量杆的移动距离不能超出表的测量范围，以免损坏表内零件。

（4）测头与被测表面接触后，使测量杆压缩 0.5 mm 左右，以保持一定的初始测量力。测量中测头不能松动。

技能训练

量具的使用

由教师根据实习情况，组织学生使用各种量具对实习工件进行检测练习，同时要通过学习掌握各种量具的维护和保养方法。

第二单元

平面和连接面的铣削

用铣削方法加工工件平面的方法称为铣平面。平面可构成机械零件的基本表面。铣平面是铣工最重要的工作之一，也是进一步掌握铣削其他各种复杂表面的基础技能。根据工件上平面与其基准面的位置关系，平面分为平行面、垂直面和斜面三种。

课题一 平面的铣削

一、铣削的基本运动

铣削时工件与铣刀的相对运动称为铣削运动，它包括主运动和进给运动。

主运动是切除工件表面多余材料所需的最基本的运动，是指直接切除工件上待切削层，使之转变为切屑的主要运动。主运动是消耗机床功率最多的运动。铣削运动中铣刀的旋转运动是主运动。

进给运动是使工件切削层材料相继投入切削，从而加工出完整表面所需的运动。铣削加工中，进给运动是工件相对铣刀的移动、转动或铣刀自身的移动。

二、铣削用量

铣削用量的要素包括铣削速度 v_c、进给量 f、铣削深度 a_p 和铣削宽度 a_e。

铣削时合理地选择铣削用量，对保证零件的加工精度与加工表面质量，提高生产效率，延长铣刀的使用寿命，降低生产成本，都有着密切的关系。

1. 铣削速度 v_c

铣削时铣刀切削刃上选定点相对于工件的主运动的瞬时速度称为铣削速度。铣削速度可以简单地理解为切削刃上选定点在主运动中的线速度，即切削刃上离铣刀轴线距离最大的点在 1 min 内所经过的路程。铣削速度的单位是 m/min。

铣削速度与铣刀直径、铣刀转速有关，计算公式为：

$$v_c = \frac{\pi d n}{1\ 000}$$

式中　v_c——铣削速度，m/min；

d——铣刀直径，mm；

n——铣刀或铣床主轴转速，r/min。

铣削时，根据工件的材料、铣刀切削部分材料、加工阶段的性质等因素确定铣削速度，然后根据所用铣刀的规格（直径），按下式计算并确定铣床主轴的转速。

$$n=\frac{1\ 000v_c}{\pi d}$$

例2-1　在X6132型铣床上，用直径为80 mm的圆柱形铣刀，以25 m/min的铣削速度进行铣削。铣床主轴转速应调整到多少？

解：已知 $d=80$ mm，$v_c=25$ m/min

$$n=\frac{1\ 000v_c}{\pi d}\approx\frac{1\ 000\times25}{3.14\times80}\ \text{r/min}\approx99.5\ \text{r/min}$$

答：根据铣床铭牌，实际应调整到95 r/min。

2. 进给量f

刀具（铣刀）在进给运动方向上相对工件的单位位移量称为进给量。铣削中的进给量根据具体情况的需要，有以下三种表述和度量的方法：

（1）每转进给量f

铣刀每回转一周在进给运动方向上相对工件的位移量称为每转进给量，单位为mm/r。

（2）每齿进给量f_z

铣刀每转中每一刀齿在进给运动方向上相对工件的位移量称为每齿进给量，单位为mm/z。

（3）进给速度（又称每分钟进给量）v_f

切削刃上选定点相对工件的进给运动的瞬时速度称为进给速度，也就是铣刀每回转1 min在进给运动方向上相对工件的位移量，单位为mm/min。

三种进给量的关系如下：

$$v_f=fn=f_z zn$$

式中　v_f——进给速度，mm/min；

f——每转进给量，mm/r；

n——铣刀或铣床主轴转速，r/min；

f_z——每齿进给量，mm/z；

z——铣刀齿数。

铣削时，根据加工性质先确定每齿进给量f_z，然后根据所选用铣刀的齿数z和铣刀的转速计算出进给速度v_f，并以此对铣床进给量进行调整（铣床铭牌上的进给量以进给速度v_f表示）。

例2-2　用一把直径为25 mm、齿数为3的立铣刀，在X5032型铣床上铣削，采用每齿进给量f_z为0.04 mm/z，铣削速度v_c为24 m/min。试调整铣床的转速和进给速度。

解：已知 $d=25$ mm，$z=3$，$f_z=0.04$ mm/z，$v_c=24$ m/min

$$n=\frac{1\ 000v_c}{\pi d}\approx\frac{1\ 000\times24}{3.14\times25}\ \text{r/min}\approx305.7\ \text{r/min}$$

根据铣床铭牌，实际选择转速为300 r/min。

$$v_f = f_z z n \approx 0.04 \times 3 \times 300\ \text{mm/min} = 36\ \text{mm/min}$$

根据铣床铭牌，实际选择进给速度为37.5 mm/min。

答：调整铣床的转速为300 r/min，进给速度为37.5 mm/min。

当计算所得的数值与铣床铭牌上所标数值不一致时，可选取与计算所得数值最接近的铭牌数值。若计算所得数值处在铭牌上两个数值的中间时，则应按较小的铭牌值选取。

3. 铣削深度 a_p

铣削深度 a_p 是指在平行于铣刀轴线方向上测得的切削层尺寸，单位为mm。

4. 铣削宽度 a_e

铣削宽度 a_e 是指在垂直于铣刀轴线方向和工件进给方向上测得的切削层尺寸，单位为mm。

铣削时，由于采用的铣削方法和选用的铣刀不同，铣削深度 a_p 和铣削宽度 a_e 的表示也不同。图2－1所示为用圆柱形铣刀进行周铣与用面铣刀进行端铣时的铣削深度和铣削宽度。不难看出，无论是采用周铣或是端铣，铣削宽度 a_e 都表示铣削弧深。因为无论使用哪一种铣刀铣削，其铣削弧深的方向均垂直于铣刀轴线。

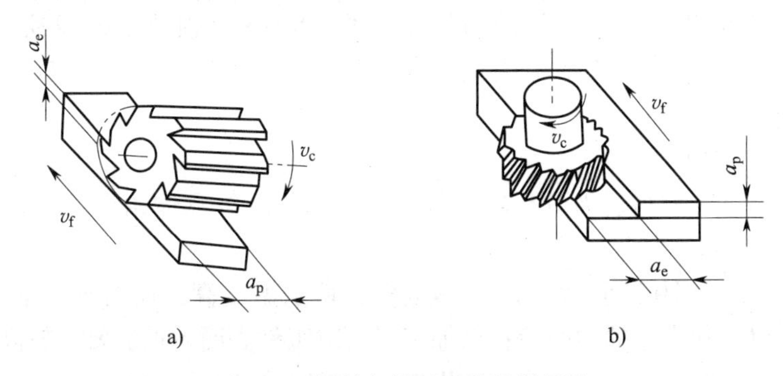

图2－1 周铣与端铣时的铣削用量

a）周铣 b）端铣

三、切削液

切削液是为了提高切削加工效果而使用的液体。切削过程中合理选择及使用切削液，可降低切削区的温度，减小机械摩擦，减小工件热变形和表面粗糙度值，并能延长刀具寿命，提高加工质量和生产效率。一般来说，正确使用切削液，可提高切削速度30%左右，降低切削温度100～150 ℃，减小切削力10%～30%，延长刀具寿命4～5倍。

1. 切削液的作用

（1）冷却作用

在铣削过程中，会产生大量的热量，致使刀尖附近的温度很高，而使切削刃磨损加快。充分浇注切削液能带走大量热量和降低温度，改善切削条件，起到冷却工件和刀具的作用。

（2）润滑作用

铣削时，切削刃及其附近与工件被切削处产生强烈的摩擦。这种摩擦一方面会使切削刃磨损，另一方面会增大表面粗糙度值和降低表面质量。切削液可以渗透到工件表面与刀具后面之间及刀具前面与切屑之间的微小间隙中，减小工件、切屑与铣刀之间的摩擦，提高加工表面的质量和减缓刀齿的磨损。

（3）冲洗作用

在浇注切削液时，能把铣刀齿槽中和工件上的切屑冲走，使铣刀不因切屑的阻塞而影响铣削，也可避免细小的切屑在铣刀切削刃和工件加工表面之间挤压摩擦而影响表面质量。

2. 切削液的种类、主要性能和选用

（1）切削液的种类和主要性能

切削液根据其性质不同分成水基切削液和油基切削液两大类。水基切削液是以冷却为主、润滑为辅的切削液，包括合成切削液（水溶液）和乳化液两类。铣削中常用的是乳化液。油基切削液是以润滑为主、冷却为辅的切削液，包括切削油和极压油两类。铣削中常用的是切削油。

1）乳化液。乳化液是由乳化油用水稀释而成的乳白色液体。乳化液流动性好，比热容大，黏度低，冷却作用良好，并具有一定的润滑性能，主要用于钢、铸铁和有色金属的切削加工。

2）切削油。切削油主要是矿物油，其他还有动物油、植物油和复合油（以矿物油为基础，添加5%～30%混合植物油）等。切削油有良好的润滑性能，但流动性较差，比热容较小，散热效果较差。常用的切削油有L－AN15全损耗系统用油（旧牌号为10号机械油）、L－AN32全损耗系统用油（旧牌号为20号机械油）、煤油及高速机械油等。

（2）切削液的选用

切削液应根据工件材料、刀具材料、加工方法和要求等具体条件，综合考虑，合理选用。

1）粗加工时，金属切除量大，产生热量多，切削温度高，而对加工表面质量要求不高，所以应采用以冷却为主的切削液；精加工时，对工件表面质量的要求较高，并希望铣刀耐用，而由于精加工时金属切除量小，产生热量少，对冷却作用的要求不高，因此应采用以润滑为主的切削液。

2）铣削钢等塑性材料需用切削液。铣削铸铁、黄铜等脆性材料时，使用切削液的作用不明显，而且呈细小颗粒状的切屑和切削液混合后，容易堵塞机床的冷却系统，碎屑黏附在机床导轨与滑板间造成阻塞和擦伤，故一般不用切削液，必要时可用煤油、乳化液和压缩空气。

3）铣削高强度钢、不锈钢、耐热钢等难切削材料时，应选用极压切削油或极压乳化液。

4）用高速钢铣刀铣削时，因高速钢热硬性较差，应采用切削液。用硬质合金铣刀铣削时，因硬质合金热硬性好，耐热，耐磨，故一般不用切削液，必要时可使用低浓度的乳化液，但必须在开始切削前就连续充分地浇注，以免刀片因骤冷而碎裂。

切削液的使用通常采用浇注法，将大流量的低压切削液直接浇注在切削区域的切屑上。浇注法使用方便，设备简单，但较难直接浇入切削刃上最高温度处。为得到良好的效果，必须注意切削液用量要充分，且要一开始就使用，并浇到刀齿与工件的接触处，即尽量靠近温度最高的地方，对铣刀等切削刃较宽的刀具，应使用平面液流，切削液喷嘴口的宽度应不小于工件切削层宽度的 75%。

铣削时切削液的选用情况见表 2－1。

表 2－1　铣削时切削液的选用情况

加工材料	铣削种类	
	粗铣	精铣
碳钢	乳化液、苏打水	乳化液（低速时质量分数为 10%～15%，高速时质量分数为 5%）、极压乳化液、复合油、硫化油等
合金钢	乳化液、极压乳化液	乳化液（低速时质量分数为 10%～15%，高速时质量分数为 5%）、极压乳化液、复合油、硫化油等
不锈钢及耐热钢	乳化液、极压切削油 硫化乳化液 极压乳化液	氯化煤油 煤油加 25% 植物油 煤油加 20% 松节油和 20% 油酸、极压乳化液 硫化油（柴油加 20% 脂肪和 5% 硫黄）、极压切削油
铸钢	乳化液、极压乳化液、苏打水	乳化液、极压切削油 复合油
青铜 黄铜	一般不用，必要时用乳化液	乳化液 含硫极压乳化液
铝	一般不用，必要时用乳化液、复合油	柴油、复合油 煤油、松节油
铸铁	一般不用，必要时用压缩空气或乳化液	一般不用，必要时用压缩空气、乳化液或极压乳化液

四、平面的铣削方法

1. 周边铣削

（1）周边铣削的概念

周边铣削（简称周铣）是用铣刀周边齿刃进行的铣削，如图 2－2 所示。

由于圆柱形铣刀是由若干个切削刃组成的，因此铣出的平面上会有微小的波纹。要使被加工表面获得较小的表面粗糙度值，工件的进给速度应慢一些，而铣刀的旋转速度应适当快一些。

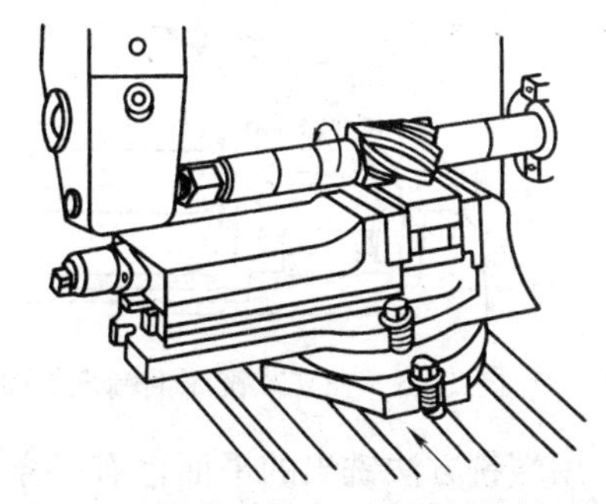

图 2－2　在卧式铣床上采用周铣铣平面

（2）圆柱形铣刀的选择与安装

圆柱形铣刀的选择与安装见表 2－2。

2. 端面铣削

（1）端面铣削的概念

端面铣削（简称端铣）是用铣刀端面齿刃进行的铣削。端铣时，铣刀的旋转轴线与工件被加工表面垂直。在立式铣床上端铣平面，铣出的平面与铣床工作台面平行，如图 2－3 所示；在卧式铣床上端铣平面，铣出的平面与铣床工作台面垂直，如图 2－4 所示。

表 2－2　　圆柱形铣刀的选择与安装

内容	简图及说明
圆柱形铣刀的选择	右旋刀齿　圆柱形铣刀　工件 用圆柱形铣刀铣平面 所选圆柱形铣刀的宽度应大于被加工工件平面的宽度 圆柱形铣刀有左旋和右旋两种。将铣刀直立放置观察刀齿，若铣刀刀齿向右倾斜，称为右旋铣刀；若铣刀刀齿向左倾斜，则称为左旋铣刀
圆柱形铣刀的安装	键　铣刀　铣刀杆 在铣刀和铣刀杆之间安装定位键 为了提高铣刀的刚度，铣刀应尽量靠近主轴端部或刀杆支架安装。若铣削的切削力大，切削的工件强度高或切削面较宽，应在铣刀和铣刀杆之间安装定位键，防止铣刀在铣削过程中产生松动
	视线　视线 圆柱形铣刀旋转方向的确定 圆柱形铣刀有正装、反装之分。装刀时从刀杆支架一端观察，使右旋铣刀按顺时针方向旋转切削，左旋铣刀按逆时针方向旋转切削即为正装，反之则为反装。安装后主轴的旋转方向应保证铣刀刀齿在切入工件时前面朝向工件方能正常切削。为了使铣刀切削时所产生的轴向力朝向主轴，铣刀应采用正装

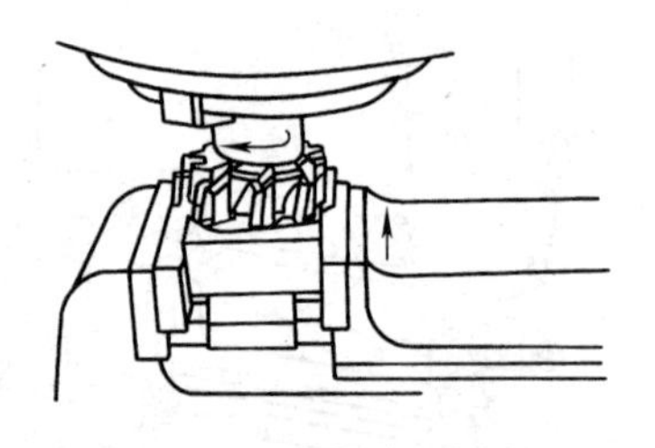

图 2－3　在立式铣床上端铣平面

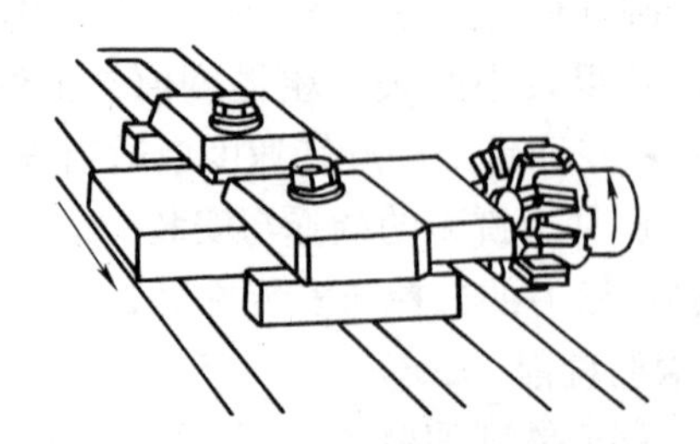

图 2－4　在卧式铣床上端铣平面

用端铣方法铣出的平面也有一条条刀纹，刀纹的粗细（影响表面粗糙度值的大小）同样与工件进给速度的快慢和铣刀转速的高低等诸多因素有关。

（2）铣床主轴的校正

用端铣方法铣出的平面，其平面度精度的高低主要取决于铣床主轴轴线与进给方向的垂直度。若主轴轴线与进给方向垂直，铣刀刀尖会在工件表面铣出网状的弧形刀纹，工件表面是一平面，如图 2 –5 所示。若主轴轴线与进给方向不垂直，铣刀刀尖会在工件表面铣出单向的弧形刀纹，并将工件表面铣成一个凹面，如图 2 –6 所示。因此，采用端铣方法铣削平面时，应校正铣床主轴轴线与进给方向垂直，见表 2 –3。

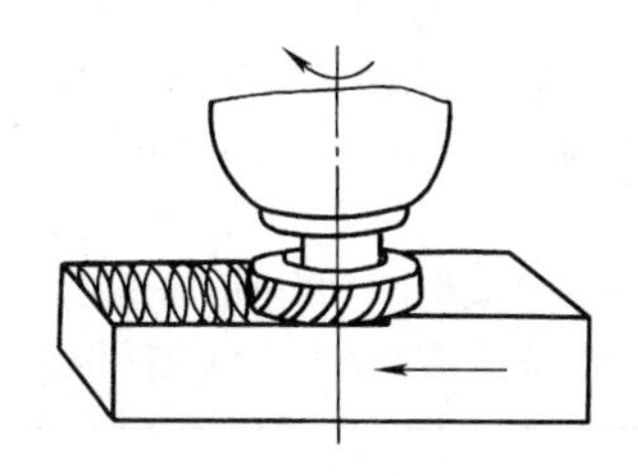

图 2 –5　主轴轴线与进给方向垂直时铣平面

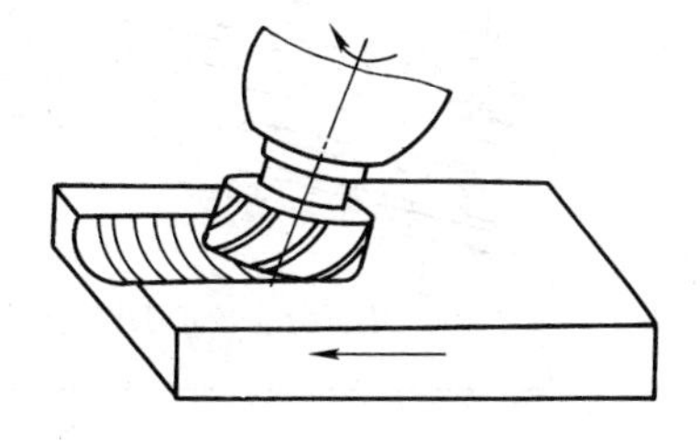

图 2 –6　主轴轴线与进给方向不垂直时铣平面

表 2 –3　　铣床主轴的校正

内容		简图及说明
立铣头主轴轴线与工作台进给方向垂直度的校正	用直角尺和锥柄心轴进行校正	立铣头主轴　锥柄心轴　将心轴插入主轴锥孔 锥柄心轴　直角尺　工作台　与纵向进给方向平行方向的检测 与纵向进给方向垂直方向的检测 选用与主轴锥孔相同锥度的锥柄心轴，擦净接合面后，轻轻将心轴插入主轴锥孔。将直角尺尺座底面贴在工作台面上，用长边外侧测量面靠向心轴圆柱表面，观察两者之间是否密合或上下间隙均匀，以确定立铣头主轴轴线与工作台面是否垂直。注意，应在工作台进给方向的平行和垂直两个方向上进行检测
	用百分表进行校正	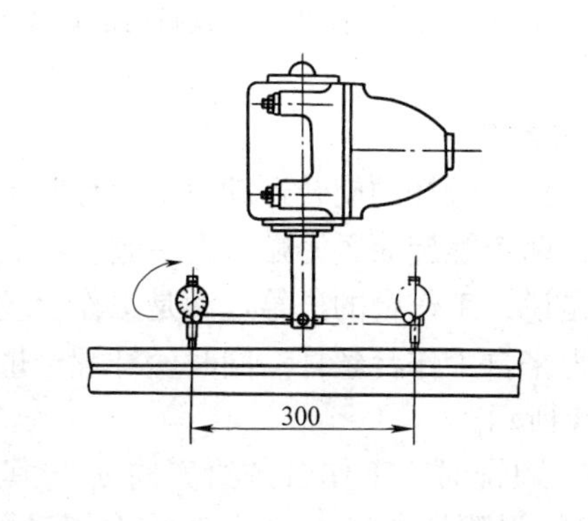 用百分表校正立铣头时，先将主轴转速调至最高，以使主轴转动灵活，断开主轴电源 将角形表杆固定在立铣头主轴上。安装百分表，使百分表测量杆与工作台面垂直。升起工作台，使测头与工作台面接触，并将测量杆压缩 0.5 mm 左右。将百分表的指针调至“0”位，然后将立铣头扳转 180°，观察百分表的读数。若百分表的读数差值在 300 mm 范围内大于 0.02 mm，就需要对立铣头进行校正。校正时，先松开立铣头紧固螺母，用木质锤敲击立铣头端部。校正完毕，将螺母紧固，并复检一次

续表

内容	简图及说明
卧式铣床主轴轴线与工作台纵向进给方向垂直度的校正	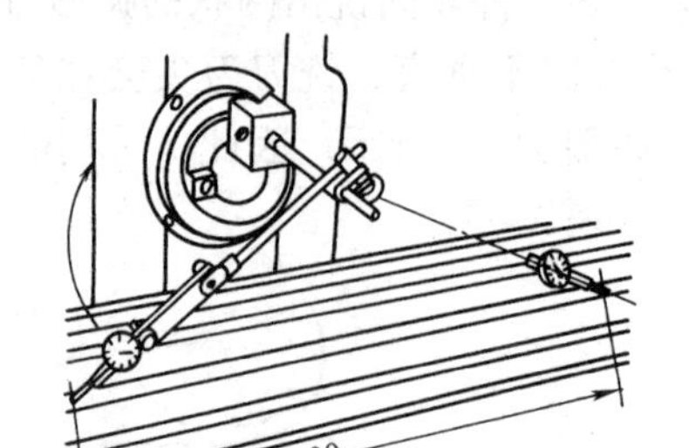 用百分表校正工作台 将主轴转速调至最高，以便于灵活转动主轴，断开主轴电源。将磁性表座吸在铣床主轴端面上，安装杠杆式百分表。调整铣床工作台位置，使百分表活动测量杆的测头刚好接触到工作台中央T形槽的侧面上，将百分表指针置于“0”位 用手慢慢转动主轴，若百分表在工作台中央T形槽同一侧面上指针的变化量在300 mm范围内超过0.02 mm，就需要校正工作台。校正时，先松开工作台回转盘锁紧螺母，用木质锤敲击工作台端部。校正完毕，紧固锁紧螺母，并进行一次复检

3. 周铣与端铣的优点

周铣与端铣的优点见表2－4。

表2－4　周铣与端铣的优点

周铣	端铣
能一次切除较大的铣削层深度（铣削宽度 a_e），即铣刀在圆周上的进刀量很大 在相同的铣削层深度、铣削层宽度和每齿进给量的条件下，用周铣加工的工件表面比用端铣加工的表面粗糙度值要小	铣刀的刀杆短，刚度高，所以振动小，铣削平稳，效率高 铣刀直径可以做得很大，能铣出较宽的工件表面 铣刀刀片装夹方便，刚度高，可进行高速铣削和强力铣削，并可有效提高加工的表面质量 参与切削的刀齿数较多，切屑厚度变化较小，因此铣削力变化较小

五、顺铣与逆铣

铣削有顺铣和逆铣两种方式，如图2－7所示。

顺铣是铣削时，在铣刀与工件已加工表面的切点处，铣刀旋转切削刃的运动方向与工件进给方向相同的铣削。

逆铣是铣削时，在铣刀与工件已加工表面的切点处，铣刀旋转切削刃的运动方向与工件进给方向相反的铣削。

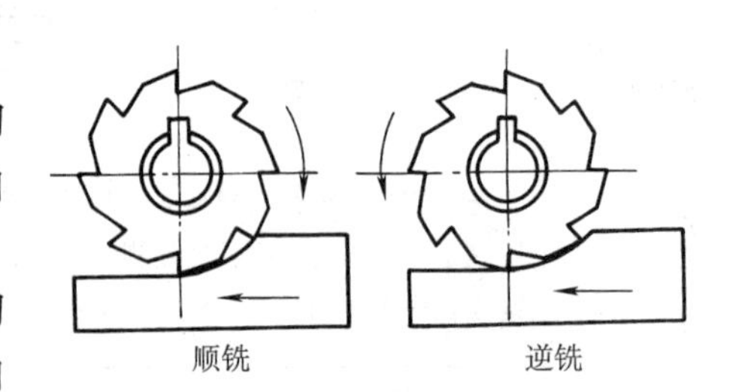

图2－7　周铣时的顺铣和逆铣

1. 周铣时的顺铣和逆铣

（1）周铣时的顺铣和逆铣对工作台运动的影响

在铣削过程中，工作台的进给运动是由工作台丝杆的旋转运动驱动丝杆螺母做直线运动而实现的。此时在工作台丝杆螺母副的一侧，两个螺旋面紧密贴合在一起；在其另一侧，丝杆与螺母上的两个螺旋面存在着间隙。也就是说，工作台的进给运动是工作台丝杆与丝杆螺母在其接合面实现运动传递的，进给的作用力来自工作台丝杆。同时丝杆螺母也受到了铣刀在水平方向的铣削分力 F_f 的作用，如图2－8所示。

工作台丝杆与丝杆螺母总是存有间隙的。顺铣时，工作台进给方向 v_f 与其水平方向的铣削分力 F_f 方向相同，F_f 作用在丝杆和螺母的间隙处。当 F_f 大于工作台滑动的摩擦力时，

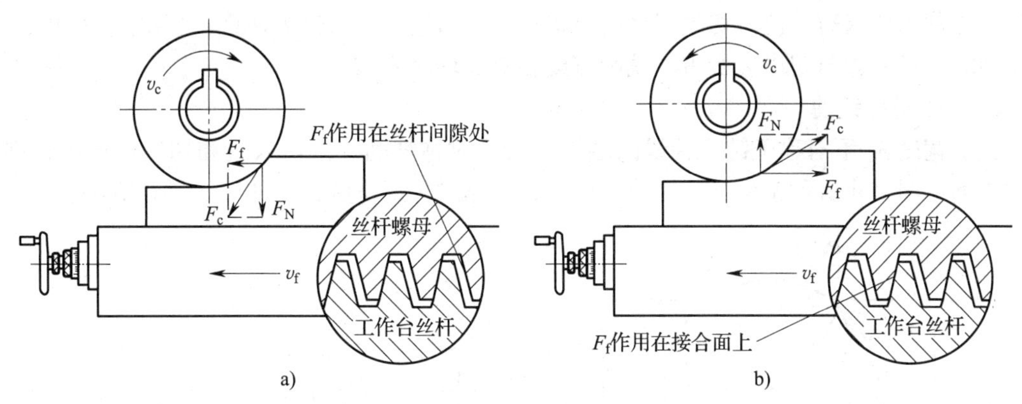

图 2－8　周铣时的切削力对工作台的影响

a）顺铣　b）逆铣

F_f 将工作台推动一段距离，使工作台发生间歇性窜动，便会啃伤工件，损坏刀具，甚至破坏机床。逆铣时的工作台进给方向 v_f 与其水平方向上的铣削分力 F_f 方向相反，两种作用力同时作用在丝杆与螺母的接合面上，工作台在进给运动中不会发生窜动现象，即水平方向上的铣削分力 F_f 不会拉动工作台。因此，在一般情况下最好采用逆铣。

（2）周铣时顺铣和逆铣的特点

周铣时顺铣和逆铣的特点见表 2－5。

表 2－5　周铣时顺铣和逆铣的特点

类型	优点	缺点
顺铣	铣刀对工件的作用力 F_c 在垂直方向的分力 F_N 始终向下，对工件起压紧的作用，因此铣削平稳，对不易夹紧的工件及细长的薄板形工件的铣削尤为合适 铣刀切削刃切入工件时的切屑厚度最大，并逐渐减小为零。切削刃切入容易，故工件的被加工表面质量较高 顺铣在进给运动方面消耗的功率较小	铣刀对工件的作用力 F_c 在水平方向上的分力 F_f 作用在工作台丝杆与螺母的间隙处，会拉动工作台，使工作台发生间歇性窜动，导致铣刀刀齿折断，铣刀杆弯曲，工件与夹具产生位移，甚至产生严重的事故 铣刀切削刃从工件外表面切入工件，当工件表面有硬皮或杂质时，容易磨损或损坏铣刀
逆铣	在铣刀中心进入工件端面后，铣刀切削刃沿已加工表面切入工件，工件表面有硬皮或杂质时，对铣刀切削刃损坏的影响小 铣刀对工件的作用力 F_c 在水平方向上的分力 F_f 作用在工作台丝杆与螺母的接合面上，不会拉动工作台	铣刀对工件的作用力 F_c 在垂直方向的分力 F_N 始终向上，将工件向上铲起，因此工件需要使用较大的夹紧力 铣刀切削刃切入工件时的切屑厚度为零，并逐渐增到最大，使铣刀与工件的摩擦、挤压严重，加速刀具磨损，降低工件表面质量 在进给运动方面消耗的功率较大

2. 端铣时的顺铣和逆铣

端铣时，根据铣刀与工件之间相对位置的不同，分为对称铣削和非对称铣削两种。

（1）对称铣削

铣削宽度 a_e 对称于铣刀轴线的端铣称为对称铣削，如图 2－9 所示。

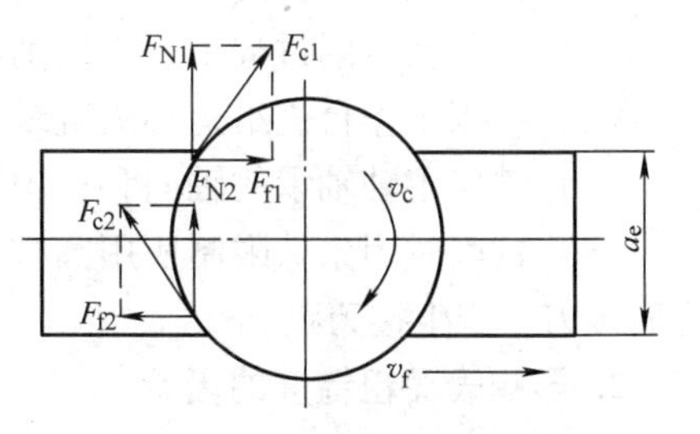

图 2－9　端铣时的对称铣削

在铣削宽度上以铣刀轴线为界，铣刀先切入工件的一边称为切入边；铣刀切出工件的一边称为切出边。切入边为逆铣；切出边为顺铣。对称铣削时，切入边与切出边所占的铣削宽度相等，均为 $a_e/2$。

（2）非对称铣削

铣削宽度 a_e 不对称于铣刀轴线的端铣称为非对称铣削。按切入边和切出边所占铣削宽度的比例不同，非对称铣削又分为非对称顺铣和非对称逆铣两种，如图 2－10 所示。

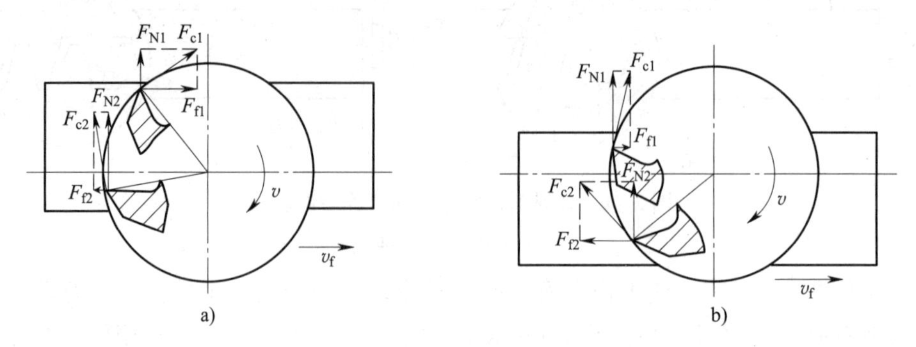

图 2－10　端铣时的非对称铣削

a）非对称顺铣　b）非对称逆铣

1）非对称顺铣。顺铣部分（切出边的宽度）所占的比例较大的端铣。

与周铣的顺铣一样，非对称顺铣也容易拉动工作台，因此很少采用非对称顺铣。只是在铣削塑性和韧性好、加工硬化严重的材料（如不锈钢、耐热合金等）时采用非对称顺铣，以减少切屑黏附和延长刀具寿命。此时，必须调整好铣床工作台丝杆螺母副的传动间隙。

2）非对称逆铣。逆铣部分（切入边的宽度）所占的比例较大的端铣。

采用非对称逆铣时，铣刀对工件的作用力在进给方向上两个分力的合力 F_f 作用在工作台丝杆及其螺母的接合面上，不会拉动工作台。此时铣刀切削刃切出工件时，切屑由薄到厚，因而冲击小，振动较小，切削平稳，因此非对称逆铣得到普遍应用。

六、平面的铣削质量分析

平面的铣削质量主要指平面度和表面粗糙度，它不仅与铣削时所选用的铣床、夹具和铣刀的质量好坏有关，而且与铣削用量和切削液的合理选用等诸多因素有关。

1. 影响平面度的因素

（1）用周铣铣削平面时，圆柱形铣刀的圆柱度误差大。

（2）用端铣铣削平面时，铣床主轴轴线与进给方向不垂直。

（3）工件受夹紧力和铣削力的作用产生变形。

（4）工件自身存在内应力，在表面层材料被切除后产生变形。

（5）工件在铣削过程中，因切削热引起热变形。

（6）铣床工作台进给运动的直线性差。

（7）铣床主轴轴承的轴向和径向间隙大。

（8）铣削时因条件限制所用圆柱形铣刀的宽度或面铣刀的直径小于工件被加工面的宽度而接刀，产生接刀痕。

2. 影响表面粗糙度的因素

（1）铣刀磨损，刀具刃口变钝。

（2）铣削时进给量太大。

（3）铣削时工件切削层深度（周铣时的铣削宽度 a_e 或端铣时的铣削深度 a_p）太大。

（4）铣刀的几何参数选择不当。

（5）铣削时切削液选用不当。

（6）铣削时有振动。

（7）铣削时产生积屑瘤，或有切屑粘刀现象。

（8）铣削时有拖刀现象。

（9）在铣削过程中因进给停顿而产生“深啃”现象。

技能训练

铣削平面

零件图如图 2－11 所示。

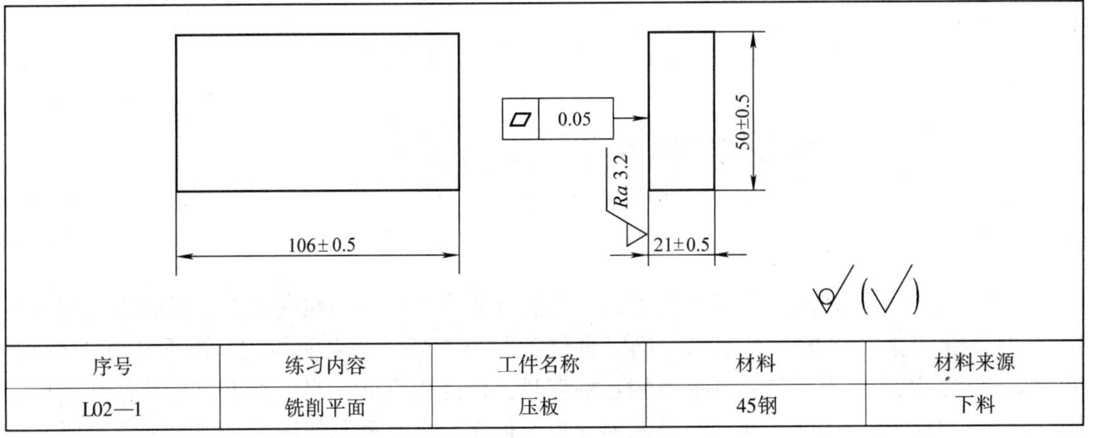

序号	练习内容	工件名称	材料	材料来源
L02—1	铣削平面	压板	45钢	下料

图 2－11　铣削平面

1. 加工步骤

（1）安装并校正机用虎钳。

（2）选择并安装铣刀（圆柱形铣刀尺寸为 80 mm × 63 mm × 32 mm）。

（3）调整切削用量。

（4）选用高度合适的平行垫铁，将工件装夹在机用虎钳上，最好在两侧加垫铜皮。

（5）对刀，具体步骤如图 2－12 所示。

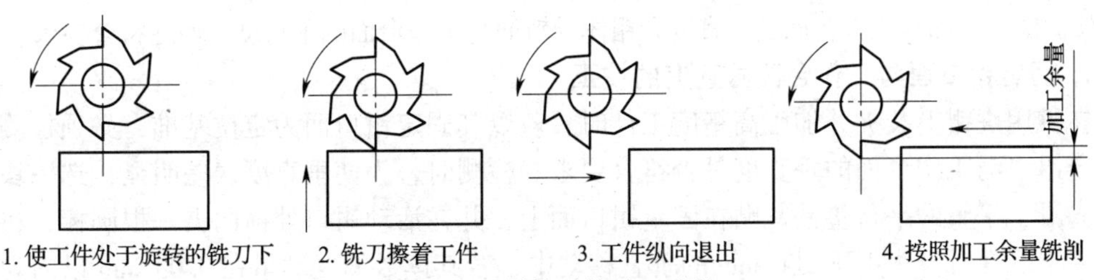

图 2－12　周铣时的对刀过程

(6) 对刀后，采用逆铣的方式对工件进行机动进给，铣削平面。

(7) 加工完毕先停车，再退出工件。

(8) 检查工件合格后，卸下工件，锉修毛刺。

建议采用端铣方法再铣一个工件。

2. 注意事项

(1) 装夹工件时，应尽量使水平方向的铣削分力 F_f 指向机用虎钳的固定钳口。

(2) 用机用虎钳装夹工件完毕，应取下机用虎钳扳手，方能进行铣削。

(3) 铣削时不使用的进给机构应紧固，工作完毕再松开。

(4) 铣削中不准用手触摸工件和铣刀，不准测量工件，不准变换主轴转速。

(5) 铣削中不准任意停止铣刀旋转和自动进给，以免损坏刀具或啃伤工件。当必须停止时，则应先降落工作台，使铣刀与工件脱离接触。

(6) 调整工作台控制工件尺寸时，若手柄摇过了头，应注意消除丝杆与螺母之间的间隙造成的空行程，以免影响工件的加工尺寸。

课题二　垂直面和平行面的铣削

工件上有许多不在同一平面上的表面，它们互相直接或间接地交接，这样的表面称为连接面。连接面之间有平行、垂直和倾斜三种位置关系。当工件表面与其基准面相互平行时，称为平行面；当工件表面与其基准面相互垂直时，称为垂直面；当工件表面与其基准面相互倾斜时，称为斜面。因此，连接面的铣削分为平行面、垂直面和斜面的铣削。下面主要介绍垂直面（见图 2－13）和平行面的铣削方法。

垂直面和平行面的铣削除了像平面铣削那样需要保证其平面度和表面粗糙度的要求外，还需要保证相对其基准面的位置精度（垂直度、平行度和倾斜度等）以及与基准面间的尺寸精度要求。

一、机用虎钳的校正

保证连接面加工精度的关键，是对工件正确定位和装夹。为保证工件正确定位和装夹，在机用虎钳上装夹工件铣削连接面时，首先要检测并校正机用虎钳的定位基准，也就是检测及校正机用虎钳固定钳口面与工作台面的垂直度和钳体导轨面与工作台面的平行度，使之符合要求。

1. 固定钳口面与工作台面垂直度的校正

在机用虎钳上装夹并加工高精度工件时，若以其固定钳口面为定位基准，必须检测并校正固定钳口与工作台面的垂直度是否符合要求。检测时，为使垂直度误差明显，选一块表面磨得光滑、平整的平行垫铁紧贴在固定钳口面上，并在活动钳口处横向夹一根圆棒，将平行垫铁夹牢。在百分表上下 200 mm 的垂直移动中，若其读数的变动量在 0.03 mm 以内为合适（见图 2－14）；否则，就要修整固定钳口面或在平面磨床上修磨固定钳口平面。

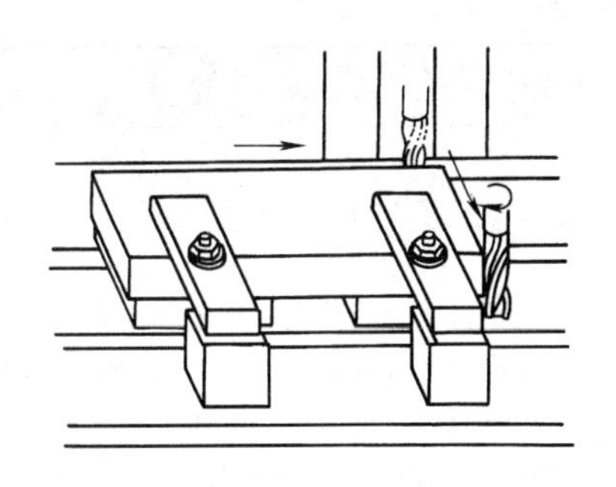

图 2－13　用立铣刀铣削相互垂直的平面

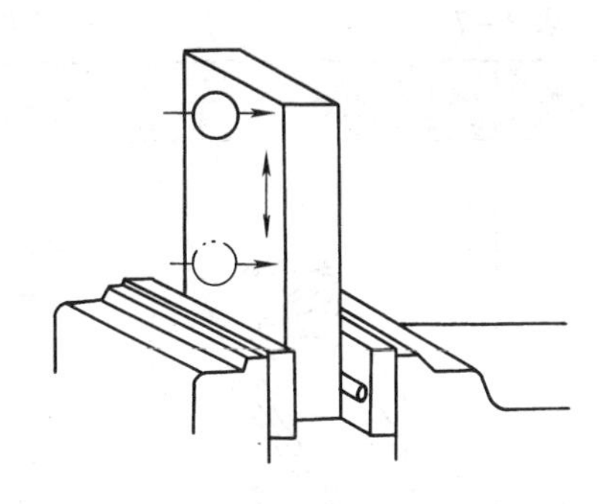

图 2－14　校正机用虎钳固定钳口面与工作台面的垂直度

2. 钳体导轨面与工作台面平行度的校正

在机用虎钳上装夹工件铣削平面，若以其钳体导轨面为定位基准，就先要检测钳体导轨面与工作台面的平行度是否符合要求。检测时，将一块表面光滑、平整的平行垫铁擦净后放在钳体导轨面上，观察用百分表检测平行垫铁平面时的读数是否符合要求。如有必要，可在平面磨床上修磨钳体导轨面。

二、在机用虎钳上装夹工件铣削垂直面和平行面

1. 工件的装夹

中、小型工件可以在机用虎钳上装夹进行铣削，见表 2－6。

表 2－6　　**工件在机用虎钳上的定位与装夹**

类型	简图及说明	
以固定钳口面定位	加垫圆棒使工件与固定钳口密合	影响固定钳口面定位精度的主要因素如下： 1. 固定钳口面磨损严重 2. 安装机用虎钳或工件时，接合面上有杂物 3. 夹紧力过大，使固定钳口面向外倾斜 4. 工件基准面的平面度误差过大，工件上有毛刺
以钳体导轨面定位	使工件基准面与钳体导轨平行	影响钳体导轨面定位精度的主要因素如下： 1. 平行垫铁厚度不等或已变形 2. 平行垫铁上、下表面有污物 3. 工件上与固定钳口贴合的表面与其基准面不垂直 4. 夹紧工件时，使活动钳口受力上翘，将工件斜向上抬起。工件夹紧后，要用铜质或木质锤轻轻敲击工件顶面，以消除间隙

2. 工件的铣削

用机用虎钳装夹工件铣削垂直面和平行面，既可以在卧式铣床上铣削，又可以在立式铣床上铣削，见表 2－7。

表 2-7　　用机用虎钳装夹工件铣削连接面

类型	简图及说明
垂直面的铣削	固定钳口与主轴轴线垂直　固定钳口与主轴轴线平行 在卧式铣床上采用周铣铣削垂直面 使用机用虎钳装夹工件铣削垂直面时，将工件基准面靠向固定钳口面装夹，使其基准面与进给方向平行或垂直。在卧式铣床上可采用周铣对较长的平面进行铣削，采用端铣对其端面进行铣削。在立式铣床上可采用端铣来铣削其上平面，用立铣刀铣削其端面
平行面的铣削	用平行垫铁装夹工件铣削平行面 用机用虎钳装夹工件铣削平行面时，主要是使其基准面与工作台面平行。与铣削垂直面一样，无论是在卧式铣床还是在立式铣床上，既可以采用周铣也可以采用端铣进行铣削。同时更需要注意的是工件尺寸的控制

三、在工作台上装夹工件铣削垂直面和平行面

对于大、中型或无法在机用虎钳上装夹的工件，可以在工作台上直接装夹进行铣削，即采用压板或角铁装夹工件，见表 2-8。除用靠铁外，还可用工作台中央 T 形槽加装定位键或直角尺的外侧面为基准等方法，将工件靠正加工。

表 2-8　　用压板或角铁装夹工件

内容	简图及说明
定位基准面的校正	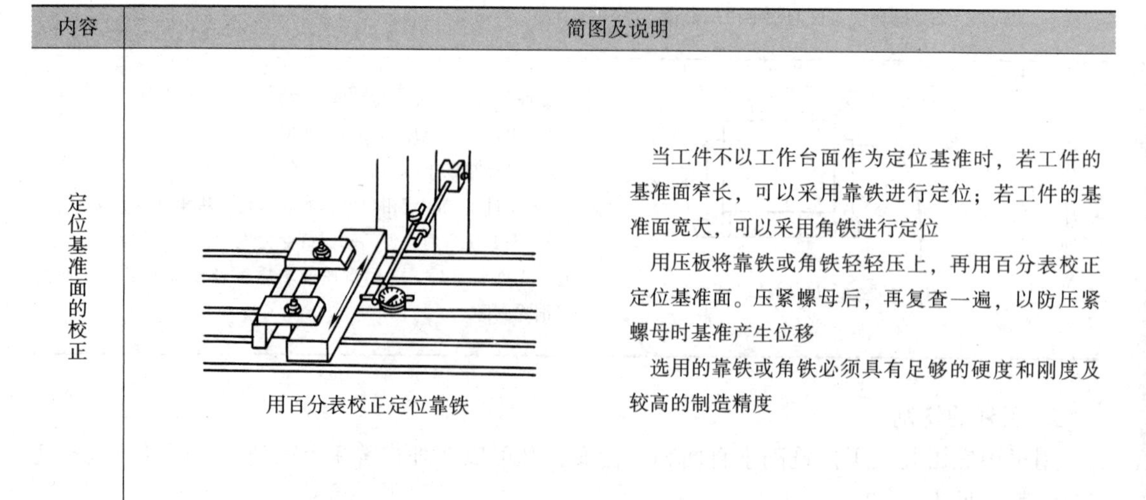 用百分表校正定位靠铁 当工件不以工作台面作为定位基准时，若工件的基准面窄长，可以采用靠铁进行定位；若工件的基准面宽大，可以采用角铁进行定位 用压板将靠铁或角铁轻轻压上，再用百分表校正定位基准面。压紧螺母后，再复查一遍，以防压紧螺母时基准产生位移 选用的靠铁或角铁必须具有足够的硬度和刚度及较高的制造精度

续表

内容	简图及说明
垂直面的铣削	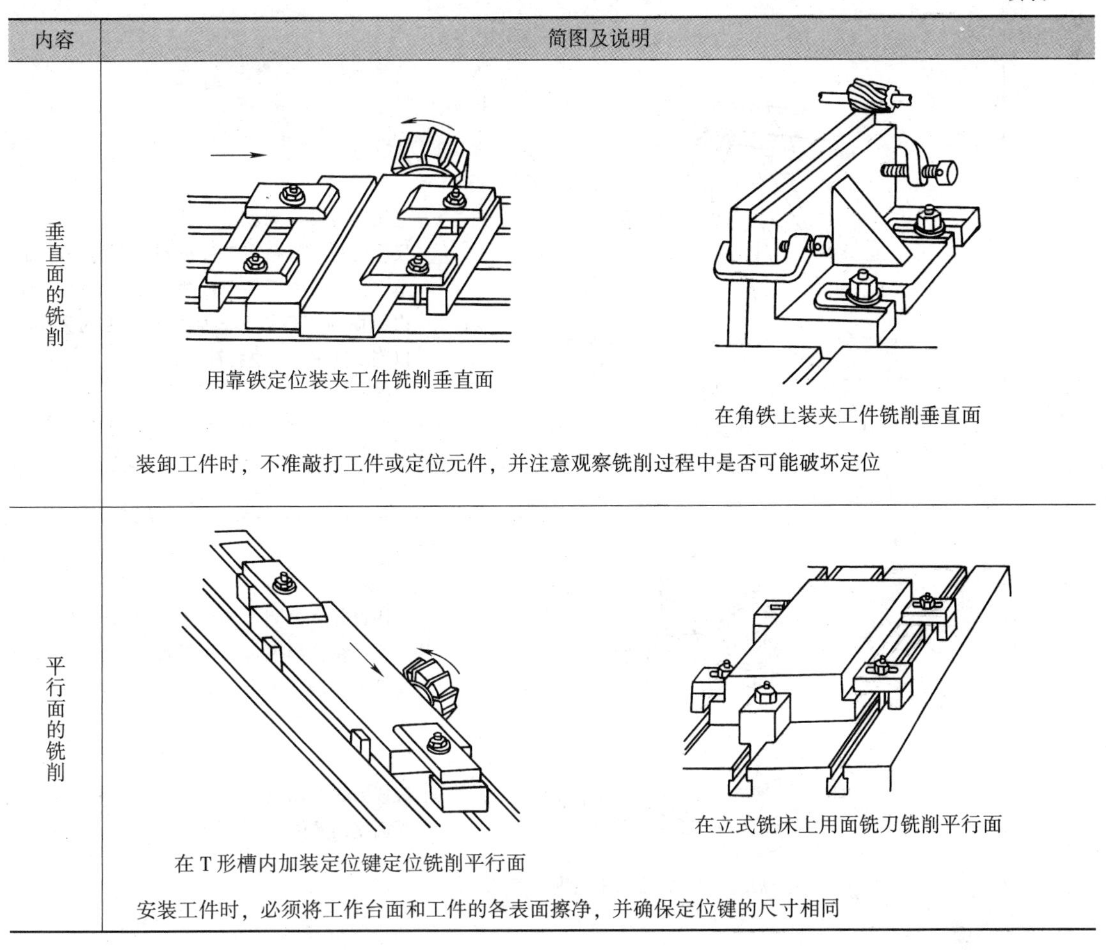 用靠铁定位装夹工件铣削垂直面 在角铁上装夹工件铣削垂直面 装卸工件时，不准敲打工件或定位元件，并注意观察铣削过程中是否可能破坏定位
平行面的铣削	在T形槽内加装定位键定位铣削平行面 在立式铣床上用面铣刀铣削平行面 安装工件时，必须将工作台面和工件的各表面擦净，并确保定位键的尺寸相同

四、连接面的检测

工件加工完毕，需要对工件进行检测，以确定加工精度是否符合要求。带有连接面工件的检测工作主要是检测其平面度、垂直度、平行度以及尺寸误差等是否符合要求，见表2－9。

表2－9　工件连接面的检测

内容	简图及说明
工件平面度的检测	平　凹　凸　波形 用刀口形直尺检测工件的平面度 刀口形直尺主要用于检测工件的平面度。检测时，刀口应紧贴在工件被测表面上，观察刀口与被测平面之间透光缝隙的大小，以判断平面度是否符合要求。检测时，应多检测几个部位和方向

续表

内容	简图及说明
工件垂直度的检测	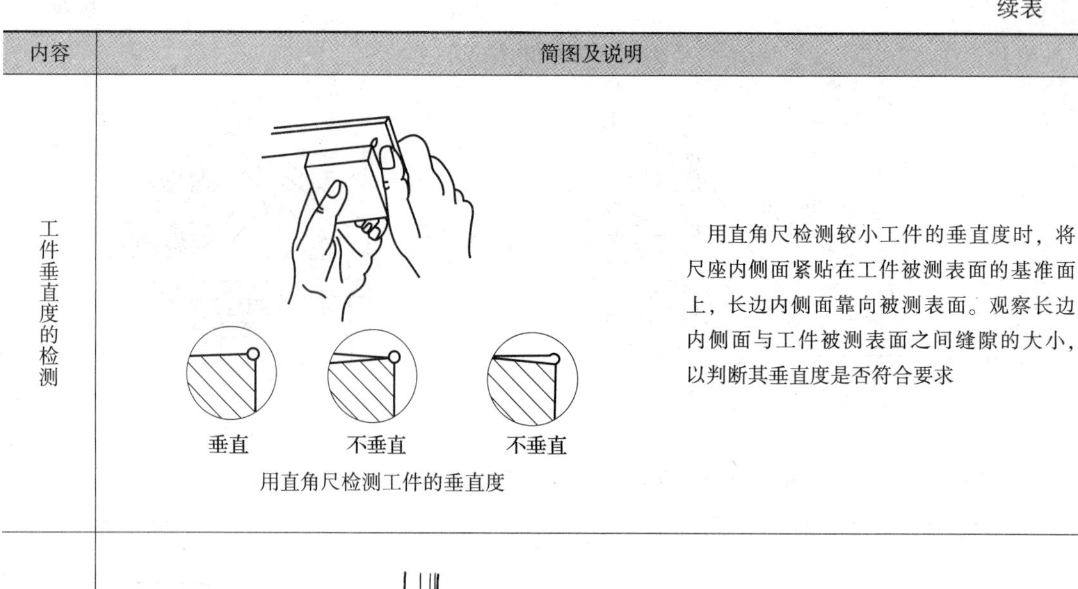 用直角尺检测工件的垂直度 用直角尺检测较小工件的垂直度时，将尺座内侧面紧贴在工件被测表面的基准面上，长边内侧面靠向被测表面。观察长边内侧面与工件被测表面之间缝隙的大小，以判断其垂直度是否符合要求
工件平行度的检测	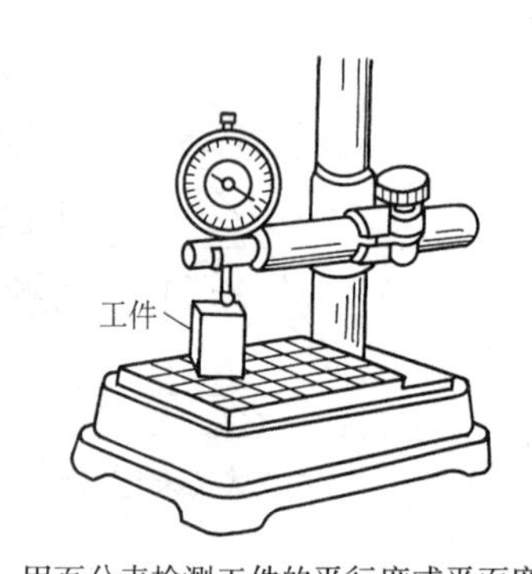 用百分表检测工件的平行度或平面度 用百分表检测工件的平行度时，将百分表安装在检测平台（或平板）上，用量块将百分表调整到合适的高度，使百分表测头接触工件表面，再压下 2 mm 左右，以免工件漏检。然后在测头下移动工件，百分表读数的变动量就是这个工件的平行度或平面度误差值

五、垂直面和平行面的铣削质量分析

垂直面和平行面的铣削质量主要是指垂直面的垂直度、平行面的平行度、平行面之间的尺寸精度。

1．影响垂直度和平行度的因素

（1）机用虎钳固定钳口与工作台面不垂直，铣出的平面与基准面不垂直。

（2）平行垫铁不平行或圆柱形铣刀有锥度，铣出的平面与基准面不垂直或不平行。

（3）铣端面时固定钳口未校正好，铣出的端面与基准面不垂直。

（4）装夹时夹紧力过大，引起工件变形，铣出的平面与基准面不垂直或不平行。

2．影响平行面之间尺寸精度的因素

（1）调整切削层深度时看错刻度盘，手柄摇过头，没有消除丝杆螺母副的间隙，直接退回，出现尺寸误差。

（2）读错图样上标注的尺寸，测量时出现差错。

（3）工件或平行垫铁的平面没有擦净，有杂物，装夹工件时使尺寸发生变化。

（4）精铣对刀时切痕太深，调整切削层深度时若为了去掉切痕，会将尺寸铣小。

技能训练

铣削连接面

1. 读图，检查毛坯，确定加工方法和基准面

（1）读图

看懂工件图样（见图 2－15），了解图样上各加工部位的尺寸标注、精度要求等。

（2）检查毛坯

对照零件图样选择 ϕ60 mm×45 mm 的圆棒料，确定工件的加工余量。

（3）确定基准面

建议准备一支记号笔或粉笔，用来在工件基准面上做标记。

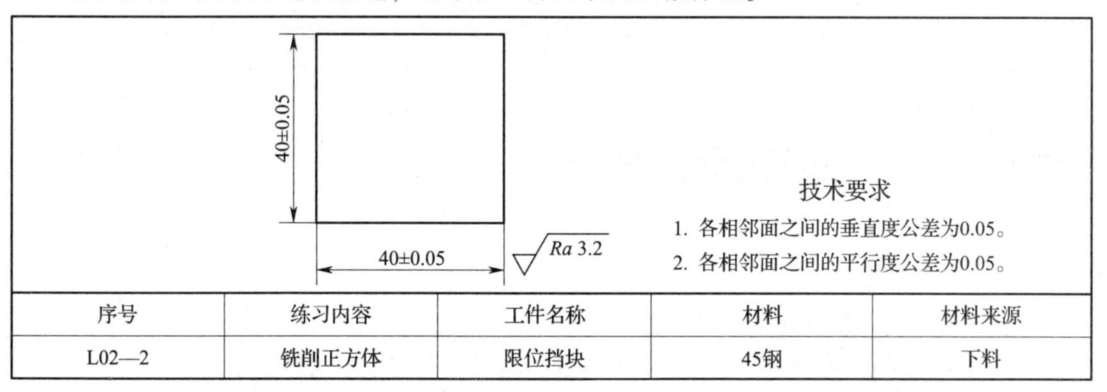

序号	练习内容	工件名称	材料	材料来源
L02—2	铣削正方体	限位挡块	45钢	下料

图 2－15　铣削正方体

2. 加工步骤（见图 2－16）

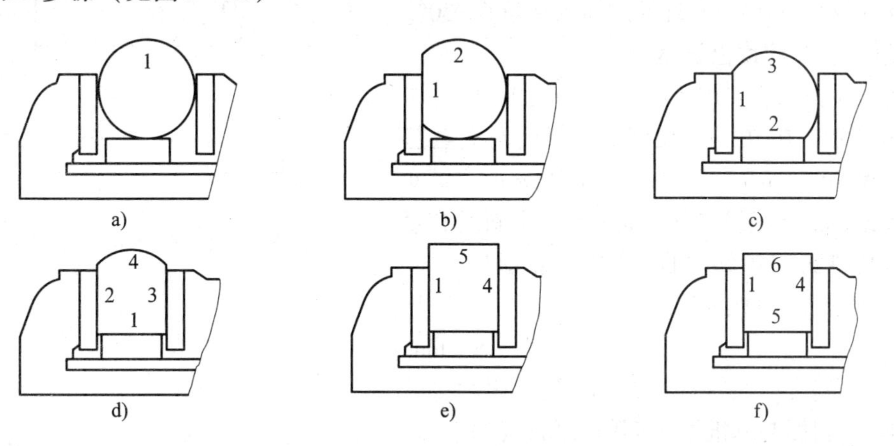

图 2－16　铣削正方体的步骤

a）铣削基准面 1　b）铣削面 2　c）铣削面 3　d）铣削面 4　e）铣削面 5　f）铣削面 6

（1）铣削基准面 1。将毛坯装夹在机用虎钳上。对刀后工作台共上升 10 mm，铣削基准面 1，做好标记。

（2）铣削面 2。以面 1 为精基准装夹工件铣削面 2。

（3）铣削面3。以面1为精基准装夹工件铣削面3。

（4）铣削面4。将面1紧靠平行垫铁装夹，铣削面4。

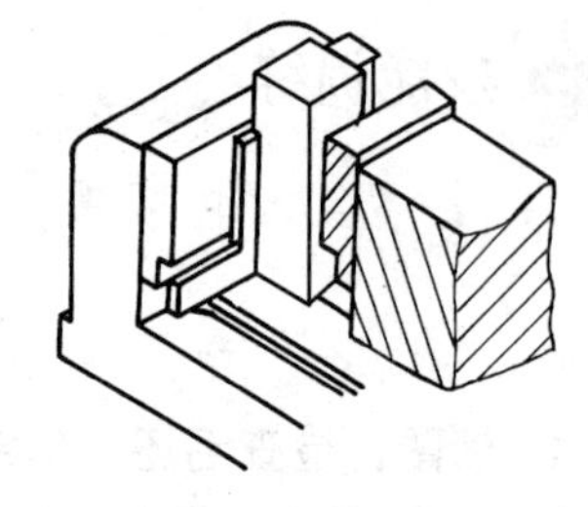
图2－17　用直角尺校正工件

（5）铣削面5。用直角尺校正面2（或面3）与钳体导轨面垂直（见图2－17），并以面1为精基准装夹工件铣削面5。

（6）铣削面6。将面5靠向平行垫铁，以面1为精基准装夹工件铣削面6。

（7）检查合格后卸下工件，锉修毛刺，并使各棱边宽度均匀。

3. 注意事项

（1）铣削面3、面4和面6时，应注意严格控制工件尺寸。

（2）每一个平面铣削完毕，都要将毛刺锉去，而且不能伤及工件的被加工表面。

课题三　斜面的铣削

一、斜面及其在图样上的表示方法

斜面相对基准面倾斜的程度用斜度来衡量，在图样上有以下两种表示方法。

1. 用倾斜角度 β 的度数（°）表示

这种表示方法主要用于倾斜程度大的斜面。如图2－18a所示，斜面与基准面之间的夹角 $\beta=30°$。

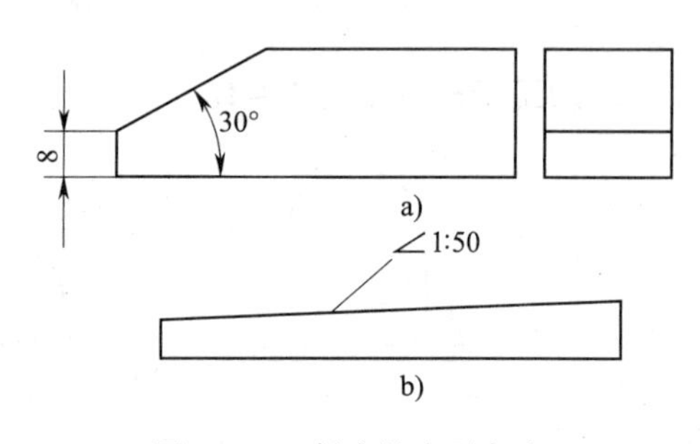

图2－18　斜度的表示方法

2. 用斜度 S 的比值表示

这种表示方法主要用于倾斜程度小的斜面。如图2－18b所示，在50 mm长度上，斜面两端至基准面的距离相差1 mm，用“∠1:50”表示。斜度的符号∠或⦣的下横线与基准面平行，上斜线的倾斜方向应与斜面的倾斜方向一致，不能画反。

两种表示方法的相互关系如下：

$$S=\tan\beta$$

式中　S——斜度，用符号∠或⦣和比值表示；

β——斜面与基准面之间的夹角，（°）。

一般用途棱体的角度与斜度可查阅国家标准《产品几何量技术规范（GPS）　棱体的角度与斜度系列》（GB/T 4096—2001）。

二、斜面的铣削方法

如图2－19所示铣削斜面时，必须使工件的待加工表面与其基准面以及铣刀之间满足两个条件：一是工件的斜面平行于铣削时工作台的进给方向。二是工件的斜面与铣刀的切削位置相吻合，即采用周铣时斜面与铣刀旋转表面相切；采用端铣时，斜面与铣床主轴轴线垂直。

常用的铣削斜面的方法有倾斜工件铣削斜面、倾斜铣刀铣削斜面和用角度铣刀铣削斜面等。

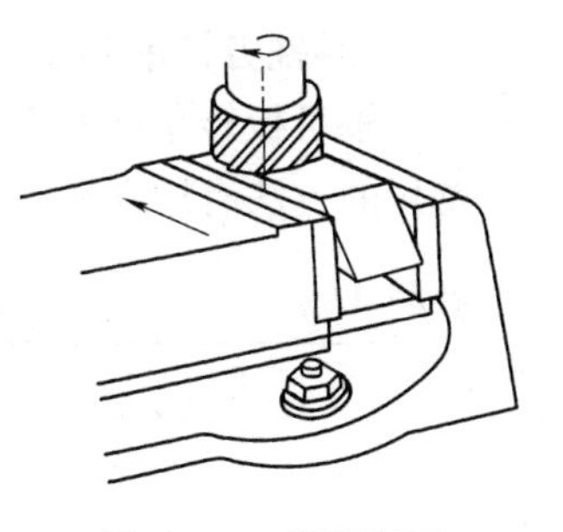

图 2－19　铣削斜面

1. 倾斜工件铣削斜面

将工件倾斜所需的角度安装进行斜面的铣削，适合于在主轴不能扳转角度的铣床上铣削斜面。常用的铣削方法有按划线装夹工件铣削斜面、用倾斜垫铁或靠铁定位装夹工件铣削斜面和偏转机用虎钳钳体装夹工件铣削斜面等，见表 2－10。

表 2－10　倾斜工件铣削斜面的方法

方法	简图及说明
按划线装夹工件	生产中经常采用按划线装夹工件铣削斜面的方法。先在工件上划出斜面的加工线，然后在机用虎钳上装夹工件，用划线盘校正工件上的加工线与工作台面平行，再将工件夹紧后即可进行斜面铣削 此法操作简单，仅适合加工精度要求不高的单件小型工件
用倾斜垫铁定位	工件斜面　α　倾斜垫铁 所用倾斜垫铁的宽度应小于工件宽度，垫铁斜面的斜度应与工件相同。将倾斜垫铁垫在机用虎钳钳体导轨面上，用机用虎钳将工件夹紧 采用倾斜垫铁定位装夹工件可以一次完成对工件的校正和夹紧。在铣削一批工件时，铣刀的高度位置不需要因工件的更换而重新调整，故可大大提高批量工件的生产效率
用靠铁定位	靠铁 用靠铁定位装夹工件铣削斜面 对于外形尺寸较大的工件，在工作台上用压板进行装夹。应先在工作台面上安装一块倾斜的靠铁，用百分表校正其斜度，使其斜度符合规定要求。然后将工件的基准面靠向靠铁的定位表面，再用压板将工件压紧后进行铣削
偏转机用虎钳钳体	斜面与横向进给方向平行　　斜面与纵向进给方向平行 先将机用虎钳钳体大致扳转一个角度，再用百分表校正固定钳口面的斜度，使其倾斜度符合规定的要求。然后将钳体固定，装夹工件进行斜面的铣削。若工件的斜度较小，外形尺寸较大，则可采用相同的方法将工作台扳转一个角度进行斜面的铣削

2. 倾斜铣刀铣削斜面

在主轴可扳转角度的立式铣床上，将安装的铣刀倾斜一个角度，就可以按要求铣削斜面。常用的方法有用立铣刀铣削斜面和用面铣刀铣削斜面，见表 2－11。

表 2－11　　倾斜铣刀铣削斜面的方法

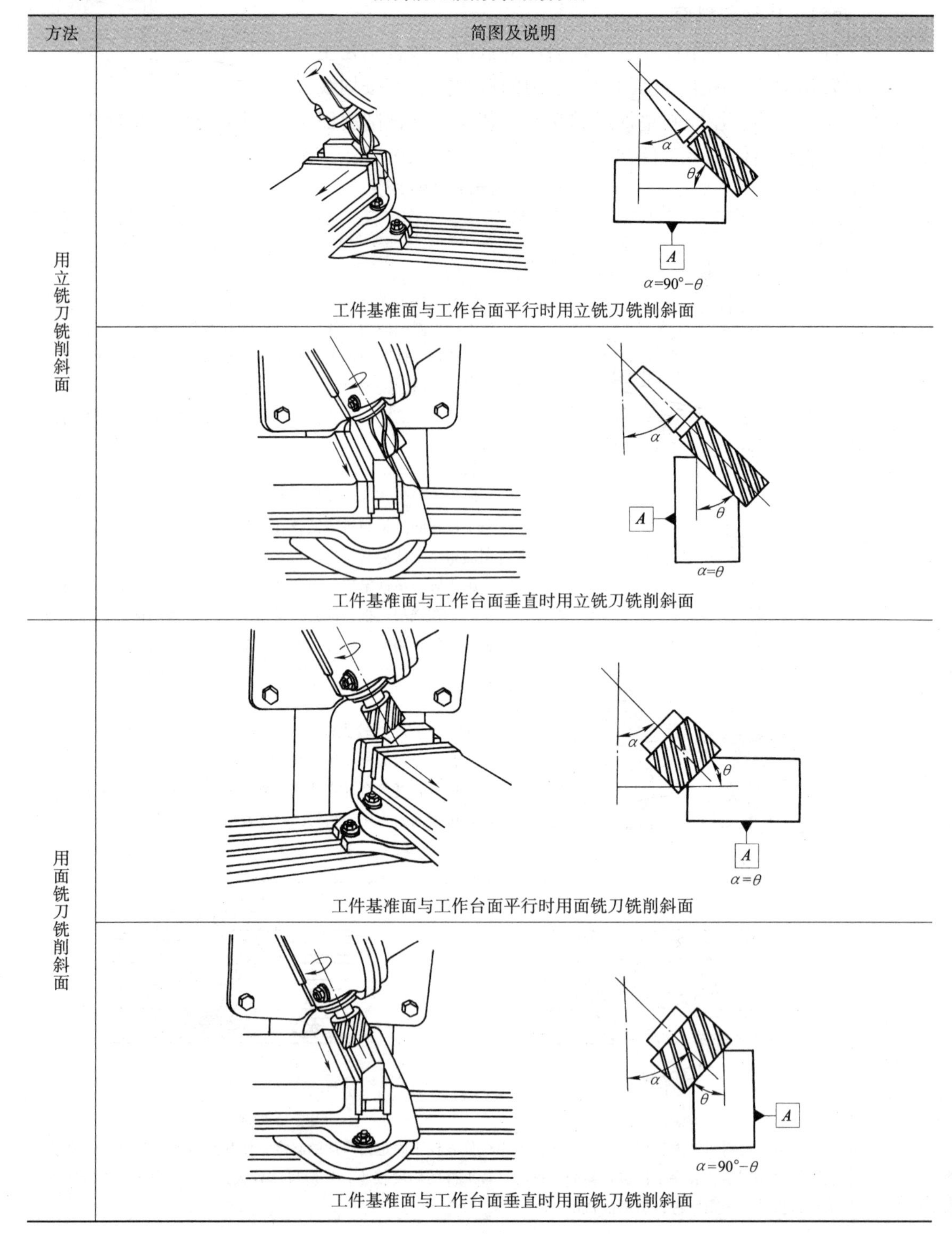

方法	简图及说明
用立铣刀铣削斜面	$\alpha=90°-\theta$ 工件基准面与工作台面平行时用立铣刀铣削斜面
	$\alpha=\theta$ 工件基准面与工作台面垂直时用立铣刀铣削斜面
用面铣刀铣削斜面	$\alpha=\theta$ 工件基准面与工作台面平行时用面铣刀铣削斜面
	$\alpha=90°-\theta$ 工件基准面与工作台面垂直时用面铣刀铣削斜面

3. 用角度铣刀铣削斜面

角度铣刀就是切削刃与其轴线倾斜成一定角度的铣刀。角度铣刀的刀尖有 0.5 ~2 mm 的圆弧（具有后角），它可以提高刀尖强度。

斜面工件还可以用角度铣刀进行铣削，如图 2－20 所示。根据工件斜面的角度选择相应角度的角度铣刀，并注意角度铣刀切削刃的长度应大于工件斜面的宽度。

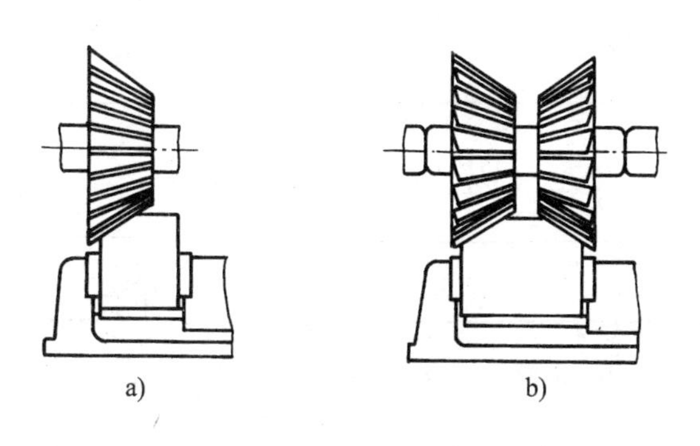

图 2－20　用角度铣刀铣削斜面

a）铣削单斜面　b）铣削双斜面

对于批量生产的窄长的斜面工件，比较适合使用角度铣刀进行铣削。铣削双斜面时，选用一对规格相同、刀齿刃口相反的角度铣刀。将两把铣刀的刀齿错开半齿，可以有效地减小铣削力和振动。由于角度铣刀的刀齿强度较低，刀齿排列较密，铣削时排屑较困难，使用角度铣刀铣削采用的铣削用量应比周铣低 20% 左右。铣削碳素钢工件时，应加注充足的切削液。

三、斜面的铣削质量分析

斜面的铣削质量主要是指斜面倾斜角度、斜面尺寸和表面粗糙度。

1. 影响斜面倾斜角度的因素

（1）立铣头扳转角度不准确。

（2）按划线装夹工件铣削时，划线不准确或铣削时工件产生位移。

（3）采用周铣时，铣刀圆柱度误差大（有锥度）。

（4）用角度铣刀铣削时，使用了重新刃磨后角度不准确的铣刀。

（5）装夹工件时，机用虎钳的钳口、钳体导轨面及工件表面未擦净。

2. 影响斜面尺寸的因素

（1）看错刻度或摇错手柄转数，以及丝杆螺母副的间隙过大。

（2）测量不准确，将尺寸铣错。

（3）铣削过程中工件有松动现象。

3. 影响表面粗糙度的因素

（1）进给量太大。

（2）铣刀不锋利。

（3）机床、夹具刚度低，铣削中有振动。

（4）铣削过程中，工作台进给或主轴回转突然停止，啃伤工件表面。

（5）铣削钢件时未充分使用切削液，或切削液选用不当。

技能训练

铣削长方体和斜面

零件图如图 2 - 21 所示。

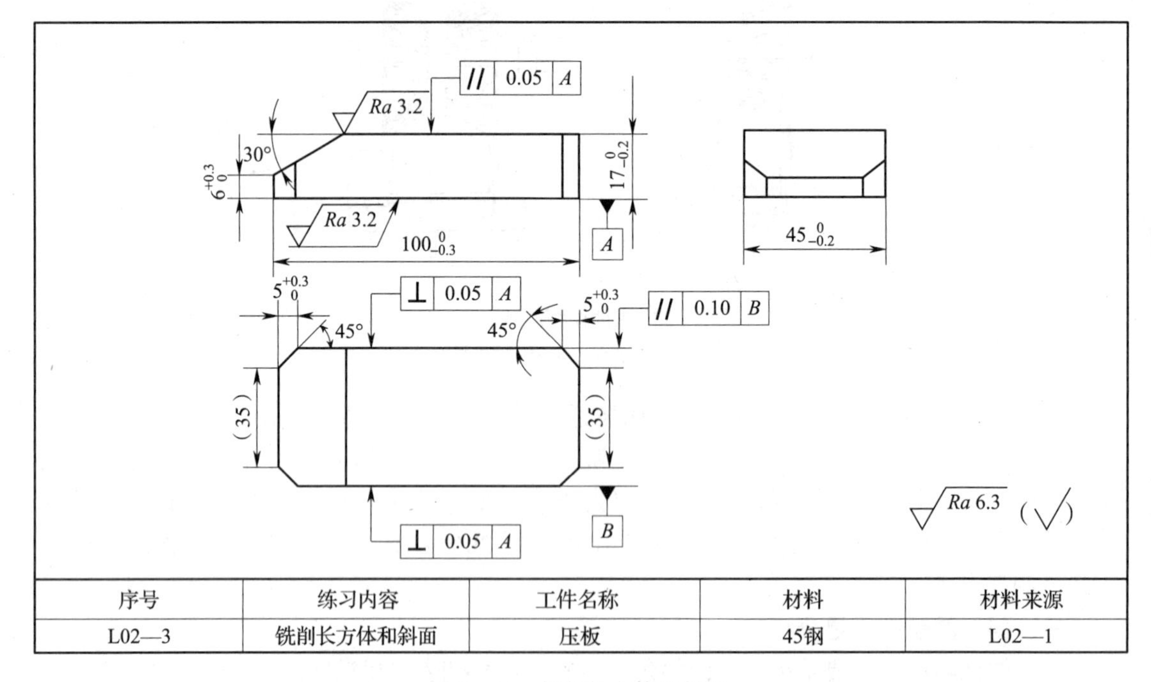

序号	练习内容	工件名称	材料	材料来源
L02—3	铣削长方体和斜面	压板	45钢	L02—1

图 2 - 21　铣削长方体和斜面

1. 铣削长方体

将毛坯装夹在机用虎钳上，用面铣刀将其加工成 $100^{\ 0}_{-0.3}$ mm × $45^{\ 0}_{-0.2}$ mm × $17^{\ 0}_{-0.2}$ mm 的长方体，如图 2 - 22a 所示。

2. 铣削 30°斜面

（1）安装并校正机用虎钳与纵向进给方向平行。

（2）装夹并校正工件（将工件 30°斜面一端伸出钳口 20 mm）。

（3）选择并安装直径为 80 mm 的面铣刀。

（4）偏转立铣头角度 α = 30°，铣削斜面至符合图样要求，如图 2 - 22b 所示。

3. 铣削 45°斜面

（1）换装直径为 20 mm 的立铣刀。

（2）将机用虎钳扳转 45°，把工件一端伸出钳口 20 mm 装夹。

（3）对刀调整铣削位置铣削 45°斜面，如图 2 - 22c 所示。

（4）完成其余三个 45°斜面的铣削，如图 2 - 22d 所示。

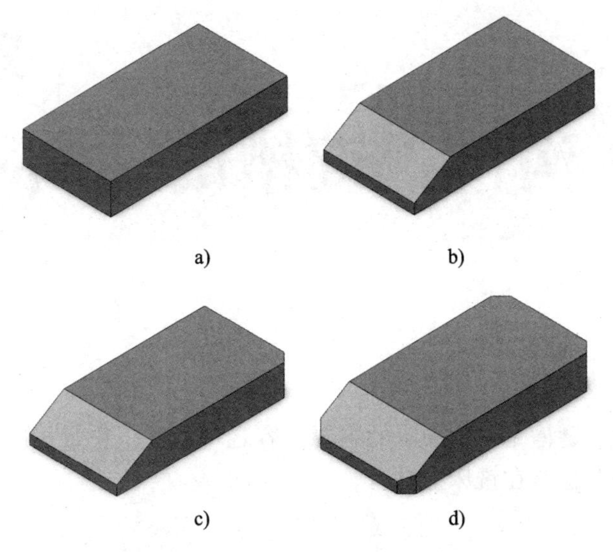

图 2－22　铣削长方体和斜面的步骤

第三单元

台阶、沟槽、键槽的铣削和切断

铣削台阶、沟槽、键槽是铣削加工的主要内容之一，其工作量仅次于铣削平面。另外，小型或较薄工件的切断也常在铣床上进行。

课题一 台阶的铣削

台阶主要由平面组成。这些平面除了具有较高的平面度精度和较小的表面粗糙度值以外，还具有较高的尺寸精度和位置精度。在卧式铣床上，台阶通常用三面刃铣刀进行铣削（见图 3－1），在立式铣床上则可用套式立铣刀、立铣刀进行铣削。目前，在台阶的铣削中已广泛采用带有三角形或四边形硬质合金可转位刀片的直角面铣刀。

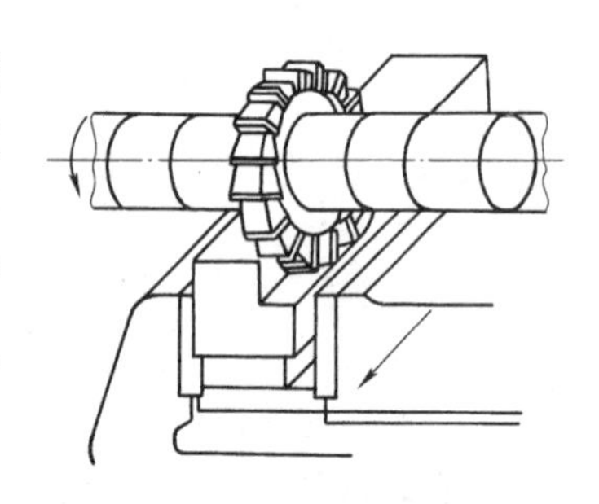

图 3－1 用三面刃铣刀铣台阶

一、用三面刃铣刀铣台阶

直齿三面刃铣刀的刀齿在圆柱面上与铣刀轴线平行，铣削时振动较大；错齿三面刃铣刀的刀齿在圆柱面上向两个相反的方向倾斜，具有螺旋齿铣刀铣削平稳的优点。大直径的错齿三面刃铣刀多为镶齿式结构，当某一刀齿损坏或用钝时，可随时对刀齿进行更换。

在卧式铣床上铣台阶时，三面刃铣刀的圆柱面切削刃起主要的铣削作用，两侧面切削刃起修光的作用。三面刃铣刀的直径、刀齿和容屑槽都比较大，所以刀齿的强度高，冷却和排屑效果好，生产效率高。因此，在铣削宽度不太大（受三面刃铣刀规格的限制，一般刀齿宽度 $L \leqslant 25$ mm）的台阶时基本上都采用三面刃铣刀。

1．三面刃铣刀的选择

使用三面刃铣刀铣削台阶，主要是选择铣刀的宽度 L 及其直径 D。应尽量选用错齿三面刃铣刀。铣刀宽度应大于工件的台阶宽度 B，即$L > B$。为保证在铣削中台阶的上平面能在直径为 d 的铣刀杆下通过（见图 3－2），三面刃铣刀的直径 D 应根据台阶高度 t 来确定：

$$D > d + 2t$$

在满足上式条件下，应选用直径较小的三面刃铣刀。

2．工件的装夹与校正

在装夹工件前，必须先校正机床和夹具。采用机用虎钳装夹工件时，应检查并校正其固定钳口面（夹具上的定位面）与主轴轴线垂直，同时要与工作台纵向进给方向平行；否则，就会影响台阶的加工质量。

装夹工件时，应使工件的侧面（基准面）靠向固定钳口面，工件的底面靠向钳体导轨面，并使待铣削的台阶底面略高出钳口上平面一些（见图 3－3），以免钳口被铣伤。

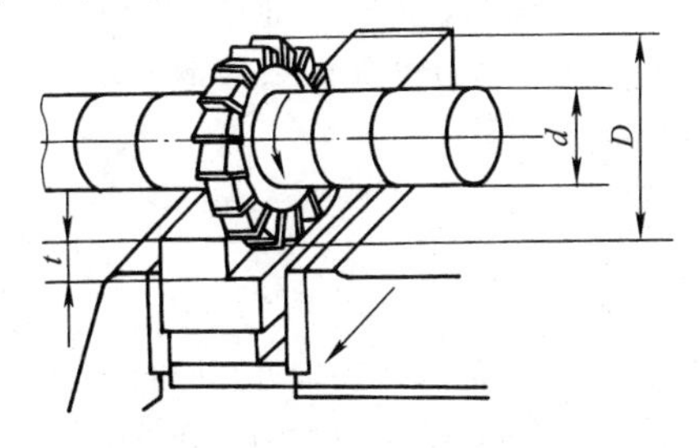

图 3－2　用三面刃铣刀铣台阶

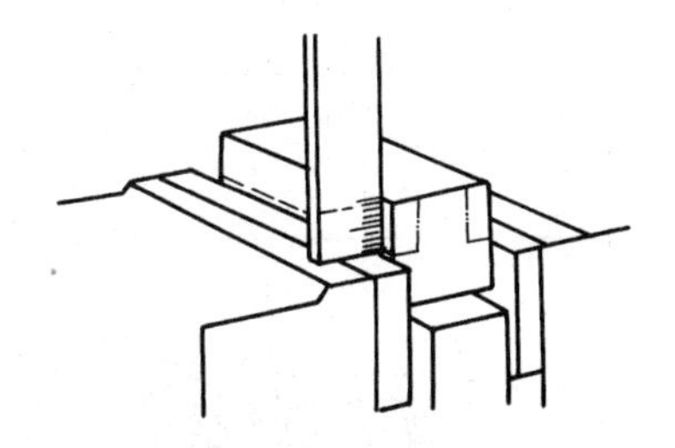

图 3－3　用钢直尺检查工件的装夹高度

3．铣削方法

用三面刃铣刀铣台阶见表 3－1。

表 3－1　　用三面刃铣刀铣台阶

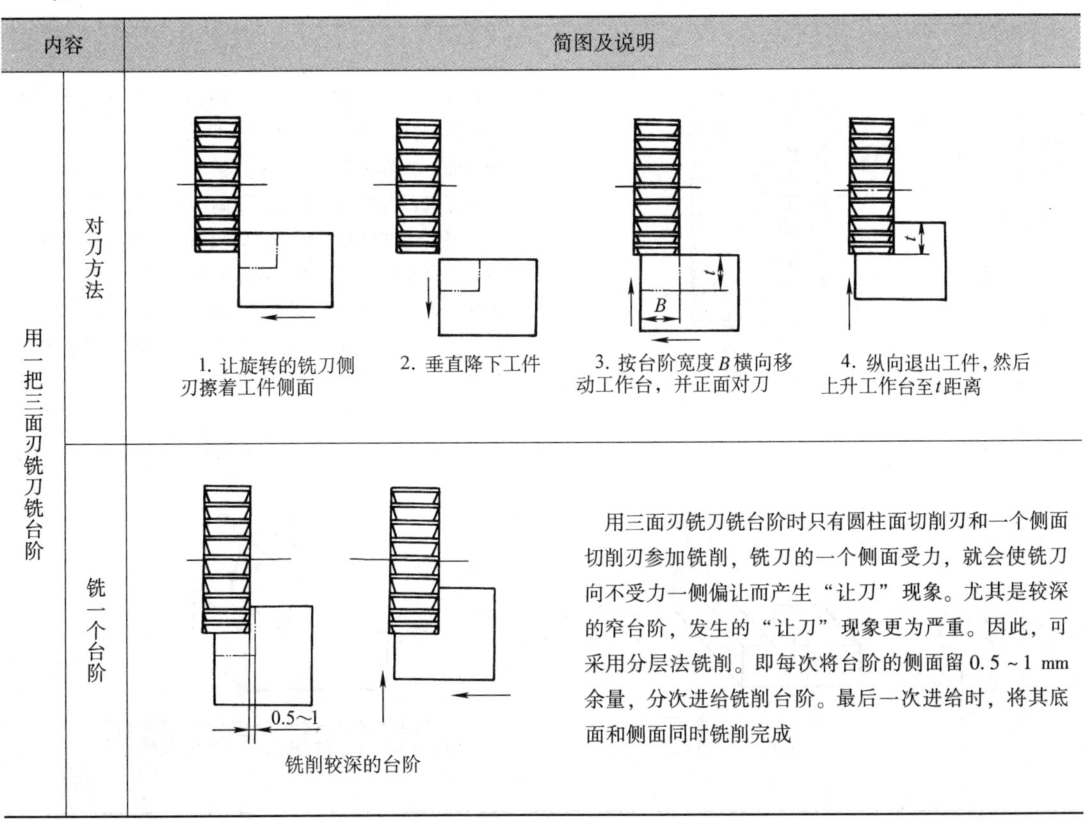

内容		简图及说明
用一把三面刃铣刀铣台阶	对刀方法	1．让旋转的铣刀侧刃擦着工件侧面 2．垂直降下工件 3．按台阶宽度 B 横向移动工作台，并正面对刀 4．纵向退出工件，然后上升工作台至 t 距离
	铣一个台阶	0.5～1 铣削较深的台阶 用三面刃铣刀铣台阶时只有圆柱面切削刃和一个侧面切削刃参加铣削，铣刀的一个侧面受力，就会使铣刀向不受力一侧偏让而产生“让刀”现象。尤其是较深的窄台阶，发生的“让刀”现象更为严重。因此，可采用分层法铣削。即每次将台阶的侧面留 0.5～1 mm 余量，分次进给铣削台阶。最后一次进给时，将其底面和侧面同时铣削完成

内容		简图及说明	
用一把三面刃铣刀铣台阶	铣双面台阶	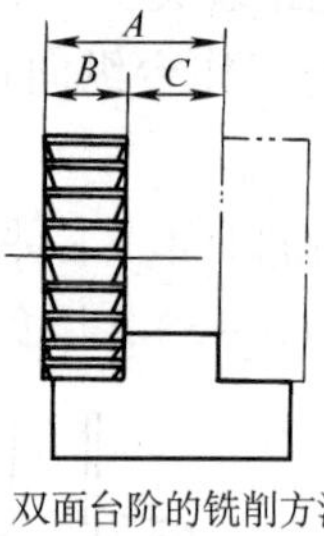 双面台阶的铣削方法	若铣削双面台阶，则先铣成一侧台阶，保证规定的尺寸要求。纵向退刀，将工作台横向移动一个距离 A，紧固横向进给机构，再铣出另一侧台阶。工作台横向移动距离 A 由台阶宽度 B 以及两台阶的距离 C 确定： $A=B+C$ 若铣削相互对称的双面台阶，也可在一侧的台阶铣好后，将工件调转180°重新装夹，再铣其另一侧面，可使台阶的对称性较好
用组合三面刃铣刀铣台阶	用组合铣刀铣台阶	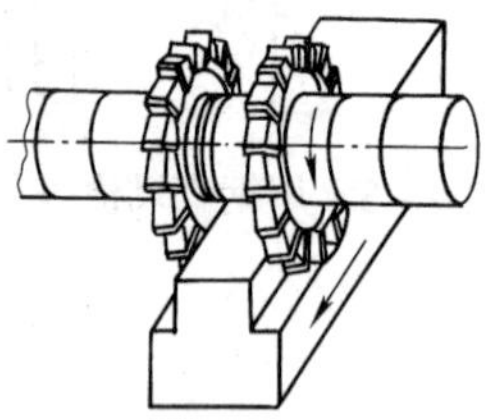 用组合铣刀铣双面台阶	成批生产时，常采用两把三面刃铣刀组合起来铣削双面台阶，不仅可以提高生产效率，而且操作简单，并能保证加工的质量要求 用组合铣刀铣台阶时，应注意仔细调整两把铣刀之间的距离，使其符合台阶凸台宽度尺寸的要求。同时，要调整好铣刀与工件的铣削位置
	铣刀的选择及调整	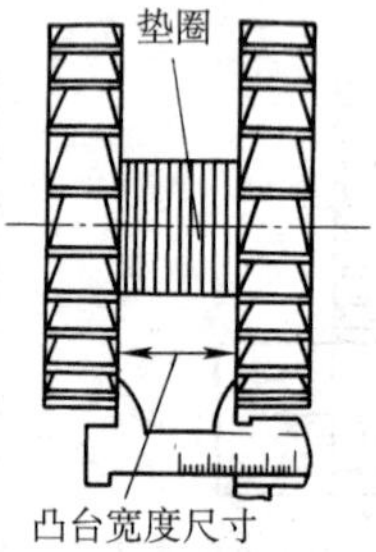 用游标卡尺检查铣刀内侧切削刃的间距	选择铣刀时，两把铣刀必须规格一致，直径相同(必要时将两把铣刀一起装夹，同时在磨床上刃磨其外圆柱面上的切削刃) 两把铣刀内侧切削刃间的距离由多个铣刀杆垫圈进行调整。通过换装不同厚度的垫圈，使其符合台阶凸台宽度尺寸的铣削要求。在正式铣削前，应使用废料进行试铣削，以确定组合铣刀符合工件的加工要求。装刀时，两把铣刀应错开半个刀齿，以减轻铣削中的振动
	台阶的缺陷及注意事项	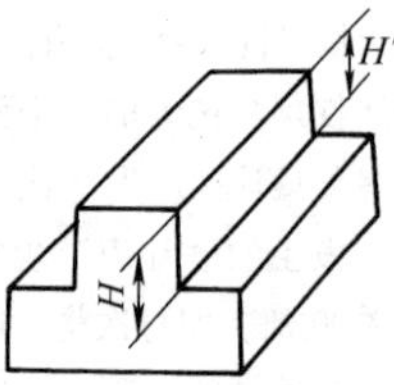 凸台平面与台阶平面不平行，会影响台阶高度尺寸	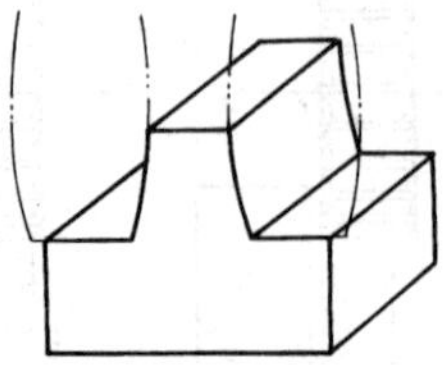 铣床主轴轴线、工作台进给方向和夹具的定位面未校正，都会影响台阶的形状精度

二、用套式立铣刀或立铣刀铣台阶（见表 3－2）

表 3－2　　　　用套式立铣刀或立铣刀铣台阶

内容	简图及说明
工件的装夹与校正	用套式立铣刀、立铣刀或键槽铣刀铣台阶，在装夹工件时，应先校正工件的基准面与工作台进给方向平行或垂直。使用机用虎钳装夹工件时，先要校正固定钳口面与工作台进给方向平行或垂直；铣削倾斜的台阶时，则按其纵向倾斜角度校正固定钳口面与工作台进给方向倾斜
用套式立铣刀铣台阶	对于宽而浅的台阶工件，常用套式立铣刀在立式铣床上进行加工。套式立铣刀刀杆刚度高，切削平稳，加工质量好，生产效率高。套式立铣刀的直径 D 应按台阶宽度尺寸 B 选取： $D \approx 1.5B$
用立铣刀铣台阶	对于窄而深的台阶或内台阶工件，常用立铣刀在立式铣床上加工。由于立铣刀的刚度较低，铣削时，铣刀容易产生“让刀”现象，甚至折断。因此，一般分层次粗铣，最后将台阶的宽度和深度精铣至要求。在条件允许的情况下，应选用直径较大的立铣刀铣台阶，以提高铣削效率

三、台阶的检测

台阶的检测较为简单，其宽度和深度一般可用游标卡尺、游标深度卡尺或千分尺、深度千分尺进行检测。台阶深度较浅，不便使用千分尺检测时，可用极限量规检测，如图 3－4所示。

使用极限量规检测工件时，以其能进入通端而止于止端（即通端通，止端止）为原则确定工件是否合格。

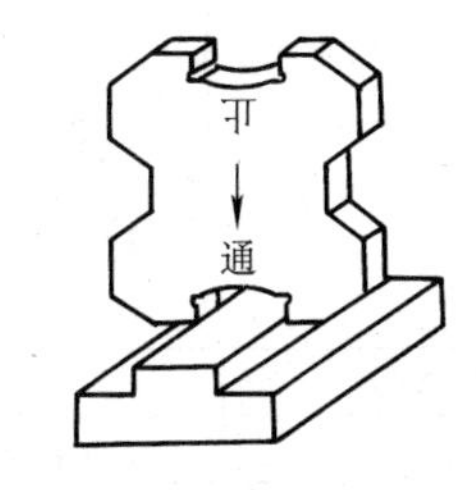

图 3－4　用极限量规检测台阶的宽度

四、台阶的铣削质量分析

1. 影响台阶尺寸的因素

（1）手动移动工作台调整尺寸不准。

（2）测量不准。

（3）铣削时，铣刀受力不均匀出现“让刀”现象。

（4）铣刀轴向圆跳动（俗称摆差或偏摆）大。

（5）工作台“零位”不准，用三面刃铣刀铣台阶时，会使台阶产生上窄下宽现象，致使尺寸不一致，如图 3－5 所示。

2. 影响台阶形状精度和位置精度的因素

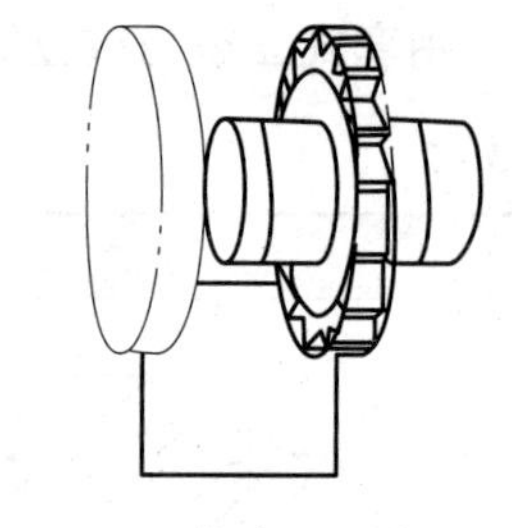

图 3－5　工作台“零位”不准对台阶铣削质量的影响

（1）机用虎钳固定钳口未校正，或用压板装夹时工件位置未校正，铣出的台阶产生歪斜。

（2）工作台“零位”不准，用三面刃铣刀铣削台阶时，不仅台阶上窄下宽，而且台阶侧面被铣成凹面。

（3）立铣头“零位”不准，用立铣刀采用纵向进给铣削台阶，台阶底面产生凹面。

3. 影响台阶表面粗糙度的因素

（1）铣刀磨损变钝。

（2）铣刀摆差大。

（3）铣削用量选择不当，尤其是进给量过大。

（4）铣削钢件时没有使用切削液或切削液使用不当。

（5）铣削时振动大，未使用的进给机构没有紧固，工作台产生窜动现象。

技能训练

铣削台阶

零件图如图 3－6 所示。

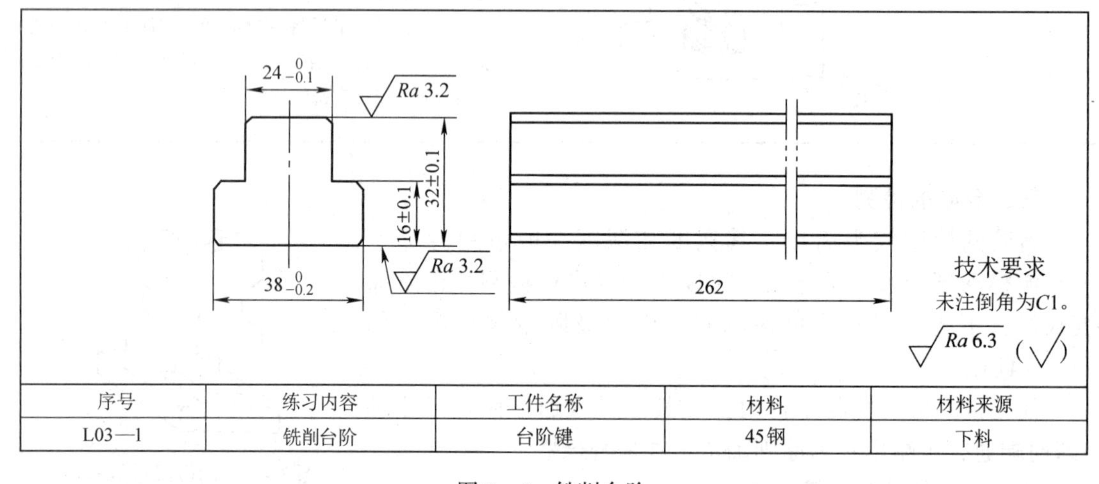

序号	练习内容	工件名称	材料	材料来源
L03—1	铣削台阶	台阶键	45钢	下料

图 3－6　铣削台阶

1. 加工步骤

（1）铣削长方体

将工件毛坯加工成 262 mm × $38_{-0.2}^{0}$ mm ×（32 ± 0.1）mm 的长方体，如图 3－7a 所示。

（2）铣削台阶

1）安装并校正机用虎钳与纵向进给方向平行。

2）装夹并校正工件。

3）选择并安装铣刀。

4）对刀，移距，纵向进给铣削一侧台阶，如图 3－7b 所示。

5）移距，铣削另一侧台阶，使其符合图样要求，如图 3－7c 所示。

（3）铣削 45°倒角

1）换装倒角用铣刀。

2）铣削台阶位置的四处 45°倒角。

3）将工件翻转装夹，完成剩余两处倒角的铣削，如图 3－7d 所示。

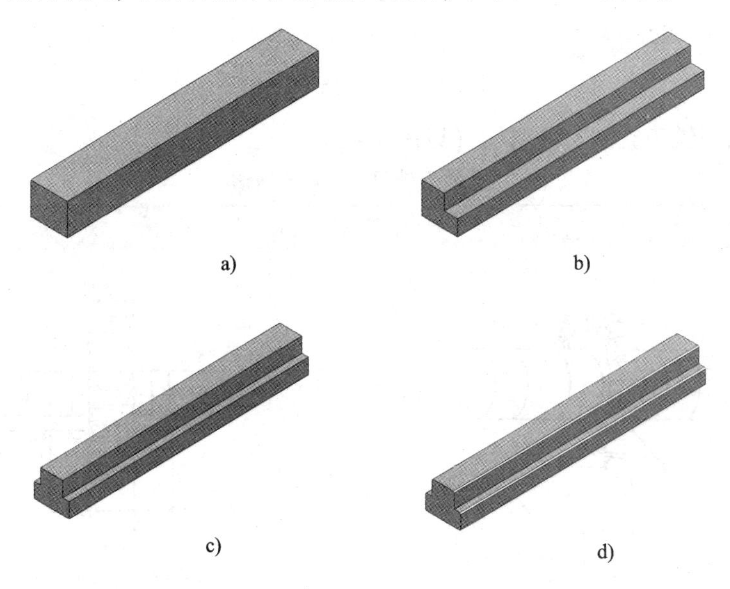

图 3－7　铣削台阶的步骤

2. 注意事项

（1）铣刀安装后的轴向圆跳动量不宜过大。

（2）铣削前，必须严格检测并校正铣床主轴轴线、夹具的定位面和工作台的进给方向垂直或平行。

（3）为避免工作台产生窜动现象，铣削时应紧固不使用的进给机构。

课题二　直角沟槽的铣削

直角沟槽有通槽、半通槽（又称半封闭槽）和封闭槽三种形式，如图 3－8 所示。直角通槽主要用三面刃铣刀铣削，也可以用立铣刀、合成铣刀来铣削。半通槽和封闭槽通常采用立铣刀或键槽铣刀进行铣削。目前，采用可转位刀片的三面刃铣刀进行高质量、高效率的沟槽铣削也较普遍。

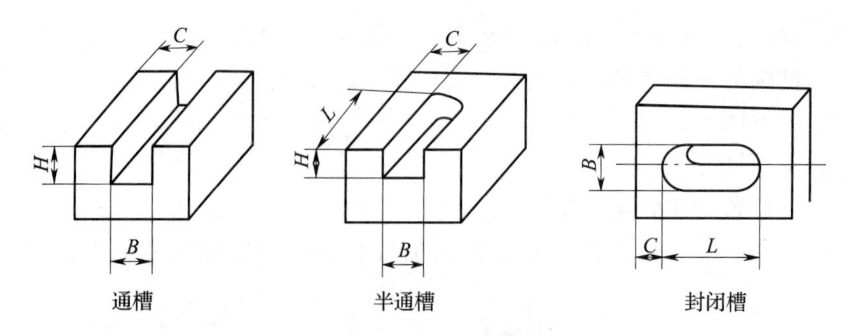

图 3 - 8　直角沟槽的种类

一、用三面刃铣刀铣削直角通槽（见表 3 - 3）

表 3 - 3　　用三面刃铣刀铣削直角通槽

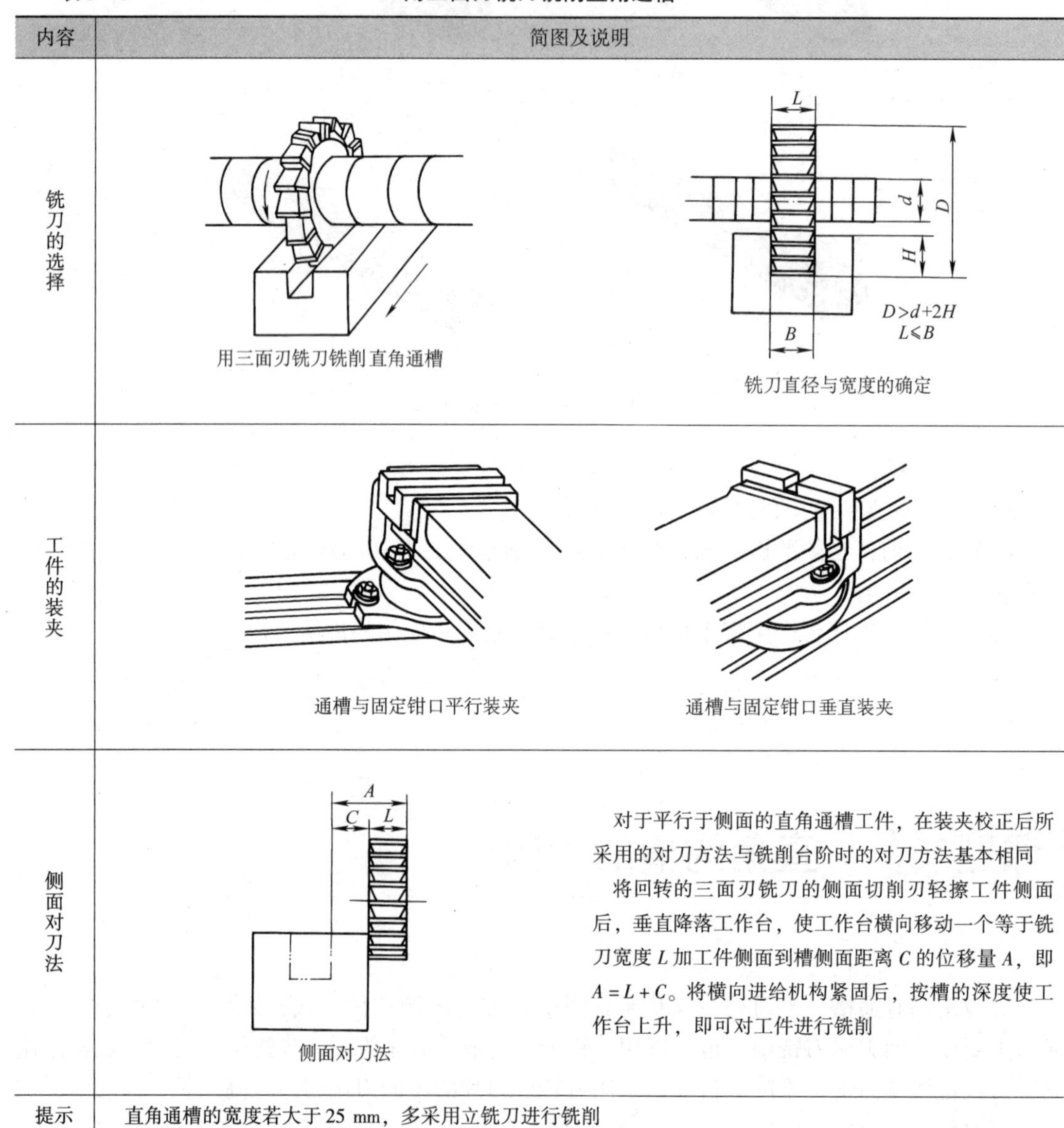

内容	简图及说明
铣刀的选择	用三面刃铣刀铣削直角通槽 铣刀直径与宽度的确定
工件的装夹	通槽与固定钳口平行装夹 通槽与固定钳口垂直装夹
侧面对刀法	侧面对刀法 对于平行于侧面的直角通槽工件，在装夹校正后所采用的对刀方法与铣削台阶时的对刀方法基本相同 将回转的三面刃铣刀的侧面切削刃轻擦工件侧面后，垂直降落工作台，使工作台横向移动一个等于铣刀宽度 L 加工件侧面到槽侧面距离 C 的位移量 A，即 $A=L+C$。将横向进给机构紧固后，按槽的深度使工作台上升，即可对工件进行铣削
提示	直角通槽的宽度若大于 25 mm，多采用立铣刀进行铣削

二、用立铣刀铣削半通槽和封闭槽（见表 3－4）

表 3－4　　用立铣刀铣削半通槽和封闭槽

内容	简图及说明
铣削半通槽	用立铣刀铣削半通槽 用立铣刀铣削半通槽时，所选择的立铣刀直径应等于或小于槽的宽度。由于立铣刀的刚度较低，铣削时易产生“偏让”现象，甚至使铣刀折断。在铣削较深的槽时，可用分层铣削的方法，先粗铣至槽的深度尺寸，再扩铣至槽的宽度尺寸。扩铣时，应尽量避免顺铣
铣削封闭槽	预钻落刀孔线　封闭槽加工线 划加工位置线　　在落刀孔位置开始铣削 立铣刀端面切削刃的中心部分不能垂直进给铣削工件。在加工封闭槽之前，应先在槽的一端预钻一个落刀孔（落刀孔的直径应略小于立铣刀直径），并由此落刀孔落下铣刀进行铣削

三、用键槽铣刀铣削封闭槽

采用键槽铣刀可以对工件进行垂直方向的进给，铣刀不需要落刀孔，即可直接落刀对工件进行铣削，常用于加工高精度的、较浅的半通槽和不穿通的封闭槽，如图 3－9 所示。

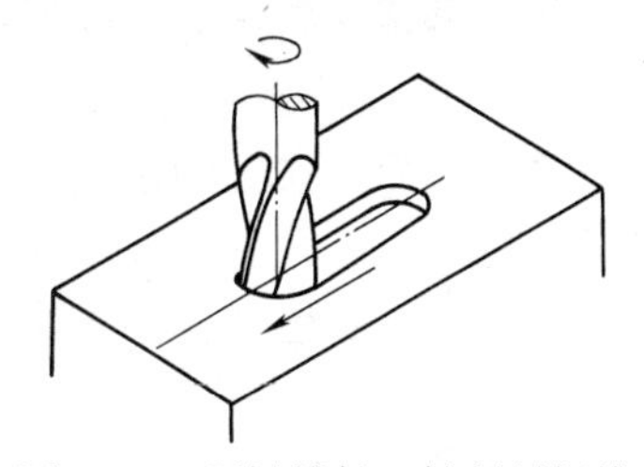
图 3－9　用键槽铣刀铣削封闭槽

四、盘形槽铣刀与合成铣刀

在铣床上加工直角沟槽时，有时会用到盘形槽铣刀与合成铣刀，见表 3－5。

表 3－5　　盘形槽铣刀与合成铣刀

类型	简图及说明
盘形槽铣刀	盘形槽铣刀（简称槽铣刀）的切削刃是分布在其圆柱面上的齿刃，其刀齿两侧一般没有切削刃。因此，槽铣刀的切削效果不如三面刃铣刀。槽铣刀刀齿的背部大都做成铲齿形状。它的优点是当刀齿需要刃磨时，只需刃磨其前面即可，刃磨后的刀齿形状和宽度都不会改变。这种铣刀适用于大批量加工尺寸相同的直角沟槽

续表

类型	简图及说明
合成铣刀	垫圈 合成铣刀是由两半部镶合而成的。当铣刀刀齿因刃磨后宽度变窄时，在其中间加垫圈或垫片即可保证铣削宽度 合成铣刀的切削性能比槽铣刀好，生产效率也较高，但是这种铣刀的制造很复杂

五、直角沟槽的检测

直角沟槽的长度、宽度和深度一般使用游标卡尺、游标深度卡尺检测。工件尺寸精度较高时，槽的宽度尺寸可用极限量规（塞规）检测。其对称度或平行度误差可用游标卡尺或杠杆百分表检测，如图 3－10 所示。检测时，分别以工件侧面 A 和 B 为基准面靠在平板上，然后使百分表的测头触到工件的槽侧面上，平移工件进行检测，两次检测所得百分表的读数值之差，即其对称度（或平行度）误差值。

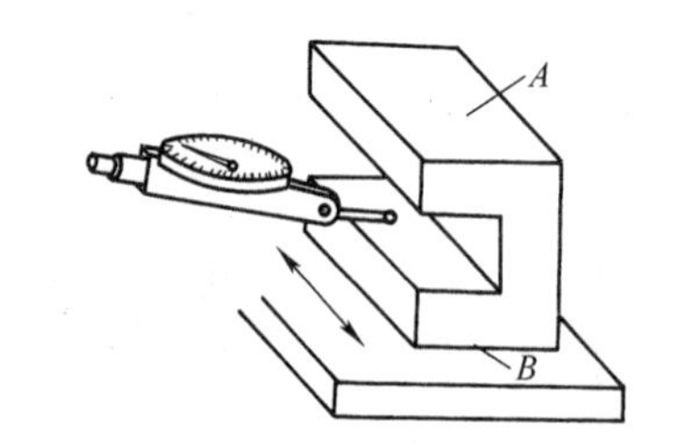

图 3－10　用杠杆百分表检测沟槽的平行度或对称度误差

六、直角沟槽的铣削质量分析

直角沟槽的铣削质量主要是指沟槽尺寸精度、形状精度及位置精度。

1. 影响沟槽尺寸精度的因素

（1）沟槽宽度精度一般要求较高，用定尺寸刀具加工时铣刀尺寸不正确，使槽宽尺寸铣错。

（2）三面刃铣刀的轴向圆跳动误差太大，使槽宽尺寸铣大；径向圆跳动误差太大，使槽深加深。

（3）使用立铣刀铣削沟槽时，产生“让刀”现象，或来回数次吃刀切削工件，将槽宽铣大。

（4）测量不准或摇错刻度盘数值。

2. 影响沟槽形状精度和位置精度的因素

（1）工作台“零位”不准，使工作台纵向进给运动方向与铣床主轴轴线不垂直，用三面刃铣刀铣削时，将沟槽两侧面铣成弧形凹面，且上宽下窄（两侧面不平行）。

（2）机用虎钳固定钳口未校正，使工件侧面（基准面）与进给运动方向不一致，铣出的沟槽歪斜（槽侧面与工件侧面不平行）。

（3）选用的平行垫铁不平行，工件底平面与工作台面不平行，铣出的沟槽底面与工件底平面不平行，槽深不一致。

（4）对刀时，工作台横向位置调整不准确；扩铣时将槽铣偏；测量尺寸时不准确，按测量值调整进行铣削将槽铣偏等，使铣出的沟槽对称度误差大。

影响沟槽表面粗糙度的因素与铣削台阶时相同。

技能训练

铣削直角通槽

1. 铣削直角通槽（见图 3－11）

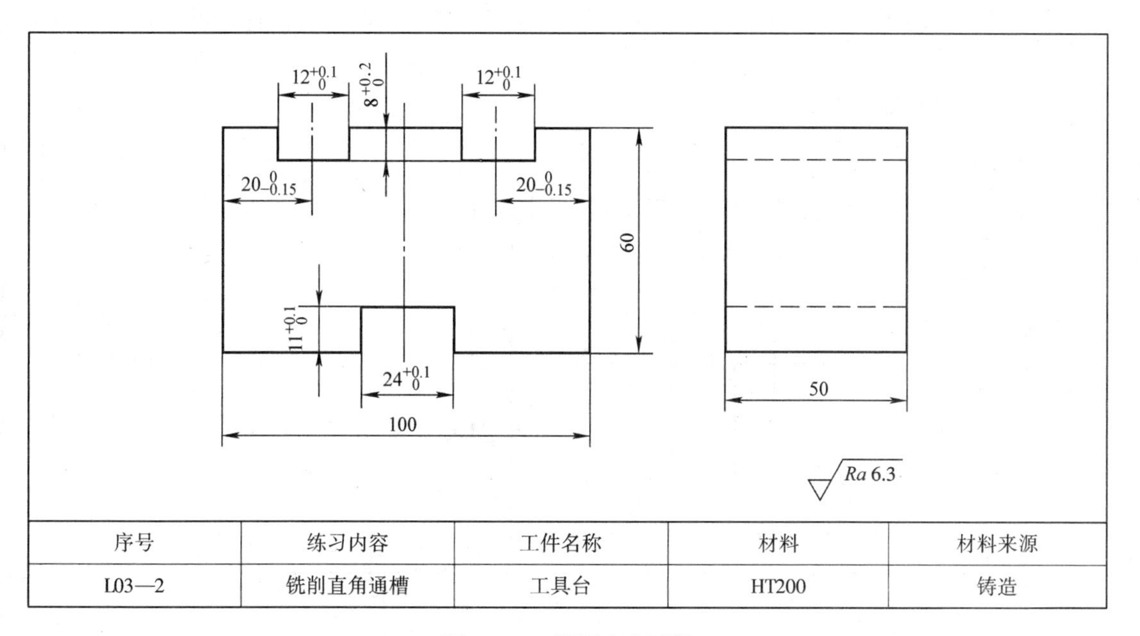

序号	练习内容	工件名称	材料	材料来源
L03—2	铣削直角通槽	工具台	HT200	铸造

图 3－11　铣削直角通槽

（1）铣削长方体

将工件毛坯加工成 100 mm×60 mm×50 mm 的长方体，如图 3－12a 所示。

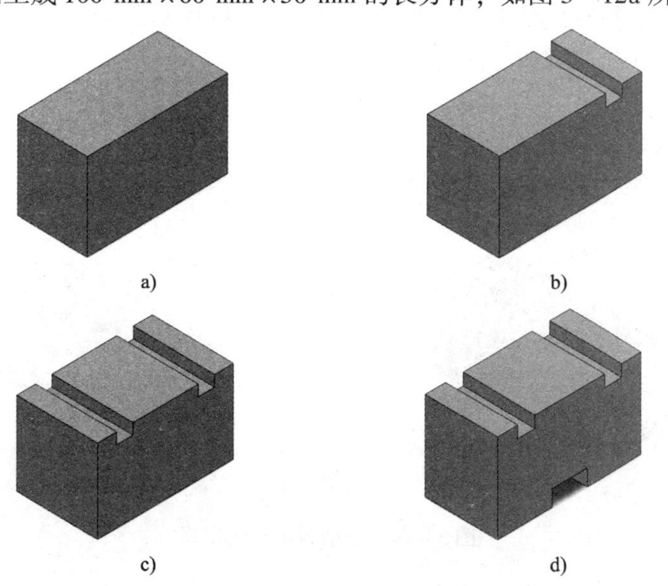

图 3－12　铣削直角通槽的步骤

（2）铣削直角通槽

1）安装并校正机用虎钳与纵向进给方向垂直。

2）装夹并校正工件。

3）选择并安装铣刀。

4）对刀，移距，纵向进给铣削一 $12^{+0.1}_{0}$ mm 通槽，如图 3－12b 所示。

5）移距，纵向进给铣削另一 $12^{+0.1}_{0}$ mm 通槽，如图 3－12c 所示。

6）将工件翻转装夹，对刀，移距，铣削 $24^{+0.1}_{0}$ mm 通槽，使其符合图样要求，如图 3－12d 所示。

2. 铣削封闭槽（见图 3－13）

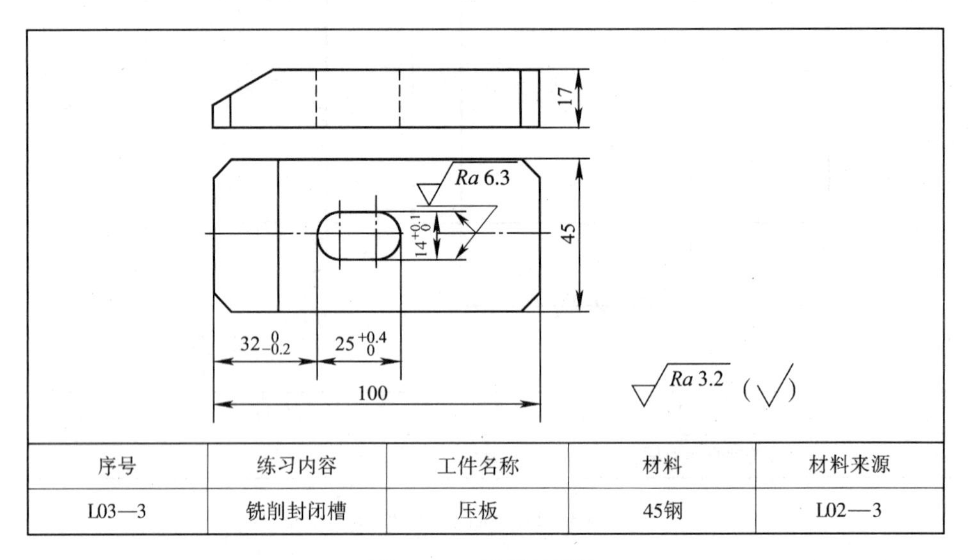

序号	练习内容	工件名称	材料	材料来源
L03—3	铣削封闭槽	压板	45钢	L02—3

图 3－13　铣削封闭槽

（1）对照图样，检查工件毛坯并划线，如图 3－14a 所示。

（2）安装并校正机用虎钳与纵向进给方向平行。

（3）装夹并校正工件。

（4）选择并安装键槽铣刀。

（5）对刀，移距，纵向进给铣削封闭槽，使其符合图样要求，如图 3－14b 所示。

图 3－14　铣削封闭槽的步骤

课题三　键槽的铣削

键连接是通过键将轴与轴上零件（如齿轮、带轮、凸轮等）结合在一起，实现周向定位并传递转矩的连接。键连接常用的有平键连接、半圆键连接和花键连接。

在轴上安装平键的直角沟槽称为键槽，安装半圆键的槽称为半圆键槽。其两侧面的表面粗糙度值较小，都有极高的宽度尺寸精度要求和对称度要求。键槽包括通槽、半通槽和封闭槽，如图 3－15 所示。通槽大都用盘形铣刀铣削，封闭槽多采用键槽铣刀铣削。

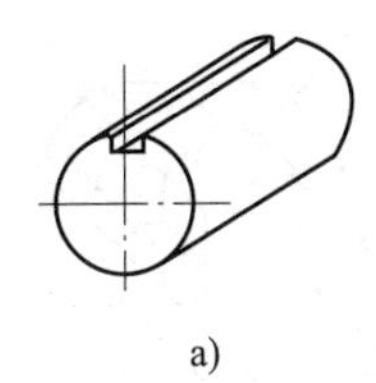

a)

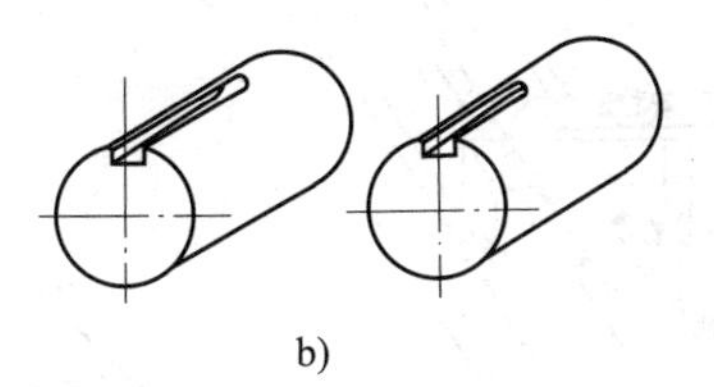

b)

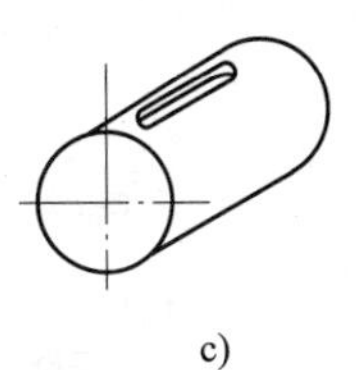

c)

图 3－15　轴上键槽的种类

a）通槽　b）半通槽　c）封闭槽

一、工件的装夹

装夹轴类工件时，不但要保证工件在加工中稳定可靠，还要保证工件的轴线位置不变，保证键槽的中心平面通过其轴线。工件常用的装夹方法有用机用虎钳装夹、用 V 形架装夹、在工作台上直接装夹和用分度头定中心装夹等，见表 3－6。

二、铣刀位置的调整

为保证轴上键槽对称于工件轴线，必须调整好铣刀的铣削位置，使键槽铣刀的轴线或盘形铣刀的对称平面通过工件轴线（即铣刀对中心）。常用的对中心方法有按切痕调整对中心、擦侧面调整对中心、用杠杆百分表调整对中心三种，见表 3－7。

表 3－6　　铣轴上键槽时工件的装夹

方法	简图及说明
用机用虎钳装夹	Δd　$\frac{\Delta d}{2}$　$\frac{\Delta d}{2}$ 用机用虎钳装夹工件简便、稳固，但当工件直径发生变化时，工件轴线在左右（水平位置）和上下（垂直位置）方向都会产生移动。在采用定距切削时，会影响键槽的深度尺寸和对称度。此法常用于单件生产 若想成批地在机用虎钳上装夹工件铣键槽，必须是直径误差很小的、经过精加工的工件 在机用虎钳上装夹工件铣键槽，需要校正钳体的定位面，以保证工件的轴线与工作台进给方向平行，同时与工作台面平行

续表

方法		简图及说明
用V形架装夹	V形架的使用	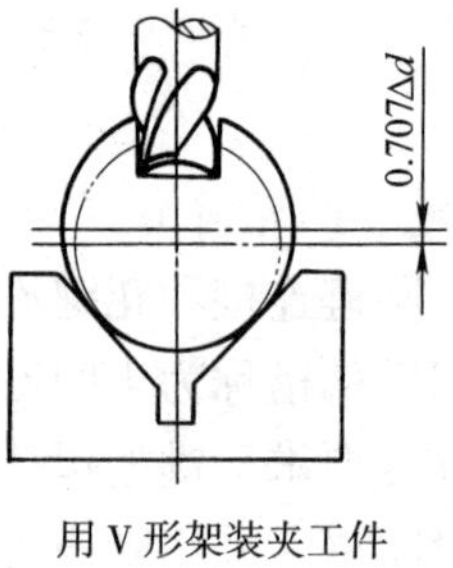 用V形架装夹工件 把圆柱形工件置于V形架内，并用压板进行紧固的装夹方法，是铣削轴上键槽常用的、比较精确的定位方法之一。该方法使工件的轴线只能沿V形的角平分面上下移动，虽然会影响槽的深度尺寸，但能保证其对称度不发生变化，因此适用于大批量加工。在V形架上，当一批工件的直径因加工误差而发生变化时，虽然会对槽的深度有影响，但变化量一般不会超过槽深的尺寸公差
		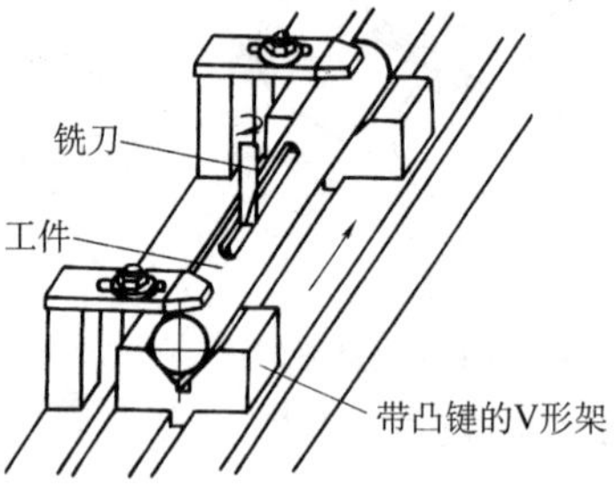 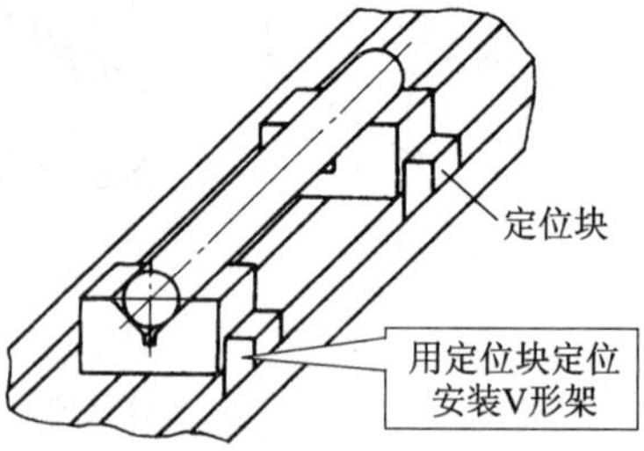 使用两个V形架装夹长轴时，这两个V形架最好是成对制造并刻有标记的
	V形架的校正	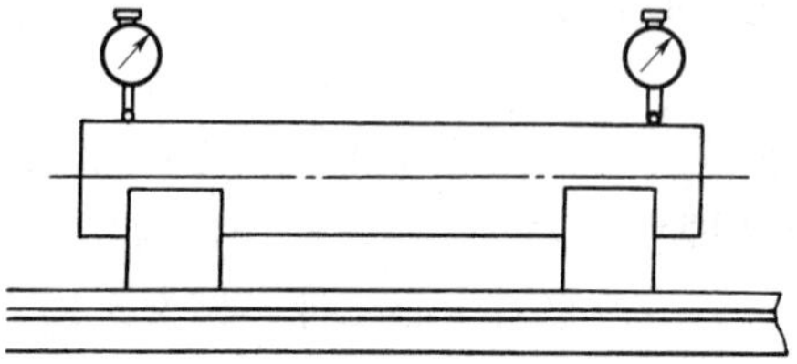 校正上素线 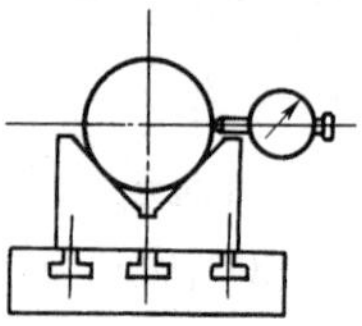　　校正侧素线 安装V形架时，要将标准量棒放入V形槽内，用百分表校正量棒上素线与工作台面平行，其侧素线与工作台进给方向平行
在工作台上直接装夹		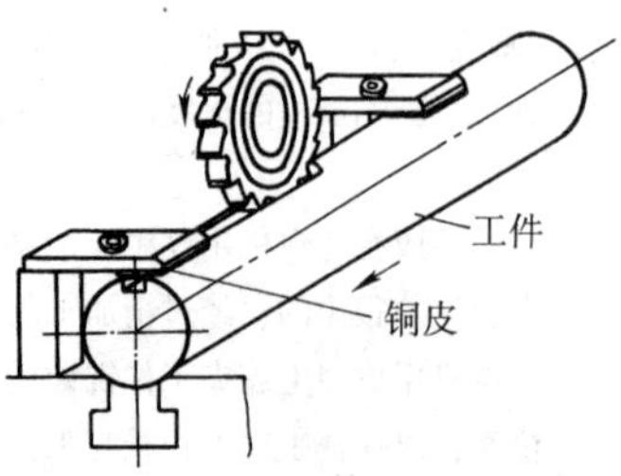 在工作台中央T形槽上装夹细长工件 对于直径在20～60 mm范围的长轴工件，可将其直接放在工作台中央T形槽上，用压板夹紧后铣削轴上的键槽。此时，T形槽槽口的倒角斜面起着V形槽的定位作用。因此，工件圆柱面与槽口倒角斜面必须是相切的 铣削长轴上的通槽或半通槽时，其深度可一次铣成。铣削时，由工件端部先铣入一段长度后停车，将压板压在铣成的槽部，之间垫铜皮后夹紧。观察铣刀碰不着压板，再开车继续铣削

续表

方法	简图及说明
用分度头定中心装夹	鸡心夹头 在两顶尖间装夹工件　　一夹一顶式装夹工件 这种装夹方法使工件轴线位置不受其直径变化的影响，因此，铣出轴上键槽的对称度也不受工件直径变化的影响。使用前，要用标准量棒校正上素线和侧素线

表 3－7　　铣刀对中心的方法

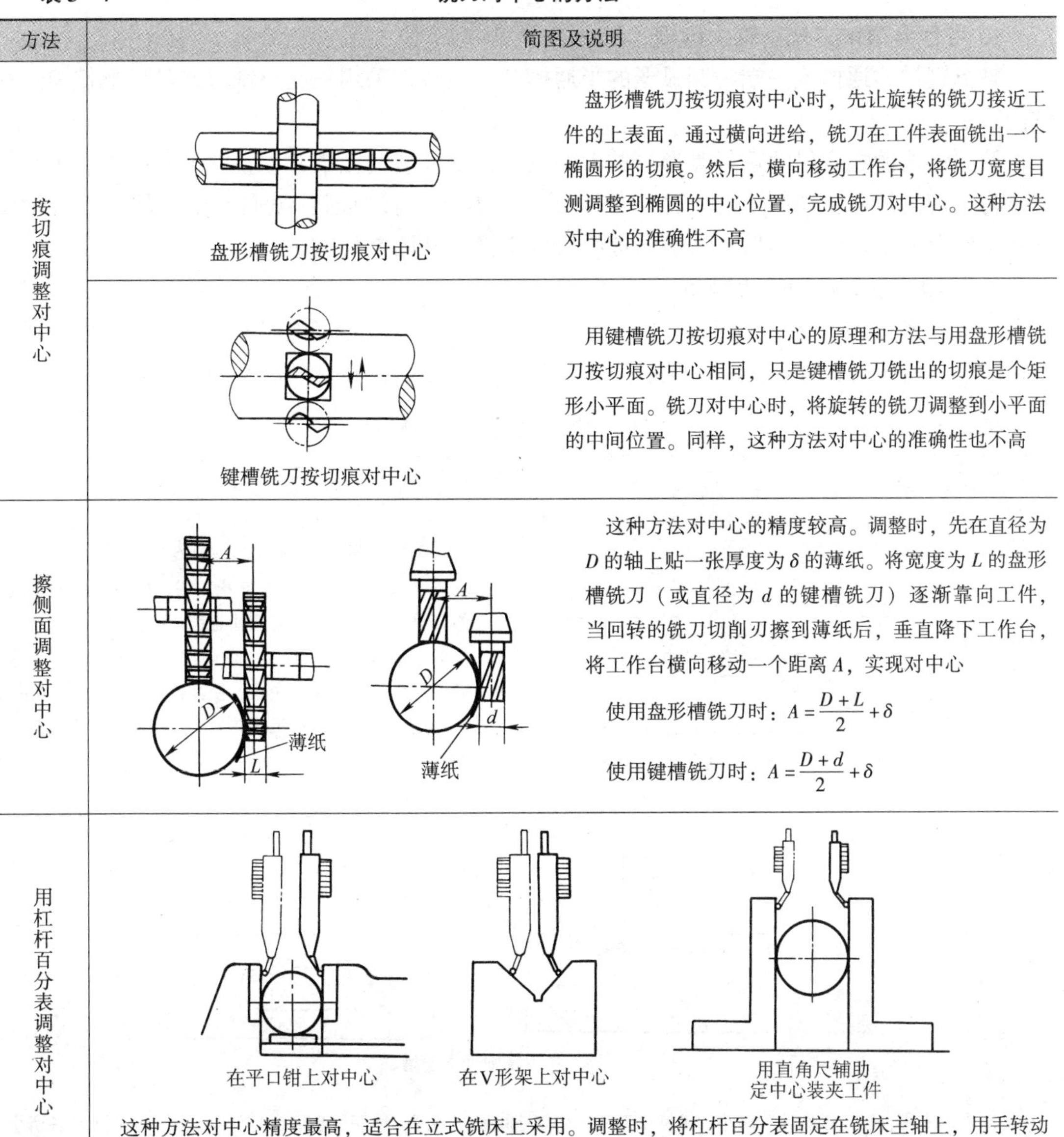

方法	简图及说明
按切痕调整对中心	盘形槽铣刀按切痕对中心 盘形槽铣刀按切痕对中心时，先让旋转的铣刀接近工件的上表面，通过横向进给，铣刀在工件表面铣出一个椭圆形的切痕。然后，横向移动工作台，将铣刀宽度目测调整到椭圆的中心位置，完成铣刀对中心。这种方法对中心的准确性不高
	键槽铣刀按切痕对中心 用键槽铣刀按切痕对中心的原理和方法与用盘形槽铣刀按切痕对中心相同，只是键槽铣刀铣出的切痕是个矩形小平面。铣刀对中心时，将旋转的铣刀调整到小平面的中间位置。同样，这种方法对中心的准确性也不高
擦侧面调整对中心	这种方法对中心的精度较高。调整时，先在直径为 D 的轴上贴一张厚度为 δ 的薄纸。将宽度为 L 的盘形槽铣刀（或直径为 d 的键槽铣刀）逐渐靠向工件，当回转的铣刀切削刃擦到薄纸后，垂直降下工作台，将工作台横向移动一个距离 A，实现对中心 使用盘形槽铣刀时：$A=\dfrac{D+L}{2}+\delta$ 使用键槽铣刀时：$A=\dfrac{D+d}{2}+\delta$
用杠杆百分表调整对中心	在平口钳上对中心　　在V形架上对中心　　用直角尺辅助定中心装夹工件 这种方法对中心精度最高，适合在立式铣床上采用。调整时，将杠杆百分表固定在铣床主轴上，用手转动主轴，参照杠杆百分表的读数，可以精确地移动工作台，实现精确对中心

三、轴上键槽的铣削

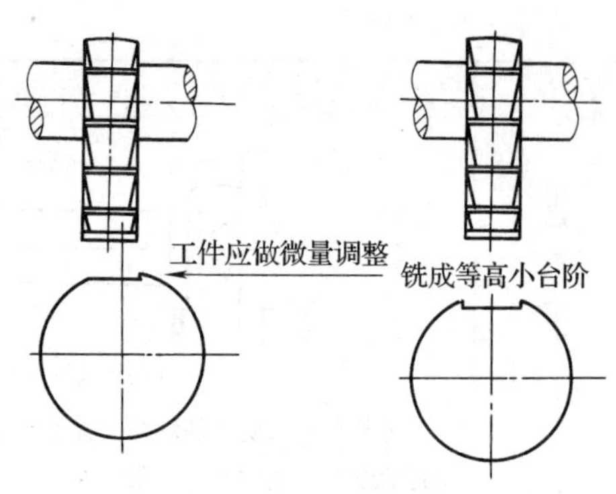

图 3－16　工件铣削位置的调整

在铣削轴上键槽时，为避免铣削力使工件产生振动和弯曲，应在轴的切削位置下面用千斤顶进行支承。为了进一步校准对中心，在铣刀开始切削到工件时不浇注切削液。手动进给缓慢移动工作台，若轴的一侧先出现台阶，则说明铣刀还未对准中心。应将工件出现台阶一侧向着铣刀做微量的横向调整，直至轴的两侧同时出现等高的小台阶（即铣刀对准中心）为止，如图 3－16 所示。

1. 用盘形槽铣刀铣削轴上键槽

轴上键槽为通槽或一端为圆弧形的半通槽时，一般都采用三面刃铣刀或盘形槽铣刀进行铣削。

按照键槽的宽度尺寸选择盘形槽铣刀的宽度，工件装夹完毕并调整铣刀对中心后进行铣削。将旋转的铣刀主切削刃与工件圆柱表面（上素线）接触时，纵向退出工件，按键槽深度将工作台向上调整。然后，将横向进给机构锁紧，开始铣削键槽。

2. 用键槽铣刀铣削轴上键槽

轴上键槽为封闭槽或一端为直角的半通槽时，一般采用键槽铣刀进行铣削。使用键槽铣刀铣削轴上键槽时，经常采用的铣削方法有分层铣削法和扩刀铣削法两种，见表 3－8。

表 3－8　　**用键槽铣刀铣削轴上键槽**

方法	简图及说明
分层铣削法	≈0.2~0.5　≈0.2~0.5 分层铣削轴上键槽 铣削时，每次的铣削深度 a_p 为 0.5～1.0 mm，手动进给由键槽的一端铣向另一端。然后逐层向下进给，重复铣削。铣削时应注意键槽两端要各留长度方向的余量 0.2～0.5 mm。在逐次铣削达到键槽深度后，最后铣去两端的余量，使其符合长度要求。此法主要适用于键槽长度尺寸较短、生产数量不多的键槽的铣削
扩刀铣削法	扩刀铣削轴上键槽 先用直径比槽宽尺寸略小的键槽铣刀分层往复地粗铣至槽深。槽深留余量 0.1～0.3 mm，槽长两端各留余量 0.2～0.5 mm。再用符合键槽宽度尺寸的键槽铣刀进行精铣

四、键槽的检测（见表 3－9）

表 3－9　　键槽的检测

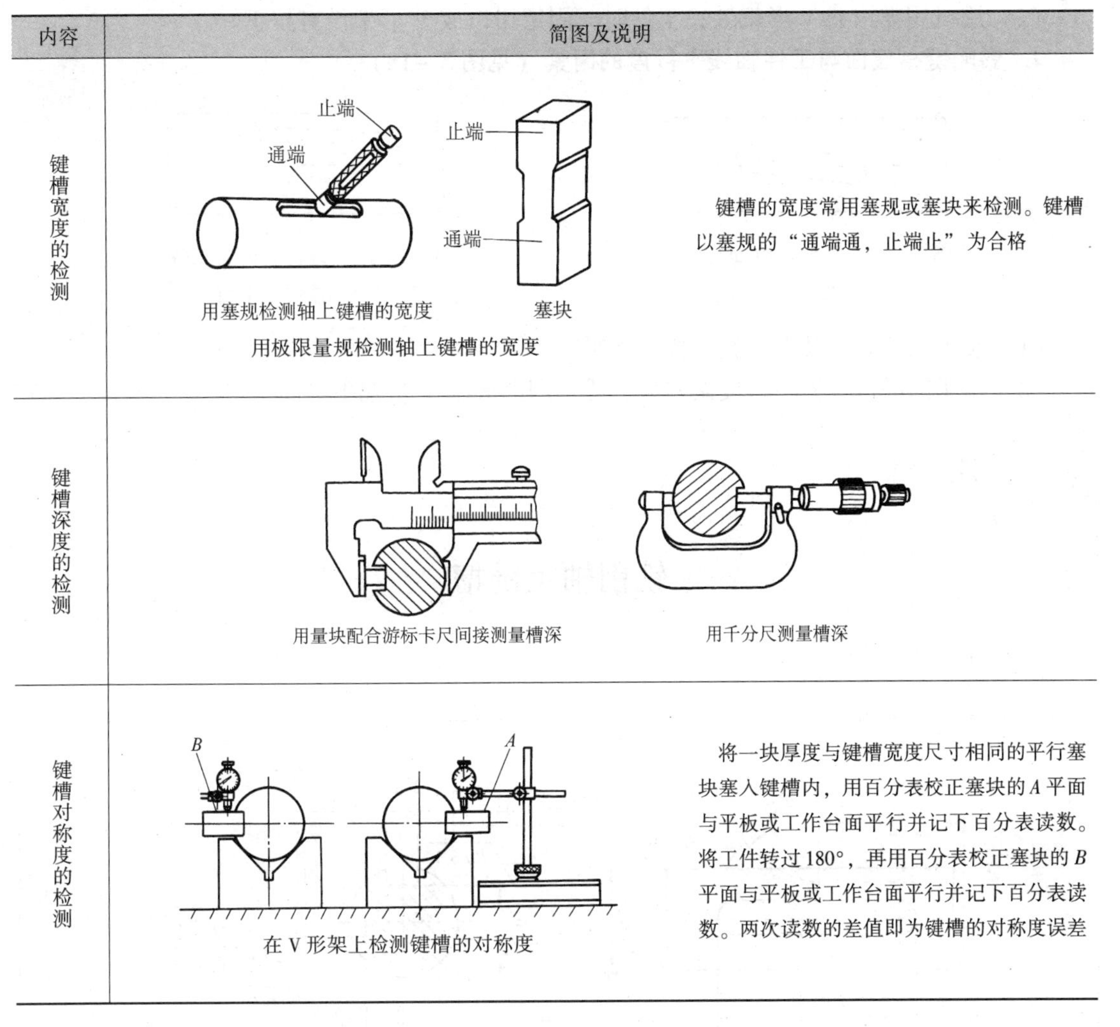

内容	简图及说明
键槽宽度的检测	用塞规检测轴上键槽的宽度　塞块 用极限量规检测轴上键槽的宽度 键槽的宽度常用塞规或塞块来检测。键槽以塞规的“通端通，止端止”为合格
键槽深度的检测	用量块配合游标卡尺间接测量槽深　用千分尺测量槽深
键槽对称度的检测	在 V 形架上检测键槽的对称度 将一块厚度与键槽宽度尺寸相同的平行塞块塞入键槽内，用百分表校正塞块的 A 平面与平板或工作台面平行并记下百分表读数。将工件转过 180°，再用百分表校正塞块的 B 平面与平板或工作台面平行并记下百分表读数。两次读数的差值即为键槽的对称度误差

五、键槽的铣削质量分析

1. 影响键槽宽度尺寸的因素

（1）铣刀的宽度或直径尺寸不合适，未经过试铣就直接铣削工件，造成键槽宽度尺寸不合适。

（2）铣刀有摆差，用键槽铣刀铣削键槽，铣刀径向圆跳动误差太大；用盘形槽铣刀铣削键槽，铣刀轴向圆跳动误差太大，将键槽铣宽。

（3）铣削时，吃刀深度过大，进给量过大，产生“让刀”现象，将键槽铣宽。

2. 影响键槽两侧面对工件轴线对称度的因素

（1）铣刀对中心不准。

（2）铣削中，铣刀的偏让量太大。

（3）成批生产时，工件外圆尺寸公差太大。

（4）用扩刀法铣削时，键槽两侧扩铣余量不一致。

3. 影响键槽两侧面与工件轴线平行度的因素（见图 3－17）

（1）工件外圆直径不一致，有大小头。

（2）用机用虎钳或 V 形架装夹工件时，固定钳口或 V 形架没有校正好。

4. 影响键槽底面与工件轴线平行度的因素（见图 3－18）

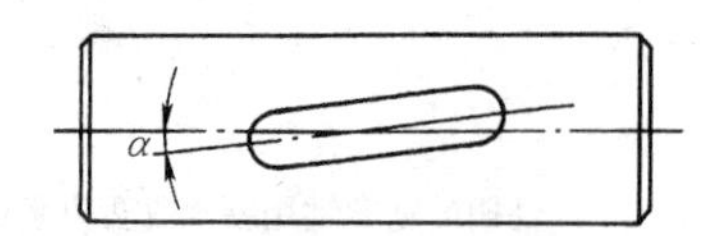

图 3－17　键槽两侧面与工件轴线不平行

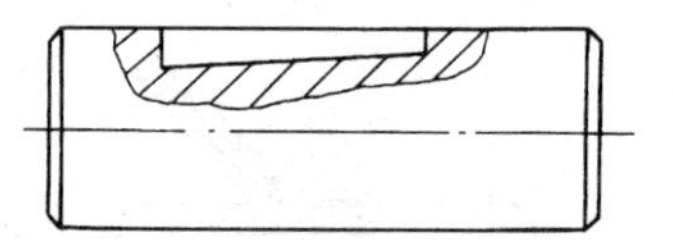

图 3－18　键槽底面与工件轴线不平行

（1）装夹工件时，其上素线未校正水平。

（2）选用的平行垫铁平行度误差大，或选用的成组 V 形架不等高。

技能训练

铣削轴上键槽

零件图如图 3－19 所示。

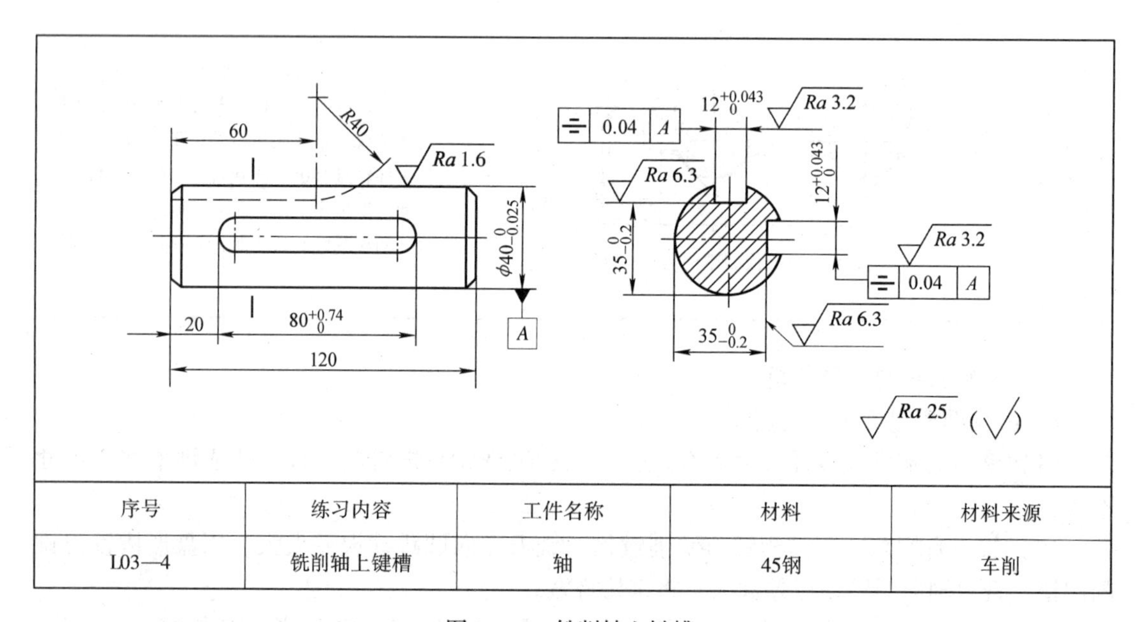

序号	练习内容	工件名称	材料	材料来源
L03—4	铣削轴上键槽	轴	45钢	车削

图 3－19　铣削轴上键槽

1. 在立式铣床上铣削封闭键槽

（1）对照图样，检查工件毛坯尺寸：$\phi 40_{-0.025}^{0}$ mm × 120 mm，如图 3－20a 所示。

（2）安装并校正机用虎钳与纵向进给方向平行。

（3）装夹并校正工件。

（4）选择并安装直径为 10 mm 的键槽铣刀。

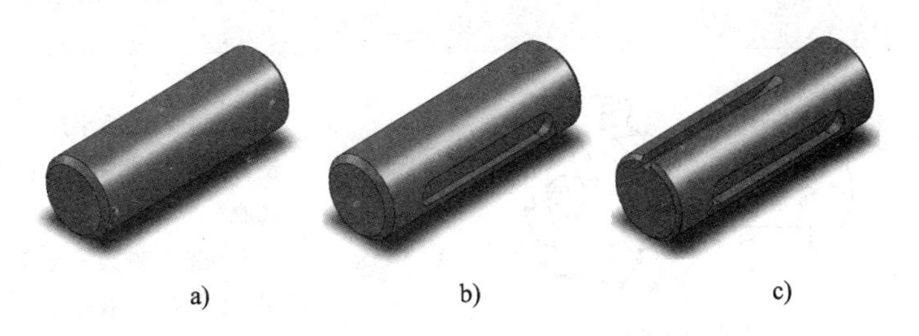

图 3－20　铣削轴上键槽的步骤

（5）调整铣刀位置，对中心，紧固横向进给机构。

（6）对刀，移距，粗铣键槽。

（7）换装直径为 12 mm 的键槽铣刀或立铣刀，精铣键槽至符合图样要求，如图 3－20b 所示。

2. 在卧式铣床上铣削半通键槽

（1）安装并校正机用虎钳与纵向进给方向平行。

（2）在键槽中放入平键，并使平键靠向固定钳口面，校正并夹紧工件。

（3）选择并安装 80 mm × 12 mm × 27 mm 的盘形槽铣刀或三面刃铣刀。

（4）调整铣刀位置，对中心，紧固横向进给机构。

（5）对刀，铣削半通键槽至符合图样要求，如图 3－20c 所示。

课题四　半圆键槽的铣削

一、半圆键连接

采用半圆键连接（见图 3－21）也是用键侧面实现周向固定并传递转矩的一种键连接。半圆键在轴槽中能绕自身几何中心沿槽底圆弧摆动，以适应轮毂上键槽的配合要求。半圆键常用于轻载或辅助性连接，特别适用于轴的端部处，其特点是制造容易，装拆方便。

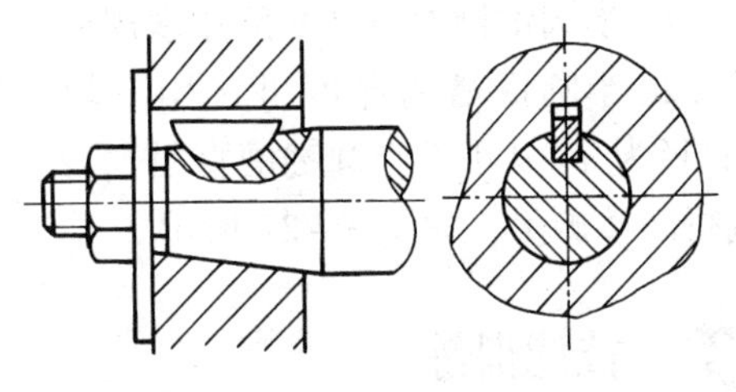
图 3－21　半圆键连接

半圆键槽的宽度尺寸精度要求较高，表面粗糙度值要求小，其两侧面对称并平行于工件的轴线。

二、半圆键槽的铣削

选择并安装铣刀后，最好先用一件废料进行试铣削，检测试件的槽的宽度尺寸符合要求后，再进行正式铣削（见表 3－10），以确保加工质量。

表 3－10　　铣削半圆键槽

内容	简图及说明	
半圆键槽铣刀的选择	半圆键槽铣刀	铣削半圆键槽采用专用的半圆键槽铣刀。铣刀按半圆键槽的基本尺寸（宽度×直径）选取 半圆键槽铣刀一般都做成直柄的整体铣刀。使用时，用钻夹头或弹簧夹头进行安装
半圆键槽的铣削	在立式铣床上铣削半圆键槽	为保证铣出的键槽两侧面与工件轴线平行，应使用标准心轴先校正分度头主轴与尾座顶尖间的公共轴线与工作台面和纵向进给方向平行。铣削时，先锁紧纵向进给手柄，以手动方式慢慢地进行横向进给，并逐渐减慢进给速度，以防止铣刀折断。为改善散热条件，要充分浇注切削液
	在卧式铣床上铣削半圆键槽	为提高铣刀强度，在卧式铣床上可将铣刀采用一夹一顶的方式安装。在刀杆支架轴承孔内安装顶尖，顶住半圆键槽铣刀端面的中心孔

三、半圆键槽的检测

1. 半圆键槽的宽度一般用塞规或塞块检测。

2. 半圆键槽的深度可选用一块厚度小于槽宽的样柱（直径为 d，d 小于半圆键槽直径），配合游标卡尺或千分尺进行间接测量，如图 3－22 所示。

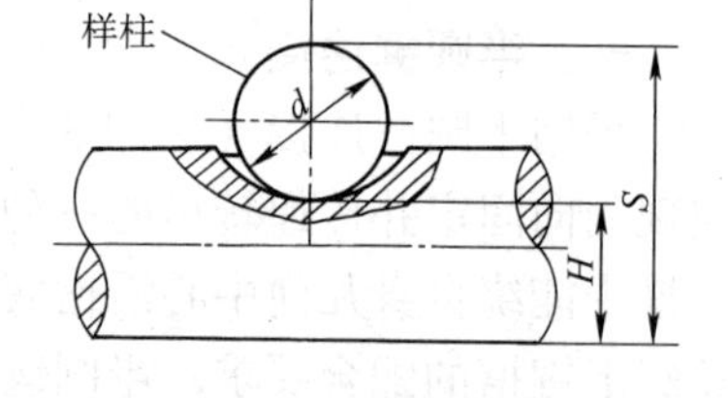

图 3－22　半圆键槽的检测

技能训练

铣削半圆键槽

零件图如图 3－23 所示。

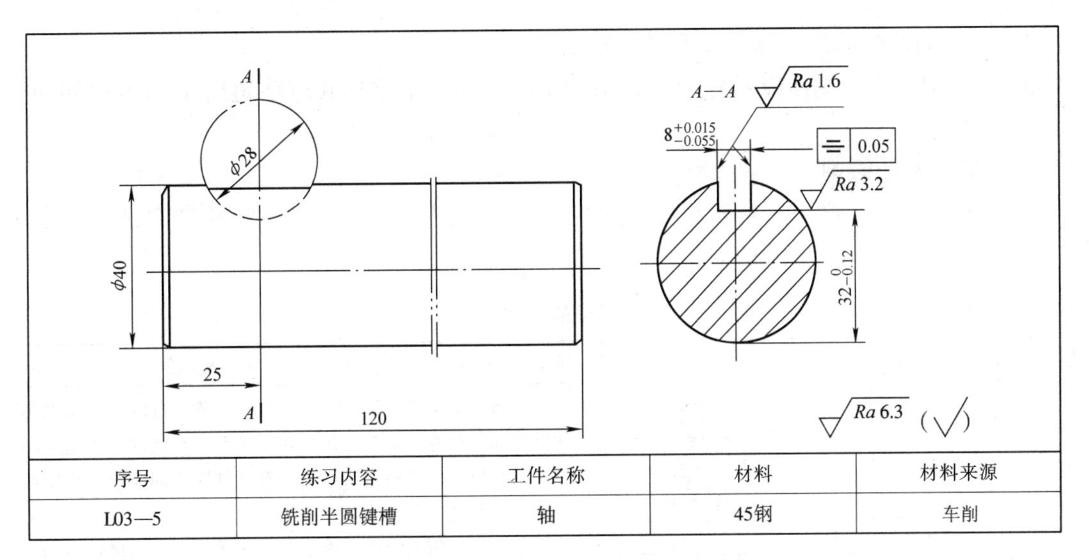

序号	练习内容	工件名称	材料	材料来源
L03—5	铣削半圆键槽	轴	45钢	车削

图 3－23　铣削半圆键槽

1. 对照图样，检查工件毛坯尺寸：φ40 mm×120 mm，如图 3－24a 所示。

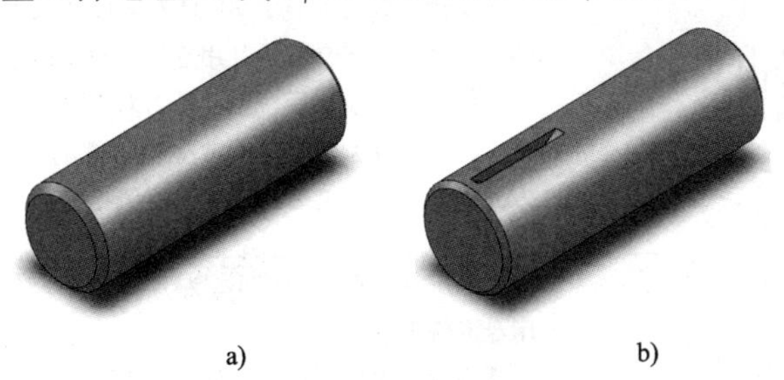

图 3－24　铣削半圆键槽的步骤

2. 安装并校正分度头主轴与纵向进给方向平行。
3. 装夹并校正工件。
4. 选择并安装 8 mm×28 mm 的半圆键槽铣刀。
5. 调整铣刀位置，对中心。
6. 对刀，紧固纵向进给机构，铣削半圆键槽，使其符合图样要求，如图 3－24b 所示。

课题五　V形槽的铣削

一、V 形槽

V 形槽广泛应用在机械制造行业中。V 形槽两侧面间的夹角（槽角）有 60°、90°和 120°等，其中以 90°的 V 形槽最为常用。其主要技术要求如下：

1. V 形槽的中心平面应垂直于工件的基准面（底平面）。

2. 工件的两侧面应对称于 V 形槽的中心平面。

3. V 形槽窄槽两侧面应对称于 V 形槽的中心平面。窄槽槽底应略超出 V 形槽两侧面延长线的交线。

二、V 形槽的铣削

铣削 V 形槽前，必须严格校正夹具的定位面。工件装夹后，先用锯片铣刀铣出一条工艺窄槽，然后铣削 V 形槽的槽面，具体方法见表 3－11。

表 3－11　　V 形槽的铣削方法

方法	简图及说明
用角度铣刀铣削	用锯片铣刀铣工艺窄槽　用双角铣刀铣削槽面 对于槽角小于或等于 90° 的小型 V 形槽，可以采用与槽角角度相同的对称双角铣刀在卧式铣床上进行铣削。或组合两把刃口相反、规格相同的单角铣刀（铣刀之间应垫上垫圈或铜皮）进行铣削 铣削时，先用锯片铣刀铣出工艺窄槽，再用角度铣刀对 V 形槽面进行铣削
用立铣刀铣削	对于槽角大于或等于 90° 且外形尺寸较大的 V 形槽，可按槽角角度的二分之一倾斜立铣头，用立铣刀对槽面进行铣削 工件装夹并校正后，用立铣刀对 V 形槽面进行铣削。铣完一侧的槽面后，将工件调转 180° 后夹紧，再铣削另一侧槽面。也可将立铣头反方向偏转一个角度后再铣削另一侧槽面
用盘形铣刀铣削	对于工件外形尺寸较小、精度要求不高的 V 形槽，可在卧式铣床上用盘形铣刀进行铣削 铣削时，先按图样在工件表面划线，再按划线校正 V 形槽的待加工槽面与工作台面垂直，然后用盘形铣刀（最好是错齿三面刃铣刀）对 V 形槽面进行铣削。铣完一侧槽面后，重新校正另一侧槽面并夹紧工件，将槽面铣削成形 对于槽角等于 90° 且尺寸不大的 V 形槽，则可一次装夹、校正后铣削成形

三、V 形槽的检测

V 形槽的检测项目主要包括 V 形槽的宽度 B 、V 形槽的对称度和 V 形槽的槽角 α，见表 3－12。

表 3－12　　V 形槽的检测

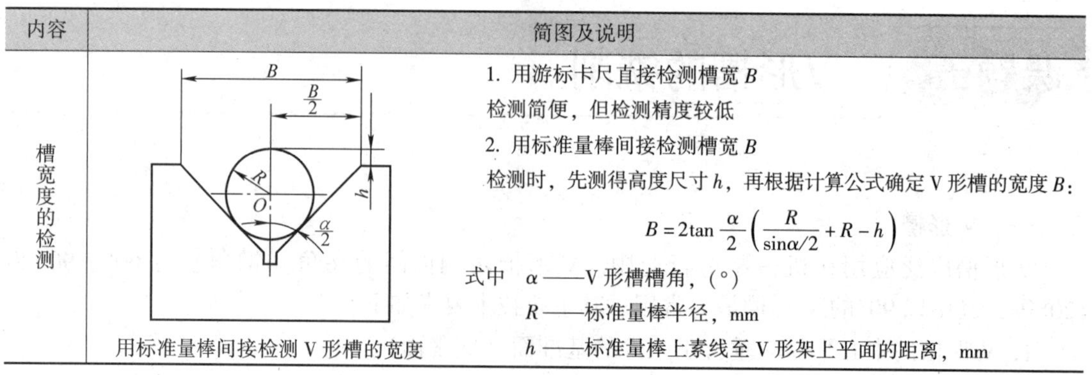

内容	简图及说明
槽宽度的检测	用标准量棒间接检测 V 形槽的宽度 1. 用游标卡尺直接检测槽宽 B 检测简便，但检测精度较低 2. 用标准量棒间接检测槽宽 B 检测时，先测得高度尺寸 h，再根据计算公式确定 V 形槽的宽度 B： $B=2\tan\frac{\alpha}{2}\left(\frac{R}{\sin\alpha/2}+R-h\right)$ 式中　α——V 形槽槽角，(°) R——标准量棒半径，mm h——标准量棒上素线至 V 形架上平面的距离，mm

续表

内容		简图及说明
槽对称度的检测		用杠杆百分表检测 V 形槽的对称度 检测时，在 V 形槽内放一标准量棒，将 V 形架分别以两个侧面为基准放在平板上，用杠杆百分表检测槽内量棒的最高点。两次检测的读数之差即为其对称度误差。此法可借助量块或使用游标高度卡尺测量量棒的最高点，可间接测量 V 形槽中心平面与 V 形架侧面的实际距离
槽角的检测	用游标万能角度尺检测	$\frac{\alpha}{2}$ β_1 β_2 用游标万能角度尺检测 V 形槽半角 $\alpha/2$ 时，只要准确检测出角度 β_1 或 β_2，即可间接测出 V 形槽半角 $\alpha/2$ 即 $\frac{\alpha}{2}=\beta_1-90°$ 或 $\frac{\alpha}{2}=\beta_2-90°$
	用角度样板检测	样板 工件 槽角合格 槽角不合格 用角度样板检测槽角 α 时，通过观察工件槽面与样板间缝隙的均匀程度判断槽角 α 是否合格，适合于批量生产中槽角的检查
	用标准量棒间接检测	α $\frac{\alpha}{2}$ R r O_1 O h H 用标准量棒间接检测槽角 α 时，先后用两根不同直径的标准量棒进行间接检测，分别测得尺寸 H 和 h，根据公式计算 V 形槽半角 $\alpha/2$： $\sin\frac{\alpha}{2}=\frac{R-r}{(H-R)-(h-r)}$ $\frac{\alpha}{2}=\arcsin\frac{R-r}{(H-R)-(h-r)}$ 式中 R——较大标准量棒的半径，mm r——较小标准量棒的半径，mm H、h——两根标准量棒上素线至 V 形架底面的距离，mm

技能训练

铣削 V 形槽

零件图如图 3－25 所示。

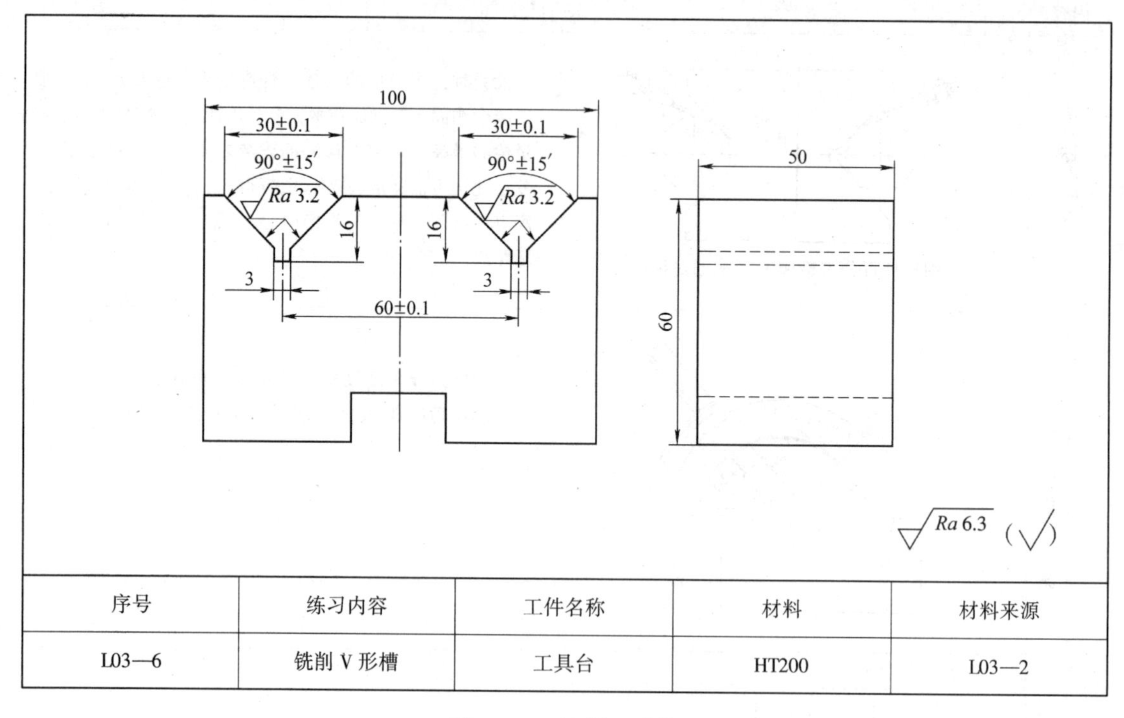

序号	练习内容	工件名称	材料	材料来源
L03—6	铣削 V 形槽	工具台	HT200	L03—2

图 3－25　铣削 V 形槽

1. 划线

对照图样，检查工件毛坯并划线，如图 3－26a 所示。

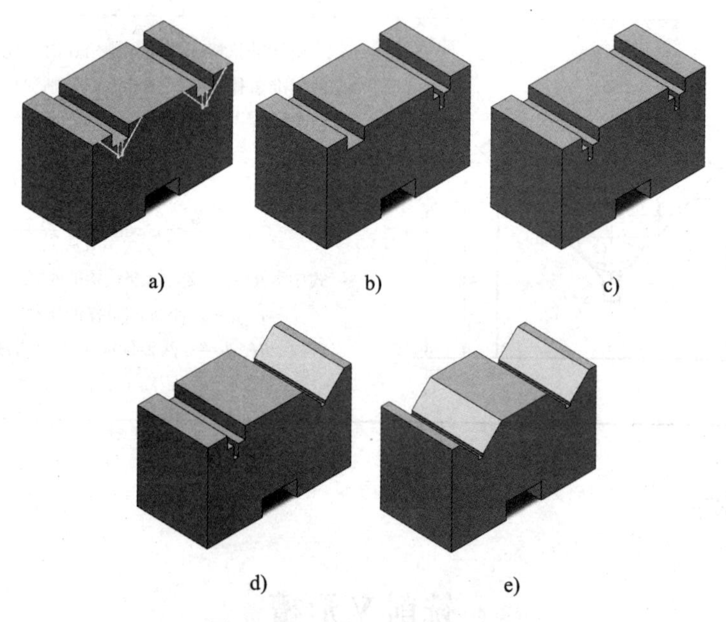

图 3－26　铣削 V 形槽的步骤

2. 在卧式铣床上铣削窄槽

(1) 安装并校正机用虎钳与纵向进给方向垂直。

(2) 装夹并校正工件。

(3) 选择并安装铣刀。

(4) 对刀，移距，纵向进给铣削一侧窄槽，如图 3 - 26b 所示。

(5) 移距，铣削另一侧窄槽，使其符合图样要求，如图 3 - 26c 所示。

3. 在立式铣床上铣削 V 形槽

(1) 安装并校正机用虎钳与纵向进给方向平行。

(2) 装夹并校正工件。

(3) 扳转立铣头，选择并安装铣刀。

(4) 按划线粗铣 V 形槽面，留精铣余量约 1 mm，如图 3 - 26d 所示。

(5) 根据测量得到的实际尺寸，调整工件精加工时的铣削用量，完成 V 形槽的精加工，如图 3 - 26e 所示。

课题六 T形槽的铣削

T 形槽多用于机床的工作台或附件上。采用 T 形槽，可使配套夹具定位和固定的操作非常简单，因而得到广泛应用。T 形槽由直槽和底槽组成，其底槽的两侧面平行于直槽，且基本对称于直槽的中心平面。对于 T 形槽的宽度尺寸精度规定：直槽（基准槽）为 IT8 级，底槽（固定槽）为 IT12 级。T 形槽已经标准化。

一、T 形槽的铣削

1. T 形槽的铣削过程

铣削 T 形槽包括铣削直槽、铣削底槽和槽口倒角等几个过程，见表 3 - 13。

表 3 - 13　　T 形槽的铣削

内容	简图及说明
铣削直槽	用三面刃铣刀铣削直槽　用立铣刀铣削直槽 选用合适的三面刃铣刀（或立铣刀），按照图样要求的宽度尺寸将直槽铣成。直槽的深度留余量约 0.5 mm

续表

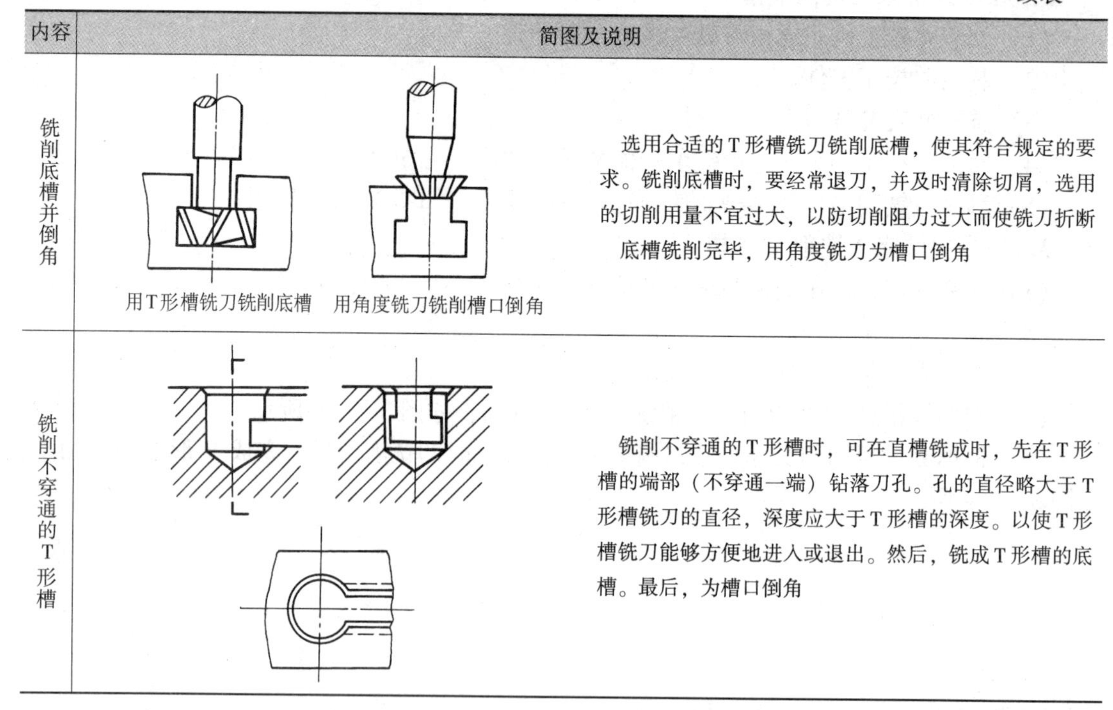

内容	简图及说明
铣削底槽并倒角	用T形槽铣刀铣削底槽　用角度铣刀铣削槽口倒角 选用合适的T形槽铣刀铣削底槽，使其符合规定的要求。铣削底槽时，要经常退刀，并及时清除切屑，选用的切削用量不宜过大，以防切削阻力过大而使铣刀折断 底槽铣削完毕，用角度铣刀为槽口倒角
铣削不穿通的T形槽	铣削不穿通的T形槽时，可在直槽铣成时，先在T形槽的端部（不穿通一端）钻落刀孔。孔的直径略大于T形槽铣刀的直径，深度应大于T形槽的深度。以使T形槽铣刀能够方便地进入或退出。然后，铣成T形槽的底槽。最后，为槽口倒角

2. T形槽铣刀的使用注意事项

（1）铣削时，铣刀的切削部分埋在工件内，产生的切屑容易将铣刀容屑槽塞满，从而使铣刀失去切削能力，并会导致其折断。因此，应经常退刀并及时清除切屑。

（2）铣削时的切削热因排屑不畅而不易散发，使切削区域的温度不断升高，容易使铣刀受热退火而丧失切削能力。因此，在铣削钢件时应充分浇注切削液。

（3）T形槽铣刀刃口较长，承受的切削阻力也大，且铣刀的颈部直径较小，很容易因受力过大而折断。因此，应选用较低的进给速度，并注意随时观察铣削情况，进行及时调整。

二、T形槽的检测

T形槽的宽度、深度以及底槽与直槽的对称度可用游标卡尺检测。其直槽对工件基准面的平行度可在平板上用杠杆百分表进行检测。

技能训练

铣削T形槽

零件图如图3－27所示。

1. 对照图样，检查工件毛坯并划线，如图3－28a所示。
2. 安装并校正机用虎钳与纵向进给方向平行。
3. 装夹并校正工件。
4. 选择铣刀：铣削直槽用立铣刀，铣削底槽用T形槽铣刀，倒角用倒角铣刀。

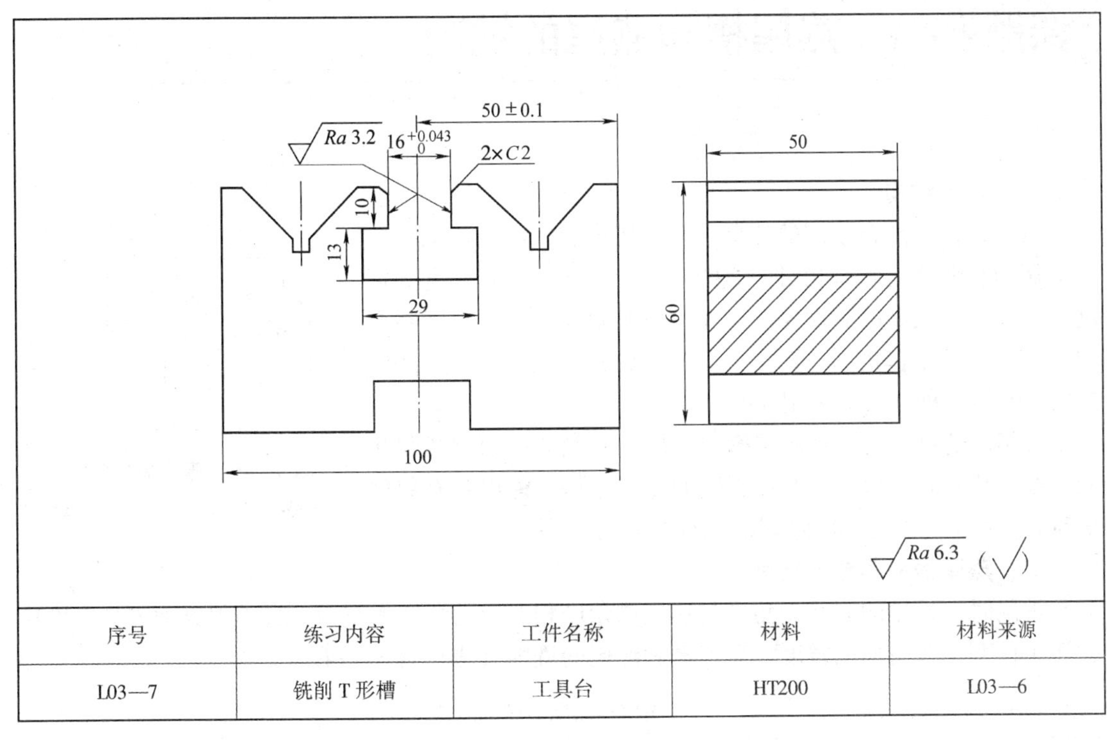

序号	练习内容	工件名称	材料	材料来源
L03—7	铣削 T 形槽	工具台	HT200	L03—6

图 3－27　铣削 T 形槽

5. 安装立铣刀，对刀，移距，纵向进给铣削 $16^{+0.043}_{0}$ mm 通槽，如图 3－28b 所示。

6. 换装 T 形槽铣刀，调整铣削位置，纵向进给，按图样要求完成底槽的铣削，如图 3－28c 所示。

7. 换装倒角铣刀，进行槽口倒角，使其符合图样要求，如图 3－28d 所示。

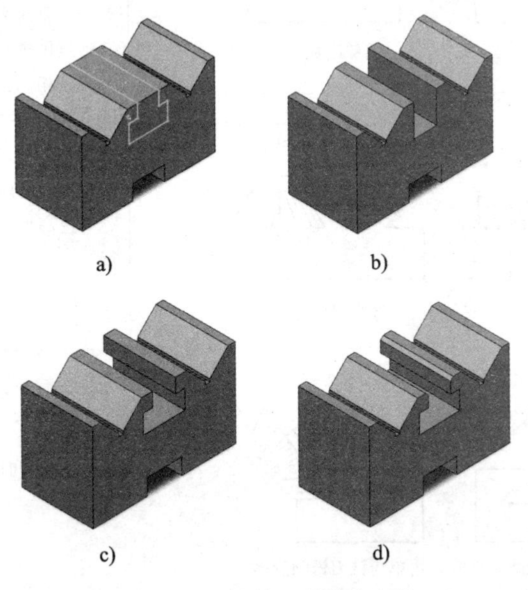

图 3－28　铣削 T 形槽的步骤

课题七　燕尾槽和燕尾的铣削

一、燕尾结构

燕尾结构由配合使用的燕尾槽和燕尾组成。由于燕尾结构的燕尾槽和燕尾之间有相对的直线运动，因此，对其角度、宽度、深度具有较高的精度要求，尤其对其斜面的制造精度要求更高，且表面粗糙度 *Ra* 值要小。燕尾的角度 α 有 45°、50°、55°、60°等多种，一般采用 55°。

高精度的燕尾结构将燕尾槽与燕尾同一侧的斜面制成与相对直线运动方向倾斜的，即带斜度的燕尾结构，配以带有斜度的镶条，可进行准确的间隙调整，如图 3－29 所示。

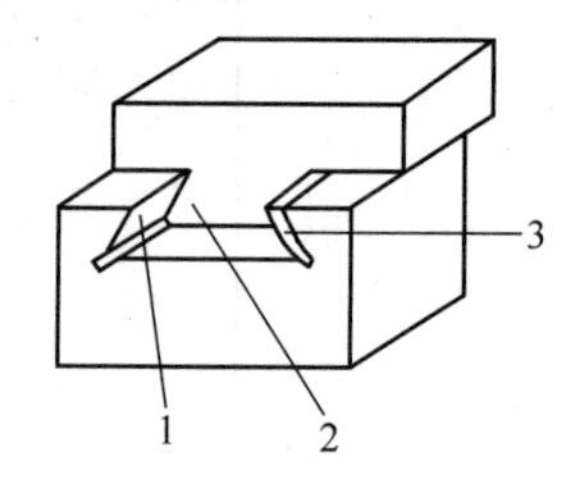

图 3－29　燕尾槽和燕尾
1—燕尾槽　2—燕尾　3—镶条

二、燕尾槽和燕尾的铣削

铣削时，选用的刀具为角度与燕尾槽角度相对应的燕尾槽铣刀，且铣刀锥面刀齿宽度应大于工件燕尾槽斜面的宽度。燕尾槽和燕尾的铣削方法见表 3－14。

表 3－14　燕尾槽和燕尾的铣削方法

内容	简图及说明	
铣削燕尾槽	先铣削直角沟槽　再铣削燕尾槽	燕尾槽和燕尾的铣削都分两个步骤，先铣出直角沟槽或台阶，再按要求铣出燕尾槽或燕尾 铣削直角沟槽时，槽深预留余量 0.5 mm。铣削燕尾槽和燕尾的切削条件与铣削 T 形槽时大致相同，但铣刀刀尖处的切削性能和强度更差。为减小切削力，应采用较低的切削速度和进给速度，并及时退刀排屑。若是铣削钢件，还应充分浇注切削液 为提高加工质量，应分粗铣、精铣两步进行
铣削燕尾	先铣削台阶　再铣削燕尾	
用单角铣刀铣削	用单角铣刀铣削燕尾槽　用单角铣刀铣削燕尾	单件生产时，若没有合适的燕尾槽铣刀，可用单角铣刀代替燕尾槽铣刀进行加工

续表

内容	简图及说明
铣削带有斜度的燕尾槽	铣削带有斜度的燕尾槽（或燕尾）时，先铣出无斜度的一面，再将工件重新装夹并校正，即按规定斜度调整到与进给方向成一斜角，铣削其带有斜度的另一面

三、燕尾槽和燕尾的检测

1. 燕尾槽和燕尾的槽角 α 可用游标万能角度尺或样板进行检测。

2. 燕尾槽的深度和燕尾的高度可用游标深度卡尺或游标高度卡尺检测。

3. 由于燕尾槽有空刀槽，燕尾有倒角，其宽度尺寸无法直接进行检测，通常采用标准量棒进行间接检测，见表 3－15。

表 3－15　　燕尾槽和燕尾宽度的检测

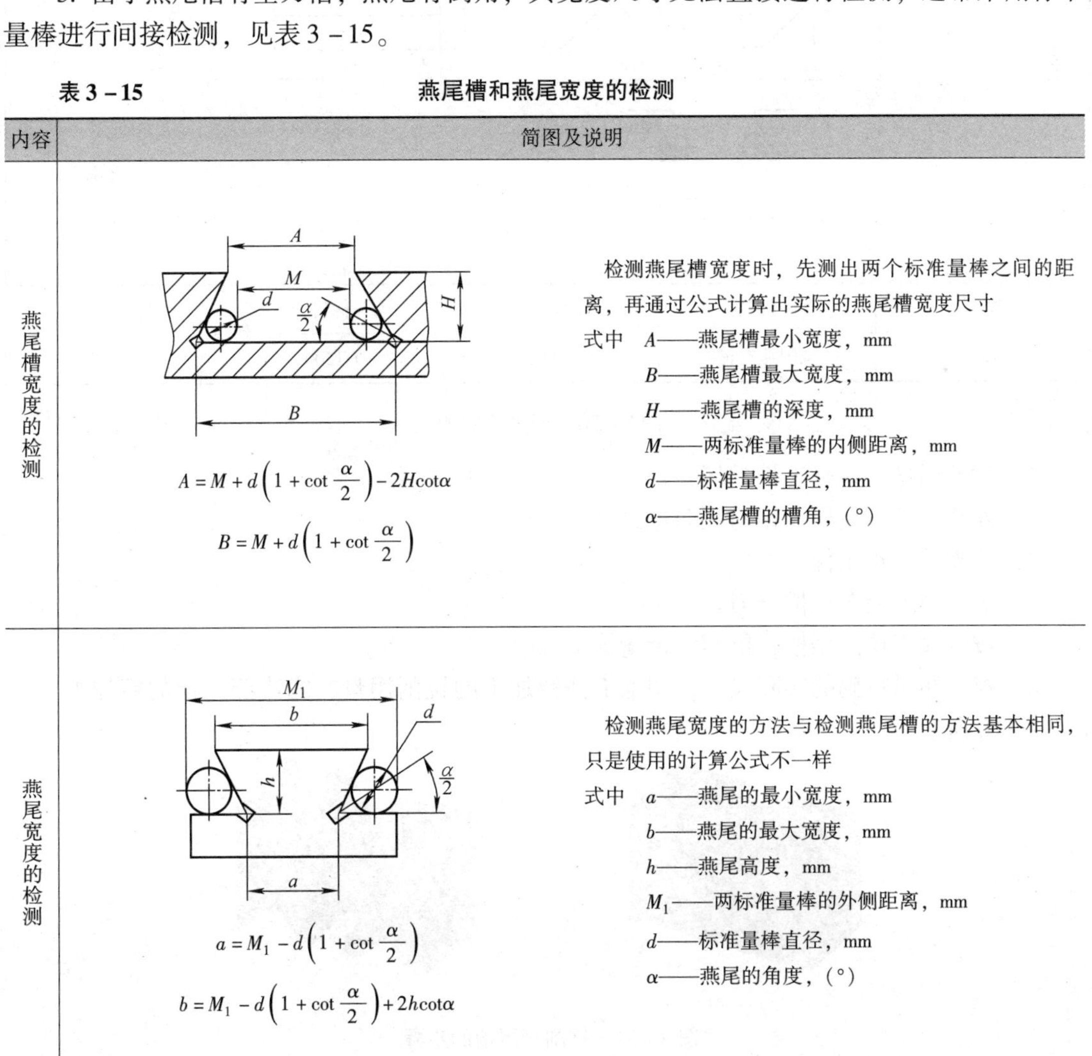

内容	简图及说明
燕尾槽宽度的检测	$A = M + d\left(1 + \cot\frac{\alpha}{2}\right) - 2H\cot\alpha$ $B = M + d\left(1 + \cot\frac{\alpha}{2}\right)$ 检测燕尾槽宽度时，先测出两个标准量棒之间的距离，再通过公式计算出实际的燕尾槽宽度尺寸 式中 A——燕尾槽最小宽度，mm B——燕尾槽最大宽度，mm H——燕尾槽的深度，mm M——两标准量棒的内侧距离，mm d——标准量棒直径，mm α——燕尾槽的槽角，(°)
燕尾宽度的检测	$a = M_1 - d\left(1 + \cot\frac{\alpha}{2}\right)$ $b = M_1 - d\left(1 + \cot\frac{\alpha}{2}\right) + 2h\cot\alpha$ 检测燕尾宽度的方法与检测燕尾槽的方法基本相同，只是使用的计算公式不一样 式中 a——燕尾的最小宽度，mm b——燕尾的最大宽度，mm h——燕尾高度，mm M_1——两标准量棒的外侧距离，mm d——标准量棒直径，mm α——燕尾的角度，(°)

技能训练

铣削燕尾槽

零件图如图 3－30 所示。

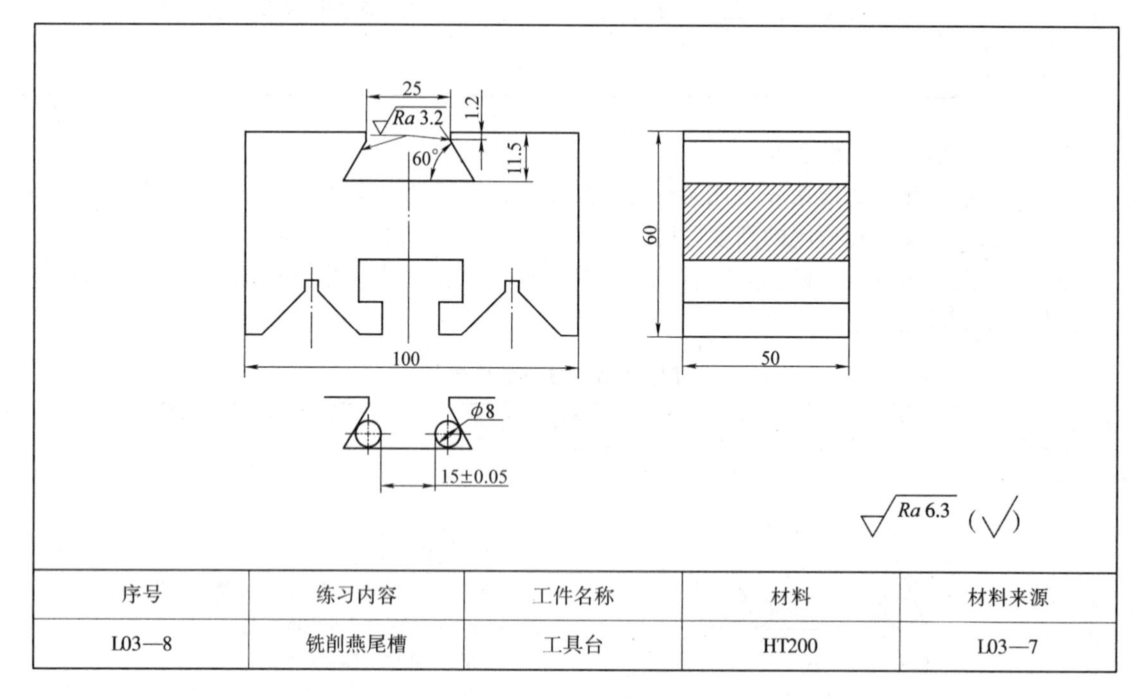

序号	练习内容	工件名称	材料	材料来源
L03—8	铣削燕尾槽	工具台	HT200	L03—7

图 3－30　铣削燕尾槽

1. 对照图样，检查工件毛坯并划线，如图 3－31a 所示。
2. 安装并校正机用虎钳与纵向进给方向平行。
3. 装夹并校正工件。
4. 选择并安装燕尾槽铣刀。
5. 按划线粗铣燕尾槽，留精铣余量约 1 mm。
6. 根据测量得到的实际尺寸，调整工件精加工的铣削用量，完成燕尾槽的精加工，如图 3－31b 所示。

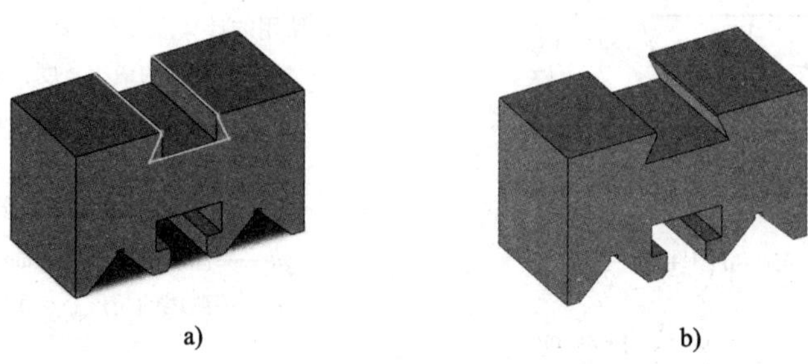

a)　　b)

图 3－31　铣削燕尾槽的步骤

课题八 切断和铣窄槽

一、锯片铣刀

1. 锯片铣刀

在铣床上经常使用锯片铣刀铣窄槽或切断工件。锯片铣刀的刀齿有粗齿、中齿和细齿之分。粗齿锯片铣刀的齿数少，齿槽的容屑量大，主要用于切断工件。细齿锯片铣刀的齿数多，齿更细，排列更密，但齿槽的容屑量小。中齿和细齿锯片铣刀适用于切断较薄的工件，也常用于铣窄槽。

用锯片铣刀切断时，主要选择锯片铣刀的直径和宽度。在能够将工件切断的前提下，尽量选择直径较小的锯片铣刀。铣刀直径 D 由铣刀杆直径 d 和工件切断厚度 t 确定：

$$D > d + 2t$$

用于切断的铣刀的宽度应按其直径选用。铣刀直径大，铣刀的宽度选大一些；铣刀直径小，则铣刀的宽度就选小一些。

为了提高切断的工作效率，还可以使用疏齿的错齿锯片铣刀（见图 3－32），可以进一步提高铣削的进给速度。

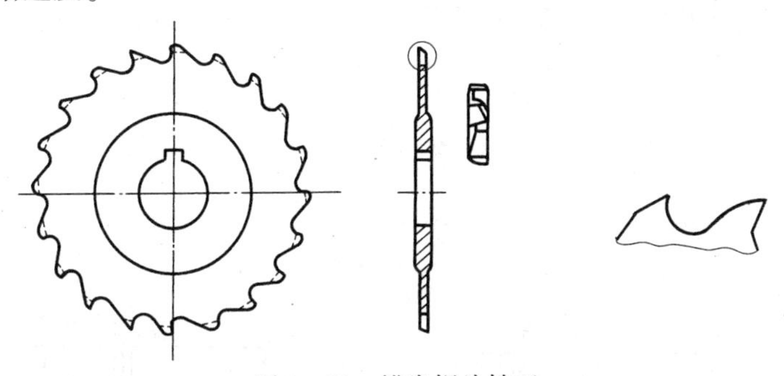

图 3－32　错齿锯片铣刀

2. 锯片铣刀的安装

锯片铣刀的直径大而宽度小，刚度和强度较低，切断深度大，受力就大，铣刀容易折断。因此，安装锯片铣刀时应格外注意。

（1）安装锯片铣刀时，不要在铣刀杆与铣刀间装键。铣刀紧固后，依靠铣刀杆垫圈与铣刀两侧端面间的摩擦力带动铣刀旋转。若有必要，在靠近紧刀螺母的垫圈内装键，也可有效防止铣刀松动，如图 3－33 所示。

（2）安装大直径锯片铣刀时，应在铣刀两端面采用大直径的垫圈，以增大其刚度和摩擦力，使铣刀工作更加平稳。

（3）为提高刀杆的刚度，锯片铣刀的安装应尽量靠近主轴端部或刀杆支架。

（4）锯片铣刀安装后，应保证刀齿的径向圆跳动和端面圆跳动误差不超过规定的范围。

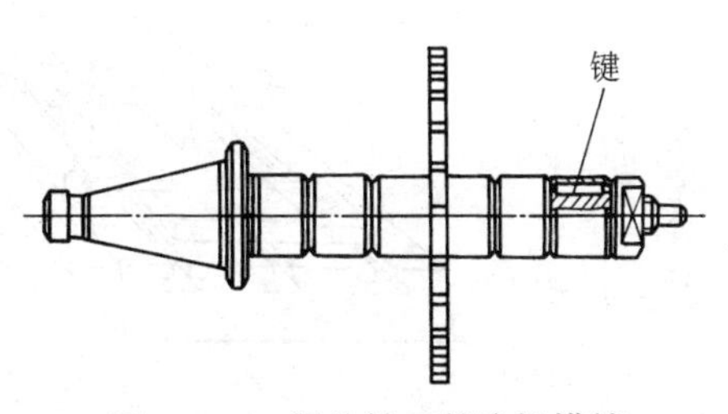

图 3－33　锯片铣刀的防松措施

二、工件的装夹

工件的装夹必须牢固可靠，在切断工作中经常会因为工件的松动而使铣刀折断（俗称“打刀”）或工件报废，甚至发生安全事故。切断或切槽常用机用虎钳、压板或专用夹具等对工件进行装夹，见表 3－16。

表 3－16　工件的装夹

内容	简图及说明
用机用虎钳装夹工件	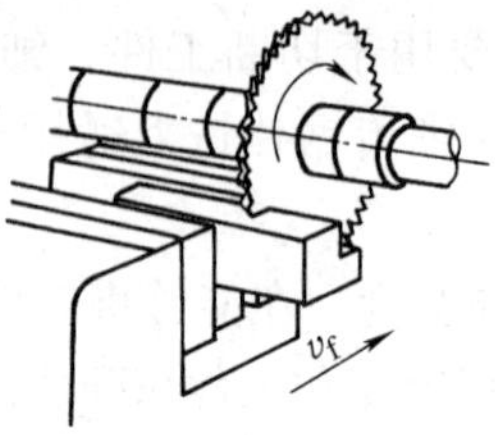 v_f 小型工件经常在机用虎钳上装夹。其固定钳口一般与主轴轴线平行，切削力应朝向固定钳口。工件伸出的长度要尽量短些，以铣刀不会铣伤钳口为宜。这样，可以充分提高工件的装夹刚度，并减少切削中的振动
夹紧力方向	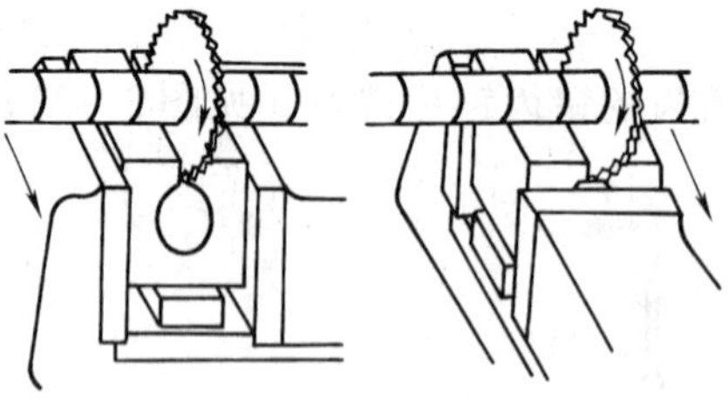 装夹错误，易夹刀　装夹正确，不夹刀 用机用虎钳装夹工件，无论是切断还是切槽，工件在钳口上的夹紧力方向应平行于进给方向，以避免工件夹刀
用机用虎钳装夹短工件	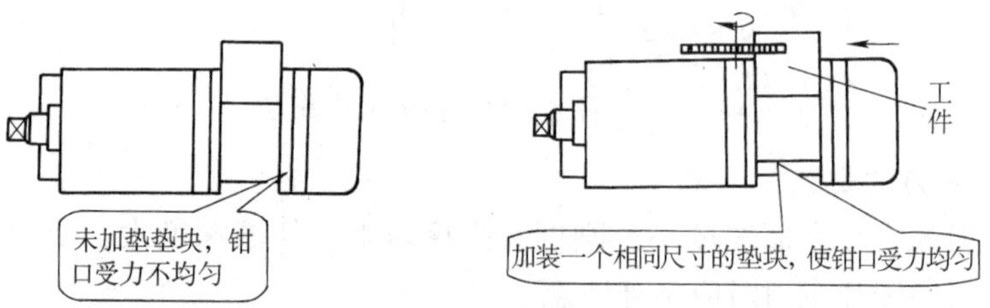 未加垫垫块，钳口受力不均匀　工件　加装一个相同尺寸的垫块，使钳口受力均匀
用压板装夹工件	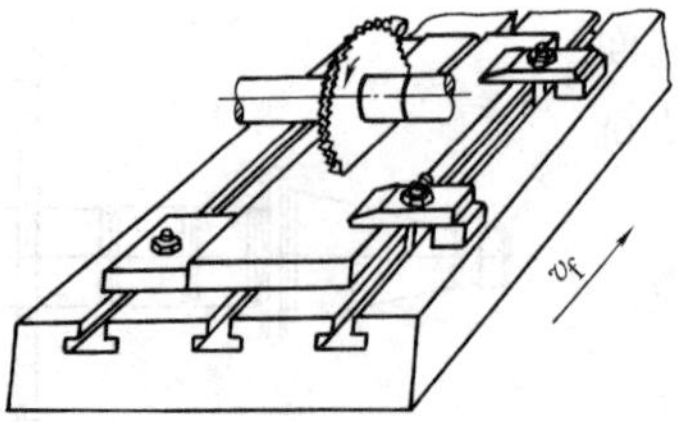 v_f 加工大型工件时，多采用压板装夹工件，压板的压紧点应尽可能靠近铣刀的切削位置，并校正定位靠铁与主轴轴线平行（或垂直）。工件的切缝应选在 T 形槽上方，以免铣伤工作台面 切断薄而细长的工件时多采用顺铣，可使切削力朝向工作台面，不需要太大的夹紧力

续表

内容	简图及说明
装夹螺钉工件	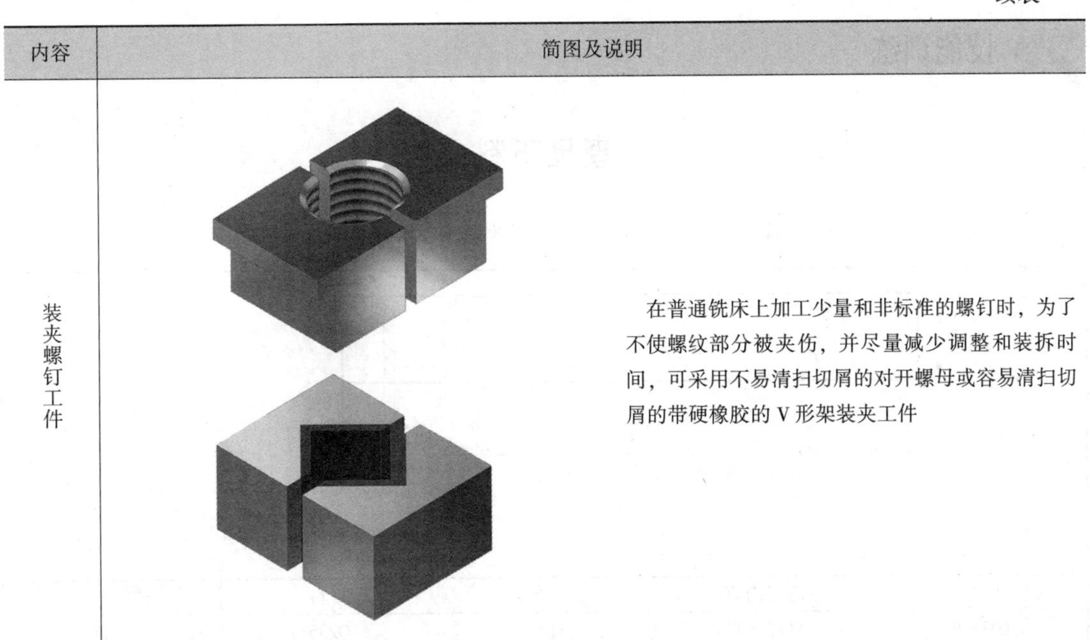 在普通铣床上加工少量和非标准的螺钉时，为了不使螺纹部分被夹伤，并尽量减少调整和装拆时间，可采用不易清扫切屑的对开螺母或容易清扫切屑的带硬橡胶的V形架装夹工件

三、工件的切断

工件在切断或切槽时应尽量采用手动进给，进给速度要均匀。若采用机动进给，铣刀切入或切出还需要手动进给，进给速度不宜太快，并将不使用的进给机构锁紧。切削钢件时应充分浇注切削液。工件的切断方法见表3－17。

表3－17　　工件的切断方法

内容	简图及说明
铣刀的位置	正确　错误 切断工件时，为防止铣刀将工件抬起引起“打刀”现象，应尽量使铣刀圆周切削刃刚好与工件底面相切，或稍高于底面，即铣刀刚刚切透工件即可
切断薄片	切断薄片时，一次装夹，可逐次切出几个工件。切断工件前，将工作台按其位移量A横向移动一段切削距离，并锁紧横向进给机构。工作台位移量A等于铣刀宽度L与工件厚度B之和，即$A=L+B$
切断厚块	切断厚块时，一次装夹，只切下一个工件。铣刀的切削位置距离机用虎钳不可太远，又不能太近，以免铣伤机用虎钳。切断前，先将条料端部多伸出一些，使铣刀能划着工件，再将工作台按其位移量A伸出，$A=L+B$

技能训练

直尺下料

零件图如图 3－34 所示。

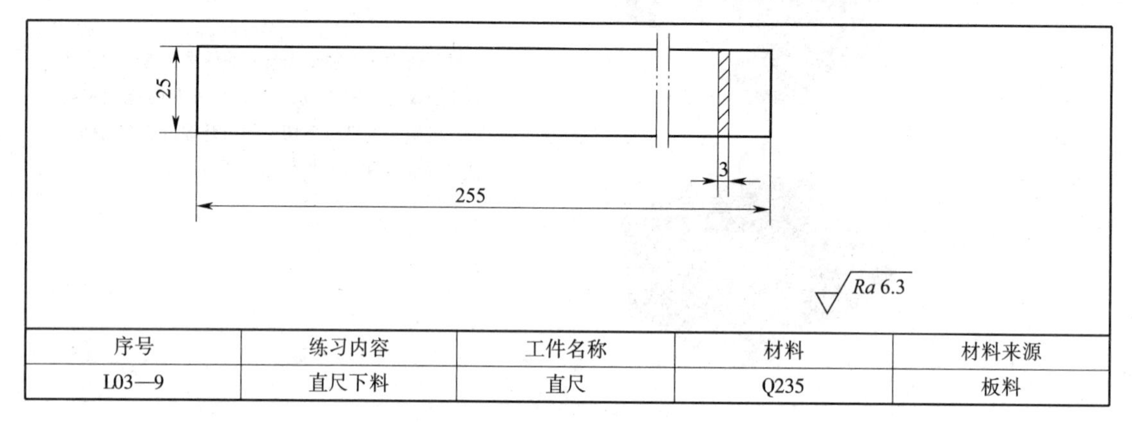

序号	练习内容	工件名称	材料	材料来源
L03—9	直尺下料	直尺	Q235	板料

图 3－34　直尺下料

1. 加工步骤

（1）检查工件毛坯并划线，如图 3－35a 所示。

（2）装夹并校正工件，使切口与纵向进给方向平行。

（3）选择并安装直径适当的锯片铣刀。

（4）调整铣刀位置进行铣削，使其符合图样要求，如图 3－35b 所示。

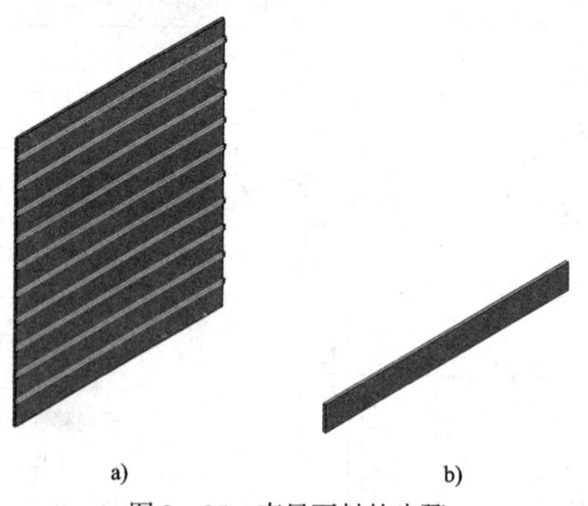

图 3－35　直尺下料的步骤

2. 注意事项

（1）铣削前应仔细检测并校正工作台的“0”位。

（2）铣刀用钝后应及时更换或刃磨，不允许使用磨钝的铣刀切断或切槽。

（3）应密切观察铣削过程，如有异常，应立即停止工作台进给，再停止主轴旋转，退出工件。

第四单元

分度方法及应用

当对工件进行圆周等分或转过一定的角度或进行精确的直线移距时，需要借助于分度头或回转工作台，采用不同的分度方法进行工作。常用的分度方法有简单分度法、角度分度法、差动分度法和直线移距分度法等。

课题一　万能分度头与回转工作台的使用

万能分度头及回转工作台是铣床的精密附件，它们用来在铣床及其他机床上装夹工件，以满足不同工件的装夹要求，并可对工件进行圆周等分和通过交换齿轮与工作台纵向丝杆连接加工螺旋线、等速凸轮等，从而扩大了铣床的加工范围。

一、万能分度头的结构和功用

1. 万能分度头的规格和功用

(1) 规格

万能分度头的规格通常用中心高表示，常用的规格有 100 mm、125 mm、160 mm 等，分度头的型号由大写的汉语拼音字母和数字两部分组成，通常表示如下：

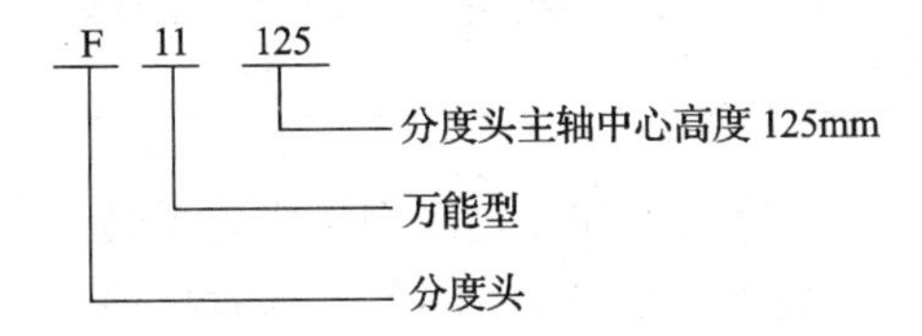

(2) 功用

万能分度头的主要功用如下：

1) 能够将工件做任意的圆周等分或直线移距分度。

2) 可把工件的轴线置放成水平、垂直或任意角度的倾斜位置。

3) 通过交换齿轮，可使分度头主轴随铣床工作台的纵向进给运动做连续旋转，实现工件的复合进给运动。

2. F11125 型万能分度头的结构

F11125 型万能分度头的结构如图 4－1 所示。分度头的主轴 8 为空心轴，两端为莫氏 4 号锥孔，前锥孔用来安装顶尖或锥度心轴，后锥孔用来安装挂轮轴，主轴前端有一短圆锥用来安装三爪自定心卡盘的连接盘。松开基座 12 后方的两个紧固螺钉，可使回转体 7 转动 -6°～90°，使分度头的主轴与工作台面呈一定的角度。主轴的前端有一刻度盘 9，可用来直接分度。手柄 6 用来紧固分度头主轴。手柄 5 用于蜗轮蜗杆副的接合或脱开。侧轴 4 用来安装交换齿轮。基座上可安装定位键 13 与工作台上的 T 形槽配合，对分度头定位。分度手柄 10 与分度盘 2、定位插销 11、分度叉 3 配合使用完成分度工作。分度盘和侧轴不需转动时，将分度盘紧固螺钉 1 紧固。分度盘和侧轴需转动时，则必须松开该紧固螺钉。F11125 型万能分度头的分度盘孔圈孔数及交换齿轮齿数见表 4－1。

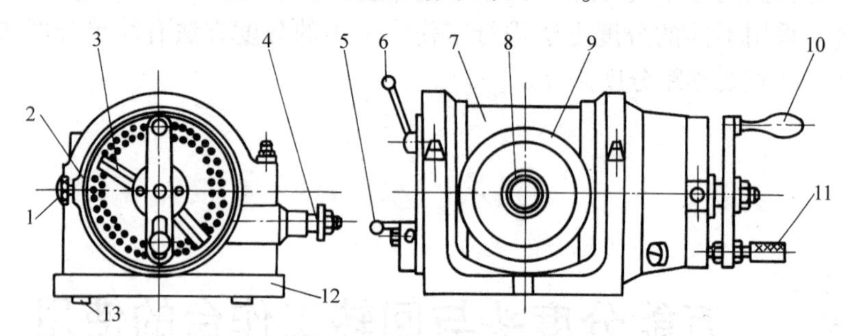

图 4－1　F11125 型万能分度头的结构

1—分度盘紧固螺钉　2—分度盘　3—分度叉　4—侧轴　5—蜗轮蜗杆离合手柄
6—主轴紧固手柄　7—回转体　8—主轴　9—刻度盘　10—分度手柄
11—定位插销　12—基座　13—定位键

表 4－1　　**F11125 型万能分度头的分度盘孔圈孔数及交换齿轮齿数**

分度头形式	分度盘孔圈孔数及交换齿轮齿数
带一块分度盘	正面：24、25、28、30、34、37、38、39、41、42、43 反面：46、47、49、51、53、54、57、58、59、62、66
带两块分度盘	第一块　正面：24、25、28、30、34、37　反面：38、39、41、42、43 第二块　正面：46、47、49、51、53、54　反面：57、58、59、62、66
交换齿轮齿数	25（两个）、30、35、40、45、50、55、60、70、80、90、100　共 13 块 因在这 13 个齿轮中最大齿数为 100，最小齿数为 25，故当交换齿轮传动比小于 1/4 或大于 4 时，必须采用复式轮系

分度叉的作用是计数，将分度叉 1 和 2 之间调整成需要转过的孔距数（比需要转过的孔数多一个孔），以免分度时摇错手柄，如图 4－2 所示。

F11125 型万能分度头的蜗杆蜗轮副的传动比为 40∶1，即定数为 40，当分度手柄转 1 转时主轴（蜗轮轴）转 1/40 转。其最大夹持直径为 250 mm，中心高度为 125 mm，中心高度是用分度头划线、校正的一个重要依据。

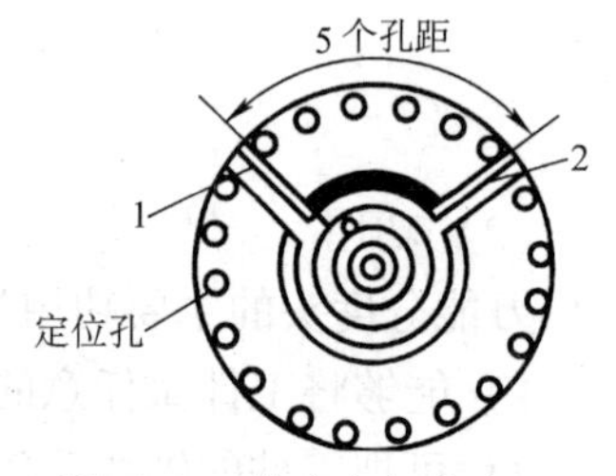

图 4－2　分度盘与分度叉

3. F11125 型万能分度头的附件及功用

为了满足不同零件的装夹要求及分度头的各种用途，F11125 型万能分度头配有多种附件，其名称及功用见表 4－2。

表 4－2　　F11125 型万能分度头的附件及功用

名称	简图及说明	
三爪自定心卡盘	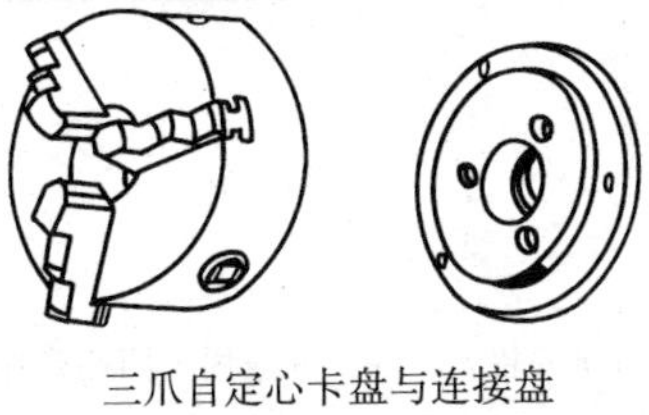 三爪自定心卡盘与连接盘	三爪自定心卡盘通过连接盘安装在分度头主轴上，用来夹持工件。使用时将方头扳手插入卡盘体的方孔内，转动扳手通过三爪联动可将工件定心夹紧或松开
尾座	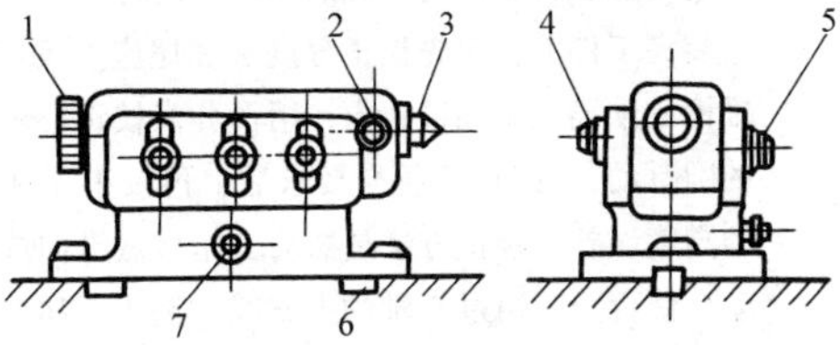 1—手轮　2、4、5—紧固螺钉　3—顶尖　6—定位键　7—调整螺钉	尾座又称尾架，用来配合分度头装夹带中心孔的轴类零件，转动手轮 1 可使顶尖 3 进退，以便装卸工件；松开螺钉 4、5，转动螺钉 7，可使顶尖升降或转动角度；定位键 6 使尾座顶尖中心线与分度头主轴中心线保持共面；再通过顶尖的升降调整即可达到同轴
顶尖、拨盘、鸡心夹	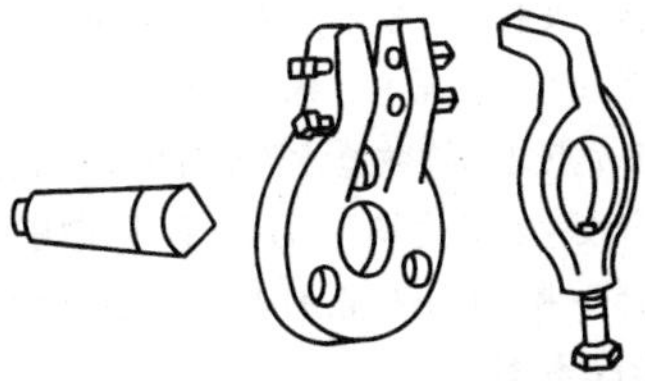 顶尖　拨盘　鸡心夹	顶尖、拨盘、鸡心夹用来装夹带中心孔的轴类零件，使用时将顶尖装在分度头主轴锥孔内，将拨盘装在分度头主轴前端端面上，然后用内六角圆柱头螺钉紧固。用鸡心夹将工件夹紧放在分度头与尾座两顶尖之间，同时将鸡心夹的弯头放入拨盘的开口内，将工件顶紧后，紧固拨盘开口上的紧固螺钉，使拨盘与鸡心夹连接，用以将主轴的转动传递给工件，及保证主轴锁紧时工件不会发生转动
挂轮轴、挂轮架	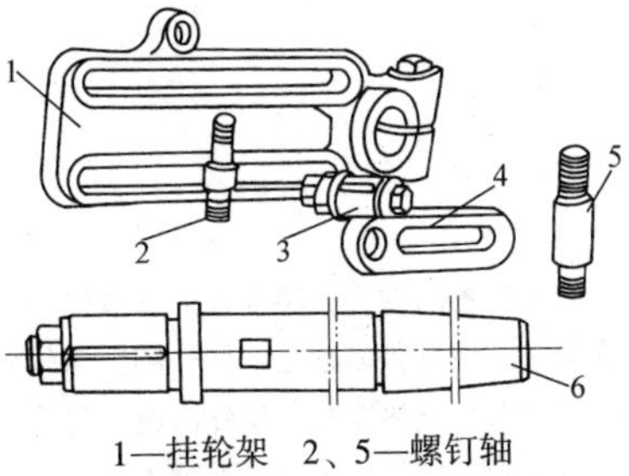 1—挂轮架　2、5—螺钉轴　3—挂轮轴套　4—支承板　6—锥度挂轮轴	挂轮轴、挂轮架用来安装交换齿轮。挂轮架 1 利用开缝孔安装在分度头的侧轴上，挂轮轴套 3 用来安装挂轮，它的另一端安装在挂轮架的长槽内，调整好交换齿轮位置后将其紧固在挂轮架上。支承板 4 通过螺钉轴 5 安装在分度头基座后方的螺孔上，用来支承挂轮架。锥度挂轮轴 6 安装在分度头主轴的后锥孔内，另一端安装交换齿轮
千斤顶	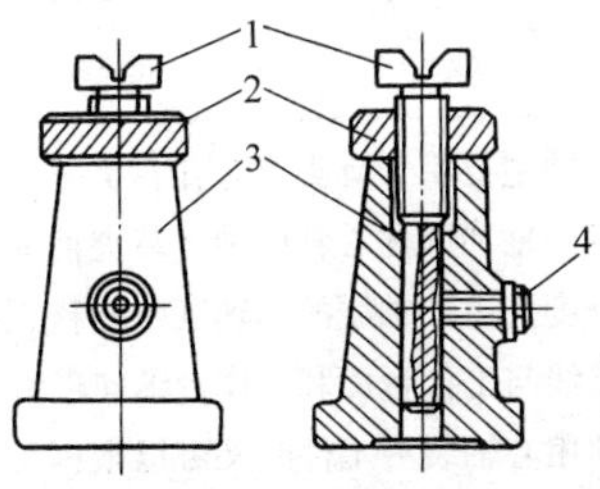 1—顶头　2—调整螺母　3—千斤顶体　4—紧固螺钉	千斤顶用来支承刚度较低、易弯曲变形的工件，以减小变形。使用时松开紧固螺钉 4，转动调整螺母 2，使顶头 1 上下移动，当顶头的 V 形槽与工件接触稳固后，拧紧紧固螺钉 4

二、用万能分度头及附件装夹工件的方法

用万能分度头及附件装夹工件的方法很多，每种方法适用的场合与特点各不相同。下面介绍几种常见的装夹及校正的方法，见表4－3。

表4－3　　用万能分度头及附件装夹及校正工件的方法

方法	简图及说明	
用两顶尖装夹工件	a) b) c) d)	两顶尖装夹工件，一般用于两端带中心孔的轴类零件的精加工，工件与主轴的同轴度较高 装夹工件前，应先校正分度头和尾座。校正时，取锥柄心轴插入主轴锥孔内，用百分表校正心轴 a 点处的圆跳动，见图a。符合要求后，再校正 a 和 a' 点处的高度误差。校正方法是摇动工作台做纵向或横向移动，使百分表通过心轴的上素线，测出 a 和 a' 两点处的高度误差，调整分度头主轴角度，使 a 和 a' 两点处高度一致，则分度头主轴轴线平行于工作台面 然后校正分度头主轴侧素线与工作台纵向进给方向平行，见图b。校正方法是将百分表测头置于心轴侧素线处并指向轴心，纵向移动工作台，测出百分表在 b 和 b' 点处的读数差，调整分度头使两点处读数一致 分度头校正完毕。最后，顶上尾座顶尖检测，若不符合要求，则需校正尾座，使之符合要求，校正方法见图c和图d
用三爪自定心卡盘装夹工件	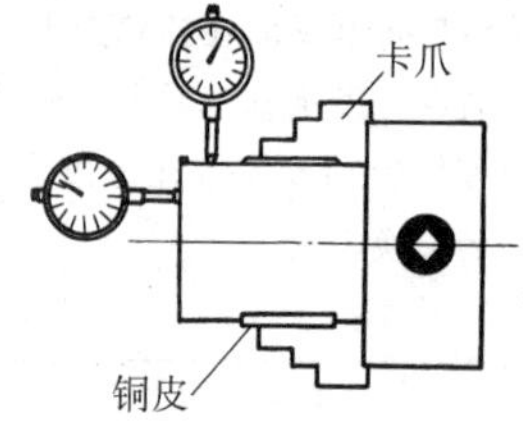	加工较短的轴、套类零件，可直接用三爪自定心卡盘装夹，用百分表校正工件外圆，当外圆的圆度较差时可在卡爪上垫铜皮，使外圆跳动符合要求。用百分表校正端面时，用铜锤轻轻敲击高点，使轴向跳动符合要求。这种方法装夹简便，铣削平稳
用心轴装夹工件	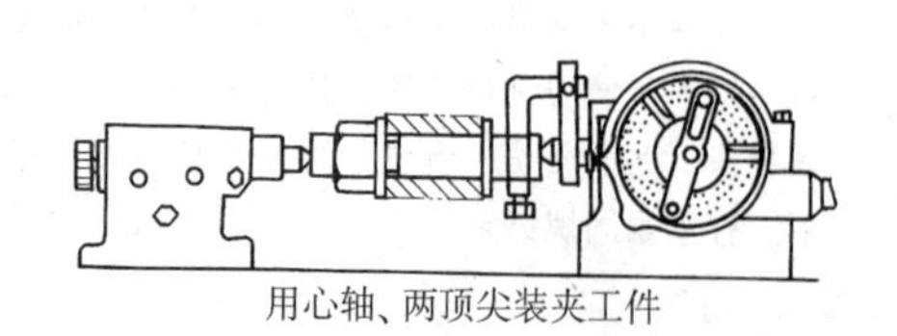 用心轴、两顶尖装夹工件	心轴主要用于套类及有孔盘类零件的装夹。心轴有锥度心轴和圆柱心轴两种。装夹前应先校正心轴轴线与分度头主轴轴线的同轴度，并校正心轴的上素线和侧素线与工作台面和工作台纵向进给平行 利用心轴装夹工件时又可以根据工件和心轴形式不同分为多种不同的装夹形式

续表

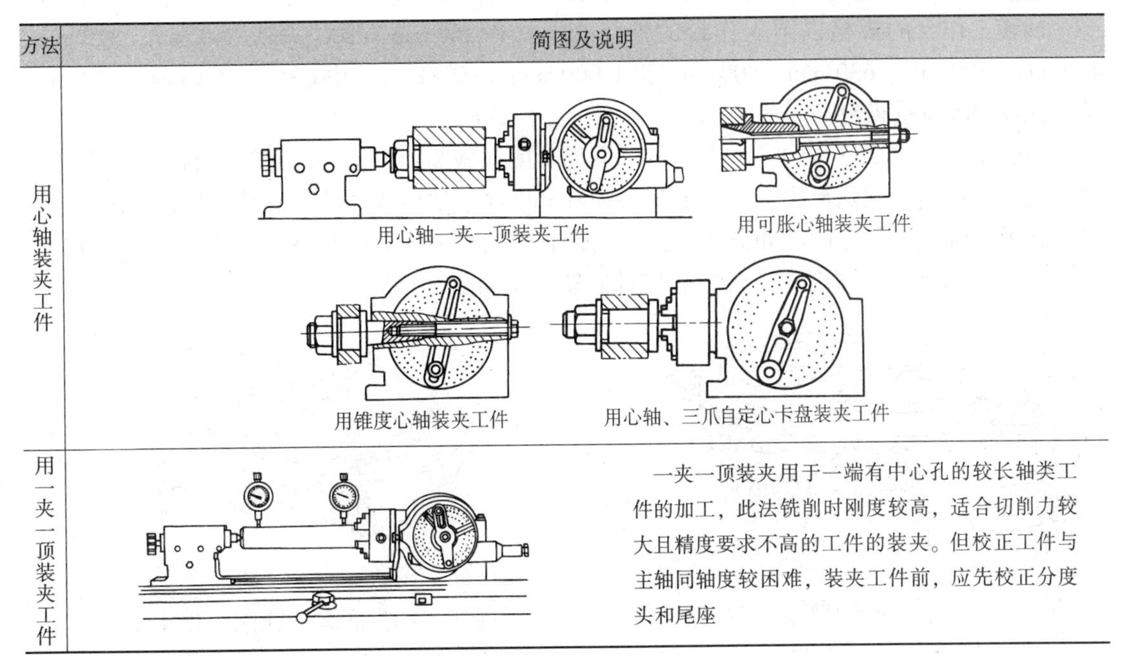

方法	简图及说明
用心轴装夹工件	用心轴一夹一顶装夹工件；用可胀心轴装夹工件；用锥度心轴装夹工件；用心轴、三爪自定心卡盘装夹工件
用一夹一顶装夹工件	一夹一顶装夹用于一端有中心孔的较长轴类工件的加工，此法铣削时刚度较高，适合切削力较大且精度要求不高的工件的装夹。但校正工件与主轴同轴度较困难，装夹工件前，应先校正分度头和尾座

三、F11125 型万能分度头的正确使用和维护保养

分度头是铣床的精密附件，正确使用和保养能延长分度头的使用寿命并保持其精度。使用和维护时应注意以下几点：

1. 分度头蜗轮蜗杆的啮合间隙（0.02～0.04 mm）不能随意调整，以免间隙过大影响精度，过小则会增加磨损。

2. 在装卸、搬运分度头时，要保护好主轴、锥孔和基座底面，以免损坏。

3. 在分度头上装卸工件时，应先锁紧分度头主轴，切忌使用加长套管套在扳手上施力。

4. 分度前应先松开主轴锁紧手柄，分度后紧固分度头主轴；铣削螺旋槽进给时主轴锁紧手柄应松开。

5. 分度时，应顺时针摇动手柄，如手柄摇错孔位，将手柄逆时针转动半转后再顺时针转动到规定孔位。分度定位插销应缓慢插入分度盘孔内，切勿弹入孔内，以免损坏分度盘的孔眼和定位插销。

6. 调整分度头主轴的仰角（起度角）时，不应将基座上靠近主轴前端的两个内六角紧固螺钉松开，否则会使主轴起度零位发生变动。

7. 要保持分度头的清洁，使用前应先清除污物，并将主轴锥孔和基座底面擦拭干净。

8. 分度头各部位要按说明书要求定期加油润滑，分度头存放时应涂防锈油。

四、回转工作台的结构和功用

回转工作台又称圆转台，是铣床的主要附件之一。回转工作台根据回转轴线的方向不同分为卧轴式和立轴式两种，铣床上常用的是立轴式回转工作台。按对其施力方式不同，回转工作台分为手动进给和机动进给两种。手动进给回转工作台（见图 4－3）只能手动进给；机动进给回转工作台既可机动进给，又能手动进给。机动进给回转工作台（见图 4－4）的结构与手动进给回转工作台基本相同，主要差别是它的传动轴 4 可通过万向联轴器与铣床传动装置连接，实现机动回转进给。离合器手柄3可改变圆工作台的回转方向和停止圆工作台的机动进给。

回转工作台的规格以圆工作台的外径表示，有160 mm、200 mm、250 mm、320 mm、400 mm、500 mm、630 mm、800 mm和1 000 mm等规格，常用规格有250 mm、320 mm、400 mm和500 mm四种。

回转工作台主要用于中、小型工件的圆周分度和做圆周进给铣削回转曲面，如铣削工件上的圆弧形周边、圆弧形槽、多边形工件和有分度要求的槽或孔等。回转工作台可配带分度盘，在手轮轴上套装分度盘和分度叉，转动带有定位插销的分度手柄，则蜗杆轴（手轮轴）转动，并带动蜗轮（即圆工作台）和工件回转，达到分度目的。

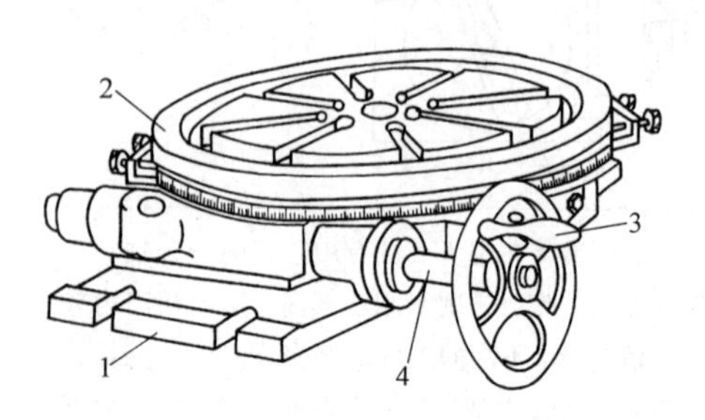

图4-3 手动进给回转工作台

1—底座 2—圆工作台

3—手轮 4—蜗杆轴承

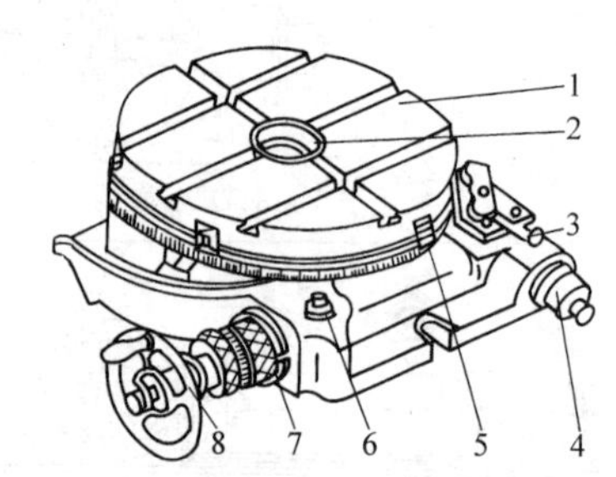

图4-4 机动进给回转工作台

1—圆工作台 2—锥孔 3—离合器手柄 4—传动轴

5—挡铁 6—螺母 7—偏心环 8—手轮

技能训练

用分度头及附件装夹工件

1. 练习用两顶尖装夹工件校正

（1）将长300 mm的莫氏4号锥度检验心轴插入分度头主轴锥孔内，校正分度头主轴上素线和侧素线，在300 mm长度上百分表读数的差不应超过0.03 mm。

（2）取下检验心轴，安装分度头顶尖和尾座。

（3）将标准心轴顶在两顶尖之间。

（4）校正标准心轴上素线及侧素线至符合要求。

2. 练习用一夹一顶装夹工件校正

（1）步骤

1）在分度头主轴端安装三爪自定心卡盘。

2）用三爪自定心卡盘装夹标准心轴，并用百分表校正径向圆跳动至符合要求。

3）校正标准心轴上素线、侧素线至符合要求。

4）安装尾座顶尖，并将标准心轴顶紧。

5）校正标准心轴上素线、侧素线，若不符合要求，则仅调整尾座顶尖，使标准心轴上素线、侧素线符合要求。

（2）注意事项

1）校正练习中百分表读数的差值变化，往往受其他很多因素的影响，故教师应根据具体情况适当调整学生练习时的允许误差值。

2）分度头及各个附件的基准面在安装前一定要擦拭干净，以免影响校正精度。

3）校正时应注意百分表测头的压量及位置，以免误读或测量不准。

4）校正时不准用锤子敲击心轴、分度头及尾座。

课题二　简单分度法及应用

简单分度法又称单式分度法，是最常用的分度方法。在铣床上对工件简单分度可在万能分度头或回转工作台上进行。

一、用万能分度头简单分度

在万能分度头上用简单分度法分度时，应先将分度盘固定，转动分度手柄，使蜗杆带动蜗轮旋转，从而带动主轴和工件转过一定的转（度）数。

1. 分度原理

万能分度头的分度手柄转过 40 转，分度头主轴转过 1 转，即传动比为 40∶1，“40”称为分度头的定数。各种常用的分度头（FK 型数控分度头除外）都采用这个定数。定数也就是分度头内蜗杆蜗轮副的传动比。

例如，要分度头主轴转过 1/2 转（即把圆周 2 等分），分度手柄需要转过 20 转。如果分度头主轴要转过 1/5 转（即把圆周 5 等分），分度手柄需要转过 8 转。由此可知，分度手柄的转数与工件等分数的关系如下：

$$40:1 = n:\frac{1}{z}$$

即

$$n = \frac{40}{z}$$

式中　n——分度手柄转数；

40——分度头的定数；

z——工件的等分数（齿数或边数）。

上式为简单分度的计算公式。当计算得到的转数 n 不是整数而是分数时，可利用分度盘上相应的孔圈进行分度。具体的方法是选择分度盘上某孔圈，其孔数为分母的整倍数，然后将该真分数的分子、分母同时增大该整数倍，利用分度叉实现非整转数部分的分度。

例 4-1　在 F11125 型万能分度头上铣削一个正八边形的工件，试求每铣一边后分度手柄的转数。

解：以 $z=8$ 代入上式得：

$$n = \frac{40}{z} = \frac{40}{8} = 5$$

答：每铣完一边后，分度手柄应转过 5 转。

例 4-2 在 F11125 型万能分度头上铣削一六角头螺栓的六方，求每铣一面时，分度手柄应转过多少转。

解：以 $z=6$ 代入公式 $n=\frac{40}{z}$得：

$$n=\frac{40}{z}=\frac{40}{6}=6\frac{2}{3}=6+\frac{44}{66}$$

答：分度手柄应转 6 转又在分度盘孔数为 66 的孔圈上转过 44 个孔距数，这时工件转过 1/6 转。

例 4-3 铣削一个齿数为 48 的齿轮，分度手柄应转过多少转后再铣第二个齿？

解：以 $z=48$ 代入公式 $n=\frac{40}{z}$得：

$$n=\frac{40}{z}=\frac{40}{48}=\frac{5}{6}=\frac{55}{66}$$

答：分度手柄应转 55/66 转，这时工件转过 1/48 转。

2. 分度盘和分度叉的使用

由例 4-2 和例 4-3 可以看出，当按公式 $n=\frac{40}{z}$计算得到的分度手柄转数为分数（带分数或真分数）时，其非整转数部分的分度需要用分度盘和分度叉进行。使用分度盘与分度叉时应注意以下两点：

（1）选择孔圈时，在满足孔数是分母整倍数的条件下，一般应选择孔数较多的孔圈。例如，例 4-2 中，$n=6\frac{2}{3}=6\frac{16}{24}=6\frac{20}{30}=6\frac{26}{39}=\cdots=6\frac{44}{66}$，可选择的孔圈孔数分别是 24、30、39、…、66 共 8 个，一般选择孔数为 42 或 66 的孔圈（分别在第 1 块和第 2 块分度盘的反面）。因为一方面在分度盘的第一面上孔数多的孔圈离轴心较远，操作方便；另一方面分度误差较小（准确度高）。

（2）分度叉两叉脚间的夹角可调，调整的方法是使两叉脚间的孔数比需摇的孔数多 1 个。如图 4-5 所示，两叉脚间有 7 个孔，但只包含了 6 个孔距。在例 4-2 中，$n=6\frac{2}{3}=6\frac{28}{42}$，如选择孔数为 42 的孔圈，分度叉两叉脚间应有 $28+1=29$ 个分度孔。

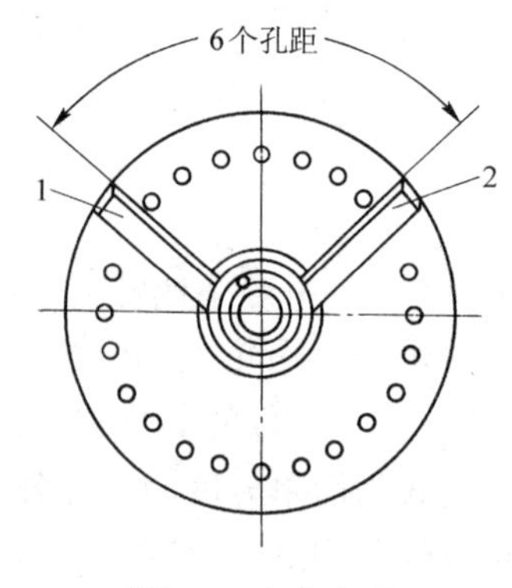

图 4-5 分度叉

每次分度时，将定位插销从叉脚 1 内侧的定位孔中拔出并转动 90°锁住，然后摇动分度手柄所需的整数圈后，将定位插销摇到叉脚 2 内侧的定位孔上方，将定位插销转动 90°后轻轻插入该定位孔内，然后转动分度叉使叉脚 1 靠紧定位插销（此时叉脚 2 转动到下一次分度时所需的定位位置）。

二、用回转工作台简单分度

根据回转工作台三种不同的定数和手柄与圆工作台转数间的关系，与用万能分度头进行简单分度的原理相同，可导出回转工作台简单分度法的计算公式：

$$n=\frac{60}{z}$$

$$n=\frac{90}{z}$$

$$n=\frac{120}{z}$$

式中　n——分度时回转工作台手柄转数；

z——工件的圆周等分数；

60、90、120——回转工作台的定数。

例4－4　在定数为90的回转工作台上，工件的等分数 $z=14$，做简单分度计算。

解： 以 $z=14$ 代入公式 $n=\frac{90}{z}$ 得：

$$n=\frac{90}{z}=\frac{90}{14}=6\frac{3}{7}=6\frac{18}{42}$$

答： 分度时，手柄在孔数为42的孔圈上转6转再加18个孔距。

例4－5　在定数为120的回转工作台上，工件的等分数 $z=22$，做简单分度计算。

解： 以 $z=22$ 代入公式 $n=\frac{120}{z}$ 得：

$$n=\frac{120}{z}=\frac{120}{22}=5\frac{5}{11}=5\frac{30}{66}$$

答： 分度时，手柄在孔数为66的孔圈上转5转再加30个孔距。

三、用简单分度法铣削正多边形工件（见表4－4）

表4－4　**用简单分度法铣削正多边形工件**

内容	简图及说明
正多边形的计算	 中心角　$\alpha=\frac{360°}{z}$ 内角　$\theta=\frac{180°}{z}(z-2)$ 边长　$s=D\sin\frac{\alpha}{2}$ 内切圆直径　$d=D\cos\frac{\alpha}{2}$ 式中　D——外切圆直径，mm z——正多边形的边数
正多边形工件的装夹	 a) b) c) 铣削短小的正多边形工件一般采用分度头上的三爪自定心卡盘装夹，用三面刃铣刀铣削，见图a和图b。对工件的螺纹部分，要采用衬套或垫铜皮，以防夹伤螺纹。露出卡盘部分应尽量短些，防止铣削中工件松动 铣削较长的正多边形工件时，可用分度头配以尾座装夹，用立铣刀或面铣刀铣削，见图c

续表

内容		简图及说明
铣削的方法	用单刀铣削	单刀铣削时，一般用侧擦法对刀，如图将铣刀与工件外圆轻轻相擦后，将工件进给一个距离 e，试铣一刀，检测合格后，依次分度铣削其他各边。这种方法可以用来加工任何边数的多边形 $$e=\frac{D-d}{2}$$ 式中　D——工件外圆直径，mm d——内切圆直径，mm
	用组合铣刀铣削	组合法只适合边数为偶数的多边形的铣削。一般用试切法对中心。先将两把铣刀的内侧距离调整为多边形对边的尺寸 s（即 $s=d$）。用目测法将试件中心对正两铣刀中间，在试件端面上适量铣去一些后，退出试件，旋转180°再铣一刀，若其中有一把铣刀切下了切屑，则说明对刀不准。这时可测量第二次铣后试件的尺寸 s'，将试件未铣到的一侧向同侧的铣刀移动一个距离 $e=\frac{s-s'}{2}$即可。对刀结束，锁紧工作台，换上工件，开始正式铣削

技能训练

用简单分度法铣削正多边形工件

零件图如图 4－6 所示。

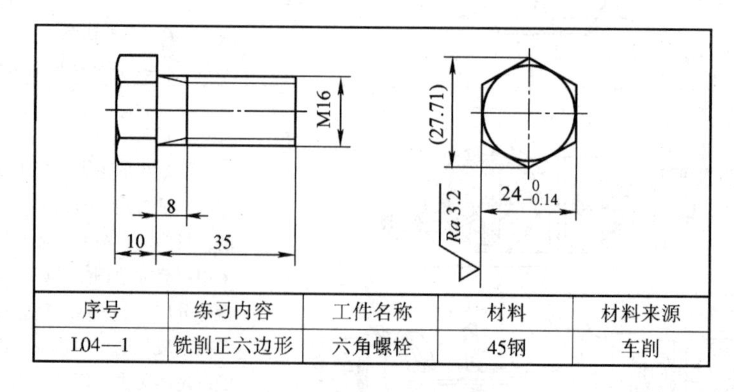

序号	练习内容	工件名称	材料	材料来源
L04—1	铣削正六边形	六角螺栓	45钢	车削

图 4－6　铣削正六边形

1. 教学建议与注意事项

（1）学生独立进行六边形的相关计算和分度计算。

（2）分别采用立铣刀和组合铣刀各铣削一件，对比两种方法的不同特点。

（3）用立铣刀铣削时，选择立铣刀长度应考虑卡盘能在立铣头下通过而不妨碍铣削，铣刀直径应大于螺栓头的厚度。

（4）铣削钢件时应加注切削液。

2. 加工步骤

（1）对照图样，检查工件毛坯（见图4－7a）。

（2）安装并校正分度头。

（3）装夹并校正工件。

（4）选择并安装铣刀。

（5）对刀，试铣，检测合格后，依次分度铣削其他各边，至符合图样要求（见图4－7b）。

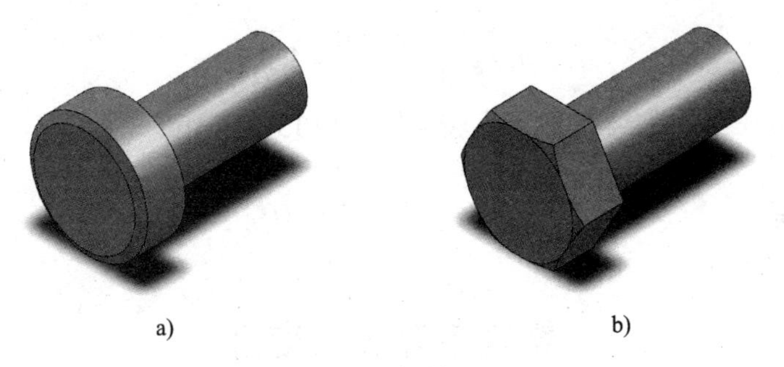

a)　　b)

图4－7　铣削过程

课题三　角度分度法及应用

角度分度法是简单分度法的另一种形式，只是计算的依据不同，简单分度时是以工件的等分数 z 作为分度计算的依据，而角度分度法是以工件所需转过的角度 θ 作为计算的依据。两者的分度原理相同，只是在具体计算方法上有些不同。

由分度头结构可知，分度手柄转过40转，分度头主轴带动工件转过1转，即360°，分度手柄每转过1转，工件则转过9°或540′。因此，可得出角度分度法的计算公式：

工件转动角度 θ 的单位为（°）时：

$$n=\frac{\theta}{9}$$

工件转动角度 θ 的单位为（′）时：

$$n=\frac{\theta}{540}$$

式中　n——分度手柄的转数；

　　　θ——工件所需转的角度，(°）或(′)。

例 4－6　在 F11125 型万能分度头上装夹工件，铣削夹角为 116°的两条槽，求分度手柄的转数。

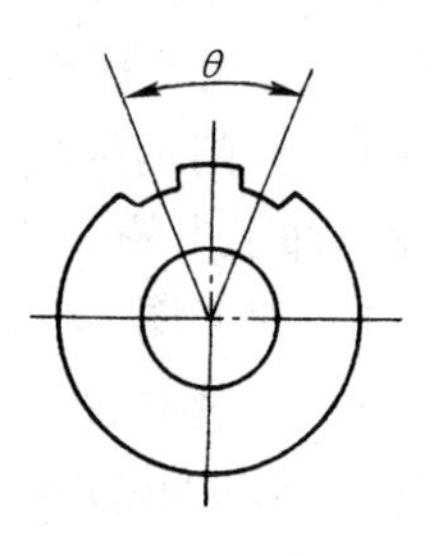

图 4－8　带两槽的工件

解： 以 $\theta=116°$代入公式 $n=\frac{\theta}{9}$得：

$$n=\frac{\theta}{9}=\frac{116}{9}=12\frac{8}{9}=12\frac{48}{54}$$

答： 分度手柄在孔数为 54 的孔圈上转 12 转再加 48 个孔距。

例 4－7　在图 4－8 所示圆柱形工件上铣两条直槽，其所夹圆心角 $\theta=38°10'$，求分度手柄应转过的转数。

解： $\theta=38°10'=2\ 290'$，代入公式 $n=\frac{\theta}{540}$得：

$$n=\frac{\theta}{540}=\frac{2\ 290}{540}=4\frac{13}{54}$$

答： 分度手柄在孔数为 54 的孔圈上转 4 转再加 13 个孔距。

技能训练

铣削不等分角度面

零件图如图 4－9 所示。

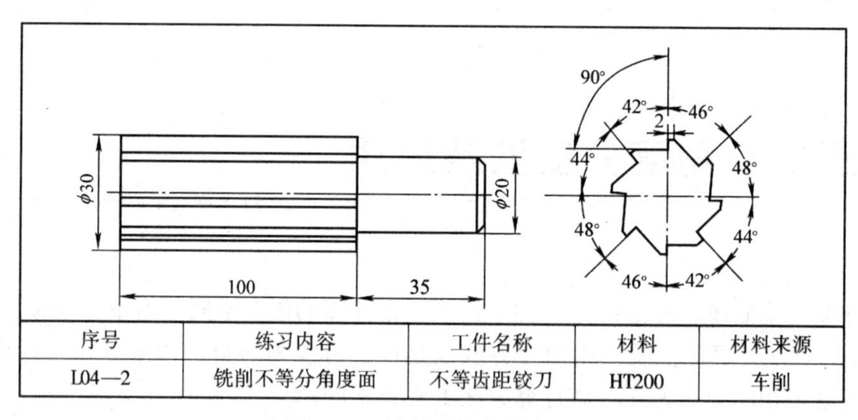

序号	练习内容	工件名称	材料	材料来源
L04—2	铣削不等分角度面	不等齿距铰刀	HT200	车削

图 4－9　铣削不等分角度面

1. 教学建议与注意事项

（1）建议采用一夹一顶装夹工件，校正上素线和侧素线的平行度误差在 0. 03 mm 以内。

（2）在卧式铣床上采用 80 mm × 12 mm × 27 mm 的三面刃铣刀铣削。

（3）计算分度手柄转数并用查表法验证。

（4）加工前应划出各齿前面位置线及棱边位置线，铣削时利用棱边宽度来控制切深。

2. 加工步骤

（1）对照图样，检查工件毛坯（见图 4－10a）。

a)　　　　　　b)

图 4-10　铣削过程

（2）安装并校正分度头、尾座。

（3）装夹并校正工件。

（4）选择并安装铣刀。

（5）对刀，试铣，检测合格后，依次分度铣削其他各齿，至符合图样要求（见图 4-10b）。

课题四　差动分度法及应用

在实际生产中，有时会遇到工件所要求的等分数较大且与分度头的定数 40 不能相约$\left(\text{如 } z=109,\ n=\frac{40}{109}\right)$，或相约后，分度盘上没有所需要的孔圈$\left(\text{如 } z=126,\ n=\frac{40}{126}=\frac{20}{63}\right)$的情况，由于受到分度盘孔圈数的限制，就不能使用简单分度法分度，此时可采用差动分度法进行分度。

一、差动分度法原理

差动分度法就是在分度头主轴后锥孔中装上挂轮轴，用交换齿轮把分度头的主轴与侧轴连接起来，如图 4-11 所示。分度时松开分度盘的紧固螺钉，按预定的转数转动分度手柄进行分度，在分度头主轴转动的同时，分度盘相对于分度手柄以相同或相反的方向转动，因此分度手柄实际的转数 n 是分度手柄相对于分度盘的转数 n_o 与分度盘自身转数 n_P 之和或差，即：$n=n_o\pm n_P$。差动分度的原理示意图如图 4-12 所示。分度时，先取一个与工件要求的等分数 z 相近且能进行简单分度的假定等分数 z_o，并按 z_o 计算每次分度时分度手柄的转数 n_o $\left(\text{即 } n_o=\frac{40}{z_o}\right)$，并选择确定分度盘孔圈和调整分度叉夹角（包含的孔距数）。准确分度时分度手柄应转的转数 $n=\frac{40}{z}$，n 与 n_o 的差值由分度头主轴通过交换齿轮带动分度盘相对分度手柄转动（差动）来补偿，由差动分度传动结构（见图 4-11b）可知，当分度头主轴转过 $1/z$ 转时，分度盘转过 $n_p=\frac{1}{z}\times\frac{z_1z_3}{z_2z_4}$ 转。根据差动分度原理，$n=n_o+n_P$，得：

$$\frac{40}{z}=\frac{40}{z_o}+\frac{1}{z}\times\frac{z_1z_3}{z_2z_4}$$

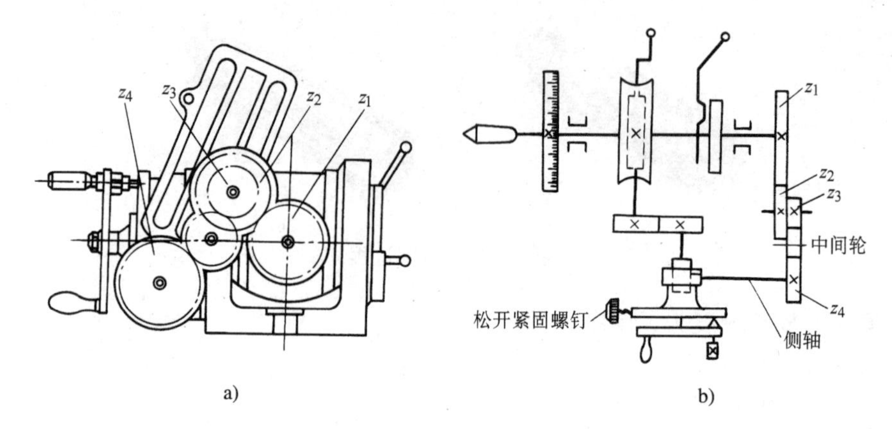

图 4－11　差动分度法

a）交换齿轮安装　b）传动系统

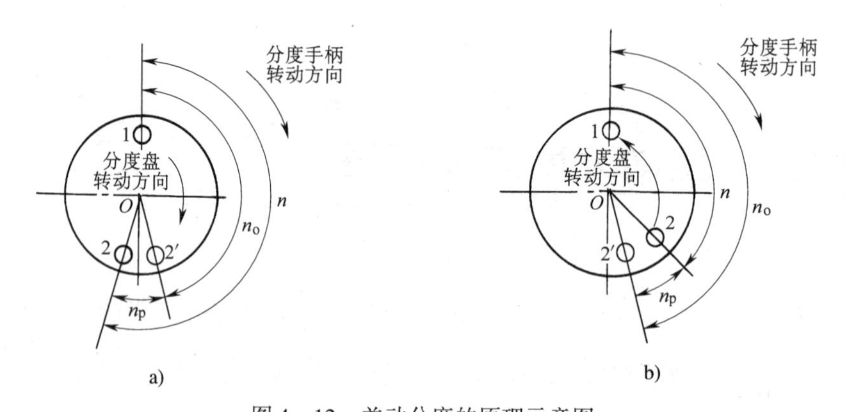

图 4－12　差动分度的原理示意图

a）分度盘与分度手柄的转动方向相同　b）分度盘与分度手柄的转动方向相反

则交换齿轮的传动比：

$$\frac{z_1 z_3}{z_2 z_4} = \frac{40(z_o - z)}{z_o}$$

式中　z_1、z_3——主动交换齿轮的齿数；

z_2、z_4——从动交换齿轮的齿数；

z——实际等分数；

z_o——假定等分数。

由上式可知，当 $z_o < z$ 时，交换齿轮的传动比为负值，说明分度盘与分度手柄的转向相反；当 $z_o > z$ 时，交换齿轮的传动比为正值，分度盘与分度手柄的转向相同。分度盘的转向可通过在交换齿轮中加入或不加中间轮来调整。实践证明，当采用 $z_o < z$ 时，分度盘与分度手柄的转向相反，可以避免分度头传动副间隙的影响，使分度均匀。因此，在差动分度时，选取的假定等分数通常都小于实际等分数。

二、差动分度的计算

差动分度的具体计算按以下步骤进行。

1．选取假定等分数 z_o，一般 $z_o < z$。

2. 根据z_o，按$n_o=\frac{40}{z_o}$计算分度手柄相对分度盘的转数n_o，并选择分度盘相应孔圈（孔数）。

3. 计算交换齿轮的传动比，确定交换齿轮齿数。

例4-8 现需将工件做83等分，试计算交换齿轮、分度手柄转数和选择分度盘孔圈。

解： 选取假定等分数z_o，设$z_o=80$。

计算分度手柄转数n_o，$n_o=\frac{40}{z_o}=\frac{40}{80}=\frac{1}{2}=\frac{27}{54}$。即每分度1次，分度手柄相对分度盘在54孔的孔圈上转过27个孔距（分度叉内包含28个孔）。

计算交换齿轮：

$$\frac{z_1z_3}{z_2z_4}=\frac{40(z_o-z)}{z_o}=\frac{40\times(80-83)}{80}$$

$$=-\frac{3}{2}=-\frac{90}{60}$$

得主动轮$z_1=90$，从动轮$z_4=60$。即分度盘和分度手柄转向相反，交换齿轮采用单式轮系加2个中间轮，如图4-13a所示。

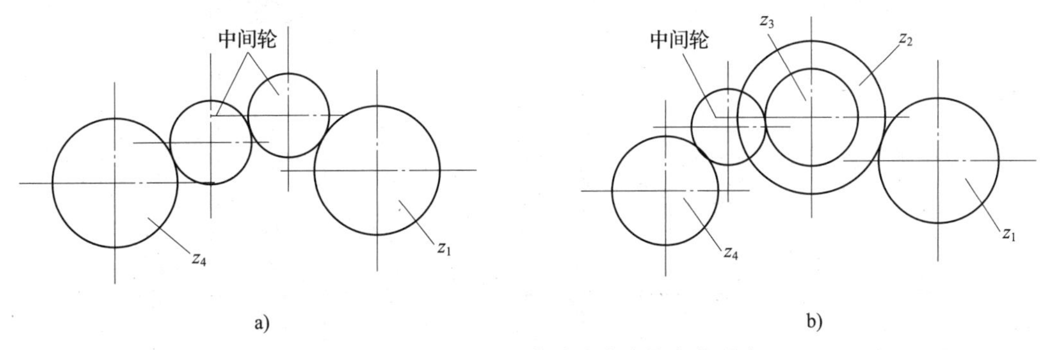

图4-13 F11125型万能分度头交换齿轮形式

a）单式轮系 b）复式轮系

例4-9 现需将工件做119等分，试计算交换齿轮、分度手柄转数和选择分度盘孔圈。

解： 选取假定等分数z_o，设$z_o=110$。

计算分度手柄转数n_o，$n_o=\frac{40}{z_o}=\frac{40}{110}=\frac{4}{11}=\frac{24}{66}$。即每分度1次，分度手柄相对分度盘在66孔的孔圈上转过24个孔距（分度叉内包含25个孔）。

计算交换齿轮：

$$\frac{z_1z_3}{z_2z_4}=\frac{40(z_o-z)}{z_o}=\frac{40\times(110-119)}{110}$$

$$=-\frac{36}{11}=-\frac{90}{55}\times\frac{60}{30}$$

得主动轮$z_1=90$，$z_3=60$；从动轮$z_2=55$，$z_4=30$。即分度盘和分度手柄转向相反，交换齿轮采用复式轮系，并加1个中间轮，如图4-13b所示。

在实际使用差动分度法时，为方便分度，可由表4-5直接查得各相关数据。表中数据

均按 $z_o < z$ 得出，适用于定数为 40 的各型万能分度头。在配置中间轮时，应使分度盘与分度手柄转向相反。

表 4－5　　　　差动分度表（分度头定数为 40）

工件等分数	假定等分数	分度盘孔数	转过的孔距数	交换齿轮齿数				F11125 型分度头交换齿轮形式
				z_1	z_2	z_3	z_4	
61	60	30	20	40			60	a
63				60			30	
67	64	24	15	90	40	50	60	b
69	66	66	40	100			55	a
71	70	49	28	40			70	
73				60			35	
77	75	30	16	80	60	40	50	b
79				80	50	40	30	
81	80	30	15	25			50	a
83				60			40	
87	84	42	20	50			35	
89	88	66	30	25			55	
91	90	54	24	40			90	
93				40			30	
97	96	24	10	25			60	
99				50			40	
101	100	30	12	40			100	
103				60			50	
107				70			25	
109	105	42	16	80	30	40	70	b
111				80			35	a
113	110	66	24	60			55	
117				70	55	50	25	b
119				90	55	60	30	
121	120	54	18	30			90	a
122				40			60	
123				25			25	
126				50			25	
127				70			30	
128				80			30	
129				90			30	

续表

工件等分数	假定等分数	分度盘孔数	转过的孔距数	交换齿轮齿数				F11125 型分度头交换齿轮形式
				z_1	z_2	z_3	z_4	
131	125	25	8	80	25	30	50	b
133				80	50	40	25	
134	132	66	20	50	55	40	60	
137				100	30	25	55	
138	135	54	16	80			90	a
139				80	30	40	90	b
141	140	42	12	40	50	25	70	
142				40			70	a
143				30			35	
146				60			35	
147				50			25	
149				90	25	50	70	b
151	150	30	8	40	50	30	90	
153				40			50	a
154				40	60	80	50	b
157				70	30	40	50	
158				80	30	40	50	
159				90	30	40	50	
161	160	28	7	25			100	a
162				25			50	
163				30			40	
166				60			40	
167				70			40	
169				90			40	
171	168	42	10	50			70	
173				100	35	25	60	b
174				50			35	a
175				50			30	
177	176	66	15	40	55	25	80	b
178				40	55	50	80	
179				60	55	50	80	
181	180	54	12	40	50	25	90	
182				40			90	a
183				40			60	
186				40			30	

续表

工件等分数	假定等分数	分度盘孔数	转过的孔距数	交换齿轮齿数				F11125 型分度头交换齿轮形式
				z_1	z_2	z_3	z_4	
187	180	54	12	40	60	70	30	b
189				50			25	a
191				80	60	55	30	b
193	192	24	5	30	90	50	80	b
194				25			60	a
197				100	30	25	80	b
198				60			40	a
199				70	30	50	80	b

注：表中交换齿轮形式 a 代表单式轮系，b 代表复式轮系；交换齿轮采用单式轮系时需配置两个中间轮，而采用复式轮系分度时只需配置一个中间轮。

三、交换齿轮的安装及应注意的问题

1．安装交换齿轮时，首先一定要分清主动轮与被动轮的位置，不可将其位置颠倒安装。

2．采用复式轮系时，交换齿轮的搭配应满足如下条件：

$$\begin{cases} z_1 + z_2 > z_3 + (15 \sim 20) \\ z_3 + z_4 > z_2 + (15 \sim 20) \end{cases}$$

3．安装交换齿轮时，应先安装固定轴（如分度头主轴、侧轴）上的齿轮，再利用挂轮架安装和调整中间轴上的齿轮，并与它们相连接。

技能训练

圆周刻线

零件图如图 4－14 所示。

1．教学建议与注意事项

（1）练习主要着重于交换齿轮的安装与调整。

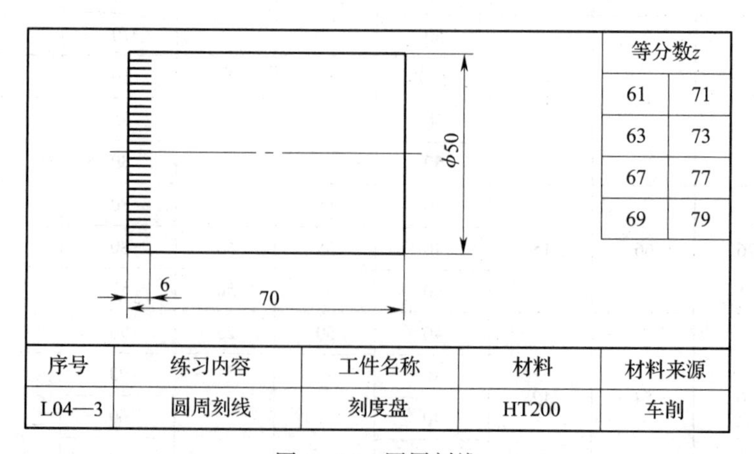

图 4－14　圆周刻线

(2) 安装交换齿轮时应特别注意：主动轮与被动轮的位置不可颠倒，中间轮的个数要正确，否则会造成分度错误。

(3) 分度前一定要松开分度盘紧固螺钉，方能进行差动分度。

2. 加工步骤

(1) 安装刻线刀

将夹头安装到铣床主轴中，再将刻线刀安装到夹头中。

(2) 安装、校正工件

1) 将分度头安装到铣床工作台上。

2) 对照图样，检查工件毛坯（见图 4-15a）。装夹工件，并用百分表检测工件圆跳动，使跳动量尽量控制在 0.02 mm 内。

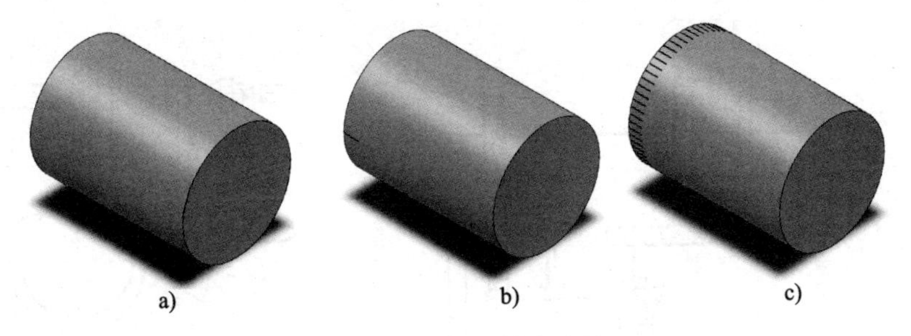

图 4-15　圆周刻线过程

(3) 安装交换齿轮

根据给定的等分数要求选择交换齿轮及配挂元件。安装挂轮架及交换齿轮，并调整好齿轮的传动间隙。

(4) 刻线

1) 按照划出的中心线，调整横向工作台使刻线刀的刀尖对准工件上的中心线，并紧固横向工作台。

2) 调整铣床工作台，使刻线刀刀尖刚刚接触工件端面，并在工作台纵向进给手柄的刻度盘上做好长度标记。

3) 调整铣床工作台，使刻线刀刀尖刚刚接触工件圆柱面，纵向退出工件，上升工作台 0.1 ~0.15 mm，试刻（见图 4-15b），并视线条清晰程度对刻线深度做适当的调整。分度、移距刻完所有刻线（见图 4-15c）。

4) 退刀，检查所刻刻线是否符合要求，合格后，卸下工件，去毛刺。

课题五　直线移距分度法及应用

有些工件需要在直线上进行等分，如直尺刻线和铣削齿条时的移距。在一般情况下，移距时可直接转动工作台纵向丝杆，并以刻度盘作为移距时的依据。这种移距方法虽操作简单，但移距精度不高，且操作时容易造成差错。利用分度头做直线移距分度，不仅操作简便，且移距精度高。

直线移距分度法是用交换齿轮将分度头主轴或侧轴与工作台纵向丝杆连接起来，操作时，转动分度手柄，经由齿轮传动，实现工作台的精确移距。

常用的直线移距分度法有主轴挂轮法和侧轴挂轮法两种。

一、主轴挂轮法

1. 分度原理

主轴挂轮法是在分度头主轴后锥孔中装上挂轮轴，用交换齿轮把分度头主轴与工作台纵向丝杆连接起来，如图 4－16 所示。转动分度手柄，使工作台产生移距。

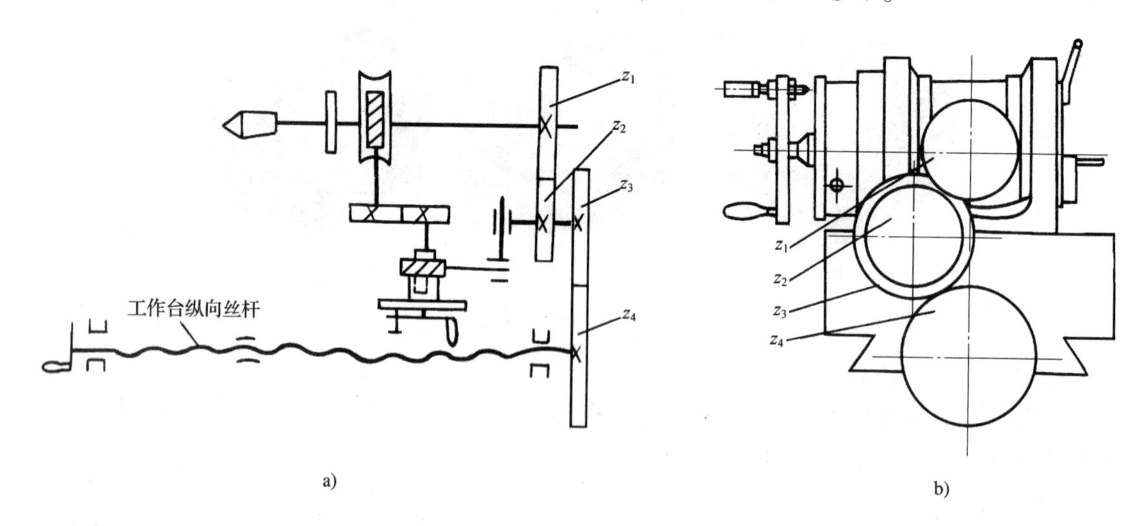

图 4－16　主轴挂轮法

a）传动系统　b）交换齿轮安装

这种直线移距分度法利用了分度头的减速作用，分度手柄转动若干转，工作台纵向移动一个很小的距离。这种方法适用于间隔距离较小或移距精度要求较高的分度场合。

2. 交换齿轮计算

由图 4－16 可知：

$$n\frac{1}{40}\frac{z_1z_3}{z_2z_4}P_{丝}=L$$

$$\frac{z_1z_3}{z_2z_4}=\frac{40L}{nP_{丝}}$$

式中　z_1、z_3——主动交换齿轮的齿数；

z_2、z_4——从动交换齿轮的齿数；

40——分度头定数；

L——每次分度工作台（工件）移动距离，mm；

$P_{丝}$——工作台纵向进给丝杆螺距，mm；

n——每次分度时分度手柄的转数。

计算交换齿轮时，一般应先确定分度手柄的转数 n，计算出的交换齿轮，其传动比 $\frac{z_1z_3}{z_2z_4}$ 不大于 6 或不小于 1/6 时，采用单式轮系；当传动比大于 6 或小于 1/6 时，应采用复式轮系，并满足交换齿轮正常啮合的条件：

$$\begin{cases} z_1+z_2>z_3+(15\sim20) \\ z_3+z_4>z_2+(15\sim20) \end{cases}$$

例 4－10　在 X6132 型铣床上进行刻线，线的间隔为 0.35 mm，工作台纵向丝杆螺距 $P_{丝}=6$ mm，求分度手柄转数和交换齿轮齿数。

解：取分度手柄转数 $n=1$，由公式 $\frac{z_1z_3}{z_2z_4}=\frac{40L}{nP_{丝}}$ 得：

$$\frac{z_1z_3}{z_2z_4}=\frac{40L}{nP_{丝}}=\frac{40\times0.35\ \text{mm}}{1\times6\ \text{mm}}=\frac{14}{6}=\frac{70}{30}$$

即交换齿轮采用单式轮系，$z_1=70$，$z_4=30$。每次分度时，拔出定位插销，将分度手柄转过 1 转，再把插销插入即可。

例 4－11　在 X6132 型铣床上铣削模数 $m=1.5$ mm 的齿条，求分度手柄转数和交换齿轮齿数。

解：取分度手柄转数 $n=5$。齿条的齿距 $p=L=\pi m=1.5\pi$ mm，$P_{丝}=6$ mm，取 $\pi=\frac{22}{7}$，由公式 $\frac{z_1z_3}{z_2z_4}=\frac{40L}{nP_{丝}}$ 得：

$$\frac{z_1z_3}{z_2z_4}=\frac{40L}{nP_{丝}}=\frac{40\times1.5\times22\ \text{mm}}{5\times6\times7\ \text{mm}}$$

$$=\frac{44}{7}=\frac{100\times55}{35\times25}$$

即分度手柄每次转 5 转，交换齿轮采用复式轮系，$z_1=100$，$z_2=35$，$z_3=55$，$z_4=25$。

二、侧轴挂轮法

1. 分度原理

侧轴挂轮法是在分度头侧轴与工作台纵向丝杆之间安装交换齿轮，并将分度头主轴锁紧，此时分度手柄被固定。松开分度盘左侧的紧固螺钉，分度时分度盘转动，以分度手柄上的定位插销作为衡量分度盘转动多少的依据，如图 4－17 所示。移距时，用扳手转动分度头侧轴，通过侧轴左端的一对斜齿圆柱齿轮（1∶1）带动分度盘相对分度手柄的定位插销旋转，同时侧轴右端的交换齿轮带动工作台纵向丝杆旋转，实现工作台纵向移距。

侧轴挂轮的直线移距分度方法由于不经过分度头内蜗杆蜗轮副的减速传动，分度盘转过一个较小的转数时，就能得到较大的直线移距量。

2. 交换齿轮计算

由图 4－17 可知：

$$n\frac{z_1z_3}{z_2z_4}P_{丝}=L$$

$$\frac{z_1z_3}{z_2z_4}=\frac{L}{nP_{丝}}$$

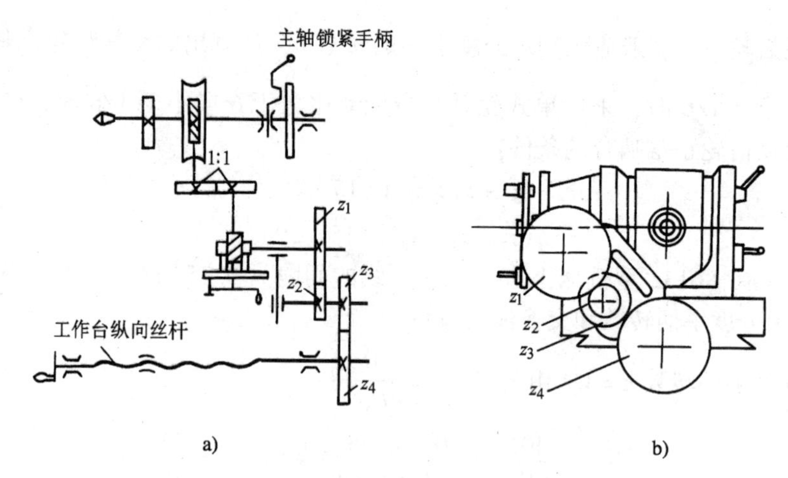

图 4－17　侧轴挂轮法

a）传动系统　b）交换齿轮安装

式中　z_1、z_3——主动交换齿轮的齿数；

z_2、z_4——从动交换齿轮的齿数；

L——每次分度时工件移动距离，mm；

$P_{丝}$——工作台纵向进给丝杆螺距，mm；

n——每次分度时分度盘的转数。

例 4－12　在 X6132 型铣床上铣削长齿条，齿条模数 $m = 4$ mm，用 F11125 万能分度头做侧轴挂轮法直线移距，试做分度计算。

解：每次分度的移距量等于齿条齿距，即

$$L = P = \pi m = 4\pi \text{ mm} \approx 4 \times \frac{22}{7} \text{ mm}$$

则

$$\frac{z_1 z_3}{z_2 z_4} = \frac{L}{nP_{丝}} = \frac{4 \times \frac{22}{7} \text{ mm}}{6n \text{ mm}} = \frac{8}{6n} \times \frac{11}{7}$$

取

$$n = \frac{8}{6} = 1\frac{1}{3} = 1\frac{18}{54}$$

则

$$\frac{z_1 z_3}{z_2 z_4} = \frac{11}{7} = \frac{55}{35}$$

即交换齿轮采用单式轮系，$z_1 = 55$，$z_4 = 35$。移距时，分度盘每次相对分度手柄定位插销在孔数为 54 的孔圈上转过 1 转又 18 个孔距。

技能训练

直尺刻线

零件图如图 4－18 所示。

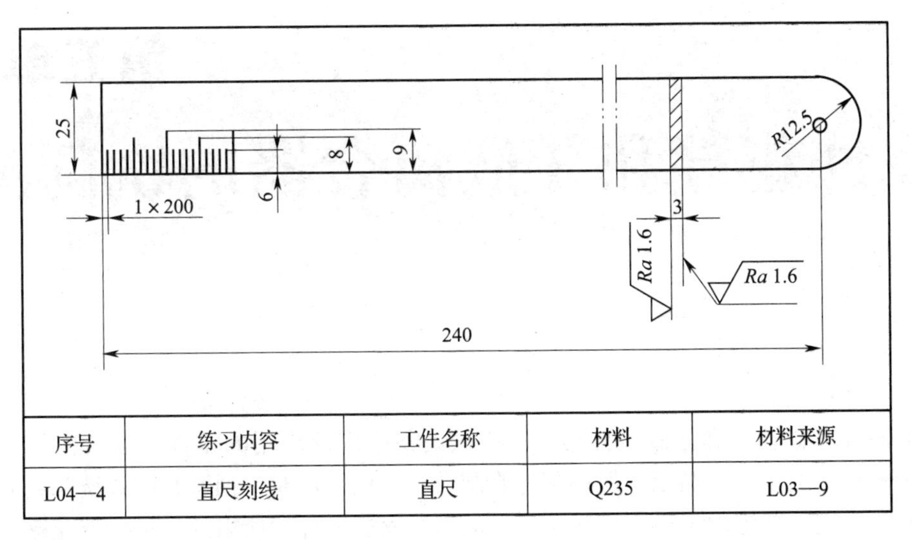

序号	练习内容	工件名称	材料	材料来源
L04—4	直尺刻线	直尺	Q235	L03—9

图 4－18　直尺刻线

1. 教学建议与注意事项

（1）分组分别采用主轴挂轮法和侧轴挂轮法进行练习，以便学生对两种方法进行比较。

（2）刻线深度选择 0.25～0.5 mm 为宜。

（3）如出现刻线线条粗细不均匀，原因是工件圆跳动超差或工件表面不平整；如出现刻线线条长短不一致，原因是机床进给手柄刻度盘松动或进给时摇错刻度；如出现刻线间隔宽窄不一致，原因是分度错误或工作中没有注意消除各传动间隙。

（4）在进行刻线工作时，应将主轴转速调至最低或锁死并切断机床电源。

2. 加工步骤

（1）对照图样，检查工件毛坯（见图 4－19a）。

（2）安装分度头及挂轮。

（3）装夹并校正工件。

（4）安装刻线刀。

（5）对刀，试刻线（见图 4－19b）。

（6）检测合格后，依次直线移距刻出其他各刻线，至符合图样要求（见图 4－19c）。

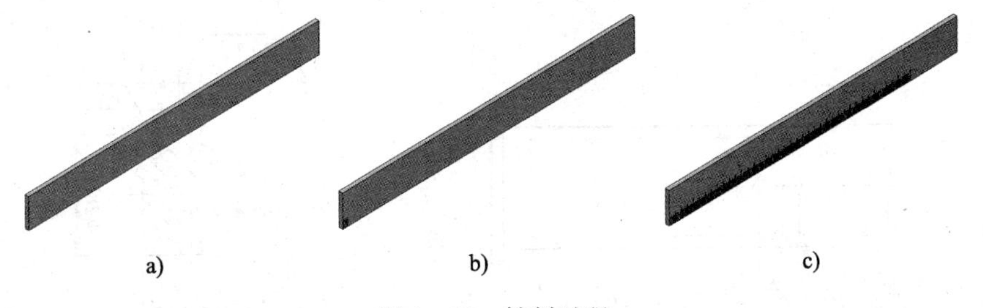

图 4－19　铣削过程

第五单元

外花键和牙嵌离合器的铣削

外花键（花键轴）和牙嵌离合器都是机械设备中广泛应用的零件。虽然在大量生产时外花键一般在专用设备上加工，但在单件修配及小批量生产时，通常在卧式铣床或立式铣床上利用分度头进行铣削加工。它们属于典型的轴、套类零件，所以通过进行外花键、牙嵌离合器铣削的技能训练，可进一步熟悉分度头的使用，掌握轴、套类零件装夹和加工的特点。

课题一　矩形齿外花键的铣削

一、花键连接简介

花键连接是两零件上等距分布且齿数相同的键齿相互连接，并传递转矩或运动的同轴偶件，即花键连接是由带键齿的轴（外花键）和轮毂（内花键）所组成。

花键连接是一种能传递较大转矩和定心精度较高的连接形式，在机械传动中应用广泛，机床、汽车、拖拉机等机械的变速箱内，大都用花键齿轮套与花键轴（见图 5 – 1）配合的滑移实现变速传动。

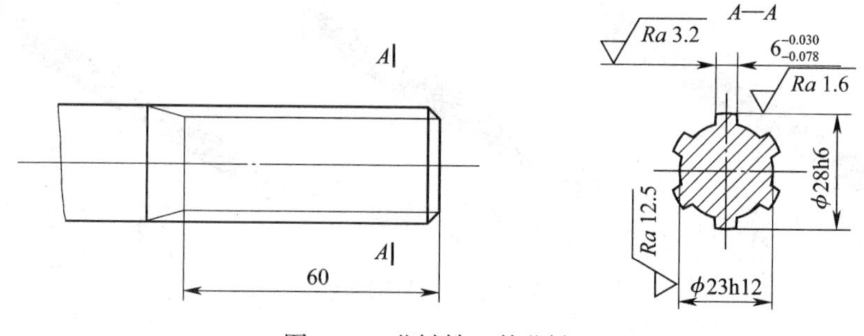

图 5 – 1　花键轴（外花键）

根据键齿的形状（齿廓）不同，常用的花键分为矩形花键和渐开线花键两类。端平面上外花键的键齿或内花键的键槽的两侧齿形为相互平行的直线，且对称于轴平面的花键称为矩形花键。

由于矩形花键的齿廓呈矩形，容易加工，所以得到广泛的应用。矩形花键连接的定心（即花键副工作轴线位置的限定）方式有三种：小径定心、大径定心和齿侧（即键宽）定心，如图 5－2 所示。

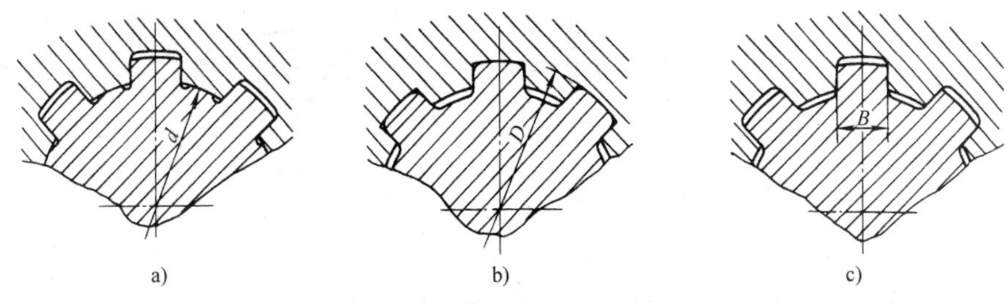

图 5－2　矩形花键连接的定心方式

a）小径定心　b）大径定心　c）齿侧定心

成批、大量的外花键（花键轴）在花键铣床上用花键滚刀按展成原理加工，这种加工方法具有较高的加工精度和生产效率，但必须具备花键铣床和花键滚刀。在单件、小批量生产或缺少花键铣床等专用设备的情况下，常在普通卧式或立式铣床上利用分度头分度加工。加工方法有单刀铣削、组合铣刀铣削和成形铣刀铣削三种。花键成形铣刀制造较困难，只有在零件数量较多且具备成形铣削条件下才使用成形铣刀铣削，因此，本书不再详细介绍。

二、花键工件的装夹和校正

花键工件用分度头与尾座两顶尖或三爪自定心卡盘与尾座顶尖装夹，然后用百分表按下述要求对工件进行校正：

1. 工件两端的径向圆跳动。
2. 工件的上素线与铣床工作台面平行。
3. 工件的侧素线与工作台纵向进给方向平行。

对细长的工件，在校正之后还应在长度的中间位置下面用千斤顶支承。

三、两键侧的铣削

铣削矩形齿外花键，加工过程主要分两步进行：第一步先铣两键侧，保证键宽及键齿的几何精度；第二步修铣小径圆弧。下面首先介绍几种铣键侧的方法，见表 5－1。

表 5－1　外花键键侧的铣削方法

方法		简图及说明
用一把三面刃铣刀（单刀）铣键侧	装夹校正与铣刀选择	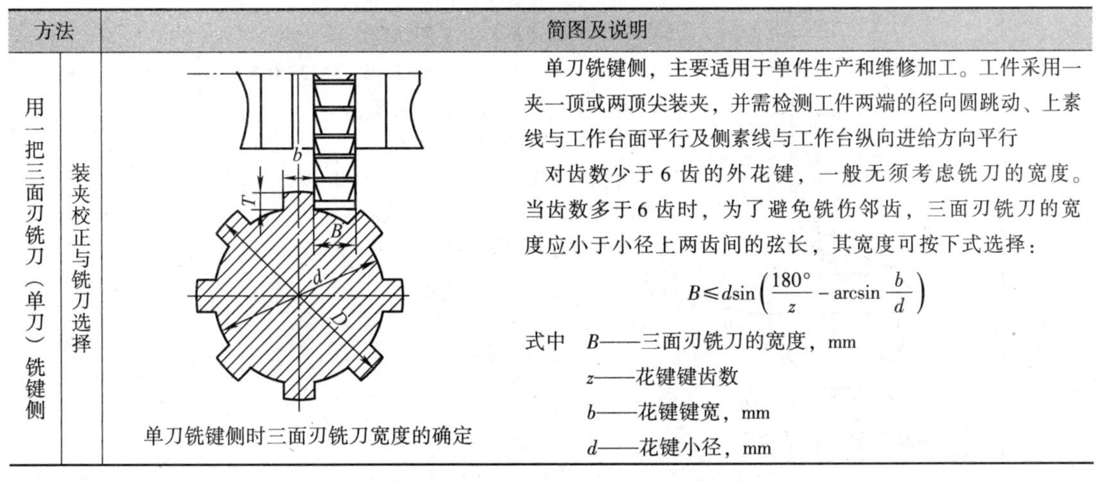 单刀铣键侧时三面刃铣刀宽度的确定 单刀铣键侧，主要适用于单件生产和维修加工。工件采用一夹一顶或两顶尖装夹，并需检测工件两端的径向圆跳动、上素线与工作台面平行及侧素线与工作台纵向进给方向平行 对齿数少于 6 齿的外花键，一般无须考虑铣刀的宽度。当齿数多于 6 齿时，为了避免铣伤邻齿，三面刃铣刀的宽度应小于小径上两齿间的弦长，其宽度可按下式选择： $B \leqslant d\sin\left(\frac{180°}{z} - \arcsin\frac{b}{d}\right)$ 式中　B——三面刃铣刀的宽度，mm z——花键键齿数 b——花键键宽，mm d——花键小径，mm

<table>
<tr><th colspan="2">方法</th><th colspan="2">简图及说明</th></tr>
<tr><td rowspan="3">用一把三面刃铣刀（单刀）铣键侧</td><td rowspan="3">对刀与加工的方法</td><td colspan="2">外花键划线的方法
单刀铣键侧时，一般采用划线法对刀。即：先将游标高度卡尺调至比工件中心高半个键宽，在工件圆周和端面上各划一条线；通过分度头将工件转过180°，将游标高度卡尺移到工件的另一侧再各划一条线，检查两次所划线之间的宽度是否等于键宽，若不等，应调整游标高度卡尺重划，直至宽度正确为止。然后通过分度头将工件转过90°，使划线部分外圆朝上，用游标高度卡尺在端面上划出花键的深度线[$T=(D-d)/2+0.5$]</td></tr>
<tr><td>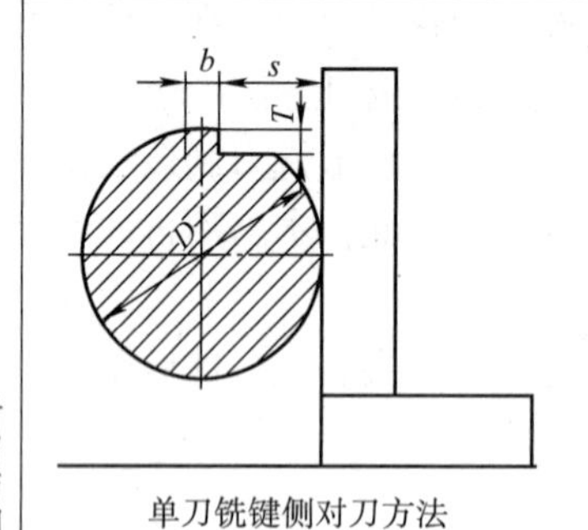

单刀铣键侧对刀方法</td><td>将三面刃铣刀的侧刃距键宽线一侧0.3～0.5 mm对刀，开动机床上升工作台，使铣刀轻轻划着工件后，调整铣削接触弧深至T。铣出第一个键侧，将直角尺尺座紧贴工作台面，长边侧面紧贴工件的侧素线，用游标卡尺测出该键侧到直角尺的水平距离s，s理论值见下式：
$$s=\frac{D-b}{2}$$
式中　D——花键大径，mm
b——花键键宽，mm
若实际值小于理论值，横向补充一个进刀量等于其差值，铣后再测一次，达到正确值后，锁紧横向工作台，依次分度铣出各齿同一齿侧</td></tr>
<tr><td>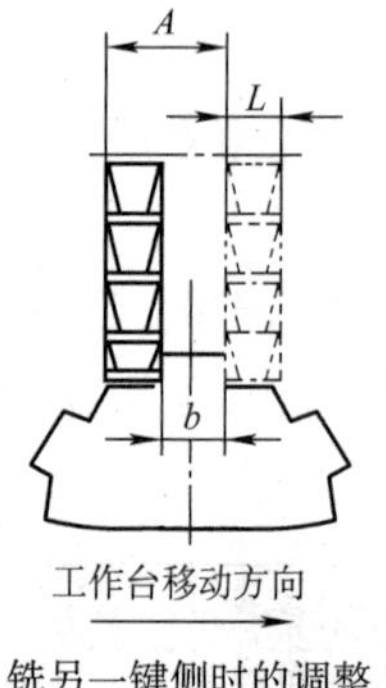

铣另一键侧时的调整
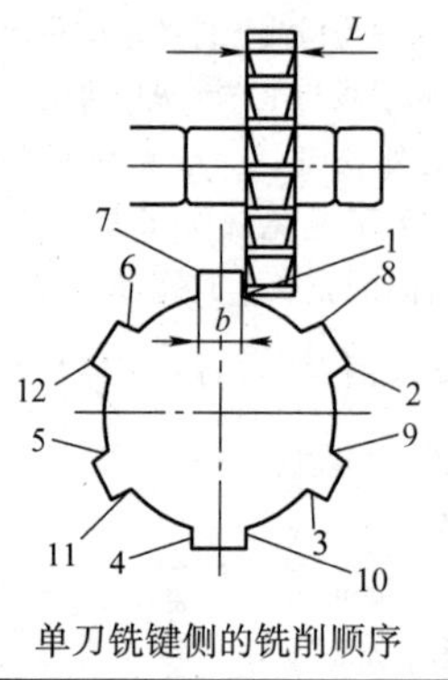

单刀铣键侧的铣削顺序</td><td>完成一侧的铣削后将工作台横向移动一个距离A，铣削键的另一侧。试铣一刀，测量键宽实际尺寸，根据实际误差进行调整，将键宽铣至准确值后，锁紧横向工作台，依次分度铣出各齿另一齿侧
工作台移动距离A按下式计算：
$$A=L+b+(0.3\sim0.5)$$
式中　L——三面刃铣刀的宽度，mm
b——外花键键宽，mm
用这种方法加工时，对刀和移距的准确程度将直接影响键宽的尺寸精度和两键侧相对于工件轴线的对称度
铣削顺序如左图所示</td></tr>
</table>

续表

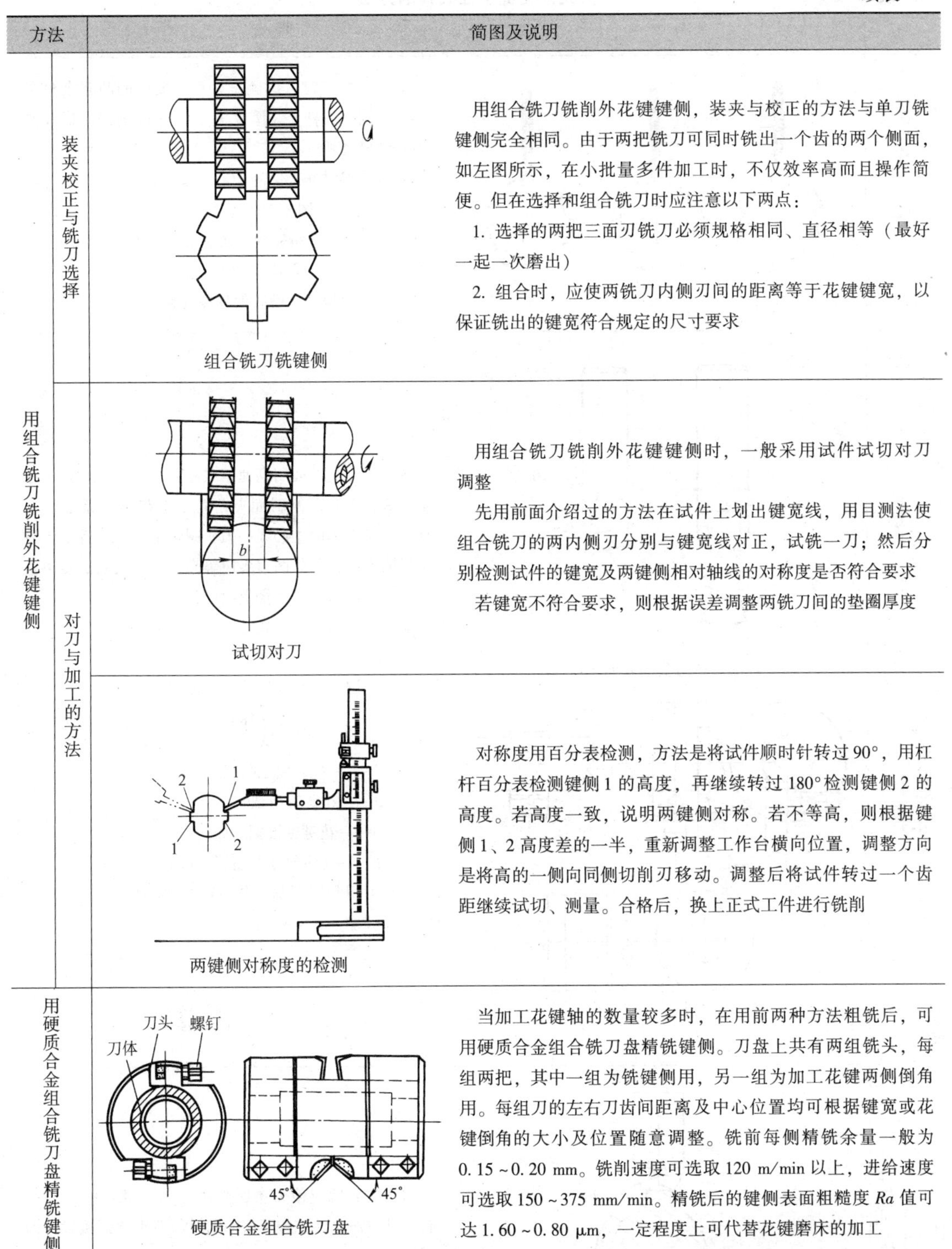

方法		简图	说明
用组合铣刀铣削外花键键侧	装夹校正与铣刀选择	组合铣刀铣键侧	用组合铣刀铣削外花键键侧，装夹与校正的方法与单刀铣键侧完全相同。由于两把铣刀可同时铣出一个齿的两个侧面，如左图所示，在小批量多件加工时，不仅效率高而且操作简便。但在选择和组合铣刀时应注意以下两点： 1. 选择的两把三面刃铣刀必须规格相同、直径相等（最好一起一次磨出） 2. 组合时，应使两铣刀内侧刃间的距离等于花键键宽，以保证铣出的键宽符合规定的尺寸要求
	对刀与加工的方法	试切对刀	用组合铣刀铣削外花键键侧时，一般采用试件试切对刀调整 先用前面介绍过的方法在试件上划出键宽线，用目测法使组合铣刀的两内侧刃分别与键宽线对正，试铣一刀；然后分别检测试件的键宽及两键侧相对轴线的对称度是否符合要求 若键宽不符合要求，则根据误差调整两铣刀间的垫圈厚度
		两键侧对称度的检测	对称度用百分表检测，方法是将试件顺时针转过 90°，用杠杆百分表检测键侧 1 的高度，再继续转过 180°检测键侧 2 的高度。若高度一致，说明两键侧对称。若不等高，则根据键侧 1、2 高度差的一半，重新调整工作台横向位置，调整方向是将高的一侧向同侧切削刃移动。调整后将试件转过一个齿距继续试切、测量。合格后，换上正式工件进行铣削
用硬质合金组合铣刀盘精铣键侧		刀体 刀头 螺钉 45° 45° 硬质合金组合铣刀盘	当加工花键轴的数量较多时，在用前两种方法粗铣后，可用硬质合金组合铣刀盘精铣键侧。刀盘上共有两组铣头，每组两把，其中一组为铣键侧用，另一组为加工花键两侧倒角用。每组刀的左右刀齿间距离及中心位置均可根据键宽或花键倒角的大小及位置随意调整。铣前每侧精铣余量一般为 0.15 ~ 0.20 mm。铣削速度可选取 120 m/min 以上，进给速度可选取 150 ~ 375 mm/min。精铣后的键侧表面粗糙度 Ra 值可达 1.60 ~ 0.80 μm，一定程度上可代替花键磨床的加工

四、修铣外花键小径圆弧

对于以大径定心的外花键而言，其小径的精度要求较低，一般只要不影响其装配和使用即可，修铣方法见表 5 - 2。

表 5－2　　修铣外花键小径圆弧的方法

方法		简图及说明
用锯片铣刀修铣小径圆弧		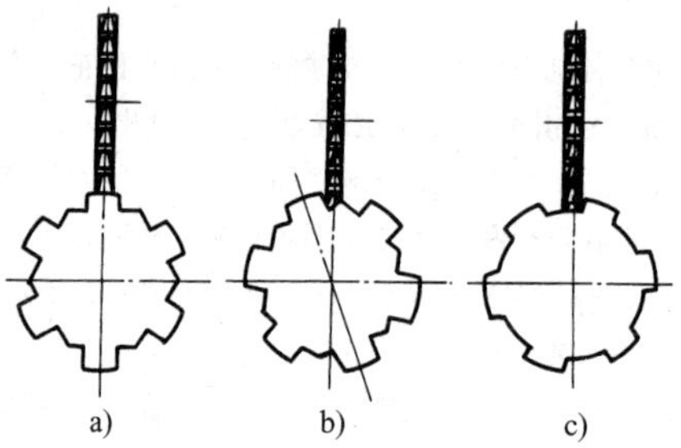 a)　b)　c) 在单件加工时，键侧铣好后，槽底的凸起余量可用装在同一刀杆上、厚度为 2～3 mm 的细齿锯片铣刀修铣成圆弧 先将铣刀对准工件的中心（图 a），然后将工件转过一个角度，调整好切深，开始铣削槽底圆弧面（图 b 和图 c）。每完成一次走刀，将工件转过一个角度后再次走刀，每次工件转过的角度越小，修铣走刀的次数就越多，槽底就越接近圆弧面
用成形单刀头修铣小径圆弧	成形铣刀头的刃磨与安装	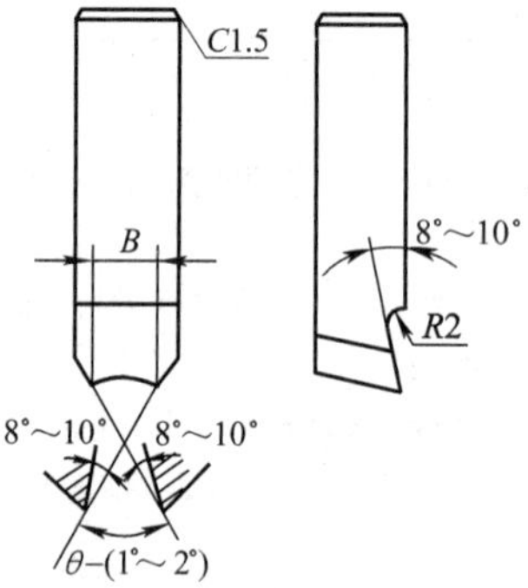 成形单刀头的几何角度 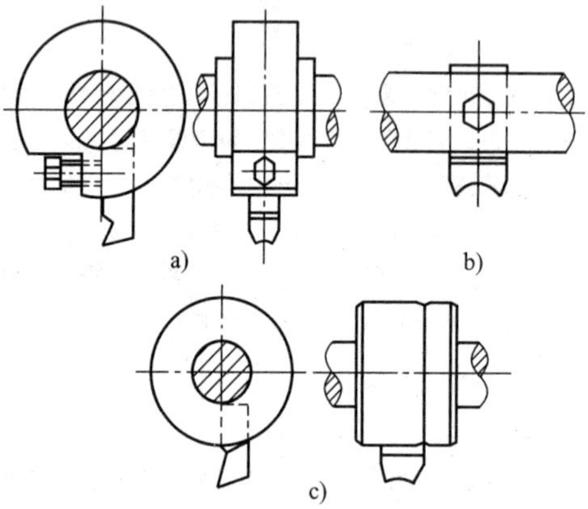 a)　b)　c) 成形单刀头一般用高速钢或硬质合金在砂轮机上手工磨成，刀头两侧斜面夹角略小于花键的等分角 θ，且对称于刀体的中心线，刀头圆弧半径 R 应等于工件小径的半径，圆弧两刀尖应等高，两刀尖间的距离应等于相邻两键间在小径上的弦长 B 花键等分角可按下式计算： $\theta=360°/z$ 相邻两键间在小径上的弦长可按下式计算： $B=d\sin\left(\frac{180°}{z}-\arcsin\frac{b}{d}\right)$ 式中　B——两刀尖间的距离，mm z——花键轴齿数 b——花键轴键宽，mm d——花键轴小径直径，mm 刀头可用紧固刀盘（图 a）、方孔刀杆（图 b）或紧刀盘（图 c）装夹
	对刀与加工的方法	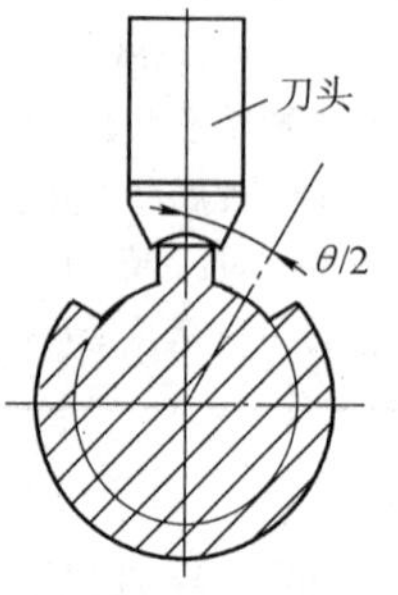 成形刀头对中心 刀头安装后应使刀头圆弧中心与花键轴的中心重合。其方法是使花键两肩部同时与刀头圆弧接触，即对正中心

续表

方法		简图及说明	
用成形单刀头修铣小径圆弧	对刀与加工的方法	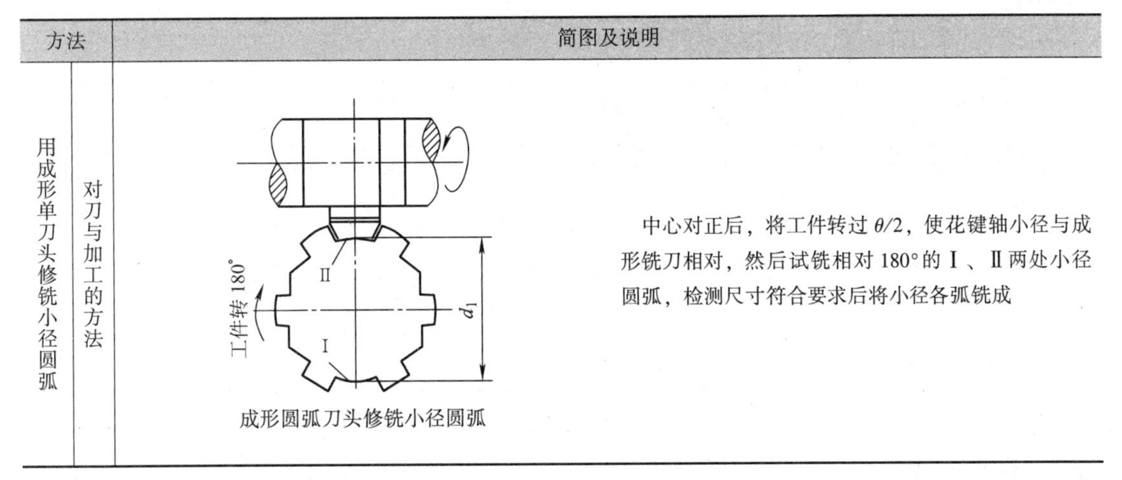 成形圆弧刀头修铣小径圆弧	中心对正后，将工件转过 $\theta/2$，使花键轴小径与成形铣刀相对，然后试铣相对 180° 的Ⅰ、Ⅱ两处小径圆弧，检测尺寸符合要求后将小径各弧铣成

五、外花键的检测方法及铣削时的注意事项

1. 外花键的检测方法

对于单件、小批量加工而言，外花键各要素偏差的检测一般均采用通用量具进行。

（1）外花键的键宽及小径尺寸用千分尺或游标卡尺检测。

（2）外花键的键侧面对其轴线的对称度和平行度用杠杆百分表检测，其方法与试切法对刀时相同。

2. 外花键铣削时的注意事项

在铣床上用三面刃铣刀加工外花键时应特别注意以下问题：

（1）准确校正分度头及尾座的位置，保证工件的上素线与工作台面平行、侧素线与工作台纵向进给方向平行，是保证外花键的键侧面对其轴线的平行度及小径（或键高）在整个轴向尺寸一致的前提。

（2）操作要细心，在对刀、移距、分度操作时，应特别注意消除间隙，不要摇错刻度。

（3）合理选用铣削用量，避免走刀时因振动而影响工件的表面粗糙度。工件刚度较低时，中间应设置辅助支承。

六、外花键铣削的质量分析

外花键铣削中常见的质量问题、产生原因及防止措施见表 5－3。

表 5－3　　外花键铣削质量分析

质量问题	产生原因	防止措施
键宽尺寸超差	1. 用单刀铣削时，切削位置调整不准 2. 刀具端面刃跳动量过大	1. 准确调整铣刀切削位置 2. 更换垫圈，重新安装铣刀
花键对称度超差	1. 切削位置计算、调整不准 2. 分度不准	1. 重新对刀 2. 正确分度
花键等分不准	1. 工件轴线与分度头不同轴 2. 分度头传动间隙过大 3. 分度头摇错	1. 准确校正工件轴线与分度头同轴 2. 分度手柄转动方向一致，消除间隙 3. 正确分度

续表

质量问题	产生原因	防止措施
花键与基准轴线不平行	分度头主轴轴线与纵向进给方向不平行，尾座顶尖与分度头不同轴	重新校正夹具
花键两端小径尺寸不一致	工件轴线与工作台面不平行	重新校正工件
花键轴中段产生波纹	花键轴细长，刚度低	工件中段用千斤顶支承，提高刚度
键侧产生波纹，表面粗糙度值大	1. 铣刀杆弯曲或垫圈不平行 2. 铣刀杆与刀杆支架轴承配合间隙大 3. 铣刀磨钝 4. 尾座顶尖未顶紧工件	1. 校正铣刀杆或更换垫圈 2. 调整间隙，加注润滑油 3. 更换铣刀 4. 调整、顶紧工件

技能训练

铣削矩形齿外花键

零件图如图5－3所示。

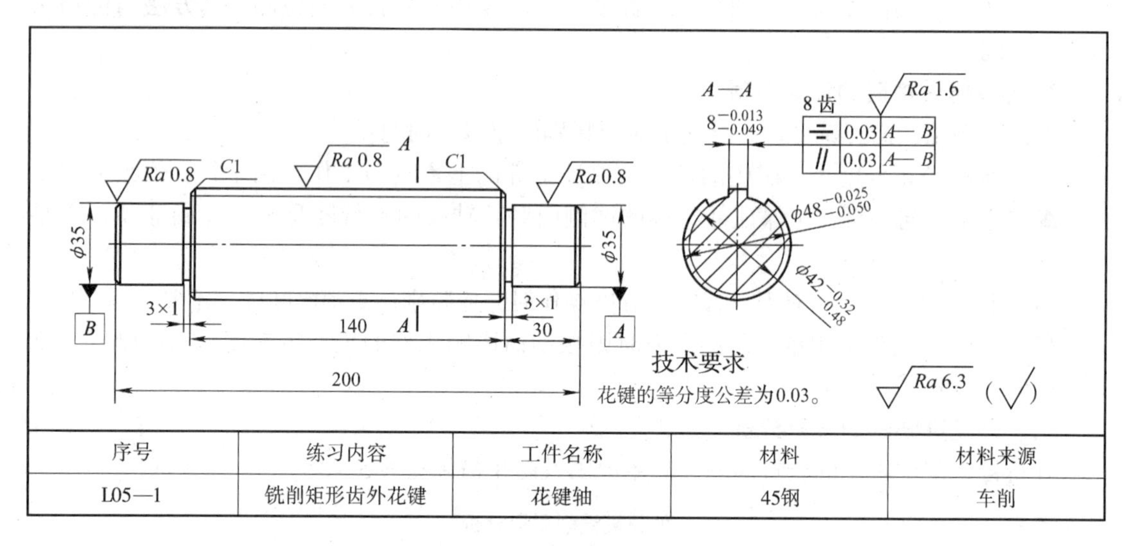

序号	练习内容	工件名称	材料	材料来源
L05—1	铣削矩形齿外花键	花键轴	45钢	车削

图5－3　铣削矩形齿外花键

1. 教学建议与注意事项

（1）建议采用单刀铣键侧、用锯片铣刀修铣小径圆弧的加工方法进行操作练习。

（2）若采用三爪自定心卡盘和尾座顶尖一夹一顶方式装夹，下料时坯件长度增加20 mm，以免加工时铣刀碰伤卡爪。坯件两端应钻中心孔。

（3）练习中应注重工件的安装校正练习和对刀时的调整练习。

2. 加工步骤

（1）对照图样，检查工件毛坯（见图5－4a）。

（2）安装并校正分度头、尾座。

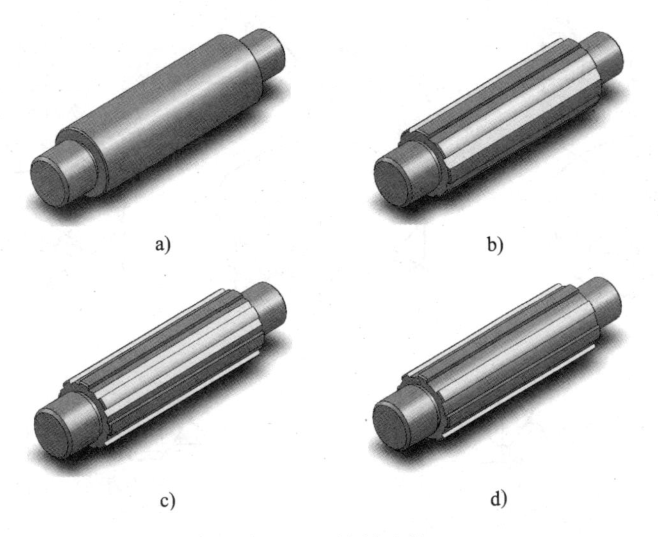

图 5－4　铣削过程

（3）装夹并校正工件。

（4）选择并安装铣刀。

（5）对刀，试铣，检测合格后，依次分度铣削各齿同侧齿侧（见图 5－4b）。

（6）移距，铣削各齿另侧齿侧（见图 5－4c）。

（7）换刀，对刀，调整铣刀位置，分度铣削小径圆弧，至符合图样要求（见图 5－4d）。

课题二　牙嵌离合器的铣削

牙嵌离合器是用爪牙状零件组成嵌合副的机械离合器。按其齿形可分为矩形齿（矩形牙嵌离合器）、梯形齿（正梯形牙嵌离合器）、尖齿形齿（等腰三角形牙嵌离合器）和锯齿形齿（锯齿形牙嵌离合器）等几种；按其轴向截面中齿高的变化可分为等高齿离合器和收缩齿离合器两种。常见牙嵌离合器的齿形如图 5－5 所示。

一、牙嵌离合器的技术要求

牙嵌离合器一般都是成对使用的。为了保证准确嵌合，获得一定的运动传递精度和可靠地传递转矩，两相互嵌合的离合器必须同轴，齿形必须吻合，齿形角必须一致。牙嵌离合器的主要技术要求如下：

1. 齿形（包括齿形角、槽底的倾角和齿槽深等）准确。

2. 同轴精度高。齿形的轴线（汇交轴线）应与离合器装配基准孔轴线重合（偏移要小）。

3. 等分精度高。包括对应齿侧的等分性和齿形所占圆心角的一致性。

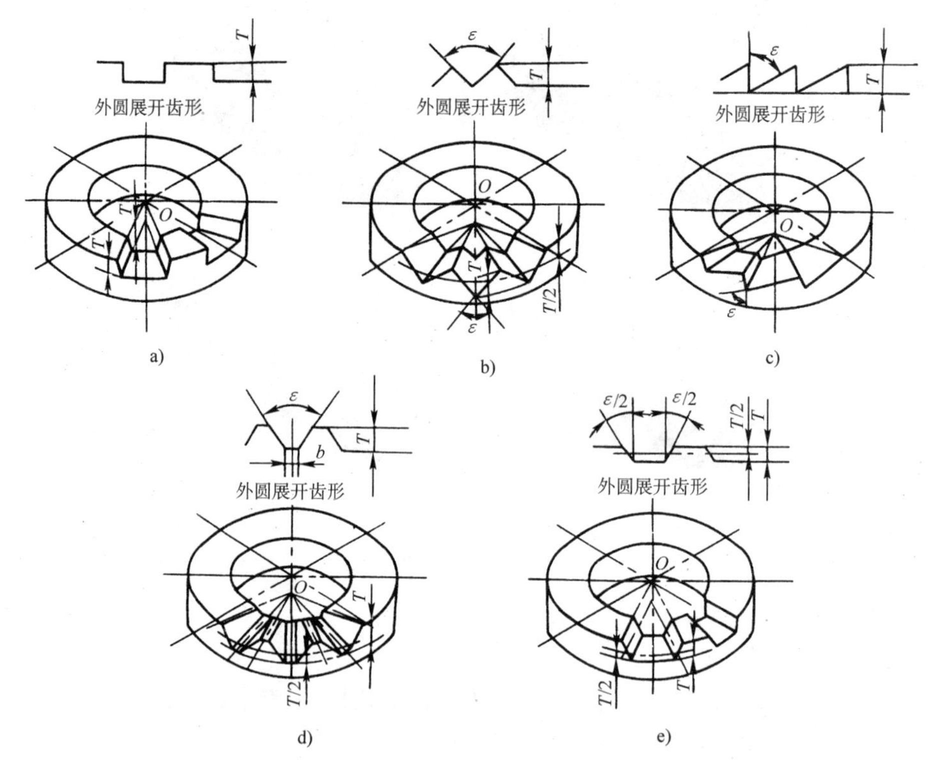

图 5－5　牙嵌离合器的齿形

a）矩形齿　b）尖齿形齿　c）锯齿形齿　d）梯形收缩齿　e）梯形等高齿

4. 表面粗糙度值小。牙嵌离合器的工作表面是两齿侧面，其表面粗糙度 *Ra* 值一般为 3.2～1.6 μm。

5. 齿部强度高，齿面耐磨性好。

二、矩形齿离合器的铣削

矩形齿离合器为等高齿离合器，根据齿数的奇偶性又可分为奇数齿和偶数齿两种，在铣削和调整方法上有所不同，其加工方法见表 5－4。

表 5－4　　矩形齿离合器的铣削方法

方法		简图及说明
矩形奇数齿离合器的铣削	铣刀的选择	矩形齿离合器一般选用三面刃铣刀（或立铣刀）铣削，其直径 D 在满足切深的情况下，可取小些，以减小铣刀跳动量。但铣刀的宽度 L（或立铣刀的直径 d）应略小于齿槽的小端宽度，L（或 d）值按下式计算： $L(d) \leqslant \frac{d_1}{2}\sin\alpha = \frac{d_1}{2}\sin\frac{180°}{z}$ 式中　$L(d)$——铣刀宽度（或直径），mm α——离合器齿槽中心角，(°) d_1——离合器齿圈内径，mm z——离合器齿数

续表

方法			简图及说明
矩形奇数齿离合器的铣削	安装与校正		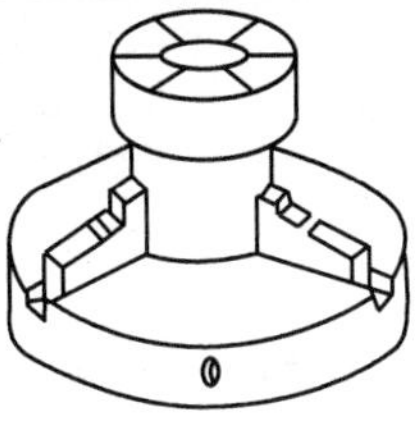 工件在分度头上采用三爪自定心卡盘装夹，装夹时应通过校正使工件的径向圆跳动和轴向圆跳动符合要求，并在工件的端面划出中心线。若在卧式铣床上加工，则将分度头主轴调整为与工作台面垂直
	对中心与铣削齿槽		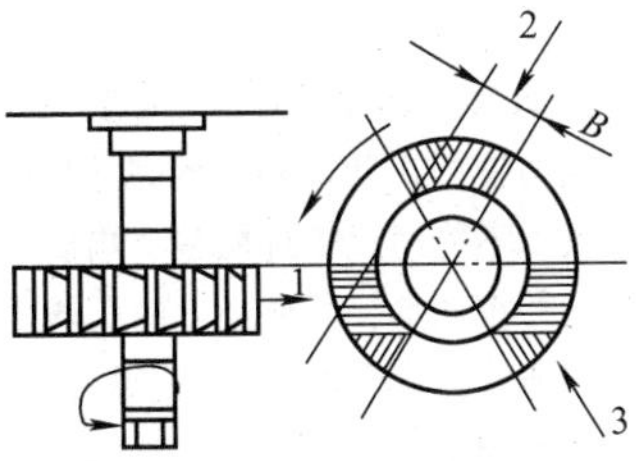 矩形奇数齿离合器的铣削顺序 调整好后，按划线将三面刃铣刀的一侧面刃对正工件中心或采用擦侧面调整对中心 对好中心后，开动机床使铣刀的圆周刃轻轻与工件的端面接触，然后退刀，按齿高 T 调整切深，将分度头主轴和工作台不需进给的方向紧固，使铣刀穿过工件整个端面，铣出第一刀，形成两个齿的各一个侧面。退刀后松开分度头主轴紧固手柄，使分度手柄转过 $40/z$ 转，分度后重新紧固主轴，再进行下一次走刀，以同样方法铣完各齿，走刀次数等于奇数齿离合器的齿数
	铣齿侧间隙	偏移中心法	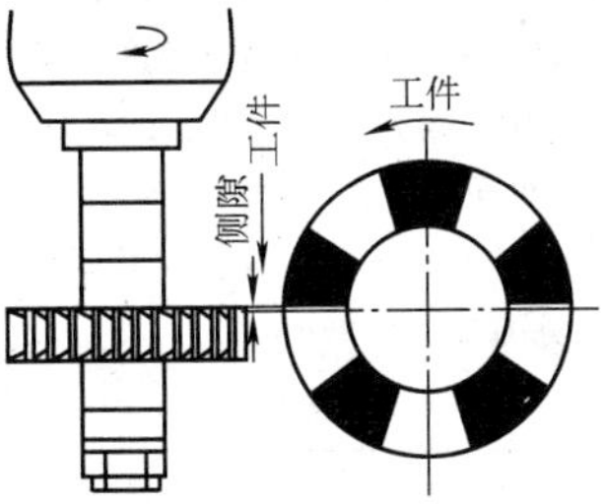 这种方法只用于精度要求不高的工件，方法是： 在铣刀对中心时将三面刃铣刀的侧面刃向齿侧方向偏过工件中心 0.2～0.3 mm，这样铣后的离合器齿变小，嵌合时就产生了间隙。但由于齿侧不通过工件中心，工作时齿侧接触面减小，影响其承载能力
		偏转角度法	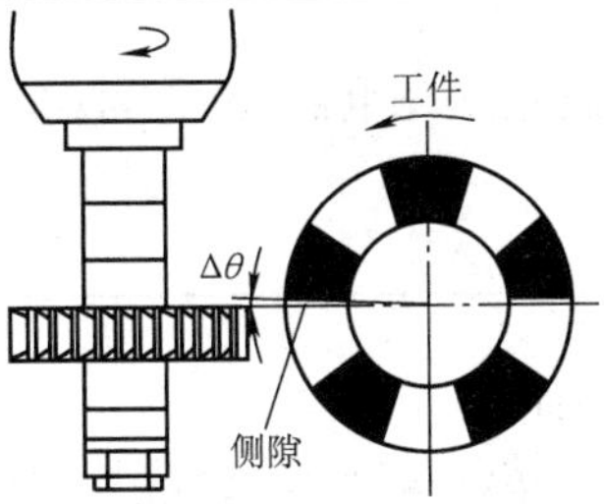 这种方法适用于精度要求较高的离合器加工，其方法是： 铣完全部齿槽后，将工件转过一个很小的角度（2°～4°或按图样要求），再对各齿齿侧铣削一次，使齿侧产生间隙，而齿侧仍然通过工件的中心
矩形偶数齿离合器的铣削	铣刀的选择		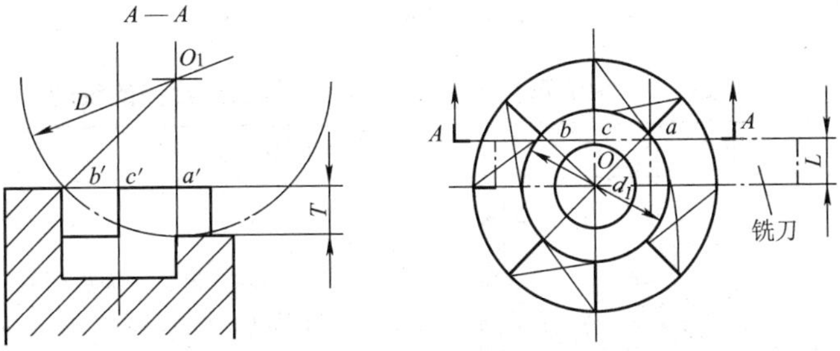 铣矩形偶数齿离合器时的铣刀选择 在铣削矩形偶数齿离合器时，一般仍用三面刃铣刀，但对铣刀的宽度 L 和直径 D 都有尺寸要求。宽度（或立铣刀直径）要求与铣奇数齿时相同，但为了既保证齿高又避免铣伤对面齿牙，直径 D 应满足下式要求： $2T + d < D \leqslant \frac{T^2 + d_1^2 - 4L^2}{T}$

续表

方法		简图及说明
矩形偶数齿离合器的铣削	铣刀的选择	式中 D——三面刃铣刀允许直径，mm T——离合器齿高，mm d——刀轴垫圈直径，mm d_1——离合器齿圈内径，mm L——三面刃铣刀宽度，mm 当三面刃铣刀直径无法满足上式要求时，或铣削直径大、齿数少（齿槽宽度大于25 mm）的离合器时，应改用立铣刀在立式铣床上铣削
	铣削方法	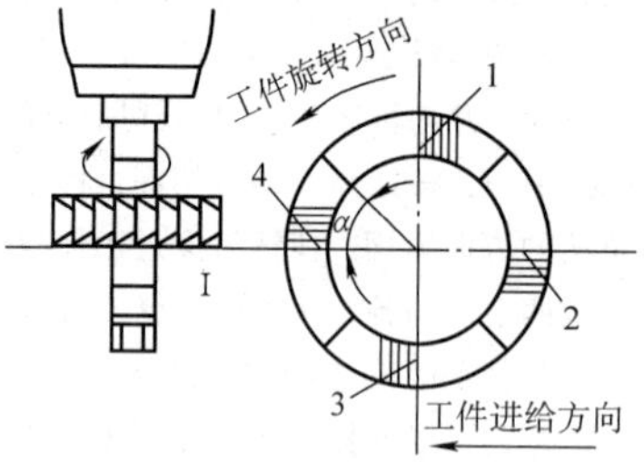 工件旋转方向 工件进给方向 a) 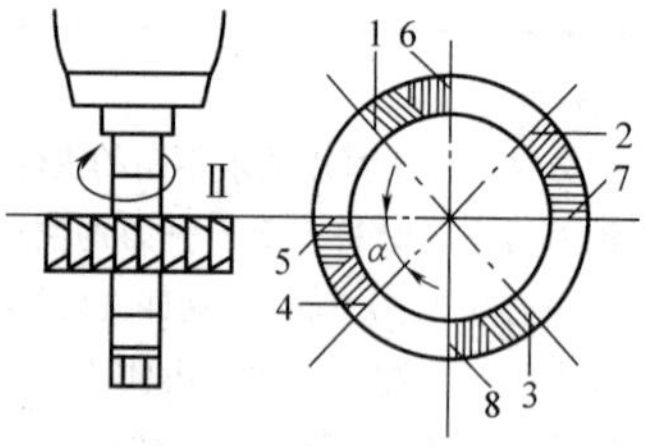 b) 铣削矩形偶数齿离合器时，工件装夹、校正、划线、对中心的方法与铣削奇数齿离合器完全相同。但铣偶数齿离合器时，铣刀不能通过工件的整个端面，每次分度只能铣出一个齿的一个侧面，故要经过两次调整才能铣出准确的齿形。左图所示为一个4齿齿牙的离合器的铣削顺序 第一次调整使侧面刃Ⅰ对准工件中心，通过分度依次铣出各齿的同侧齿侧面1、2、3、4（见图a）；然后进行第二次调整，将工作台横向移动一个铣刀宽度L，使铣刀的侧面刃Ⅱ对准工件中心，并通过角度分度，使工件转过一个齿槽角α（中心角）加2°～4°，即转过180°/z加2°～4°铣出齿侧5，再通过分度依次铣出各齿的另一侧面6、7、8。这样在完成侧面5、6、7、8铣削的同时也完成了各齿齿隙的铣削（见图b）
等高齿离合器的检测		齿的等分性：用游标卡尺测量每个齿的大端弦长是否相等 齿高度：用游标卡尺或游标深度卡尺测量 齿侧间隙及啮合情况：将相互啮合的离合器装在心轴上，使其相互啮合，用塞规检测间隙，用着色法检测齿侧的接触情况，判断是否合格 表面粗糙度：用目测法或标准样块对比检测

三、尖齿形齿离合器与梯形收缩齿离合器的铣削

尖齿形齿离合器与梯形收缩齿离合器均为收缩齿离合器，两者除加工时所用铣刀有所不同外，其装夹、校正及铣削过程基本相同，见表5－5。

表5－5　　尖齿形齿离合器与梯形收缩齿离合器的铣削

内容		简图及说明
铣刀的选择	尖齿形齿离合器	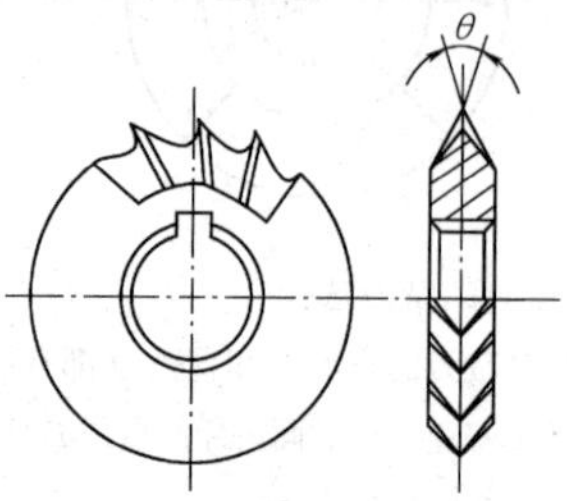 θ 对称双角铣刀 尖齿形齿离合器齿的齿面左右对称于轴中心平面，沿圆周展开的齿形角ε通常为60°和90°两种。铣削尖齿形齿离合器时一般选择廓形角$\theta=\varepsilon$的对称双角铣刀铣削，在满足切削接触弧深度a_e要求的情况下，铣刀直径应尽可能选小些

续表

内容		简图及说明
铣刀的选择	梯形收缩齿离合器	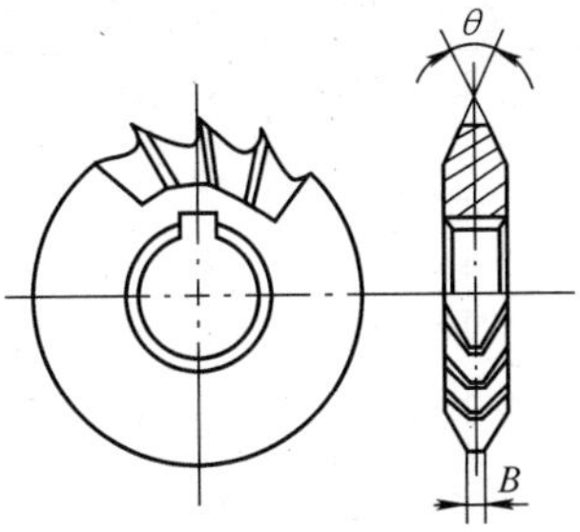 梯形齿成形铣刀 铣削梯形收缩齿离合器，一般用廓形角 $\theta=\varepsilon$、刀具齿顶宽 B 等于离合器槽底宽度 b、有效工作高度 H 大于离合器外圆处齿高 T 的梯形槽成形铣刀。或用相同廓形角的对称双角铣刀按要求将刀尖磨去，改制而成。铣刀顶刃宽度 B 可按下式计算： $$B=D\sin(90°/z)-T\tan(\varepsilon/2)$$ 式中　D——离合器齿部外径，mm T——离合器外圆处齿高，mm z——离合器的齿数 ε——离合器齿形角，(°)
装夹校正与起度角的调整	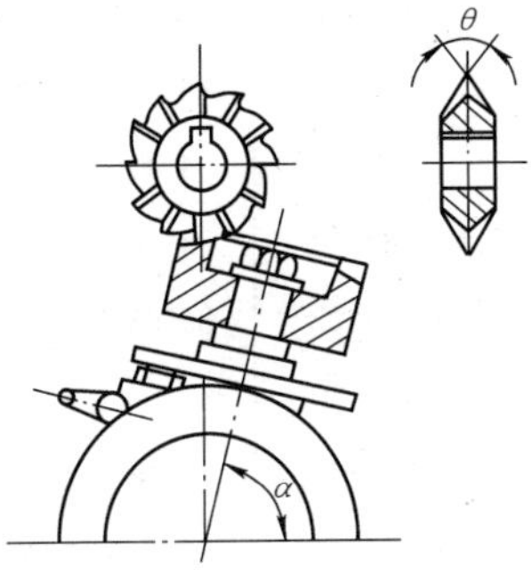	铣削尖齿形齿离合器和梯形收缩齿离合器时，开始的装夹和校正步骤与铣削矩形齿离合器完全相同，但在铣刀对好中心后，分度头主轴必须相对工作台面倾斜一个角度（起度角）α，起度角 α 可按下式计算： $$\cos\alpha=\tan(90°/z)\cdot\cot(\varepsilon/2)$$ 式中　z——离合器的齿数 ε——齿形角，(°) α 值还可以从表 5－6 中直接查得
对中心与齿槽的铣削		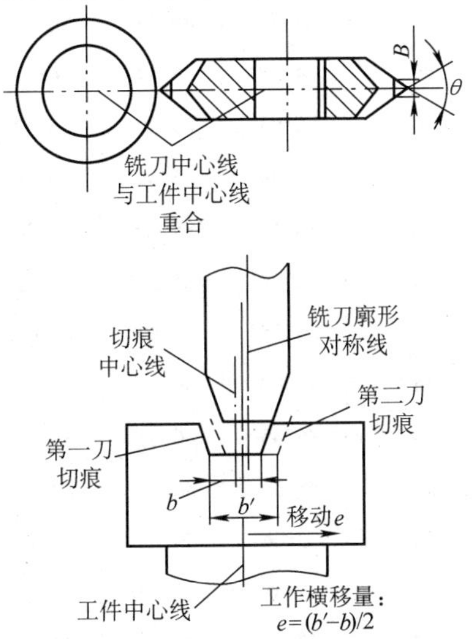 铣尖齿形齿离合器、梯形收缩齿离合器时铣刀的位置和对刀方法 两种离合器铣削时均采用试切法对中心，其方法：在分度头调整起度角之前，先使分度头主轴与工作台面呈垂直状态 将对称双角铣刀的刀尖（或梯形槽成形铣刀的对称中心）大致对准工件的中心，适当调整切深，在工件的一侧径向试切一浅痕。降下工件，将工件转过 180°，纵向移动工作台使铣出的切痕仍处于铣刀的下方，再慢慢上升工作台，观察铣刀的刀尖（或两侧刃）是否与切痕重合（或同时与切痕两侧接触），若重合（或同时接触），则说明已对中心；若刀尖偏离（或仅为单侧接触），则应按图所示方法将工件升至原刻度试切第二刀后，测量调整横向工作台，使铣刀离开接触的一侧一个距离 e（对称双角铣刀 e 值为两浅痕间距离的一半） 对中心后，锁紧横向工作台，调整好分度头起度角 α，并逐步调整切深，使工件外圆处齿高 T 符合图样的要求（尖齿形齿离合器齿顶留 0.2～0.3 mm 宽的小平面），然后依次分度铣出各齿
收缩齿离合器的检测		离合器外圆处齿高 T 的检测：将钢直尺平放在外圆处的齿顶面上，然后用游标卡尺的两内测量爪测量平尺到槽底的距离（即外圆处的齿槽深度） 齿形角 ε 的检测：一般用角度样板透光检测齿形是否准确 离合器接触齿数和贴合面积检测：批量生产时常用综合检测法检测：将一对离合器齿面相对，套在标准心轴上，嵌合后用塞尺或涂色法检测其接触齿数和贴合面积。一般接触齿数不得少于总齿数的一半，贴合面积不应少于60%

表 5－6　　铣尖齿形齿与梯形收缩齿离合器分度头起度角 α

齿数 z	齿形角 ε 40°	45°	60°	90°	齿数 z	齿形角 ε 40°	45°	60°	90°
5	26°47′	38°20′	55°45′	71°02′	33	82°29′	83°24′	85°16′	87°16′
6	42°36′	49°42′	62°21′	74°27′	34	82°42′	83°35′	85°24′	87°21′
7	51°10′	56°34′	66°43′	76°48′	35	82°55′	83°47′	85°32′	87°26′
8	56°52′	61°18′	69°51′	78°32′	36	83°07′	83°57′	85°40′	87°30′
9	61°01′	64°48′	72°13′	79°51′	37	83°18′	84°07′	85°47′	87°34′
10	64°12′	67°31′	74°05′	80°53′	38	83°29′	84°16′	85°54′	87°38′
11	66°44′	69°41′	75°35′	81°44′	39	83°39′	84°25′	86°00′	87°41′
12	68°48′	71°28′	76°49′	82°26′	40	83°48′	84°33′	86°06′	87°45′
13	70°31′	72°57′	77°52′	83°02′	41	83°57′	84°41′	86°12′	87°48′
14	71°58′	74°13′	78°45′	83°32′	42	84°06′	84°49′	86°17′	87°51′
15	73°13′	75°18′	79°31′	83°58′	43	83°14′	84°56′	86°22′	87°54′
16	74°18′	76°15′	80°11′	84°21′	44	84°22′	85°03′	86°27′	87°57′
17	75°15′	77°04′	80°46′	84°41′	45	84°30′	85°10′	86°32′	88°00′
18	76°05′	77°48′	81°17′	84°59′	46	84°37′	85°16′	86°36′	88°03′
19	76°50′	78°28′	81°45′	85°15′	47	84°44′	85°22′	86°41′	88°05′
20	77°31′	79°03′	82°10′	85°29′	48	84°50′	85°28′	86°45′	88°07′
21	78°07′	79°35′	82°33′	85°42′	49	84°57′	85°34′	86°49′	88°10′
22	78°40′	80°03′	82°53′	85°54′	50	85°03′	85°39′	86°53′	88°12′
23	79°10′	80°30′	83°12′	86°05′	51	85°09′	85°44′	86°56′	88°14′
24	79°38′	80°54′	83°29′	86°15′	52	85°14′	85°49′	87°00′	88°16′
25	80°03′	81°16′	83°45′	86°24′	53	85°20′	85°54′	87°03′	88°18′
26	80°26′	81°36′	83°59′	86°32′	54	85°25′	85°59′	87°07′	88°20′
27	80°48′	81°55′	84°13′	86°40′	55	85°30′	86°03′	87°10′	88°22′
28	81°07′	82°12′	84°25′	86°47′	56	85°35′	86°07′	87°13′	88°24′
29	81°26′	82°29′	84°37′	86°54′	57	85°39′	86°11′	87°16′	88°25′
30	81°43′	82°44′	84°48′	87°00′	58	85°44′	86°15′	87°19′	88°27′
31	81°59′	82°58′	84°58′	87°06′	59	85°48′	86°19′	87°21′	88°28′
32	82°15′	83°11′	85°07′	87°11′	60	85°52′	86°23′	87°24′	88°30′

四、锯齿形齿离合器的铣削

锯齿形齿离合器也是收缩齿离合器，如图 5－5c 所示。其齿形角有 60°、70°、75°、80°和 85°等多种，齿顶留有 0.2～0.3 mm 的小平面。其加工方法与铣削尖齿形齿离合器和梯形收缩齿离合器非常相似，主要在铣刀选择、对中心方法和起度角 α 的计算上有所不同。

1. 铣刀的选择

铣锯齿形齿离合器时，应选用廓形角 θ 等于离合器齿形角 ε 的单角铣刀加工。

2. 对中心的方法

一般用划线法对中心，即在工件的端面上先划出中心线，使单角铣刀的端面刃对准所划中心线，即对好中心，如图 5－6 所示，然后将工作台锁紧。

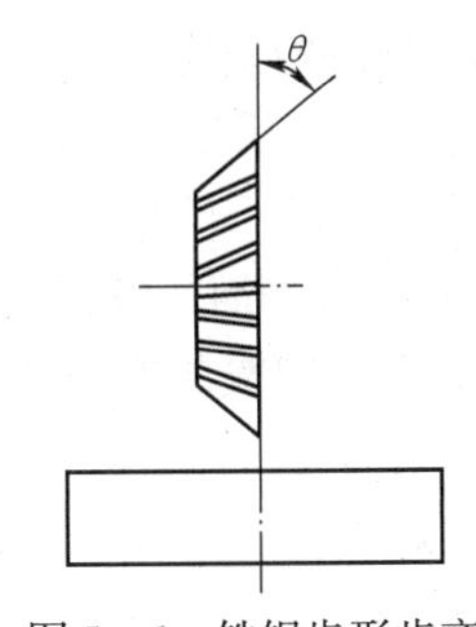

图 5－6　铣锯齿形齿离合器对中心

3. 分度头起度角 α 的计算

分度头主轴相对于工作台面的夹角 α 按下式计算：

$$\cos\alpha = \tan(180°/z) \cdot \cot\varepsilon$$

式中　z——离合器的齿数；

ε——离合器的齿形角，(°)。

α 值也可以直接从表 5－7 中查出。

表 5－7　　铣削锯齿形齿离合器分度头起度角 α

齿数	齿形角 ε					
z	50°	60°	70°	75°	80°	85°
5	52°26′	65°12′	74°40′	78°46′	82°38′	86°21′
6	61°01′	70°32′	77°52′	81°06′	84°09′	87°06′
7	66°10′	73°51′	79°54′	82°35′	85°08′	87°35′
8	69°40′	76°10′	81°20′	83°38′	85°49′	87°55′
9	72°13′	77°52′	82°23′	84°24′	86°19′	88°11′
10	74°11′	79°11′	83°12′	85°00′	85°43′	88°22′
11	75°44′	80°14′	83°52′	85°29′	87°02′	88°32′
12	77°00′	81°06′	84°24′	85°53′	87°18′	88°39′
13	78°04′	81°49′	84°51′	86°13′	87°31′	88°46′
14	78°58′	82°26′	85°14′	86°30′	87°42′	88°51′
15	79°44′	82°57′	85°34′	86°44′	87°51′	88°56′
16	80°24′	83°24′	85°51′	86°57′	87°59′	89°00′
17	80°59′	83°48′	86°06′	87°08′	88°07′	89°04′
18	81°29′	84°09′	86°19′	87°18′	88°13′	89°07′
19	81°57′	84°28′	86°31′	87°26′	88°19′	89°10′
20	82°22′	84°45′	86°42′	87°34′	88°24′	89°12′
21	82°44′	85°00′	86°51′	87°41′	88°29′	89°15′
22	83°04′	85°14′	87°00′	87°48′	88°33′	89°17′
23	83°23′	85°27′	87°08′	87°53′	88°37′	89°19′
24	83°39′	85°38′	87°15′	87°59′	88°40′	89°20′
25	83°55′	85°49′	87°22′	88°04′	88°43′	89°22′
26	84°09′	85°59′	87°28′	88°08′	88°46′	89°23′
27	84°22′	86°08′	87°34′	88°12′	88°49′	89°25′
28	84°34′	86°16′	87°39′	88°16′	88°52′	89°26′
29	84°46′	86°24′	87°44′	88°20′	88°54′	89°27′
30	84°56′	86°31′	87°48′	88°23′	88°56′	89°28′
31	85°06′	86°38′	87°53′	88°26′	88°58′	89°29′
32	85°16′	86°44′	87°57′	88°29′	89°00′	89°30′
33	85°24′	86°50′	88°00′	88°32′	89°02′	89°31′
34	85°32′	86°56′	88°04′	88°35′	89°04′	89°32′
35	85°40′	87°01′	88°07′	88°37′	89°05′	89°33′

4. 齿深的确定

齿的深度用试切确定，其方法是在对好中心后，先试切一浅痕，然后分度铣出第二齿位置的浅痕，将工件调整至起始位置，逐渐调整切深至第一齿与第二齿间齿顶留有 0.2 ~ 0.3 mm 的小平面，锁紧升降台即可。

5. 工件的检测方法

检测时先目测各齿的齿顶平面宽度是否均匀一致，确定各齿的等分性和分度头起度角 α 是否准确，再用一对离合器在检测心轴上用涂色法检测各齿齿侧的接触情况。

五、梯形等高齿离合器的铣削

梯形等高齿离合器齿侧的中心线通过工件的中心，齿顶和槽底宽度在齿长方向不相等，装夹与校正的方法和铣矩形齿离合器一样，分度头主轴呈水平或垂直状态，以便铣出相等的齿高，但在铣刀的选择和对中心的方法上有所不同，其铣削方法见表 5－8。

表 5－8　　梯形等高齿离合器的铣削

内容	简图及说明
铣刀的选择	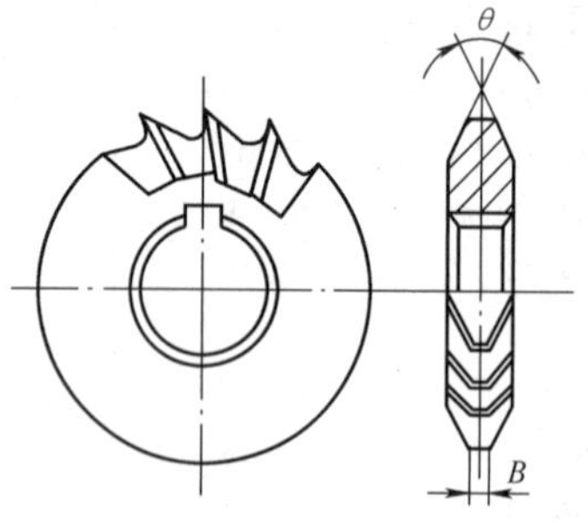 梯形齿成形铣刀 一般选用梯形齿成形铣刀加工。铣刀的廓形角应等于离合器的齿形角，铣刀有效工作高度应大于离合器齿高 T；铣刀齿顶宽度 B 应小于齿槽最小宽度，以免铣伤小端齿槽。铣刀齿顶宽度 B 可按下式计算： $B \leq \frac{d}{2}\sin(180°/z) - T\tan(\varepsilon/2)$ 式中 d——离合器齿部内径，mm ε——离合器齿形角，(°) z——离合器齿数 T——离合器齿高，mm
对刀及铣削的方法	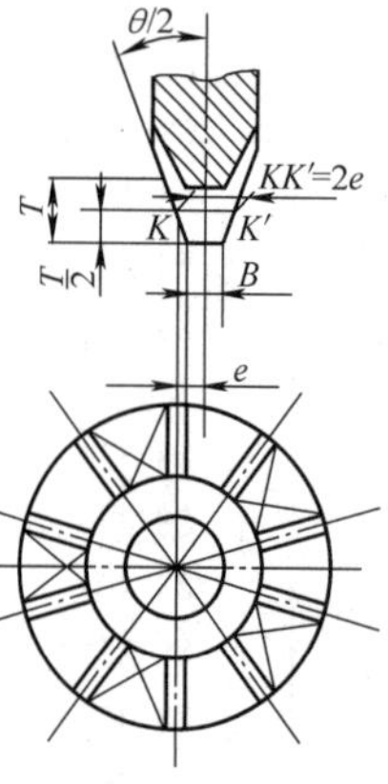 要保证离合器齿侧中心线通过工件的轴线，就必须使铣刀侧刃上离刀齿顶 $T/2$ 处的 K 点通过离合器的轴线。对刀方法如下： 1. 先用试切法对中心，使铣刀廓形对称线对正工件轴线 2. 将铣刀按图所示偏移距离 e，偏移量 e 按下式计算： $e = \frac{B}{2} + \frac{T}{2\tan(\theta/2)}$ 式中 B——铣刀齿顶宽度，mm T——离合器齿高，mm θ——铣刀廓形角，(°) 梯形等高齿离合器一般为奇数齿，故其铣削方法与铣奇数矩形齿离合器基本相同。铣刀穿过离合器整个端面，一次进给铣出相对两齿的不同侧面 有侧隙要求时，用偏移角度法铣出侧隙

六、牙嵌离合器的检测

1. 牙嵌离合器的检测内容

（1）齿形

其中包括齿形角、槽底倾角和齿槽深等。

（2）同轴度

齿形汇交轴对离合器装配基准孔轴线的偏移。

(3) 等分度

包括对应齿侧的等分和齿面或齿形所占的圆心角。

(4) 表面粗糙度

包括齿侧面和槽底面的表面粗糙度。

2. 牙嵌离合器的检测方法

(1) 齿槽深度 T 的检测

对齿顶面与槽底面平行的等高齿离合器，可直接用游标深度卡尺等深度量具测量。对齿顶面与槽底面不平行的收缩齿离合器，可用钢直尺平放在外圆处的齿顶面上，然后用游标卡尺的两内测量爪测量槽底到钢直尺的距离（即外圆处的齿槽深度）。

(2) 齿形角 ε 的检测

用角度量具直接测量齿形角的数值或用角度样板透光检验齿形是否正确。

(3) 槽底倾角的检测

对梯形收缩齿离合器的齿槽槽底倾角可直接用角度量具测量其角度值。在无法直接测量时，可先校平某一个齿形与基准面平行，然后测量外圆柱与基准面之间的角度即可。

(4) 齿形同轴度的检测

将离合器的装配基准孔套在水平的标准心棒上。对直齿侧面的离合器，用杠杆百分表逐次校平各直齿侧面，并记录下每次百分表的读数，与基准孔中心位置（读数）比较；对斜齿侧面的离合器，则用杠杆百分表逐次找平齿侧面中线，并记录下每次百分表的读数，与基准孔中心位置（读数）比较。

(5) 离合器接触齿数和贴合面积的检测

这种方法是在成批生产中常用的一种综合检测方法。检测时，将一对离合器同时以装配基准孔相对套在标准心棒上，嵌合后用塞尺或涂色法检查其接触齿数和贴合面积。一般接触齿数应不少于总齿数的一半，贴合面积应不少于60%。这种检测方法效率很高，但当出现不合格品时，还需要用上面的方法逐项检测找出原因。

七、牙嵌离合器的铣削质量分析

牙嵌离合器的铣削，实质上是对位置精度要求较高的特形沟槽的铣削。在铣削过程中，如果调整不当，铣出的离合器齿形将不能相互嵌合，或接触齿数不够、贴合面积太少等。牙嵌离合器铣削中常见的质量问题、产生原因及防止措施见表5－9。

表5－9　牙嵌离合器铣削质量分析

质量问题	产生原因	防止措施
矩形齿、梯形等高齿槽底面未接平，有较明显的凸台	1. 分度头主轴与工作台面不垂直 2. 三面刃铣刀圆柱面齿刃口或立铣刀端刃缺陷 3. 升降工作台走动，铣刀杆松动 4. 立铣头主轴轴线与工作台面不垂直	1. 精确调整分度头主轴位置 2. 刃磨或更换刀具 3. 紧固工作台、铣刀杆 4. 精确调整立铣头主轴位置
齿侧工作面表面粗糙度值大	1. 铣刀不锋利，刀具跳动太大 2. 传动系统间隙过大 3. 工件装夹不稳固 4. 进给量太大 5. 切削液浇注不充分	1. 更换铣刀 2. 调整传动系统，使间隙合理 3. 重新装夹 4. 合理选择进给量 5. 充分润滑与冷却

续表

质量问题	产生原因	防止措施
各齿在外圆处的弦长不等	1. 工件装夹时不同轴 2. 分度不均匀 3. 分度装置精度太低	1. 精确校正工件装夹位置，使基准孔轴线与分度头主轴同轴 2. 准确分度 3. 更换分度装置
一对离合器嵌合时，接触齿数太少或无法嵌合	1. 分度错误 2. 工件装夹不同轴 3. 对刀不准 4. 齿槽（中心）角铣得较小	1. 准确分度 2. 准确找正、装夹工件 3. 准确对刀 4. 增大齿槽（中心）角，保证嵌合间隙
一对离合器嵌合时，贴合面积太小	1. 工件装夹不同轴 2. 对刀不准 3. 铣直齿面齿形时，分度头主轴与工作台面不垂直或不平行 4. 铣斜齿面齿形时，刀具廓形角不符，或分度头起度角计算、调整错误	1. 准确找正、装夹工件 2. 准确对刀 3. 精确调整分度头主轴位置 4. 更换刀具，正确计算和调整分度头起度角
一对尖齿形齿或锯齿形齿离合器嵌合时齿侧不贴合	1. 铣得太深，齿顶过尖，齿顶抵在槽底使齿侧不能贴合 2. 分度头起度角计算或调整错误	1. 准确调整切深 2. 正确计算和调整

技能训练

铣削矩形齿离合器

零件图如图 5－7 所示。

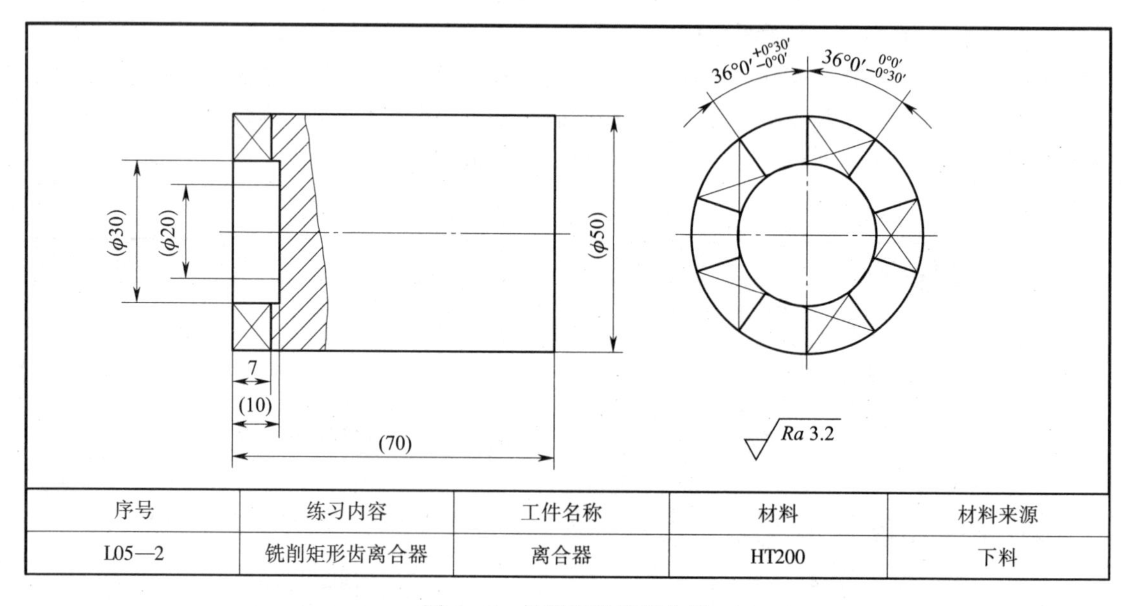

序号	练习内容	工件名称	材料	材料来源
L05—2	铣削矩形齿离合器	离合器	HT200	下料

图 5－7　铣削矩形齿离合器

1. 教学建议与注意事项

（1）根据图示要求学生讨论确定加工步骤，并做相关计算（选刀、等分分度）。

（2）组织学生分析讨论：在铣奇数齿离合器时能否像铣偶数齿离合器那样，在分度铣第二齿时直接多转 2°～4°来同时完成侧隙的铣削？若不能，原因是什么？

2. 加工步骤

（1）对照图样，检查工件毛坯（见图 5－8a）。

（2）安装并校正分度头。

（3）装夹并校正工件。

（4）选择并安装铣刀。

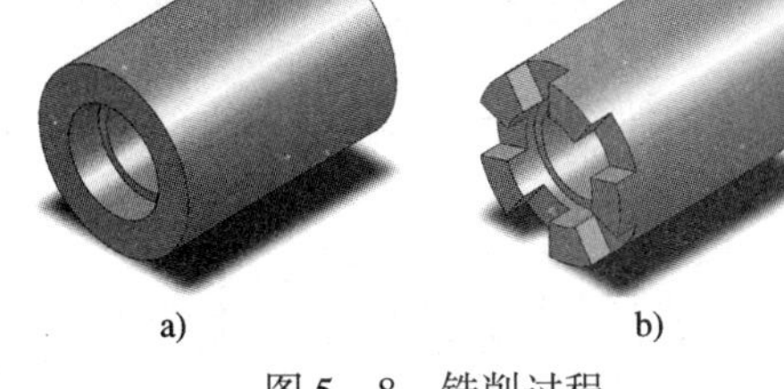

图 5－8　铣削过程

（5）对刀，试铣，检测合格后，依次分度铣削各齿，至符合图样要求（见图 5－8b）。

铣削梯形收缩齿离合器

零件图如图 5－9 所示。

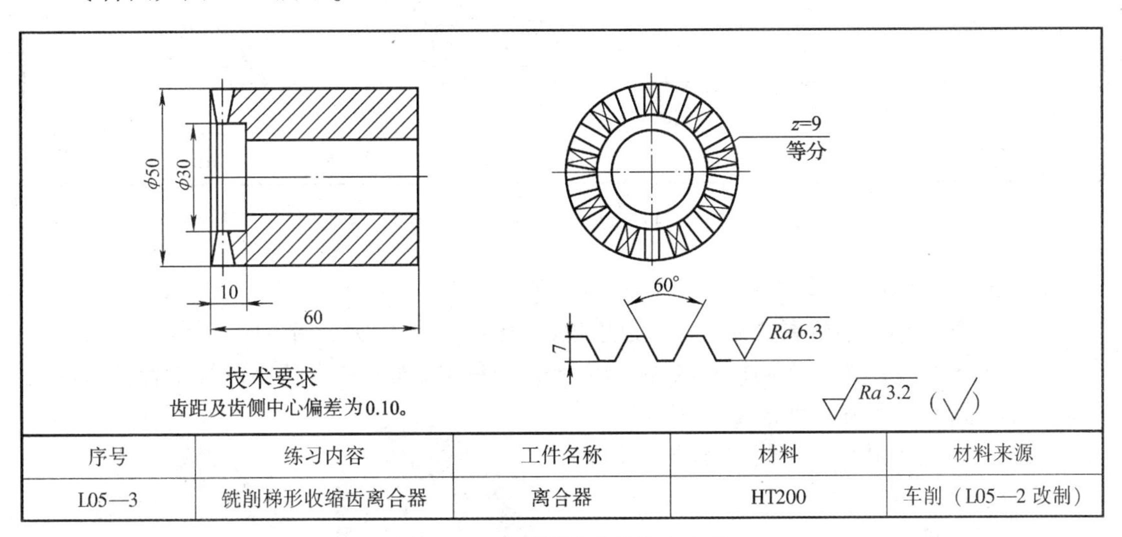

序号	练习内容	工件名称	材料	材料来源
L05—3	铣削梯形收缩齿离合器	离合器	HT200	车削（L05—2 改制）

图 5－9　铣削梯形收缩齿离合器

1. 教学建议与注意事项

（1）分度头主轴起度角的调整是本练习应掌握的重点，教学中应要求学生分别用计算法和查表法求出起度角 α 值。调整时务必注意：不要松动两侧压板上靠近分度头主轴前端的两个紧固螺钉，以防刻制在压板上的起度零位发生变动。

（2）组织学生分析讨论：若加工出的梯形收缩齿离合器齿顶宽度不一致，可能是哪些原因造成的？

2. 加工步骤

（1）对照图样，检查工件毛坯（见图 5－10a）。

（2）安装并校正分度头。

（3）装夹并校正工件。

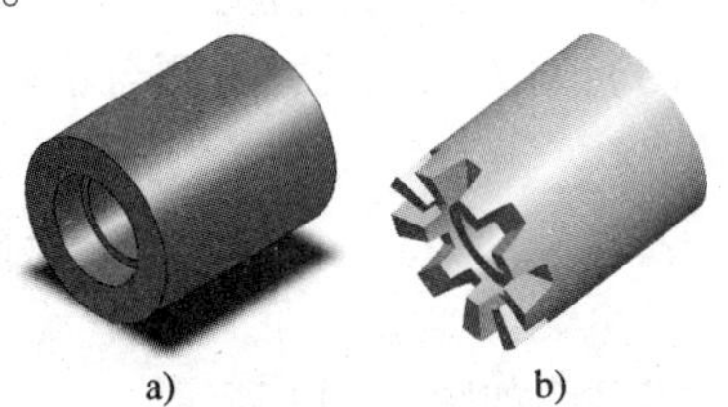

图 5－10　铣削过程

(4) 选择并安装铣刀。

(5) 对刀，试铣，检测合格后，依次分度铣削各齿，至符合图样要求（见图 5－10b）。

铣削锯齿形齿离合器

零件图如图 5－11 所示。

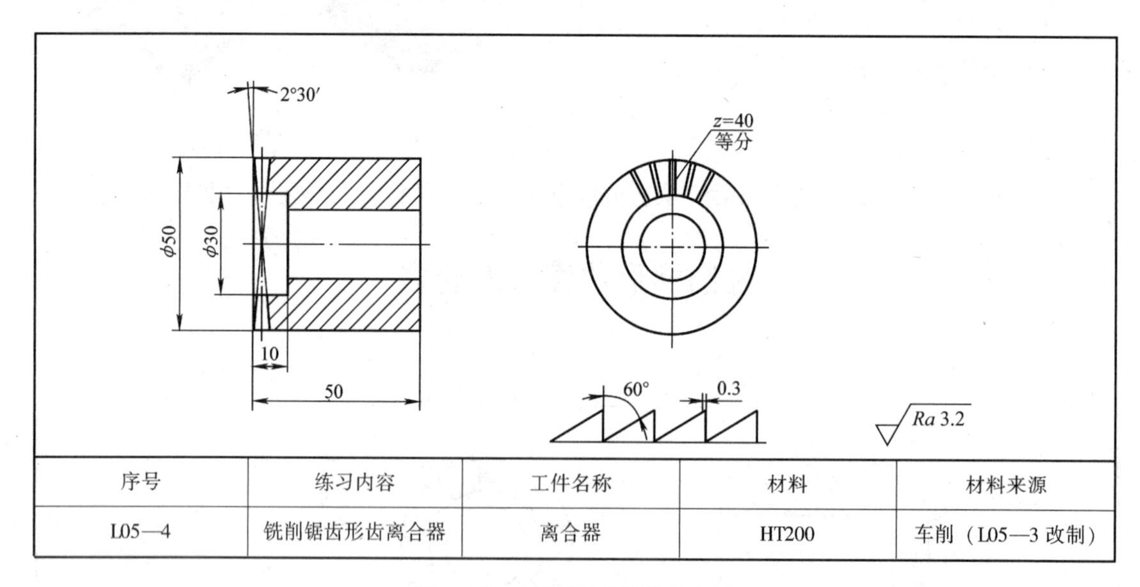

序号	练习内容	工件名称	材料	材料来源
L05—4	铣削锯齿形齿离合器	离合器	HT200	车削（L05—3 改制）

图 5－11 铣削锯齿形齿离合器

1. 教学建议与注意事项

(1) 在铣削锯齿形齿离合器时应注意单角铣刀的方向，以免铣错齿向。

(2) 分析讨论：为什么同样是收缩齿离合器，梯形收缩齿离合器在图样上标注外圆处的齿高 T，但尖齿形齿和锯齿形齿离合器却不标注，而用齿顶小平面的宽度作为控制切深的依据？

2. 加工步骤

(1) 对照图样，检查工件毛坯（见图 5－12a）。

(2) 安装并校正分度头。

(3) 装夹并校正工件。

(4) 选择并安装铣刀。

(5) 对刀，试铣，检测合格后，依次分度铣削各齿，至符合图样要求（见图 5－12b）。

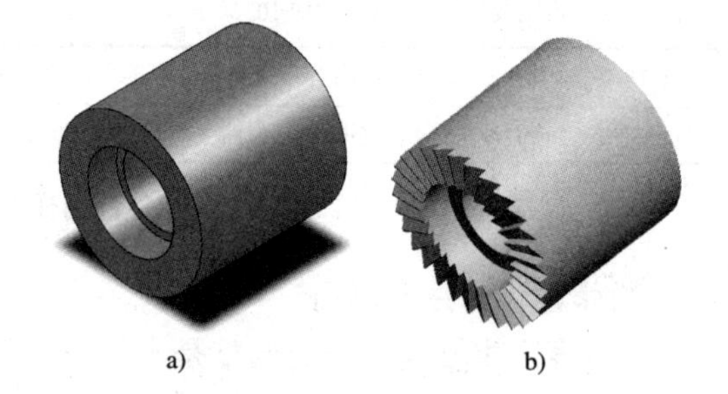

图 5－12 铣削过程

铣削梯形等高齿离合器

零件图如图 5－13 所示。

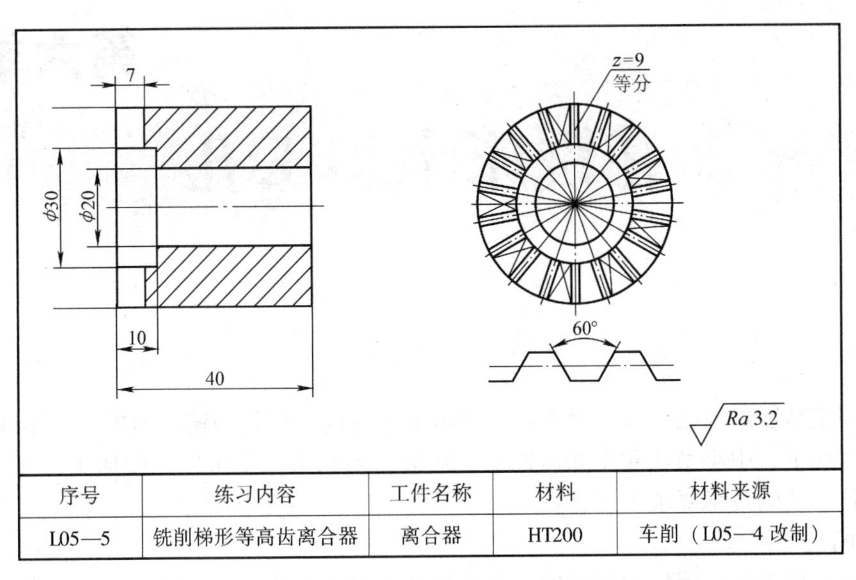

序号	练习内容	工件名称	材料	材料来源
L05—5	铣削梯形等高齿离合器	离合器	HT200	车削（L05—4 改制）

图 5－13　铣削梯形等高齿离合器

1. 教学建议与注意事项

（1）选刀时应注意，梯形齿成形铣刀齿顶宽度 B 要小于齿槽最小宽度，以免铣伤小端齿槽。故应认真计算合理确定铣刀的各个参数。

（2）对中心前最好先划线，在调整偏移量时要计算准确，保证移动后使 K 点通过中心。

（3）工作中应注意消除分度间隙，保证齿的等分性。

2. 加工步骤

（1）对照图样，检查工件毛坯（见图 5－14a）。

（2）安装并校正分度头。

（3）装夹并校正工件。

（4）选择并安装铣刀。

（5）对刀，试铣，检测合格后，依次分度铣削各齿，至符合图样要求（见图 5－14b）。

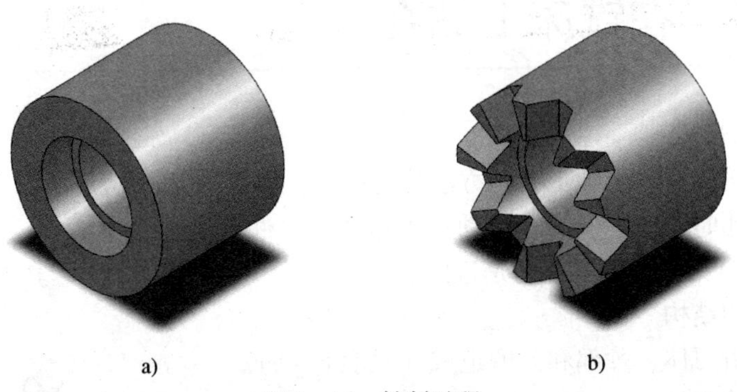

图 5－14　铣削过程

第六单元

在铣床上加工孔

具有一定精度的镗孔工作，通常是在镗床上进行的。但作为铣床的扩大使用或某些条件不具备的情况下，中小型孔和相互位置不太复杂的多孔工件也可以在铣床上加工，如钻孔、镗孔和铰孔。孔的技术要求主要有：

1. 孔的尺寸精度

主要是孔的直径尺寸的加工精度，其次是孔的深度尺寸的加工精度。

2. 孔的形状精度

主要是孔的圆度、圆柱度和孔轴线的直线度。

3. 孔的位置精度

（1）孔与孔（或与轴）之间的同轴度。

（2）孔的轴线与其基准之间的平行度或垂直度。

（3）孔的位置度，如孔轴线与基准的距离，或在某区域分布的均匀程度。

4. 孔的表面粗糙度

加工精度高的孔的表面粗糙度值一般都很小，反之亦然。

课题一　在铣床上钻孔

用麻花钻在实体材料上加工孔的方法称为钻孔，如图 6－1 所示。

在铣床上钻孔时，钻头的回转运动是主运动，工件（工作台）或钻头（主轴）沿钻头的轴向移动是进给运动。

一、麻花钻的结构

标准麻花钻由刀体、颈部和刀柄组成（见表 6－1）。

二、麻花钻的刃磨

切削刃用钝或因不同的钻削要求而需要改变麻花钻切削部分的几何形状时，需要对其进行刃磨。麻花钻的刃磨，主要是刃磨两个后面（即刃磨主切削刃）并修磨前面（横刃部分）。

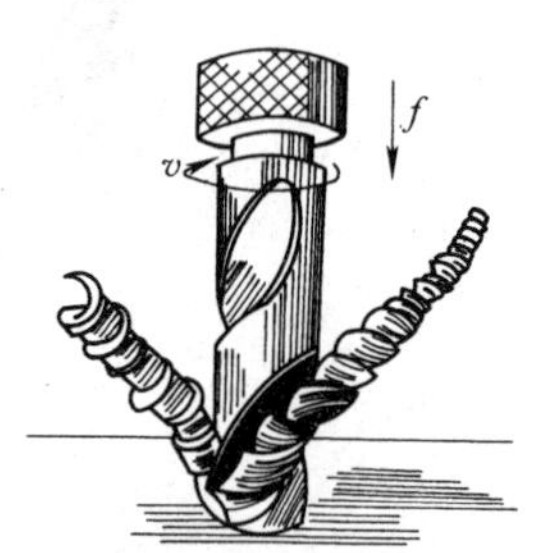

图 6－1　钻孔

表 6-1　　　　**麻花钻的结构**

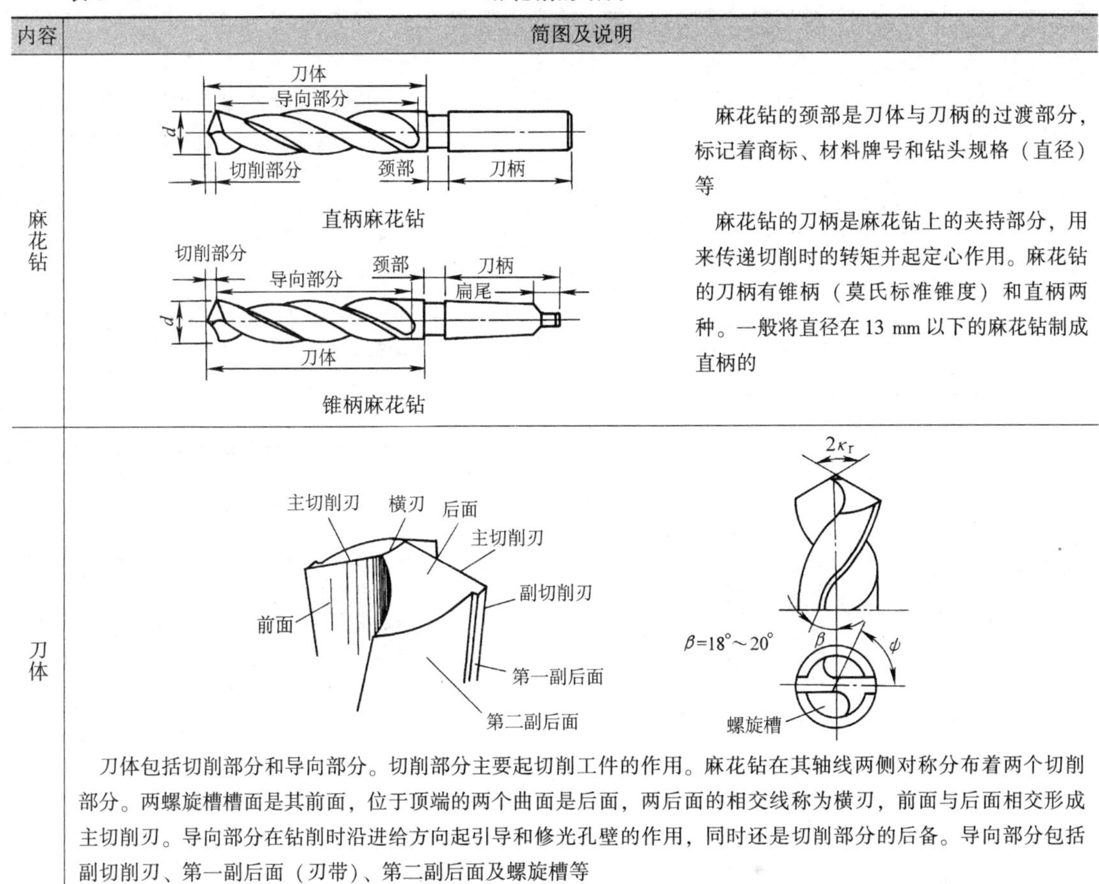

内容	简图及说明
麻花钻	麻花钻的颈部是刀体与刀柄的过渡部分，标记着商标、材料牌号和钻头规格（直径）等 麻花钻的刀柄是麻花钻上的夹持部分，用来传递切削时的转矩并起定心作用。麻花钻的刀柄有锥柄（莫氏标准锥度）和直柄两种。一般将直径在 13 mm 以下的麻花钻制成直柄的
刀体	刀体包括切削部分和导向部分。切削部分主要起切削工件的作用。麻花钻在其轴线两侧对称分布着两个切削部分。两螺旋槽槽面是其前面，位于顶端的两个曲面是后面，两后面的相交线称为横刃，前面与后面相交形成主切削刃。导向部分在钻削时沿进给方向起引导和修光孔壁的作用，同时还是切削部分的后备。导向部分包括副切削刃、第一副后面（刃带）、第二副后面及螺旋槽等

1. 麻花钻刃磨的基本要求

（1）两条主切削刃应长度相等，同时两刃与轴线的夹角也应相等（对称）。不允许有钝口或崩刃存在。

（2）根据加工材料确定合适的顶角 $2\kappa_r$。钻头顶角 $2\kappa_r$ 一般选 80°～140°，常用的钻头顶角为 118°。工件材料硬时选较大的 $2\kappa_r$ 值，工件材料软则选较小的 $2\kappa_r$ 值。

（3）磨出恰当的后角，以确定正确的横刃斜角ϕ，通常横刃斜角ϕ＝50°～55°。

2. 麻花钻的刃磨（见表 6-2）

表 6-2　　　　**麻花钻的刃磨**

内容	简图及说明
顶角的控制	κ_r 刃磨刃口　　κ_r 刃磨后面 刃磨前，要检查砂轮表面是否平整，若砂轮表面不平整或有跳动现象，必须对砂轮进行修整。刃磨时，应始终将钻头的主切削刃放平，置于砂轮轴线所在的水平面上，并使钻头轴线与砂轮圆周素线的夹角成顶角 $2\kappa_r$ 的 1/2，即夹角为 κ_r

续表

内容	简图及说明
后角的控制	钻头摆动止点 15°～20° 1°～2° 钻头摆动范围 麻花钻摆动范围的控制 刃磨时，一手握钻头前端，以定位钻头；一手捏刀柄，进行上下摆动，并略做转动，将钻头的后面磨去一层，形成新的切削刃口。刃磨时，钻头的转动与摆动的幅度都不能太大，以免磨出负后角和磨坏另一条切削刃。用同样的方法刃磨另一主切削刃和后面，也可以交替刃磨两条主切削刃。刃磨后检查合格方可使用
修磨横刃	修磨横刃，就是把麻花钻的横刃磨短。用砂轮缘角刃磨钻心处的螺旋槽，一方面可将钻心处的前角增大；另一方面能将钻头的横刃磨短。这可以有效地减小切削阻力，增强钻头的定心效果 通常直径在 5 mm 以上的麻花钻都需要修磨横刃，修磨后的横刃长度为原来的 1/5～1/3，同时要严格保证修磨后的螺旋槽面和横刃仍对称分布于钻头轴线的两侧
注意事项	$+\alpha$ $-\alpha$ 正后角的钻头　负后角的钻头 刃磨钻头用力要均匀，不能过猛，并随时观察钻头的几何角度，及时修正 注意磨削温度不宜过高，要经常在水中冷却钻头，防止钻头退火降低刃口硬度，影响切削性能 刃磨时不能由刃背磨向刃口，以免造成刃口的退火 钻头切削刃的位置应略高于砂轮轴线的水平面，以免磨出负后角，使钻头无法切削

三、钻削用量

钻削用量如图 6－2 所示。

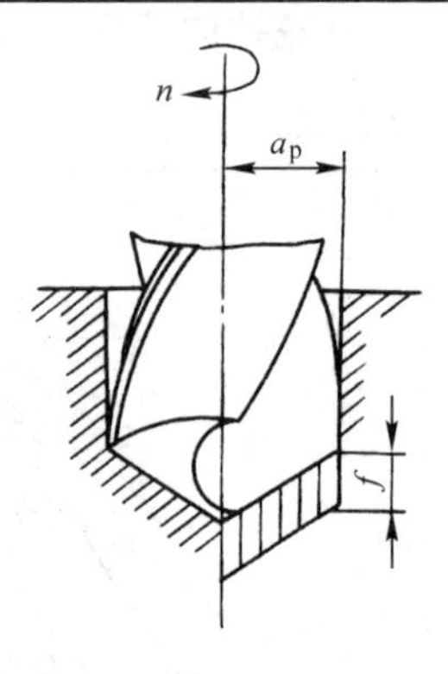

图 6－2　钻削用量

1. 钻削速度 v_c

钻削速度是麻花钻切削刃外缘处的线速度，表达式为：

$$v_c = \frac{\pi dn}{1\,000}$$

式中　v_c ——钻削速度，m/min；

d ——麻花钻直径，mm；

n ——麻花钻转速，r/min。

2. 进给量 f

麻花钻每回转一转，麻花钻与工件在进给方向（麻花钻轴向）上的相对位移量，称为每转进给量 f，单位为 mm/r。麻花钻为多刃刀具，有两条切削刃（即刀齿），其每齿进给量 f_z（单位为 mm/z）等于每转进给量的一半，即 $f_z = f/2$。

3. 背吃刀量 a_p

背吃刀量一般指已加工表面与待加工表面间的垂直距离。钻孔时的背吃刀量等于麻花钻直径的一半，即 $a_p = d/2$。

钻孔时，钻削速度 v_c 的选择主要根据被钻孔工件的材料和所钻孔的表面粗糙度要求及麻花钻的耐用度来确定。一般在铣床上钻孔，由于工件做进给运动，因此钻削速度应选低一些。此外，当所钻直径较大时，也应在钻削速度规定范围内选择低一些。钻削速度的选择见表 6－3。

表 6－3　　钻削速度 v_c 的选择　　m/min

加工材料	v_c	加工材料	v_c
低碳钢	25～30	铸铁	20～25
中、高碳钢	20～25	铝合金	40～70
合金钢、不锈钢	15～20	铜合金	20～40

进给量的选择与所钻孔直径的大小、工件材料及孔的表面质量要求等有关。在铣床上钻孔一般采用手动进给，但也可采用机动进给。每转进给量 f，在加工铸铁和有色金属材料时可取 0.15～0.50 mm/r，加工钢件时可取 0.10～0.35 mm/r。

四、在铣床上钻孔

1. 钻头的安装（见表 6－4）

表 6－4　　钻头的安装

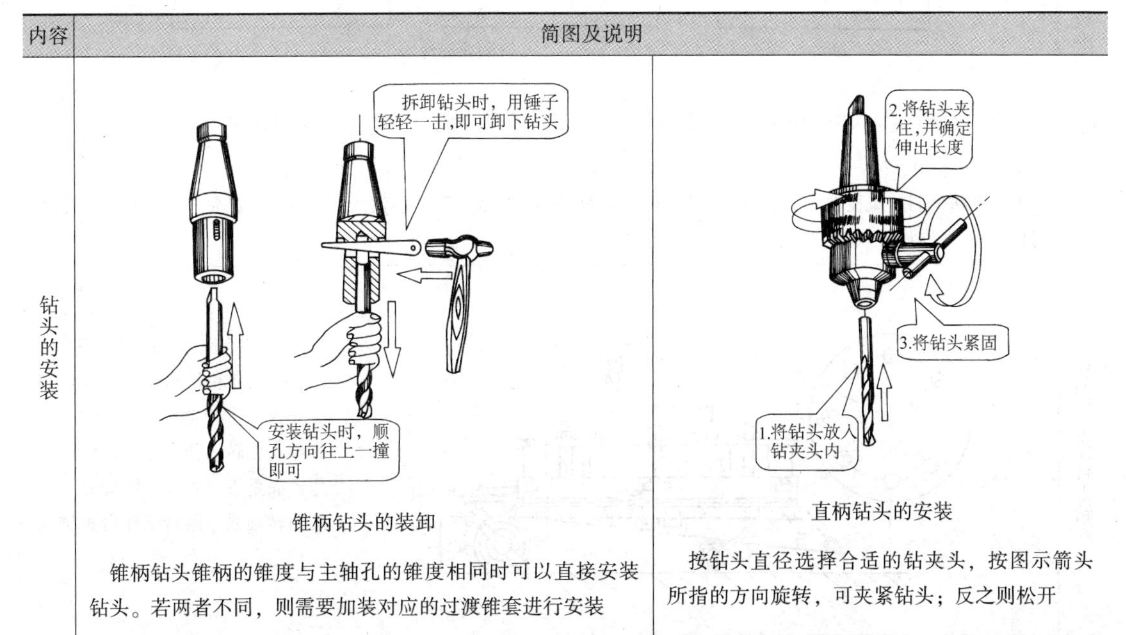

内容	简图及说明	
钻头的安装	锥柄钻头的装卸 锥柄钻头锥柄的锥度与主轴孔的锥度相同时可以直接安装钻头。若两者不同，则需要加装对应的过渡锥套进行安装	直柄钻头的安装 按钻头直径选择合适的钻夹头，按图示箭头所指的方向旋转，可夹紧钻头；反之则松开

2. 钻孔（见表6－5）

表6－5　　钻孔

内容	简图及说明
钻孔方法	用压板装夹工件钻孔　　用机用虎钳装夹工件钻孔 钻孔前，按照图样上的钻孔位置，在工件上划出孔的中心线及孔的轮廓线，并在孔中心位置及各圆周上（各交点上）打样冲眼 刚开始钻孔时，以手动调整工作台（即移动工件），目测使钻头轴线与工件孔中心重合，然后略钻一浅坑，观察孔位置是否偏斜。若钻头轴线对准孔中心，即可进行钻孔 对于通孔，在钻头即将钻通时，应减慢进给速度，以防止钻头突然出孔，折断钻头。如果孔距的精度要求较高，应采用中心孔作导向。若是多孔的工件，可利用铣床工作台进给手柄刻度盘上的刻度来控制工作台的移动距离，准确地按其中心距对下一孔的位置进行定位，同时还可以参照孔的划线位置，进一步确定孔的位置是否正确
孔坑的校准	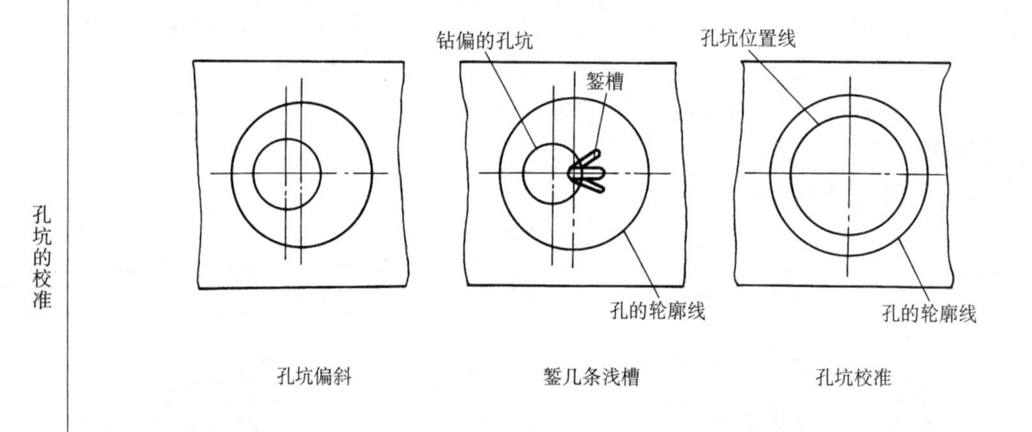 孔坑偏斜　　錾几条浅槽　　孔坑校准 如果孔坑偏斜，应校准。方法如下：在浅孔坑与划线距离较大处錾几条浅槽，落下钻头试钻。待孔坑校准后才可以钻孔
在回转工作台上钻孔	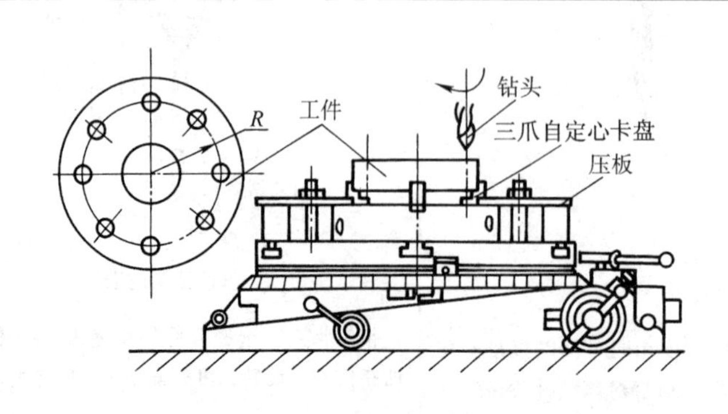 工件直径较大或是圆周等分的孔，可将工件用压板装夹在回转工作台上进行钻孔。钻孔前，应先校正回转工作台主轴轴线与工作台面垂直，并校正圆周等分孔的回转轴线与回转工作台主轴轴线相重合

3. 注意事项

（1）选择的钻头直线度要好。横刃不宜太长。切削刃应锋利，对称，无崩刃、裂纹、退火等缺陷。

（2）钻孔时，应经常退出钻头以断屑、排屑，防止切屑堵塞钻头。

（3）孔即将钻通时，进给速度要慢，以防止钻头突然钻出孔而发生事故。

（4）用钝的钻头不能使用，应及时进行刃磨或更换。

（5）如果工件钻孔直径较大，可先用小钻头进行引钻。若加工钢件，应保证充足地浇注切削液。

（6）只能用毛刷清除切屑，或用铁钩去拉长切屑。严禁用嘴去吹切屑，或用手直接去拉切屑。主轴未停止转动，严禁戴手套操作。

五、钻孔的质量分析

在铣床上钻孔常见的质量问题和产生的原因见表6－6。

表6－6　　钻孔的质量分析

质量问题	产生原因
孔大于规定尺寸	1. 钻头两切削刃长度不等，高低不一致 2. 立铣头主轴径向偏摆或工作台未锁紧有松动 3. 钻头本身弯曲或装夹不好，使钻头有过大的径向跳动现象
孔壁粗糙	1. 钻头不锋利 2. 进给量太大 3. 切削液选用不当或供应不足 4. 钻头过短、排屑槽堵塞
孔位偏移	1. 工件划线不正确 2. 钻头横刃太长定心不准，起钻过偏而没有校正
孔歪斜	1. 工件上与孔垂直的平面与主轴不垂直或立铣头主轴与台面不垂直 2. 工件安装时，安装接触面上的切屑未清除干净 3. 工件装夹不牢，钻孔时产生歪斜，或工件有砂眼 4. 进给量过大使钻头产生弯曲变形
钻孔呈多角形	1. 钻头后角太大 2. 钻头两主切削刃长短不一，角度不对称
钻头工作部分折断	1. 钻头用钝仍继续钻孔 2. 钻孔时未经常退钻排屑，使切屑在钻头螺旋槽内阻塞 3. 孔将钻通时没有减小进给量 4. 进给量过大 5. 工件未夹紧，钻孔时产生松动 6. 在钻黄铜一类的软金属时，钻头后角太大，前角又没有修磨小造成扎刀

技能训练

钻孔练习

1．在孔板上钻孔（见图 6－3）

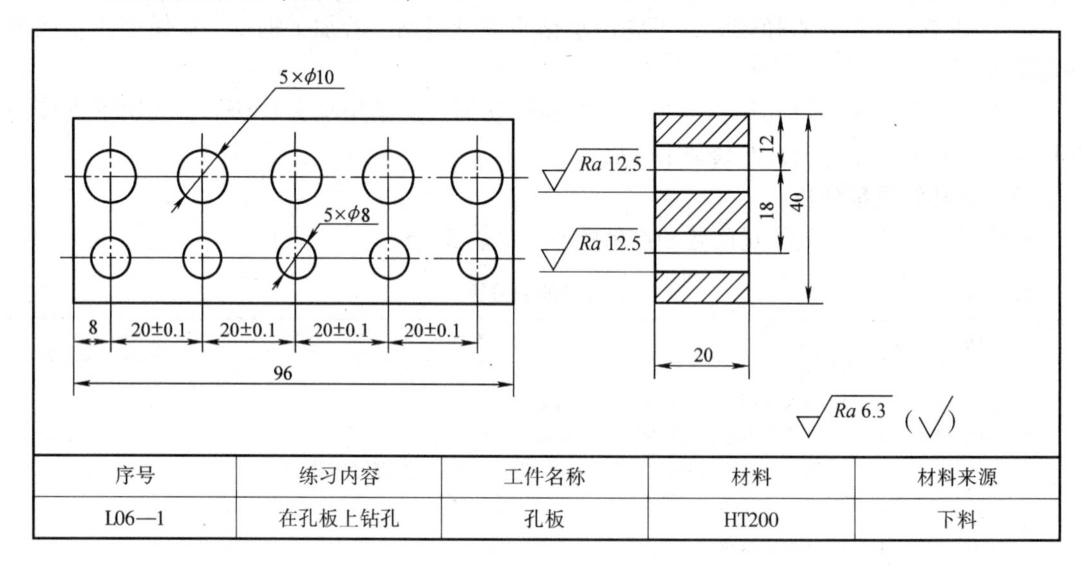

序号	练习内容	工件名称	材料	材料来源
L06—1	在孔板上钻孔	孔板	HT200	下料

图 6－3　在孔板上钻孔

（1）铣削长方体

将工件毛坯加工成 96 mm×40 mm×20 mm 的长方体（见图 6－4a）。

（2）钻孔

1）对照图样，划线并打样冲眼（见图 6－4b）。

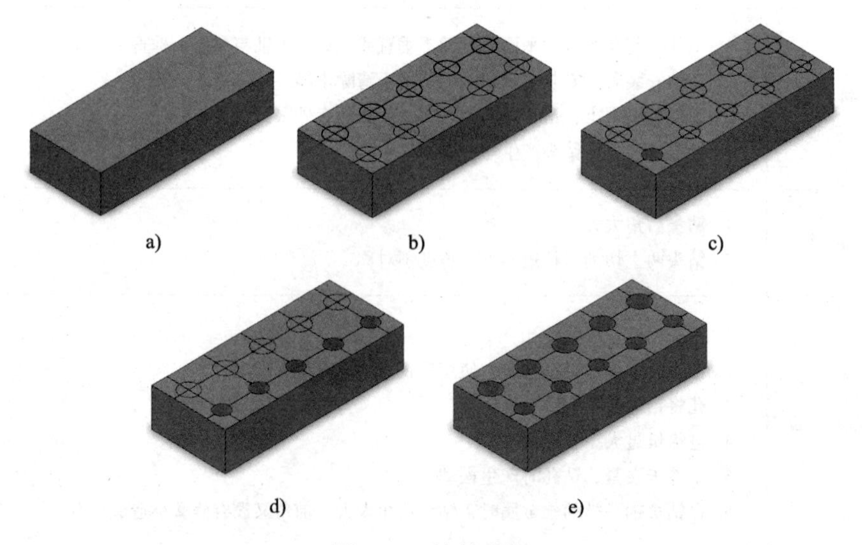

图 6－4　铣削过程

2）安装并校正机用虎钳与纵向进给方向平行。

3）装夹并校正工件。

4）按孔径尺寸选择并安装钻头。

5）对刀、移距，钻第一个孔（见图 6 –4c）。

6）纵向移动工作台 20 mm，依次加工其余相同直径的孔（见图 6 –4d）。

7）更换钻头，横向移动工作台 18 mm，用同样的方法，依次加工另一组相同直径的孔，使零件符合图样要求（见图 6 –4e）。

2．在圆盘上钻孔（见图 6 –5）

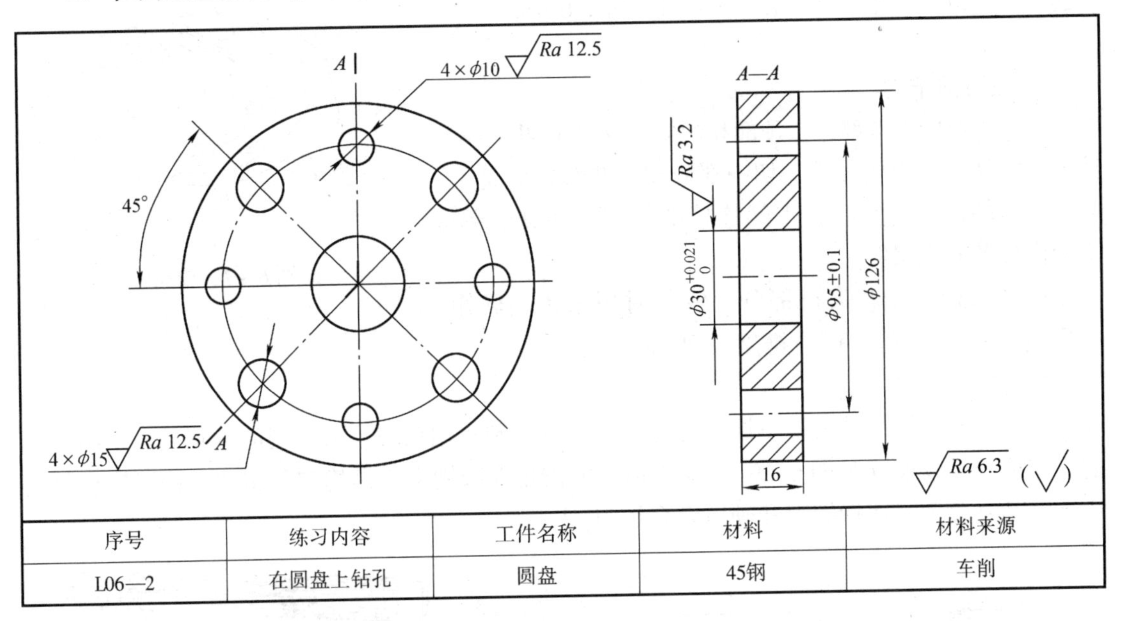

序号	练习内容	工件名称	材料	材料来源
L06—2	在圆盘上钻孔	圆盘	45钢	车削

图 6 –5　在圆盘上钻孔

（1）对照图样，检查工件毛坯并划线（见图 6 –6a）。

（2）安装并校正回转工作台。调整铣床工作台，使回转工作台轴线与立铣头轴线相距（47.5 ±0.05）mm。将工作台纵向、横向进给紧固。

（3）装夹并校正工件。

（4）选择、安装钻头。

（5）对刀，钻出第一个孔（见图 6 –6b）。

（6）检测合格后，依次分度钻出剩余 7 个 φ10 mm 孔（见图 6 –6c）。

（7）换钻头，分度扩钻 4 个 φ15 mm 孔，至符合图样要求（见图 6 –6d）。

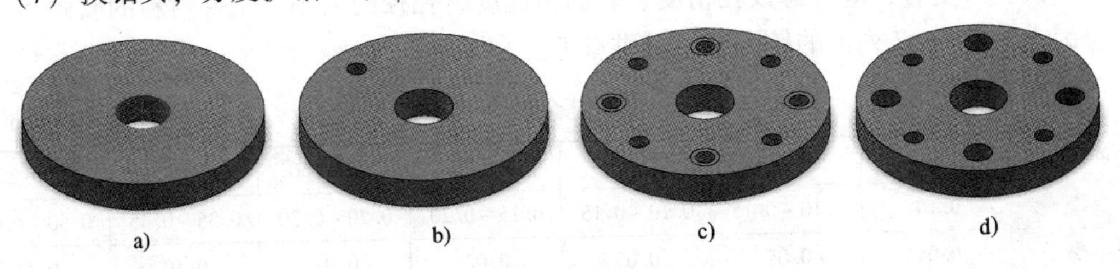

图 6 –6　铣削过程

课题二　在铣床上铰孔

铰孔是用铰刀从工件孔壁上切除微量金属层，以提高其尺寸精度并减小其表面粗糙度值的方法（见图6－7）。铰孔是普遍应用的孔的精加工方法之一，其尺寸经济精度可达IT9～IT7级，表面粗糙度 Ra 值可小于1.6 μm。

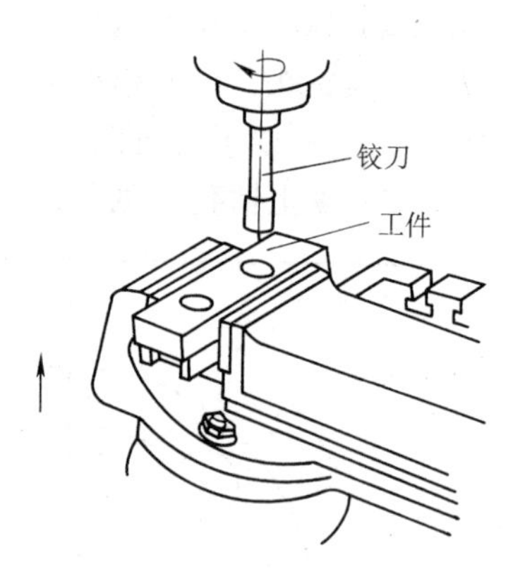

图6－7　铰孔

一、铰刀

1. 铰刀的结构

铰刀主要由工作部分、颈部和柄部构成（见图6－8）。铰刀的工作部分由引导锥、切削部分和校准部分组成。

铰刀的颈部主要起着中间连接的作用，在其颈部标记着商标及其规格等。

铰刀的柄部是其夹持部分，铰削时用来传递转矩，有直柄和锥柄（莫氏标准锥度）两种。

2. 铰刀的分类

铰刀按其使用的动力源不同，可分为手用铰刀和机用铰刀。最直观的区别是：手用铰刀的工作部分比较长（见图6－9），且刀齿间的齿距在圆周上不是均匀分布的。铰刀按材料的不同，又可分为高速钢铰刀和硬质合金铰刀。

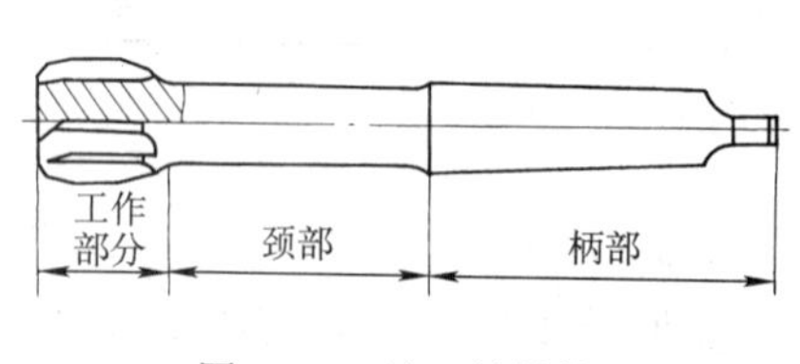

图6－8　铰刀的结构

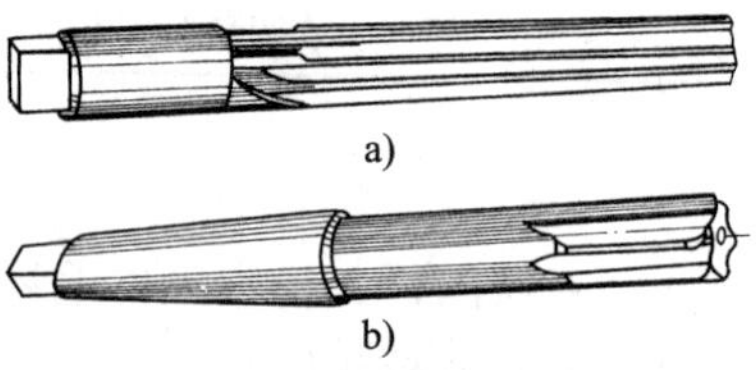

a)

b)

图6－9　铰刀

a）手用铰刀　b）机用铰刀

二、铰削用量

1. 铰孔余量的确定

铰孔余量的大小直接影响铰孔的质量。余量太小时，上道工序所残留的加工痕迹不能被全部铰去；余量太大时，会使孔的精度降低，表面粗糙度值增大。

选择铰孔余量时，应考虑铰孔精度、表面粗糙度、孔径的大小、工件材料的软硬和铰刀类型等因素。表6－7列出的铰孔余量可供参考。

表6－7　　**铰孔余量**

mm

孔的直径	≤6	>6～10	>10～18	>18～30	>30～50	>50～80	>80～120
粗铰	0.10	0.10～0.15	0.10～0.15	0.15～0.20	0.20～0.30	0.35～0.45	0.50～0.60
精铰	0.04	0.04	0.05	0.07	0.07	0.10	0.15

注：如仅用一次铰孔，铰孔余量为表中粗铰、精铰余量之总和。

2. 切削速度和进给量

在铣床上使用普通高速钢铰刀铰孔，加工材料为铸铁时，切削速度 $v_c \leq 10$ m/min，进给量 $f \leq 0.8$ mm/r；加工材料为钢时，$v_c \leq 8$ m/min，$f \leq 0.4$ mm/r。使用硬质合金铰刀铰孔时，v_c 为 8 ~ 14 m/min，f 为 0.3 ~ 1.0 mm/r。

三、铰孔方法

铰孔是用铰刀对已粗加工或半精加工的孔进行的精加工。铰孔之前，一般要经过钻孔、扩孔，然后镗孔；对精度高的孔，还需分粗铰和精铰。

1. 铰刀的安装

在铣床上铰孔，是将铰刀柄插入主轴锥孔中安装铰刀的。铰孔时，铰刀轴线与铣床主轴轴线、铰刀轴线与孔轴线均要保证重合，否则铰出的孔会产生孔口扩大或孔不符合规定的加工要求。这就使铰孔过程中，调整工作台位置的耗时量太大。为提高加工效率，可以采用浮动铰刀杆安装铰刀进行铰孔。图 6 – 10 所示的浮动铰刀杆，安装铰刀的套筒与浮动套筒在直径方向有一定量的间隙，可使铰刀因自身的几何形状自动地调整并保持与孔轴线的同轴度，从而使铰孔效率大大提高。其中，固定销的作用是将套筒与浮动套筒松动连接起来，使铰刀能在任何方向上浮动。淬硬的钢珠嵌在臼座里，以保证进给作用力沿轴线方向传递给铰刀，同时保证其具有灵活性。

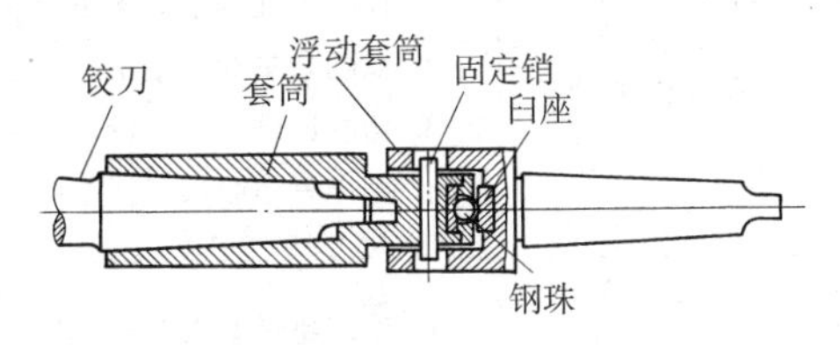

图 6 – 10　浮动铰刀杆

2. 铰孔步骤

(1) 选择合适的铰刀。

(2) 根据工件材质以及铰刀情况确定合适的切削用量。

(3) 选择适用的切削液。铰削铸铁等脆性材料时，一般采用煤油或煤油与机油的混合油；铰削塑性材料时，一般采用乳化液或极压乳化液。

(4) 调整机床，装夹并校正工件。

(5) 钻落刀孔、镗孔并倒角。

(6) 换装铰刀进行铰孔。

(7) 检查工件。

3. 注意事项

(1) 铣床上安装铰刀，有浮动连接和固定连接两种方式。固定连接时，必须防止铰刀偏摆，否则孔径尺寸将被扩大。

(2) 固定安装铰刀时，最好钻孔、镗孔和铰孔连续进行，以保证加工精度。

(3) 铰通孔时，铰刀的校正部分不能全部出孔外。

(4) 铰刀不能采用反转退刀，一般不采用停车退刀。

(5) 铰刀是精加工刀具，用过后应擦净涂油，并妥善放置。

四、铰孔的质量分析

在铣床上铰孔的质量分析见表 6 – 8。

表 6－8　在铣床上铰孔的质量分析

质量问题	产生原因
表面粗糙度值太大	1. 铰刀刃口不锋利或有崩裂，铰刀切削部分和校准部分不光洁 2. 铰刀切削刃上黏附有积屑瘤，容屑槽内切屑黏附过多 3. 铰削余量太大或太小 4. 切削速度太高，以致产生积屑瘤 5. 铰刀退出时反转 6. 切削液选择不当或浇注不充分 7. 铰刀偏摆过大
孔径扩大	1. 铰刀与孔的中心不重合，铰刀偏摆过大 2. 铰削余量和进给量过大 3. 切削速度太高，铰刀温度上升导致铰刀直径增大 4. 操作者粗心，未仔细检查铰刀直径和铰孔直径
孔径缩小	1. 铰刀超过磨损标准，尺寸变小仍继续使用 2. 铰刀磨钝后继续使用，造成孔径过度收缩 3. 铰削钢料时加工余量太大，铰后孔弹性变形恢复，使孔径缩小 4. 铰铸铁时加了煤油
孔轴线不直	1. 铰孔前的预加工孔不直，铰小孔时由于铰刀刚度小，未能纠正原有的弯曲 2. 铰刀导向不良，使铰削时方向发生偏歪
孔呈多棱形	1. 铰削余量太大和铰刀切削刃不锋利，使铰削时发生“啃切”现象，发生振动而出现多棱形 2. 铰前预加工孔圆度误差太大，使铰孔时铰刀发生弹跳现象 3. 机床主轴振摆太大

技能训练

在圆盘上铰孔

零件图如图 6－11 所示。

1. 对照图样，检查工件毛坯（见图 6－12a）。

2. 安装并校正回转工作台。

3. 装夹并校正工件。调整铣床工作台，使立铣头轴线与 $\phi10$ mm 孔轴线同轴。将工作台纵向、横向进给紧固。

4. 选择、安装钻头。分度、扩钻 4 个 $\phi12^{+0.027}_{0}$ mm 孔，留铰孔余量 0. 15～0. 2 mm。

5. 换铰刀，分度、铰孔，至符合图样要求（见图 6－12b）。

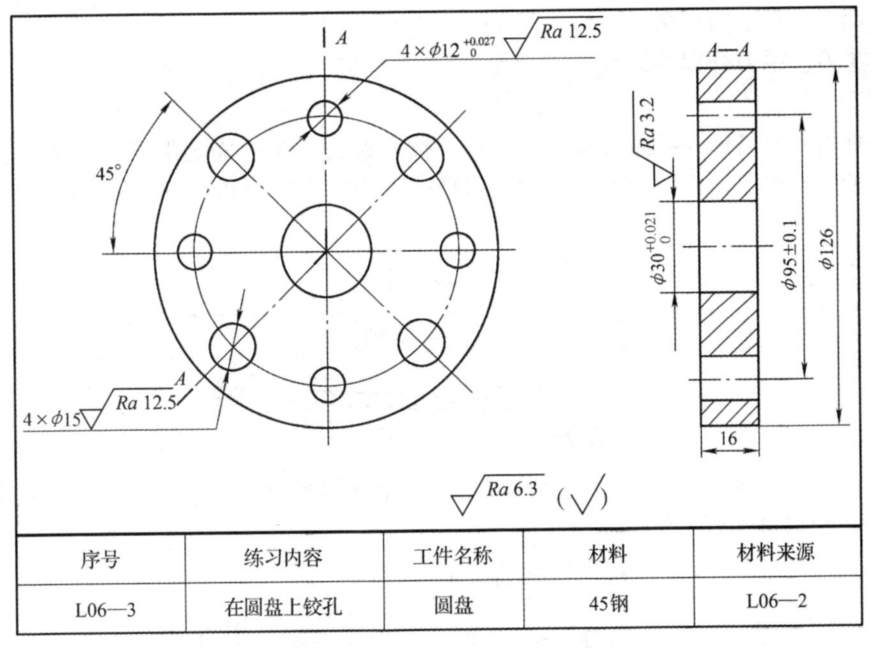

序号	练习内容	工件名称	材料	材料来源
L06—3	在圆盘上铰孔	圆盘	45钢	L06—2

图 6－11　在圆盘上铰孔

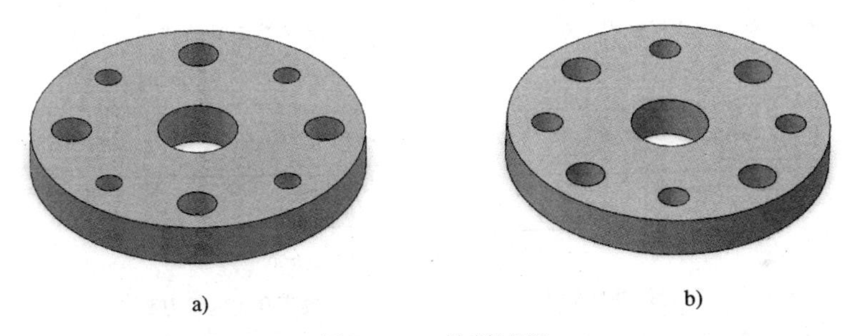

图 6－12　铣削过程

课题三　在铣床上镗孔

由于钻孔的加工精度较低，只能用于孔的粗加工。高精度的孔，需要进行镗孔。在铣床上镗孔，孔的尺寸经济精度可达 IT9 ~ IT7 级，表面粗糙度 *Ra* 值可达 3.2 ~ 0.8 μm。孔距精度可控制在 0.05 mm 左右。

镗削是镗刀旋转做主运动，工件或镗刀做进给运动的切削加工方法（见图 6－13）。用镗削扩大工件孔的方法称为镗孔。在铣床上，主要镗削中、小型工件上不太大的孔

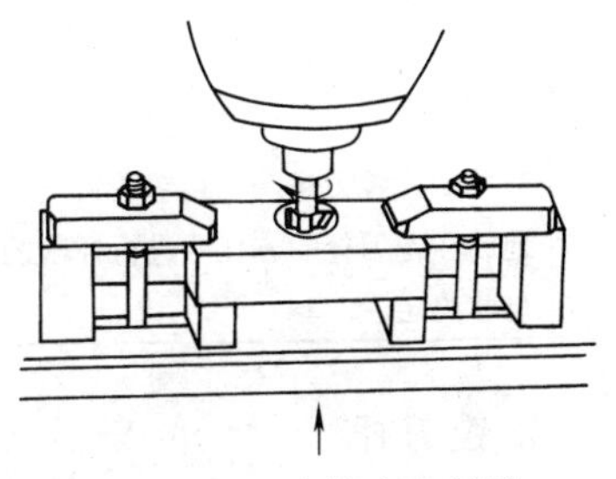

图 6－13　在铣床上镗孔

和相对位置不太复杂的孔系。

一、镗刀、镗刀杆和镗刀盘

1. 镗刀

镗孔所用的刀具称为镗刀（见表6－9）。按照镗刀刀头的固定形式，分为整体式镗刀、机械固定式镗刀和浮动式镗刀；按照切削刃形式分为单刃镗刀和双刃镗刀。在铣床上镗孔大多使用单刃镗刀。

表6－9　　镗刀

内容	简图及说明
整体式镗刀	整体式镗刀的切削部分与镗刀杆是一体的，安装在镗刀盘中即可进行镗削，一般用于小孔径工件的镗削。常见的有焊接式镗刀和高速钢整体式镗刀
机械固定式镗刀	机械固定式镗刀是将镗刀头机械固定在镗刀杆上进行镗孔的。镗刀头有焊接式的高速钢刀头，还有直接采用不重磨车刀的 镗通孔用的镗刀头　$\kappa_r<90°$　　镗盲孔用的镗刀头　$\kappa_r \geqslant 90°$ 按照镗孔类型的不同，镗刀头也分为镗通孔用镗刀头和镗盲孔用镗刀头两种形式。其最根本的区别就在于主偏角 κ_r 的大小，镗通孔用镗刀头的主偏角 $\kappa_r<90°$，只能镗通孔；镗盲孔用镗刀头的主偏角 $90° \leqslant \kappa_r \leqslant 93°$，主要用于镗盲孔和台阶孔
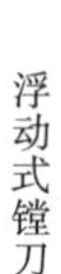 浮动式镗刀	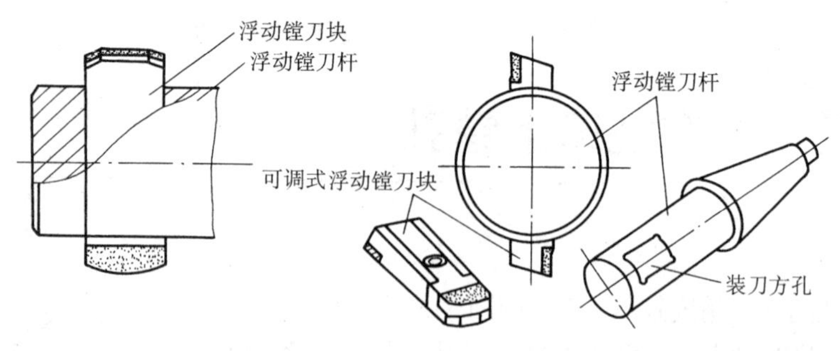 浮动式镗刀是一种精镗孔刀具。因其两端都有切削刃，也称双刃镗刀。它的安装特点是镗刀不固定，而是浮动地放在镗刀杆的方孔中进行镗削的。浮动式镗刀大都在专用磨床上刃磨。孔的加工尺寸主要由浮动镗刀块的长度尺寸决定

2. 镗刀杆

镗刀杆是安装在机床主轴孔中，用以夹持镗刀头的杆状工具。

镗刀杆按照能否准确控制镗孔尺寸，分为简易式镗刀杆和可调式镗刀杆（见表6－10）。

表6－10 **镗刀杆**

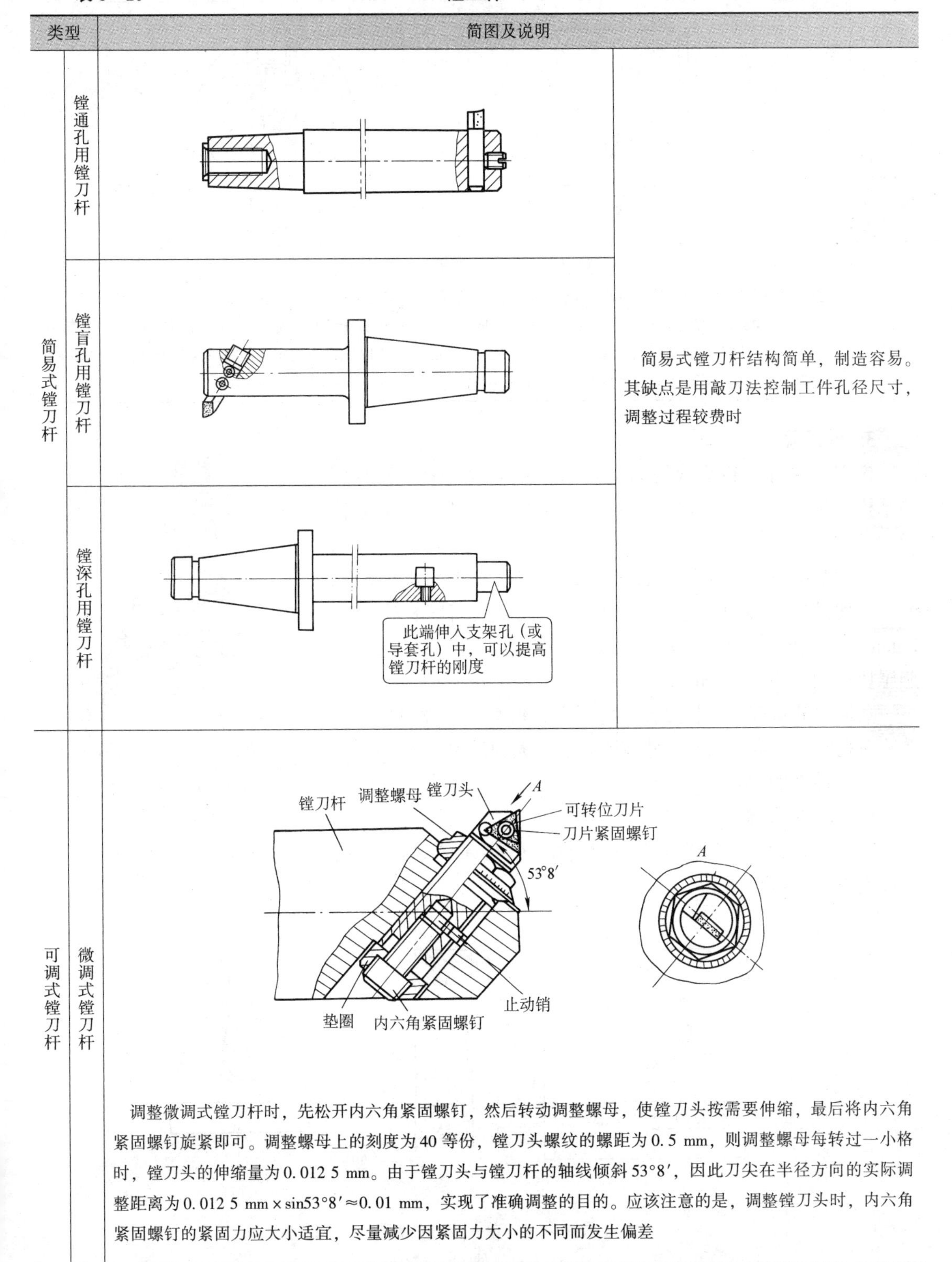

类型		简图	说明
简易式镗刀杆	镗通孔用镗刀杆		简易式镗刀杆结构简单，制造容易。其缺点是用敲刀法控制工件孔径尺寸，调整过程较费时
	镗盲孔用镗刀杆		
	镗深孔用镗刀杆		
可调式镗刀杆	微调式镗刀杆	调整微调式镗刀杆时，先松开内六角紧固螺钉，然后转动调整螺母，使镗刀头按需要伸缩，最后将内六角紧固螺钉旋紧即可。调整螺母上的刻度为40等份，镗刀头螺纹的螺距为0.5 mm，则调整螺母每转过一小格时，镗刀头的伸缩量为0.012 5 mm。由于镗刀头与镗刀杆的轴线倾斜53°8′，因此刀尖在半径方向的实际调整距离为0.012 5 mm×sin53°8′≈0.01 mm，实现了准确调整的目的。应该注意的是，调整镗刀头时，内六角紧固螺钉的紧固力应大小适宜，尽量减少因紧固力大小的不同而发生偏差	

续表

类型		简图及说明
可调式镗刀杆	差动式镗刀杆	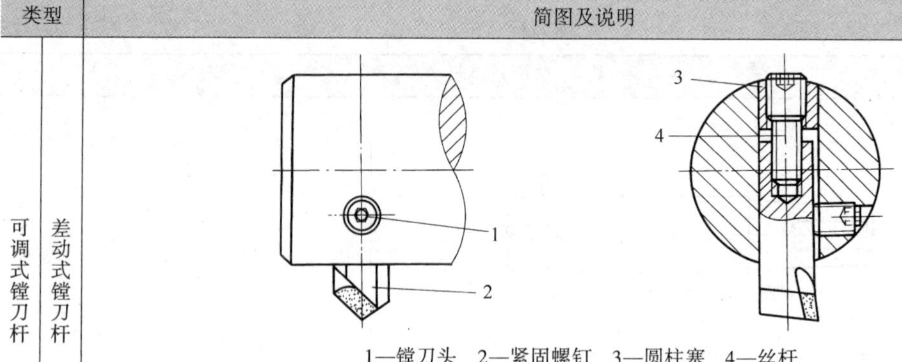 1—镗刀头　2—紧固螺钉　3—圆柱塞　4—丝杆 差动式镗刀杆是利用两段螺距不同、螺向相同的丝杆形成螺旋差动，实现微调的。丝杆的上部螺距是 1.25 mm（M8×1.25），下部螺距是 1 mm（M6×1）。当丝杆转动一周时，丝杆向前移动一个螺距（1.25 mm），同时使镗刀头相对丝杆后退一个螺距（1 mm），所以镗刀头的实际伸缩量为 0.25 mm。在圆柱塞端面上的刻度为 25 等份，则调整丝杆每转过一小格，镗刀头的伸缩量为 0.01 mm

3. 镗刀盘

镗刀盘又称为镗头或镗刀架。图 6－14 所示为一种常用的结构简单的镗刀盘。它具有较高的刚度，在镗孔时能够精确地控制孔的直径尺寸。

镗刀盘的锥柄与主轴锥孔相配合。转动镗刀螺杆上的刻度盘，使其螺杆转动，可精确地移动燕尾块。若螺杆螺距为 1 mm，其刻度盘有 50 等份的刻线，则刻度盘每转过 1 小格，燕尾块移动量为 0.02 mm。

燕尾块分布有几个装刀孔，可用内六角螺钉将镗刀杆固定在装刀孔内，使可镗孔的尺寸范围有了更大的扩展。

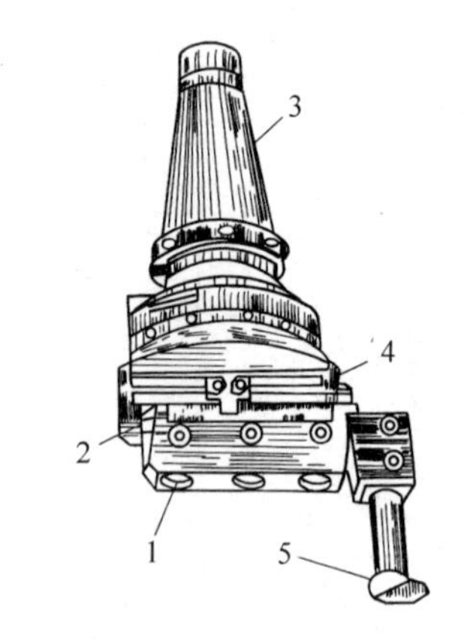

图 6－14　镗刀盘

1—装刀孔　2—燕尾块　3—锥柄　4—刻度盘　5—镗刀

二、镗孔的方法

1. 单孔的镗削

用简易式镗刀杆在铣床上镗削图 6－15 所示的单孔工件，其镗削方法和步骤如下：

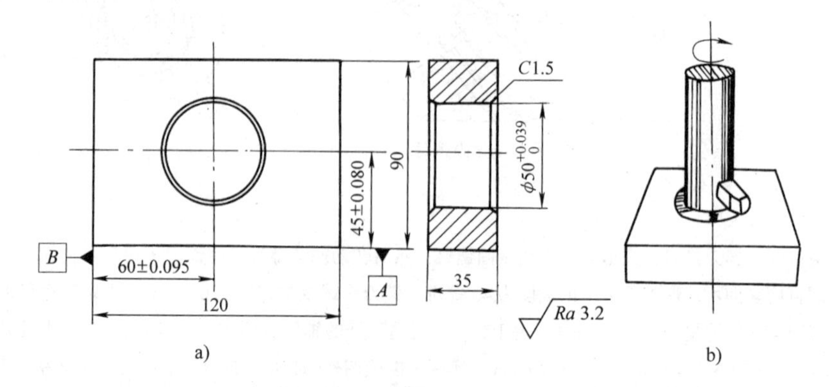

图 6－15　单孔工件的镗削

a）单孔工件　b）镗孔

（1）划线并钻孔

根据图样，将工件孔的中心线和轮廓线划出，并打样冲眼。选择合适的钻头。

若用钻头对工件钻孔时，孔径较大，可采用直径较小的钻头先钻出一个小孔，再换装直径大些的钻头将孔扩钻到要求的直径尺寸。钻孔时，既可以在钻床上进行，也可以在铣床上进行。装夹工件时，一定要将工件垫高、垫平。

（2）检查铣床主轴“0”位是否准确

立铣床主轴或立铣头主轴轴线应与工作台面垂直。若不垂直，则采用升降台进给时，镗出的孔为椭圆孔，即孔的圆柱度误差较大；采用主轴套筒进给时，镗出的孔为一斜孔。检查时，以主轴轴线对工作台面的垂直度误差在回转直径300 mm的范围内小于0.02 mm为宜。

（3）选择镗刀杆和镗刀头

为保证镗刀杆和镗刀头有足够的刚度，镗刀杆的直径应为工件孔径的7/10左右，且镗刀杆上装刀方孔的边长约为镗刀杆直径的1/2～2/5。当工件的孔径小于30 mm时，最好采用整体式镗刀。工件孔径大于120 mm时，只要镗刀杆和镗刀头有足够的刚度就行，镗刀杆的直径不必很大。另外，在选择镗刀杆直径时还需考虑孔的深度和镗刀杆所需要的长度。镗刀杆长度较短，其直径可适当减小；镗刀杆长度越长，其直径应选得越大。

（4）选择合适的切削用量

切削用量因刀具材料、工件材料以及粗、精镗的不同而有所区别。粗镗时的切削深度 a_p 主要根据加工余量和工艺系统的刚度来确定。其切削速度可比铣削略高。此外，在镗削钢件等塑性材料时，需要充分浇注切削液。

（5）对刀

镗孔时，必须使铣床主轴轴线与被镗孔的轴线重合。常用的对刀方法有按划线对刀法、靠镗刀杆对刀法、测量对刀法等。

1）按划线对刀法。先将镗刀杆轴线大致对准孔中心，在镗刀顶端用油脂粘一根大头针。缓慢地转动主轴，一方面使针尖靠近孔的轮廓线，另一方面调整工作台，使针尖与孔轮廓线间的距离尽量均匀相等。这样对刀的准确度较低，对操作者的生产技能要求较高。

2）靠镗刀杆对刀法。当镗刀杆圆柱部分的圆柱度误差很小，并与铣床主轴同轴时，使镗刀杆先与基准面 A 刚好接触，此时将工作台横向移动一段距离 s_1，然后使镗刀杆与基准面 B 接触，并纵向移动距离 s_2。为控制好镗刀杆与基准面之间的松紧程度，可在两者之间放置一量块，接触的松紧程度以用手能轻轻推动量块，而手松开量块又不落下为宜。此法也可用标准心轴进行对刀，如图6－16所示。

3）测量对刀法。如图6－17所示，用游标深度卡尺或深度千分尺测量镗刀杆（或心轴）圆柱面至基准面 A 和 B 的距离，应等于规定尺寸与镗刀杆（或心轴）半径之差。若测量值与计算结果不符，重新调整工作台位置直至相符为止。

（6）对试镗孔距的检验

为了验证对刀精度是否符合要求，需要将工件试镗一刀，检验镗孔的孔距，即试镗孔壁至基准侧面的距离（即壁厚）与其半径之和，是否符合孔轴线至基准面之间距离的加工要求。经检验合格才能开始正式镗孔，否则应重新调整工作台位置直至符合要求为止。孔距的检测，除采用游标卡尺以外，还常采用壁厚千分尺和千分尺（见表6－11）。

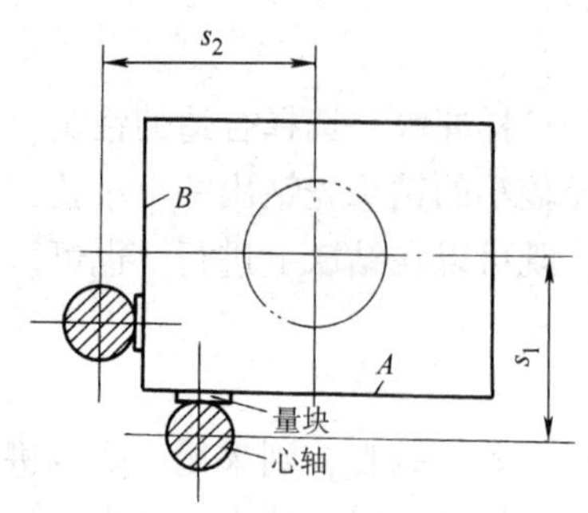

图 6－16　靠镗刀杆对刀法

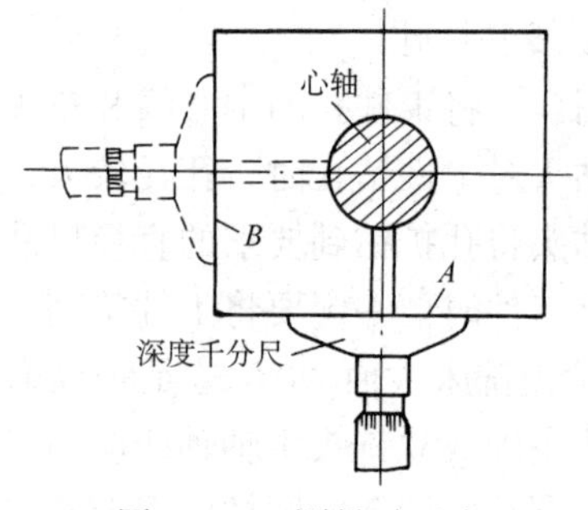

图 6－17　测量对刀法

表 6－11　　孔距的检测

方法	简图及说明	
使用壁厚千分尺	用壁厚千分尺检测孔距	壁厚千分尺内侧的砧座是圆球状的，在检测时能够与孔壁相切，比较符合圆弧面的检测要求。因此，使用壁厚千分尺检测孔距较为准确
使用千分尺	用千分尺加钢球检测孔距	在普通千分尺的砧座上用铜管套一粒钢球进行孔距的检测，原理与壁厚千分尺相同。检测时的壁厚应等于千分尺读数与钢球直径之差

(7) 调整镗刀头的伸出量

如果使用的是机械固定式镗刀，控制孔径尺寸一般采用敲刀法来调整镗刀头的伸出量。镗刀头的伸出量大多凭经验调整，也可借助游标卡尺或百分表来调整，见表 6－12。

表 6－12　　镗刀头的调整

方法	简图及说明	
借助游标卡尺	$L=\frac{D_0+d}{2}$	假定镗刀杆直径为 d，预镗孔直径为 D_0，则游标卡尺测量的镗刀尖到镗刀杆圆柱面的距离 L 应为：$L=\frac{D_0+d}{2}$
借助百分表		百分表测头与镗刀头接触后，将百分表调整到“0”位。稍微松开镗刀头的紧固螺钉，根据孔径尺寸要求，将镗刀头按扩孔量的 1/2 敲出。将镗刀头紧固后，再用百分表校准镗刀头的伸出量是否符合要求

（8）镗孔

镗孔位置检查无误，开始调整镗刀头的伸出量进行镗孔。按照工艺要求，镗孔时分为粗镗孔和精镗孔。粗镗孔应为精镗孔留 0.5 mm 左右的余量（直径方向）。

2. 孔系的镗削

在铣床上镗削各孔轴线平行的孔系，主要有圆周等分孔系和坐标孔系等。

（1）圆周等分孔系的镗削

各孔在工件圆周上均布的孔系，可将工件装夹在回转工作台或分度头上进行镗削（见表 6－13）。

表 6－13　　圆周等分孔系的镗削方法

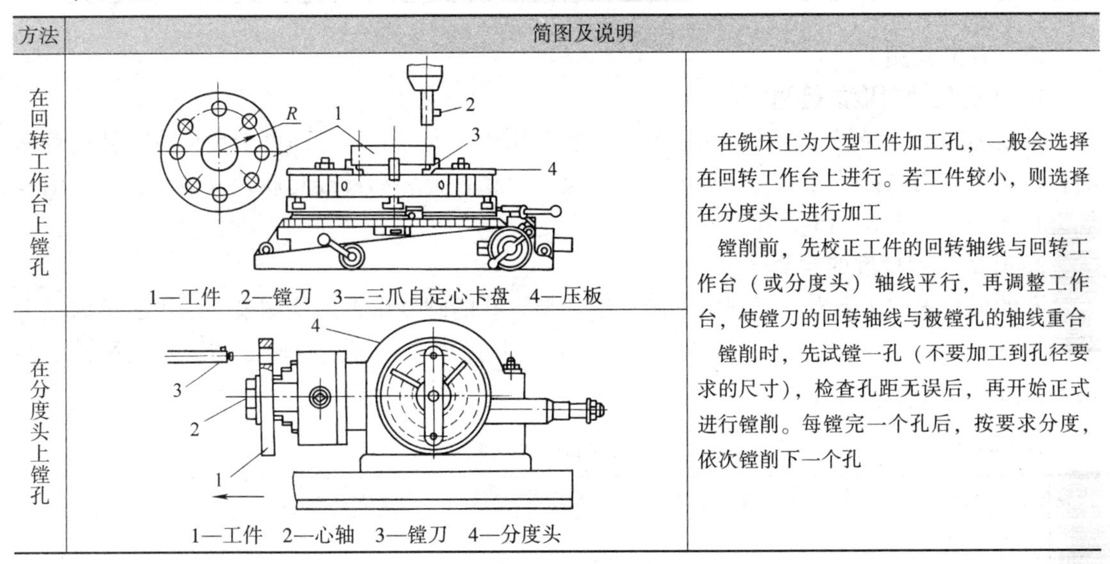

方法	简图及说明	
在回转工作台上镗孔	1—工件　2—镗刀　3—三爪自定心卡盘　4—压板	在铣床上为大型工件加工孔，一般会选择在回转工作台上进行。若工件较小，则选择在分度头上进行加工 镗削前，先校正工件的回转轴线与回转工作台（或分度头）轴线平行，再调整工作台，使镗刀的回转轴线与被镗孔的轴线重合 镗削时，先试镗一孔（不要加工到孔径要求的尺寸），检查孔距无误后，再开始正式进行镗削。每镗完一个孔后，按要求分度，依次镗削下一个孔
在分度头上镗孔	1—工件　2—心轴　3—镗刀　4—分度头	

（2）坐标孔系的镗削

轴线平行的孔系，既要保证孔本身的精度要求，还要严格控制并保证孔与孔之间的中心距要求。孔径尺寸的控制和孔至基准面的位置调整方法均与单孔镗削时相同。因此，轴线平行的孔系的镗削，主要是掌握其孔距的控制方法。

若工件孔系的孔距尺寸精度要求不高，工作台在纵向、横向移动距离可直接由铣床进给手柄上的刻度盘来控制；若孔距尺寸精度要求较高，工作台的调整需利用百分表和量块来控制（见表 6－14）。

表 6－14　　用百分表和量块精确控制工作台的移动距离

内容	简图及说明	
控制工作台纵向移动距离	1—百分表固定架　2—角铁　3—量块　4—加油孔盖	先将百分表用固定架固定在工作台手拉油泵的加油孔上。按照需要移动的距离选择一组（最好是一块）量块。将量块放在百分表测头与角铁之间，并使百分表指针指向“0”位。然后抽出量块，纵向移动工作台，使角铁面与百分表测头接触，直到指针指向“0”位为止，即可将工作台准确地纵向移动一个等于量块尺寸的距离

续表

内容	简图及说明	
控制工作台横向移动距离	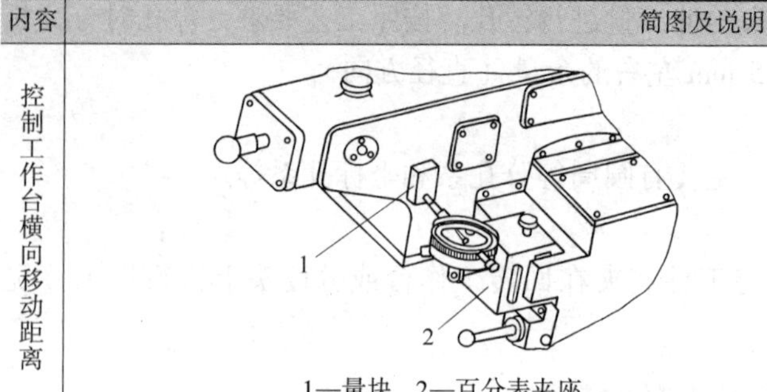 1—量块 2—百分表夹座	将百分表用夹座固定在铣床的横向导轨上（为防止损坏导轨面，应在紧固螺钉与导轨面之间垫铜皮），工作台的横向移动距离的控制方法，与纵向移动距离的控制方法基本相同

三、孔的检测

1. 孔的尺寸精度的检测

精度不高的孔径尺寸和孔的深度尺寸一般可用游标卡尺或游标深度卡尺检测。精度较高的孔径尺寸可用内径千分尺、三爪内径千分尺、内径百分表和标准套规配合检测，也可用塞规进行检测，见表 6－15。

2. 孔的形状精度的检测

孔的形状误差主要有圆度误差和圆柱度误差。孔的圆度误差的检测最好采用三爪内径千分尺，见表 6－15，或更高精度的圆度仪。孔的圆柱度误差一般用检验心轴进行检测，或用内径百分表与心轴配合检测。

表 6－15　　较高精度孔的检测

内容	简图及说明
用内径千分尺检测	用内径千分尺检测孔径时，应注意多检测几个方向
用内径百分表检测	用内径百分表测量孔径之前，应用相应的千分尺或标准环规，将内径百分表调整至“0”位，并使压表量最好不超过半圈，然后进行测量。测量时，应注意在测量杆的摆动中确认表针指示读数的最小数为孔径的测量尺寸值
用三爪内径千分尺检测	如果孔呈三棱形而在该位置圆周各处的直径相等时，用三爪内径千分尺即可检查出这一缺陷

续表

内容	简图及说明
孔距的检测	按照规定的孔的壁厚尺寸调整选择一组（最好是一块）量块放在平台上。将工件在角铁上装夹并校正后，用杠杆百分表在量块上确定其“0”位，即可检测出孔的壁厚尺寸，以确定其孔距尺寸

3. 孔的位置精度的检测

对于平行孔系而言，孔与孔之间相对位置的误差主要是同轴度误差、平行度误差，以及孔的轴线与基准面间的垂直度误差，见表 6－16。

表 6－16　　平行孔系位置精度的检测

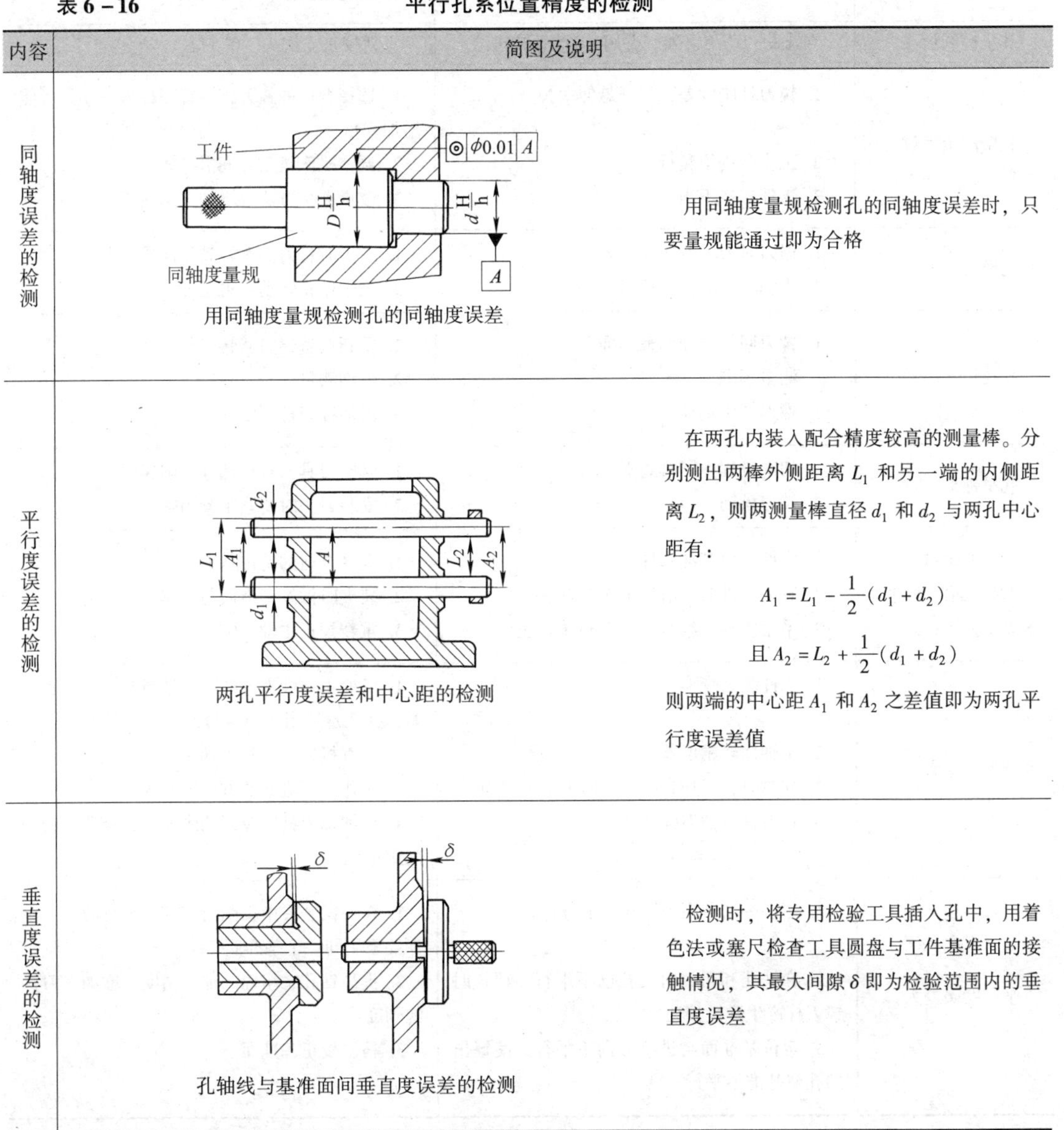

内容	简图及说明
同轴度误差的检测	用同轴度量规检测孔的同轴度误差 用同轴度量规检测孔的同轴度误差时，只要量规能通过即为合格
平行度误差的检测	两孔平行度误差和中心距的检测 在两孔内装入配合精度较高的测量棒。分别测出两棒外侧距离 L_1 和另一端的内侧距离 L_2，则两测量棒直径 d_1 和 d_2 与两孔中心距有： $A_1 = L_1 - \frac{1}{2}(d_1 + d_2)$ 且 $A_2 = L_2 + \frac{1}{2}(d_1 + d_2)$ 则两端的中心距 A_1 和 A_2 之差值即为两孔平行度误差值
垂直度误差的检测	孔轴线与基准面间垂直度误差的检测 检测时，将专用检验工具插入孔中，用着色法或塞尺检查工具圆盘与工件基准面的接触情况，其最大间隙 δ 即为检验范围内的垂直度误差

四、镗孔的质量分析

镗孔时，镗刀的尺寸和镗刀杆的直径受孔径大小的限制，镗刀杆的长度必须满足镗孔深度的要求，因此，镗刀与镗刀杆的刚度较低，在镗削过程中，容易产生振动和“让刀”等现象，影响镗孔的质量。

在铣床上镗削圆柱孔质量分析见表 6 – 17。

表 6 – 17　　圆柱孔镗削质量分析

质量问题	产生原因	防止措施
表面粗糙度值大	1. 刀尖角或刀尖圆弧半径太小 2. 进给量过大 3. 刀具磨损 4. 切削液使用不当	1. 修磨刀具，增大刀尖圆弧半径 2. 减小进给量 3. 修磨刀具 4. 合理选择及使用切削液
孔呈椭圆形	立铣头“0”位不准，并用升降台垂向进给	重新校正立铣头“0”位
孔壁产生振纹	1. 镗刀杆刚度差，刀杆悬伸太长 2. 工作台进给爬行 3. 工件夹持不当	1. 选择合适的镗刀杆，镗刀杆另一端尽可能增加支承 2. 调整机床镶条并润滑导轨 3. 改进夹持方法或增加支承面积
孔壁有划痕	1. 退刀时刀尖背向操作者 2. 主轴未停稳，快速退刀	1. 退刀时将刀尖拨转到朝向操作者 2. 主轴停止转动后再退刀
孔径尺寸超差	1. 镗刀回转半径调整不准 2. 测量不准 3. 镗刀产生偏让	1. 重新调整镗刀回转半径 2. 仔细测量 3. 增加镗刀杆刚度
孔呈锥形	1. 切削过程中刀具磨损 2. 镗刀松动	1. 修磨刀具，合理选择切削速度 2. 安装刀头时要紧牢紧固螺钉
孔的轴线歪斜（与基准面的垂直度误差太大）	1. 工件定位基准选择不当 2. 装夹工件时，清洁工作未做好 3. 采用主轴进给时，“0”位未校正	1. 选择合适的定位基准 2. 装夹时做好基准面与工作台面的清洁工作 3. 重新校正主轴“0”位
圆度误差大	1. 工件装夹变形 2. 主轴回转精度差 3. 立镗时，工作台纵、横向进给未紧固 4. 镗刀杆、镗刀弹性变形	1. 薄壁工件装夹要适当；精镗时，应重新压紧，并注意适当减小压紧力 2. 检查机床，调整主轴精度 3. 工作台不进给的方向应紧固 4. 增加镗刀杆、镗刀的刚度；选择合理的切削用量
平行度误差大	1. 不在一次装夹中镗几个平行孔 2. 在钻孔和粗镗时，孔已不平行，精镗时镗刀杆产生弹性偏让 3. 定位基准面与进给方向不平行，使镗出的孔与基准不平行	1. 在一次装夹中镗削所有轴线平行的孔；至少要采用同一个基准面 2. 提高钻孔、粗镗的加工精度；增加镗刀杆的刚度 3. 精确校正基准面

技能训练

镗孔

零件图如图 6－18 所示。

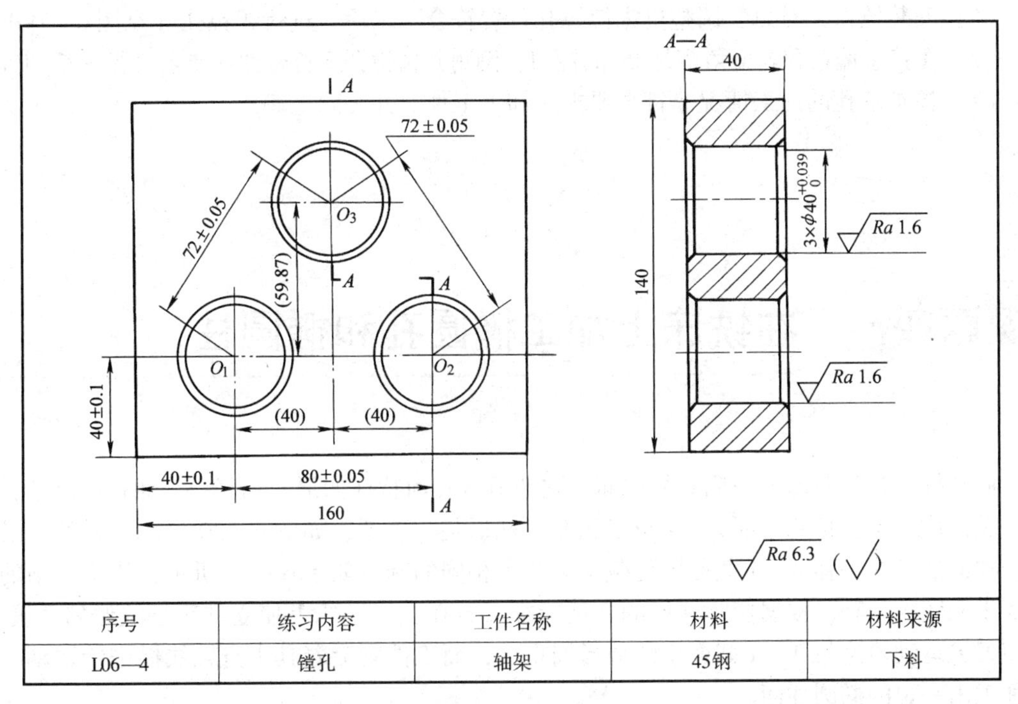

序号	练习内容	工件名称	材料	材料来源
L06—4	镗孔	轴架	45钢	下料

图 6－18　镗孔

1．铣削长方体

将工件毛坯加工成 160 mm × 140 mm × 40 mm 的长方体（见图 6－19a）。

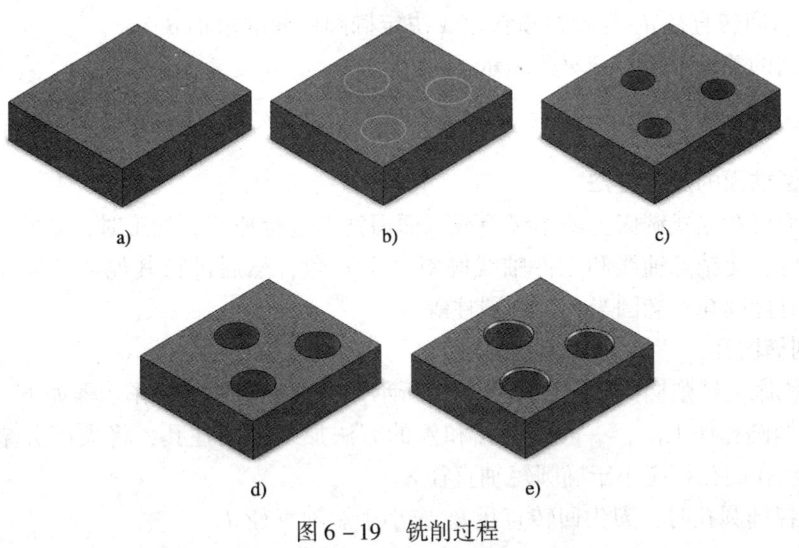

图 6－19　铣削过程

2. 镗孔

（1）对照图样，检查工件毛坯并划线（见图 6－19b）。

（2）安装并调整机用虎钳与纵向进给方向平行。

（3）选择刀具，调整机床。

（4）装夹并校正工件。

（5）对刀，按划线用钻头钻出落刀孔（见图 6－19c）。

（6）安装镗刀，对刀，调整机床使镗孔位置符合要求后，进行粗镗孔（见图 6－19d）。

（7）更换主偏角和副偏角都是45°的镗刀，倒角并精镗孔至符合图样要求（见图6－19e）。

（8）检查三孔的加工情况，符合要求后卸下工件，并去除毛刺。

课题四　在铣床上加工椭圆孔和椭圆柱

椭圆柱面是端截面为一椭圆的柱面，它的显著几何特征如下：用某一个通过椭圆的长轴且与端面成一定交角的平面 *A—A* 与其相截，截形是一个圆，如图 6－20 所示。显然，沿着椭圆柱面的轴线平移 *A—A* 截面，可截出无数个相同的圆。如图 6－20 所示，该截形圆的直径等于椭圆的长轴。根据椭圆柱面的几何特征，若在立式铣床上使立铣头轴线倾斜角度 α，并使刀尖运动轨迹与 *A—A* 截面中的截形圆重合，而工件则沿着其本身轴线做进给运动，即可加工出一定的椭圆柱面。

椭圆柱面铣削的三个基本原则：

（1）铣刀回转轴线必须落在椭圆柱面通过短轴的轴向平面内。

（2）铣刀回转直径 d_c 决定椭圆柱面的长轴 D。

（3）铣刀回转直径 d_c 与轴线倾斜角 α 决定椭圆柱面的短轴 d。

它们之间的关系可用下列算式表示：

$$\cos\alpha = \frac{d}{D}$$

一、椭圆柱面的加工方法

椭圆柱面可在立式铣床上采用镗刀或三面刃铣刀进行加工。加工时，必须将立铣头轴线转动一个角度，使铣刀轴线和工件轴线倾斜一个 α 角，然后进行其他调整操作。常见的椭圆柱面零件有椭圆孔、椭圆半孔、椭圆柱等。

1. 镗削椭圆孔

在立式铣床上镗削椭圆孔，如图 6－21 所示。镗削椭圆孔的操作步骤如下：

（1）在椭圆孔加工前，一般先用钻和镗的方法加工出圆柱孔，将大部分余量切去。这时须注意圆柱孔的孔径应小于椭圆短轴直径 d。

（2）粗镗椭圆孔时，刀尖回转直径 d_c 应小于短轴直径 d。

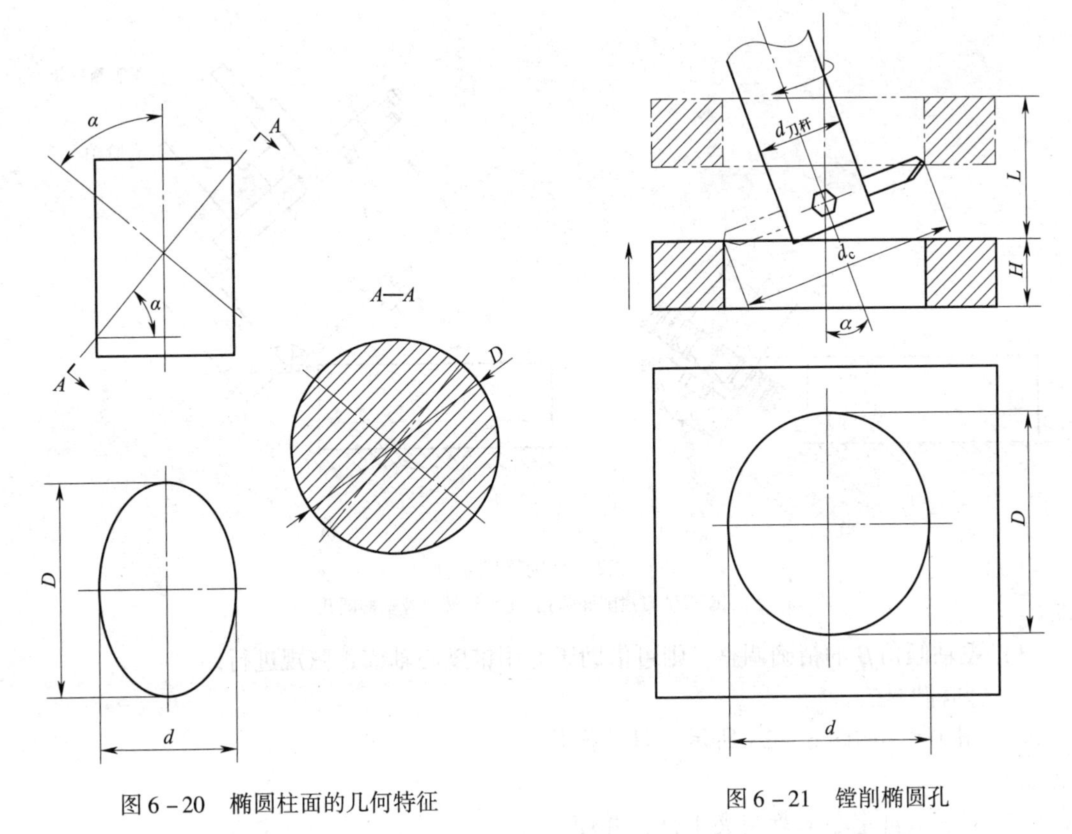

图 6－20　椭圆柱面的几何特征　　　　图 6－21　镗削椭圆孔

（3）工件椭圆孔不能过长，否则倾斜的镗刀杆会和孔壁相碰，刀杆直径应满足下列条件：

$$d_{刀杆} \leqslant D\cos\alpha - H\sin\alpha$$

式中　D——椭圆长轴直径，mm；

α——主轴倾斜角，(°)；

H——工件椭圆孔长度，mm。

2. 镗削椭圆半孔

当椭圆孔较长时，无法一次镗出，这时，常将工件设计成对半合成件。加工这类工件时，应使椭圆半孔的轴线与工作台面和纵向进给方向平行，而铣床主轴的倾斜角应为 β（$\beta = 90° - \alpha$）。由于加工这种不完整的椭圆柱面，无法直接测量长、短轴尺寸，因而要求事先将主轴倾角 β 及刀尖回转直径 d_c 调整得非常准确。

这类工件一般采用图 6－22 所示的两种方法进行加工，当采用三面刃铣刀加工时，铣刀的外径应与椭圆长轴直径 D 严格相等。当采用镗刀加工时，一般可采用下列方法调整刀尖回转直径 d_c：

（1）在试件上精镗一圆柱孔，当镗出的圆柱孔孔径与椭圆长轴直径 D 相等时，刀的刀尖回转直径 d_c 即已调整到预定尺寸，可直接用来加工椭圆半孔。

（2）如图 6－22b 所示，调整镗刀刀尖回转直径 d_c 时，可用预制的台阶轴进行校正。台阶轴的大端直径与椭圆长轴直径 D 相等，小端直径与镗刀杆直径 $d_{刀杆}$ 相等。调整时，可先利用 V 形测量架测出台阶轴大小端的半径差 ΔR，然后利用测定的百分表读数，控制镗刀伸出距离，使之恰好等于 ΔR，从而使刀尖直径 d_c 符合要求。

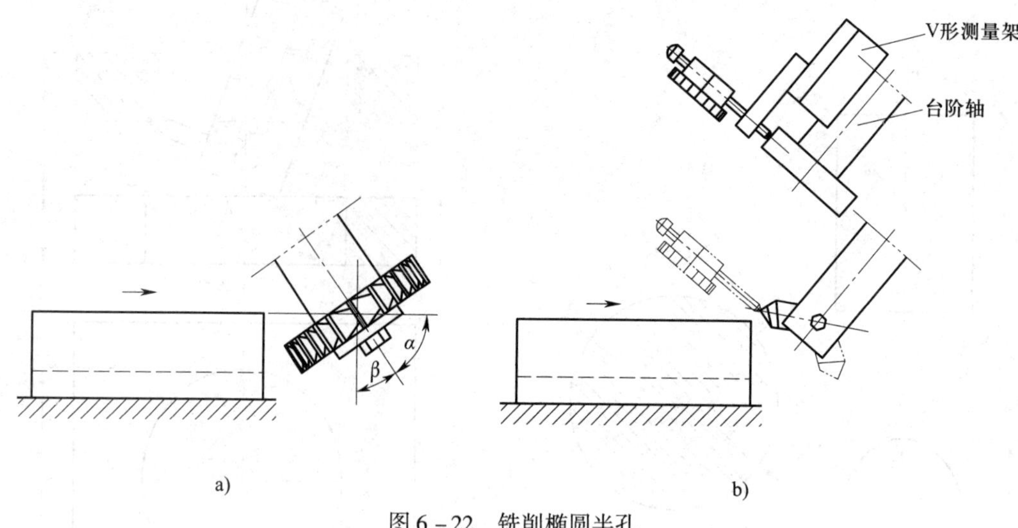

图 6－22　铣削椭圆半孔

a）用三面刃铣刀镗削椭圆孔　b）用镗刀镗削椭圆孔

（3）主轴倾角 β 的精确调整，则可借助于专用锥度心轴或正弦规进行。

3. 铣削椭圆柱

铣削椭圆柱，如图 6－23 所示。具体操作步骤如下：

（1）用三爪自定心卡盘装夹工件，并使工件轴线与工作台面垂直。若椭圆柱与某一基准部位有位置要求时，可在工件端面划出椭圆长、短轴位置，然后使短轴与纵向工作台进给方向平行。

（2）用对中心的方法，调整工作台，使主轴轴线和椭圆短轴在同一平面内。

（3）调整铣刀刀尖回转直径 d_c，一般可先使回转直径 $d_{c粗}$ 大于椭圆长轴直径 D，以便对刀，同时留有一定余量进行精铣。

（4）试切对刀，可将铣刀置于最低点，调整纵向工作台，使刀尖和椭圆中心的距离为 $\frac{d_{c粗}}{2}\times\cos\alpha$。然后将工件做垂向进给，待端面铣出椭圆时，应检查周边余量是否均匀，以确定铣刀是否位于正确的切削位置。

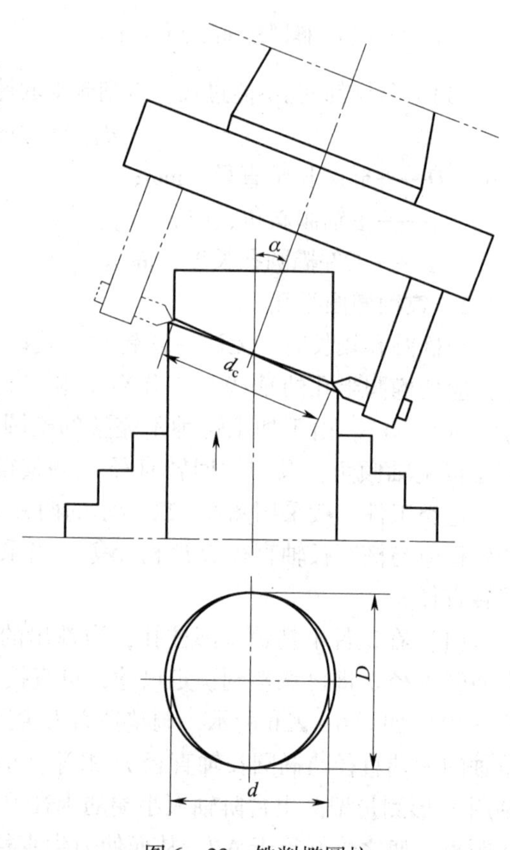

图 6－23　铣削椭圆柱

二、椭圆柱面的检测

加工完成的椭圆柱面要对其长轴和短轴尺寸进行测量，使其满足图样要求。另外还要测量位置尺寸是否满足图样要求。

三、技能训练——镗削椭圆孔（见图 6－24）

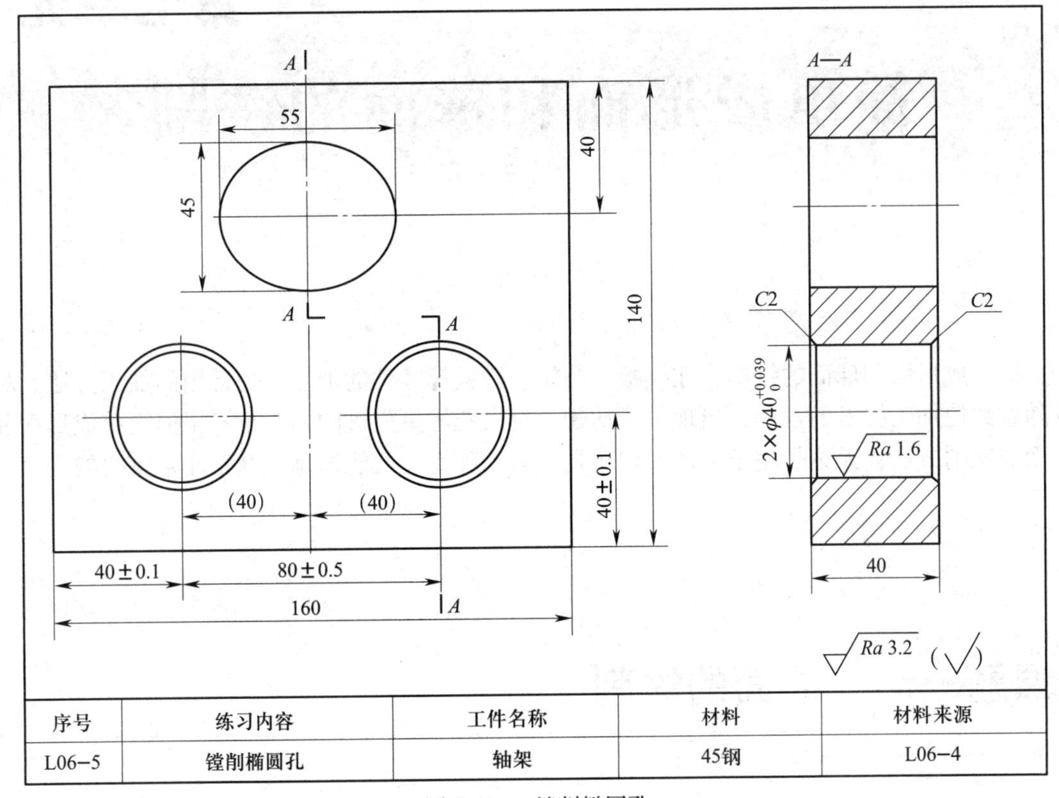

序号	练习内容	工件名称	材料	材料来源
L06-5	镗削椭圆孔	轴架	45钢	L06-4

图 6－24　镗削椭圆孔

1. 确定立铣头扳转角度 α

$$\cos\alpha = \frac{d}{D} = \frac{45\ \text{mm}}{55\ \text{mm}} \approx 0.818\ 18$$

立铣头扳转角度 α 约为 35.10°。

2. 选择镗刀和镗刀杆

$$d_{\text{刀杆}} \leqslant D\cos\alpha - H\sin\alpha \approx (55\cos35.10° - 40\sin35.10°)\ \text{mm} \approx 21.998\ \text{mm}$$

选择镗刀杆的直径为 20 mm。镗刀头的长度尺寸为 35 mm 左右。

3. 粗镗椭圆孔

调整立铣头扳转角度 α 为 35.10°，调整刀尖回转直径 $d_{\text{c粗}}$ 为底孔直径 40 mm。

调整工作台位置，手动旋转镗刀，使镗刀刀尖回转轨迹在椭圆长轴方向恰好与底孔两侧同时相切，完成对中心。

调整镗刀头位置使其刀尖回转直径 $d_{\text{c粗}}$ 为 44 mm，然后完成椭圆孔的粗镗，检测确认椭圆孔位置符合图样要求。

4. 精镗椭圆孔

测量粗镗后的椭圆孔短轴尺寸，据此结果调整镗刀头尺寸进行精镗，使镗出的椭圆孔符合图样要求。

第七单元

简单成形面和球面的铣削

简单成形面和球面的铣削，在模板、凸轮、样板等零件的加工中是常用的加工方法。尽管随着数控加工技术的发展，出现了线切割、电火花等更先进的加工技术，但简单成形面和球面的铣削方法，无论是用于生产实践还是作为一种专业技能训练，都是非常重要的内容。

课题一　曲面的铣削

一个或一个以上方向截面内的形状为非圆曲线的型面称为成形面。只在一个方向截面内的形状为非圆曲线的成形面称为简单成形面。简单成形面是由一直素线沿非圆曲线平行移动而形成的。

根据零件形状的不同，简单成形面分为两种类型。一种直素线较短，称为曲面，如图 7－1 所示的工件，其外形轮廓中一部分为曲面；另一种直素线较长。

曲面可用立铣刀在立式铣床或仿形铣床上加工。成形面则一般用成形铣刀在卧式铣床上加工，如图 7－2 所示。

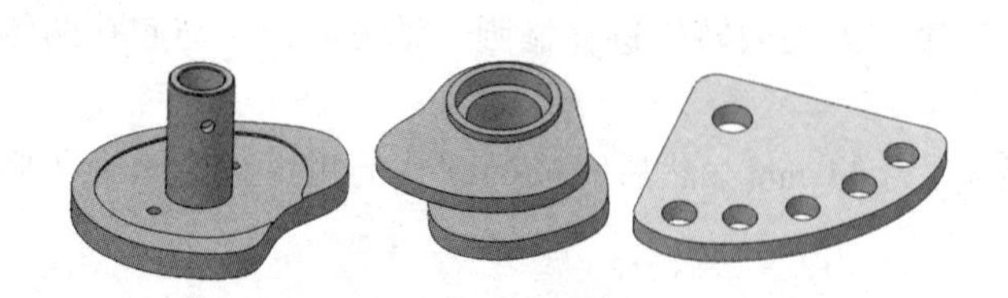

图 7－1　具有曲面的工件

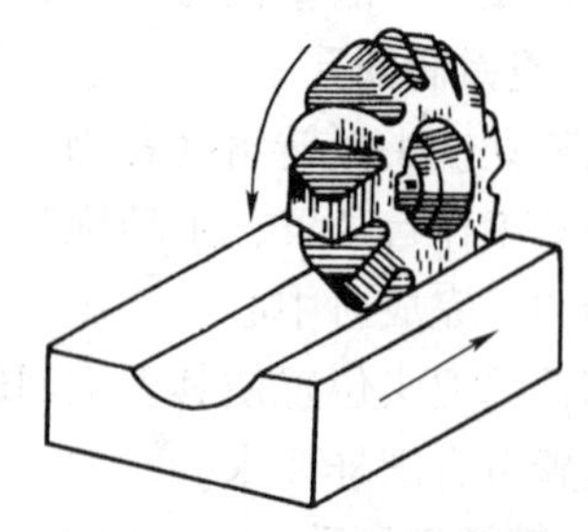

图 7－2　用成形铣刀铣削成形面

一、曲面铣削的工艺要求

铣削曲面在工艺上必须保证如下要求：

1．曲线的形状应符合图样要求，曲线连接的切点位置准确。

2. 曲面对基准应处于要求的正确相对位置。

3. 曲面连接处圆滑，无明显的啃刀和凸出余量，曲面铣削刀痕平整均匀。

在立式铣床上铣削曲面的方法有三种：按划线手动进给铣削、用回转工作台铣削和用仿形法（按靠模）铣削。

二、双手配合进给按划线铣曲面（见表7－1）

表7－1　　双手配合进给按划线铣曲面

内容	简图及说明
铣刀的选择	铣凸圆弧时：铣刀直径大小不限 铣凹圆弧时：$R_{刀} < R_{凹}$ 在条件允许的情况下，尽可能选取直径较大的立铣刀以保证铣削时有足够的刚度
工件的装夹	用压板装夹工件 在加工部位上划线并打样冲眼 工件下垫平行垫铁防止铣伤工作台 工件在工作台上的位置及压板的设置要便于操作（工件要靠近纵向手柄、压板，避开加工部位）
铣削的方法及注意事项	双手同时操纵横向、纵向手柄，协调配合；双眼密切注视，使铣刀切削刃与划线始终相切，并铣去半个样冲眼 余量大时应采用逐渐趋近法分几次铣至要求 双手配合进给时，铣刀在两个方向上始终要保持逆铣，以免铣伤工件和折断铣刀 凸凹转换时要迅速、协调，以免出现凸起或深啃 铣削外形较长且变化较平缓的曲面时，沿长度方向可采用机动进给，另一个方向采用手动进给配合

三、在回转工作台上铣曲面

在回转工作台上铣曲面，需校正铣床主轴与转台中心的同轴度，见表7－2。

表7－2　　铣床主轴与转台中心同轴度的校正

方法	简图及说明
顶尖校正法	在转台中心的内孔中插入带中心孔的心轴，转台在机床工作台上先不压紧 将机床主轴上的顶尖对正心轴端面的中心孔，向下压紧转台以达到两者同轴的目的，再将转台紧固在工作台上 此法适用于一般精度零件的加工
环表校正法	先校正主轴与工作台垂直，以避免影响校正精度 将杠杆百分表固定在机床主轴上，使百分表测头与转台中心的内孔相接触，然后用手转动主轴，调整工作台位置使百分表读数的摆动量不超过0.01 mm（学生练习不超过0.05 mm）即可 校正同轴后，在纵向、横向手柄的刻度盘上做好标记，作为调整主轴与工作台中心距离及确定工件圆弧与相邻表面相切位置的依据 此法的特点是精度高，适于高精度圆弧零件的加工

若工件圆弧的要求不高，且已划线，则可以不进行上述环节而直接进入工件的装夹与校正，见表7－3。

在划好线的工件下垫上平行垫铁，平行垫铁不应露出轮廓线外，紧固用的压板、螺栓及平行垫铁长度要适合，以免铣伤转台或妨碍铣削。用压板螺栓轻轻压住工件后开始校正。

校正完毕即可开始铣削，铣削方向和顺序的确定原则见表7－3。

表7－3　在回转工作台上铣曲面

内容	简图及说明
工件的装夹与校正	a) 用顶尖校正　b) 用大头针校正 对已完成主轴与转台同轴度校正的，可在立铣头主轴上插入顶尖，将工作台纵向（或横向）移动等于工件圆弧半径的距离。然后将已划好线的工件放在回转工作台上，调整工件，使转动转台时顶尖描出的轨迹与工件圆弧线重合即可，见图a。也可以在铣刀上用润滑脂粘上大头针进行校正，见图b
	c) 在回转工作台上铣曲面 用压板压紧工件，装上铣刀，调整好铣刀的切入位置即可开始铣削，见图c。铣完一段圆弧，再按划线校正装夹铣下一段圆弧。逐一铣削，直至加工完整个曲面
	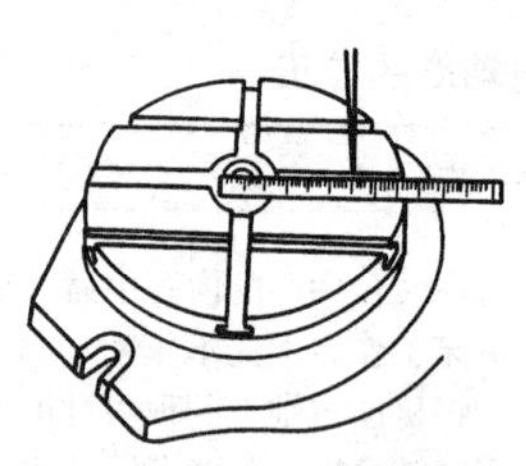 a) 用钢直尺确定工件圆弧的位置 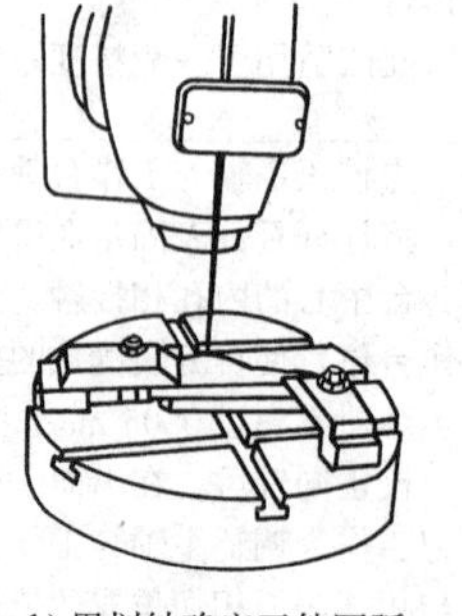 b) 用划针确定工件圆弧 对未完成主轴与转台同轴度校正的，可使用钢直尺的侧面通过转台内孔的中心，在立铣头上固定一划针。以回转工作台内孔的中心为基准，调整工作台使划针尖对准钢直尺上等于工件圆弧半径的刻度，见图a。紧固工作台，再装夹工件，使工件上的圆弧线对准划针尖，圆弧圆心基本对准转台中心，转动转台（可脱开蜗杆蜗轮副），调整工件使划针尖的轨迹与工件圆弧线重合即可。紧固工件再复核一次。见图b 对于有孔的工件，需加工与孔同轴的圆弧表面时，可在转台的中心孔内插入台阶心轴，用心轴定位达到工件与转台同轴的目的，铣出工件圆弧部分，见图c

续表

内容	简图及说明
工件的装夹与校正	c) 用心轴定位装夹工件 对于有孔的工件，需加工与孔同轴的圆弧表面时，可在转台的中心孔内插入台阶心轴，用心轴定位达到工件与转台同轴的目的，铣出工件圆弧部分，见图 c
铣削方向和顺序的确定原则	a) b) c) d) e) f) 为了保证逆铣，铣凸圆弧时转台的旋转方向应与铣刀的旋转方向一致；铣凹圆弧时转台的旋转方向应与铣刀的旋转方向相反 曲面中同时有凸圆弧、凹圆弧、直线相互连接时，其总的顺序是先铣凹圆弧再铣直线最后铣凸圆弧 凹圆弧与凹圆弧相接时，应先铣半径小的凹圆弧 凸圆弧与凸圆弧相接时，应先铣半径大的凸圆弧 若凹圆弧与直线没有直接相接，中间有凸圆弧过渡时，则凹圆弧与直线的铣削顺序不限

四、曲面的其他加工方法

实际生产中还常常采用仿形法加工曲面，利用仿形夹具和专用仿形装置在通用机床上加工曲面或在专用仿形机床上加工曲面，可以大大提高生产效率，降低加工难度。由于仿形装置的结构各不相同，这里就不一一介绍了。实际上，常见的电动配钥匙机就是一台简易的仿形铣床。另外，采用数控铣床、线切割等数控技术加工曲面，具有高精度、高效率的特点，在批量生产中正在逐渐替代传统的铣削加工方法。

技能训练

双手配合进给按划线铣削曲面

零件图如图 7－3 所示。

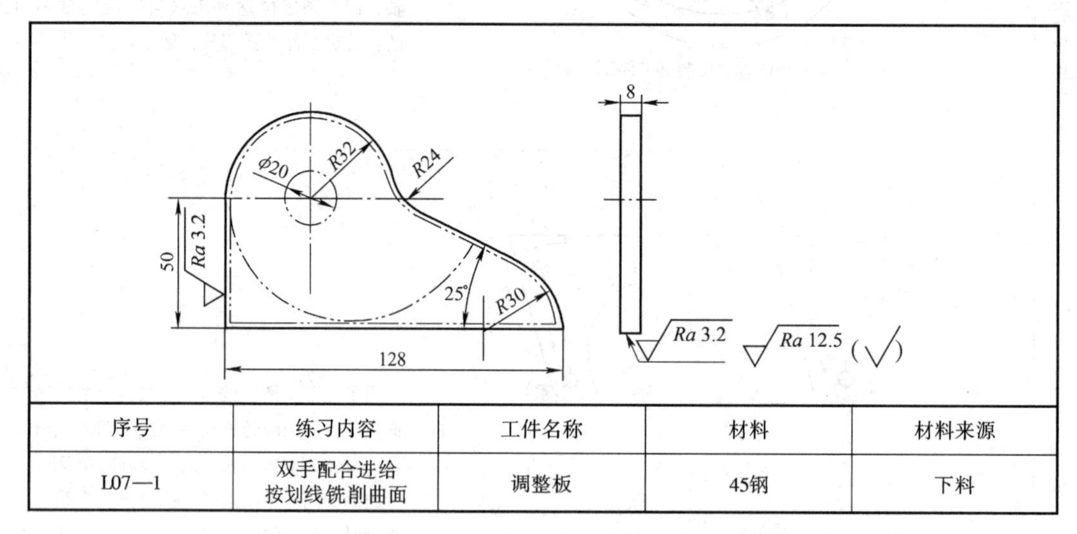

序号	练习内容	工件名称	材料	材料来源
L07—1	双手配合进给按划线铣削曲面	调整板	45钢	下料

图 7－3　双手配合进给按划线铣削曲面

1．铣削长方体

将工件毛坯加工成 128 mm×82 mm×8 mm 的长方体（见图 7－4a）。

2．铣削曲线外形

（1）对照图样，划线并打样冲眼（见图 7－4b）。

（2）选择并安装铣刀。选用 ϕ20 mm 的锥柄立铣刀并安装在主轴中。

（3）装夹并校正工件。

（4）双手配合手动进给，经多次铣削，使零件符合图样要求（见图 7－4c）。

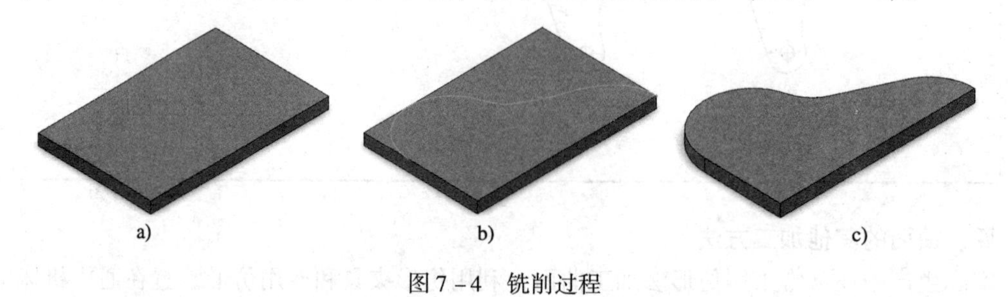

图 7－4　铣削过程

在回转工作台上铣削曲面

零件图如图 7－5 所示。

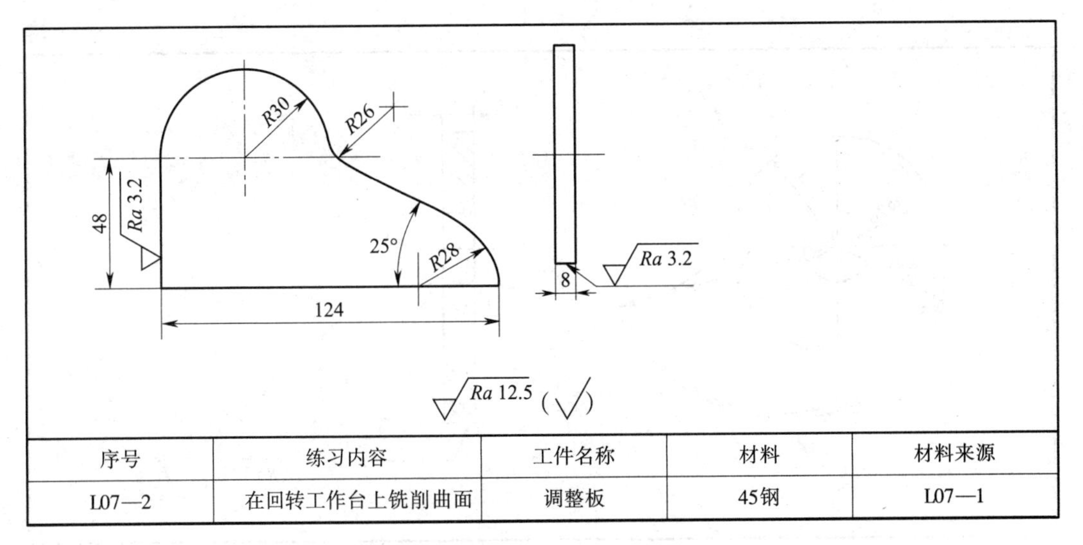

序号	练习内容	工件名称	材料	材料来源
L07—2	在回转工作台上铣削曲面	调整板	45钢	L07—1

图 7 – 5　在回转工作台上铣削曲面

1. 对照图样，检查工件毛坯并划线（见图 7 – 6a）。

2. 安装并校正回转工作台。

3. 装夹并校正工件。

4. 手动转动回转工作台，按照铣削 $R26$ mm 凹圆弧部分、48 mm 直线部分、124 mm 直线部分、25°直线部分、$R30$ mm 凸圆弧部分和 $R28$ mm 凸圆弧部分的顺序，多次铣削，至符合图样要求（见图 7 – 6b）。

图 7 – 6　铣削过程

铣削凸轮

零件图如图 7 – 7 所示。

1. 对照图样，检查工件毛坯并划线（见图 7 – 8a）。

2. 安装并校正回转工作台。

3. 装夹并校正工件。

4. 钻、扩 $\phi20$ mm 孔至符合要求。

5. 手动进给和转动回转工作台配合，同时进给多次铣削等速曲线部分，至符合图样要求（见图 7 – 8b）。

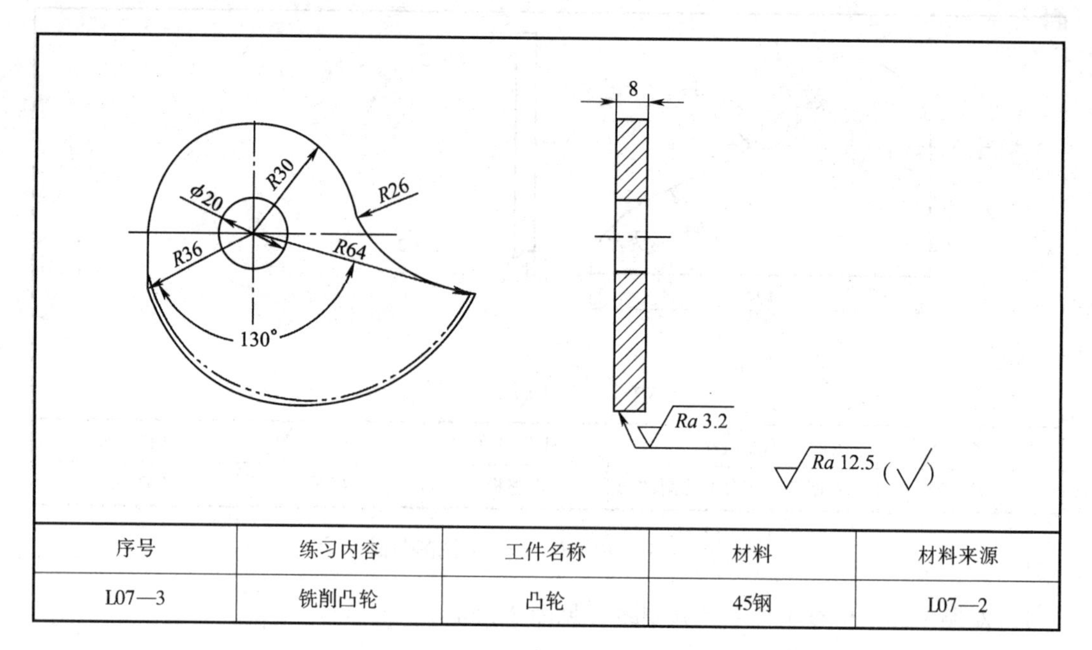

序号	练习内容	工件名称	材料	材料来源
L07—3	铣削凸轮	凸轮	45钢	L07—2

图 7－7　铣削凸轮

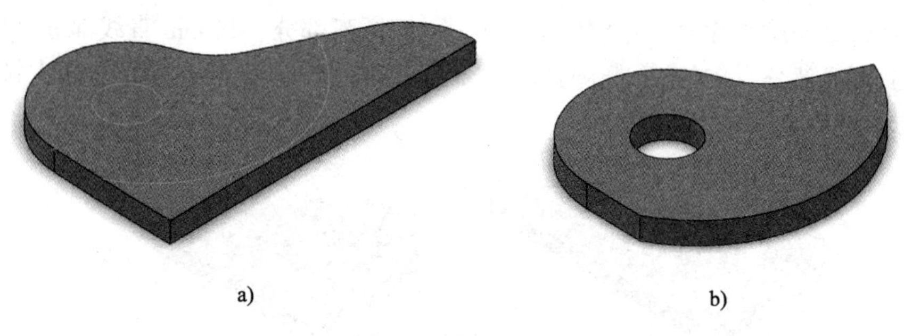

图 7－8　铣削过程

课题二　成形面的铣削

由于成形面直素线较长，不能用立铣刀的圆周刃进行加工，而需使用成形铣刀在卧式铣床上进行加工，如图 7－9 所示。

一、成形铣刀

成形铣刀又称特形铣刀，其切削刃截面形状与工件成形表面形状完全一样（见图 7－10a）。为了刃磨后仍然保持原截面形状，成形铣刀的齿形一般为铲齿结构，齿背曲线为阿基米德螺线，前角一般为0°（见图7－10b），刃磨时只刃磨前面。成形铣刀分整体式和组合式两种，后者一般用于铣削较宽的特形表面。为了便于制造和节约贵重材料，大型的成形铣刀很多做成镶齿的组合铣刀。

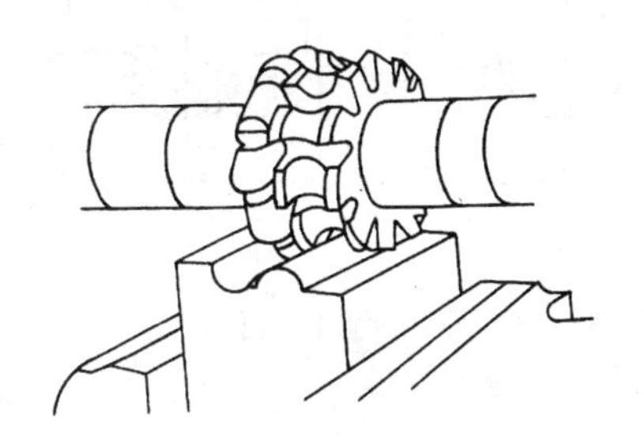

图7－9　用成形铣刀铣削成形面

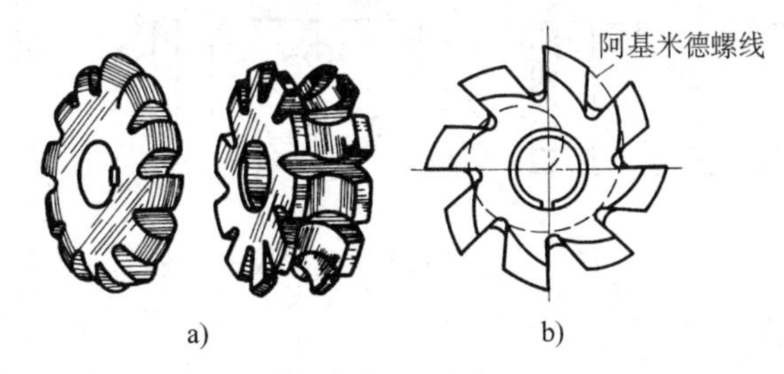

图7－10　成形铣刀
a）凸、凹圆弧成形铣刀　b）成形铣刀的齿形

成形铣刀的切削性能较差，制造费用较高，使用时切削用量应适当降低，用钝后应及时刃磨，以减少刃磨量，提高铣刀的使用寿命。

二、成形面的铣削方法

先在工件的基准面上划出成形面的加工线，然后安装和校正夹具和工件，再按划线对刀进行粗铣和精铣。粗铣时，工件加工余量很大，可以用形状不很准确的并磨成具有正前角的成形铣刀铣削，也可以先用普通铣刀铣去大部分余量，再用精确的成形铣刀精铣，以减小成形铣刀的磨损。成形面的铣削过程如图7－11所示。

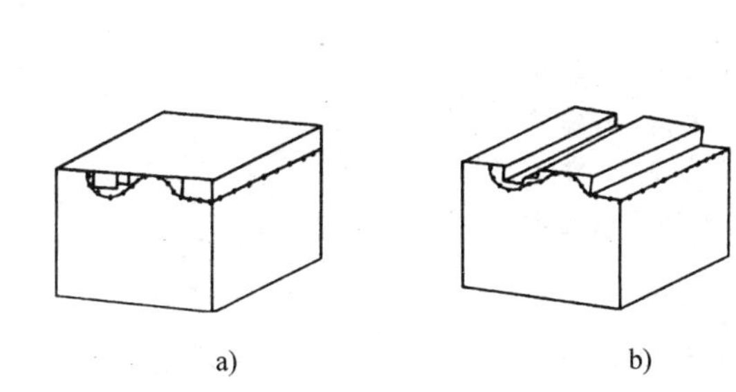

a)　b)　c)

图7－11　成形面的铣削过程
a）按粗铣和精铣划线　b）铣出直槽和台阶（粗铣）　c）精铣

成形面的加工质量由成形铣刀的精度来保证，一般采用样板进行检验，如图7－12和图7－13所示。

三、铣削成形面的注意事项

1. 铣削时应采用较小的铣削用量，其铣削速度一般比普通尖齿铣刀的铣削速度低20%～30%。精铣时，不宜选取过小的铣削宽度 a_e 和进给量 f，以免铣削中产生振动，影响成形面的表面质量。

2. 成形铣刀的切削刃应保持锋利，不允许用得很钝，以免增加铣刀刃磨的难度和影响铣削成形面的精确度。

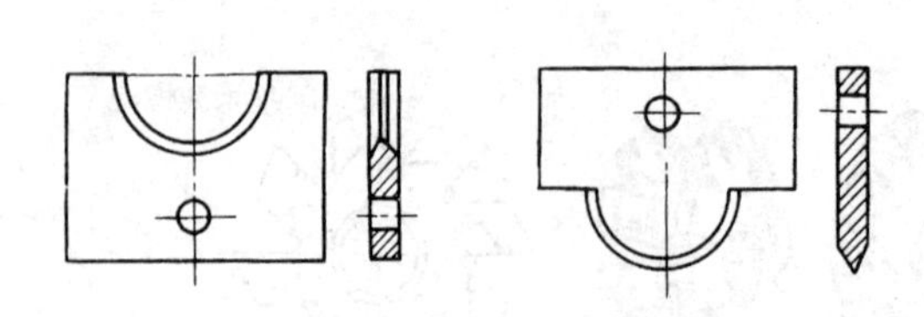

图 7－12　凹、凸圆弧检验样板

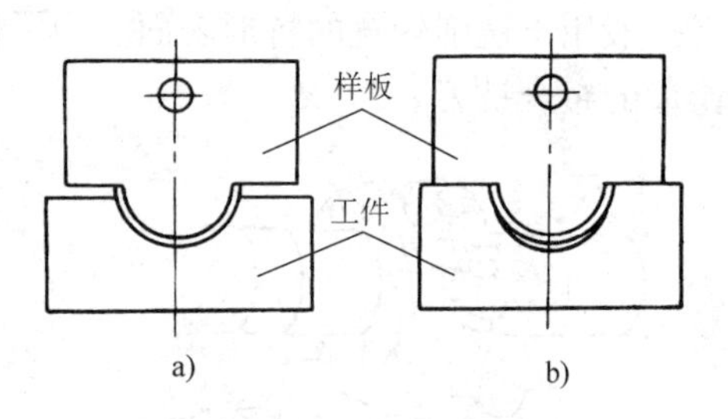

图 7－13　用凸圆弧样板检验工件
a）铣削深度不够　b）铣削过深

3. 成形铣刀在铣削时承受较大的铣削抗力，因此，安装铣刀的刀杆应具有可靠的刚度。在铣刀接近、切入工件直至铣削到铣刀中心为止的过程中应采用手动缓慢进给，以免损坏成形铣刀。

四、简单成形面铣削的质量分析

简单成形面铣削中常见的质量问题及产生原因见表 7－4。

表 7－4　　简单成形面铣削的质量分析

质量问题	产生原因
曲线外形连接不圆滑	1. 划线不准确 2. 切点位置确定错误 3. 回转工作台转角错误
圆弧尺寸不准确	1. 划线错误或偏差较大 2. 铣削过程中检测不准确 3. 圆弧加工位置找正不准确 4. 操作过程中铣削深度过量
表面质量差	1. 铣削用量不当，回转工作台进给速度过大或进给不均匀 2. 铣削方向选择错误（顺铣），引起“扎刀”现象 3. 铣刀用钝后未及时更换，精铣表面质量差 4. 回转工作台及机床传动系统间隙过大，引起较大的铣削振动

技能训练

铣削成形面

零件图如图 7－14 所示。

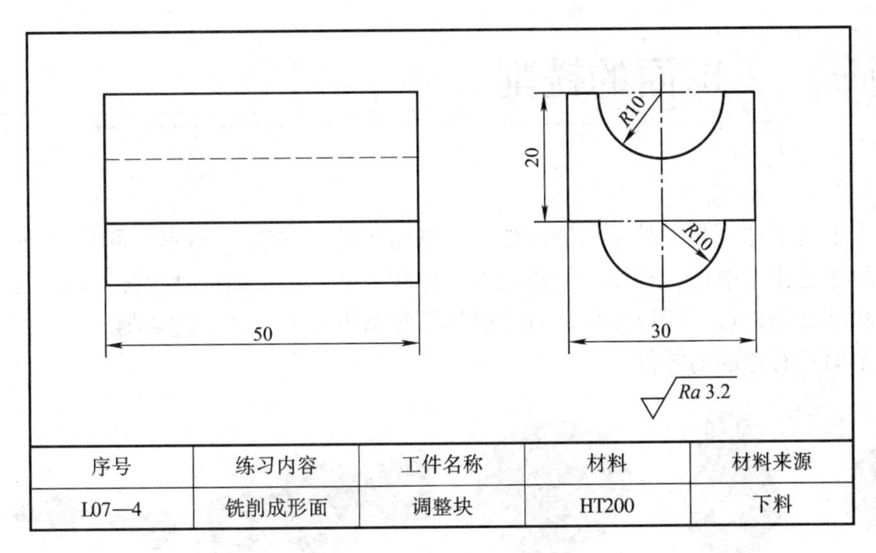

序号	练习内容	工件名称	材料	材料来源
L07—4	铣削成形面	调整块	HT200	下料

图 7－14　成形面的铣削

1. 铣削长方体

将工件毛坯加工成 50 mm×30 mm×30 mm 的长方体（见图 7－15a）。

2. 铣削成形面

（1）对照图样，划线并打样冲眼（见图 7－15b）。

（2）选择并安装铣刀。选择 *R*10 mm 的凹圆弧铣刀和凸圆弧铣刀各一把。

（3）装夹并校正工件。

（4）铣凹圆弧至符合尺寸要求（见图 7－15c）。

（5）换刀，重新装夹工件，铣削凸圆弧至符合图样要求（见图 7－15d）。

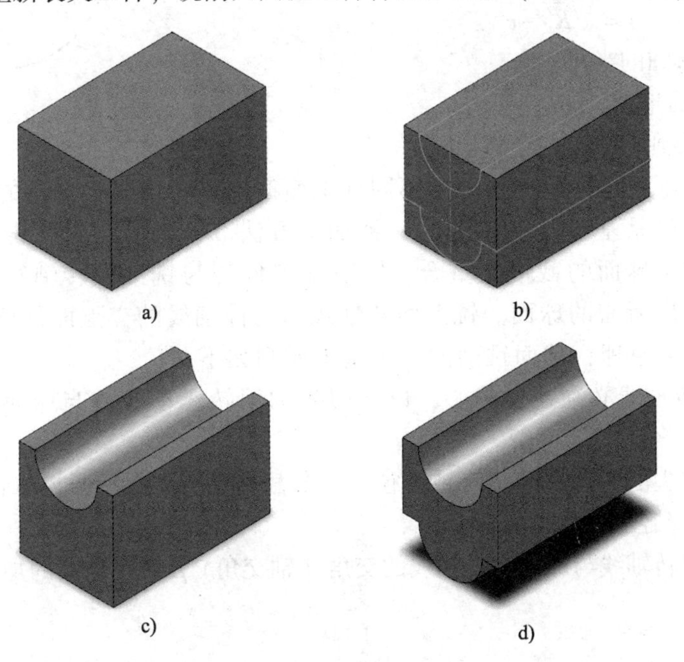

图 7－15　铣削过程

课题三　球面的铣削

在铣床上铣削球面是一种采用展成法加工球面零件的方法。铣削球面时计算和调整都比较烦琐，效率也比车削低，但铣削的进给方式比较灵活，加工适应性较强，加工出的球面具有几何形状准确等特点，所以特别适宜于模具等复杂零件上的球面的切削加工。图 7 – 16 所示为经铣削而具有球面的零件。

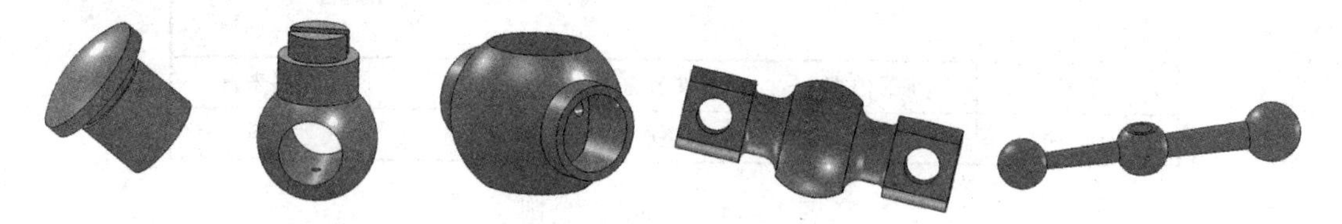

图 7 – 16　具有球面的零件

一、球面铣削的展成原理

半圆曲线绕其直径回转一周所形成的曲面称为球面。球面上任意一点到其中心（球心）的距离都相等，这个距离称为球面半径 R。

用一平面与球面相截，所得截面图形是一个圆。截形圆的圆心 O_1 是球心 O 在截平面上的投影，截形圆的半径 r 由球的半径 R 和球心到截平面的距离 e 的大小决定，如图 7 – 17 所示。由图可知：

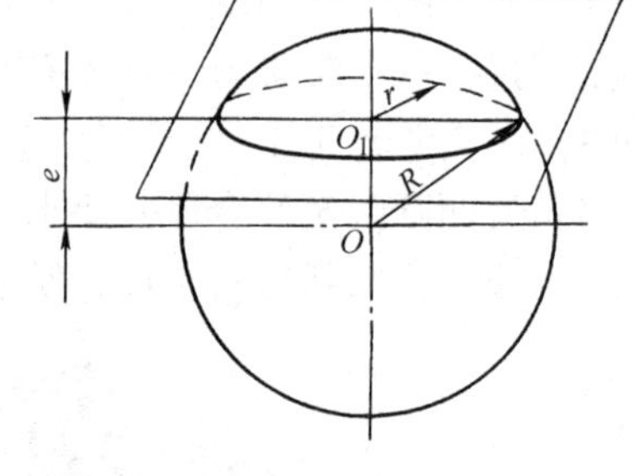

图 7 – 17　平面截球的截形圆

$$r = \sqrt{R^2 - e^2}$$

式中　r ——截形圆的半径，mm；

R ——球面半径，mm；

e ——球心到截平面的距离，mm。

由上式可知：到球心距离相等的不同截平面截同一个球时，截得的各截形圆半径都相等。球面铣削就是基于这一原理的一种加工方法。铣削时，只要铣刀回转时刀尖运动的轨迹与被加工球面的截形圆重合，同时使工件绕与铣刀回转轴线相交的自身轴线回转，就能加工出所需的球面。铣刀回转轴线与工件轴线的交点即是球心。

根据上述加工原理，球面铣削的三个基本原则如下：

1. 铣刀回转轴线必须通过球心，以使刀尖的回转运动轨迹与球面的某一截形圆重合。

2. 以铣刀刀尖的回转直径 d_c（或半径 r_c）及截形圆所在截平面与球心的距离 e 确定球面的尺寸（球面半径 R）和形状精度。

3. 以铣刀回转轴线与球面工件轴线的交角（轴交角）β 确定球面的加工位置。

二、双柄球的铣削（见表 7－5）

表 7－5　　双柄球的铣削

内容	简图及说明
铣外球面用刀具	铣外球面用的硬质合金铣刀头 铣削外球面一般采用在机夹式刀盘上安装硬质合金铣刀头的方式来加工，以便于调整刀尖回转直径
工件的装夹与校正	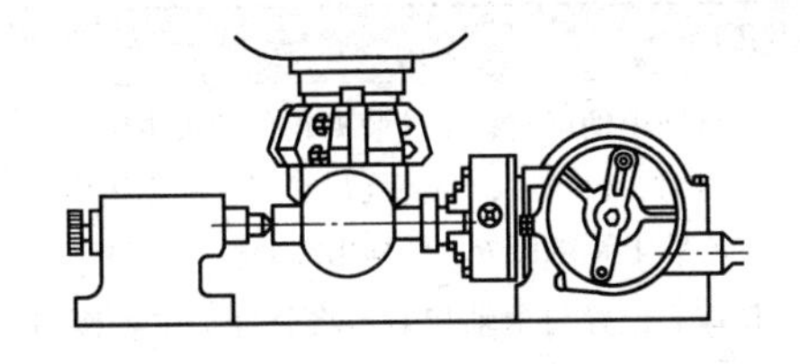 铣削等直径双柄球，装夹一般采用分度头一夹一顶的方法。装夹后，先校正柄部外圆的径向圆跳动，再校正上母线与工作台面平行及侧母线与工作台纵向进给方向平行
铣刀直径的计算和调整	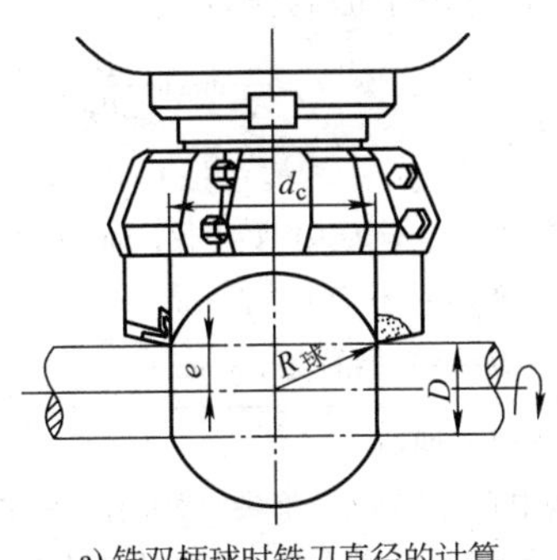 a) 铣双柄球时铣刀直径的计算 铣双柄球时铣刀回转直径 d_c 由图 a 可知： $d_c = \sqrt{4R_{球}^2 - D^2} = \sqrt{D_{球}^2 - D^2}$ 式中　d_c——刀尖回转直径，mm $R_{球}$、$D_{球}$——球面半径、直径，mm D——球柄直径，mm 刀头回转直径的调整可用试切法和测量法 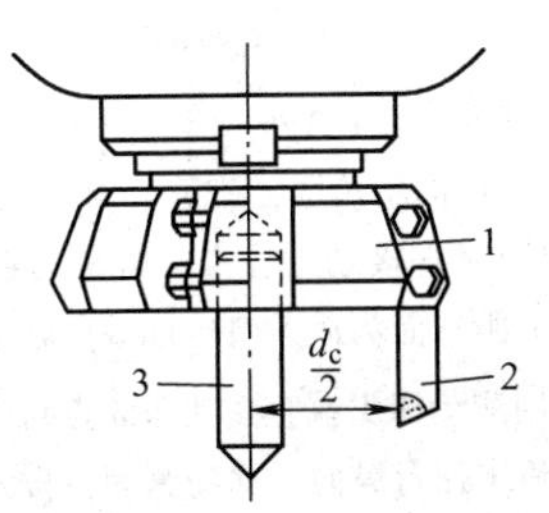 b) 在刀盘上用量棒调整铣刀的直径 1—刀盘　2—铣刀头　3—测量棒 用试切法时，先将刀头装在刀盘 1 上，大体测一下尺寸，固定后在废料上铣出一个圆形刀痕，用游标卡尺测量圆形刀痕后对刀头进行调整，使刀尖回转直径符合要求 用测量法时，在刀盘中心孔内插入一有尖的测量棒 3，用卡尺测量刀尖至测量棒中心的距离应等于 $\frac{d_c}{2}$，调整两刀尖等高后紧固铣刀头 2

续表

内容	简图及说明	
铣削及对中心的方法	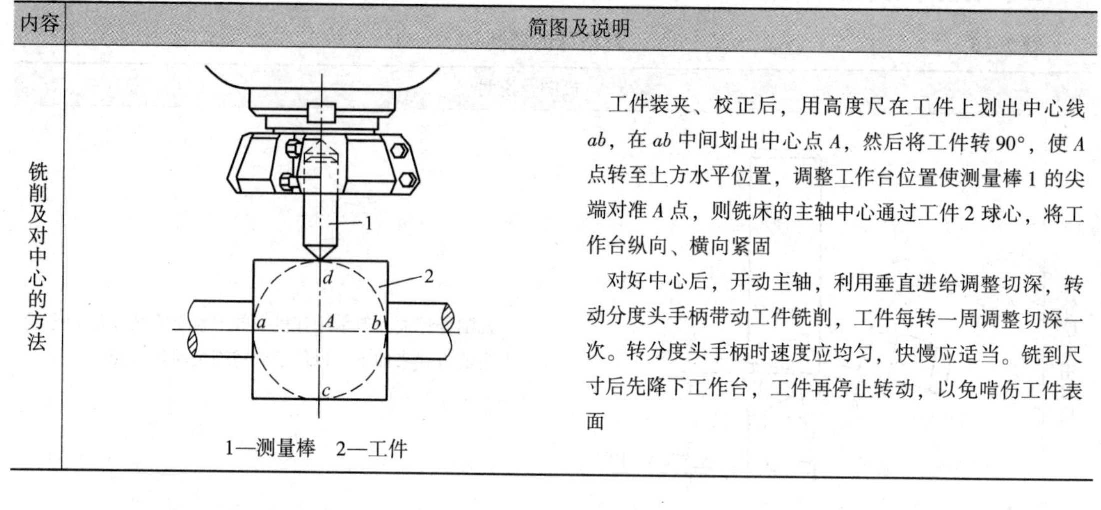 1—测量棒　2—工件	工件装夹、校正后，用高度尺在工件上划出中心线 ab，在 ab 中间划出中心点 A，然后将工件转 90°，使 A 点转至上方水平位置，调整工作台位置使测量棒 1 的尖端对准 A 点，则铣床的主轴中心通过工件 2 球心，将工作台纵向、横向紧固 对好中心后，开动主轴，利用垂直进给调整切深，转动分度头手柄带动工件铣削，工件每转一周调整切深一次。转分度头手柄时速度应均匀，快慢应适当。铣到尺寸后先降下工作台，工件再停止转动，以免啃伤工件表面

三、单柄球的铣削（见表 7－6）

表 7－6　　　　单柄球的铣削

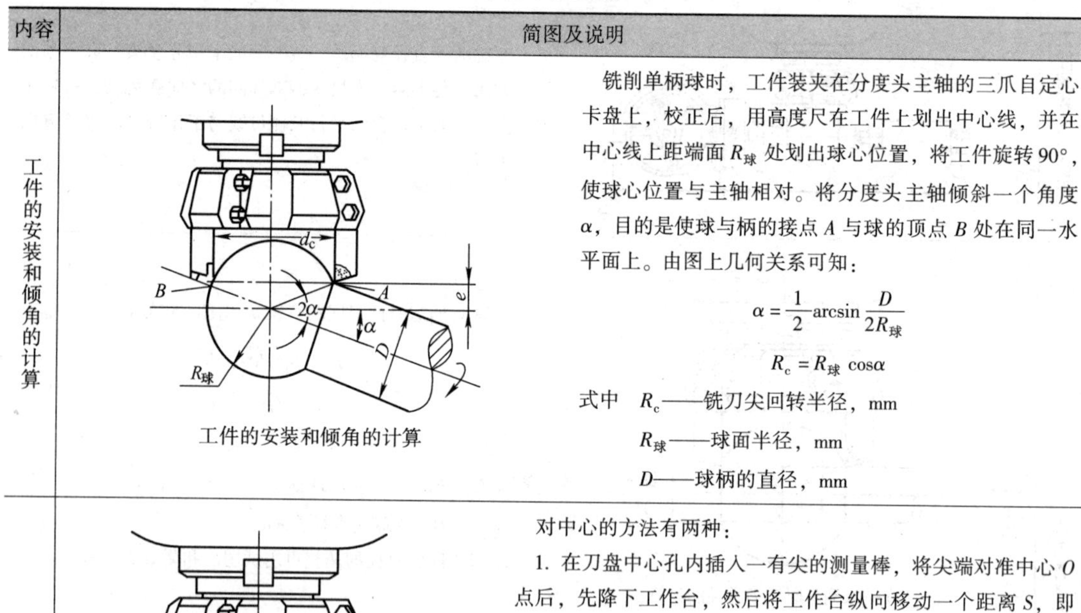

内容	简图及说明	
工件的安装和倾角的计算	工件的安装和倾角的计算	铣削单柄球时，工件装夹在分度头主轴的三爪自定心卡盘上，校正后，用高度尺在工件上划出中心线，并在中心线上距端面 $R_球$ 处划出球心位置，将工件旋转 90°，使球心位置与主轴相对。将分度头主轴倾斜一个角度 α，目的是使球与柄的接点 A 与球的顶点 B 处在同一水平面上。由图上几何关系可知： $\alpha = \frac{1}{2}\arcsin\frac{D}{2R_球}$ $R_c = R_球\cos\alpha$ 式中　R_c——铣刀尖回转半径，mm $R_球$——球面半径，mm D——球柄的直径，mm
对中心和铣削方法	铣削单柄球对中心方法	对中心的方法有两种： 1. 在刀盘中心孔内插入一有尖的测量棒，将尖端对准中心 O 点后，先降下工作台，然后将工作台纵向移动一个距离 S，即可对中心。由图可知： $S = R_球\sin\alpha$ 式中　$R_球$——球面半径，mm α——工件倾斜角度，(°) 2. 在工件划线时直接划出 a 点，方法为在分度头倾斜 α 角前，在中心线上距端面为 $R_球(1-\tan\alpha)$ 处划出 a 点；分度头倾斜 α 角后，用测量棒尖端直接找正 a 点对中心 对中心后，将工作台纵向、横向紧固，按式 $R_c = R_球\cos\alpha$ 调整好刀尖回转半径 R_c（为便于调整，一般采用单刀加工）即可开始铣削。进刀方法与铣削双柄球时相同

四、内球面的铣削

铣削内球面可采用立铣刀和镗刀加工。

立铣刀一般只适合半径较小、深度较浅的内球面铣削。而镗刀由于回转半径调整较方便，故加工范围较大，铣削时调整方式较灵活，实际生产中应用更为普遍。它们的加工方式与铣削外球面基本相同。下面介绍用立铣刀加工内球面和用镗刀加工内球面的方法（见表 7－7）。

表 7－7　　用立铣刀和用镗刀加工内球面

内容	简图及说明
立铣刀的选择与倾斜角度的确定	a) 立铣刀直径最小值 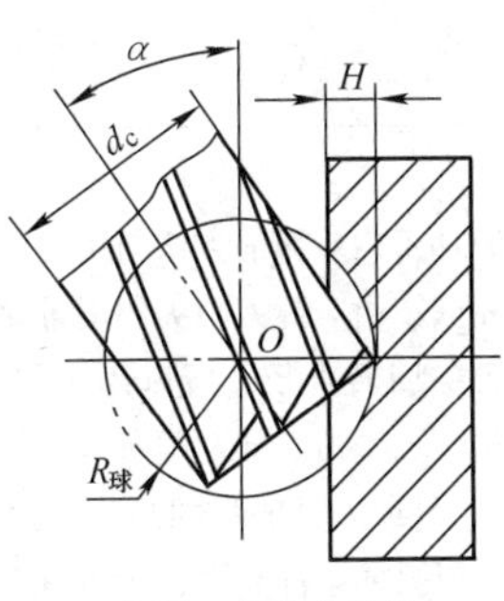 b) 立铣刀直径中间值 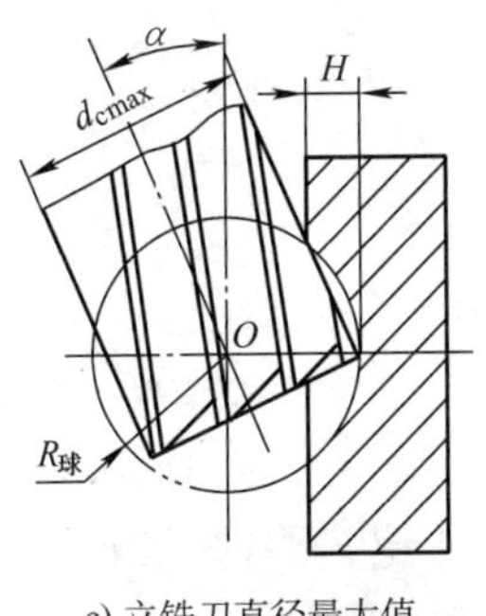 c) 立铣刀直径最大值 用立铣刀铣内球面应先确定铣刀的直径 d_c，d_c 值可在一定范围内选取，即： $$d_{cmin} \leqslant d_c \leqslant d_{cmax}$$ $$d_{cmin} = \sqrt{2R_球 H} = \sqrt{D_球 H}$$ $$d_{cmax} = \sqrt{4R_球^2 - 2R_球 H} = \sqrt{D_球^2 - D_球 H}$$ 式中　d_{cmin}——立铣刀直径最小值，mm d_{cmax}——立铣刀直径最大值，mm $R_球$、$D_球$——球面半径、直径，mm H——球冠的高度，mm 在具体确定 d_c 值时应尽可能采用较大规格的标准立铣刀，这样可以使主轴或工件的倾斜角度较小些。当立铣刀的直径确定后，先在切入端面上划出球面的中心线（不是球心），再根据铣刀的直径确定工件倾斜角度 α $$\alpha = \arccos \frac{d_c}{2R_球} = \arccos \frac{d_c}{D_球}$$ 式中　d_c——立铣刀直径，mm $R_球$、$D_球$——球面半径、直径，mm

续表

内容	简图及说明
对中心与内球面的铣削方法	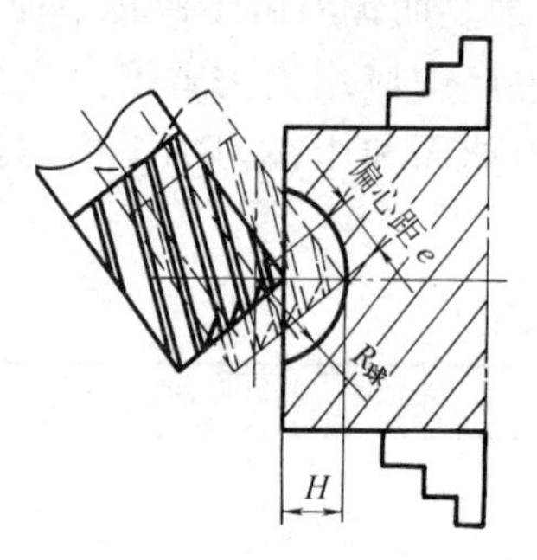 a) 主轴倾斜一个角度时的对中心 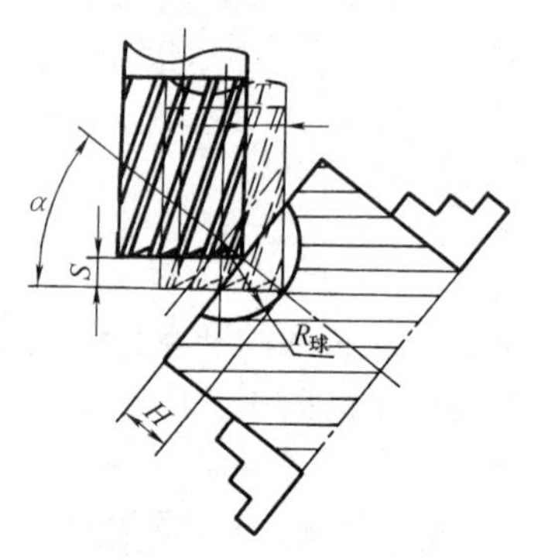 b) 工件倾斜一个角度时的对中心 若主轴倾斜一个角度 α，则将铣刀刀尖调整到中心，开动机床使切出浅痕通过内球面的中心后，利用纵向进给并转动分度头手柄带动工件铣削，纵向移动距离为球面的深度 H，见图 a 若主轴不能倾斜角度，可以使工件倾斜一个角度 α。先将铣刀尖调整到中心，开动机床先利用升降进给，转动分度头手柄带动工件铣削，将工作台上升一个距离 S，此时球面中心处留下一个圆锥，然后利用纵向进给，转动分度头手柄带动工件铣削。纵向移动一个距离 T，即可完成规定球面的铣削，由图 b 可知： $S = H\sin\alpha$ $T = H\cos\alpha$ 式中　S——升降进刀量，mm T——纵向进刀量，mm H——球面深度，mm α——工件倾斜角度，(°)
用镗刀加工内球面的方法	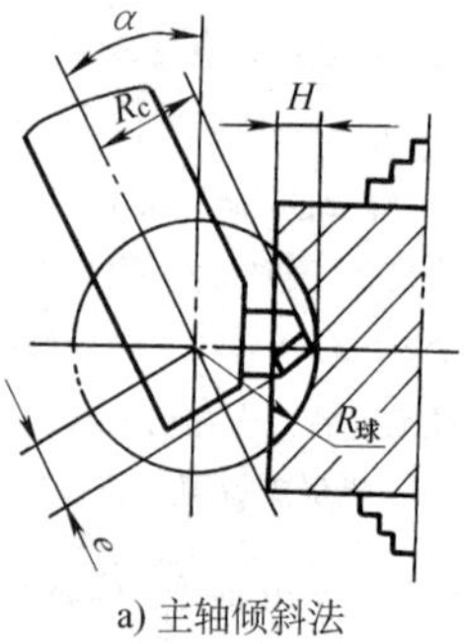 a) 主轴倾斜法 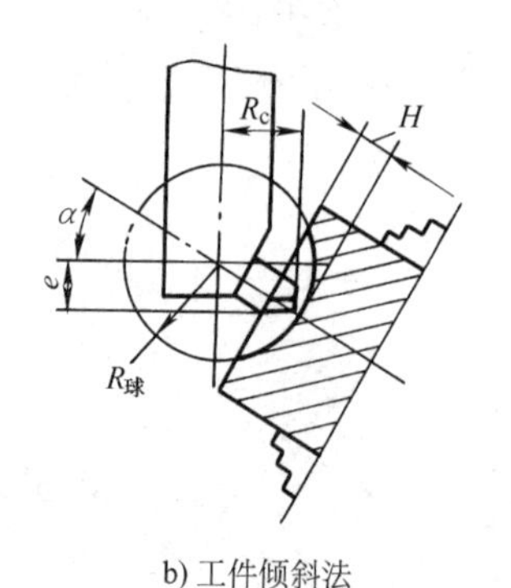 b) 工件倾斜法 用镗刀加工内球面的方法与用立铣刀加工内球面的方法基本相同，由于镗刀刀尖伸出量便于调节，且刀杆直径小于刀尖回转直径，所以用镗刀加工内球面更为简便、实用。加工情况如左图所示。此时可先确定倾斜角 α，倾斜工件或刀具的目的是为了避免铣削时刀杆碰到工件。所以只要条件允许，所倾斜角度越小越好，当刀尖回转半径与刀杆半径之差大于内球面深度时可以不倾斜角度 α 角确定后可按下式计算镗刀尖回转半径 R_c： $R_c = R_{球}\cos\alpha$ 式中　R_c——刀尖回转半径，mm $R_{球}$——球面半径，mm

五、球面的检测方法（见表7－8）

表7－8　　球面的检测方法

方法	简图及说明
目测法	观察加工好的球面，通过已加工表面切削纹路来判断球面加工质量：如果切削纹路为交叉网纹，表示球面形状是正确的；若切削纹路为单向，则表明该球面形状不正确
圆环检测法	球面的尺寸精度可用千分尺直接测量 外球面的形状精度，可用内孔直径等于 $0.75D_{球}$ 的圆环套在圆球表面，利用透光法观察球面与圆环之间的缝隙大小
样板检测法	检测外球面 检测内球面 利用检测样板可以综合检测内、外球面的尺寸精度和形状精度。检测时，应使样板曲面通过球面中心，并垂直于球面中心，转动工件或样板，利用透光法观察球面与样板曲面的贴合情况，来检测球面的加工精度
千分尺检测法	千分尺的测量面与球面相切时，就可以检测出球面上各处的直径，非常方便

六、球面铣削的注意事项

铣削球面时应注意下列事项：

1．铣刀盘的刀尖回转半径 r_c 的大小影响加工球面的半径 $R_{球}$，因此，加工前必须正确计算和精确调整。

2．对刀的目的是使铣刀刀尖的回转轴线通过球心，对刀误差的大小将直接影响加工后球面的几何形状误差。对刀可采用划线对中法或试切法。准确对刀铣出的球面应呈网状刀纹。

3. 铣削球面时，大多采用单刀片做高速切削，所以铣削深度及进给量均取小值。通常，粗铣时铣削深度 a_p 为 1 ~4 mm；半精铣时 a_p 为 0.5 ~1.0 mm；精铣时 $a_p < 0.5$ mm。铣削速度：对于钢件（200 ~280HBW），v_c 取 80 ~120 m/min；对于灰铸铁件，v_c 取 60 ~110 m/min。

4. 铣削球面时，回转工作台或分度头的回转运动是进给运动。在条件许可的情形下应尽量采用机动，实现自动进给，使进给均匀平稳，球面获得较好的表面质量，同时能降低操作者的劳动强度。

七、球面铣削的质量分析

球面铣削的质量主要与刀尖回转半径、铣削位置、铣削用量及铣削方法等有关。常见的质量问题及产生原因见表 7 –9。

表 7 –9　球面铣削的质量分析

质量问题	产生原因
球面直径（或半径）不符合要求	1. 铣刀刀尖回转半径 r_c 调整不准 2. 铣刀刀尖到球心距离不准（铣刀沿轴向进给量不当）
球面形状误差大，形状呈橄榄形，表面呈单向切削纹	铣刀轴线与工件轴线异面（即不相交于同一平面内）
球面位置不准：球冠顶端出现残留未切除的凸尖；球冠或球带的截形圆尺寸不符合要求	1. 铣削时，铣刀刀尖未通过球冠的顶点 2. 立铣头或分度头主轴的偏转角调整不准 3. 工件在纵向或垂直方向（在卧式铣床上加工时为纵向或横向）的位置调整不准 4. 工件与回转工作台不同轴
球面表面粗糙度值大	1. 铣刀切削角度刃磨不当 2. 铣刀磨损 3. 铣削用量过大，圆周进给（手动）不均匀 4. 使用顺铣引起窜动、梗刀

技能训练

铣削单柄外球面手柄

零件图如图 7 –18 所示。

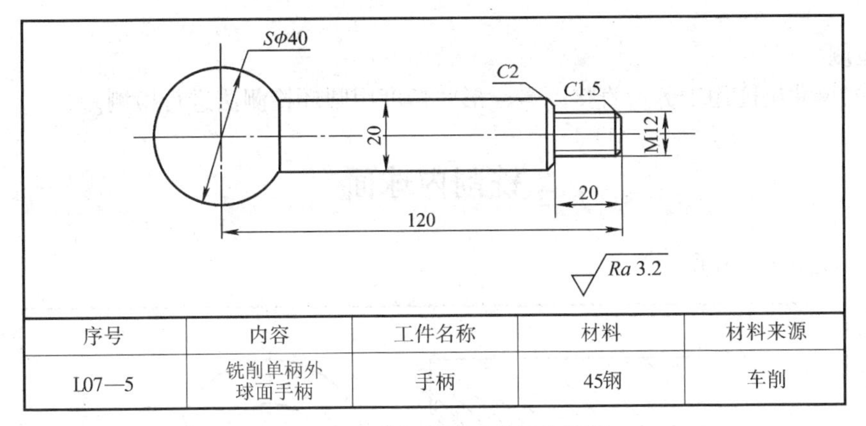

序号	内容	工件名称	材料	材料来源
L07—5	铣削单柄外球面手柄	手柄	45钢	车削

图7－18　单柄外球面手柄的铣削

图7－18所示为单柄外球面手柄，球面直径 $D_{球}=2R_{球}=40\ \text{mm}$，柄部直径 $D=20\ \text{mm}$。用工件倾斜法在立式铣床上铣削。其加工步骤如下：

1. 计算分度头起度角 α 和刀尖回转半径 R_c

$$\alpha=\frac{1}{2}\arcsin\frac{D}{D_{球}}=\frac{1}{2}\arcsin\frac{20}{40}=15^{\circ}$$

$$R_c=R_{球}\cos\alpha=20\ \text{mm}\times\cos15^{\circ}\approx19.32\ \text{mm}$$

2. 安装、校正分度头

先调整分度头主轴轴线与工作台面平行及与纵向进给方向平行。

3. 调整、安装铣刀盘

采用切痕调整法调整铣刀盘刀尖回转半径 R_c 等于计算值（19.32 mm）。

4. 安装、校正工件

以毛坯端面为基准，按球面半径值 $R_{球}$ 在球面毛坯圆周划线；将工件装夹在分度头的三爪自定心卡盘上，用高度尺划出中心线，与圆周线相交于 O 点，转动分度头分度手柄使交点转过90°与立铣头主轴相对；按计算值精确调整分度头起度角 α（15°）。

5. 对中心

用测量棒尖对准 O 点，降下升降台后将工作台纵向移动一个距离 S（$S=R_{球}\sin\alpha=20\ \text{mm}\times\sin15^{\circ}\approx5.18\ \text{mm}$），铣刀盘回转轴线即可通过球心。

6. 铣削球面

锁紧工作台纵向、横向紧固手柄，上升工作台利用升降进给，用手均匀转动分度手柄，利用分层铣削法逐渐铣至规定尺寸（见图7－19）。

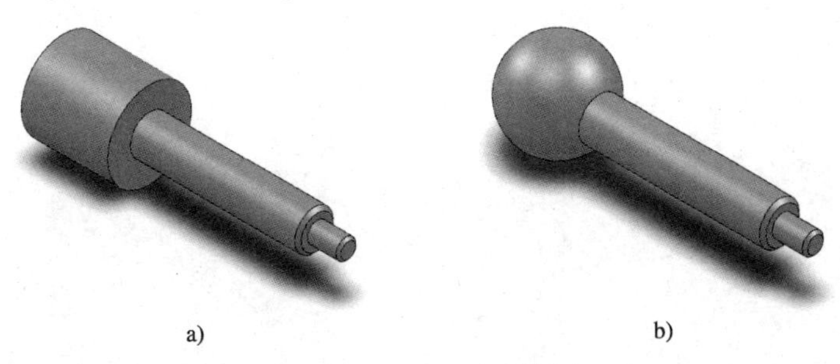

图7－19　单柄球的铣削

7. 检测

球面的尺寸精度用千分尺直接测量，形状精度用圆环检测法进行检测。

铣削内球面

零件图如图 7－20 所示。

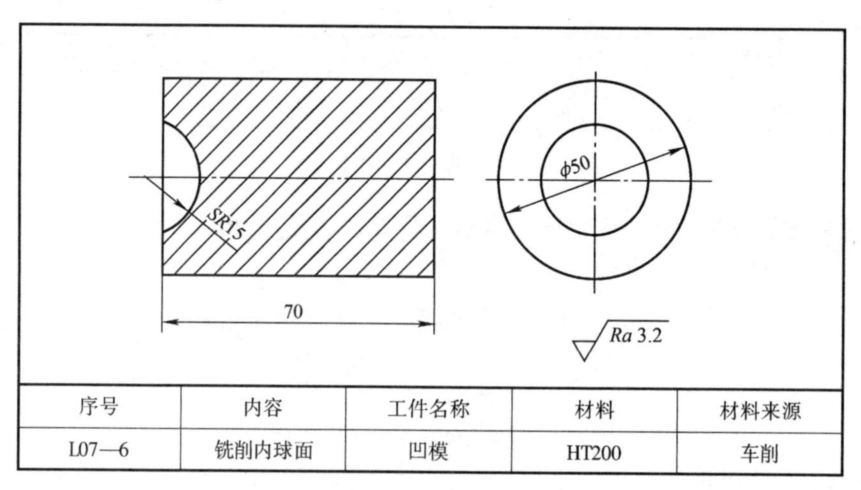

序号	内容	工件名称	材料	材料来源
L07—6	铣削内球面	凹模	HT200	车削

图 7－20　铣削内球面

该练习建议采用立铣刀加工，加工前请学生对立铣刀相关参数的取值范围、倾斜角度等进行计算。加工完成后的工件如图 7－21 所示。

图 7－21　内球面的铣削

第八单元

螺旋槽和凸轮的铣削

在机械零件中有许多具有螺旋线形状的零件，其中具有圆柱螺旋线运动轨迹的螺旋槽零件最为常见，如螺旋传动轴、等速圆柱凸轮、等速盘形凸轮等，如图 8－1 所示。本章将介绍圆柱螺旋槽和具有相似铣削加工原理的等速圆柱凸轮的铣削。

图 8－1　具有等速螺旋线形状的零件

课题一　圆柱螺旋槽的铣削

一、螺旋线的基本概念

1. 圆柱螺旋线

（1）圆柱螺旋线的形成

如图 8－2a 所示，直径为 D 的圆柱绕自身轴线匀速回转一周，铅笔沿圆柱的一条素线由 A 点匀速移动到 B 点，铅笔在圆柱表面划出的空间曲线即为圆柱螺旋线。用一个两直角

边边长 $AC=\pi D$、$BC=P_h$ 的直角三角形纸片，在直径为 D 的圆柱体上回绕一周，则斜边 AB 在圆柱面上形成的曲线与铅笔所划轨迹重合，可知圆柱螺旋线的平面展开图形是一条与圆周展开线成交角为 λ 的倾斜直线，如图 8－2b 所示。

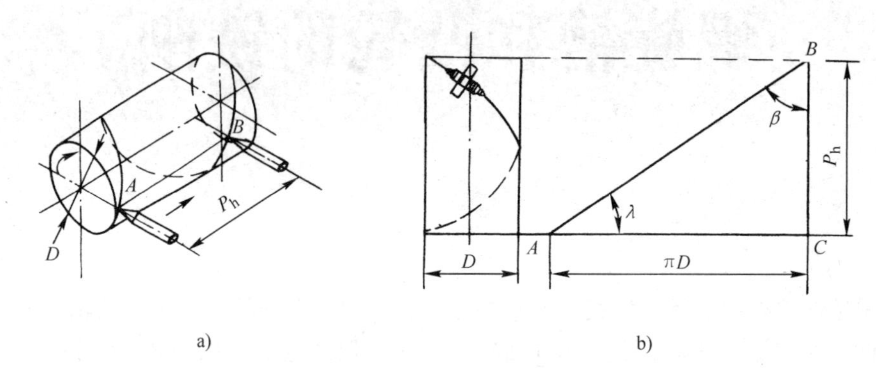

a)　　b)

图 8－2　圆柱螺旋线的形成

（2）圆柱螺旋线的要素

圆柱螺旋线的主要要素如下：

1）螺旋角 β。圆柱螺旋线的切线与通过切点的圆柱面直素线之间所夹的锐角。

2）导程角 λ。圆柱螺旋线的切线与圆柱端平面之间所夹的锐角。

3）导程 P_h。圆柱面上的一条螺旋线与该圆柱面的一条直素线的两个相邻交点之间的距离。

4）螺距 P。圆柱面上相邻两螺旋线间的轴向距离。

5）线数 n。圆柱面上螺旋线的条数（头数）。

6）旋向。圆柱螺旋线有左旋和右旋两种旋向。

各要素之间的关系如下：

$$P_h=\pi D\cot\beta$$

$$\lambda=90^\circ-\beta$$

$$P_h=nP$$

圆柱面上的螺旋线有两条或两条以上，称为多头螺旋线，图 8－3 所示为双头螺旋线展开图。

螺旋线的旋向有左旋和右旋之分。将圆柱轴线垂直于水平面，看螺旋线走向，若螺旋线由左下方向右上方升起则为右旋，若螺旋线由右下方向左上方升起则为左旋，如图 8－4 所示。

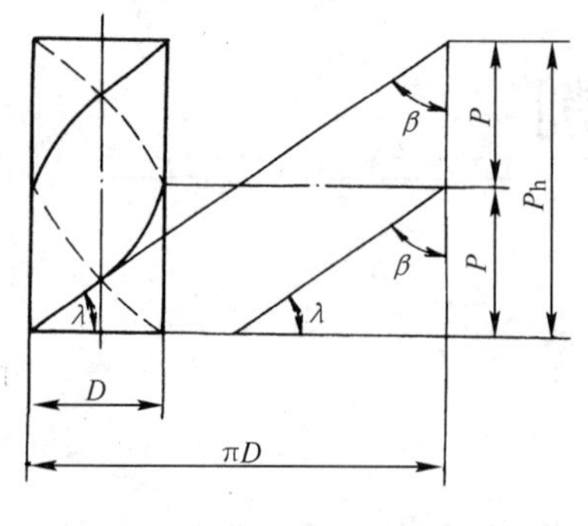

图 8－3　双头螺旋线展开图

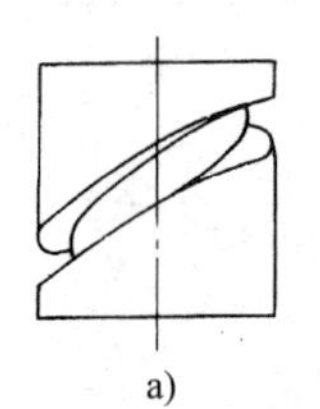

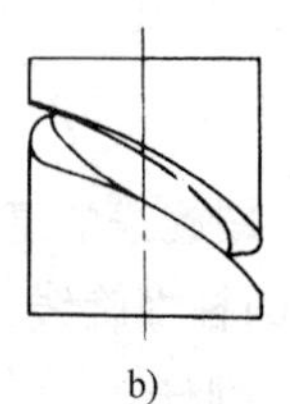

a)　　b)

图 8－4　螺旋线（槽）的旋向

a）右旋　b）左旋

2. 平面螺旋线

（1）平面螺旋线的形成

如图 8－5 所示，在圆盘做等速旋转的同时，点 A 沿圆盘的径向做等速直线运动，点 A 在圆盘端面上的轨迹就是一条平面螺旋线，这种平面螺旋线又称为阿基米德螺旋线。

平面螺旋线常用作等速盘形凸轮的工作廓线，如图 8－6 所示。

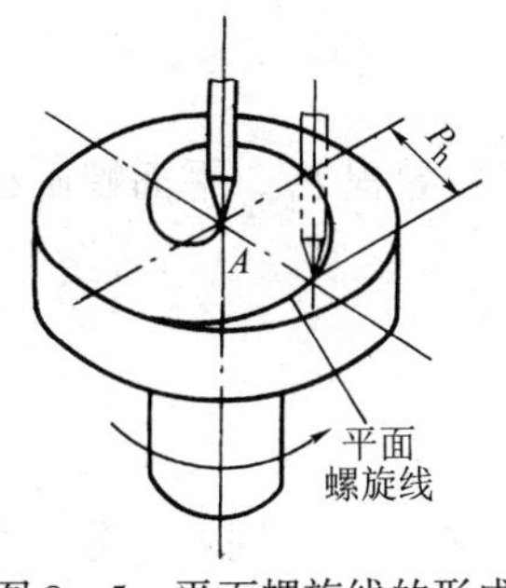

图 8－5　平面螺旋线的形成

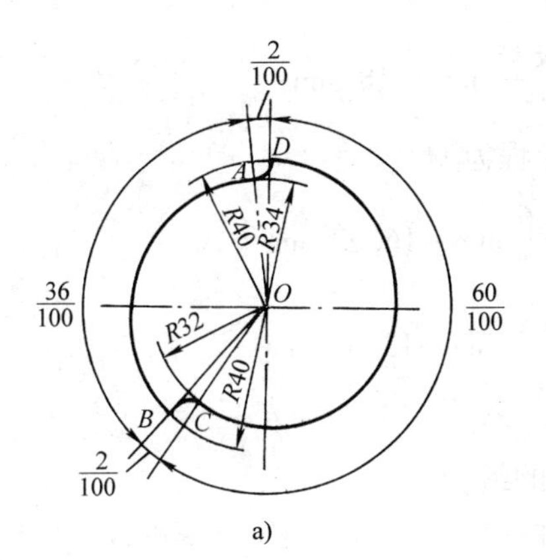

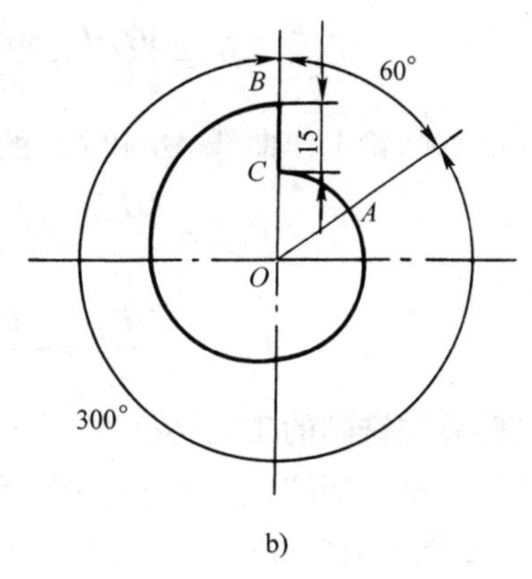

图 8－6　等速盘形凸轮

（2）平面螺旋线的要素

1）升高量 H。某段平面螺旋线的最大半径与最小半径之差。在图 8－6a 所示的具有两条匀速升高曲线的盘形凸轮中，工作曲线 AB 的 A 点半径为 34 mm，B 点半径为 40 mm，则工作曲线 AB 的升高量 $H_{AB}=40\ \text{mm}-34\ \text{mm}=6\ \text{mm}$；工作曲线 CD 的 C 点半径为 32 mm，D 点半径为 40 mm，则工作曲线 CD 的升高量 $H_{CD}=40\ \text{mm}-32\ \text{mm}=8\ \text{mm}$。

2）升高率 h。平面螺旋线转过单位角度时，动点沿径向所移动的距离。

$$h=\frac{H}{\theta}$$

或

$$h=\frac{H}{z}$$

式中　θ——某段平面螺旋线在圆周上所占的度数，（°）；

　　z——某段平面螺旋线在圆周上所占的等分格数。

在图 8－6b 所示盘形凸轮中，工作曲线 AB 占 300°，非工作曲线（圆弧）CA 占 60°，升高量 $H=15$ mm，其升高率为：

$$h=\frac{H}{\theta}=\frac{15\ \text{mm}}{300°}=0.05\ \text{mm/(°)}$$

在图 8－6a 所示凸轮中，圆周按 100 格等分，工作曲线 AB 占 36 格，工作曲线 CD 占 60 格，则：

$$h_{AB}=\frac{H_{AB}}{z_{AB}}=\frac{6\ \text{mm}}{36}\approx 0.166\,7\ \text{mm/格}$$

$$h_{CD}=\frac{H_{CD}}{z_{CD}}=\frac{8\ \text{mm}}{60}\approx 0.1333\ \text{mm/格}$$

3）导程 P_h。平面螺旋线转过1周时的升高量。

$$P_h=\frac{360H}{\theta}$$

或
$$P_h=\frac{ZH}{z}$$

式中　Z——一周的等分（格）数。

图8－6b所示凸轮工作曲线 AB 的导程为：

$$P_h=\frac{360H}{\theta}=\frac{360\times 15}{300}\ \text{mm}=18\ \text{mm}$$

图8－6a所示凸轮工作曲线 AB 和 CD 的导程为：

$$P_{hAB}=\frac{ZH_{AB}}{z_{AB}}=\frac{100\times 6}{36}\ \text{mm}\approx 16.67\ \text{mm}$$

$$P_{hCD}=\frac{ZH_{CD}}{z_{CD}}=\frac{100\times 8}{60}\ \text{mm}\approx 13.33\ \text{mm}$$

二、圆柱螺旋槽铣削的工艺特征

所谓圆柱螺旋槽，即圆柱上若干条螺旋线的组合。

1. 在铣床上铣削圆柱螺旋槽，铣刀与工件的相对运动必须符合螺旋线的成形运动规律，也就是除铣刀的回转运动外，在工作台带动工件做纵向进给的同时，工件还需做匀速转动，并保证当工件随工作台移动一个等于螺旋线导程 P_h 的距离时，工件匀速回转一周。铣削过程中，在工作台纵向进给时，通过交换齿轮由工作台丝杆带动分度头主轴实现工件的转动。在铣削多线螺旋槽时，还需要按线数进行分度调整。

2. 因具有螺旋槽的工件的用途不同，螺旋槽的截面形状也多种多样。如圆柱螺旋齿刀具齿槽的截面呈三角形或曲线形，等速圆柱凸轮的螺旋槽的法向截面形状为矩形，阿基米德蜗杆的轴向截面形状是梯形等。加工螺旋槽用铣刀的廓形应与螺旋槽法向截面形状相符合，因此，正确选择铣刀是保证螺旋槽截面形状的关键。

3. 铣削圆柱螺旋槽时，由于不同直径圆柱表面上的螺旋角不相等，圆柱面直径大处螺旋角大，直径小处螺旋角小，因此，加工中存在着干涉现象，引起螺旋槽侧面被过切而产生槽形畸变。使用盘形铣刀铣削时，过切现象比使用立铣刀铣削时严重，因此，法向截面为矩形的螺旋槽只能用立铣刀铣削。铣削其他截面形状的螺旋槽采用盘形铣刀时，铣刀直径应尽可能小，以减小干涉的过切量。

4. 使用盘形铣刀在卧式铣床上铣削圆柱螺旋槽时，为使加工后的螺旋槽其法向截面形状尽可能地接近铣刀的廓形，必须将铣床工作台在水平面内扳转一个角度，使盘形铣刀的回转平面与螺旋槽的切向一致。扳转角度的大小等于螺旋角 β，扳转的方向：铣左旋螺旋槽时，左手推动工作台顺时针方向扳转 β 角；铣右旋螺旋槽时，右手推动工作台逆时针方向扳转 β 角。即"左旋左推，右旋右推"，如图8－7所示。

生产中为了减少干涉现象，常采取适当减小工作台扳转角度的方法进行铣削，也就是按照螺旋槽槽深一半处的直径计算该处的螺旋角 β_m，$\beta_m<\beta$，然后按 β_m 扳转工作台。

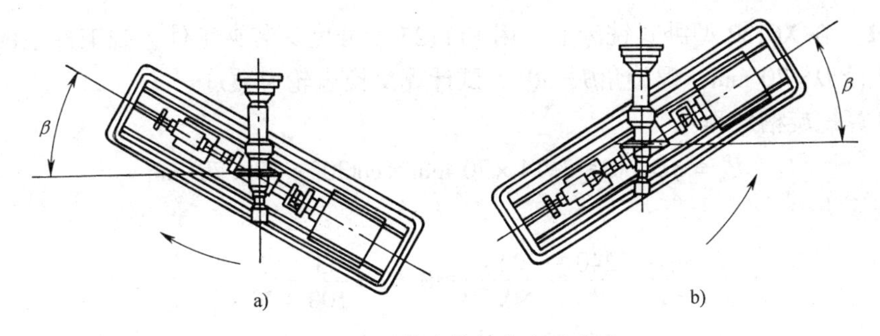

图 8－7 工作台偏转方向及大小

a）铣削左旋螺旋槽 b）铣削右旋螺旋槽

三、交换齿轮计算

铣削圆柱螺旋槽时，将工件装夹在分度头上，铣刀与工件的相对运动规律由交换齿轮将工作台丝杆与分度头连接起来来实现，通常采用侧轴挂轮法，如图 8－8 所示。

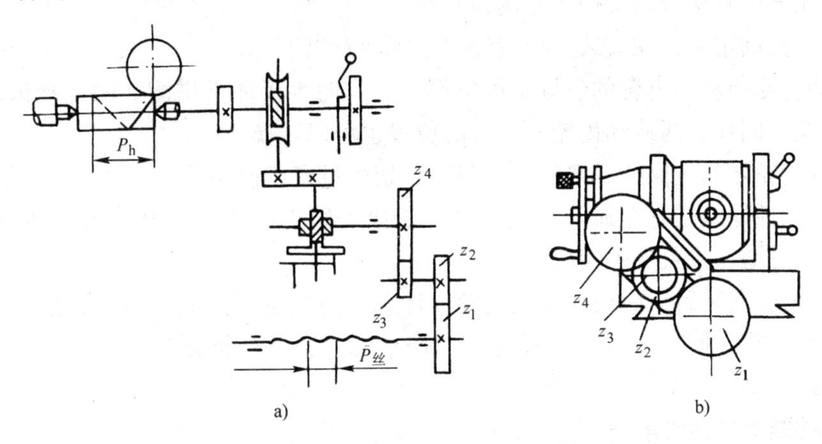

图 8－8 铣螺旋槽时交换齿轮的配置

a）传动系统 b）挂轮位置

由图 8－8a 的传动系统图可知：当工作台每移动一个导程 P_h 时，分度头主轴必须回转一周，则交换齿轮的速比计算如下：

$$\frac{P_h}{P_丝}=\frac{z_2z_4}{z_1z_3}\times\frac{1}{1}\times\frac{1}{1}\times 40$$

$$\frac{z_1z_3}{z_2z_4}=\frac{40P_丝}{P_h}$$

式中 z_1、z_3——主动交换齿轮齿数；

z_2、z_4——从动交换齿轮齿数；

40——分度头定数；

P_h——工件螺旋槽导程，mm；

$P_丝$——铣床工作台纵向传动丝杆螺距，mm。

X6132 型卧式铣床等大多数国产铣床的纵向传动丝杆螺距为 6 mm，所以上式可简化为：

$$\frac{z_1z_3}{z_2z_4}=\frac{240}{P_h}$$

例 8-1 在 X6132 型卧式铣床上，用 F11125 型分度头装夹工件，铣工件上的圆柱螺旋槽，圆柱外径 $D=70$ mm，螺旋角 $\beta=30°$，试计算交换齿轮齿数。

解：计算螺旋槽导程：

$$P_h=\pi D\cot\beta\approx 3.14\times 70\ \text{mm}\times\cot 30°\approx 380.70\ \text{mm}$$

计算交换齿轮：

$$\frac{z_1z_3}{z_2z_4}=\frac{240}{P_h}\approx\frac{240}{380.70}\approx 0.63=\frac{63}{100}=\frac{7\times 9}{20\times 5}$$

$$=\frac{90\times 35}{50\times 100}$$

即：$z_1=90$，$z_2=50$，$z_3=35$，$z_4=100$。

在实际工作中，为方便起见，可根据计算所得的导程 P_h 或$\frac{z_1z_3}{z_2z_4}$比值从有关手册中的速比、导程挂轮表中直接查得交换齿轮的齿数。

当交换齿轮确定后，在安装交换齿轮时必须注意以下几点：

1. 主动齿轮与从动齿轮的位置不可颠倒，但有时为了便于搭配，两主动齿轮 z_1、z_3 的位置可以互换，同样，两从动齿轮 z_2、z_4 的位置也可以互换。

2. 交换齿轮之间应保持一定的啮合间隙，切勿过紧或过松。

3. 由于工件螺旋槽有左旋与右旋之分，所以安装交换齿轮时要注意工件的回转方向，若转向不对，可增加或减少中间齿轮来纠正。

4. 交换齿轮安装后，应检查交换齿轮的计算与搭配是否正确，检查方法可采用摇动工作台纵向进给手轮，使工件回转一周（或 180°、90°），然后检查工作台是否移动了一个导程（或 $P_h/2$、$P_h/4$）。

四、圆柱螺旋槽的铣削

1. 铣刀的选择

正确选择铣刀是保证圆柱螺旋槽截面形状的关键，选用铣刀的廓形应与螺旋槽法向截面形状相符。常用的铣刀有立铣刀、角度铣刀、成形铣刀等。具体选择时应注意：

（1）铣削法向截面为矩形的圆柱螺旋槽时应使用立铣刀。

（2）选用角度铣刀、成形铣刀等盘状的铣刀时，铣刀直径应尽可能小些。

2. 铣削矩形截面螺旋槽时的干涉现象

在铣床上铣削螺旋槽时，工件回转一周，铣刀相对于工件在轴线方向移动的距离等于导程。在一条螺旋槽上，不论是槽口还是槽底的螺旋线，其导程是相等的，即一条螺旋槽上各处的导程是相等的。

由螺旋角 β 的计算公式 $\tan\beta=\frac{\pi D}{P_h}$可知，在导程 P_h 不变时，直径 D 越大，螺旋角 β 越大；D 减小则 β 也减小。因此，在一条螺旋槽上，自槽口到槽底，不同直径处的螺旋角是不相等的。由于螺旋角大小不同，在同一截面上切线的方向也不同，在切削过程中会出现将不应切去的部分切去，使槽的截面形状发生偏差的干涉现象。

图 8-9 所示的圆柱螺旋槽，其法向截面形状是一矩形，当用直径等于螺旋槽宽度的立铣刀铣削时，只有外圆柱面（槽口）上的螺旋线与立铣刀外圆在法向截面 n—n 处相切，而

内圆柱面（槽底）上的螺旋线，其螺旋角比槽口处螺旋角小而不可能与立铣刀外圆在法向截面处相切，而成相割，因此，铣刀在铣削中必然将外圆柱面以内的螺旋面多切去一些（即图 8－10 中两弓形部分），使螺旋槽法向截面形状变成内凹，如图 8－10 所示。

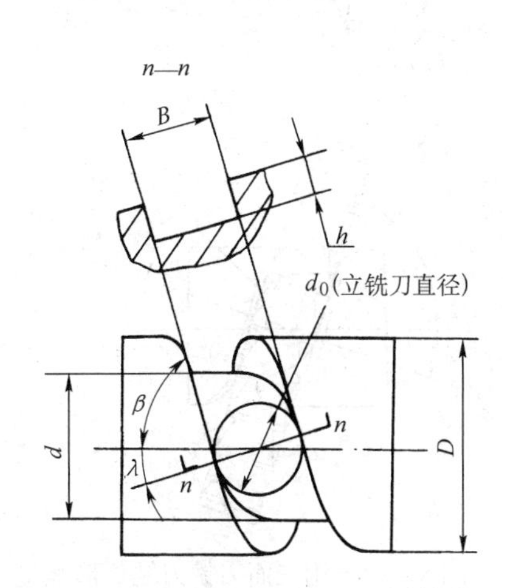

图 8－9　法向截面为矩形的螺旋槽

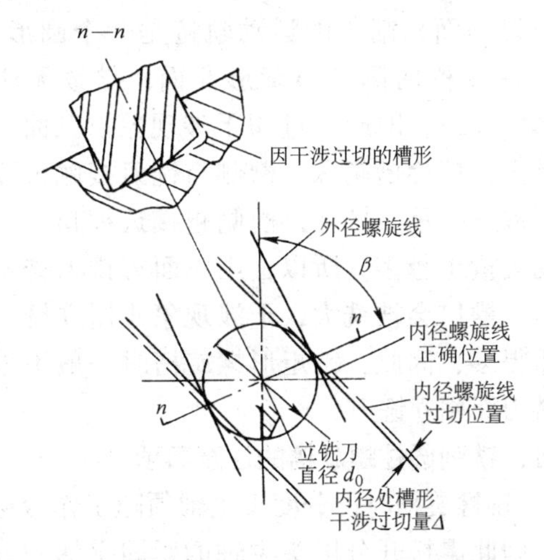

图 8－10　用立铣刀铣矩形螺旋槽时的干涉现象

用直径等于螺旋槽宽度的立铣刀铣削矩形截面的螺旋槽时：

（1）从螺旋槽的槽口到槽底，不同直径上的螺旋线的螺旋角 β 逐渐减小，到槽底时螺旋角最小，立铣刀铣削时产生的干涉从零开始逐渐增大，到槽底处干涉最严重，槽底宽度被扩到最大。

（2）螺旋槽的螺旋角 β 越小，产生的干涉现象也越小，当 $\beta = 0°$ 时则不产生干涉现象。

（3）螺旋槽的深度尺寸越小，干涉也越小。

由图 8－10 可以看出，立铣刀的半径越小，则槽口和槽底在铣刀外圆表面上的切点就越靠近，干涉的现象也越小。因此，在矩形螺旋槽的螺旋角 β 和槽深 h 确定后，要获得好的法向截面形状，应使用直径小的立铣刀铣削，且立铣刀的直径越小越好。铣削时还必须使立铣刀与螺旋槽的侧面相切在 N_A 和 N_B 两处，如图 8－11 所示。调整铣削位置时，必须将铣刀中心偏离工件中心向左（铣削侧面 A）或向右（铣削侧面 B）移动一个 e_x 值和一个相应的 e_y 值，e_x 和 e_y 可按下式计算：

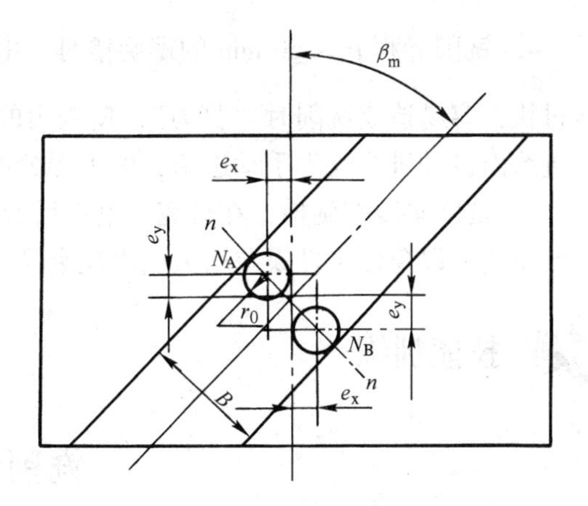

图 8－11　用小直径立铣刀铣矩形螺旋槽时的中心偏移量

$$e_x = \left(\frac{B}{2} - r_0\right)\cos\beta_m$$

$$e_y = \left(\frac{B}{2} - r_0\right)\sin\beta_m$$

式中　B——矩形槽法向槽宽，mm；

r_0 ——立铣刀半径，mm；

β_m ——螺旋槽平均直径处的螺旋角，(°)。

如果矩形螺旋槽使用三面刃铣刀铣削，由于三面刃铣刀侧面切削刃的运动轨迹是一个圆形平面，而矩形螺旋槽两侧是螺旋形曲面，导致无法贴合（见图8－12），即产生过切干涉现象。三面刃铣刀直径越大，螺旋槽越深，槽侧与铣刀接触长度就越长，干涉越严重。另外，槽侧越接近槽口，干涉越多，切去量也越多。所以，用三面刃铣刀铣矩形螺旋槽时，槽口会被铣大，干涉现象比用立铣刀铣削时严重得多，因此，铣矩形螺旋槽时一般不采用三面刃铣刀而用立铣刀。

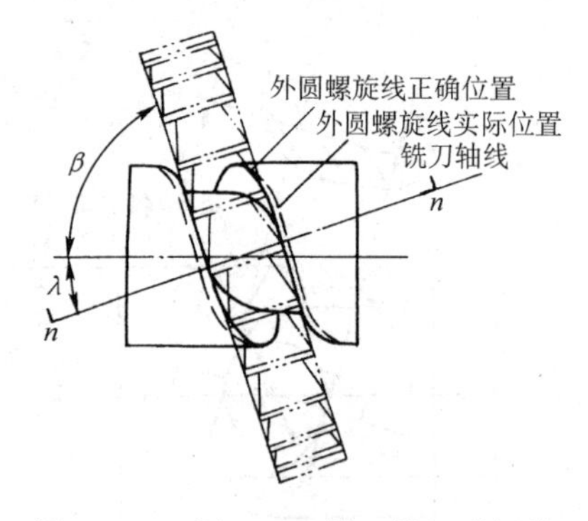

图8－12 用三面刃铣刀铣矩形螺旋槽时的干涉现象

五、铣削圆柱螺旋槽的注意事项

1．铣螺旋槽时，分度头主轴须随工作台移动而回转，因此需松开分度头主轴的紧固手柄和分度盘的紧固螺钉，并将分度手柄的插销插入分度盘孔中，铣削时不允许拔出，以免铣坏螺旋槽。

2．在圆柱体上铣矩形螺旋槽时，应选用直径小于槽宽尺寸的立铣刀或键槽铣刀，铣刀直径越小，干涉越小。不能采用三面刃铣刀铣削，以免产生过切现象使干涉严重。

3．安装交换齿轮，应注意螺母须紧固在挂轮轴的端面上，而不要紧固在过渡套或齿轮上，以免影响交换齿轮正常回转。

4．铣削导程 $P_h < 60$ mm 的螺旋槽时，由于$\frac{z_1 z_3}{z_2 z_4} > 4$，工作台纵向移动时，会使分度头回转过快，容易造成铣削时“打刀”，使铣出的槽侧面的表面粗糙度值较大。这时应将工作台的进给由机动进给改为手动进给，即手摇分度头进刀，使进给量变小，切削平稳。

5．铣削多线螺旋槽，在铣完一槽以后分度时，分度手柄插销拔出孔盘后，不能移动工作台位置，以免使工件误差增大而出现废品。

技能训练

铣削螺旋槽

零件图如图8－13所示。

1．教学建议与注意事项

（1）建议采用 $R3$ mm 的凸半圆盘铣刀和 $SR3$ mm 的球头铣刀，在卧式万能铣床和立式铣床上分别铣削一条螺旋槽。

（2）铣削时，需松开分度盘紧固螺钉，并将分度手柄的插销插入分度盘中，以保证分度头主轴随工作台移动而回转。

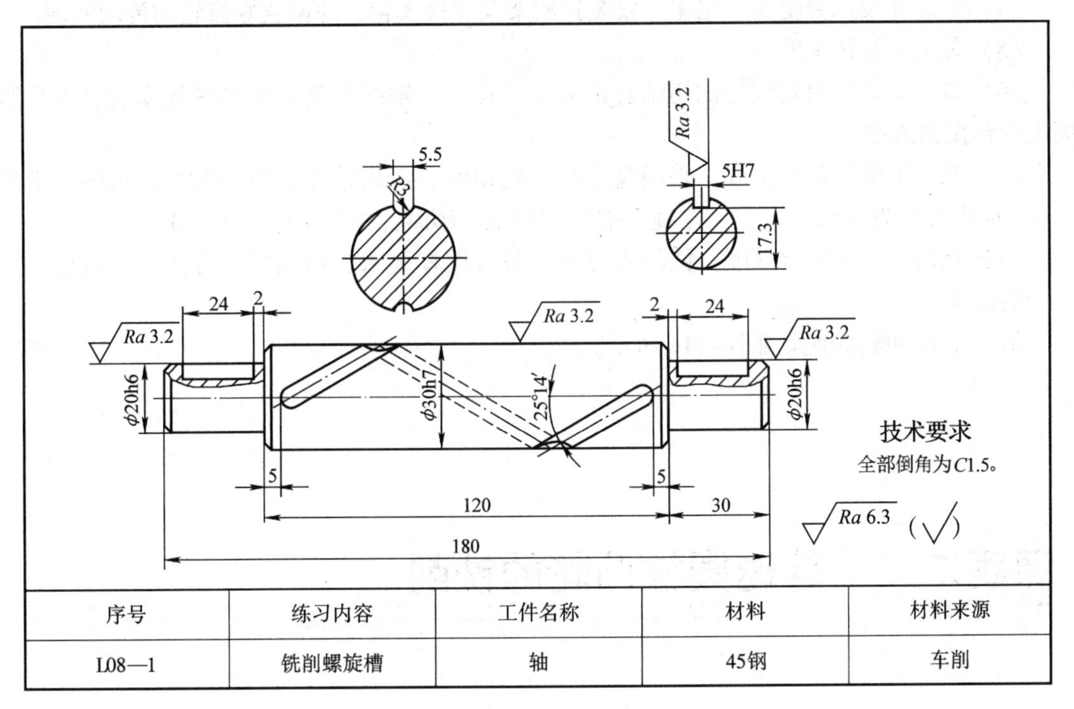

序号	练习内容	工件名称	材料	材料来源
L08—1	铣削螺旋槽	轴	45钢	车削

图 8－13　铣螺旋槽

2. 加工步骤

（1）对照图样，检查工件毛坯（见图 8－14a）。

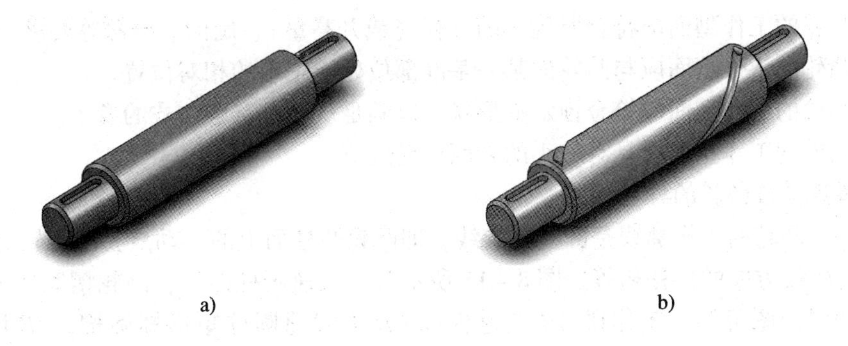

图 8－14　铣削过程

（2）计算导程和交换齿轮

1）计算导程

$$P_h = \pi D\cot\beta \approx 3.14 \times 30\ \text{mm} \times \cot 25°14' \approx 200\ \text{mm}$$

2）计算交换齿轮

$$\frac{z_1 z_3}{z_2 z_4} = \frac{240}{P_h} = \frac{240}{200} = \frac{60}{50}$$

主动轮 $z_1 = 60$，装在纵向进给丝杆一端；从动轮 $z_2 = 50$，装在分度头侧轴上。主、从动轮之间可用中间轮连接。

（3）选择并安装铣刀。

（4）安装并校正分度头、尾座。安装挂轮架及交换齿轮，并调整好齿轮的传动间隙。

（5）装夹并校正工件。

（6）对中心。采用划线与试切结合的方法，使工件轴线与铣刀廓形中线重合，然后紧固工作台横向进给。

（7）调整工作台扳转角度。采用盘形铣刀铣削时，需根据螺旋槽的旋向，扳转一螺旋角 β。因螺旋槽为左旋，按照“左旋左推”的原则，顺时针扳转工作台 25°14′。

（8）铣削。调整铣削深度，铣削螺旋槽至符合图样要求。用同样的方法，再铣削一条相同的螺旋槽。

加工完成的螺旋槽如图 8－14b 所示。

课题二 等速圆柱凸轮的铣削

凸轮是具有曲线或曲面轮廓的一种构件。常用的凸轮有盘形凸轮和圆柱凸轮，通常在铣床上加工的是等速凸轮，即工作型面一般为阿基米德螺旋面。凸轮机构工作时，凸轮做匀速回转，从动件做等速移动。

铣削凸轮的工艺要求如下：

（1）凸轮的工作型面应符合所规定的导程（或升高量）、旋向、槽深等要求。

（2）凸轮的工作型面应与凸轮的某一基准部位处于正确的相对位置。

（3）凸轮的工作型面应符合预定的形状，以满足从动件接触方式的要求。

（4）凸轮的工作型面应具有较小的表面粗糙度值。

一、等速圆柱凸轮的导程计算

等速圆柱凸轮的工作廓线是圆柱螺旋线，即凸轮圆柱面上的一动点在凸轮转过相等转角时，沿圆柱轴线方向的位移相等。图 8－15 所示为一等速圆柱凸轮，凸轮槽宽16 mm，由凸轮沿圆周的展开图可知：工作段 *AB* 及返程段 *CD* 为等速圆柱矩形螺旋槽，*AB* 段为右旋，*CD* 段为左旋。

等速圆柱凸轮的导程计算与一般圆柱螺旋槽的导程计算基本相同。由于实际工作中图样给定的条件各有差异，使具体计算时方法有所不同，常用的方法有：

1. 按图样标注的螺旋角 β 计算导程 P_h

$$P_h = \pi D \cot\beta$$

2. 按图样给出的螺旋槽所占的圆周角及升高量计算导程 P_h

$$P_h = \frac{360}{\theta} H$$

式中 H——凸轮廓线的升高量，mm；

θ——凸轮廓线在圆周上所占的角度，(°)。

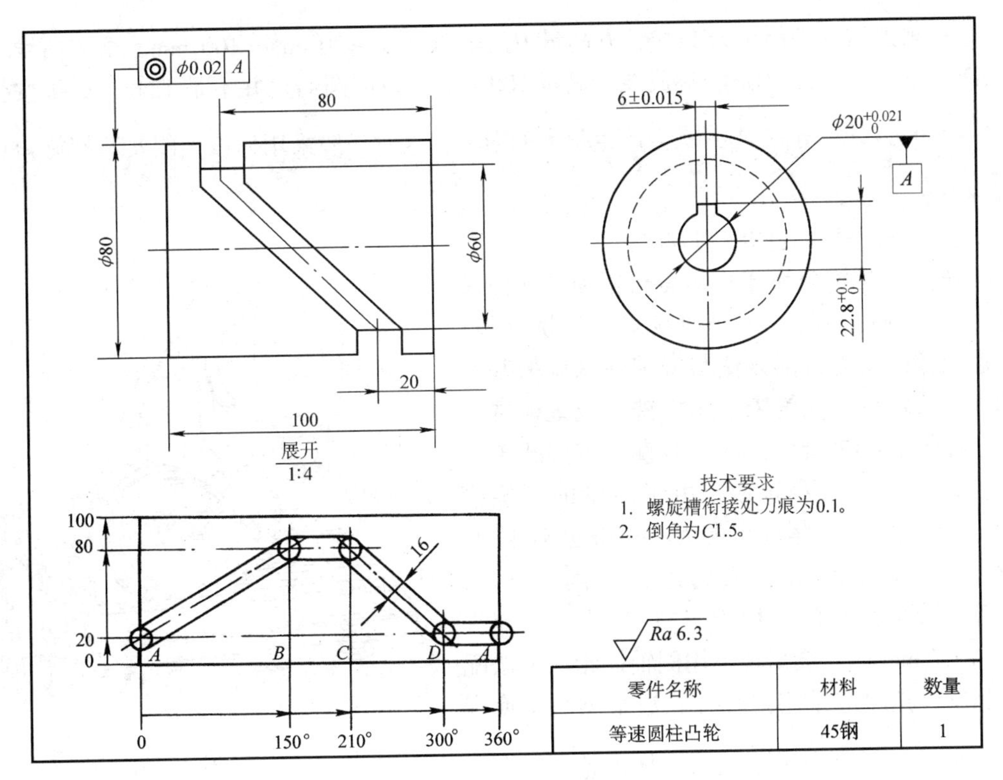

图 8－15　等速圆柱凸轮

如图 8－15 所示等速圆柱凸轮，工作段 AB 的导程为 $P_{hAB}=\dfrac{360}{\theta_{AB}}H_{AB}=\dfrac{360}{150}\times(80-20)\,\text{mm}=144\ \text{mm}$；返程段 CD 的导程为 $P_{hCD}=\dfrac{360}{\theta_{CD}}H_{CD}=\dfrac{360}{300-210}\times(20-80)\,\text{mm}=-240\ \text{mm}$。负号表示回程，螺旋槽旋向相反（左旋）。

3. 按放大图实测螺旋角 β 计算导程 P_h

用 5:1 或 10:1 的放大比例将凸轮外圆柱面展开成平面图，用量角器测出螺旋角 β，然后根据 β 值计算出导程 P_h。这种方法有一定误差，但如测绘准确，一般能达到凸轮的加工要求。

由于等速凸轮在工作中存在较大的刚性冲击，实际使用时常在螺旋线的起始及终了位置设置有过渡圆弧段，以减小冲击，如图 8－16 所示某机械动力头进给凸轮展开图，图中

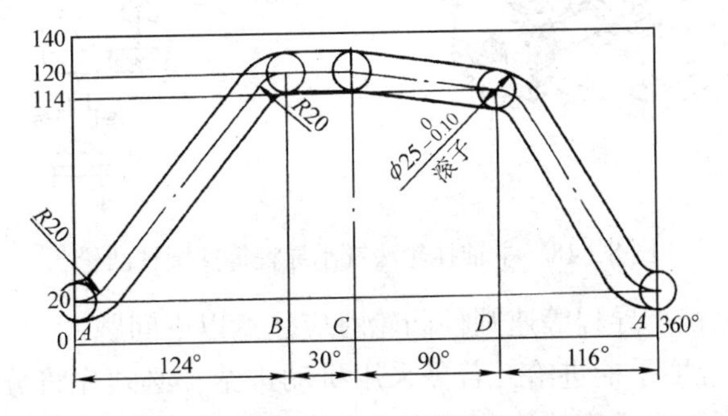

图 8－16　某机械动力头进给凸轮展开图

AB 段螺旋槽所占的圆周角为 124°，升高量 $H_{AB}=120\ \text{mm}-20\ \text{mm}=100\ \text{mm}$，由于曲线两端各有 $R20$ mm 的圆弧，因此，螺旋线升高量 100 mm 所占的圆周角并不是 124°。如果按公式 $P_h=\frac{360}{\theta}H$ 直接计算导程 P_h，就会产生很大的误差，这时一般采用作放大图实测螺旋角计算导程的方法。

二、等速圆柱凸轮的铣削方法

等速圆柱凸轮分为圆柱端面凸轮和圆柱面槽凸轮，等速圆柱凸轮的工作曲线是圆柱螺旋线，故等速圆柱凸轮的铣削方法与铣圆柱螺旋槽基本相同，一般均在立式铣床上用立铣刀或键槽铣刀铣削，如图 8－17 所示；铣刀的直径应按凸轮的从动件滚子直径大小选取。由于凸轮的螺旋槽（面）有左右之分，螺旋角的大小一般也不相同，所以必须分段调整交换齿轮进行铣削。另外，由于等速圆柱凸轮的导程 P_h 往往较小，当导程 $P_h<16.67$ mm 时，会出现采用侧轴挂轮法无法配置的问题，这时应采用主轴挂轮法来缩小交换齿轮的速比 $\frac{z_1z_3}{z_2z_4}$。主轴挂轮法是将交换齿轮配置在工作台纵向丝杆与分度头主轴后端的挂轮轴之间，如图 8－18 所示。由于传动链不再经过分度头的蜗杆蜗轮副，此时交换齿轮按下式进行计算：

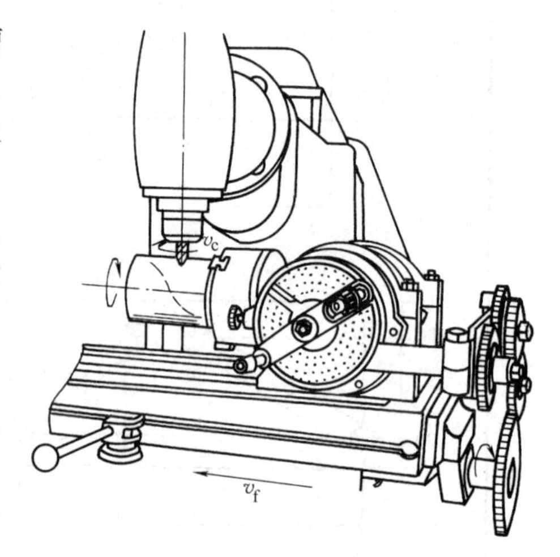

图 8－17　在立式铣床上铣等速圆柱凸轮

$$\frac{z_1z_3}{z_2z_4}=\frac{P_丝}{P_h}$$

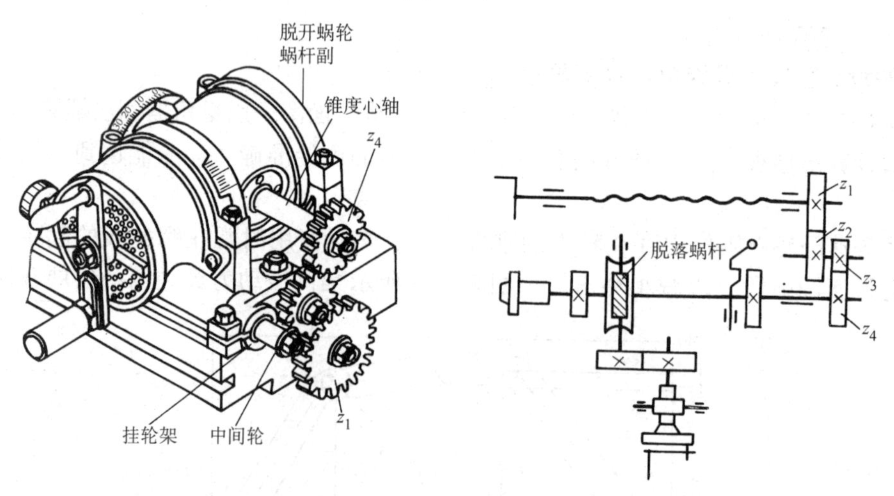

图 8－18　主轴挂轮法铣小导程等速圆柱凸轮

在采用主轴挂轮法铣小导程等速圆柱凸轮时应注意以下问题：

1. 一般采用手摇分度手柄进给，若需采用机动进给，必须先将分度头的蜗杆蜗轮副脱开；否则，会损坏分度头或机床的传动系统（为安全起见，一般均脱开）。

2. 分度头的蜗杆蜗轮副脱开时，分度头便失去了分度功能，若在此时需要进行分度，则应将分度头主轴后端的从动轮 z_4 配置成工件头数的整数倍，在分度时将交换齿轮脱开，并以 z_4 作为分度的依据（或以主轴上的刻度盘作为分度的依据）。

三、铣削等速圆柱凸轮的注意事项

1. 凸轮工件用心轴定位装夹时，最好用键连接，且轴向用螺母紧固。

2. 必须松开分度头锁紧手柄，以免损坏分度头。

3. 应采用逆铣方法铣削。

4. 铣削导程 $P_h<60$ mm 的凸轮螺旋槽时，应采用手摇分度手柄带动分度盘转动实现手动进给，不允许采用机动进给，以免发生事故。

四、等速圆柱凸轮的检测

等速圆柱凸轮检测的内容主要包括：凸轮的导程、升高量、工作型面的形状精度、工作型面的起始位置等。

等速圆柱凸轮的升高量可利用塞规检测，如图 8－19a 所示。检测时将与槽宽尺寸相同的塞规塞入凸轮螺旋槽的拐点处，用百分表分段测量。

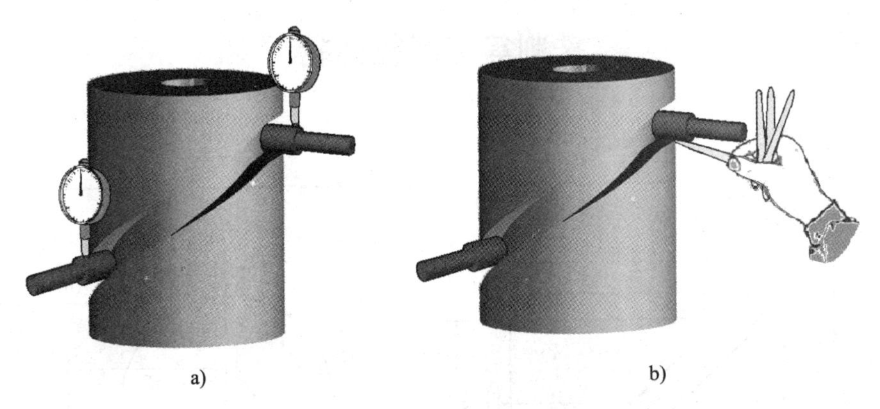

图 8－19　等速圆柱凸轮的检测

a）升高量的检测　b）工作型面形状精度的检测

对于等速圆柱凸轮工作型面形状精度的检测，可使用塞规和塞尺检测螺旋槽各处法向截面的形状精度，如图 8－19b 所示。对于圆柱凸轮工作型面起始位置的检测，可用游标卡尺测量或将凸轮的基准端面放在平板上用百分表检测，型面到基准端面距离最小的临界位置即是工作型面的起始位置。

五、等速圆柱凸轮铣削的质量分析

等速圆柱凸轮铣削中常见的质量问题及产生原因见表 8－1。

表 8－1　凸轮铣削的质量分析

质量问题	产生原因
凸轮导程或升高量不正确	1. 导程、交换齿轮齿数、分度头起度角（仰角）计算错误 2. 交换齿轮配置错误，如齿数错误，主、从动轮颠倒 3. 铣刀直径选择不正确 4. 调整精度差，如分度头、立铣头主轴位置及立铣刀切削位置

续表

质量问题	产生原因
凸轮工作型面形状误差大	1. 未区别不同类型的螺旋面，铣刀切削位置不准确 2. 铣刀几何形状误差大，如有锥度、素线不直等 3. 分度头与立铣头相对位置不正确 4. 铣削非对心凸轮时，铣刀对凸轮中心的偏移量计算错误
表面粗糙度值大	1. 铣刀不锋利；立铣刀过长，刚度差 2. 进给量过大，铣削方向选择不当 3. 工件装夹刚度差，切削时振动大 4. 传动系统间隙过大；纵向工作台镶条调整过松，进给时工作台晃动 5. 手动操纵，两手操作不协调，进给不均匀或中途停顿

技能训练

铣削等速圆柱凸轮

零件图如图 8－20 所示。

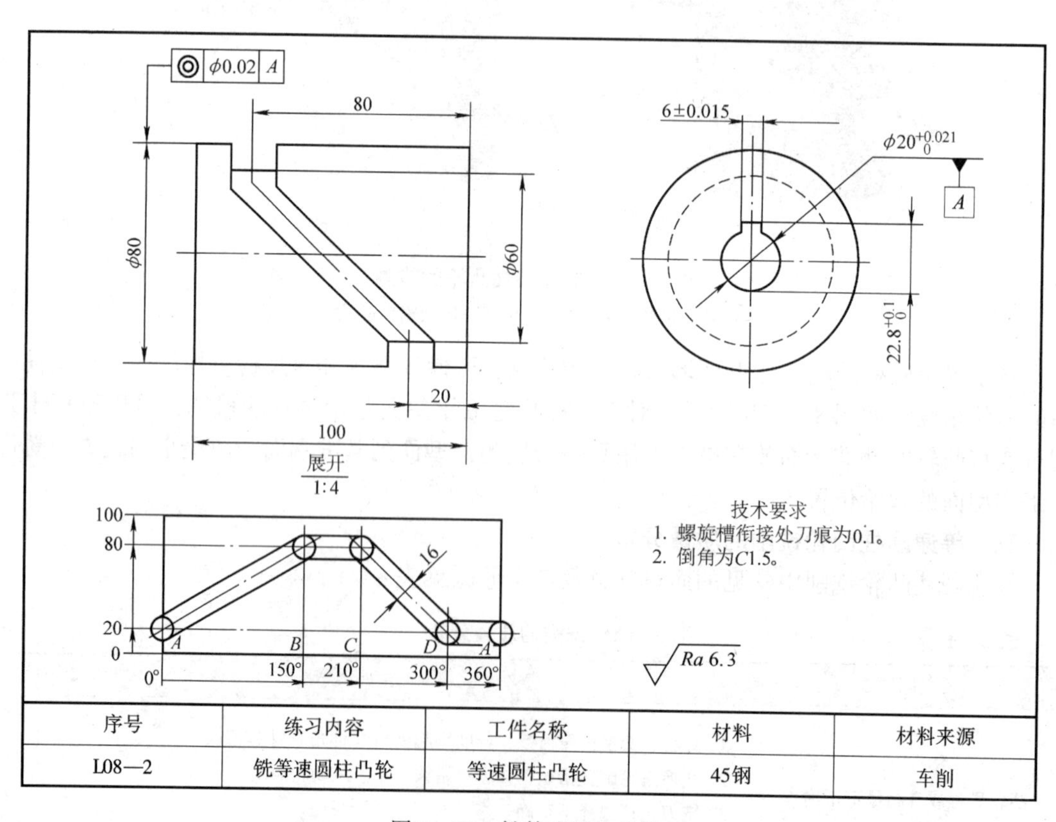

序号	练习内容	工件名称	材料	材料来源
L08—2	铣等速圆柱凸轮	等速圆柱凸轮	45钢	车削

图 8－20　铣等速圆柱凸轮

1. 划线

对照图样，检查工件毛坯（见图 8－21a）并划线。

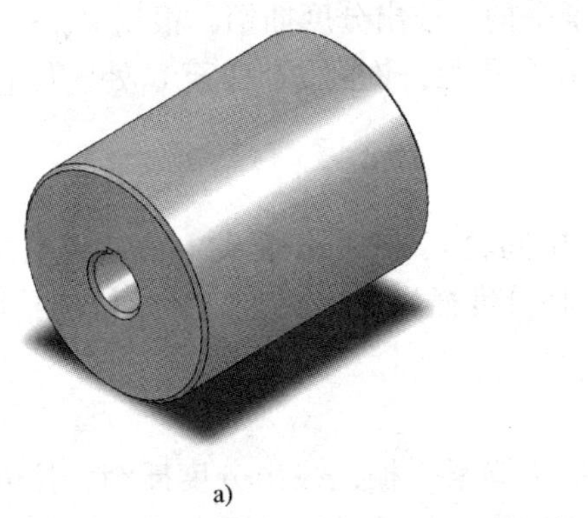

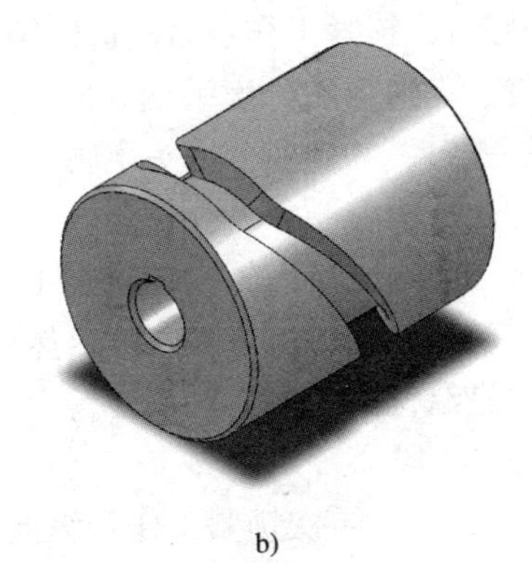

a) b)

图 8－21 铣削过程

2. 计算导程和交换齿轮

（1）计算各段导程

$$P_{hAB}=\frac{360}{\theta_{AB}}H_{AB}=\frac{360}{150}\times 60\ \text{mm}=144\ \text{mm}$$

$$P_{hCD}=\frac{360}{\theta_{CD}}H_{CD}=\frac{360}{90}\times(-60)\ \text{mm}=-240\ \text{mm}$$

$$P_{hBC}=P_{hDA}=0$$

注意：计算中出现的负号表示螺旋槽旋向不同。*AB* 段为右旋螺旋线，*CD* 段为左旋螺旋线。

（2）计算交换齿轮

AB 段：$\frac{z_1z_3}{z_2z_4}=\frac{40P_{丝}}{P_{hAB}}=\frac{240\ \text{mm}}{144\ \text{mm}}\approx\frac{5}{3}=\frac{100\times 60}{40\times 90}$

$z_1=100$ 齿轮安装在工作台纵向进给丝杆上，$z_4=90$ 齿轮安装在分度头的侧轴上，检查工件转动方向应与工作台丝杆转动方向相同。

CD 段：$\frac{z_1z_3}{z_2z_4}=\frac{40P_{丝}}{P_{hCD}}=\frac{240\ \text{mm}}{-240\ \text{mm}}=-\frac{80\times 25}{40\times 50}$

出现负号表示在挂轮时应增减一个中间轮，使工件转动方向与工作台丝杆转动方向相反。

3. 装夹并校正工件

安装并校正分度头、尾座。坯件用 ϕ20h6 的专用带键心轴在分度头上装夹并校正，使外圆的径向跳动量在 0.02 mm 以内，轴线与工作台面平行，且与纵向进给方向一致。

4. 选择并安装铣刀

根据凸轮从动件滚子直径大小选取 ϕ16 mm 的键槽铣刀或立铣刀，并将其安装在铣床主轴中。

5. 对刀，铣削凸轮槽

按划线将铣刀调整至 *A* 处，并使铣刀轴线通过工件轴线且垂直相交。

（1）铣削 *AB* 段

铣刀对准 *A* 处后，锁紧工作台横向进给锁紧手柄，上升工作台调整切削深度 $a_p=10$ mm，用手逆时针方向摇动工作台纵向丝杆或做同向的自动进给，铣削 *AB* 段凸轮槽至 *B* 处。

（2）铣削 *BC* 段

AB 段铣好后，锁紧工作台纵向进给锁紧手柄。拔出分度插销，根据 $\theta_{BC}=60°$，在 54 孔的孔圈上缓慢、匀速摇动分度手柄 6 圈又 36 个孔距，铣削 *BC* 段至 *C* 处。停止铣削，松开纵向进给紧固螺钉，并锁紧分度头主轴。

（3）铣削 *CD* 段

更换安装第二组交换齿轮（注意加 1 个中间轮），松开分度头主轴锁紧手柄，先拔出分度插销，反摇丝杆手柄，以消除间隙。然后将分度插销插回孔盘。开始铣削，用与铣 *AB* 段时相反的方向进给铣削 *CD* 段至 *D* 处。

（4）铣削 *DA* 段

CD 段加工好后，再次锁紧工作台纵向进给锁紧手柄，拔出分度插销，按 $\theta_{DA}=60°$，同样在 54 孔的孔圈上缓慢、匀速摇动分度手柄 6 圈又 36 个孔距，手动进给铣削 *DA* 段至 *A* 处。切痕接齐后，降下工作台，停止铣削并松开纵向进给紧固螺钉。

停止铣削后，观察加工部位情况并进行初步检验，基本合格后卸下工件，用锉刀仔细去除毛刺后，综合检验各项技术要求至符合图样要求。

加工完成的等速圆柱凸轮如图 8－21b 所示。

课题三　等速盘形凸轮的铣削

等速盘形凸轮的工作廓线是平面等速螺旋线（阿基米德螺旋线），凸轮周边上的一动点在凸轮转过相等转角时，沿凸轮半径方向上的位移相等。

等速盘形凸轮在立式铣床上用立铣刀加工。常用的铣削方法有垂直铣削法和倾斜铣削法两种。

一、垂直铣削法

垂直铣削法是立铣刀轴线与工件轴线互相平行，并均垂直于工作台面的铣削凸轮的工艺方法。这种铣削方法适用于加工只有一条工作廓线（即单导程），或虽有几条工作廓线，但它们的导程都相等的等速盘形凸轮。其加工情形如图 8－22 所示。

1. 垂直铣削法铣等速盘形凸轮的工作要点

（1）划线和粗加工

在凸轮的坯件上划出凸轮的外形，并打样冲眼。划线时要特别注意准确地划出凸轮工作廓线的起点和终点位置，以便铣削时准确地进行控制。凸轮型面的加工余量是不均匀的，在铣削凸轮型面前应进行粗加工切除大部分余量，使凸轮型面的加工余量尽可能均匀一致，一般凸轮型面周边半径上的余量为 2 mm 左右为宜。

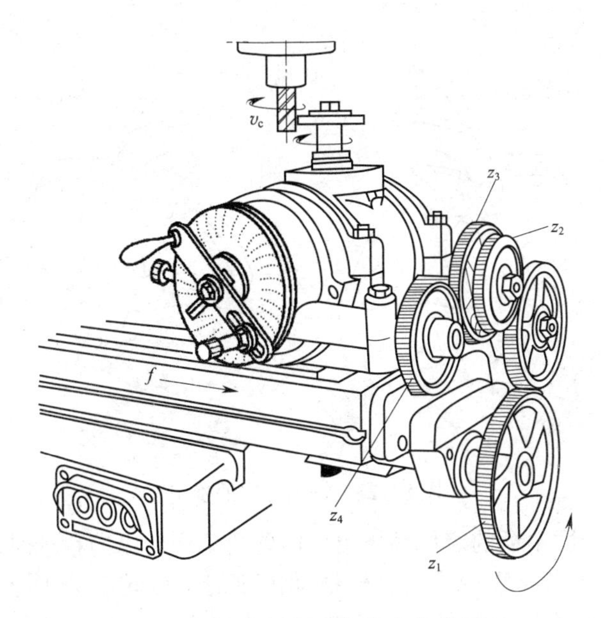

图 8－22　垂直铣削法铣等速盘形凸轮

（2）铣刀选择

对于采用滚子从动件的等速盘形凸轮来说，滚子中心的运动轨迹是一条真正的平面螺旋线，而凸轮实际的工作廓线只是滚子外圆在各个不同瞬时位置的包络线，因此，立铣刀的直径应与滚子直径相等。

（3）工件装夹

工件一般通过心轴装夹在分度头上，为了防止在铣削过程中工件发生转动，在工件与心轴之间用平键连接。

（4）计算和安装交换齿轮

采用垂直铣削法时，应按凸轮平面螺旋线的实际导程来计算交换齿轮齿数，计算公式如下：

$$\frac{z_1 z_3}{z_2 z_4}=\frac{40P_{丝}}{P_{\mathrm{h}}}$$

交换齿轮采用侧轴挂轮法安装，安装后要检查导程是否准确及凸轮的转向是否符合铣削方向的要求。

（5）铣削方向的确定

为避免铣削力拉动工作台和分度头主轴，造成立铣刀损坏和工件被深啃，成为废品，必须保证铣削处于逆铣状态。铣削等速盘形凸轮时，工件的旋转方向应与铣刀的旋转方向相同，并且应从最小的半径开始铣削，逐渐铣向最大半径处，如图 8－23 所示。

（6）对刀

从动件是对心直动的凸轮，对刀时，应使铣刀和工件的中心连线与工作台纵向移动方向相平行。

（7）铣削

铣削时，应注意进刀和退刀的方法。

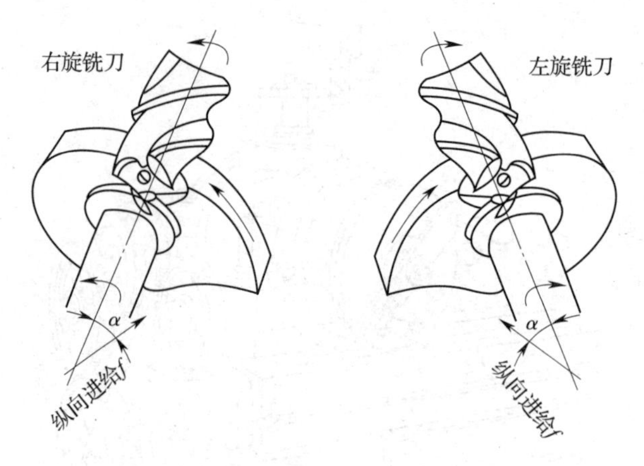

图 8－23　铣削方向的确定

进刀时，应先将分度手柄的定位销拔出，以防止工作台纵向移动时工件回转。然后摇动工作台纵向进给手轮（当导程较小，手轮摇动困难时，可转动分度盘）使工件靠向铣刀，这时工件不转动而只是直线移动，待铣刀切入工件到预定深度（从最低点往最高点铣削）时，再将分度手柄的定位销插入分度盘孔中，此后便可摇动分度手柄，使工件在转动的同时沿纵向移动进行铣削。

退刀时，可移动滑鞍（移动前记准刻度盘位置）使工作台带动工件横向移动离开铣刀，再反向摇动分度手柄（手柄上的定位销不能拔出），使工件反向回转并退回到起始位置。如需再次进刀，应先移动滑鞍使工作台横向复位。调整再次进刀位置后重复铣削过程，如此经数次铣削，即可得到符合要求的凸轮工作型面。

2. 垂直铣削法的特点

采用垂直铣削法加工等速盘形凸轮的优点：铣床调整计算简单、操作方便、铣刀伸出长度较短。但存在下列不足之处：

（1）由于交换齿轮是直接按凸轮的平面螺旋线的导程计算的，在多数情况下，交换齿轮所保证的导程只是一个近似值，因此会影响凸轮的加工精度。

（2）当凸轮具有几段导程不同的工作廓线时，采用垂直铣削法，则铣削过程中需几次更换交换齿轮，操作烦琐不便。

（3）当凸轮的直径比较小（一般小于 160 mm）时，为了保证铣刀能触及工件进行正常的铣削，分度头的安装不能靠近工作台的右端尽头，必须在分度头的侧轴与挂轮架之间安装接长装置。

（4）当工件的安装高度较大时，采用垂直铣削法有可能出现机床升降台降到最低位置时也无法铣削的情况。

二、倾斜铣削法

为了弥补垂直铣削法的不足，可以改用倾斜铣削法来铣削等速盘形凸轮。

倾斜铣削法是立铣刀轴线与工件轴线互相平行，并在相对于工作台面倾斜一定角度的状况下铣削凸轮的工艺方法，如图 8－24 所示。

1. 倾斜铣削法原理

倾斜铣削法的原理如图 8－25 所示。当分度主轴仰起角度 α 后，立铣头也必须相应回转一个角度β，以使分度头主轴与立铣头主轴相互平行，$\beta = 90° - \alpha$。选择一个便于计算交换齿轮的假设导程P_{h1}，并以此假设导程计算、确定并安装交换齿轮。工件回转一周，工作台则带着工件水平移动距离P_{h1}。由于立铣刀与工件的轴线位置是倾斜的，立铣刀切入工件径向的距离小于P_{h1}，且应等于凸轮的导程P_h，由图8－25可得到P_h与P_{h1}之间的关系：

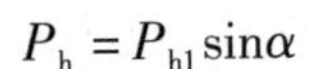

$$P_h = P_{h1}\sin\alpha$$

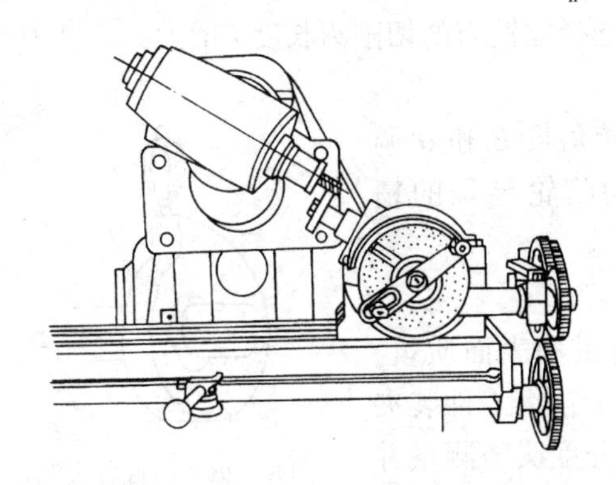

图8－24 倾斜铣削法铣等速盘形凸轮

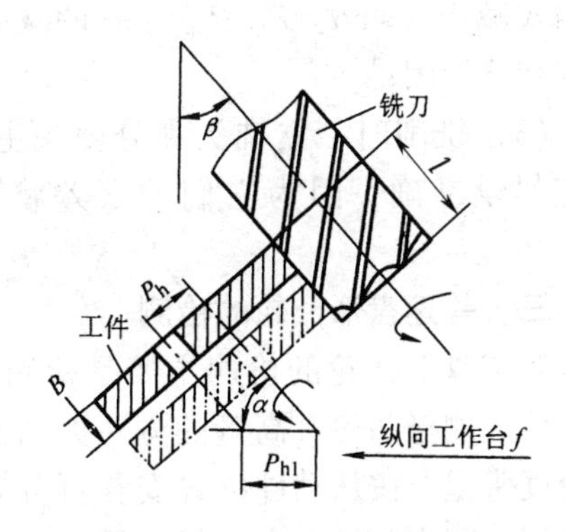

图8－25 倾斜铣削法的原理

用倾斜铣削法铣削等速盘形凸轮，由于立铣刀轴线和工件轴线位置是倾斜的，铣削开始时，在立铣刀的下部切削，随着铣刀沿着凸轮廓线的不断切削，工件相对于铣刀沿铣刀轴线不断向上移动，当切削到廓线终点时，工件相应上升到铣刀上部。因此，采用倾斜铣削法铣削凸轮时，应在加工前对立铣刀切削刃长度l进行预算，计算公式如下：

$$l = B + H\cot\alpha + (5 \sim 10)\ \text{mm}$$

式中 B——凸轮的厚度，mm；

H——被加工凸轮廓线的升高量，mm；

α——分度头仰角，(°)。

采用倾斜铣削法铣削等速盘形凸轮，具体操作方法与垂直铣削法基本相同。

2. 倾斜铣削法的特点

与垂直铣削法相比较，倾斜铣削法具有下列优点：

(1) 铣削具有几条不同导程廓线的凸轮时，只需选择一个适当的假设导程P_{h1}，用一组交换齿轮即可。当廓线的导程不同时，只需改变立铣头和分度头主轴的倾斜角度就可以加工。

(2) 对于一些导程是大质数或带小数的凸轮，可以避免用垂直铣削法加工时交换齿轮不易搭配的困难，只需根据假设导程P_{h1}计算所得的倾斜角α和β，分别调整分度头和立铣头，即可准确地加工凸轮廓线。

(3) 可以弥补垂直铣削法因行程不够而限制加工或需要接长装置等的缺陷。

(4) 垂直铣削法加工凸轮时，进、退刀都较麻烦，用倾斜铣削法加工凸轮，只需操纵升降台即可方便地实现进刀和退刀。

由于倾斜铣削法具有诸多优点，因此在铣削等速盘形凸轮时最为常用。

倾斜铣削法加工凸轮的缺点是铣刀切削刃较长，铣刀从主轴伸出的长度长，立铣刀的刚度受影响。

3. 采用倾斜铣削法的注意事项

（1）假设的导程 P_{h1} 必须大于或等于凸轮上各段工作廓线中的最大导程，并且能方便地计算交换齿轮齿数。

（2）假设的导程 P_{h1} 与凸轮上各段工作廓线中最大导程之差应尽量小，否则会使分度头仰角 α 减小（$\sin\alpha = P_h/P_{h1}$），α 的减小又会使选择立铣刀的切削刃长度 l 增大，立铣刀刚度减弱和选择困难。

（3）铣削时，立铣头和分度头主轴的扳转角度 β 和 α 调整应尽量准确，因为它们的误差将直接影响凸轮导程的精度。

三、等速盘形凸轮的检测

等速盘形凸轮的检测主要是检测凸轮升高量和表面质量。用百分表测量凸轮升高量的方法如图 8－26 所示，将工件装夹在分度头上，按从动件位置安置百分表。摇动分度头，测量并记录用百分表测量最小半径到最大半径时指针的变动数值和工作曲线的圆心角，看是否等于升高量 H 和设计工作角度，并用测得的数值计算出导程。

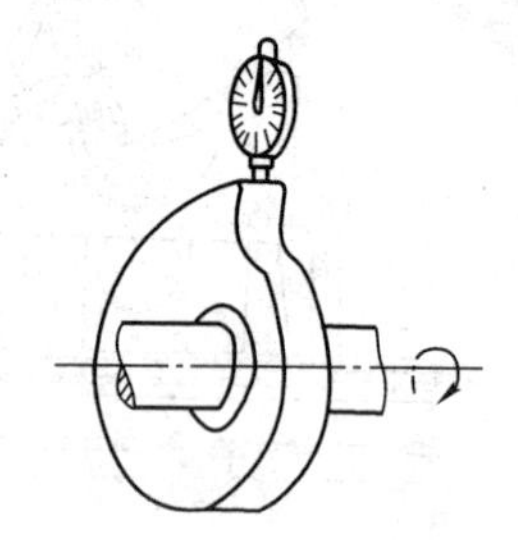

图 8－26　用百分表测量凸轮升高量

技能训练

铣削等速盘形凸轮

零件图如图 8－27 所示。

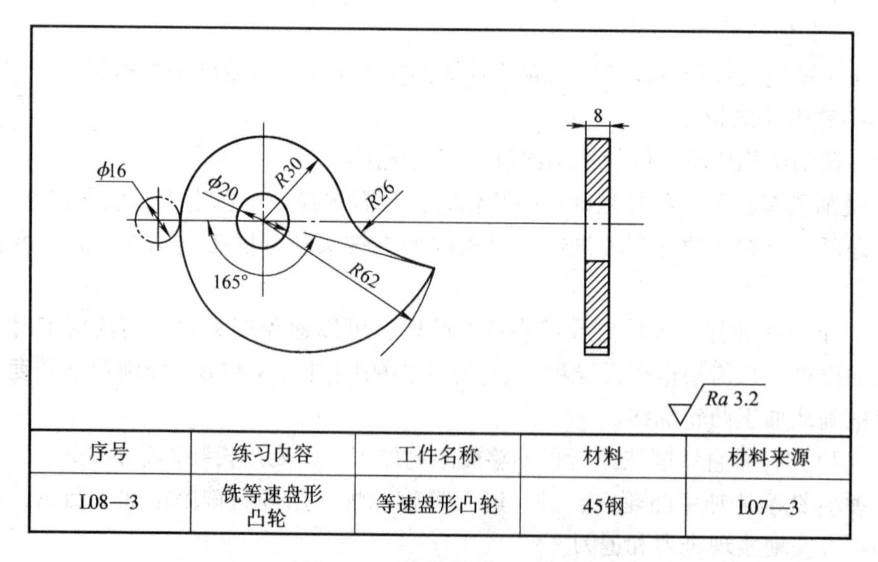

序号	练习内容	工件名称	材料	材料来源
L08—3	铣等速盘形凸轮	等速盘形凸轮	45钢	L07—3

图 8－27　铣削等速盘形凸轮

1. 划线

对照图样，将板料表面涂色，采用“等分描点法”划出等速盘形凸轮的轮廓线（见图8－28a）。检查无误后，在轮廓线上打样冲眼。

a)　　　　b)

图8－28　铣削过程

2. 计算导程和交换齿轮

（1）计算工件平面螺旋线的导程

$$P_h = \frac{360H}{\theta} = \frac{360}{165} \times 32\ \text{mm} \approx 69.82\ \text{mm}$$

（2）设定假定导程 $P_{h假}$，计算交换齿轮

假定导程 $P_{h假} = 70$ mm，得到以下交换齿轮：

$$\frac{z_1 z_3}{z_2 z_4} = \frac{240}{P_{h假}} = \frac{240}{70} = \frac{100 \times 60}{25 \times 70}$$

（3）计算分度头起度角

$$\sin\alpha = \frac{P_h}{P_{h假}} \approx \frac{69.82}{70} \approx 0.9974$$

$$\alpha \approx 85.87°$$

（4）计算立铣头倾斜角度

$$\beta \approx 90° - \alpha = 90° - 85.87° = 4.13°$$

（5）计算铣刀长度

$$l = B + H\cos\alpha + (5 \sim 10)\ \text{mm} \approx 8\ \text{mm} + 32\ \text{mm} \times \cos 85.87° + (5 \sim 10)\ \text{mm}$$

$$\approx (8 + 2.3 + 10)\ \text{mm} = 20.3\ \text{mm}$$

选用直径为16 mm的立铣刀进行铣削。

3. 铣削的加工准备

（1）将所选立铣刀安装到铣头中。

（2）将专用心轴安装在分度头主轴前端，并检测其径向跳动量是否合格；然后在分度头主轴后端用拉杆将心轴紧固；再将工件以内孔定位，用螺母压紧。

（3）按照划线将工件0°位置调整到分度头的正上方。

（4）将交换齿轮按照以下顺序安装：将 z_1 安装在工作台丝杆上，z_4 安装在分度头的侧轴上，z_2 和 z_3 安装在挂轮架上，并检查旋转方向与移动方向之间的关系是否正确。

（5）将分度手柄插销拔出分度孔盘后，调整工作台，使立铣刀轴线与分度头轴线在纵向进给方向的同一平面内。

（6）调整立铣头，使其主轴倾斜4.13°。

（7）调整分度头，使其主轴仰起85.87°。

（8）移动工作台使立铣刀与工件0°位置相接触，记录升降台刻度读数，并将分度手柄插销插入分度盘孔中。

4. 铣凸轮

开始铣削，利用升降进给进刀后，将横向和升降进给机构锁紧，即可用双手转动分度手柄进刀铣削（0°～135°，手柄转过15转），使凸轮工作型面至符合图样要求（见图8－28b）。

完成凸轮铣削后，卸下工件，用锉刀仔细去除毛刺后，综合检验各项技术要求。

第九单元

齿轮、齿条和链轮的铣削

在机械制造行业中，应用最多、最普遍的齿轮是渐开线齿轮。齿轮按照分度曲面形状分为圆柱齿轮和锥齿轮。按其齿线形状的不同，圆柱齿轮又分为直齿和斜齿两种。

齿轮齿形的加工方法很多，基本分为两大类：一类是成形法，另一类是展成法。成形法是利用切削刃形状与齿槽形状相同的刀具在普通铣床上铣制齿形的加工方法（见图9－1）。与展成法相比较，采用成形法加工齿轮，不需要专用机床和价格昂贵的展成刀具。

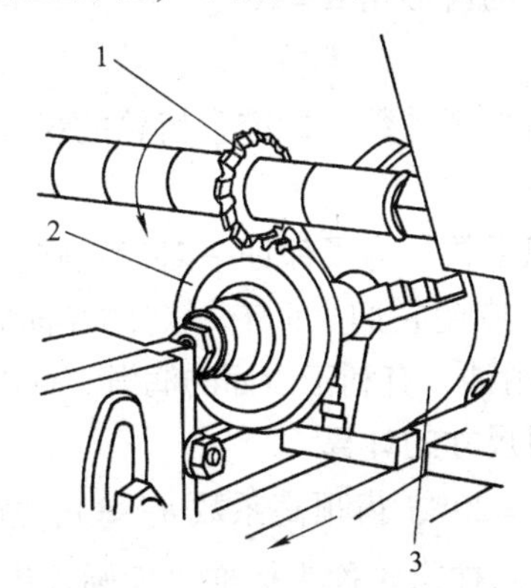

图9－1　用成形法铣削直齿轮

1—盘形齿轮铣刀　2—齿坯　3—万能分度头

成形法加工齿轮，主要用在精度要求不高、单件修配或小批量生产的场合。

课题一　直齿圆柱齿轮的铣削

一、直齿圆柱齿轮的基本参数

直齿圆柱齿轮的基本参数有齿数 z、模数 m、齿形角 α、齿顶高系数 h_a^* 和顶隙系数 c^* 五个。基本参数是齿轮各部几何尺寸计算的依据。

1. 齿数 z

一个齿轮轮齿的总数称为齿数。当齿轮的模数一定时，齿数越多，齿轮的几何尺寸越大，轮齿渐开线的曲率半径也越大，齿廓曲线越趋于平直。

2. 模数 m

齿距除以圆周率 π 所得到的商称为模数。模数是齿轮几何尺寸计算中最基本的一个参数，它的大小反映了齿距的大小，也就是反映了齿轮轮齿的大小。模数越大，齿轮的轮齿越大，齿轮所能承受的载荷就越大。

GB 1357—2008《通用机械和重型机械用圆柱齿轮　模数》规定了渐开线圆柱齿轮的模数系列。其中法向模数 $m_n < 1$ mm 的渐开线圆柱齿轮称为小模数渐开线圆柱齿轮。

3. 齿形角 α

渐开线上任意点处的齿形角是不相等的，在同一基圆的渐开线上，离基圆越远的点处，齿形角越大。齿轮分度圆上齿形角的大小对轮齿的形状有影响，在分度圆直径不变时，齿形角小，轮齿齿顶变宽、齿根变瘦，齿轮的承载能力降低；齿形角大，轮齿齿顶变尖、齿根变厚，齿轮承载能力增大，但传动较费力。综合考虑齿轮副的传动性能和轮齿的承载能力，我国规定渐开线圆柱齿轮分度圆上的齿形角 $\alpha = 20°$。

4. 齿顶高系数 h_a^*

齿顶高与模数的比值称为齿顶高系数。标准直齿轮的齿顶高系数 $h_a^* = 1$。

5. 顶隙系数 c^*

顶隙与模数的比值称为顶隙系数。为了保证一对齿轮啮合时，一个齿轮的齿顶面不至于与另一个齿轮齿槽底面相抵触，应使它们之间有一定的径向间隙，这个径向间隙称为顶隙。顶隙在齿轮副传动时还可储存润滑油，有利于齿面的润滑。标准直齿轮的顶隙系数 $c^* = 0.25$。

二、标准直齿圆柱齿轮几何尺寸的计算

采用标准模数 m，齿形角 $\alpha = 20°$，齿顶高系数 $h_a^* = 1$，顶隙系数 $c^* = 0.25$，端面齿厚 s 等于端面齿槽宽 e 的渐开线直齿圆柱齿轮称为标准直齿圆柱齿轮，简称标准直齿轮。

标准直齿圆柱齿轮几何要素（见图 9－2）的名称、代号、定义和计算公式见表 9－1。

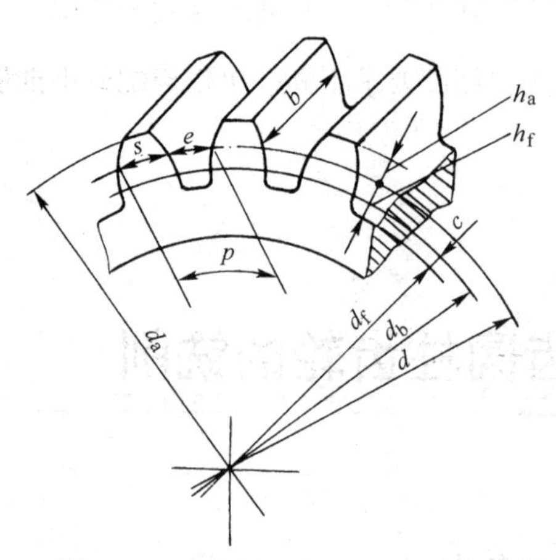

图 9－2　直齿圆柱齿轮的几何要素

例 9－1　一对相啮合的标准直齿圆柱齿轮，已知齿数 $z_1 = 24$，$z_2 = 40$，模数 $m = 5$ mm。试计算其分度圆直径 d、齿顶圆直径 d_a、齿根圆直径 d_f、基圆直径 d_b、齿距 p、齿厚

s、齿顶高 h_a、齿根高 h_f、齿高 h 和中心距 a。

解：按表 9-1 所列有关公式计算，结果列于表 9-2。

表 9-1　标准直齿圆柱齿轮几何要素的名称、代号、定义和计算公式

名称	代号	定义	计算公式
模数	m	齿距除以圆周率 π 所得到的商	$m=p/\pi=d/z$，取标准值
齿形角	α	基本齿条的法向压力角	$\alpha=20°$
齿数	z	齿轮的轮齿总数	由传动比计算确定，一般 z_1 约为 20
分度圆直径	d	分度圆柱面和分度圆的直径	$d=mz$
齿距	p	两个相邻而同侧的端面齿廓之间的分度圆弧长	$p=\pi m$
齿顶高	h_a	齿顶圆与分度圆之间的径向距离	$h_a=h_a^* m=m$
齿根高	h_f	齿根圆与分度圆之间的径向距离	$h_f=(h_a^*+c^*)m=1.25m$
齿高	h	齿顶圆与齿根圆之间的径向距离	$h=h_a+h_f=2.25m$
齿顶圆直径	d_a	齿顶圆柱面和齿顶圆的直径	$d_a=d+2h_a=m(z+2)$
齿根圆直径	d_f	齿根圆柱面和齿根圆的直径	$d_f=d-2h_f=m(z-2.5)$
齿厚	s	一个齿的两侧端面齿廓之间的分度圆弧长	$s=p/2=\pi m/2$
槽宽	e	一个齿槽的两侧端面齿廓之间的分度圆弧长	$e=p/2=\pi m/2=s$
基圆直径	d_b	基圆柱面和基圆的直径	$d_b=d\cos\alpha=mz\cos\alpha$
齿宽	b	齿轮的有齿部位沿分度圆柱面的直素线方向量度的宽度	$b=(6\sim10)m$
中心距	a	齿轮副的两轴线间的最短距离	$a=d_1/2+d_2/2=m(z_1+z_2)/2$

表 9-2　例 9-1 计算结果　　mm

名称	计算公式	计算结果	
分度圆直径 d	$d=mz$	$d_1=5\times24=120$	$d_2=5\times40=200$
齿顶圆直径 d_a	$d_a=m(z+2)$	$d_{a1}=5\times(24+2)=130$	$d_{a2}=5\times(40+2)=210$
齿根圆直径 d_f	$d_f=m(z-2.5)$	$d_{f1}=5\times(24-2.5)=107.5$	$d_{f2}=5\times(40-2.5)=187.5$
基圆直径 d_b	$d_b=d\cos\alpha$	$d_{b1}=120\times\cos20°\approx112.76$	$d_{b2}=200\times\cos20°\approx187.94$
齿距 p	$p=\pi m$	$p_1=p_2\approx3.14\times5=15.7$	
齿厚 s	$s=p/2$	$s_1=s_2=15.7/2=7.85$	
齿顶高 h_a	$h_a=m$	$h_{a1}=h_{a2}=5$	
齿根高 h_f	$h_f=1.25m$	$h_{f1}=h_{f2}=1.25\times5=6.25$	
齿高 h	$h=2.25m$	$h_1=h_2=2.25\times5=11.25$	
中心距 a	$a=m(z_1+z_2)/2$	$a=5\times(24+40)/2=160$	

三、直齿圆柱齿轮的测量

1. 公法线长度的测量

公法线长度 W_k 的测量，是用公法线千分尺或游标卡尺跨过规定的齿数，使测量面与轮齿面相切时测得的距离，如图 9-3 所示。这种测量方法的优点是方便、简单、精确。

规定的跨齿数 k，是根据齿轮的齿数和齿形角确定的。其目的是在检测时，使量具测量面与轮齿的相切点尽量接近齿轮的分度圆周。

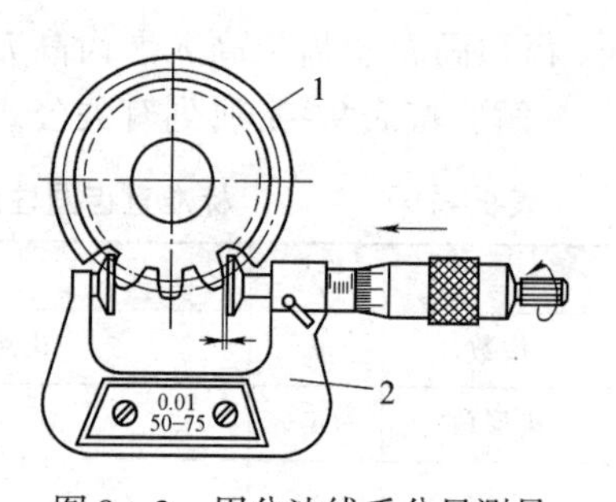

图 9－3 用公法线千分尺测量公法线长度

1—被测齿轮 2—公法线千分尺

公法线长度 W_k 和跨齿数 k 与齿轮模数 m 和齿数 z 的关系可按公式计算，当齿形角 $\alpha=20°$ 时：

$$W_k = m[2.9521(k-0.5)+0.014z]$$

$k=0.111z+0.5$（用四舍五入的方法将计算出的小数圆整）

为简化计算，标准直齿圆柱齿轮可根据齿轮齿数 z，查表 9－3 来确定跨齿数 k 值。然后，由表中查出 $m=1$ mm 时的公法线长度 W_k^* 值（单位为 mm），再乘以齿轮的实际模数 m 后求得 W_k，即 $W_k=mW_k^*$。

表 9－3 标准直齿圆柱齿轮公法线长度（$m=1$ mm，$\alpha=20°$）

齿数 z	跨齿数 k	公法线长度 W_k^*
9		4.554 2
10		4.568 3
11		4.582 3
12		4.596 3
13	2	4.610 3
14		4.624 3
15		4.638 3
16		4.652 3
17		4.666 3
18		7.632 4
19		7.646 4
20		7.660 4
21		7.674 4
22	3	7.688 4
23		7.702 5
24		7.716 5
25		7.730 5
26		7.744 5
27		10.710 6
28	4	10.724 6
29		10.738 6
30		10.752 6

齿数 z	跨齿数 k	公法线长度 W_k^*
31		10.766 6
32		10.780 6
33	4	10.794 6
34		10.808 6
35		10.822 6
36		13.788 8
37		13.802 8
38		13.816 8
39		13.830 8
40	5	13.844 8
41		13.858 8
42		13.872 8
43		13.886 8
44		13.900 8
45		16.867 0
46		16.881 0
47		16.895 0
48		16.909 0
49	6	16.923 0
50		16.937 0
51		16.951 0
52		16.965 0
53		16.979 0

齿数 z	跨齿数 k	公法线长度 W_k^*
54		19.945 1
55		19.959 1
56		19.973 1
57		19.987 2
58	7	20.001 2
59		20.015 2
60		20.029 2
61		20.043 2
62		20.057 2
63		23.023 3
64		23.037 3
65		23.051 3
66		23.065 3
67	8	23.079 3
68		23.093 3
69		23.107 3
70		23.121 4
71		23.135 4
72		26.101 5
73		26.115 5
74	9	26.129 5
75		26.143 5
76		26.157 5

齿数 z	跨齿数 k	公法线长度 W_k^*
77		26.171 5
78	9	26.185 5
79		26.199 5
80		26.213 5
81		29.179 7
82		29.193 7
83		29.207 7
84		29.221 7
85	10	29.235 7
86		29.249 7
87		29.263 7
88		29.277 7
89		29.291 7
90		32.257 9
91		32.271 9
92		32.285 9
93		32.299 9
94	11	32.313 9
95		32.327 9
96		32.341 9
97		32.355 9
98		32.369 9

续表

齿数 z	跨齿数 k	公法线长度 W_k^*	齿数 z	跨齿数 k	公法线长度 W_k^*	齿数 z	跨齿数 k	公法线长度 W_k^*	齿数 z	跨齿数 k	公法线长度 W_k^*
99		35.336 0	126		44.570 6	153		53.805 1	180		63.039 6
100		35.350 0	127		44.584 6	154		53.819 1	181		63.053 6
101		35.364 0	128		44.598 6	155		53.833 1	182		63.067 6
102		35.378 0	129		44.612 6	156		53.847 1	183		63.081 6
103	12	35.392 0	130	15	44.626 6	157	18	53.861 1	184	21	63.095 7
104		35.406 1	131		44.640 6	158		53.875 1	185		63.109 7
105		35.420 1	132		44.654 6	159		53.889 1	186		63.123 7
106		35.434 1	133		44.668 6	160		53.903 1	187		63.137 7
107		35.448 1	134		44.682 6	161		53.917 1	188		63.151 7
108		38.414 2	135		47.648 7	162		56.883 3	189		66.117 8
109		38.428 2	136		47.662 7	163		56.897 3	190		66.131 8
110		38.442 2	137		47.676 8	164		56.911 3	191		66.145 8
111		38.456 2	138		47.690 8	165		56.925 3	192		66.159 8
112	13	38.470 2	139	16	47.704 8	166	19	56.939 3	193	22	66.173 8
113		38.484 2	140		47.718 8	167		56.953 3	194		66.187 8
114		38.498 2	141		47.732 8	168		56.967 3	195		66.201 8
115		38.512 2	142		47.746 8	169		56.981 3	196		66.215 8
116		38.526 2	143		47.760 8	170		56.995 3	197		66.229 9
117		41.492 4	144		50.726 9	171		59.961 5	198		69.196 0
118		41.506 4	145		50.740 9	172		59.975 5	199	23	69.210 0
119		41.520 4	146		50.754 9	173		59.989 5	200		69.224 0
120		41.534 4	147		50.768 9	174		60.003 5			
121	14	41.548 4	148	17	50.782 9	175	20	60.017 5			
122		41.562 4	149		50.796 9	176		60.031 5			
123		41.576 4	150		50.811 0	177		60.045 5			
124		41.590 4	151		50.825 0	178		60.059 5			
125		41.604 4	152		50.839 0	179		60.073 5			

2. 齿厚的测量

测量齿厚的量具是齿厚游标卡尺，用于测量分度圆弦齿厚和固定弦齿厚。其工作原理和读数方法与普通游标卡尺基本相同（见表9－4）。齿厚测量值的大小总会受到齿顶圆直径的影响。

表9－4　　齿厚的测量

内容	简图及说明
测量分度圆弦齿厚	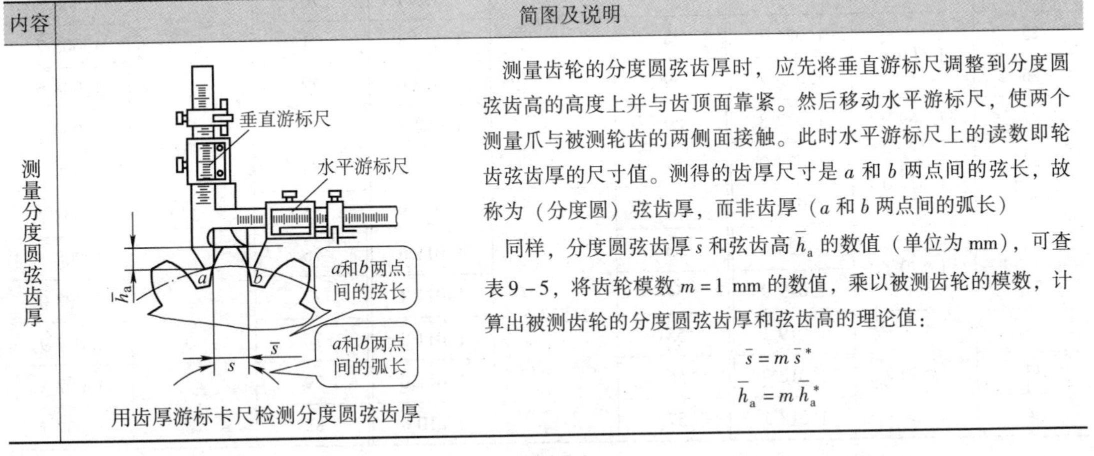 用齿厚游标卡尺检测分度圆弦齿厚 测量齿轮的分度圆弦齿厚时，应先将垂直游标尺调整到分度圆弦齿高的高度上并与齿顶面靠紧。然后移动水平游标尺，使两个测量爪与被测轮齿的两侧面接触。此时水平游标尺上的读数即轮齿弦齿厚的尺寸值。测得的齿厚尺寸是 a 和 b 两点间的弦长，故称为（分度圆）弦齿厚，而非齿厚（a 和 b 两点间的弧长） 同样，分度圆弦齿厚 $\bar{s}$ 和弦齿高 $\bar{h}_a$ 的数值（单位为mm），可查表9－5，将齿轮模数 $m=1$ mm的数值，乘以被测齿轮的模数，计算出被测齿轮的分度圆弦齿厚和弦齿高的理论值： $\bar{s}=m\bar{s}^*$ $\bar{h}_a=m\bar{h}_a^*$

续表

内容	简图及说明
测量固定弦齿厚	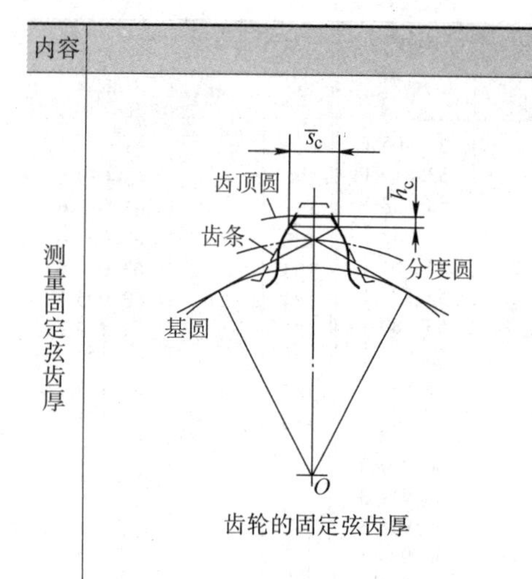 齿轮的固定弦齿厚 固定弦齿厚的检测与分度圆弦齿厚的检测方法相同，只是检测部位有所不同。所谓固定弦齿厚是指标准齿条的齿形与齿轮齿形相切时，两切点 A 和 B 之间的距离，故测量时应将垂直游标尺调整到固定弦齿高的高度上进行 固定弦齿厚 $\bar{s}_c$ 和固定弦齿高 $\bar{h}_c$，在齿形角 $\alpha=20°$时，可通过查表9－6直接得到，也可以按照齿轮模数 m 进行计算： $\bar{s}_c=1.387m$ $\bar{h}_c=0.747\ 6m$

表9－5　　分度圆弦齿厚与弦齿高（$m=1$ mm）

齿数 z	弦齿厚 $\bar{s}^*$	弦齿高 $\bar{h}_a^*$	齿数 z	弦齿厚 $\bar{s}^*$	弦齿高 $\bar{h}_a^*$	齿数 z	弦齿厚 $\bar{s}^*$	弦齿高 $\bar{h}_a^*$
12	1.566 3	1.051 3	35	1.570 3	1.017 6	58	1.570 6	1.010 6
13	1.567 0	1.047 4	36		1.017 1	59		1.010 5
14	1.567 5	1.044 0	37		1.016 7	60		1.010 3
15	1.567 9	1.041 1	38		1.016 2	61		1.010 1
16	1.568 3	1.038 5	39	1.570 4	1.015 8	62		1.010 0
17	1.568 6	1.036 3	40		1.015 4	63		1.009 8
18	1.568 8	1.034 2	41		1.015 0	64		1.009 6
19	1.569 0	1.032 4	42		1.014 7	65		1.009 5
20	1.569 2	1.030 8	43		1.014 3	66		1.009 3
21	1.569 3	1.029 4	44	1.570 5	1.014 0	67	1.570 7	1.009 2
22	1.569 5	1.028 0	45		1.013 7	68		1.009 1
23	1.569 6	1.026 8	46		1.013 4	69		1.008 9
24	1.569 7	1.025 7	47		1.013 1	70		1.008 8
25	1.569 8	1.024 7	48		1.012 8	71		1.008 7
26		1.023 7	49		1.012 6	72		1.008 6
27	1.569 9	1.022 8	50		1.012 3	73		1.008 4
28	1.570 0	1.022 0	51		1.012 1	74		1.008 3
29		1.021 3	52	1.570 6	1.011 9	75		1.008 2
30	1.570 1	1.020 6	53		1.011 6	76		1.008 1
31		1.019 9	54		1.011 4	77		1.008 0
32	1.570 2	1.019 3	55		1.011 2	78		1.007 9
33		1.018 7	56		1.011 0	79		1.007 8
34		1.018 1	57		1.010 8	80		1.007 7

续表

齿数 z	弦齿厚 $\bar{s}^*$	弦齿高 $\bar{h}_a^*$	齿数 z	弦齿厚 $\bar{s}^*$	弦齿高 $\bar{h}_a^*$	齿数 z	弦齿厚 $\bar{s}^*$	弦齿高 $\bar{h}_a^*$
81	1.570 7	1.007 6	92	1.570 7	1.006 7	115	1.570 7	1.005 4
82		1.007 5	93		1.006 6	120	1.570 8	1.005 1
83		1.007 4	94			125		1.004 9
84		1.007 3	95		1.006 5	127		
85			96		1.006 4	130		1.004 7
86		1.007 2	97			135		1.004 6
87		1.007 1	98		1.006 3	140		1.004 4
88		1.007 0	99		1.006 2	145		1.004 3
89		1.006 9	100		1.006 2	150		1.004 1
90			105		1.005 9	齿条		1.000 0
91		1.006 8	110		1.005 6			

注：本表也适用于斜齿轮和锥齿轮，但应按当量齿数查表；如当量齿数为非整数，则需用线性插补法，把小数部分考虑进去。

表 9－6　固定弦齿厚与固定弦齿高（$\alpha=20°$） mm

模数 m	固定弦齿厚 $\bar{s}_c$	固定弦齿高 $\bar{h}_c$	模数 m	固定弦齿厚 $\bar{s}_c$	固定弦齿高 $\bar{h}_c$
1	1.387 0	0.747 6	7	9.709 3	5.233 0
1.25	1.733 8	0.934 5	8	11.096 4	5.980 6
1.5	2.080 6	1.121 4	9	12.483 4	6.728 2
1.75	2.427 3	1.308 3	10	13.870 5	7.475 7
2	2.774 1	1.495 2	11	15.257 5	8.223 4
2.25	3.120 9	1.682 1	12	16.644 6	8.970 9
2.5	3.467 6	1.868 9	14	19.418 7	10.466 1
2.75	3.814 4	2.055 8	16	22.192 8	11.961 2
3	4.161 1	2.242 7	18	24.966 9	13.456 4
3.25	4.507 9	2.429 6	20	27.741 0	14.951 6
3.5	4.854 7	2.616 5	22	30.515 1	16.446 7
3.75	5.201 4	2.803 4	25	34.676 2	18.689 4
4	5.548 2	2.990 3	28	38.837 3	20.932 2
4.5	6.241 7	3.364 1	32	44.385 5	23.922 5
5	6.935 2	3.737 9	36	49.933 7	26.912 8
5.5	7.628 8	4.111 7	40	55.481 9	29.903 1
6	8.322 3	4.485 5	45	62.417 2	33.641 0
6.5	9.015 8	4.859 3	50	69.352 4	37.378 9

注：测量斜齿轮时应按法向模数查表，测量锥齿轮时应按大端模数查表。

四、直齿圆柱齿轮的铣削

1. 根据齿轮模数和齿数选择铣刀号数

直齿圆柱齿轮铣刀有盘形和指形两种。盘形齿轮铣刀用在卧式铣床上铣制齿轮，已经标准化。指形齿轮铣刀用在立式铣床上（加工 $m\geqslant10$ mm 大模数齿轮）铣制齿轮，目前尚未标准化。

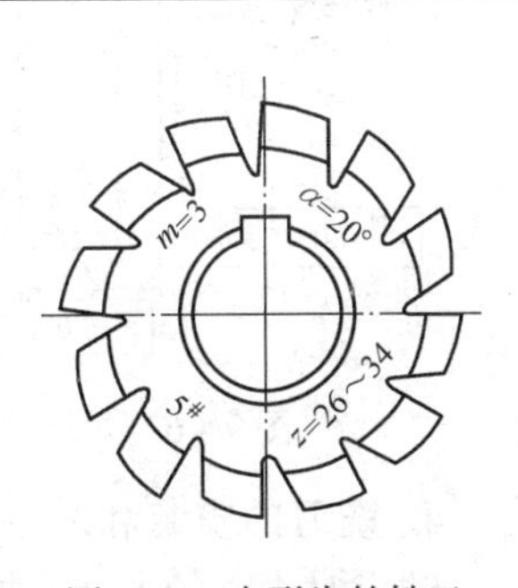

图 9－4　盘形齿轮铣刀

盘形齿轮铣刀（见图 9－4）的制造，是将同一模数和齿形角的盘形齿轮铣刀按其加工的齿数划分为段，每段定一个铣刀刀号。

因此在盘形齿轮铣刀上标记着齿形角、模数、铣刀刀号，以及可以加工的齿数。在选用铣刀时，按其模数、齿形角和齿数查表 9 - 7 确定铣刀刀号。

表 9 - 7　　标准盘形齿轮铣刀刀号

铣刀刀号		1	1½	2	2½	3	3½	4	4½
加工齿轮齿数	8 把一套	12 ~ 13		14 ~ 16		17 ~ 20		21 ~ 25	
	15 把一套	12	13	14	15 ~ 16	17 ~ 18	19 ~ 20	21 ~ 22	23 ~ 25
铣刀刀号		5	5½	6	6½	7	7½	8	
加工齿轮齿数	8 把一套	26 ~ 34		35 ~ 54		55 ~ 134		135 ~ ∞	
	15 把一套	26 ~ 29	30 ~ 34	35 ~ 41	42 ~ 54	55 ~ 79	80 ~ 134	135 ~ ∞	

2. 根据齿轮的齿数 z 确定分齿的分度方法

在不能采用简单分度法进行分齿（如 $z=61$、67、71、…）时，可采用差动分度法（见图 9 - 5）分齿。采用差动分度法的分齿步骤如下：

（1）按齿数 z 选一个假定等分数 z_o（最好 $z_o<z$）。

（2）按 $n_o=40/z_o$ 计算分度手柄的分齿分度转数。

（3）由 $\frac{z_1z_3}{z_2z_4}=\frac{40(z_o-z)}{z_o}$ 计算交换齿轮。

（4）用交换齿轮将分度头主轴与侧轴连接起来。松开分度盘上的紧固螺钉，即可进行分齿。

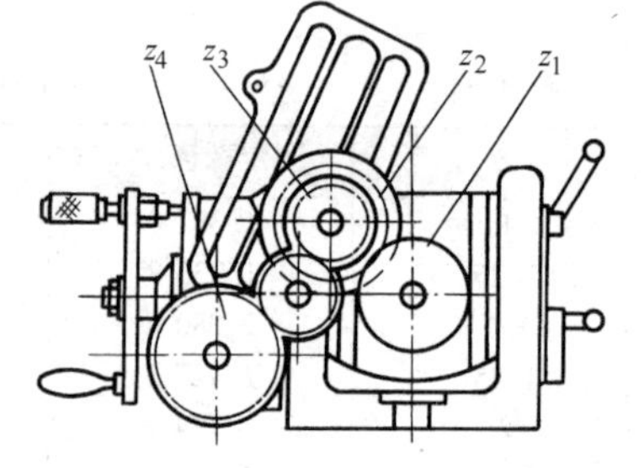

图 9 - 5　分度头的差动分度法

3. 铣削前的准备工作

（1）校正工作台“0”位使其符合加工要求，然后安装并校正分度头及尾座。

（2）检查齿坯，主要检查其外圆和内孔的尺寸及同轴度、齿坯对基准孔的圆跳动量（见图 9 - 6）等，将不符合要求的齿坯挑出。

（3）装夹并校正工件，使齿坯轴线与工作台面及纵向进给方向平行（见图 9 - 7）。

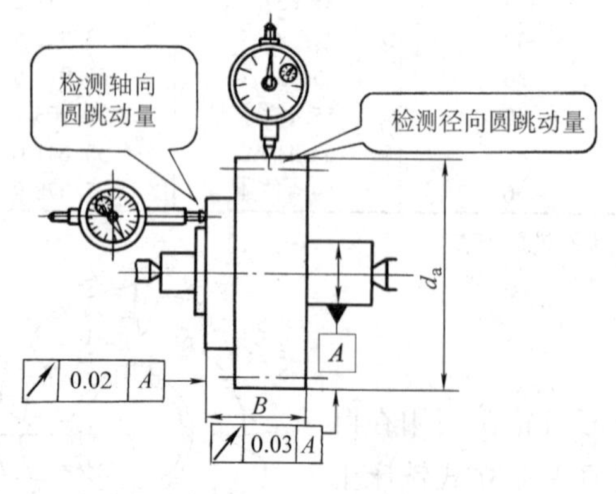

图 9 - 6　齿坯圆跳动量检查

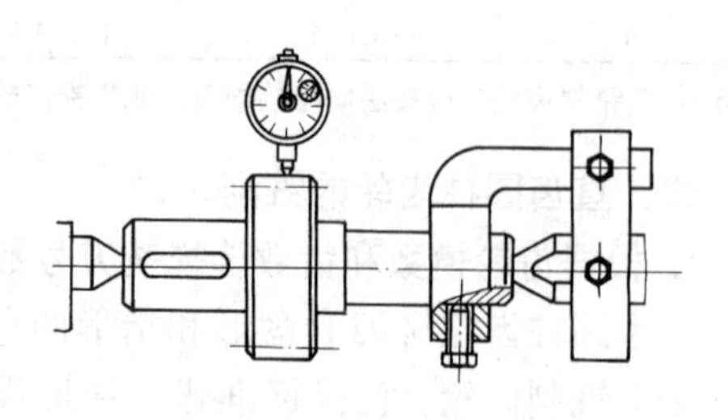

图 9 - 7　校正工件

4. 铣刀的安装和对中心

铣刀对中心的方法有按划线对中心法、按切痕对中心法和测量圆柱对中心法（见表 9 - 8）。

表 9-8　　　　盘形齿轮铣刀对中心方法

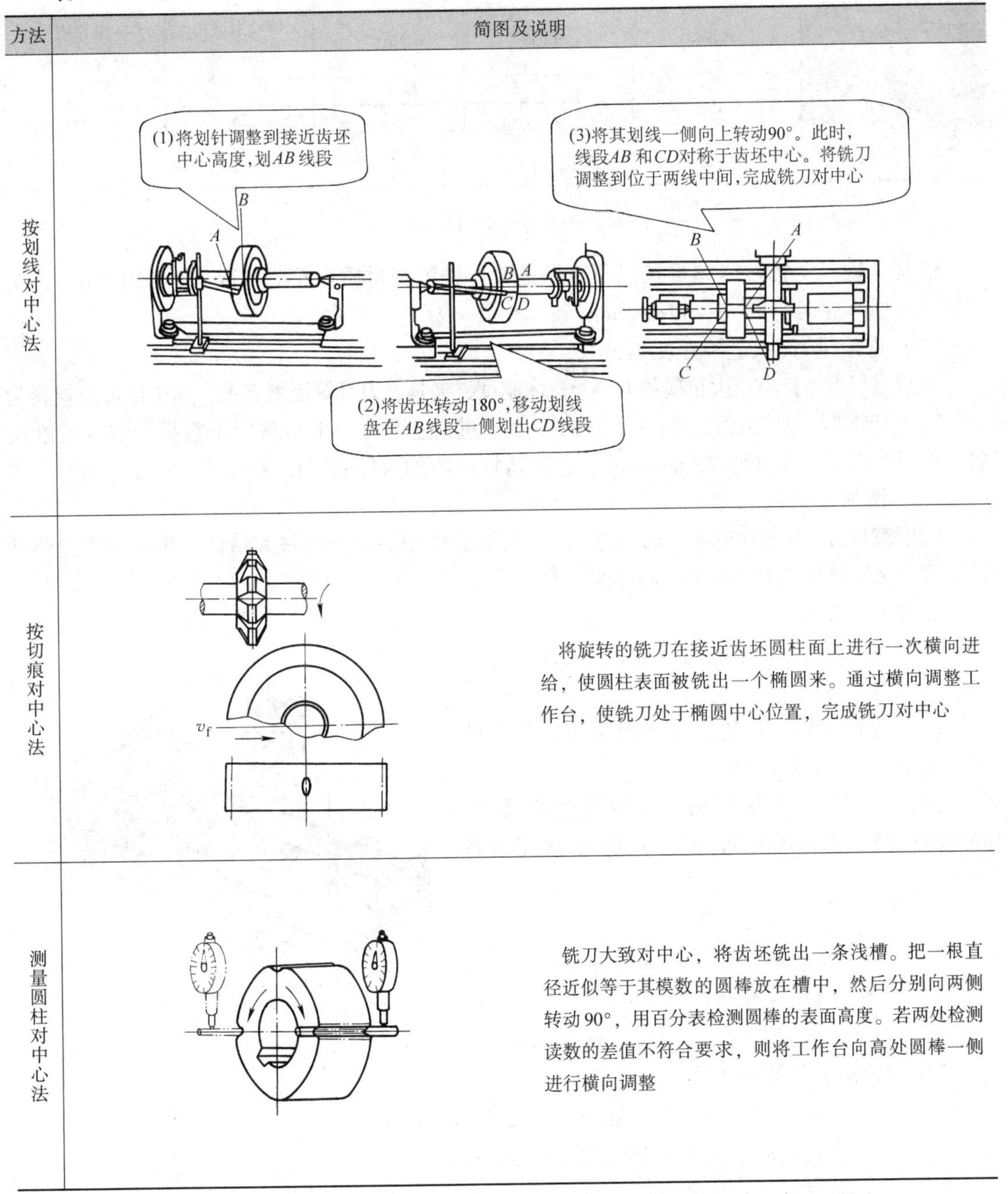

方法	简图及说明
按划线对中心法	(1)将划针调整到接近齿坯中心高度，划AB线段 (2)将齿坯转动180°，移动划线盘在AB线段一侧划出CD线段 (3)将其划线一侧向上转动90°。此时，线段AB和CD对称于齿坯中心。将铣刀调整到位于两线中间，完成铣刀对中心
按切痕对中心法	将旋转的铣刀在接近齿坯圆柱面上进行一次横向进给，使圆柱表面被铣出一个椭圆来。通过横向调整工作台，使铣刀处于椭圆中心位置，完成铣刀对中心
测量圆柱对中心法	铣刀大致对中心，将齿坯铣出一条浅槽。把一根直径近似等于其模数的圆棒放在槽中，然后分别向两侧转动90°，用百分表检测圆棒的表面高度。若两处检测读数的差值不符合要求，则将工作台向高处圆棒一侧进行横向调整

5. 铣削用量选择

(1) 铣削速度 v_c

铣削速度与齿坯材料有关。此外，齿轮铣刀是铲齿成形铣刀，铣削时切削抗力较大，所以其铣削速度比普通高速钢铣刀略低。实际铣削速度可按表 9-9 查取数值再乘以 0.75~0.85 的修正系数确定。

表 9-9　　铣制直齿圆柱齿轮铣削速度　　m/min

齿轮材料	45 钢	40Cr	20Cr	铸铁 HT150 硬青铜	中等硬度青铜黄铜
铣削速度 v_c	粗铣				
	32	30	22	25	40
	精铣				
	40	37.5	27	31	50

注：铣床主轴转速可按式 $n=\frac{1\ 000v_c}{\pi D}$求出，式中 D 为铣刀直径，mm。

通常，铣床主轴转速 n 可按以下数据选取：铣削钢材质齿轮时，取 95～150 r/min；铣削铸铁材质齿轮时，取 75～118 r/min。

（2）进给量 f（或进给速度 v_f）

进给量与齿坯材料、齿轮模数大小、机床刚度、夹具、刀具等因素有关，其中以齿坯材料为主。粗加工时进给量取大值，精加工时取小一些。进给速度 v_f 一般可按以下数据选取：铣削钢材质的齿轮时，v_f 取 60～75 mm/min；铣削铸铁材质的齿轮时，v_f 取 47.5～60 mm/min。

（3）铣削宽度 a_e

铣削宽度 a_e 等于齿高 h（$h=2.25m$）。齿形的铣削一般分粗铣和精铣，粗铣时应预留精铣余量，余量可按 0.15～0.30 mm 预留。

6. 工件的铣削

铣削直齿轮分粗、精加工两道工序，如图 9-8 所示。

（1）粗铣齿轮，按轮齿的高度进刀，并为精加工预留约 0.3 mm 余量。

（2）精铣齿轮，根据粗加工后轮齿的尺寸，确定精铣时铣刀的补充进刀量 Δa_e。依次完成各齿的铣削。

1）按分度圆弦齿厚实测

$$\Delta a_e = 1.37\ (\bar{s}_{实}-\bar{s})$$

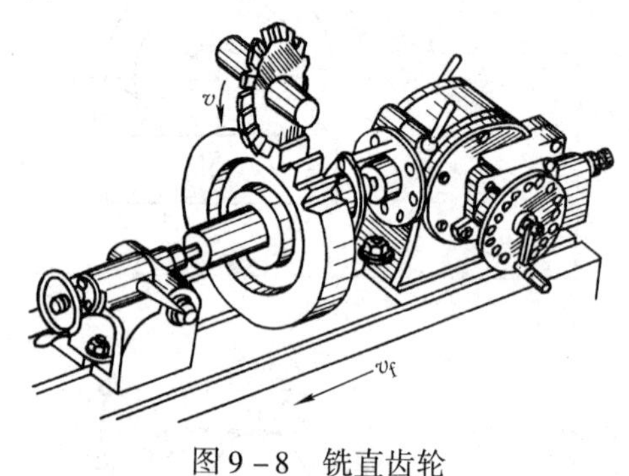

图 9-8　铣直齿轮

2）按固定弦齿厚实测

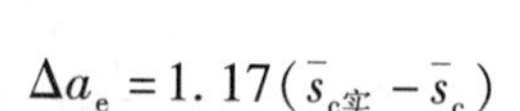

$$\Delta a_e = 1.17(\bar{s}_{c实}-\bar{s}_c)$$

3）按公法线长度实测

$$\Delta a_e = 1.462(W_{k实}-W_k)$$

式中　$\bar{s}_{实}$——粗铣后测量的实际分度圆弦齿厚，mm；

$\bar{s}_{c实}$——粗铣后测量的实际固定弦齿厚，mm；

$W_{k实}$——粗铣后测量的实际公法线长度，mm。

五、直齿圆柱齿轮铣削的检测

1. 公法线长度检测

公法线长度的测量方便、简单，精确度高，W_k 值的大小不受齿顶圆直径误差的影响，而且可以间接控制铣削的齿高和分齿的等分性，并保证侧隙的要求，因此，齿轮加工中的检测常采用测量公法线长度的方法。检测时按规定的跨测齿数用公法线千分尺或普通游标卡尺测量。当齿轮模数 $m<2$ mm（游标卡尺的量爪不能伸入齿槽）或要求测量精度较高时，应使用公法线千分尺测量。

2. 齿面表面粗糙度检测

用表面粗糙度标准样块进行比较检测。

六、直齿圆柱齿轮铣削的质量分析

直齿圆柱齿轮铣削时常见的质量问题及产生原因见表 9－10。

表 9－10　　直齿圆柱齿轮铣削的质量分析

质量问题	产生原因
齿数与给定齿数不符	1. 分度计算错误 2. 选错分度盘孔圈或分度叉之间孔距数不对
齿距偏差过大，齿厚大小不等	1. 工件径向跳动过大，或未进行校正 2. 分度不准，分度手柄向两个方向转动，影响蜗杆蜗轮副传动间隙
轮齿偏斜（困牙）	铣刀廓形中线没有对准齿坯中心，对中心误差过大
齿高、齿厚不准	1. 铣刀模数或刀号选择错误 2. 铣削宽度计算错误或调整不准
齿面的表面粗糙度值大	1. 铣刀磨损变钝或安装不好，摆差过大 2. 铣削用量选择不当 3. 铣削时振动大

技能训练

铣削直齿轮

零件图如图 9－9 所示。

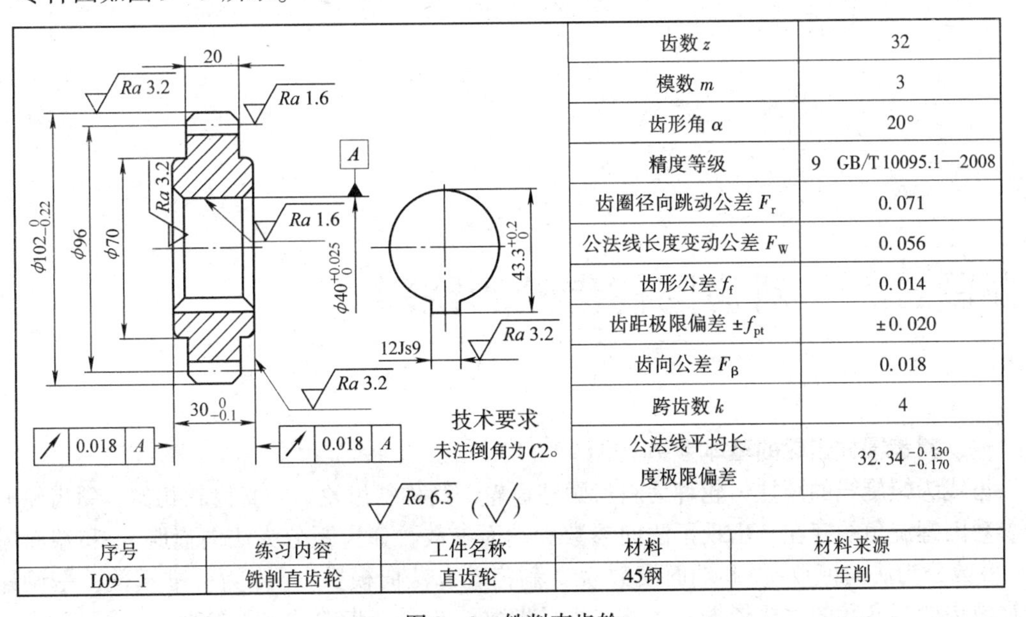

齿数 z	32
模数 m	3
齿形角 α	20°
精度等级	9　GB/T 10095.1—2008
齿圈径向跳动公差 F_r	0.071
公法线长度变动公差 F_W	0.056
齿形公差 f_f	0.014
齿距极限偏差 $\pm f_{pt}$	±0.020
齿向公差 F_β	0.018
跨齿数 k	4
公法线平均长度极限偏差	$32.34_{-0.170}^{-0.130}$

序号	练习内容	工件名称	材料	材料来源
L09—1	铣削直齿轮	直齿轮	45钢	车削

图 9－9　铣削直齿轮

1. 教学建议与注意事项

在铣削过程中，直齿轮的加工方法有多种，建议教师先组织学生进行分组讨论，然后制定出各自的加工工艺，再按讨论修改过的加工工艺指导实际加工。

2. 加工步骤

（1）对照图样，检查工件毛坯并涂色（见图9－10a）。确定分齿分度转数。

根据工件的齿数，采用简单分度法计算分度手柄转数 n：

$$n = \frac{40}{z} = \frac{40}{32} = 1\frac{7}{28}$$

（2）安装并校正分度头、尾座，使前后顶尖的公共轴线与工作台面平行，并与其纵向进给方向平行。

（3）选择并安装铣刀。根据齿轮的模数、齿数数据，查表选取模数 $m = 3$ mm、8 把一套的盘形齿轮铣刀的 5 号铣刀。

（4）装夹并校正工件。

（5）对刀（可采用划线对中心法、切痕对中心法等对中心方法分别进行练习），分粗、精铣，铣削直齿轮至符合图样要求（见图9－10b）。

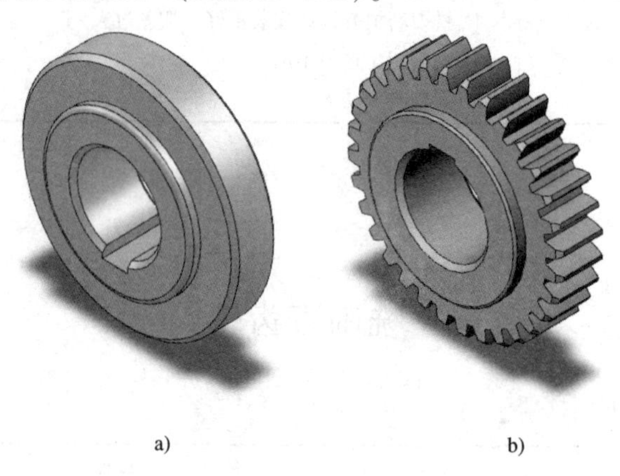

a)　　b)

图9－10　铣削过程

课题二　斜齿圆柱齿轮的铣削

一、斜齿圆柱齿轮的基本参数（图9－11）

齿线为螺旋线的圆柱齿轮称为斜齿圆柱齿轮，简称斜齿轮。与直齿轮相比，斜齿轮的部分参数因螺旋角的存在，出现了法向参数和端面参数。如齿距分为法向齿距 p_n 和端面齿距 p_t，模数分为法向模数 m_n 和端面模数 m_t。斜齿轮以法向模数 m_n 作为标准模数，是设计和计算斜齿轮各参数的主要依据。另外，当量齿数 z_v 也是斜齿轮的主要参数。

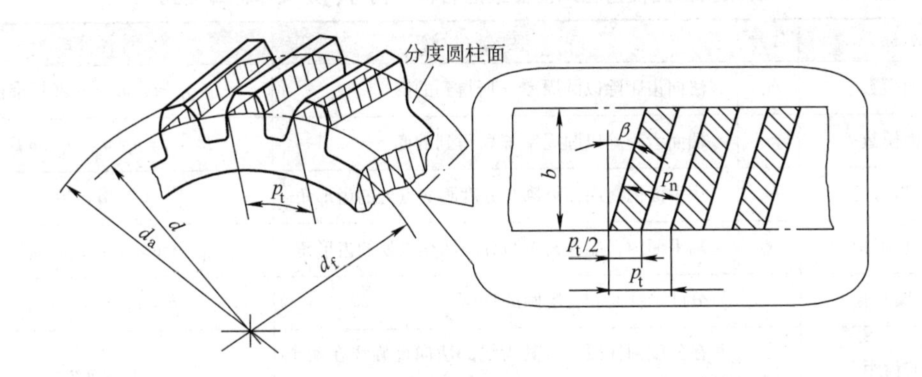

图 9－11　斜齿圆柱齿轮的基本参数

二、标准斜齿圆柱齿轮几何尺寸的计算

法向截面内的模数采用标准模数，齿形角采用标准齿形角（$\alpha_n=20°$），齿顶高系数 $h_a^*=1$，顶隙系数 $c^*=0.25$ 的斜齿圆柱齿轮称为标准斜齿圆柱齿轮，简称标准斜齿轮。

标准斜齿圆柱齿轮几何要素（见图 9－12）的名称、代号、定义和计算公式见表 9－11。

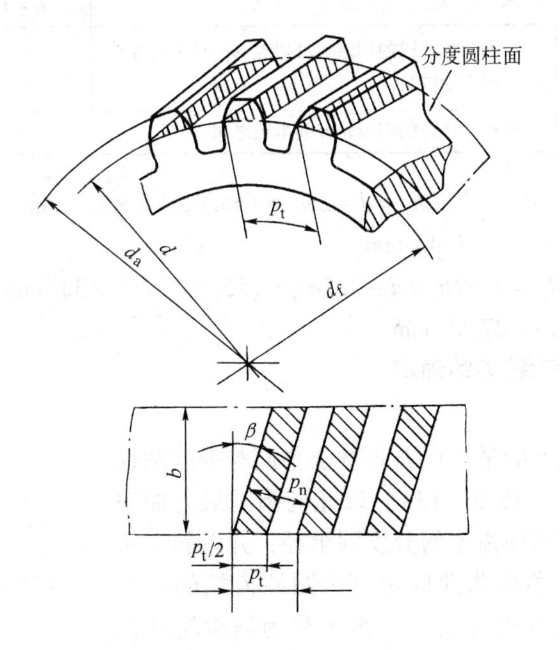

图 9－12　标准斜齿圆柱齿轮的几何要素

例 9－2　已知标准斜齿圆柱齿轮的法向模数 $m_n=3$ mm，齿数 $z=16$，螺旋角 $\beta=30°$。试求 d、d_a、d_f。

解：按表 9－11 所列有关公式计算：

$$d=\frac{m_n z}{\cos\beta}=\frac{3\times16}{\cos30°}\ \text{mm}\approx55.43\ \text{mm}$$

表 9-11　标准斜齿圆柱齿轮几何要素的名称、代号、定义和计算公式

名称	代号	定义	计算公式
法向模数	m_n	法向齿距除以圆周率 π 所得到的商	$m_n = p_n/\pi$，$m_n = m$（标准模数）
端面模数	m_t	端面齿距除以圆周率 π 所得到的商	$m_t = p_t/\pi = m_n/\cos\beta$
法向齿形角	α_n	法平面内，端面齿廓与分度圆交点处的齿形角	$\alpha_n = \alpha = 20°$
端面齿形角	α_t	端平面内，端面齿廓与分度圆交点处的齿形角	$\tan\alpha_t = \tan\alpha_n/\cos\beta$
分度圆直径	d	分度圆柱面和分度圆的直径	$d = m_t z = m_n z/\cos\beta$
法向齿距	p_n	在分度圆柱面上，其齿线的法向螺旋线在两个相邻的同侧齿面之间的弧长	$p_n = \pi m_n$
端面齿距	p_t	两个相邻而同侧的端面齿廓之间的分度圆弧长	$p_t = p_n/\cos\beta = \pi m_n/\cos\beta$
齿顶高	h_a	与直齿圆柱齿轮相同	$h_a = m_n$
齿根高	h_f		$h_f = 1.25m_n$
齿高	h		$h = h_a + h_f = 2.25m_n$
齿顶圆直径	d_a	与直齿圆柱齿轮相同	$d_a = d + 2h_a = m_n(z/\cos\beta + 2)$
齿根圆直径	d_f		$d_f = d - 2h_f = m_n(z/\cos\beta - 2.5)$
（分度圆）螺旋角	β	分度圆螺旋线的切线与过切点的圆柱面直素线之间所夹的锐角	设计给定
中心距	a	两相互啮合的斜齿轮节圆半径之和	$a = m_n(z_1 + z_2)/(2\cos\beta)$

$$d_a = d + 2h_a = d + 2m_n \approx (55.43 + 2 \times 3)\ \text{mm} = 61.43\ \text{mm}$$

$$d_f = d - 2h_f = d - 2.5m_n \approx (55.43 - 2.5 \times 3)\ \text{mm} = 47.93\ \text{mm}$$

三、当量齿数与齿轮铣刀的确定

1. 当量齿数 z_v

斜齿圆柱齿轮齿线上的某一点 P 处的法平面与分度圆柱面的交线是一个椭圆（见图 9-13）。以此椭圆的最大曲率半径作为某一假想直齿圆柱齿轮的分度圆半径，并以斜齿轮的法向模数和法向齿形角作为此假想直齿圆柱齿轮的模数和齿形角，则此假想直齿圆柱齿轮的齿数称为斜齿轮的当量齿数 z_v。当量齿数 z_v 与其实际齿数 z、螺旋角 β 的关系式为：

$$z_v = \frac{z}{\cos^3\beta}$$

为简化当量齿数 z_v 的计算，可根据螺旋角 β 由表 9-12 中查出当量齿数系数 K（$K = 1/\cos^3\beta$），再乘以斜齿轮实际齿数 z 求得当量齿数 z_v，即：

$$z_v = Kz$$

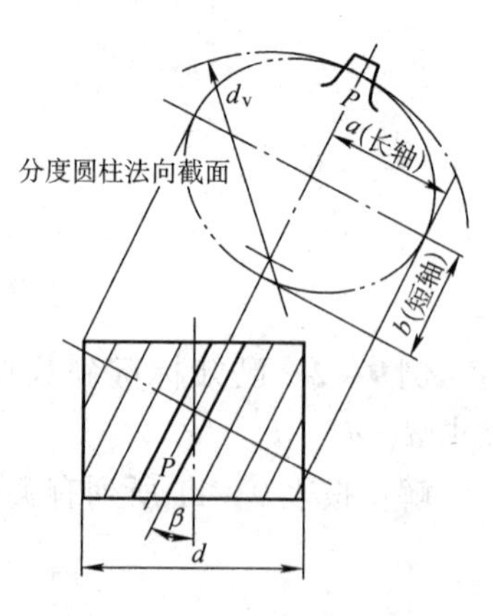

图 9-13　斜齿圆柱齿轮的法向齿形

表 9－12　　斜齿圆柱齿轮当量齿数系数 *K* 值

β	K	β	K	β	K	β	K	β	K
5°	1.012	18°	1.162	31°	1.588	44°	2.687	57°	6.190
5°30′	1.014	18°30′	1.173	31°30′	1.613	44°30′	2.756	57°30′	6.447
6°	1.017	19°	1.183	32°	1.640	45°	2.828	58°	6.720
6°30′	1.020	19°30′	1.194	32°30′	1.667	45°30′	2.904	58°30′	7.010
7°	1.023	20°	1.205	33°	1.695	46°	2.983	59°	7.320
7°30′	1.026	20°30′	1.217	33°30′	1.725	46°30′	3.066	59°30′	7.649
8°	1.030	21°	1.229	34°	1.755	47°	3.152	60°	8.000
8°30′	1.034	21°30′	1.242	34°30′	1.787	47°30′	3.243	60°30′	8.375
9°	1.038	22°	1.255	35°	1.819	48°	3.338	61°	8.776
9°30′	1.042	22°30′	1.268	35°30′	1.853	48°30′	3.437	61°30′	9.205
10°	1.047	23°	1.282	36°	1.889	49°	3.541	62°	9.664
10°30′	1.052	23°30′	1.297	36°30′	1.925	49°30′	3.651	62°30′	10.157
11°	1.057	24°	1.312	37°	1.963	50°	3.765	63°	10.687
11°30′	1.063	24°30′	1.327	37°30′	2.003	50°30′	3.886	63°30′	11.257
12°	1.069	25°	1.343	38°	2.044	51°	4.012	64°	11.871
12°30′	1.075	25°30′	1.360	38°30′	2.086	51°30′	4.145	64°30′	12.533
13°	1.081	25°	1.377	39°	2.131	52°	4.285	65°	13.248
13°30′	1.088	26°30′	1.395	39°30′	2.177	52°30′	4.433	65°30′	14.022
14°	1.095	27°	1.414	40°	2.225	53°	4.588	66°	14.861
14°30′	1.102	27°30′	1.433	40°30′	2.274	53°30′	4.752	66°30′	15.773
15°	1.110	28°	1.453	41°	2.326	54°	4.924	67°	16.764
15°30′	1.118	28°30′	1.473	41°30′	2.380	54°30′	5.107	67°30′	17.844
16°	1.126	29°	1.495	42°	2.437	55°	5.299	68°	19.023
16°30′	1.134	29°30′	1.517	42°30′	2.495	55°30′	5.503	68°30′	20.313
17°	1.143	30°	1.540	43°	2.556	56°	5.719	69°	21.728
17°30′	1.153	30°30′	1.563	43°30′	2.620	56°30′	5.947	69°30′	23.282

2. 齿轮铣刀的选择

将计算得到的斜齿轮当量齿数 z_v 按四舍五入方法圆整后，查表 9－7，按照标准直齿圆柱齿轮铣刀刀号的选择方法选择合适的盘形齿轮铣刀。

四、斜齿轮的测量

斜齿轮的测量方法与直齿轮的测量方法基本相同，但必须是沿着螺旋线的垂直方向（在法平面上）进行测量。各参数应按法向模数 m_n 和当量齿数 z_v 进行计算（见表9－13）。

表9－13　　　　斜齿轮的测量

内容	简图及说明
测量公法线长度	斜齿轮的公法线长度是在法平面上测量的。为了简化计算，可用查表计算法计算公法线长度 W_{kn}： $$W_{kn}=m_n(A+zB)$$ 式中　A——计算系数，$A=\pi(k-0.5)\cos\alpha_n$ B——计算系数，$B=\mathrm{inv}\alpha_t\cos\alpha_n$ 当 $\alpha=20°$ 时，可根据跨测齿数 k 和螺旋角 β 由表9－14至表9－16中查得 如果斜齿轮的螺旋角 β 比较大，使其宽度 $b<W_{kn}\sin\beta$ 时，量具的一个测量面会空悬在齿轮外面，应改为测量齿厚
测量齿厚	法向齿厚的测量 斜齿轮齿厚的测量，主要是用齿厚游标卡尺测量其法向齿厚 1. 分度圆弦齿厚 $\bar{s}_n$ 和弦齿高 $\bar{h}_{an}$ 的计算 分度圆弦齿厚和弦齿高可用查表的方法计算求出。将四舍五入圆整后的当量齿数 z_v 由表9－5查得模数 $m=1$ mm时的 $\bar{s}_n^*$ 和 $\bar{h}_{an}^*$，然后与其法向模数 m_n 相乘，即可求得分度圆弦齿厚和弦齿高，即： $$\bar{s}_n=m_n\bar{s}_n^*;\ \bar{h}_{an}=m_n\bar{h}_{an}^*$$ 2. 固定弦齿厚 $\bar{s}_{cn}$ 和弦齿高 $\bar{h}_{cn}$ 的计算 $$\bar{s}_{cn}=1.387m_n;\ \bar{h}_{cn}=0.7476m_n(\alpha=20°)$$ 固定弦齿厚和弦齿高也可以按法向模数 m_n 由表9－6查得

表9－14　　　　斜齿圆柱齿轮公法线长度测量跨测齿数 k

z \ k \ β	10°	15°	20°	25°	30°	35°	40°	45°	50°
10	1.66	1.73	1.84	1.99	2.21	2.52	2.97	3.64	4.68
20	2.83	2.97	3.18	3.48	3.92	4.54	5.44	6.78	8.87
30	3.99	4.20	4.52	4.98	5.63	6.56	7.92	9.93	13.05
40	5.15	5.43	5.86	6.47	7.34	8.58	10.39	13.07	17.23
50	6.32	6.67	7.19	7.96	9.06	10.61	12.86	16.21	21.42
60	7.48	7.90	8.53	9.45	10.77	12.63	15.33	19.35	25.60
70	8.64	9.13	9.87	10.95	12.48	14.65	17.81	22.50	29.78
80	9.81	10.37	11.21	12.44	14.19	16.67	20.28	25.64	33.97
90	10.97	11.60	12.55	13.93	15.90	18.69	22.75	28.78	38.15
100	12.13	12.83	13.89	15.42	17.61	20.71	25.22	31.92	42.33

续表

z \ k \ β	10°	15°	20°	25°	30°	35°	40°	45°	50°
110	13.30	14.07	15.23	16.91	19.32	22.73	27.69	35.06	46.52
120	14.46	15.30	16.57	18.41	21.03	24.75	30.17	38.21	50.70
130	15.62	16.53	17.91	19.90	22.74	26.77	32.64	41.35	54.88
140	16.79	17.77	19.24	21.39	24.46	28.80	35.11	44.49	59.07
150	17.95	19.00	20.58	22.88	26.17	30.82	37.58	47.63	63.25
160	19.11	20.23	21.92	24.38	27.88	32.84	40.06	50.78	67.43
170	20.28	21.47	23.26	25.87	29.59	34.86	42.53	53.92	71.62
180	21.44	22.70	24.60	27.36	31.30	36.88	45.00	57.06	75.80
190	22.60	23.93	25.94	28.85	33.01	38.90	47.47	60.20	79.98
200	23.77	25.17	27.28	30.34	34.72	40.92	49.94	63.34	84.17

注：①表列区间内的其余实际齿数 z 所对应的跨测齿数 k 值可用线性插补法计算。

②表列或插补计算所得的 k 值，用四舍五入圆整。

表 9－15　　斜齿轮公法线长度计算系数 A（$\alpha_n=20°$）

k	A	k	A	k	A	k	A	k	A
1	1.476 1	9	25.093 1	17	48.710 2	25	72.327 2	33	95.944 3
2	4.428 2	10	28.045 2	18	51.662 3	26	75.279 4	34	98.896 4
3	7.380 3	11	30.997 4	19	54.614 4	27	78.231 5	35	101.848 5
4	10.332 5	12	33.949 5	20	57.566 6	28	81.183 6	36	104.800 7
5	13.284 6	13	36.901 6	21	60.518 7	29	84.135 7	37	107.752 8
6	16.236 7	14	39.853 8	22	63.470 8	30	87.087 9	38	110.704 9
7	19.188 9	15	42.805 9	23	66.423 0	31	90.040 0	39	113.657 1
8	22.141 0	16	45.758 0	24	69.375 1	32	92.992 1	40	116.609 2

表 9－16　　斜齿轮公法线长度计算系数 B（$\alpha_n=20°$）

β	B	β	B	β	B	β	B
0°0′	0.014 006	5°0′	0.014 159	10°0′	0.014 631	15°0′	0.015 461
0°30′	0.014 007	5°30′	0.014 191	10°30′	0.014 697	15°30′	0.015 566
1°0′	0.014 012	6°0′	0.014 227	11°0′	0.014 767	16°0′	0.015 676
1°30′	0.014 019	6°30′	0.014 266	11°30′	0.014 840	16°30′	0.015 790
2°0′	0.014 030	7°0′	0.014 308	12°0′	0.014 917	17°0′	0.015 908
2°30′	0.014 044	7°30′	0.014 353	12°30′	0.014 998	17°30′	0.016 031
3°0′	0.014 061	8°0′	0.014 402	13°0′	0.015 082	18°0′	0.016 159
3°30′	0.014 080	8°30′	0.014 454	13°30′	0.015 171	18°30′	0.016 292
4°0′	0.014 103	9°0′	0.014 510	14°0′	0.015 264	19°0′	0.016 429
4°30′	0.014 130	9°30′	0.014 569	14°30′	0.015 360	19°30′	0.016 572

续表

β	B	β	B	β	B	β	B
20°0′	0. 016 720	26°30′	0. 019 199	33°0′	0. 023 049	39°30′	0. 029 080
20°30′	0. 016 874	27°0′	0. 019 439	33°30′	0. 023 422	40°0′	0. 029 671
21°0′	0. 017 033	27°30′	0. 019 687	34°0′	0. 023 808	40°30′	0. 030 285
21°30′	0. 017 198	28°0′	0. 019 944	34°30′	0. 024 207	41°0′	0. 030 921
22°0′	0. 017 368	28°30′	0. 020 210	35°0′	0. 024 620	41°30′	0. 031 582
22°30′	0. 017 545	29°0′	0. 020 484	35°30′	0. 025 049	42°0′	0. 032 269
23°0′	0. 017 728	29°30′	0. 020 768	36°0′	0. 025 492	42°30′	0. 032 982
23°30′	0. 017 917	30°0′	0. 021 062	36°30′	0. 025 951	43°0′	0. 033 723
24°0′	0. 018 113	30°30′	0. 021 366	37°0′	0. 026 427	43°30′	0. 034 493
24°30′	0. 018 316	31°0′	0. 021 680	37°30′	0. 026 920	44°0′	0. 035 294
25°0′	0. 018 526	31°30′	0. 022 005	38°0′	0. 027 431	44°30′	0. 036 127
25°30′	0. 018 743	32°0′	0. 022 341	38°30′	0. 027 961	45°0′	0. 036 994
26°0′	0. 018 967	32°30′	0. 022 689	39°0′	0. 028 510	45°30′	0. 037 896

五、斜齿轮的铣削

铣削斜齿轮时，齿坯的检查、安装与校正，以及铣刀的安装与对中心、分度计算等都与铣直齿轮时相同。不同的是在完成铣刀对中心后，还要按其旋向将工作台偏转一个角度，并配置交换齿轮。

1. 调整工作台角度

按照斜齿轮螺旋角 β 将工作台偏转一个角度时，应注意偏转的方向要与齿轮的螺旋线方向一致。铣左旋斜齿轮时，工作台应顺时针（俯视）转动，铣右旋斜齿轮时，工作台应逆时针（俯视）转动，即“左旋左推，右旋右推”。

2. 配置交换齿轮

（1）根据分度圆直径 d 及螺旋角 β 计算斜齿轮螺旋线导程 P_{h}：

$$P_{\mathrm{h}} = \pi d \cot\beta$$

（2）按 $\frac{z_1 z_3}{z_2 z_4} = \frac{240}{P_{\mathrm{h}}}$ 计算或由速比、导程交换齿轮表查得应配置的交换齿轮。

3. 斜齿轮的铣削

完成铣刀对中心，松开分度头主轴锁紧手柄和分度盘紧固螺钉，检查分度头主轴旋转方向和导程是否正确。然后分粗、精铣工序，对工件逐齿铣削。

六、注意事项

1. 在正式铣齿以前，最好进行一次试铣削，以观察交换齿轮、导程、分度、旋向等是否正确。

2. 为防止工件在铣削过程中因铣削力作用而松动，应使用与齿槽相同旋向的细牙螺母紧固齿坯。

3. 工作台偏转角度后，应与机床床身保持适当距离，防止加工时损坏机床。

4. 由于机床进给系统中存在间隙，铣削斜齿轮在工作台回程时，必须先降下升降台，再纵向退刀，避免铣刀铣伤齿槽。

铣削斜齿轮

零件图如图 9－14 所示。

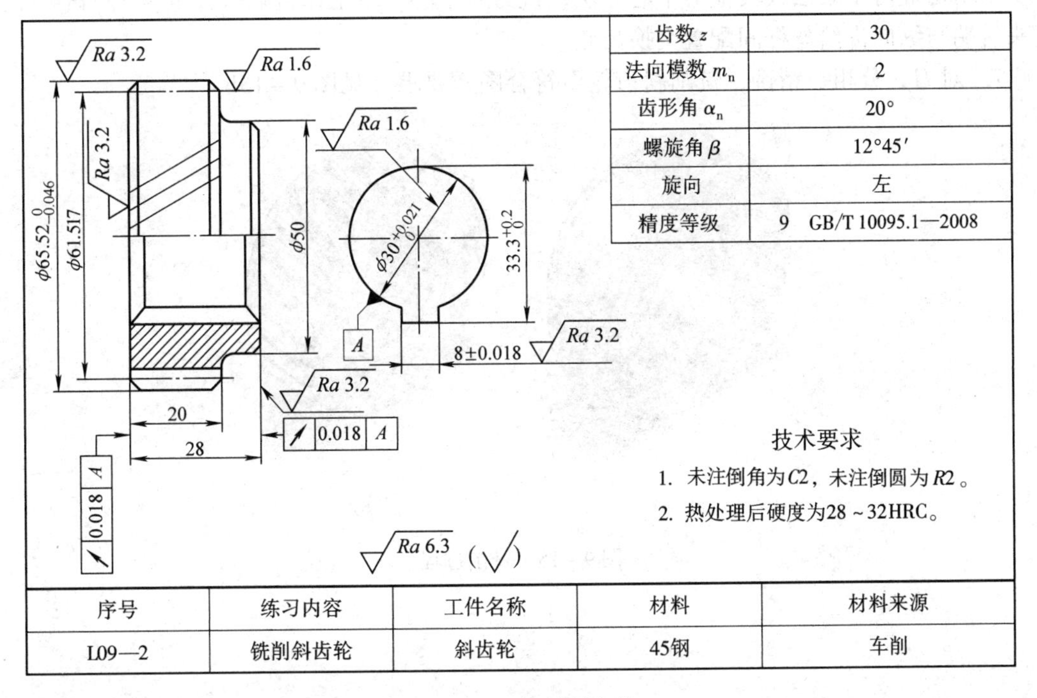

图 9－14　铣削斜齿轮

1．对照图样，检查工件毛坯（见图 9－15a）。

2．确定加工数据

（1）计算当量齿数

$$z_v=\frac{z}{\cos^3\beta}=\frac{30}{(\cos12.75^\circ)^3}\approx32.33$$

（2）计算分度手柄转数

$$n=\frac{40}{z}=\frac{40}{30}=1\frac{1}{3}=1\frac{22}{66}$$

（3）计算导程，确定交换齿轮

1）计算导程

$$P_h=\frac{\pi m_n z}{\sin\beta}\approx\frac{3.14\times2\times30}{\sin12.75^\circ}\text{ mm}\approx853.66\text{ mm}$$

2）确定交换齿轮

$$\frac{z_1z_3}{z_2z_4}=\frac{240}{P_h}\approx\frac{240}{853.66}\approx0.2811\approx\frac{90\times25}{80\times100}$$

3．安装并校正分度头、尾座，使前后顶尖的公共轴线与工作台面平行，并与其纵向进给方向平行。选择带有66孔圈的分度盘，调整分度叉张开22个孔距。

4．选择并安装铣刀。根据齿轮的模数、齿数数据，查表选取模数 $m=2$ mm、8把一套的盘形齿轮铣刀的5号铣刀。

5．装夹并校正工件。

6．铣刀对中心，调整工作台偏转角度。

采用切痕对中心法或其他对中心方法使铣刀对中心。将工作台顺时针偏转12°45′。在分度头后端与纵向进给丝杆间配置交换齿轮。

7．对刀，分粗、精铣，铣削斜齿轮至符合图样要求（见图9－15b）。

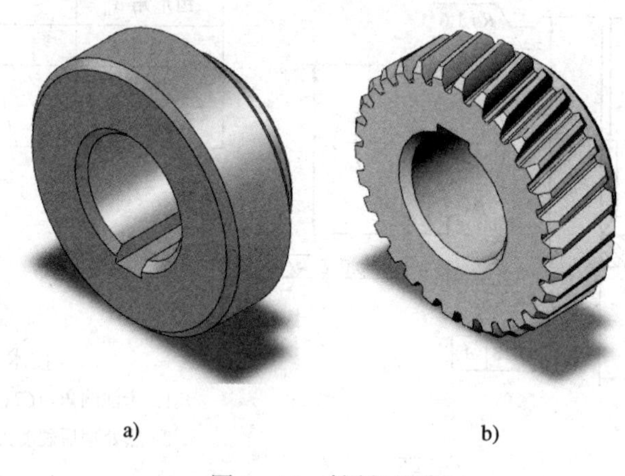

a)　　b)

图9－15　铣削过程

课题三　齿条的铣削

齿条相当于齿数 z（或分度圆直径 d）趋于无穷大的圆柱齿轮。此时的齿顶圆、分度圆、齿根圆成为互相平行的直线，分别称为齿顶线、分度线和齿根线。其基圆半径也相应地增大到无穷大。根据渐开线的性质，当基圆半径趋于无穷大时，渐开线成直线，使渐开线齿廓成为直线齿廓，圆柱齿轮成为齿条。

按齿线分布状态的不同，齿条分为直齿条和斜齿条。若齿线是垂直于齿的运动方向的直线的齿条，称为直齿条；齿线是倾斜于齿的运动方向的直线的齿条，则称为斜齿条。

一、齿条的基本参数和几何尺寸计算

1. 齿条的基本参数

齿条的基本参数有：齿数 z、模数 m（或法向模数 m_n）、齿形角 α（或法向齿形角 α_n）、齿顶高系数 h_a^*、顶隙系数 c^* 和螺旋角 β（仅斜齿条）。

2. 齿条几何尺寸的计算

齿条几何要素（见图9－16）的名称、代号和计算公式见表9－17。

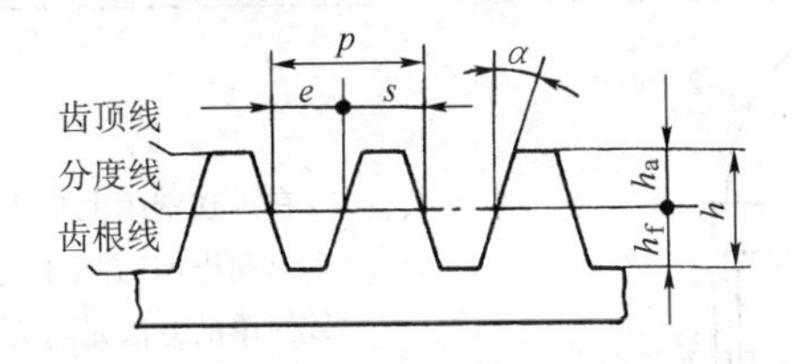

图9－16　齿条的几何要素

表9－17　　　　齿条几何要素的名称、代号和计算公式

名称	代号	计算公式	
		直齿条	斜齿条
模数、法向模数	m、m_n	m，取标准值	$m_n=m$，取标准值
端面模数	m_t	$m_t=m_n=m$	$m_t=m_n/\cos\beta$
齿形角、法向齿形角	α、α_n	$\alpha=20°$	$\alpha_n=\alpha=20°$
端面齿形角	α_t	$\alpha_t=\alpha_n=\alpha$	$\tan\alpha_t=\tan\alpha_n/\cos\beta$
齿顶高	h_a	$h_a=h_a^*\cdot m=m$	$h_a=h_{an}^*\cdot m_n=m_n$
齿根高	h_f	$h_f=(h_a^*+c^*)\ m=1.25m$	$h_f=(h_{an}^*+c_n^*)\ m_n=1.25m_n$
齿高	h	$h=h_a+h_f=2.25m$	$h=h_a+h_f=2.25m_n$
齿距、法向齿距	p、p_n	$p=\pi m$	$p_n=p=\pi m_n$
端面齿距	p_t	$p_t=p_n=p$	$p_t=p_n/\cos\beta=\pi m_n/\cos\beta$
齿厚	s	$s=p/2=\pi m/2$	$s=p_n/2=\pi m_n/2$
槽宽	e	$e=p/2=\pi m/2$	$e=p_n/2=\pi m_n/2$

二、铣刀的选择

1. 用指形铣刀铣齿条（见图9－17）

在立式铣床上铣齿条，可将废旧的立铣刀、键槽铣刀或钻头等进行改磨，使其符合齿形要求。此法常用于铣削精度不高的大模数齿条。

2. 用盘形齿轮铣刀铣齿条

在卧式铣床上常用盘形齿轮铣刀铣齿条，应按其模数选用最大号的铣刀，也就是说选用8号盘形齿轮铣刀铣削齿条。齿条精度要求较高时，可采用专用的齿条铣刀进行铣削。

通常在卧式铣床上只能铣短齿条。若需要铣削长齿条，则须加装专用辅具，使铣刀轴线与工作台纵向进给方向平行，见表9－18。

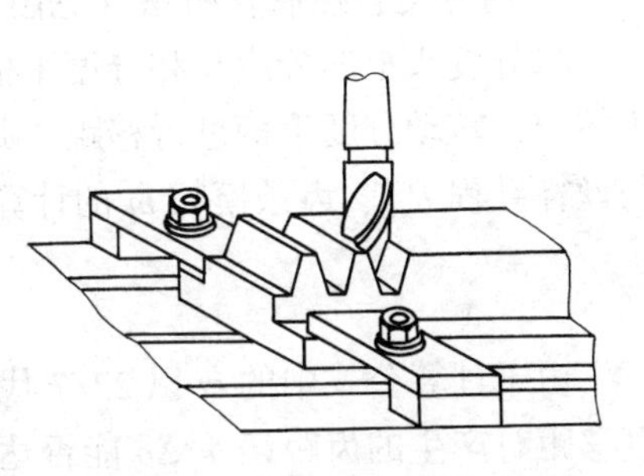

图9－17　用指形铣刀铣齿条

表 9－18　　在卧式铣床上铣削长齿条

方法	简图及说明	
用万能立铣头铣削长齿条	用万能立铣头加装专用铣头铣长齿条 1—专用铣头　2—万能立铣头　3—铣头主轴 4—齿轮　5—铣刀	在卧式铣床上加工长齿条时，若使铣刀轴线与工作台纵向进给方向平行，则须加装专用辅具进行铣削。较简单的方法是将万能立铣头转过一个角度，使其轴线平行于工作台纵向进给方向。然后在万能立铣头上加装一个专用的铣头，铣头的轴线同样平行于工作台纵向进给方向。这样，就可铣削较长的齿条
装横向刀架铣削长齿条	1—横向刀架　2—铣刀	采用横向刀架铣削长齿条，是通过一对螺旋角为45°斜齿轮机构，将铣刀轴转过90°，使铣刀轴线与工作台进给方向平行 安装横向刀架时，先将一个螺旋角为45°的斜齿轮安装在铣刀杆上，再将横向刀架装在铣床悬梁上，里面的斜齿轮与铣刀杆上的斜齿轮相互啮合。然后安装刀杆支架，铣床的主轴运动通过该装置使铣刀旋转起来

三、铣削齿条时移距的方法

铣削齿条时，每铣完一个齿槽，都要使工作台精确移动一个齿距，这一过程称为移距。移距的方法有用刻度盘移距法、用百分表与量块结合移距法以及用分度盘控制移距法等。

1. 用刻度盘移距法

直接利用工作台进给手柄上的刻度盘，转过一定的格数实现移距。此法仅用于精度不高的短齿条铣削的移距。

2. 用百分表与量块结合移距法

按照齿条齿距进行量块组合，并用百分表指示，可以对工作台进行比较精确的移距。这种方法主要用于精度要求较高的单件齿条铣削的移距。

3. 用分度盘控制移距法（见图 9－18）

将分度头上的分度盘和分度手柄安装在铣床工作台进给丝杆的端头，用定位销使分度盘不转动，转动分度手柄进行移距。此法用于大批量的生产。移距时，分度手柄转过的转数 n 与丝杆导程 $P_{丝}$、齿条模数 m 的计算关系式为：

$$n=\frac{\pi m}{P_{丝}}\approx\frac{22m}{7\times6}=\frac{22m}{42}$$

由于计算公式中的 π 以 22/7 代替，计算结果会是一个近似值，需要按其齿距 p 验算分度移距时产生的齿距误差 Δp 能否达到图样要求：

$$\Delta p=nP_{丝}-p$$

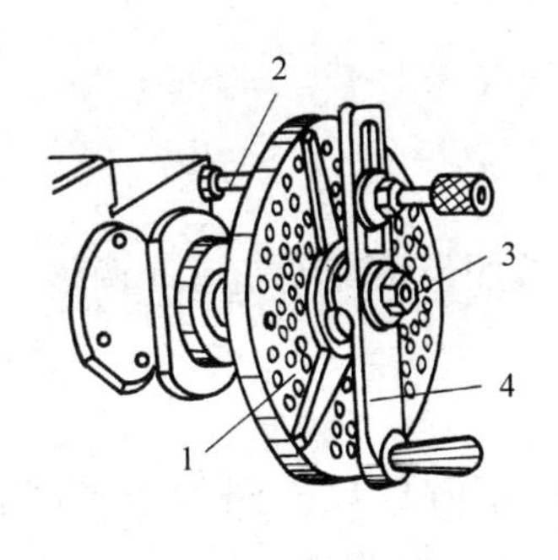

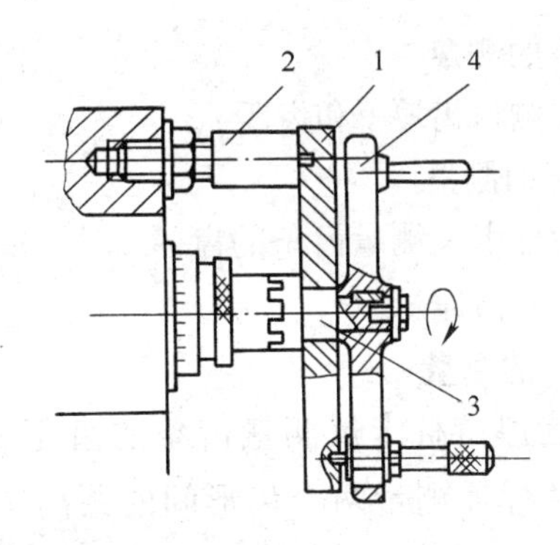

图 9－18　用分度盘控制移距法

1—分度盘　2—定位销　3—离合器轴　4—分度手柄

四、工件的装夹方法

1. 直齿条的装夹

直齿条的装夹主要要求其齿线与进给方向平行。

(1) 横向装夹工件（工作台采用横向分齿移距）。工件装夹后，校正工件的齿线与工作台纵向进给方向平行。这种装夹方法用于短齿条铣削的装夹。

(2) 纵向装夹工件（工作台采用纵向分齿移距）。工件装夹后，校正工件的齿线与工作台横向进给方向平行。这种装夹方法用于长齿条铣削的装夹。

2. 斜齿条的装夹

斜齿条的装夹主要要求其齿线与进给方向平行，基准面与进给方向按规定倾斜，可采用倾斜工件装夹法和偏转工作台装夹法等（见表 9－19）。

表 9－19　　斜齿条的装夹

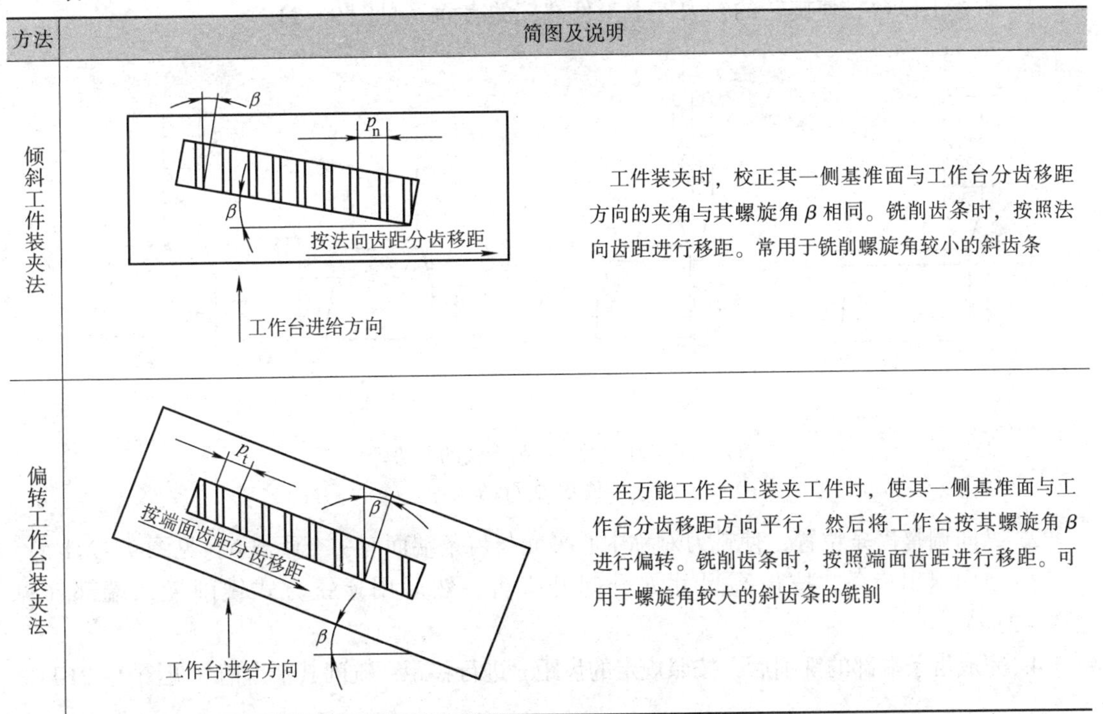

方法	简图及说明
倾斜工件装夹法	工件装夹时，校正其一侧基准面与工作台分齿移距方向的夹角与其螺旋角 β 相同。铣削齿条时，按照法向齿距进行移距。常用于铣削螺旋角较小的斜齿条
偏转工作台装夹法	在万能工作台上装夹工件时，使其一侧基准面与工作台分齿移距方向平行，然后将工作台按其螺旋角 β 进行偏转。铣削齿条时，按照端面齿距进行移距。可用于螺旋角较大的斜齿条的铣削

五、齿条的测量

齿条主要测量齿厚 s 和齿距 p。

1. 齿厚 s 的测量

用齿厚游标卡尺测量齿条的齿厚 s 时，垂直游标尺按照齿顶高度 $h_a = m$ 调整，然后用水平游标尺测量其齿厚 s。

2. 齿距 p 的测量

（1）用齿厚游标卡尺测量齿条的齿距 p 时，将垂直游标尺按照齿顶高度 $h_a = m$ 调整，用水平游标尺测量两个齿形间的距离 T（$T = p + s$），则齿距 $p = T - s$，如图 9－19 所示。

（2）用齿距样板测量齿距，如图 9－20 所示。将齿距样板靠在齿面上，即可判断齿条的齿距是否合格。

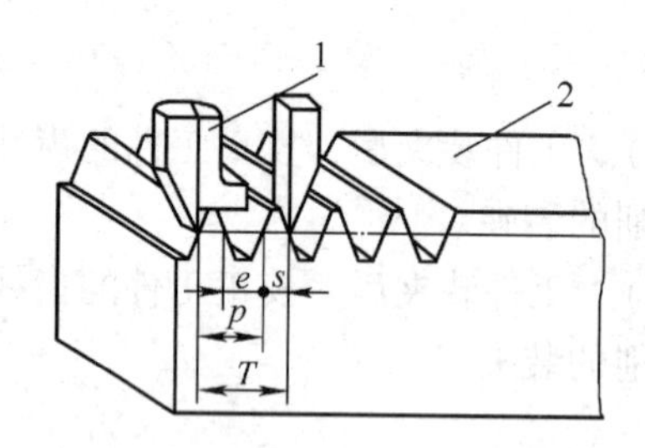

图 9－19　用齿厚游标卡尺测量齿距

1—齿厚游标卡尺　2—被测齿条

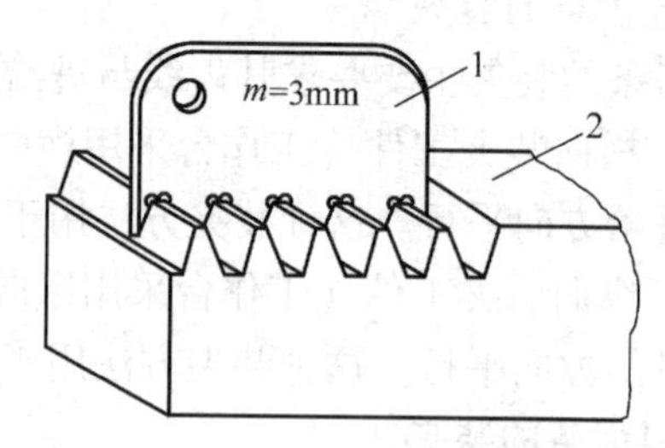

图 9－20　用齿距样板测量齿距

1—齿距样板　2—被测齿条

六、对刀铣削步骤

1. 调整工作台，使旋转的铣刀擦上工件端部的表面（见图 9－21a）。

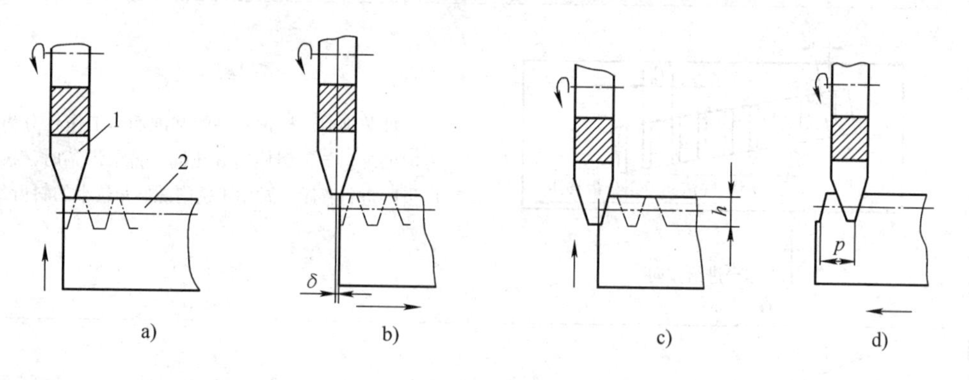

图 9－21　对刀铣削齿条的方法

1—铣刀　2—齿条

2. 纵向调整齿条位置，使铣刀对称中心平面与齿条端面有一个距离 δ（见图 9－21b）。

3. 横向退出齿条，按齿高尺寸 h 升起升降台，然后用逆铣方式铣削齿条端部（见图 9－21c）。

4. 完成齿条端部的铣削后，按照规定的齿距 p 进行移距，铣削其余齿槽（见图 9－21d）。

技能训练

铣削直齿条

零件图如图 9－22 所示。

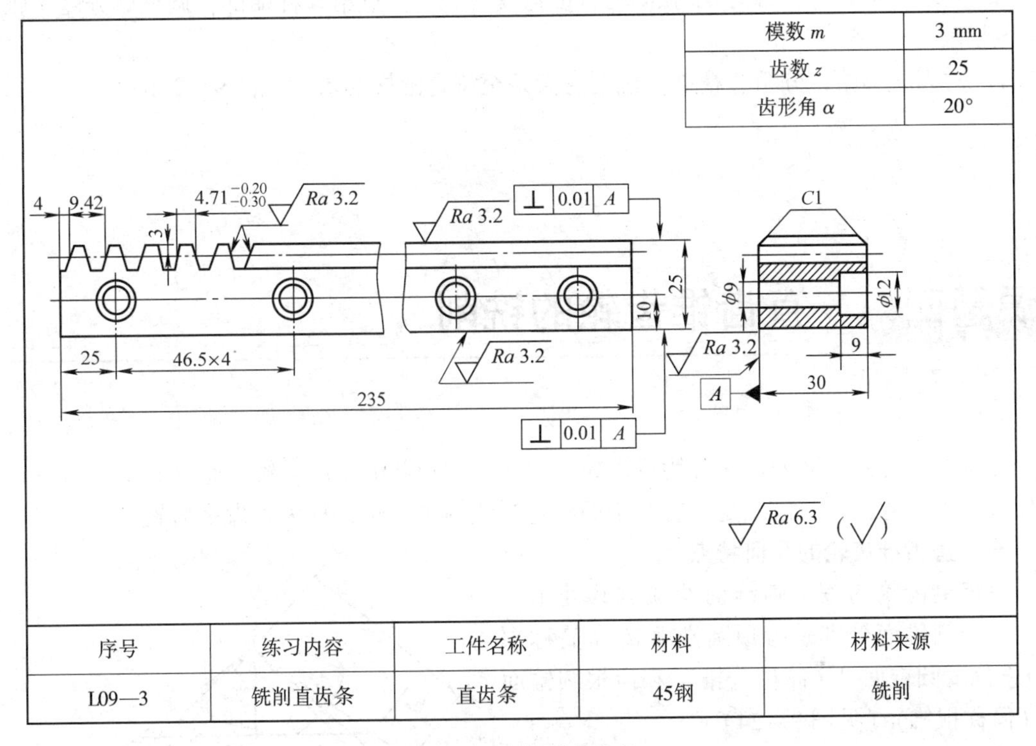

模数 m	3 mm
齿数 z	25
齿形角 α	20°

序号	练习内容	工件名称	材料	材料来源
L09—3	铣削直齿条	直齿条	45钢	铣削

图 9－22　铣削直齿条

1. 对照图样，检查工件毛坯（见图 9－23a）。

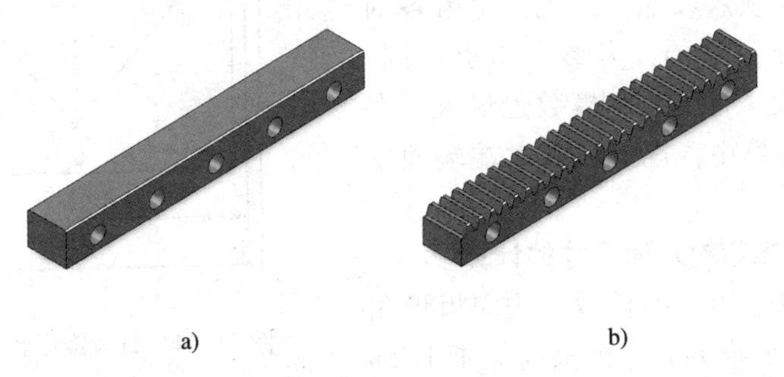

a)　　b)

图 9－23　铣削过程

2. 确定加工数据。

采用分度盘控制移距法进行移距，分度手柄转数：

$$n = \frac{22m}{42} = \frac{22 \times 3}{42} = \frac{66}{42} = 1\frac{24}{42}$$

验算齿距误差：

$$\Delta p = nP_{丝} - p = nP_{丝} - \pi m \approx \left(\frac{66}{42} \times 6 - 3.1416 \times 3\right) \text{mm} \approx 0.0038 \text{ mm}$$

3．安装并校正机用虎钳钳口与主轴轴线平行。

4．选择并安装铣刀。选用模数 $m = 3$ mm 的 8 号盘形齿轮铣刀。

5．装夹并校正工件。

6．安装分度盘。将带有 42 孔圈的分度盘安装到横向进给丝杆端部，调整好分度叉张开 24 个孔距。

7．对刀，移距，分粗、精铣，铣削直齿条至符合图样要求（见图 9－23b）。

课题四　直齿锥齿轮的铣削

分度曲面是圆锥面的齿轮称为锥齿轮。由于齿线形状的不同，锥齿轮又分为直齿、斜齿和曲线齿锥齿轮三种。齿线是分度圆锥面的直素线的锥齿轮，称为直齿锥齿轮。

一、直齿锥齿轮的几何特点

直齿锥齿轮的三个圆锥面的顶点共处于一点，三个圆锥面分别是齿顶圆锥面 d_a（简称顶锥）、分度圆锥面 d（简称分锥）和齿根圆锥面 d_f（简称根锥）（见图 9－24）。

直齿锥齿轮的轮齿分布在圆锥面上，齿槽在大端处宽而深，在小端处窄而浅，轮齿从大端起逐渐向圆锥的顶点收缩。因此，轮齿各剖面齿形的渐开线曲率不同，齿形大小也不同。其大端的齿形最大，且平直，模数也最大。在锥齿轮的设计和计算中，规定以其大端端面模数为依据。

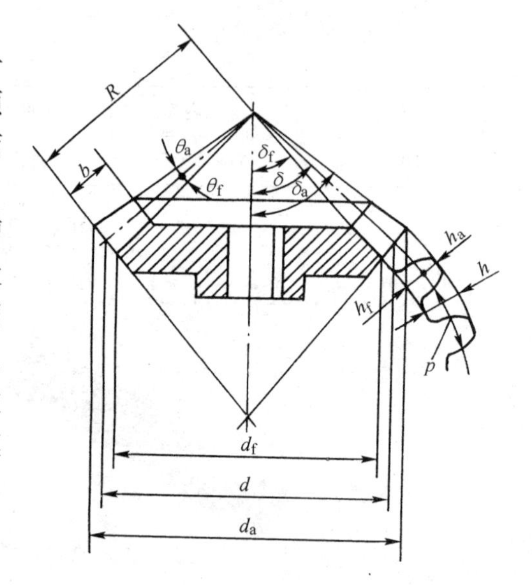

图 9－24　直齿锥齿轮及其几何要素

二、标准直齿锥齿轮几何尺寸的计算

大端端面模数采用标准模数、法向齿形角 $\alpha = 20°$、齿顶高等于模数 m、齿根高等于 $1.2m$ 的直齿锥齿轮称为标准直齿锥齿轮。

标准直齿锥齿轮几何要素的名称、代号、定义和计算公式见表 9－20。

例 9－3　一对相互啮合的标准直齿锥齿轮，已知模数 $m = 4$ mm，主动轮齿数 $z_1 = 20$，从动轮齿数 $z_2 = 40$，轴交角 $\Sigma = 90°$。试计算两锥齿轮的各部尺寸。

解：按表 9－20 所列有关公式计算，计算结果列于表 9－21。

表 9－20　标准直齿锥齿轮几何要素的名称、代号、定义和计算公式

名称	代号	定义	计算公式
模数	m	齿距除以圆周率 π 所得到的商	$m=p/\pi$，给定大端端面模数，取标准值
齿形角	α	背锥齿廓和分度圆交点处的切线与通过该切点且垂直于分度圆锥面的直线之间所夹的锐角	$\alpha=20°$
分度圆直径	d	锥齿轮分度圆锥面与背锥面交线的直径	$d=mz$
齿顶圆直径	d_a	锥齿轮齿顶圆锥面与背锥面交线的直径	$d_a=d+2h_a\cos\delta=m(z+2\cos\delta)$
齿根圆直径	d_f	锥齿轮齿根圆锥面与背锥面交线的直径	$d_f=d-2h_f\cos\delta=m(z-2.4\cos\delta)$
齿距	p	锥齿轮上两个相邻的同侧齿面之间的分度圆弧长	$p=\pi m$
齿顶高	h_a	齿顶圆至分度圆之间沿背锥素线量度的距离	$h_a=m$
齿根高	h_f	分度圆至齿根圆之间沿背锥素线量度的距离	$h_f=1.2m$
齿高	h	齿顶圆至齿根圆之间沿背锥素线量度的距离	$h=h_a+h_f=2.2m$
分度圆锥角	δ	锥齿轮轴线与分度圆锥面素线之间的夹角	$\tan\delta_1=z_1/z_2$，$\tan\delta_2=z_2/z_1$
顶圆锥角	δ_a	锥齿轮轴线与顶锥素线之间的夹角	$\delta_a=\delta+\theta_a$
根圆锥角	δ_f	锥齿轮轴线与根锥素线之间的夹角	$\delta_f=\delta-\theta_f$
齿顶角	θ_a	顶圆锥角与分度圆锥角之差	$\tan\theta_a=2\sin\delta/z$
齿根角	θ_f	分度圆锥角与根圆锥角之差	$\tan\theta_f=2.4\sin\delta/z$
外锥距	R	分度圆锥面顶点沿素线至背锥面的距离	$R=d/(2\sin\delta)$
齿宽	b	锥齿轮的轮齿沿分度圆锥面素线量度的宽度	$b\leqslant R/3$

表 9－21　例 9－3 计算结果　mm

名称及代号	应用公式	主动锥齿轮 z_1	从动锥齿轮 z_2
分度圆直径 d	$d=mz$	$d_1=mz_1=4\times20=80$	$d_2=mz_2=4\times40=160$
分度圆锥角 δ	$\tan\delta_1=z_1/z_2$，$\tan\delta_2=z_2/z_1$	$\tan\delta_1=\frac{20}{40}=\frac{1}{2}$，$\delta_1\approx26°34'$	$\delta_2=90°-\delta_1\approx63°26'$
齿顶圆直径 d_a	$d_a=m(z+2\cos\delta)$	$d_{a1}\approx4\times(20+2\cos26°34')\approx87.16$	$d_{a2}\approx4\times(40+2\cos63°26')\approx163.58$
齿根圆直径 d_f	$d_f=m(z-2.4\cos\delta)$	$d_{f1}\approx4\times(20-2.4\cos26°34')\approx71.41$	$d_{f2}\approx4\times(40-2.4\cos63°26')\approx155.71$
齿距 p	$p=\pi m$	$p=\pi m\approx3.14\times4=12.56$	
齿顶高 h_a	$h_a=m$	$h_a=m=4$	
齿根高 h_f	$h_f=1.2m$	$h_f=1.2m=1.2\times4=4.8$	
齿高 h	$h=2.2m$	$h=2.2m=2.2\times4=8.8$	
齿顶角 θ_a	$\tan\theta_a=2\sin\delta/z$	$\tan\theta_a\approx2\sin26°34'/20\approx0.04472$，$\theta_a\approx2°34'$	
齿根角 θ_f	$\tan\theta_f=2.4\sin\delta/z$	$\tan\theta_f\approx2.4\sin26°34'/20\approx0.05367$，$\theta_f\approx3°04'$	
顶圆锥角 δ_a	$\delta_a=\delta+\theta_a$	$\delta_{a1}\approx26°34'+2°34'=29°08'$	$\delta_{a2}\approx63°26'+2°34'=66°$

续表

名称及代号	应用公式	主动锥齿轮 z_1	从动锥齿轮 z_2
根圆锥角 δ_f	$\delta_f=\delta-\theta_f$	$\delta_{f1}\approx 26°34'-3°04'=23°30'$	$\delta_{f2}\approx 63°26'-3°04'=60°22'$
外锥距 R	$R=d/(2\sin\delta)$	$R\approx 80/(2\times\sin 26°34')=89.44$	
齿宽 b	b 取 $0.3R$	$b=0.3R=26.83$	

三、直齿锥齿轮的当量齿数 z_v

由于直齿锥齿轮的大端齿廓曲线在背锥的展开面是渐开线，且规定大端模数为标准模数，则以直齿锥齿轮的分度圆背锥距作为分度圆半径，大端端面模数为模数的假想直齿圆柱齿轮，称为该锥齿轮的当量圆柱齿轮（见图 9－25）。当量圆柱齿轮的齿数称为该锥齿轮的当量齿数 z_v。z_v 可根据其分度圆锥角 δ 和实际齿数 z 进行计算：

$$z_v=\frac{z}{\cos\delta}$$

四、直齿锥齿轮铣刀

根据直齿锥齿轮特有的几何形状的要求，标准直齿锥齿轮铣刀的厚度，按其外锥距 R 与齿宽 b 之比等于 3 时的直齿锥齿轮小端齿槽宽度确定，其齿形曲线则按大端的齿形曲线制造，可用于 $R/b\geqslant 3$ 的直齿锥齿轮齿槽的铣削。与标准直齿轮铣刀分段号的方法一样，直齿锥齿轮铣刀按一定的齿形角，在每一标准模数也分有 8 把一套或 15 把一套。铣刀侧面标记有“伞形”字样或“⌓”印记，以区别于直齿圆柱齿轮铣刀，如图 9－26 所示。

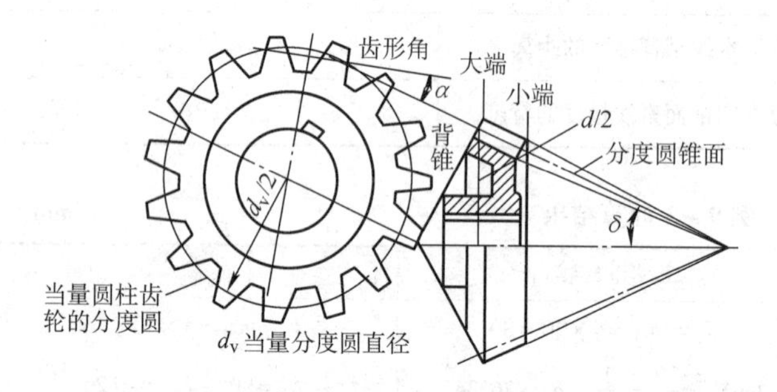

图 9－25　直齿锥齿轮的当量圆柱齿轮

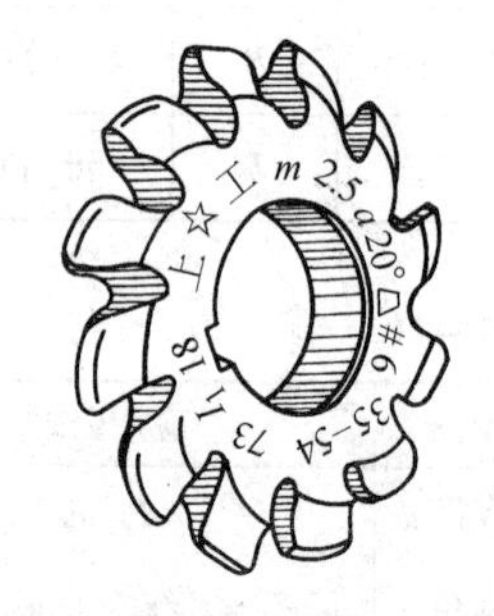

图 9－26　直齿锥齿轮铣刀

在我国，齿轮的标准齿形角已确定为 20°，则直齿锥齿轮铣刀刀号的选择，主要按照其当量齿数 z_v 和模数 m 进行选择，参照表 9－7 即可选择合适的铣刀。

铣刀的安装，应按照逆铣时，由小端向大端铣削的齿向要求进行。

五、直齿锥齿轮的铣削

精度不高的单件或小批量的直齿锥齿轮可以在卧式铣床上进行铣削。在工件加工之前，应先熟悉锥齿轮的工件图样，做好准备工作，再进行锥齿轮的铣削（见表 9－22）。

表 9-22 直齿锥齿轮的铣削

<table>
<tr><th>内容</th><th>简图及说明</th></tr>
<tr><td>齿坯的检查</td><td>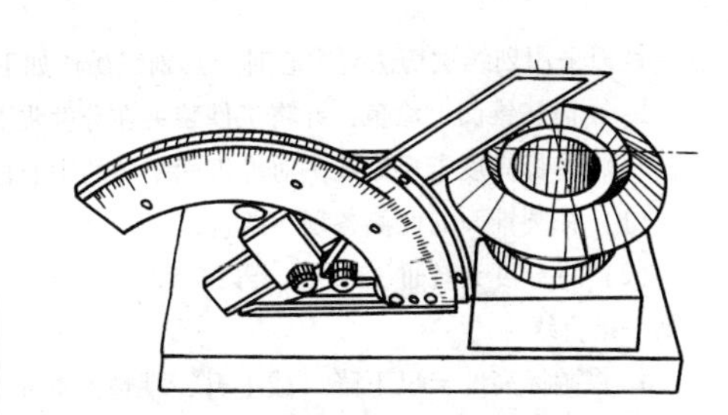
用游标万能角度尺检测顶圆锥角 δ_a
1. 检查齿坯的内径和外径
2. 检查齿坯的端平面与内孔轴线的垂直度
3. 检查齿坯的顶锥角和背锥角</td></tr>
<tr><td>工件的装夹</td><td>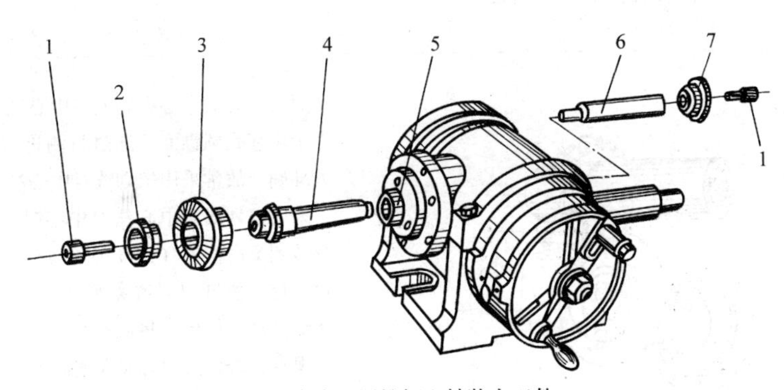

在分度头上用锥柄心轴装夹工件
1—内六角螺钉 2—垫圈 3—齿坯 4—锥柄心轴 5—主轴 6—拉杆 7—垫圈
先校正分度头主轴轴线与工作台面及其进给方向平行，再用心轴将齿坯装夹，并校正其大端和小端的径向圆跳动，然后选择分度盘，调整分度叉</td></tr>
<tr><td>调整分度头仰角</td><td>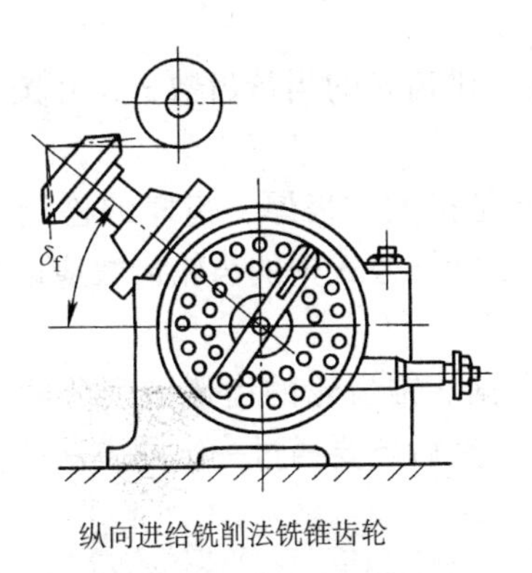

纵向进给铣削法铣锥齿轮
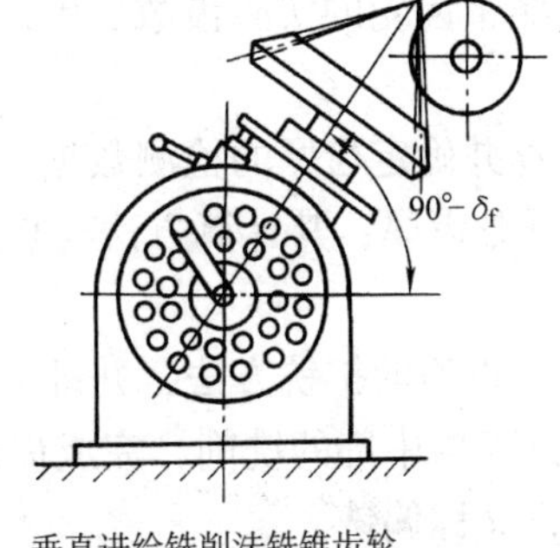

垂直进给铣削法铣锥齿轮
按照进给方向的要求，将分度头主轴仰起一个角度，使工作台的进给方向与锥齿轮的槽底面平行。齿坯尺寸太大时，则应采用垂直进给法铣直齿锥齿轮</td></tr>
</table>

续表

内容	简图及说明
划线	锥齿轮齿顶圆锥面上的划线 铣刀采用划线试切法对中心时，其划线操作如下： 1. 在齿坯锥面上涂色，并将工件装夹在分度头上 2. 将游标高度卡尺划线头对准锥面中部的中心位置 （1）在圆锥面的两侧各划一条直线 （2）将分度头转过180°后，再在其两侧圆锥面上各划一条直线 3. 将游标高度卡尺下降（或上升，视情况而定）约3 mm。按上述方法，依次在圆锥面两侧再各划两条直线，将齿顶圆锥面两侧对称地划成菱形线 4. 将分度头转过90°，使划出的菱形线处于最高位置
铣刀对中心并铣削齿槽中部	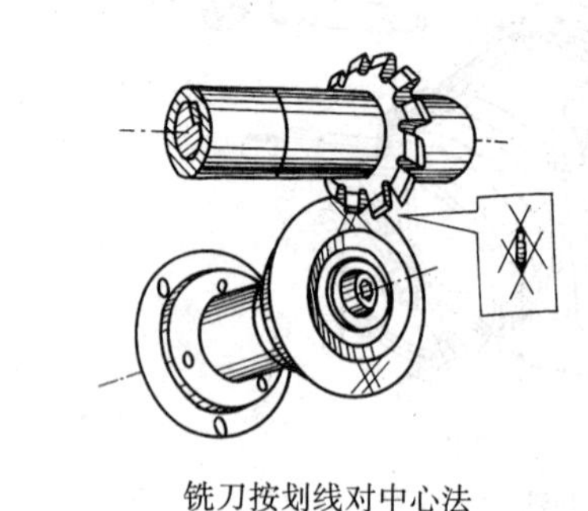 铣刀按划线对中心法 通常铣刀对中心有切痕对中心法和按划线对中心法。由于齿坯是圆锥面，通过目测进行的切痕对中心法不太准确，故常采用按划线对中心法进行对中心 采用按划线对中心法对中心时，先将划线划出的菱形转到最高位置（分度头转动90°），再调整铣床工作台，目测使铣刀对准菱形线的中央位置。开动铣床，逐渐升高工作台，将圆锥面切出一条刀痕。降下工作台观察，若切出的刀痕在菱形中央位置，则对刀已成；如有偏差，再适当调整工作台横向位置 铣刀对中心后，即可按齿高尺寸上刀铣削齿槽中部，然后扩铣齿槽两侧面

1. 根据锥齿轮的实际齿数 z 确定分度方法，通常采用简单分度法，并计算分度头手柄转数 n。

2. 按照锥齿轮的实际齿数 z 和分度圆锥角 δ 计算锥齿轮的当量齿数 z_v，并按当量齿数 z_v 选择铣刀。

3. 计算并确定齿厚的检测数据。锥齿轮的齿厚是指大端齿厚，齿厚的检测是检测其大端的分度圆弦齿厚，其计算方法与直齿轮一样，只是计算公式中的齿轮齿数应以当量齿数 z_v 进行计算。

4. 确定齿槽的扩铣方法，并计算扩铣的相关数据。锥齿轮的齿形铣削分两步进行，首先是完成其齿槽中部的铣削，完成齿槽深度的铣削。然后还要通过一定的方法，分别扩铣齿槽的两侧，又称偏铣。

5. 选择合适的切削用量和切削液。

六、扩铣齿槽

直齿锥齿轮齿槽中部铣成后，其大端齿槽的宽度不够。因此，需要对齿槽进行扩铣。齿槽的扩铣可用回转分度头法和偏转分度头法两种方法，即分度头绕其主轴回转与工作台横向偏移相结合的方法，或分度头在水平面内偏转与工作台横向偏移相结合的方法（见表 9 - 23）。

表 9－23　　直齿锥齿轮齿槽的扩铣

方法	简图及说明
回转分度头法扩铣齿侧	采用这种方法可使锥齿轮小端的厚度比理论计算值薄一些。这种方法因计算和操作简单而普遍采用，但齿轮啮合的接触精度不高 1. 以分度头主轴回转量为基准扩铣齿侧 先将分度头按其回转量 N 进行转动，然后横向调整工作台（使铣刀切削刃刚好擦到齿槽小端的一个侧面，又不碰伤另一侧面），即可将齿槽同一侧面进行扩铣，然后按 $2N$ 的回转量反向转动分度头，重新调整工作台位置铣削另一侧齿槽面。分度头回转量 N 与齿坯基本回转角 θ、齿轮齿数 z 的关系式为： $N=\frac{\theta}{540z}$ 式中的齿坯基本回转角 θ 可由表 9－24 查出 2. 以工作台横向偏移量为基准扩铣齿侧 先将工作台按其横向偏移量 S 进行调整，然后转动分度头（使铣刀切削刃刚好擦到齿槽小端的一个侧面，而不会伤到另一侧面），分别对两侧槽面进行扩铣。工作台横向偏移量 S 与齿轮模数 m、齿宽 b 和外锥距 R 的关系式为： $S=\frac{mb}{2R}$
偏转分度头法扩铣齿侧	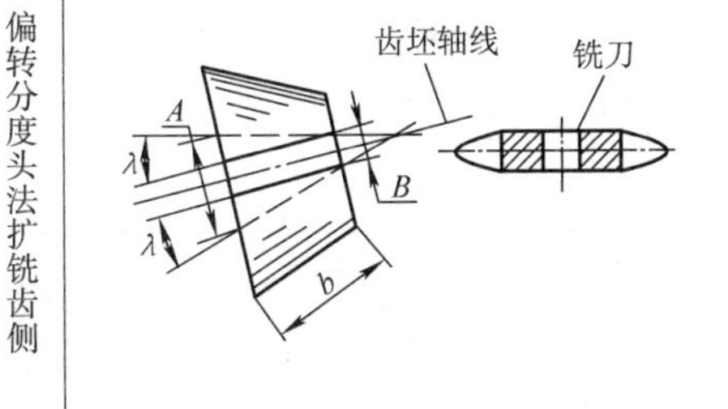 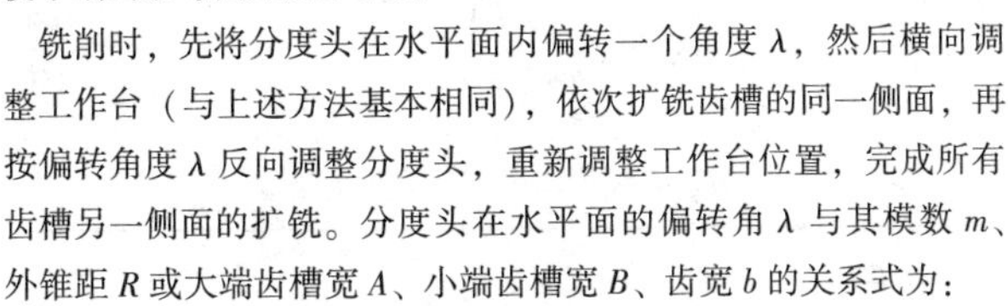 这种方法是在底座有回转机构的分度头上进行的。铣削的齿轮啮合的接触精度较高，但铣削后要用锉刀对小端齿形进行修整，使小端齿形弯曲并趋于准确 铣削时，先将分度头在水平面内偏转一个角度 λ，然后横向调整工作台（与上述方法基本相同），依次扩铣齿槽的同一侧面，再按偏转角度 λ 反向调整分度头，重新调整工作台位置，完成所有齿槽另一侧面的扩铣。分度头在水平面的偏转角 λ 与其模数 m、外锥距 R 或大端齿槽宽 A、小端齿槽宽 B、齿宽 b 的关系式为： $\tan\lambda=\frac{\pi m}{4R}$ 或 $\sin\lambda=\frac{A-B}{2b}$

表 9－24　　齿坯基本回转角 θ　　（′）

刀号	比值 R/b									
	$2\frac{1}{2}$	$2\frac{3}{4}$	3	$3\frac{1}{3}$	$3\frac{2}{3}$	4	$4\frac{1}{2}$	5	6	8
1	1 950	1 885	1 835	1 770	1 725	1 695	1 650	1 610	1 560	1 500
2	2 005	1 955	1 915	1 860	1 820	1 795	1 755	1 725	1 680	1 625
3	2 060	2 020	1 990	1 950	1 920	1 900	1 865	1 840	1 805	1 765
4	2 125	2 095	2 070	2 035	2 010	1 995	1 970	1 950	1 920	1 880
5	2 170	2 145	2 125	2 095	2 075	2 065	2 045	2 030	2 010	1 980
6	2 220	2 205	2 190	2 175	2 160	2 150	2 130	2 115	2 100	2 080
7	2 285	2 270	2 260	2 250	2 240	2 235	2 225	2 220	2 200	2 180
8	2 340	2 335	2 330	2 320	2 315	2 310	2 305	2 300	2 280	2 260

七、直齿锥齿轮的检测

在铣床上用盘形锥齿轮铣刀铣制直齿锥齿轮，生产现场一般只检测齿厚，以保证要求的齿侧间隙，有时还要检测齿圈径向跳动量等，见表 9－25。

表 9－25　　直齿锥齿轮的检测

内容	简图及说明	
检测齿厚	用齿厚游标卡尺检测锥齿轮的齿厚	锥齿轮齿厚的测量，一般在背锥处测量其大端分度圆弦齿厚 $\bar{s}$ 和弦齿高 $\bar{h}$ 锥齿轮的弦齿厚 $\bar{s}$ 和弦齿高 $\bar{h}$ 可按当量齿数 z_v 由表 9－5 查得 $\bar{s}^*$ 和 $\bar{h}^*$ 后，乘以模数 m 求得
检测齿圈径向跳动量	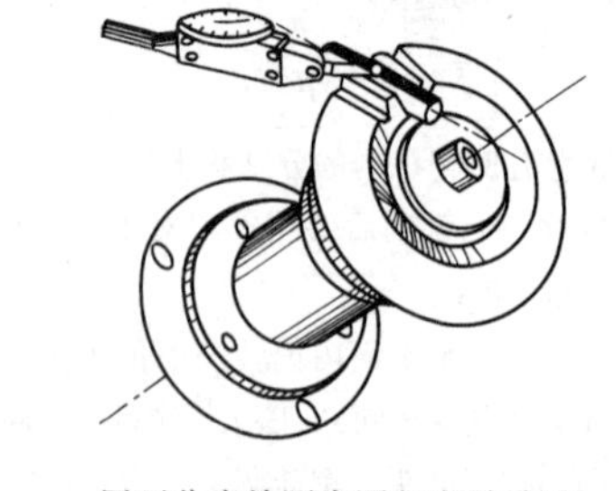 用百分表检测齿圈径向跳动量	当工件还在心轴上未拆卸时，在其齿槽中放入一根圆棒（圆棒与齿槽面相切，并高出齿顶圆锥面）。转动工件，分别记下百分表在圆棒上的检测数据。将圆棒在每个齿槽上检测数据的最大值和最小值的差值作为锥齿轮齿圈的径向跳动量

八、直齿锥齿轮铣削的质量分析

直齿锥齿轮铣削时常见的质量问题及产生原因见表 9－26。

表 9－26　　直齿锥齿轮铣削质量分析

质量问题	产生原因
齿形相对误差或齿形误差超差	1. 铣刀刀号选择错误 2. 铣刀刃磨不好 3. 铣削操作时分度头回转量和工作台偏移量控制不好 4. 机床导轨平行度差，铣刀安装不好
齿距偏差超差	1. 齿坯装夹不好或齿坯的顶锥素线跳动、基准端面跳动超差 2. 分度不准确 3. 分度头传动机构精度差
齿圈径向圆跳动超差	1. 分度头主轴轴线与回转轴线不重合，心轴未校正好 2. 齿坯的外圆锥面对基准内孔的同轴度差 3. 齿坯装夹误差大

续表

质量问题	产生原因
齿向误差超差	1. 刀具对中不准 2. 扩铣齿槽大端两侧时，偏移量不相等 3. 齿坯基准端面对基准内孔的垂直度差
齿面产生波纹和表面粗糙度值过大	1. 铣刀摆动过大或铣刀已磨钝 2. 铣床主轴回转精度差，主轴和铣刀杆径向跳动量过大，主轴轴向窜动量过大 3. 铣削时分度头主轴未紧固，振动大 4. 铣削用量过大 5. 铣刀杆弯曲，机床导轨镶条太松

技能训练

铣削直齿锥齿轮

零件图如图 9－27 所示。

1. 对照图样，检查工件毛坯。
2. 确定加工数据

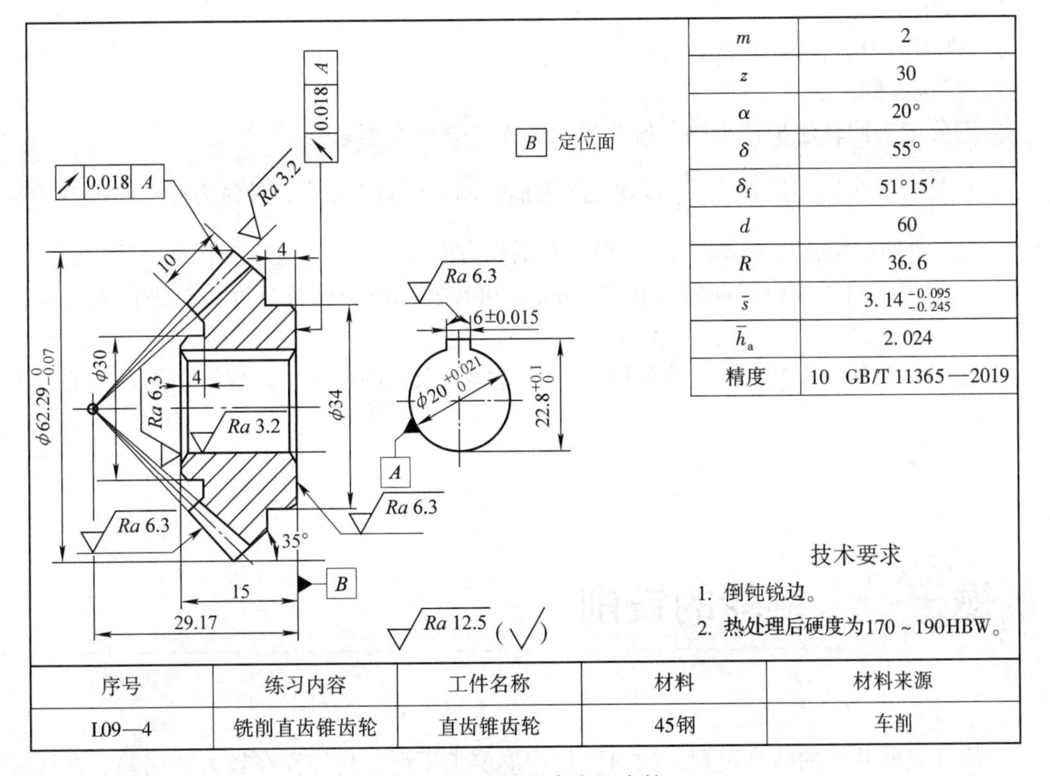

m	2
z	30
α	20°
δ	55°
δ_f	51°15′
d	60
R	36. 6
$\bar{s}$	$3.14^{-0.095}_{-0.245}$
$\bar{h}_a$	2. 024
精度	10　GB/T 11365—2019

序号	练习内容	工件名称	材料	材料来源
L09—4	铣削直齿锥齿轮	直齿锥齿轮	45钢	车削

图 9－27　铣削直齿锥齿轮

（1）计算齿轮的当量齿数

$$z_v = \frac{z}{\cos\delta} = \frac{30}{\cos55°} \approx 52.3$$

（2）计算分度手柄转数

$$n = \frac{40}{z} = \frac{40}{30} = 1\frac{10}{30}$$

（3）计算齿高

$$h = 2.2m = 2.2 \times 2\ \text{mm} = 4.4\ \text{mm}$$

（4）根据齿轮的模数、当量齿数数据，查表选取模数 $m=2$ mm、8 把一套的盘形锥齿轮铣刀的 6 号铣刀。

（5）计算扩铣齿侧时机床的调整量

1）若采用以分度头主轴回转量为基准扩铣齿槽时，根据 R/b 比值和刀号数据，查表 9－24 得 $\theta=2\ 160'$，则分度头回转量 N：

$$N = \frac{\theta}{540z} = \frac{2\ 160}{540 \times 30} = \frac{4}{30}$$

2）若采用以工作台偏移量为基准扩铣齿槽时，则工作台横向偏移量 S：

$$S = \frac{mb}{2R} = \frac{2 \times 10}{2 \times 36.6}\ \text{mm} \approx 0.273\ \text{mm}$$

3．安装并校正分度头。选择带有 30 孔圈的分度盘，调整分度叉张开 10 个孔距。

4．装夹并校正工件。按 51°15′将分度头主轴从水平位置仰起（$\delta_f=51°15'$）。

5．安装铣刀。

6．铣刀对中心，铣削齿槽中部。

7．扩铣齿侧。

采用分度头回转法扩铣齿侧，铣削锥齿轮至符合图样要求。

（1）按分度头回转量 $N=\frac{4}{30}$ 转动分度手柄。调整横向工作台，使铣刀侧刃刚擦到小端齿槽的一侧。开始扩铣所有齿槽的同一齿侧。然后反方向调整铣削位置，扩铣另一侧的槽面。

（2）也可先将工作台横向偏移 0.273 mm，再按实际情况调整分度头，进行大端齿槽的扩铣。

注意：扩铣第一齿槽的一个齿侧时，大端应铣去余量的一半，以保证齿形与中心对称。

课题五　链轮的铣削

链传动属非共轭的啮合过程，故对链轮齿形要求不严，允许存在较大的误差。在铣床上用铣刀来加工链轮齿形，是制造链轮的常用方法之一，特别是单件小批量地加工节距大、齿数少的链轮时，既经济又实用。

一、滚子链链轮的铣削

铣削精度要求较高、件数较多的链轮时，常采用专用的链轮铣刀加工。铣削同一节距和滚子直径的链轮铣刀，根据工件齿数的不同，分为五个号数，见表 9－27。其铣削方法和铣直齿圆柱齿轮基本相同。

表 9－27　　滚子链链轮铣刀号数

铣刀号数	1	2	3	4	5
铣齿范围	7～8	9～11	12～17	18～35	35 以上

1. 直线形齿面链轮的铣削

在没有专用铣刀的条件下，对直线形齿面链轮，可用通用铣刀加工，其加工步骤如下：

（1）用键槽铣刀或立铣刀、凸半圆铣刀铣齿沟圆弧，如图 9－28a 所示。铣刀直径（或凸半圆直径）d_0和铣削深度 H 分别为：

$$d_0 = 1.005d_1 + 0.10$$

$$H = \frac{d_a - d_f}{2}$$

式中　d_a——齿顶圆直径，mm；

d_f——齿根圆直径，mm；

d_1——滚子直径，mm。

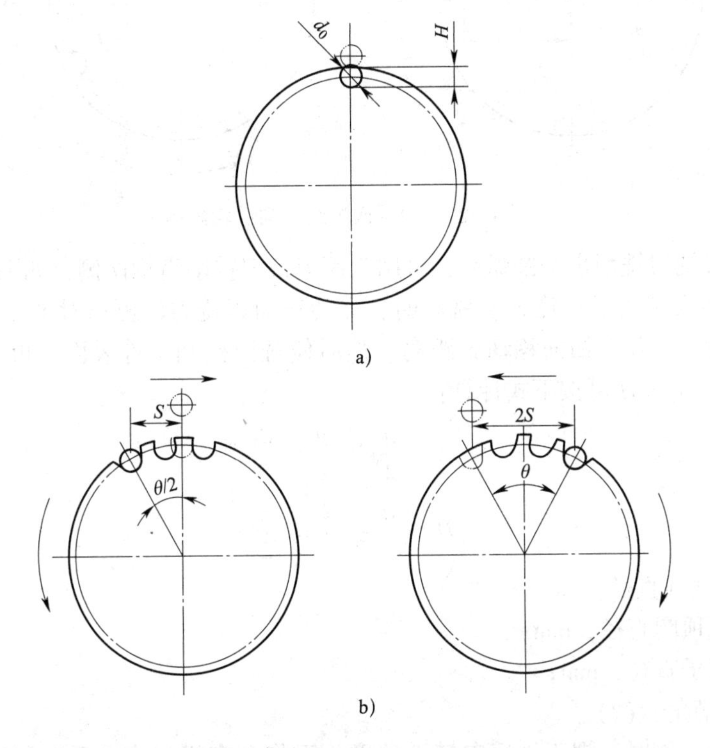

图 9－28　用通用铣刀铣链轮

a）铣齿沟圆弧　b）铣齿槽两侧

（2）用立铣刀或键槽铣刀铣削齿沟后，可用原来的铣刀铣削齿槽的两侧，如图 9－28b 所示。在铣齿沟圆弧时，铣刀轴心与工件中心的连线与进给方向（一般为纵向）是一致的，俗称是对准中心的。在铣完各齿的齿沟圆弧后，退出铣刀，把工件转过 $\theta/2$ 角度，并将工作台偏移（一般为横向）一个距离 S，铣去齿的一侧余量。偏移量 S 可按下式计算：

$$S = \frac{d}{2}\sin\frac{\theta}{2}$$

式中　d——分度圆直径，mm；

　　θ——齿槽角，(°)。

齿槽的一侧全部铣完后，把工件反向转 θ 角度，工作台反方向移动 $2S$ 距离，铣齿槽的另一侧。

在加工第二个工件及以后的工件时，可把第一刀铣齿沟圆弧的步骤省去，如图 9－29 所示。铣削时，工件与铣刀的相对位置应与加工第一件时相同。若第一件就采用两次进给铣削，则在铣刀对准工件中心后，把工作台横向偏移 S，纵向移动 L，然后进行铣削。纵向移动量 L 应按下式计算：

$$L = \frac{d}{2}\cos\frac{\theta}{2}$$

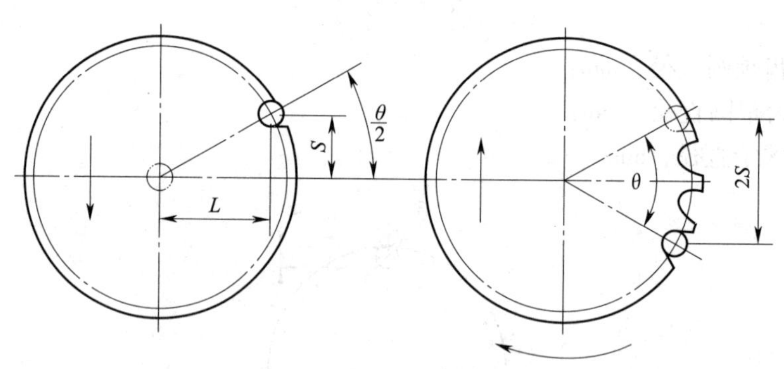

图 9－29　用两次进给铣削链轮齿槽

若用凸圆弧铣刀铣削齿沟圆弧后，可用三面刃铣刀铣削齿槽两侧，如图 9－30 所示。铣刀的宽度 B 不能大于滚子直径 d_1。铣削时，先使三面刃铣刀的侧刃对准工件中心，再把工件转过 $\theta/2$ 角度，工作台横向移动 S 距离。然后使铣刀擦到工件表面，再上升 H 进行铣削（见图 9－30a）。S 和 H 可按下式计算：

$$S = \frac{d}{2}\sin\frac{\theta}{2} - \frac{d_1}{2}$$

$$H \approx \frac{d_a - d}{2}\cos\frac{\theta}{2}$$

式中　d——分度圆直径，mm；

　　d_a——齿顶圆直径，mm；

　　d_1——滚子直径，mm；

　　θ——齿槽角，(°)。

铣削齿的另一侧时，把工件反向转 θ 角度，工作台在横向方向反向移动 $2S+B$ 的距离后，即可进行铣削（见图 9－30b）。

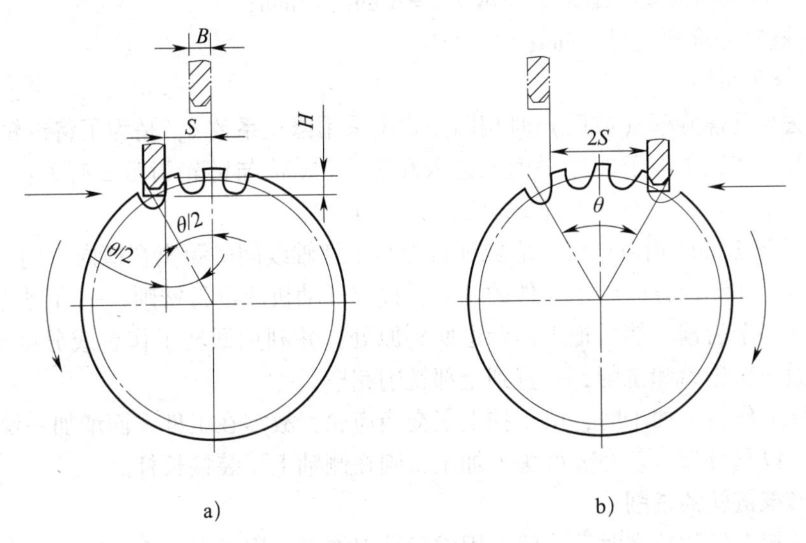

图 9－30　用三面刃铣刀铣削齿槽两侧

在加工过程中，要根据测量所得的实际 M（或 M_R）和 M_p 值（M_R 和 M_p 的含义下文有说明），对铣削深度做适当的调整，直到齿根圆直径 d_f 和节距 p 的值均在公差范围内。

2. 圆弧形齿面链轮的铣削

在单件和小批量生产时，可用展成法加工，尤其对节距大的链轮更为合适。其工作原理是把立铣刀看作相当于与链轮啮合的链条滚子，假设当铣刀直线移动一个链轮齿距 $\left(\frac{\pi d}{z}\right)$ 时，链轮（工件）相应地过一个齿 $\left(\frac{1}{z}\text{转}\right)$。实际上铣刀的位置是不变的，即工件在直线移动一个齿距的同时转过 $\frac{1}{z}$ 转。铣削时，齿面的展成情况如图 9－31 所示。其加工步骤如下：

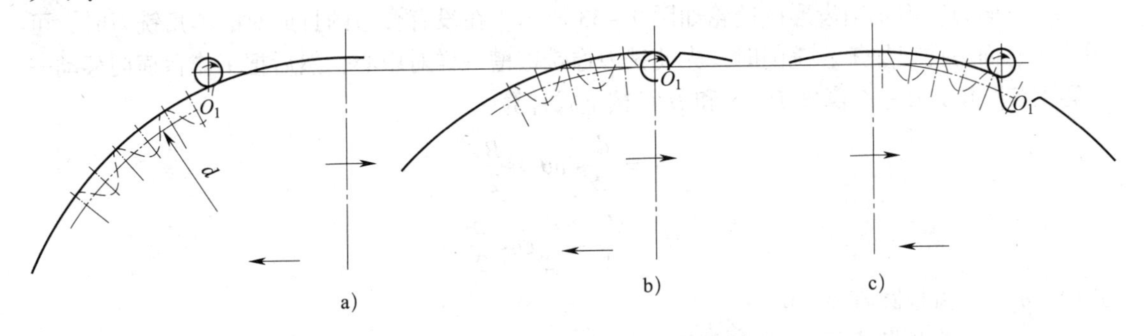

图 9－31　展成法铣削滚子链链轮原理

a）铣刀开始切入　b）铣至齿槽中部　c）铣刀切出工件

（1）用立铣刀或键槽铣刀加工，铣刀直径可按式 $d_0 = 1.005d_1 + 0.10$ 计算。

（2）用回转工作台或分度头装夹工件，交换齿轮齿数按下式计算：

$$i = \frac{z_1 z_3}{z_2 z_4} = \frac{kP_{丝}x}{\pi d}$$

式中　k——回转工作台或分度头定数；

$P_{丝}$——机床纵向丝杆螺距（一般 $P_{丝}=6$ mm），mm；

d——链轮分度圆直径，mm；

x——修正系数。

挂轮方法与铣螺旋槽（或面）时相同。式中采用修正系数 x，是为了将链轮齿顶部分略微多铣去一些，使链条滚子能更平稳地进入和退出。x 值与链轮齿数 z 有关：当 $z\leqslant 13$ 时，$x=1.05$；$z=14\sim 16$ 时，$x=1.04$；$z\geqslant 17$ 时，$x=1.03$。

（3）铣刀与工件的相对位置，应保证铣刀与工件轴线间的距离在横向方向等于 $d/2$。铣削时，先使铣刀在纵向方向处于工件的外面，接着开动机床进行铣削，一直到铣刀切出工件为止，即铣好一个齿槽。然后把工作台退回到原处，并利用回转工作台或分度头进行分齿。每分一齿，做一次进给和铣削，一直到全部铣削完毕。

若在回转工作台上加工时，由于挂上了交换齿轮，故需在工件下面增加一块专用分度盘做直接分度，以利分齿。若在分度头上加工，则在侧轴上要装接长杆。

二、齿形链链轮的铣削

齿形链链轮在件数较多时，一般采用成形铣刀加工。用成形铣刀加工，一次进给可铣出一个齿槽，效率高，且易保证质量。在件数不太多及没有专用成形铣刀的时候，常采用单角铣刀或三面刃铣刀来加工。

1. 用两把单角铣刀组合铣削齿形链链轮

用两把单角铣刀组合铣削齿形链链轮的方法，仅适用于齿楔角 $\gamma=60°$ 的齿形链链轮。用单角铣刀组合铣削齿形链链轮如图 9－32 所示。铣刀间的垫圈使两把单角铣刀刀尖（也可是端面切削刃）之间的尺寸等于 s，垫圈厚度 s 为：

$$s = 1.273p - 1.155$$

式中 p——链条节距，mm。

铣完各齿后，需用窄的三面刃铣刀切除槽底剩余部分。

2. 用三面刃铣刀铣削齿形链链轮

用三面刃铣刀铣削齿形链链轮如图 9－33 所示。在没有合适的且成对的单角铣刀时，可用一把三面刃铣刀加工。铣削时，先使铣刀像铣键槽一样对中心，然后把工作台横向移动一个距离 S，并上升一个高度 H。S 和 H 可按下式计算：

$$S = \frac{d_f}{2}\sin\theta + \frac{B}{2}$$

$$H = \frac{d_a}{2} - \frac{d_f}{2}\cos\frac{\theta}{2}$$

式中 d_f——齿根圆直径，mm；

d_a——齿顶圆直径，mm；

B——铣刀宽度，mm；

θ——齿槽角，(°)。

三面刃铣刀的宽度 B 不应大于槽底宽度，故一般比较窄。在没有合适的三面刃铣刀时，可用窄的槽铣刀进行加工。铣完各个齿的一侧后，先将工件回转角度 θ，再将工作台在横向反向移动 $2S$ 的距离，铣削齿的另一侧。齿的两侧加工完毕后，还需用原来的铣刀切除槽底的残留部分。

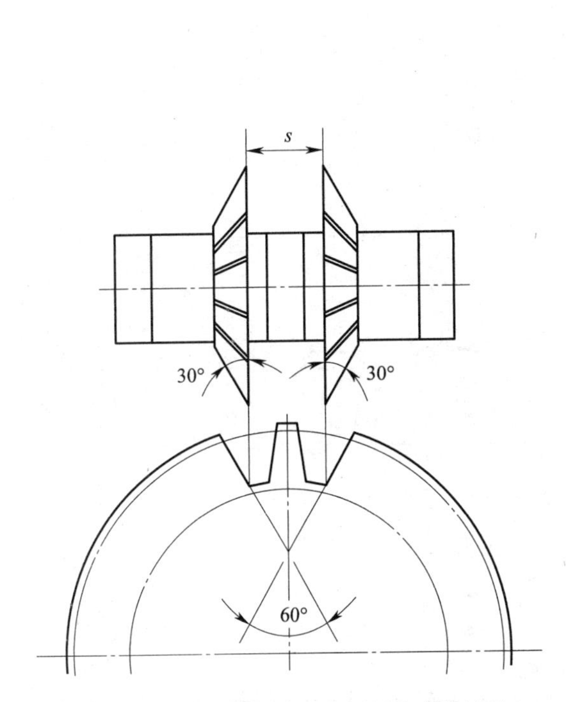

图 9－32　用单角铣刀组合铣削齿形链链轮

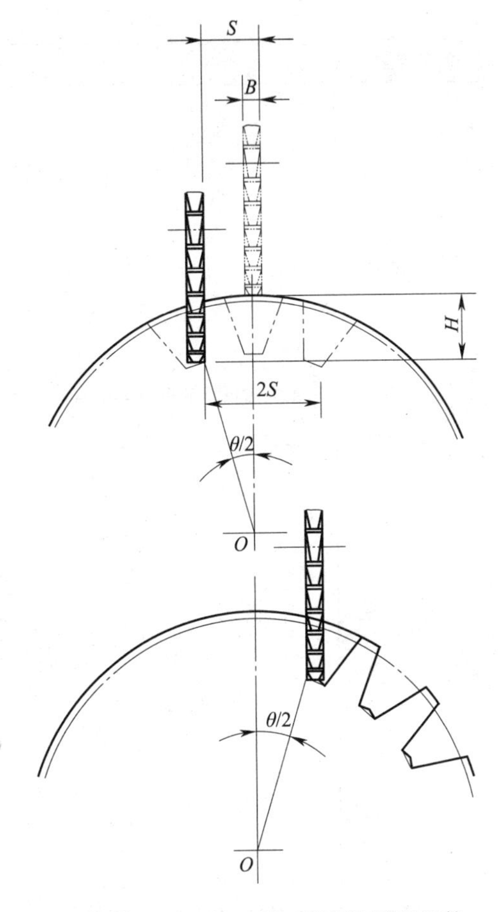

图 9－33　用三面刃铣刀铣削齿形链链轮

三、链轮的检测

1. 滚子链链轮的检测

滚子链链轮在铣床上铣齿后，主要检测齿根圆直径。测量方法有直接测量和用量棒间接测量两种，见表 9－28。对精度要求不高的链轮，可用游标卡尺直接测量齿根圆直径；对精度要求较高的链轮，则采用齿根圆千分尺测量。

表 9－28　　　　**滚子链链轮检测**

测量方法	简图及说明
直接测量法	M **偶数齿** 最大齿根测量距 $M = d_f$

续表

测量方法	简图及说明
直接测量法	奇数齿 最大齿根测量距 $M = d_f \cos\frac{90°}{z}$
间接测量法	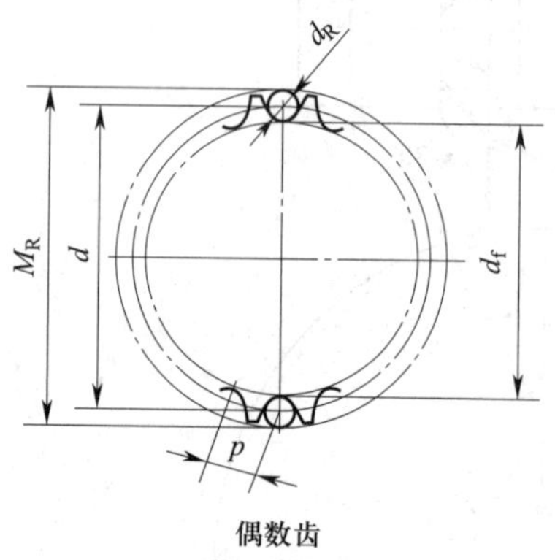 偶数齿 量棒直径 $d_R = d_1$，跨柱测量距 $M_R = d + d_{Rmin}$ 测量时，把与链轮相配的两个量棒放在链轮直径方向上相对应的两个齿槽中进行测量
	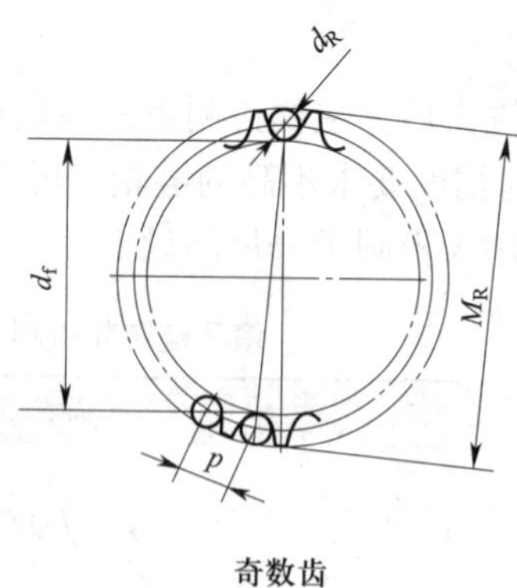 奇数齿 跨柱测量距 $M_R = d\cos\frac{90°}{z} + d_{Rmin}$ 测量时，把与链轮相配的两个量棒放在最接近于链轮直径方向上相对应的两个齿槽中进行测量

量棒直径 d_R 的公差带为 ${}^{+0.01}_{\ 0}$ mm。

跨柱测量距的极限偏差与相应齿根圆直径极限偏差（见表 9－29）相同。

表 9-29　　**滚子链和套筒链链轮齿根圆直径极限偏差**　　mm

齿根圆直径 d_f	极限偏差
$d_f \leqslant 127$	$^{0}_{-0.25}$
$127 < d_f \leqslant 250$	$^{0}_{-0.30}$
$d_f > 250$	h11

2. 齿形链链轮的检测

齿形链链轮在铣削时，一般都采用控制量棒测量距 M_R 来获得合适的切齿深度，以保证链轮和链条的节距公称值相等，以便符合啮合要求，测量方法见表 9-30。

表 9-30　　**齿形链链轮检测**

内容	简图及说明
量棒直径 d_R	9.525 mm 及以上节距链轮用量棒直径 $d_R = 0.625p$ 4.762 mm 节距链轮用量棒直径 $d_R = 0.667p$
跨柱测量距 M_R	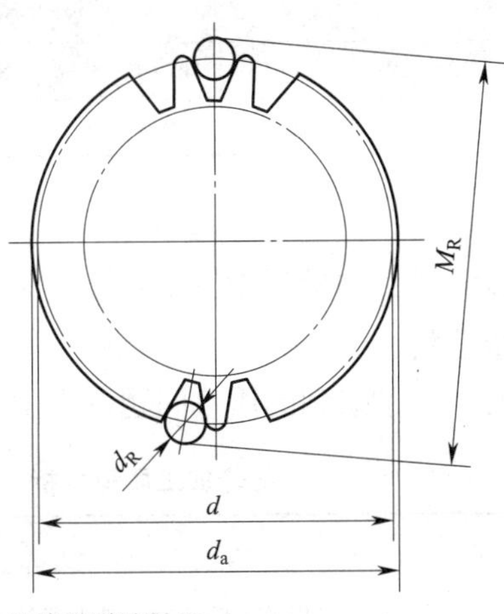 9.525 mm 及以上节距链轮的跨柱测量距 M_R： 偶数齿的链轮，跨柱测量距 $M_R = d - 0.125p\csc\left(30° - \frac{180°}{z}\right) + 0.625p$ 奇数齿的链轮，跨柱测量距 $M_R = \cos\frac{90°}{z}\left[d - 0.125p\csc\left(30° - \frac{180°}{z}\right)\right] + 0.625p$
	4.762 mm 节距链轮的跨柱测量距 M_R： 偶数齿的链轮，跨柱测量距 $M_R = d - 0.160p\csc\left(35° - \frac{180°}{z}\right) + 0.667p$ 奇数齿的链轮，跨柱测量距 $M_R = \cos\frac{90°}{z}\left[d - 0.160p\csc\left(35° - \frac{180°}{z}\right)\right] + 0.667p$

量棒直径 d_R 的公差带为 $^{+0.01}_{0}$ mm。

9.525 mm 及以上节距链轮的跨柱测量距 M_R 的上偏差为 0，公差值（单位 mm）见表 9-31。

表 9-31　　9.525 mm 及以上节距链轮跨柱测量距公差

节距	齿数									
	≤15	16~24	25~35	36~48	49~63	64~80	81~99	100~120	121~144	>144
9.525	0.13	0.13	0.13	0.15	0.15	0.18	0.18	0.18	0.20	0.20
12.70	0.13	0.15	0.15	0.18	0.18	0.20	0.20	0.23	0.23	0.25
15.875	0.15	0.15	0.18	0.20	0.23	0.25	0.25	0.25	0.28	0.30
19.05	0.15	0.18	0.20	0.23	0.25	0.28	0.28	0.30	0.33	0.36
25.40	0.18	0.20	0.23	0.25	0.28	0.30	0.33	0.36	0.38	0.40
31.75	0.20	0.23	0.25	0.28	0.33	0.36	0.38	0.43	0.46	0.48
38.10	0.20	0.25	0.28	0.33	0.36	0.40	0.43	0.48	0.51	0.56
50.80	0.25	0.30	0.36	0.40	0.46	0.51	0.56	0.61	0.66	0.71

4.762 mm 节距链轮的跨柱测量距 M_R 的上偏差为0，公差值（单位 mm）见表 9-32。

表 9-32　　4.762 mm 节距链轮跨柱测量距公差

节距	齿数									
	≤15	16~24	25~35	36~48	49~63	64~80	81~99	100~120	121~144	>144
4.762	0.1	0.1	0.1	0.1	0.1	0.13	0.13	0.13	0.13	0.13

3. 节距 p 的测量

节距一般都采用间接测量，测量距 $M_p = p + d_R$。

四、链轮铣削的质量分析

在铣床上加工链轮时，经常遇到的质量问题及产生原因见表 9-33。

表 9-33　　链轮加工质量分析

质量问题	产生原因
齿形不准	1. 成形铣刀铣削时，铣刀刀号不对 2. 用通用铣刀加工时，偏移量不准，工件回转角度不准；用角度铣刀加工时，铣刀角度不准，对刀时，对中心（对刀）不准 3. 用展成法加工时，交换齿轮计算不准；主动轮和被动轮挂错
齿圈径向跳动和端面圆跳动超差	1. 装夹时，齿坯内孔与分度头或回转工作台不同轴 2. 装夹时，以校正外圆为基准，而齿坯外圆与内孔同轴度差 3. 装夹时齿坯端面未校正
链轮节距超差	1. 分度不准 2. 工件与分度头或回转工作台不同轴 3. 工件装夹不牢或分度头主轴未紧固
齿根圆直径超差	1. 铣削深度不准 2. 量棒尺寸不对 3. 测量不准确

五、技能训练——铣削齿形链链轮（见图 9－34）

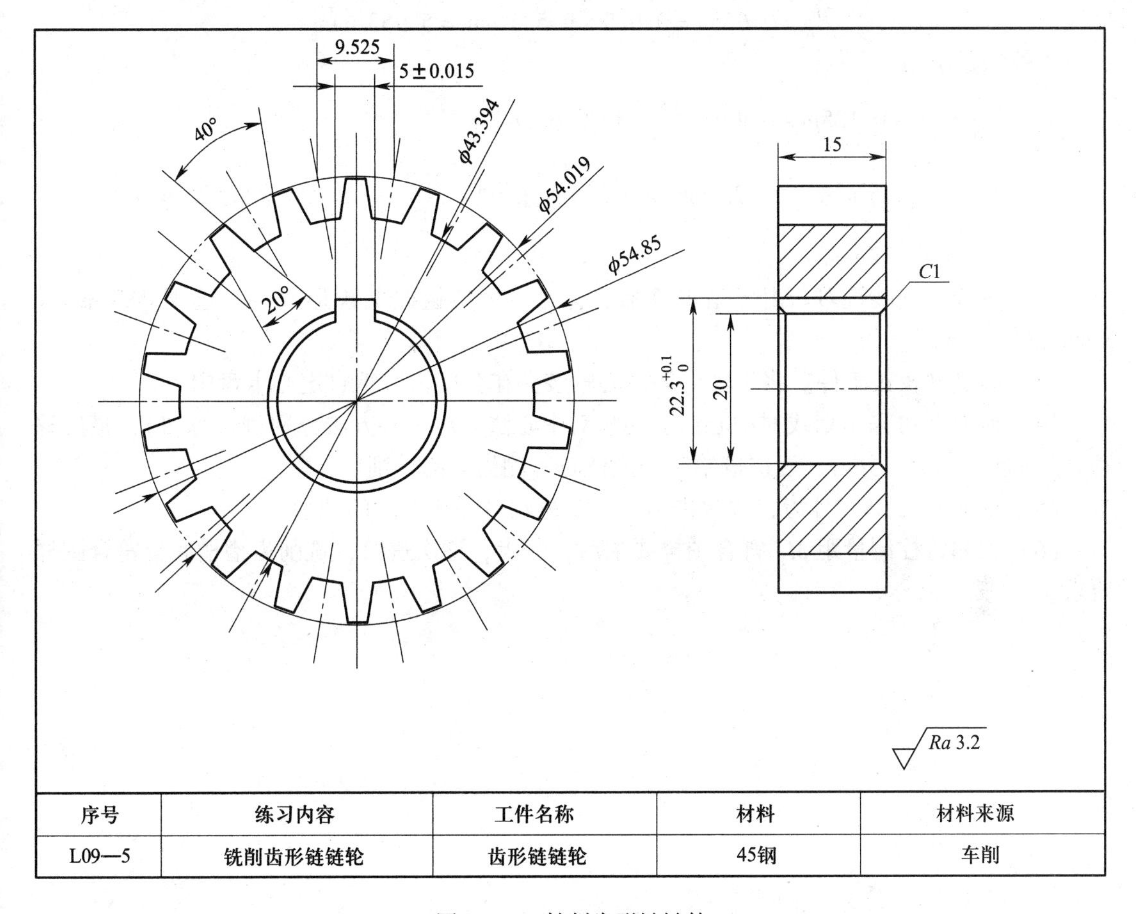

序号	练习内容	工件名称	材料	材料来源
L09—5	铣削齿形链链轮	齿形链链轮	45钢	车削

图 9－34　铣削齿形链链轮

1. 教学建议

在铣削过程中，齿形链链轮的加工方法有多种，建议教师先组织学生进行分组讨论，然后制定出各自的加工工艺过程，再按讨论后修改过的加工工艺过程指导实际加工。

2. 加工步骤

（1）对照图样，检查工件毛坯并涂色。确定分齿分度转数及其他调整参数。

根据工件的齿数，采用简单分度法，每次分齿分度手柄的转数 n：

$$n = \frac{40}{z} = \frac{40}{18} = 2\frac{4}{18} = 2\frac{12}{54}$$

工作台横向移动距离 S：

根据图样，为了保证良好的工作，齿根圆直径 d_f 取 43 mm。

$$S = \frac{d_f}{2}\sin\theta + \frac{B}{2} = \left(\frac{43}{2}\sin 40° + \frac{3}{2}\right)\text{ mm} \approx 15.32\text{ mm}$$

工作台垂向升高距离 H：

$$H = \frac{d_a}{2} - \frac{d_f}{2}\cos\frac{\theta}{2} = \left(\frac{54.019}{2} - \frac{43}{2}\cos\frac{40°}{2}\right)\text{ mm} \approx 6.806\text{ mm}$$

测量棒直径 d_R：

$$d_R = 0.625p = 0.625 \times 9.525\ \text{mm} = 5.953\ \text{mm}$$

跨柱测量距 M_R：

$$\begin{aligned} M_R &= d - 0.125p\csc\left(30^\circ - \frac{180^\circ}{z}\right) + 0.625p \\ &= 54.85\ \text{mm} - 0.125\ \text{mm} \times 9.525\csc\left(30^\circ - \frac{180^\circ}{18}\right) + 0.625 \times 9.525\ \text{mm} \\ &\approx 57.32\ \text{mm} \end{aligned}$$

（2）选择并安装铣刀。由于是单件加工，且齿形链链轮的齿形较小，选用 $\phi 80\ \text{mm} \times 3\ \text{mm}$ 的锯片铣刀。

（3）装夹并校正工件。将工件毛坯用心轴装夹在分度头三爪自定心卡盘中。

（4）对刀（可采用划线对中心法、切痕对中心法等对中心方法分别进行练习），横向移动 S，垂向升高 H，分齿，逐次进给，完成链轮一侧齿面的铣削。

（5）横向移动 $2S$，分齿，逐次进给，完成链轮另一侧齿面的铣削。

（6）检测跨柱测量距 M_R 符合图样要求后，分齿，逐次进给，铣削齿槽槽底至符合图样要求。

第十单元

刀具齿槽的铣削

铣刀、铰刀、麻花钻等多刃刀具，其齿槽、齿背一般都在铣床上铣削，为切削刃精加工（磨削）做好准备。刀具齿槽铣削（又称为开齿）虽为粗加工，但应保证齿槽形状和位置的准确、几何角度准确、刃带宽度均匀一致、刀齿前面具有较小的表面粗糙度值，并在前面、后面、刃带处留有适当的磨削余量。因此，刀具齿槽的铣削是铣床加工的重要工作内容之一。

多刃刀具种类繁多、形状复杂，按切削刃所在表面不同可分为圆柱面齿、圆锥面齿、端面齿三种，按齿槽的走向可分为直齿槽和螺旋齿槽两种。

按照刀具齿槽在圆柱表面上的分布情况来划分，刀具齿槽的铣削主要分为圆柱面直齿刀具齿槽和圆柱面螺旋齿刀具齿槽两类刀具的铣削。本单元只介绍圆柱面直齿刀具齿槽的铣削。

课题一　圆柱面直齿刀具齿槽的铣削

常见的圆柱面直齿刀具有锯片铣刀、直齿三面刃铣刀、铲齿成形铣刀等。其齿槽可在铣床上用单角铣刀或不对称双角铣刀铣削。通过单角铣刀的端面齿刃，或不对称双角铣刀的小角度锥面齿刃铣削，形成工件（被加工刀具）的前面。

圆柱面直齿刀具的前角 γ_o 有三种：正前角（$\gamma_o>0°$）、零度前角（$\gamma_o=0°$）和负前角（$\gamma_o<0°$）。由于正前角和负前角的齿槽的铣削方法基本相同，下面仅介绍正前角和零度前角两种刀具齿槽的铣削方法。

一、用单角铣刀铣削圆柱面直齿刀具的齿槽（见表 10－1）

表 10－1　　　　用单角铣刀铣削圆柱面直齿刀具的齿槽

内容	简图及说明
铣削零度前角的齿槽	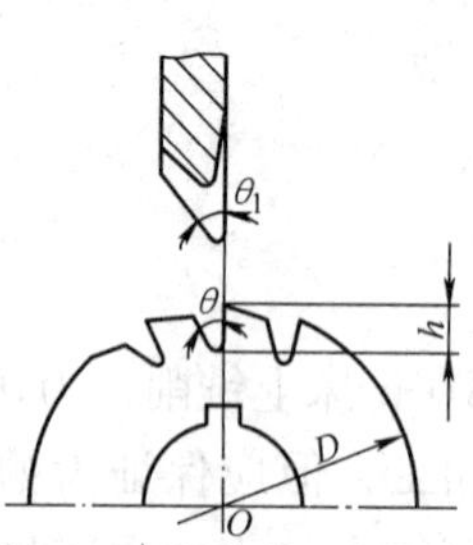 用单角铣刀铣削 $\gamma_o=0°$ 的直齿槽 1. 按图样上被加工刀具的齿槽角度 θ，选择工作铣刀的廓形角 θ_1，使 $\theta_1=\theta$。另外，还要注意刀尖圆弧半径 r_ε 与工件齿槽槽底圆弧半径 r 相同。然后安装并校正铣刀 2. 在分度头上装夹校正刀坯（工件） 3. 按照工件的分齿情况计算并调整分度头 4. 将工作铣刀对中心，使刀坯的轴线通过工作铣刀的端面刃回转平面 采用划线对刀法调整移动工作台，使工作铣刀的垂直刀尖刚好擦到工件圆柱表面的划线上（即圆柱表面上的最高位置）。然后将横向工作台紧固，纵向退出刀坯 5. 按照工件齿槽的深度尺寸 h 的大小，将铣床工作台升高 6. 选择合适的切削用量，采用纵向进给，试铣出一个齿槽 7. 检查试铣的工件齿槽是否符合图样要求 8. 若检查试铣的工件齿槽符合规定的要求，则打开切削液，逐齿完成所有圆柱面齿槽的铣削
铣削正前角的齿槽	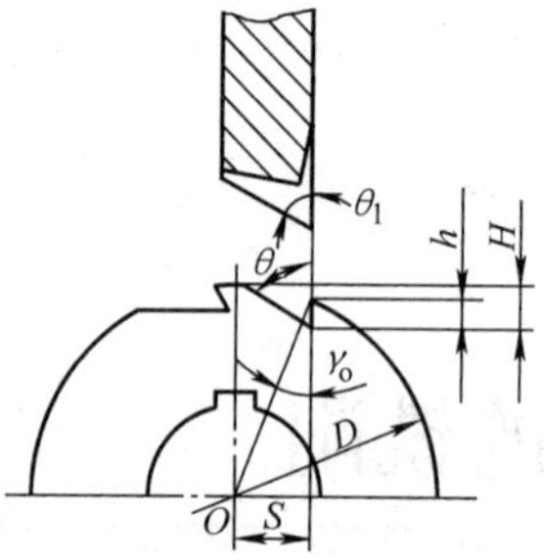 用单角铣刀铣削 $\gamma_o>0°$ 的直齿槽 1. 选择与工件齿槽廓形角 θ 相等的工作铣刀廓形角 $\theta_1=\theta$。安装并校正铣刀 2. 在分度头上装夹并校正刀坯（工件） 3. 按照工件的分齿情况计算并调整分度头 4. 调整工作台，使工作铣刀对中心后，再通过公式计算，或查表 10－2 调整工作台的加工位置 （1）工作台横向移动量 S 与被加工铣刀直径 D 及其前角 γ_o 之间的计算公式为： $S=\frac{D}{2}\sin\gamma_o$ （2）工作台垂直升高量 H 与被加工铣刀的前角 γ_o、齿槽深度 h 及其直径 D 之间的计算公式为： $H=\frac{D}{2}(1-\cos\gamma_o)+h$ 5. 工作台位置调整完毕，将横向工作台紧固。试铣一个齿槽后，进行检查 6. 若试铣的齿槽检查无误，则打开切削液，然后逐齿铣完所有圆柱面齿槽
铣削圆柱面直齿槽的齿背	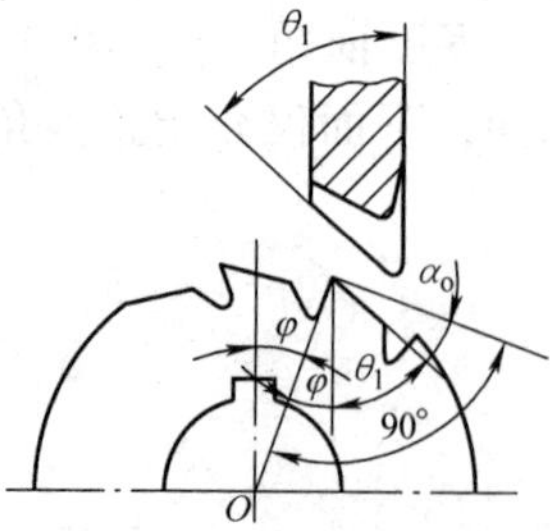 用单角铣刀铣削 $\gamma_o=0°$ 刀齿齿背 齿背由折线构成的刀齿，在完成其齿槽的铣削后，可用单角铣刀锥面的齿刃，按其齿背后角 α_o 铣齿背。方法是将工件转动一个角度 φ，再重新调整工作台，然后对齿背进行铣削 1. 工件转角 φ 的确定 （1）当前角 $\gamma_o=0°$ 时： $\varphi=90°-\theta_1-\alpha_o$ （2）当前角 $\gamma_o>0°$ 时： $\varphi=90°-\theta_1-\alpha_o-\gamma_o$

续表

内容	简图及说明
铣削圆柱面直齿槽的齿背	用单角铣刀铣削 $\gamma_o>0°$ 刀齿齿背 应当注意的是，计算出来的 φ 若是负值，应向相反的方向转动分度头 2. 将工件转角 φ 按角度分度的方法计算分度手柄的调整转数 n_o： $$n_o=\frac{\varphi}{9°}$$ 3. 按照被加工铣刀后面的加工要求，重新调整工作台。然后紧固横向工作台，对齿背进行试铣削 4. 检查试铣的齿背符合要求时，仍按照铣削圆柱面齿槽时分度头手柄转数 n，依次对每一齿背进行铣削

表 10－2　　用单角铣刀铣圆柱面直齿槽时的 S 和 H 值　　mm

调整值	被开齿刀具前角 γ_o				
	0°	5°	10°	15°	20°
S	0	$0.043\,6D$	$0.086\,8D$	$0.129D$	$0.171D$
H	h	$0.001\,9D+h$	$0.007\,6D+h$	$0.017D+h$	$0.03D+h$

采用单角铣刀铣削刀具的齿槽，工作台调整方法及其计算较为简单。

二、用不对称双角铣刀铣削圆柱面直齿刀具的齿槽

采用不对称双角铣刀铣削圆柱面直齿刀具的齿槽时的操作方法与用单角铣刀铣削的方法基本相同，只是铣刀工作位置的调整（即对刀）、工作台横向偏移量和升高量的计算有所区别（见表 10－3）。

表 10－3　　用不对称双角铣刀铣削圆柱面直齿刀具的齿槽

内容	简图及说明
零度前角齿槽的铣削	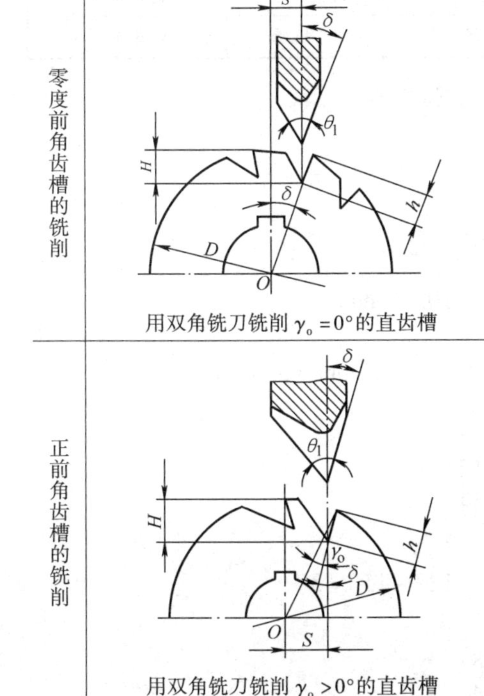 用双角铣刀铣削 $\gamma_o=0°$ 的直齿槽 若采用不对称双角铣刀铣削零度前角的圆柱面齿槽，在铣刀刀尖对准中心时，需要将工作台的横向和垂直方向的位置同时调整 1. 工作台横向偏移量 S 与双角铣刀小角度 δ、被铣工件直径 D 和齿槽深度 h 之间的计算公式为： $$S=\left(\frac{D}{2}-h\right)\sin\delta$$ 2. 工作台垂直升高量 H 与双角铣刀小角度 δ、被铣工件直径 D 和齿槽深度 h 之间的计算公式为： $$H=\frac{D}{2}-\left(\frac{D}{2}-h\right)\cos\delta$$
正前角齿槽的铣削	用双角铣刀铣削 $\gamma_o>0°$ 的直齿槽 采用不对称双角铣刀铣削正前角的圆柱面齿槽，与零度前角齿槽的铣削方法基本相同。不同之处在于对刀后，工作台在各方向调整量的计算方法： 1. 工作台横向偏移量 S 与双角铣刀小角度 δ、被加工铣刀的前角 γ_o、齿槽深度 h 以及直径 D 之间的计算公式为： $$S=\frac{D}{2}\sin(\delta+\gamma_o)-h\sin\delta$$ 2. 工作台垂直升高量 H 与双角铣刀小角度 δ、被加工铣刀的前角 γ_o、齿槽深度 h 以及直径 D 之间的计算公式为： $$H=\frac{D}{2}[1-\cos(\delta+\gamma_o)]+h\cos\delta$$

技能训练

铣圆柱面直齿刀具的圆周齿槽

零件图如图 10－1 所示。

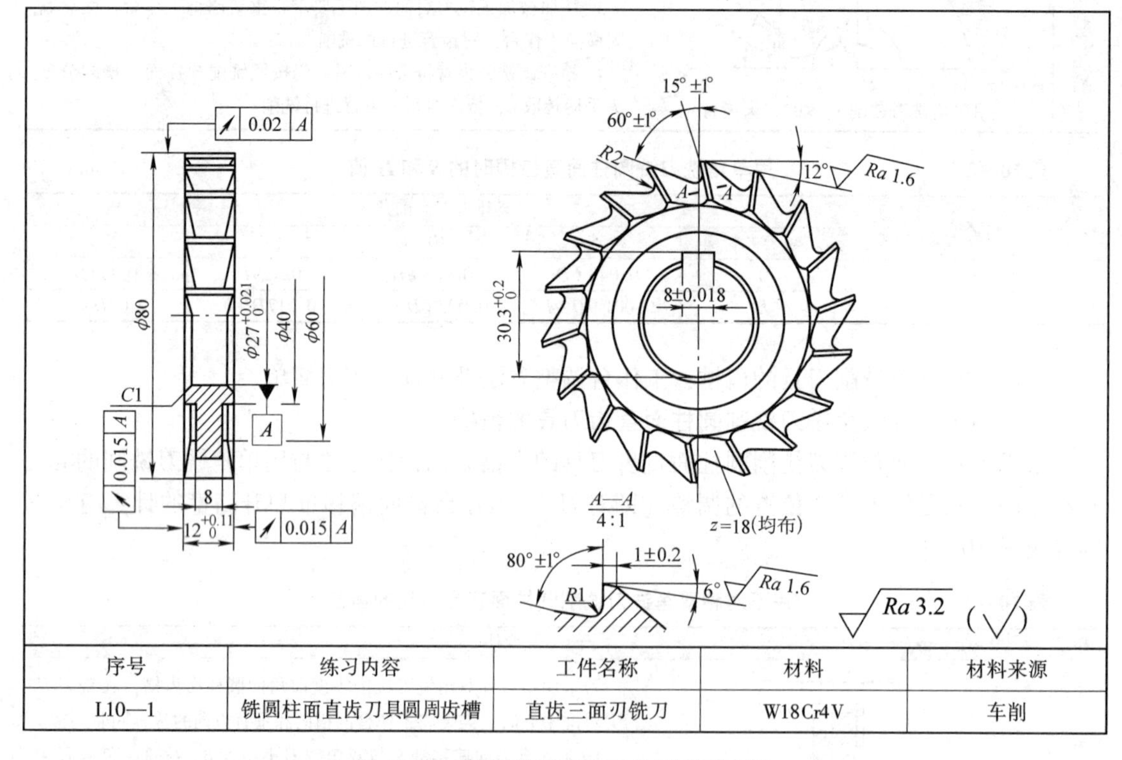

序号	练习内容	工件名称	材料	材料来源
L10—1	铣圆柱面直齿刀具圆周齿槽	直齿三面刃铣刀	W18Cr4V	车削

图 10－1　铣圆柱面直齿刀具的圆周齿槽

1. 对照图样，检查工件毛坯（见图 10－2a）。
2. 确定加工数据

（1）计算铣圆柱面齿槽时工作台横向偏移量 S 和升高量 H：

$$S=\frac{D}{2}\sin\gamma_o=\frac{80}{2}\text{ mm}\times\sin15^\circ\approx10.35\text{ mm}$$

$$H=\frac{D}{2}(1-\cos\gamma_o)+h=\frac{80}{2}\text{ mm}\times(1-\cos15^\circ)+5.5\text{ mm}\approx6.86\text{ mm}$$

（2）分齿时，分度手柄转数 n：

$$n=\frac{40}{z}=\frac{40}{18}=2\frac{12}{54}$$

（3）铣齿背时，工件的偏转角度 φ：

$$\varphi=90^\circ-\theta_1-a_o-\gamma_o=90^\circ-60^\circ-12^\circ-15^\circ=3^\circ$$

分度手柄转过的转数 n_o：

$$n_o=\frac{\varphi}{9^\circ}=\frac{3^\circ}{9^\circ}=\frac{18}{54}$$

3. 安装并校正分度头、尾座。选用带有 54 孔圈的分度盘，并调整分度叉张开 12 个孔距。

4. 装夹并校正工件。

5. 选择、安装铣刀。选用廓形角 $\theta_1 = 60°$ 的单角铣刀铣削直齿槽。

6. 对刀，铣削圆柱面直齿槽

（1）按分度头中心高度在工件表面上划出中心线，并将划线转到最高位置。

（2）将铣刀的端面齿刃对准在工件最高位置的中心线上，然后纵向退出铣刀。

（3）分别按照计算好的 S 和 H 值调整工作台，使横向工作台向铣刀圆锥面一侧偏移 10.35 mm，上升工作台 6.86 mm。

（4）将工件试铣出一个齿槽，对照图样检查齿槽。

（5）若试铣的齿槽检查合格，则开始正式铣削齿槽。每铣一个齿槽，将分度手柄转过 2 周又 12 个孔距，依次铣完所有圆柱面齿槽。

7. 铣削齿背。按照铣削齿槽时分度头的转向，将分度手柄转过 18 个孔距。重新调整横向工作台位置铣齿背。逐渐上升工作台，直到工件切削刃棱边宽度铣到（1 ±0.2）mm。每铣完一个齿背，将分度手柄转过 2 周又 12 个孔距，然后依次铣削下一齿的齿背，至符合图样要求（见图 10 - 2b）。

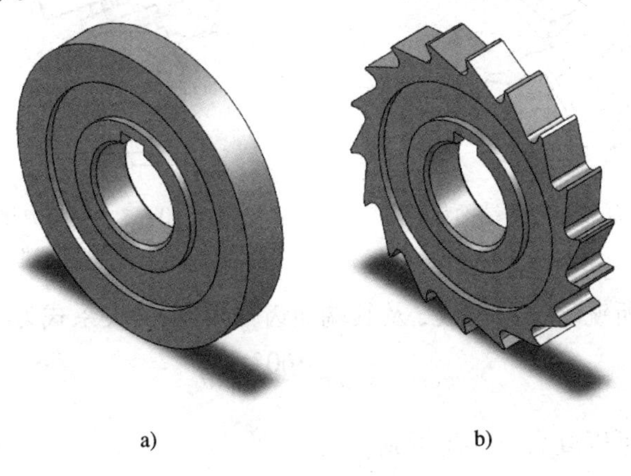

a)　　　　b)

图 10 - 2　铣削过程

课题二　圆柱面直齿刀具端面齿槽的铣削

一、端面齿槽的铣削要求

许多圆柱面直齿刀具带有端面齿槽（如直齿三面刃铣刀）。在完成圆周齿槽和齿背的铣削后，还需要进行端面齿槽的铣削。由于端面齿槽的铣削是在其圆柱面齿槽铣削完成后进行的，这就要求工件的端面齿槽与其圆柱面齿槽处于同一个平面上，并达到规定的几何形状的要求。

此外，还应保证端面齿刃棱边的宽度 f 在刃口全长上保持均匀一致，如图 10－3 所示。

二、端面齿槽的铣削过程

1．选择工作铣刀

铣削圆柱面直齿刀具的端面齿槽时，工作铣刀应选择直径较小的单角铣刀，且铣刀廓形角 θ_1 应与被加工刀具端面齿槽角 $\theta_{端}$ 相等。当铣削两端面均有端面齿槽的刀具时，还应准备廓形角相等、切向相反的左切和右切单角铣刀各一把。

2．装夹工件

由于在铣削端面齿槽时，长心轴会影响进刀，为了不铣到心轴，要更换短的锥柄弹性心轴装夹工件。

3．调整分度头仰角

为了能够铣出宽度一致的端面刃棱边 f，端面齿槽就要被铣削成外深内浅、外宽内窄的形状。因此，只要将被加工铣刀的端面倾斜一个角度 α（调整分度头仰角），即可达到铣削位置的调整要求，如图 10－4 所示。

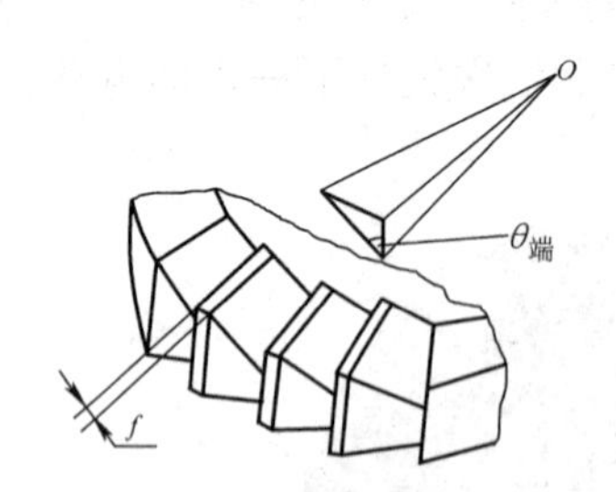

图 10－3　三面刃铣刀的端面齿槽

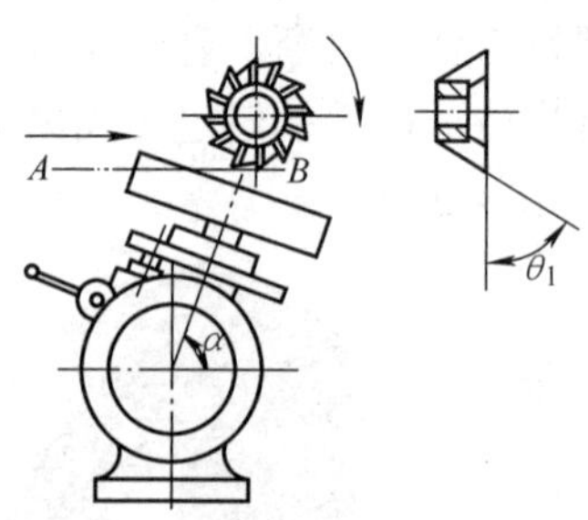

图 10－4　调整分度头仰角 α 铣削端面齿槽

分度头仰角 α 与所铣削的刀齿数 z 及其端面齿槽角 $\theta_{端}$ 的关系式为：

$$\cos\alpha = \tan\frac{360°}{z}\cot\theta_{端}$$

分度头仰角 α 也可以查表 10－4 得到。

表 10－4　　铣端面齿槽时分度头仰角 α 值

工件齿数	工作铣刀廓形角 θ_1							
	85°	80°	75°	70°	65°	60°	55°	50°
5	74°23′	57°08′	34°27′	—	—	—	—	—
6	81°17′	72°13′	62°21′	50°55′	36°08′	—	—	—
8	84°59′	79°51′	74°27′	68°39′	62°12′	54°44′	45°33′	32°57′
10	86°21′	82°38′	78°46′	74°40′	70°12′	65°12′	59°25′	52°26′
12	87°06′	84°09′	81°06′	77°52′	74°23′	70°32′	66°09′	61°01′
14	87°35′	85°08′	82°35′	79°54′	77°01′	73°51′	70°18′	66°10′
16	87°55′	85°49′	83°38′	81°20′	78°52′	76°10′	73°08′	69°40′

续表

工件齿数	工作铣刀廓形角 θ_1							
	85°	80°	75°	70°	65°	60°	55°	50°
18	88°10′	86°19′	84°24′	82°23′	80°14′	77°52′	75°14′	72°13′
20	88°22′	86°43′	85°00′	83°12′	81°17′	79°11′	76°51′	74°11′
22	88°32′	87°02′	85°30′	83°52′	82°08′	80°14′	78°08′	75°44′
24	88°39′	87°18′	85°53′	84°24′	82°49′	81°06′	79°11′	77°00′
26	88°46′	87°30′	86°13′	84°51′	83°24′	81°49′	80°04′	78°04′
28	88°51′	87°42′	86°30′	85°14′	83°53′	82°26′	80°48′	78°58′
30	88°56′	87°51′	86°44′	85°34′	84°19′	82°57′	81°26′	79°44′
32	89°00′	87°59′	86°56′	85°51′	84°41′	83°24′	82°00′	80°24′
34	89°04′	88°07′	87°08′	86°06′	85°00′	83°48′	82°29′	80°59′
36	89°07′	88°13′	87°18′	86°19′	85°17′	84°10′	82°54′	81°29′
38	89°10′	88°19′	87°26′	86°31′	85°32′	84°28′	83°17′	81°57′
40	89°12′	88°24′	87°34′	86°42′	85°46′	84°45′	83°38′	82°22′

4. 铣削端面齿槽

在卧式铣床上，先按计算的分度头仰角 α，将分度头主轴由水平位置仰起，再根据被加工铣刀齿槽前角情况进行调整。

（1）前角 $\gamma_o=0°$时

1）将单角铣刀的端面齿刃对准工件中心。

2）转动分度头，使工件刀齿前面与进给方向平行（此时工作铣刀的端面齿刃与工件齿槽前面处于同一平面上）。

3）将工作台调整到合适的铣削深度，对其端面齿槽试铣一刀。

4）检查端面刃棱边 f 符合图样要求后，开始依次铣完同侧的端面齿槽。然后将工件掉头装夹，完成另一侧端面齿槽的铣削。

（2）前角 $\gamma_o>0°$时

在铣刀的端面齿刃对准工件中心后，需按工作台横向偏移量 S 调整工作台，再按照端面刃棱边 f 的要求调整铣削深度来铣削端面齿槽，如图 10－5 所示。

$$S = \frac{D}{2}\sin\gamma_o$$

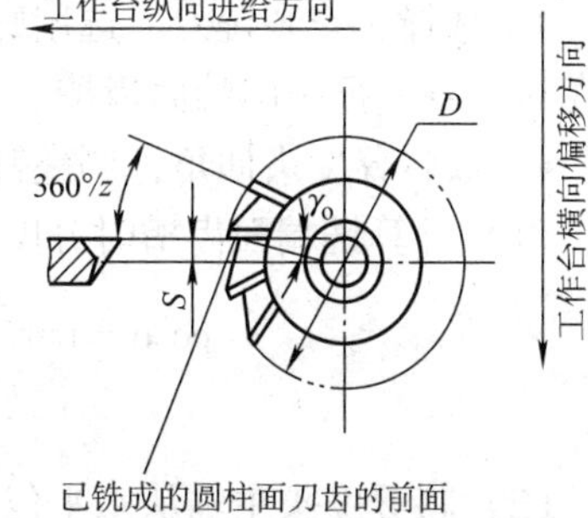

图 10－5　前角 $\gamma_o>0°$时端面齿槽的铣削

三、圆柱面直齿刀具端面齿槽铣削的质量分析

刀具齿槽铣削是一种综合性的、较复杂的槽类铣削，加工过程中涉及的内容比较广，操作的要求较高，具有一定的难度。其中，圆柱面直齿刀具齿槽的铣削是各种刀具齿槽铣削的基础。圆柱面直齿刀具端面齿槽铣削中常见的质量问题和产生原因见表 10－5。

表 10－5　　圆柱面直齿刀具端面齿槽铣削的质量分析

质量问题	产生原因
齿槽形状偏差大	1. 工作铣刀廓形不准 2. 工作铣刀刀尖圆弧选择不当
齿形分布不均匀	1. 分度装置误差大或分齿操作错误 2. 工件安装不准，径向跳动大 3. 铣削时工件松动
前角值偏差过大	1. 偏移量 S 计算错误 2. 工作台偏移距离不准确 3. 工作台偏移方向错误 4. 对中不准，偏差太大；用划线法对刀时，划线错误
棱边刃带偏差过大	1. 升高量 H 计算错误或调整不当 2. 工作铣刀廓形角偏差过大 3. 铣齿背时转角 φ 不准或铣切过深 4. 铣端面齿槽时，分度头仰角（起度角）α 不正确 5. 工件刀坯或夹具校正精度差 6. 工件装夹不合理，铣削时走动或发生变形
工件刀齿被碰坏或其他部位有残留刀痕	1. 铣削过程中，工件松动或操作不慎 2. 工作铣刀直径过大或铣切方向选择不当，影响退刀 3. 铣端面齿槽时，分度装置有误差或校正对刀不准确

技能训练

铣端面齿槽

零件图如图 10－1 所示。

1. 安装并校正分度头。

2. 装夹并校正工件。

3. 选择、安装铣刀。选用廓形角 $\theta_1=\theta_{端}=80°$、刀尖圆弧半径 $r_\varepsilon=1$ mm 的左切和右切单角铣刀各一把铣削端面齿槽。

4. 扳转分度头仰角，调整铣削位置

（1）计算铣端面齿槽时分度头的仰起角度 α：

$$\cos\alpha=\tan\frac{360°}{z}\cot\theta_{端}=\tan\frac{360°}{18}\times\cot 80°\approx 0.0642$$

$$\alpha\approx 86°19'$$

（2）将分度头主轴从水平位置仰起 86°19′。

（3）横向调整工作台，将工作铣刀从工件中心向铣刀圆锥面一侧偏移 10.35 mm。

（4）转动分度手柄，使工作铣刀端面齿刃与工件圆柱面齿槽的前面对齐，然后纵向退出铣刀。

5．对刀，试铣，检测合格后，依次分度铣削同端面其他各齿，至符合图样要求（见图 10－6a）。

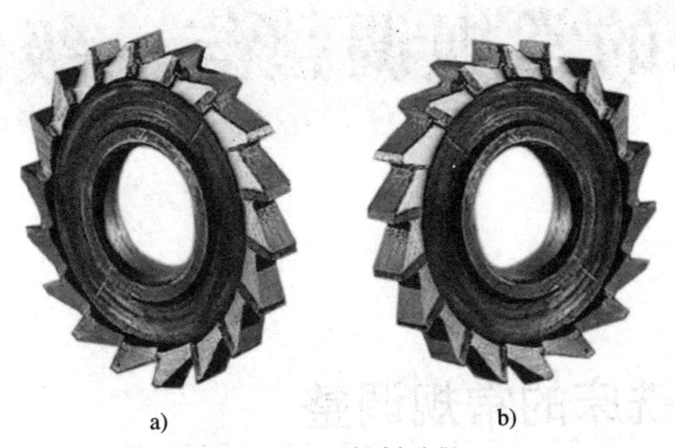

图 10－6　铣削过程

6．将工件翻转，重新装夹并校正工件。

7．换装另一把单角铣刀。

8．对刀，试铣，检测合格后，依次分度铣削其他各齿，至符合图样要求（见图 10－6b）。

第十一单元

铁床的常规调整与一级保养

课题一　铣床的常规调整

一、X6132 型卧式铣床主要部件的结构

1. X6132 型卧式铣床的主轴变速箱

（1）主轴传动系统

X6132 型卧式铣床的传动系统如图 11－1 所示。主轴的回转运动由主电动机（功率P＝7.5 kW、转速 n＝1 450 r/min）开始，经床身中的主轴传动系统获得。主电动机通过弹性联

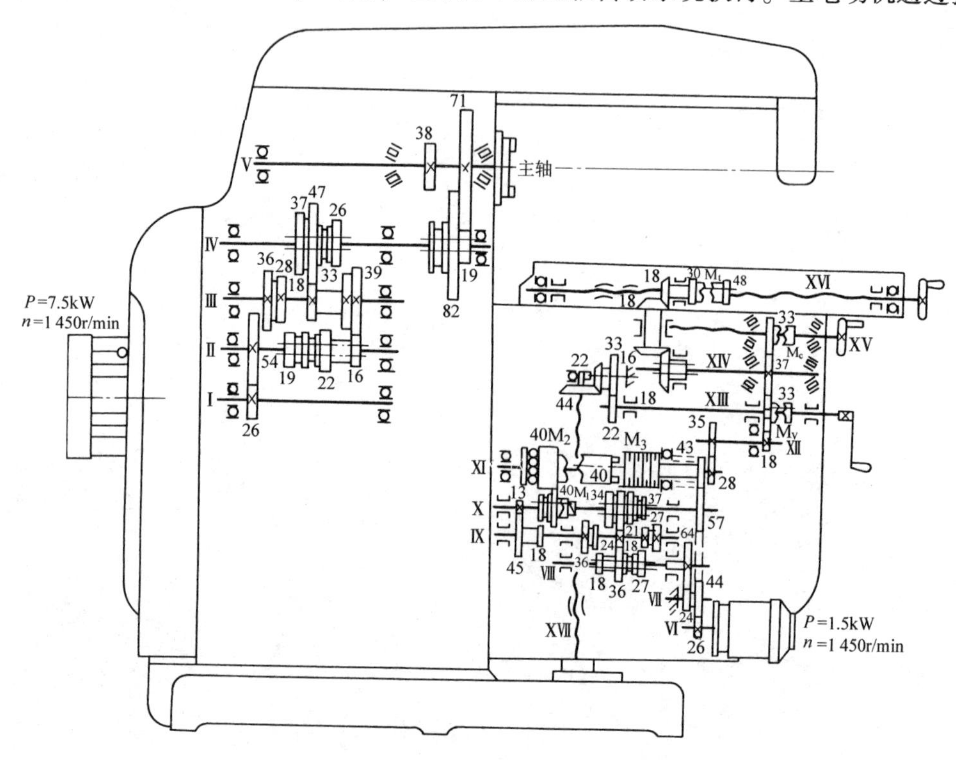

图 11－1　X6132 型卧式铣床的传动系统

轴器与轴Ⅰ连接，使轴Ⅰ获得一种与主电动机相同的转速。轴Ⅰ通过一对齿数比为$\frac{26}{54}$的齿轮带动轴Ⅱ，使轴Ⅱ获得一种$1\ 450 \times \frac{26}{54}$ r/min≈698.15 r/min的转速。轴Ⅱ上有一个可沿轴向移动并做变速的三联滑移齿轮，改变滑移齿轮的位置，使之与轴Ⅲ上三个齿轮中的一个啮合，带动轴Ⅲ转动，其齿数比分别为$\frac{19}{36}$、$\frac{22}{33}$和$\frac{16}{39}$，使轴Ⅲ获得3种不同的转速。轴Ⅳ上的一个三联滑移齿轮与轴Ⅲ上相应的齿轮啮合，轴Ⅲ的每一种转速均可使轴Ⅳ得到3种转速，因此，一共有$3 \times 3 = 9$种不同的转速。轴Ⅳ右端又有一双联滑移齿轮，当它与主轴Ⅴ上相应的齿轮啮合时，使主轴能获得$3 \times 3 \times 2 = 18$种不同的转速。这就是主轴传动系统的传动过程和变速原理。其传动结构式为：

$$\text{主电动机}—\mathrm{I}—\frac{26}{54}—\mathrm{II}—\begin{Bmatrix}\frac{19}{36}\\ \frac{22}{33}\\ \frac{16}{39}\end{Bmatrix}—\mathrm{III}—\begin{Bmatrix}\frac{28}{37}\\ \frac{18}{47}\\ \frac{39}{26}\end{Bmatrix}—\mathrm{VI}—\begin{Bmatrix}\frac{82}{38}\\ \frac{19}{71}\end{Bmatrix}—\mathrm{V}\ \text{（主轴）}$$

（2）主轴变速箱的结构

X6132型卧式铣床主轴变速箱的结构如图11－2所示。主电动机安装在床身的后面，通过弹性联轴器与轴Ⅰ相连。传动轴Ⅰ～Ⅴ均由滚动轴承支承。轴Ⅱ与轴Ⅳ上的滑移齿轮由相应的拨叉机构来拨动，使其与相应的齿轮啮合，实现主轴转速的变换。

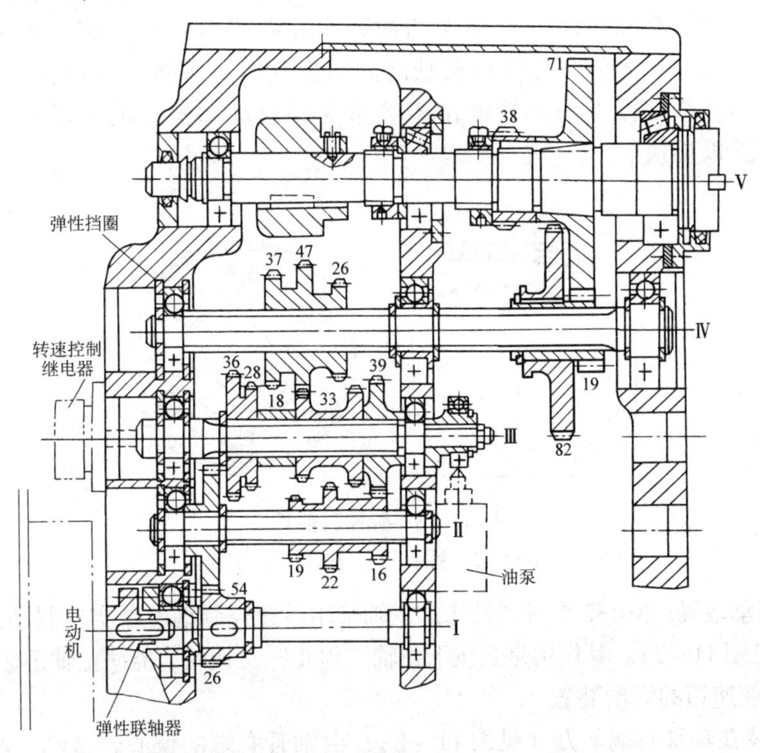

图11－2　X6132型卧式铣床主轴变速箱的结构

1）主轴。主轴（即图11－2中的轴Ⅴ）是变速箱内最重要的部件，由三个滚动轴承支承，由于主轴的直径较大，且轴承之间的距离较近，因此，能保证主轴具有足够的刚度和抗振动能力。前轴承是决定主轴几何精度和运动精度的主要轴承，采用了精度等级较高的圆锥滚子轴承。主轴中部的轴承决定主轴工作的平稳性，采用精度等级较前轴承低一级的圆锥滚子轴承。后轴承对铣削的加工精度影响较小，主要用来支承主轴的尾端，采用深沟球轴承。

在主轴后部中、后轴承间装有飞轮，用以在铣削过程中储存和释放能量，减少振动，使主轴回转均匀和铣削平稳，尤其是在用齿数较少的铣刀进行铣削时，飞轮的作用更为突出。有的厂家在制造X6132型铣床时，利用增加 $z=71$ 的大齿轮（靠近主轴前端）的质量来替代飞轮的作用，而不再另装飞轮。

2）中间传动轴。即变速箱中的轴Ⅱ、轴Ⅲ、轴Ⅳ，都是花键轴。在轴Ⅱ上装有可沿轴向滑移的三联齿轮。轴Ⅲ上的各齿轮之间用套圈隔开，齿轮不能沿轴向滑移。轴Ⅲ的左端装有用于制动主轴的转速控制继电器；轴Ⅲ的右端装有带动润滑油泵的偏心轮。轴Ⅳ上装有可滑移的三联齿轮和双联齿轮。轴Ⅱ、轴Ⅲ各用两个深沟球轴承支承，轴Ⅳ由于较长，为了提高轴的刚度和抗振性，采用了三个深沟球轴承支承。

各中间传动轴上一端（见图11－2中的左端）深沟球轴承的外圈都采用弹性挡圈固定在床身上，其内圈用弹性挡圈固定在轴上，即轴的一端相对床身不能做轴向移动。另一端深沟球轴承的外圈在床身的孔内不做轴向固定，只在轴端用弹性挡圈将轴承内圈固定，这样可使传动轴在发热和冷却时有沿轴向伸缩的余地，此外，也便于制造和装配。

3）弹性联轴器。主电动机轴与轴Ⅰ之间用弹性联轴器连接。弹性联轴器的结构如图11－3所示。它由两个半联轴器组成，两半联轴器分别安装在主电动机轴和轴Ⅰ上，两半联轴器之间用带有弹性圈（有弹性的橡胶圈或皮革圈）的柱销、垫圈和螺母连接并传递动力。利用弹性圈的弹性补偿两轴之间的少量相对位移（偏移和倾斜），并缓和冲击，吸收振动。联轴器上的弹性圈由于经常受到启动和停止的冲击而容易磨损，当磨损严重时应予以更换。

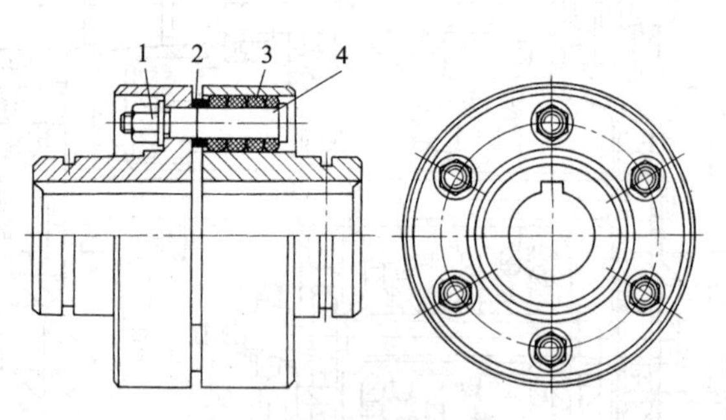

图11－3　弹性联轴器

1—螺母　2—垫圈　3—弹性圈　4—柱销

4）主轴制动装置。X6132型卧式铣床的主轴采用转速控制继电器实现制动，继电器装在轴Ⅲ的左端（见图11－2）。其作用是当按下主轴“停止”按钮时，能使主轴迅速停止回转。

（3）主轴变速箱的润滑装置

润滑油泵装在轴Ⅲ右端下方（见图11－2），由轴Ⅲ右端的偏心轮带动。润滑油从油泵输出后，由分油器把油分送到各油管。一方面由油管把油送到主轴的三个轴承和油指示器

(油标)，另一方面喷淋到各传动齿轮上，并靠齿轮溅入其他各轴承，对齿轮、轴承等零件和机构进行润滑。

(4) 主轴变速操纵机构

机床主轴的18种转速是通过操纵三个拨叉改变三个滑移齿轮（两个三联齿轮和一个双联齿轮）的轴向位置，从而变换轮系中啮合齿轮副的方法得到的。这三个拨叉是由变速操纵机构集中操纵的。

主轴变速操纵机构的结构如图11－4所示。操作时，先将手柄1向下按，使手柄的榫块从定位槽中脱出，再将手柄向外拉，手柄转动时，带动固定在手柄轴上的扇形齿轮2随手柄轴转动，从而推动齿条杆向右移动，齿条杆右端的拨叉4将轴5和固定在轴右端的变速孔盘6一起向右方推出，使齿条杆7、9和11都从孔盘上相应的孔眼中脱出，为变速做好准备。变速时，转动转速盘3，通过锥齿轮副带动轴和变速孔盘回转，使所需转速对准转速盘上箭头所指的位置后，将手柄1推回原位，完成变速。

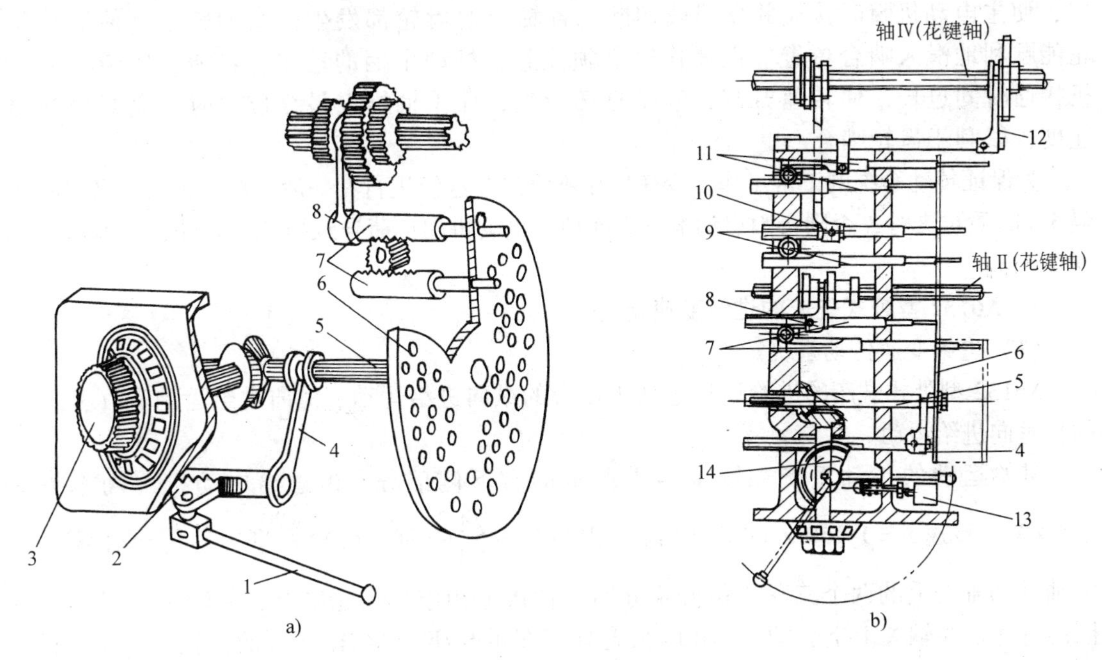

图11－4　主轴变速操纵机构的结构

a）示意图　b）三对齿条杆分布图

1—手柄　2—扇形齿轮　3—转速盘　4、8、10、12—拨叉　5—轴　6—变速孔盘　7、9、11—齿条杆　13—主电动机微动开关　14—凸轮

变速孔盘上有若干按一定规律排列的定位孔，分别对应齿条杆7、9和11。齿条杆成对组合与齿轮啮合在一起，当其中一根齿条杆向左移动时，另一根齿条杆则向右移动。变速孔盘上有直径不同的两种孔，每根齿条杆的尾部装有一根销子，销子由不同直径（与孔盘孔径相适应）的两个台阶圆柱组成。当由转速盘选定所需转速后推回手柄1时，扇形齿轮推动齿条杆向左复位，拨叉4使轴5和变速孔盘6一起向左复位，这时齿条杆7、9和11插入变速孔盘上相应孔的位置，已因变速调整而与原来不同，各对齿条杆因插入大孔、小孔或被挡而发生左右移动，连接在齿条杆上的拨叉8、10和

12 随齿条杆的移动而带动滑移齿轮沿轴向移动，改变轮系中齿轮的啮合状态，获得不同的传动比，实现主轴变速的目的。下面以图 11－4a 中的齿条杆 7 为例说明拨叉 8 的移动位置。变速孔盘 6 复位时，若孔盘上只有一个大孔与下齿条杆 7 相对应，当变速孔盘 6 复位时，上齿条杆 7 被孔盘推到最左端位置，同时，下齿条杆右移，大、小台阶销均插入孔盘大孔中，与上齿条杆连接在一起的拨叉 8 拨动三联滑移齿轮到最左端位置；若变速孔盘上有两个小孔分别与上、下齿条杆 7 对应，当变速孔盘复位时，两小台阶销均插入孔盘小孔中，这时拨叉和三联滑移齿轮处在中间位置；若变速孔盘上只有一个大孔与上齿条杆 7 对应，当变速孔盘复位时，下齿条杆 7 被孔盘推到最左端位置，同时，上齿条杆右移，大、小台阶销均插入变速孔盘大孔中，拨叉和三联滑移齿轮处在最右端位置。这样三联滑移齿轮获得三个不同的位置。用于操纵双联滑移齿轮的齿条杆 11 只有一个台阶圆柱销，孔盘上对应的也只有一种直径的孔，拨叉 12 与双联滑移齿轮只有两个位置。

此外，在手柄 1 转动时，与扇形齿轮 2 连在一起的凸轮 14 触及主电动机微动开关 13，使主电动机瞬时接通并立即被切断，各轴上的齿轮都发生微小的转动，使滑移齿轮能顺利地滑入啮合位置。但操作时必须注意，推动手柄的动作应迅速，以免主电动机接通时间过长，使转速升高，容易打坏齿轮；而手柄推近最终位置时，应减慢推动速度，以利于齿轮啮合。

为保证传动系统的正常工作，变速操作不宜过多连续进行，一般不超过 3 次，必要时应隔 5 min 后再进行；否则会因启动电流大而使主电动机超负荷导致损坏。此外，变速前应先停车。

2. X6132 型卧式铣床的进给变速箱

（1）进给变速传动系统

X6132 型卧式铣床的进给运动包括工作台的纵向进给运动、横向进给运动和（升降台的）垂向进给运动。

进给运动的传动系统如图 11－1 所示的右下侧部分。由进给电动机（功率 $P=1.5$ kW，转速 $n=1\ 450$ r/min）经齿数比为$\frac{26}{44}$和$\frac{24}{64}$的两个齿轮副将运动传至轴Ⅷ，再经轴Ⅷ和轴Ⅹ上的两个三联滑移齿轮分别与轴Ⅸ上相应的齿轮啮合，使轴Ⅹ获得 9 种不同的转速。当轴Ⅹ上空套的 $z=40$ 的齿轮处于图示与离合器 M_1 接合的位置时，轴Ⅹ的 9 种转速经齿数比为$\frac{40}{40}$的齿轮副和离合器 M_2 传至轴Ⅺ，使轴Ⅺ获得 9 种快的转速。当轴Ⅹ上空套的 $z=40$ 的齿轮向左滑移，使离合器 M_1 脱开，并与空套在轴Ⅸ上双联齿轮的小齿轮（$z=18$）啮合时，轴Ⅹ上的 9 种转速经齿数比为$\frac{13}{45}$和$\frac{18}{40}$的两齿轮副与齿数比为$\frac{40}{40}$的齿轮副和离合器 M_2 传至轴Ⅺ，使轴Ⅺ获得 9 种慢的转速。轴Ⅺ的运动经齿数比为$\frac{28}{35}$等各齿轮副和离合器 M_t、M_c、M_v 分别传给纵向、横向和垂直方向的进给丝杆，使工作台获得三个方向的进给运动，进给速度各为$3\times3\times2=18$ 种。纵向和横向进给速度的范围为 23.5～1 180 mm/min，垂向进给速度只相当于纵向进给速度的 1/3，其范围为 8～394 mm/min。

进给运动的传动结构式为：

$$\text{进给电动机}-\mathrm{VI}-\frac{26}{44}-\mathrm{VII}\left\{\begin{array}{l}\frac{44}{57}-\frac{57}{43}-M_3\text{(快速移动)}\longrightarrow \mathrm{XI}\\ \frac{24}{64}-\mathrm{VIII}-\begin{Bmatrix}\frac{36}{18}\\ \frac{27}{27}\\ \frac{18}{36}\end{Bmatrix}-\mathrm{IX}-\begin{Bmatrix}\frac{24}{34}\\ \frac{21}{37}\\ \frac{18}{40}\end{Bmatrix}-\mathrm{X}-\begin{Bmatrix}M_1-\frac{40}{40}\\ \frac{13}{45}-\frac{18}{40}-\frac{40}{40}\end{Bmatrix}-M_2-\mathrm{XI}-\end{array}\right.$$

$$\frac{28}{35}-\mathrm{XII}-\begin{cases}\frac{18}{33}-\frac{33}{37}-\mathrm{XIV}-\frac{18}{16}-\frac{18}{18}-M_t-\mathrm{XVI}-\text{纵向进给丝杆（}P=6\text{ mm）}\\ \frac{18}{33}-\frac{33}{37}-\mathrm{XIV}-\frac{37}{33}-M_c-\mathrm{XV}-\text{横向进给丝杆（}P=6\text{ mm）}\\ \frac{18}{33}-M_v-\mathrm{XIII}-\frac{22}{33}-\frac{22}{44}-\mathrm{XVII}-\text{垂向进给丝杆（}P=6\text{ mm）}\end{cases}$$

纵向、横向和垂向三个方向的进给运动分别通过接通离合器 M_t、M_c 和 M_v 来实现（见图 11－1）。当手柄接通其中的一个离合器时，也就同时接通了进给电动机的电气开关（正转或反转），得到正、反方向的进给运动。这三个方向的运动是互锁的，不能同时接通。

当工作台的任一进给方向需要快速运动时，可将手柄推向该方向，并按下“快速”按钮，接通安装在升降台左下侧的一个强力电磁铁，由电磁铁牵动一系列杠杆，使图 11－1 中所示轴XI上的离合器 M_2 向右移动，通过摩擦离合器 M_3 接通该轴右端 $z=43$ 的齿轮。这样，运动就直接由进给电动机轴上的齿轮（$z=26$）经中间齿轮（$z=44$ 和 $z=57$）传到轴XI右端 $z=43$ 的齿轮，再由摩擦离合器 M_3 带动轴XI转动，这时轴XI最右端的齿轮（$z=28$）便快速转动。

（2）进给变速箱的结构

进给变速箱的结构如图 11－5 所示。进给变速箱安装在升降台的左边，进给电动机通过其轴（轴VI）上的齿轮（$z=26$）与轴VII上的齿轮（$z=44$）的啮合，将运动传给变速箱。

轴VII是一根短轴，其一端以过盈配合压紧在进给变速箱箱体壁内，轴VII与其上的双联齿轮之间用滚针（因双联齿轮的小齿轮直径太小，孔径受到限制）支承。双联齿轮的小齿轮（$z=24$）与轴VIII上 $z=64$ 的齿轮啮合，将运动传给轴VIII。

轴VIII是一根花键轴，通过轴上的三联滑移齿轮将运动传至轴IX。轴VIII经两级齿轮副降速，转速只有 $1\,450\times\frac{26}{44}\times\frac{24}{64}$ r/min ≈321 r/min，且轴的直径又不大，所以采用滑动轴承支承。轴IX和轴X的工作条件与轴VIII基本相同，故均采用滑动轴承支承。所有这些滑动轴承都以过渡配合压入箱体壁内，为避免轴向产生位移，用止动螺钉予以固定。轴VIII的左端有一凸轮，用来带动润滑油泵，供给进给变速箱内的润滑用油。

轴XI右端 $z=43$ 的齿轮，经中间轮 $z=57$ 和轴VII上双联齿轮中 $z=44$ 的大齿轮直接由进给电动机轴VI上齿轮（$z=26$）传动，转速较高。所以轴XI的左端使用滚动轴承，右端则由于结构较复杂，空间位置受到限制而使用滚针轴承支承。轴XI的中间装有安全离合器、牙嵌离合器 M_2 和多片式摩擦离合器 M_3，分别用于安全保护及控制工作台的进给运动和快速移动。

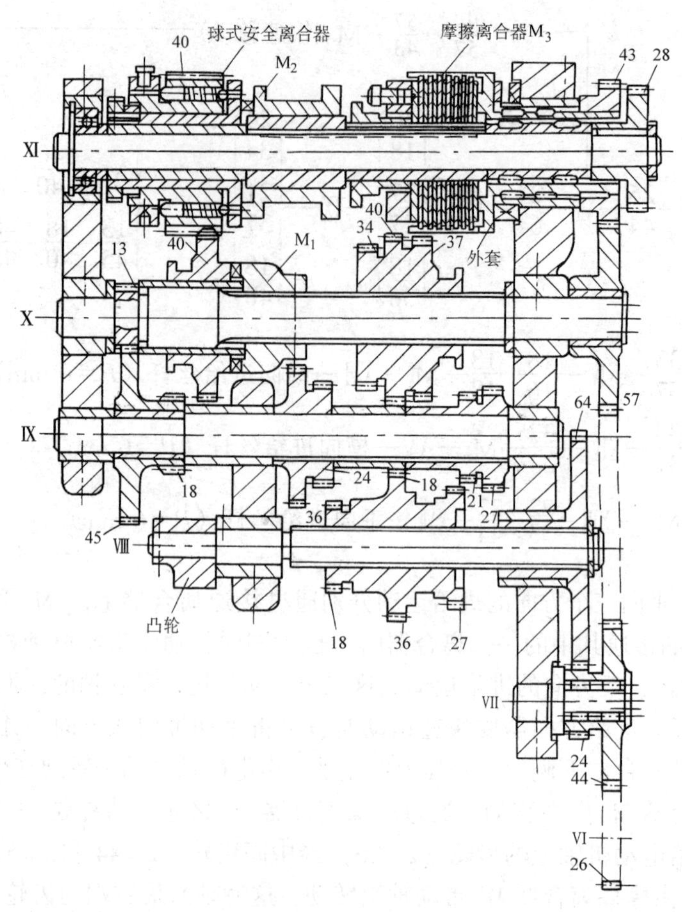

图 11－5　进给变速箱的结构（展开图）

注：图中阿拉伯数字均为齿轮数

进给箱中轴Ⅺ的结构如图 11－6 所示。齿轮 2（$z=40$）是进给运动的传动齿轮，运动经安全离合器 3 和牙嵌离合器 M_2 传给轴Ⅺ。齿轮 8（$z=43$）是快速移动的传动齿轮，运动经多片式摩擦离合器 M_3 传给轴Ⅺ。轴Ⅺ的运动由右端的齿轮 9（$z=28$）传出。牙嵌离合器 M_2 是经常嵌合的，只有在接通多片式摩擦离合器 M_3 时它才脱开。因此，工作台的进给运动和快速移动是互锁的。

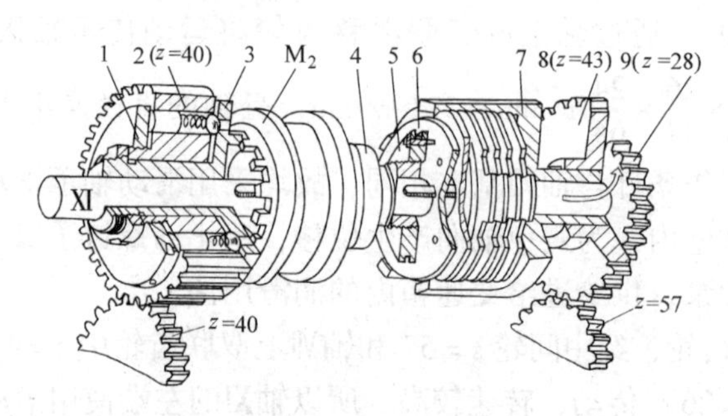

图 11－6　进给箱中轴Ⅺ的结构

1—螺母　2、8、9—齿轮　3—安全离合器　4—滑套
5—调整螺母　6—压环　7—离合器外壳

1）安全离合器。安全离合器是一种定转矩装置，用来防止机床工作超载时损坏零件。安全离合器的左半边（见图11－6）空套在轴Ⅺ的套筒上（见图11－5），其端面齿牙与牙嵌离合器 M_2 的端面齿牙嵌合。齿轮2空套在安全离合器3上，在它们的等直径圆周上，有12个均匀分布的孔，齿轮2的孔中装有圆柱销、弹簧和钢球。圆柱销左端紧靠在螺母1的端面上，弹簧将钢球压紧在安全离合器3的孔（孔径小于球径）上。因此，由齿轮2传入的运动经钢球传给安全离合器3，再经由牙嵌离合器 M_2、花键套筒和轴上花键传给轴Ⅺ，最后由齿轮9传出。当机床超载或发生故障时，安全离合器3的孔坑对钢球的反作用力增大，在其轴向分力大于弹簧的压力时，钢球便被挤回齿轮2的孔中，齿轮2带动钢球在安全离合器3的端面打滑，安全离合器3不转动，使进给运动中断，防止了机件的损坏。

2）多片式摩擦离合器。多片式摩擦离合器用来接通工作台的快速移动。离合器外壳7用滚针轴承支承在箱体的压套内（见图11－5），齿轮8用键与离合器外壳连接。离合器的内摩擦片装在由键与轴Ⅺ连接的花键套上（见图11－5），外摩擦片空套在花键套上，其外圆周处的凸缘卡在离合器外壳的槽内。用来接通多片式摩擦离合器的滑套4上装有调整螺母5。接通快速移动时，牙嵌离合器 M_2 在电磁铁作用下向右移动，与安全离合器分开，同时推动滑套4及滑套上的调整螺母5右移，调整螺母5的端面通过压环6压紧内、外摩擦片，使多片式摩擦离合器接通，工作台得到快速移动。内、外摩擦片之间的间隙由调整螺母5调整。

一些机床制造厂家将推动摩擦片的电磁铁和杠杆机构做了改进，把电磁铁和摩擦片合并在一起而成为电磁离合器，电磁离合器向左吸时为进给运动，向右吸时为快速运动，其他情况不变。

（3）进给变速操纵机构

进给变速操纵机构的结构如图11－7所示。由进给变速箱的结构（见图11－5）可知，只要利用拨叉将轴Ⅷ和轴Ⅹ上的两个三联滑移齿轮分别拨到三个不同的啮合位置，将轴Ⅹ上 $z=40$ 的滑移齿轮拨到两个不同的啮合位置，就可以获得18种不同的进给速度。所以进给变速操纵机构用三个拨叉进行控制，其工作原理与主轴变速时完全相同，只是在具体结构上有些不同。

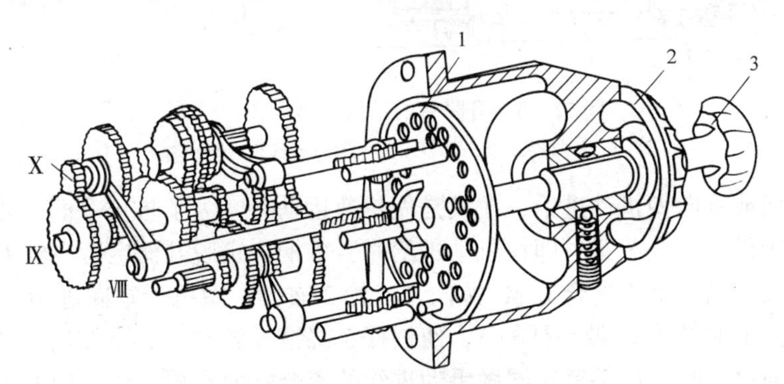

图11－7　进给变速操纵机构的结构

1—变速孔盘　2—速度盘　3—转换手柄

操纵箱前端有蘑菇形转换手柄及速度盘，盘上标有18种进给速度数值（垂向进给时，进给速度为盘示数值的1/3）。变换进给速度时，先拉出蘑菇形转换手柄，再连同速度盘转到所需要进给速度值与箭头对准，此时变速孔盘也转到相应的控制位置，然后先快速后慢速地将蘑菇形转换手柄推回原位，孔盘即推动拨叉，拨叉又拨动各滑移齿轮到预期的啮合位置，实现变换进给速度的目的。

当转换手柄拉出到孔盘与齿条杆销脱离后，以及手柄推入孔盘与齿条杆销接触之前，均会触及微动开关，使进给电动机瞬时通电，进给电动机带动变速箱内各齿轮微动，以利于滑移齿轮顺利地进入啮合位置。操作时应注意的事项与主轴变速操作时相同。

3. X6132 型卧式铣床的升降台和工作台

（1）升降台的结构和操纵

1）升降台的结构。升降台的结构如图 11－8 所示。运动从进给变速箱中的轴Ⅺ（见图 11－1）通过 $z=28$ 的齿轮和 $z=35$ 的齿轮传给轴Ⅻ上的齿轮 1（$z=18$），并带动齿轮 2（$z=33$）、3（$z=37$）、4（$z=33$）旋转，从而把运动分别传给垂向、纵向和横向进给系统。齿轮 2 在轴ⅩⅢ上是空套的，所以只有把离合器 M_v 与齿轮 2 嵌合后，才能把运动传给垂向进给系统。齿轮 3 通过键与销带动轴ⅩⅣ，再将运动传给纵向进给系统。齿轮 4 则与齿轮 2 一样，只有与离合器 M_c 嵌合后，才能将运动传给横向进给丝杆。

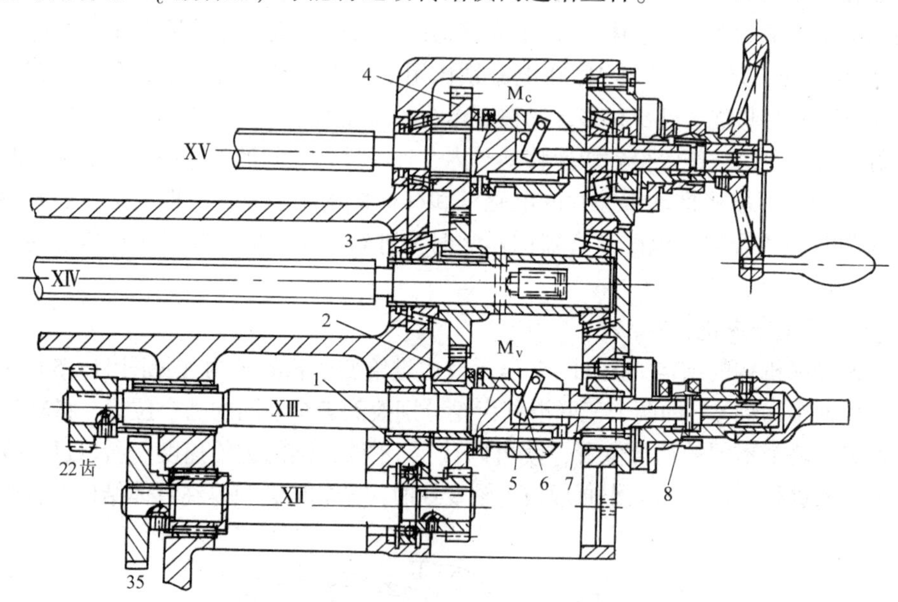

图 11－8　升降台的结构（展开图）

1、2、3、4—齿轮　5—杠杆　6—销　7—柱销　8—套圈

当工作台横向或垂向做机动进给，尤其是做快速运动时，为了防止手柄旋转而造成工伤事故，进给机构中设有安全装置，即在机动进给时，手柄一定脱开而空套在轴上，使机动进给与手动进给互锁。当拨叉将离合器 M_v 拨向与齿轮 2 嵌合，做机动垂向进给时（见图示向左移动），离合器 M_v 向左移动带动杠杆 5，使杠杆 5 绕销 6 转动，其下端向右摆而将柱销 7 向右推，柱销 7 通过套圈 8 把手柄连同做手动进给的离合器向右顶，让手柄上的离合器脱开而使手柄不随轴旋转。横向进给手柄处有相同的互锁装置。而纵向进给手柄则是在弹簧力的作用下经常处于脱开状态。

如图 11－9 所示，运动由轴ⅩⅢ上的齿轮（$z=22$）带动短轴上的齿轮 1（$z=33$），再通过锥齿轮副（锥齿轮 2 和 3）使丝杆 4 旋转，以实现升降台垂向运动。

由于升降台的行程比较大，升降台内装丝杆处到底座之间的距离较小，用一根丝杆无法满足要求，为此采用了双层丝杆结构，如图 11－9 所示。当丝杆 4 在丝杆套筒 5 内旋至末端时，受台阶螺母7的限制不能再向上旋，此时就带动丝杆套筒5向上旋。丝杆套筒内孔的上部是与丝杆4配合的丝杆螺母，其外圆则是另一丝杆，在螺母6内旋升或旋降。螺母6则固定安装于底座上的套筒内。

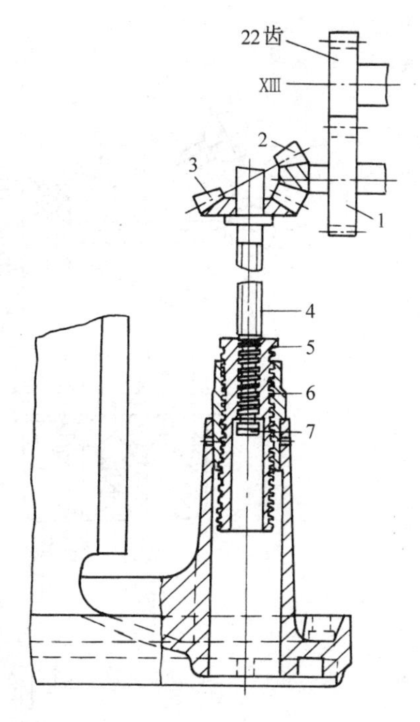

图11－9　垂向进给运动及双层丝杆
1—齿轮　2、3—锥齿轮　4—丝杆
5—丝杆套筒　6—螺母　7—台阶螺母

2）升降台的操纵。X6132型卧式铣床的纵向进给与横向、垂向进给之间采用电气互锁。而横向进给与垂向进给之间的互锁是由操纵机构中的机械动作保证的。横向和垂向这两个进给运动是用一个操纵手柄控制的，操纵系统的结构如图11－10所示。

当需要使工作台做垂直方向进给时，可将操纵手柄向上提或向下压。向上提时，手柄以中间球形部分为支点，顶端向下摆。在操纵手柄顶端的作用下，鼓轮1就逆时针转过一个角度，由图11－10b可以看出，鼓轮1转动时，支点3沿斜面向鼓轮中心方向移动，支点2则沿弧面向鼓轮外圆方向推出。此时，杠杆4绕其支点顺时针方向转动，并通过铰链带动杠杆5向左运动，杠杆5又带动杠杆6顺时针摆动，使离合器M_v接合（M_c则脱开）。与此同时，鼓轮1的斜面将轴销8下压，接通进给电动机电路，工作台就向上运动。若将手柄向下压时，鼓轮1就顺时针转过一个角度，支点2和支点3的动作不变，所以仍是使离合器M_v接合，但斜面不是压下轴销8而是压下轴销7，接通进给电动机另一电路，从而使进给电动机反转，工作台就向下运动。

当需要工作台做横向进给时，可将手柄向外拉或向里推。由图11－10a中可看出，手柄不论向外拉还是向里推，鼓轮就相应地向里或向外移动，此时支点2都是向鼓轮中心方向移动，而支点3都是向鼓轮外圆方向推出，杠杆4绕其支点逆时针方向转动，使杠杆5右移，杠杆6做逆时针摆动，使离合器M_c接合（M_v则脱开）。由图11－10中*A—A*旋转视图可看出，手柄向里推而鼓轮向外移时，斜面将轴销8压下；反之，则把轴销7压下，从而使工作台得以向里或向外进给。

由于使工作台做横向或垂向进给的离合器M_c和M_v都是由杠杆6控制的，在使M_c接合时，M_v必然脱开；反之亦然。因而可使工作台的横向和垂向机动进给实现互锁。

（2）工作台的结构和操纵

1）工作台的结构。X6132型卧式铣床工作台的结构如图11－11所示。运动由轴XIV（见图11－1）经两锥齿轮副传至纵向进给丝杆时，由于丝杆上的锥齿轮4与丝杆3没有直接联系，必须通过离合器M_t内的滑键带动丝杆3转动。螺母2是固定在工作台底座上的，丝杆转动时就带动工作台一起做纵向进给。工作台1在工作台底座的燕尾槽内做直线运动，燕尾导轨的间隙由镶条调整。转盘鞍座6由横向进给丝杆带动做横向进给。工作台可随工作台底座绕鞍座上的环形槽做±45°范围的偏转，调整后用四个螺钉和穿在鞍座环形T形槽内的销将工作台底座固定。

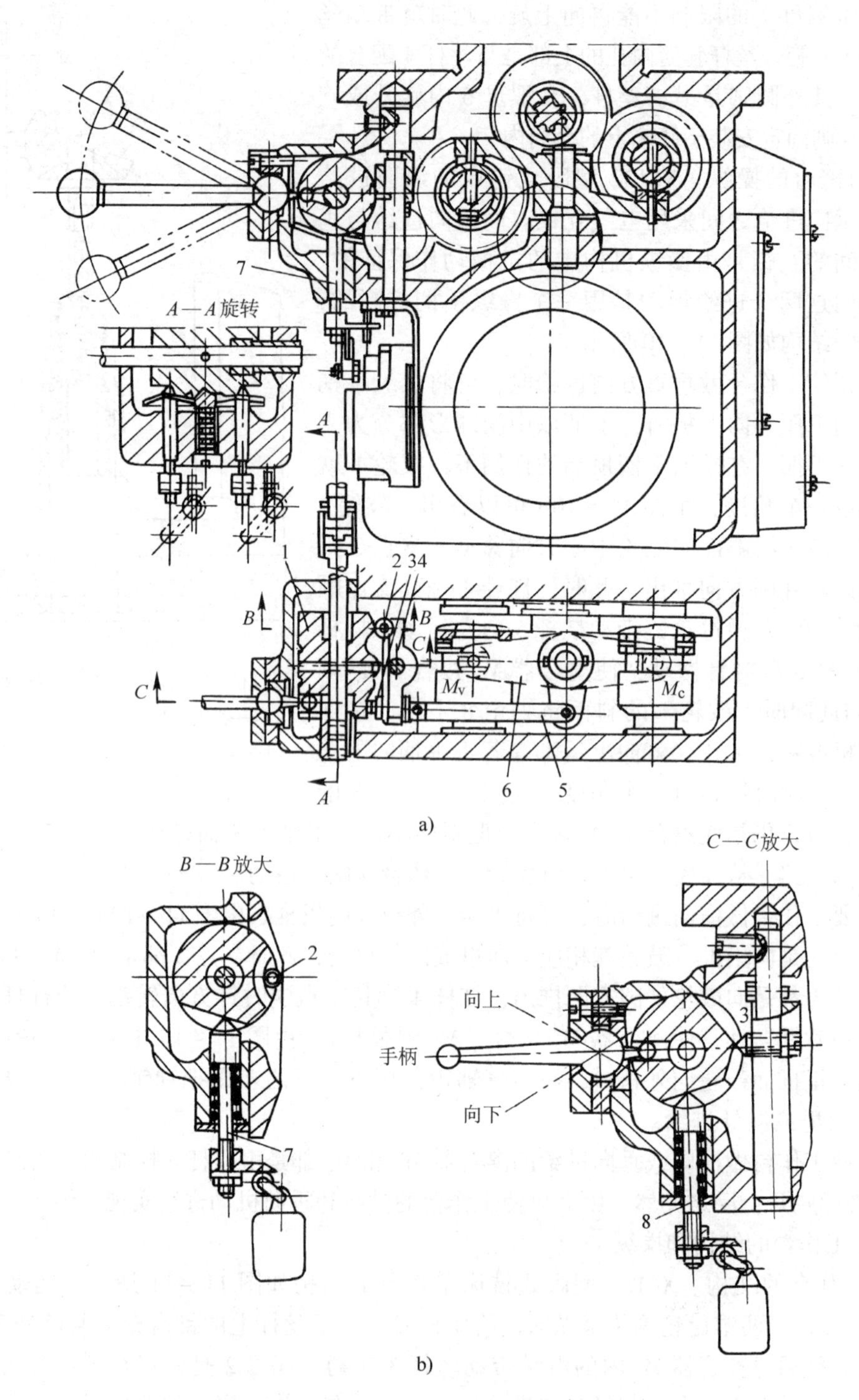

图 11 - 10　横向和垂向进给操纵系统的结构

a）俯视图　b）局部放大图

1—鼓轮　2、3—支点　4、5、6—杠杆　7、8—轴销

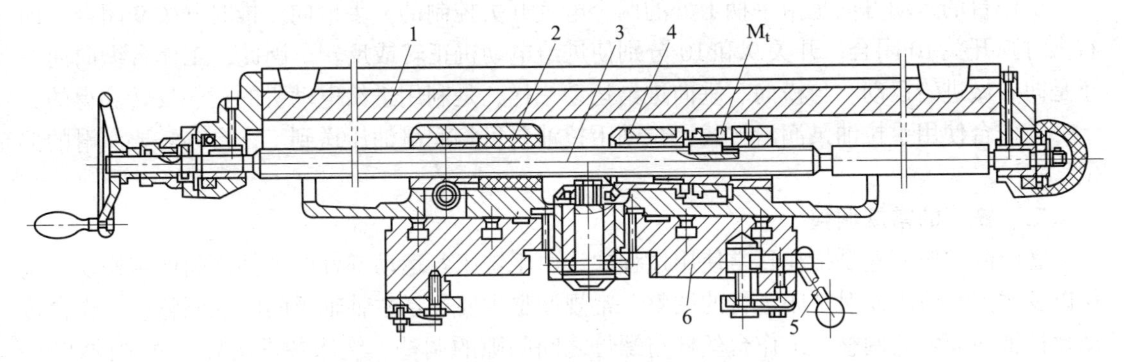

图 11－11　X6132 型卧式铣床工作台的结构

1—工作台　2—螺母　3—丝杆　4—锥齿轮　5—手柄　6—转盘鞍座

纵向丝杆两端由深沟球轴承支承，同时两端均装有推力球轴承，以承受由铣削力等产生的轴向推力。丝杆左端的空套手轮用于工作台的手动移动，将手轮向右推，使其与离合器嵌合，手轮带动丝杆旋转而使工作台纵向移动。松开手轮时，由于内置弹簧的作用使离合器脱开，以免在机动进给时手轮被带动一起旋转。纵向丝杆右端有带键的轴头，用来安装交换齿轮，以连接分度头等附件。

当要求工作台纵向固定时，可旋紧紧固螺钉，通过轴销把镶条压紧在工作台的燕尾导轨面上，即可紧固工作台。扳紧手柄 5，可紧固转盘鞍座，使工作台横向固定。

2）工作台的操纵。工作台的操纵机构全部安装在工作台底座上，其结构如图 11－12 所示。纵向操纵手柄与横向、垂向操纵手柄都有两副，为联动复式操纵机构。当手柄 1 处在中间位置时，模板 8 上的凸出部分顶住杠杆板 7，使杠杆板转动并通过销将轴 6 推在右侧，轴 6 通过拨叉 5 将离合器 M_t 脱开，工作台不做机动进给。如果将手柄向左或向右拨过一个位置（手柄在中间、左、右的三个位置是由定位板 11 上的 3 个 V 形缺口定位的），通过轴及杠杆 2、3、4 拨动模板 8，当模板向左或向右摆动一个角度后，杠杆板 7 上的销与模板 8 上的斜面之间就有空隙，此时轴 6 在弹簧力的作用下向左移动，并带动拨叉 5 使离合器 M_t 向左嵌合。由锥齿轮经离合器 M_t 将运动传给轴 XⅣ（纵向丝杆），使工作台做纵向进给运动。

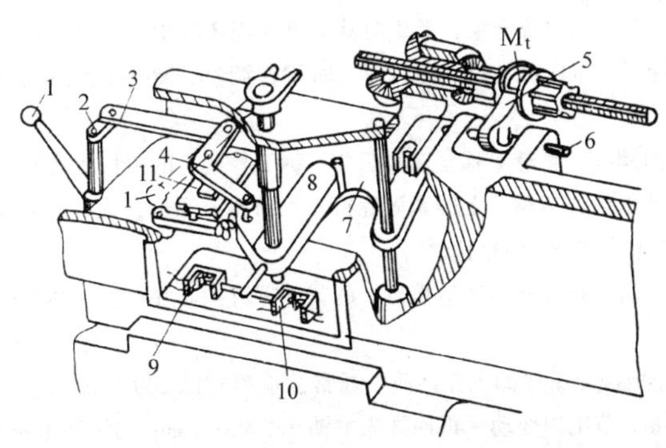

图 11－12　工作台操纵机构的结构

1—手柄　2、3、4—杠杆　5—拨叉　6—轴

7—杠杆板　8—模板　9、10—开关　11—定位板

工作台的运动方向是由手柄1处的两个电气开关控制的。手柄向左推时开关9闭合，向右推时则开关10闭合。开关9和10分别使进给电动机正转或反转。因此，工作台纵向向左还是向右做进给运动，与横向、垂向进给运动一样，是利用进给电动机的正、反转获得的。

工作台使用手拉油泵润滑方式，拉动手拉油泵可将润滑油压送到工作台各需要润滑的部位。

二、铣床的常规调整

铣床的常规调整是指在日常使用过程中，由于铣床各运动部件的零件之间产生松动、位移以及磨损等原因而对铣床进行的调整。常规调整主要包括主轴轴承间隙的调整、工作台传动丝杆轴向间隙的调整、工作台丝杆与螺母之间间隙的调整、铣床各进给导轨间隙的调整。若不能对这些内容做及时的调整，铣床在日常工作中就无法满足各种铣削方式的需要和零件加工精度的要求。铣床常规调整的方法见表11－1。

表11－1　　　　铣床常规调整的方法

内容	简图及调整方法
X6132型卧式铣床主轴轴承间隙的调整	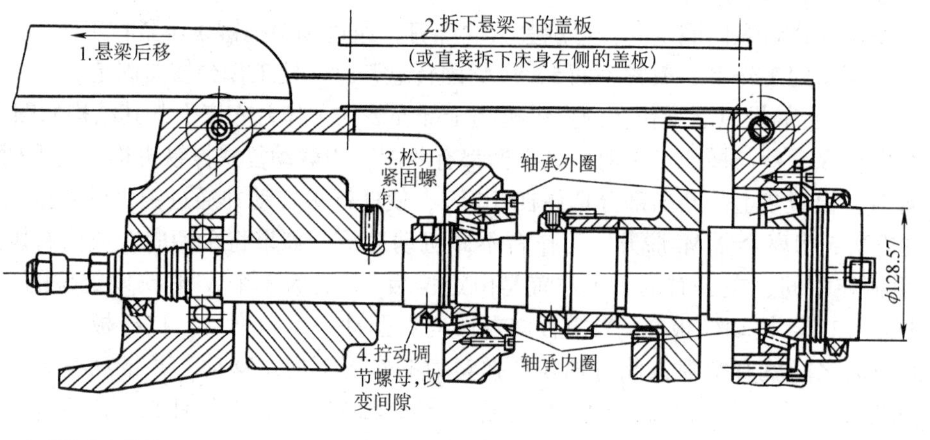 如果铣床主轴轴承的间隙调整不当，则铣床主轴在运转时就会出现径向圆跳动和轴向圆跳动超差，导致铣削时出现振动、拖刀、让刀等现象，严重时甚至出现烧坏轴承、卡死主轴的故障，故在工作中发现主轴温升过高、转动声音不正常或跳动过大时，应及时进行调整。X6132型卧式铣床主轴轴承间隙的调整方法和要求如下： 1. 旋松悬梁的紧固螺栓，将悬梁移至床身后部，拆下悬梁下的盖板或直接拆下床身右侧的盖板 2. 松开主轴中部轴承后调节螺母上的紧固螺钉，拧动调节螺母，改变两轴承内、外圈之间的距离，从而调整轴承内圈、滚柱和外圈之间的间隙 3. 轴承间隙调整好后，重新锁紧调节螺母上的紧固螺钉，盖好盖板，并使悬梁复位（或将床身右侧的盖板盖好） 主轴轴承间隙大小取决于铣床的工作性质。通常，检测时以200 N的力推、拉主轴，测得主轴轴向圆跳动误差在0～0.015 mm范围内变动，再使铣床主轴在1 500 r/min的转速下空车运转1 h，轴承温度不超过60 ℃，则说明轴承间隙合适

续表

内容	简图及调整方法
X5032型立式铣床主轴轴承间隙的调整	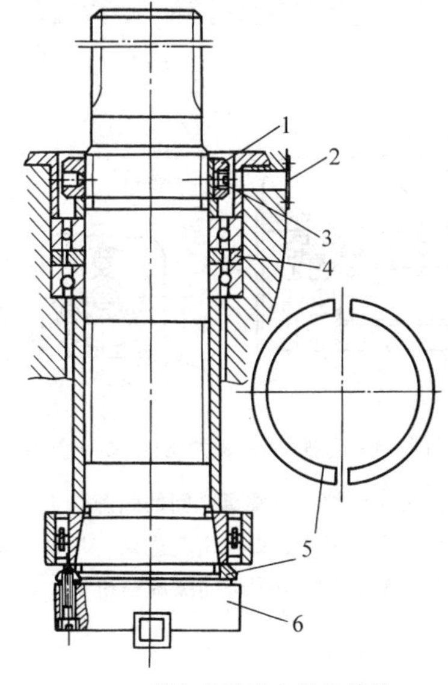 X5032 型立式铣床主轴的结构 1—螺母　2—盖板　3—锁紧螺钉 4—外垫圈　5—垫片　6—端盖 X5032 型立式铣床主轴轴承间隙的调整可分为径向间隙的调整和轴向间隙的调整。其径向间隙的调整较简单，轴向间隙的调整必须拆卸主轴，须由多人配合完成 X5032 型立式铣床主轴的结构如图所示，轴承径向间隙的调整方法如下： 1. 拆下铣头侧面的专用调整孔盖板 2，松开主轴上的锁紧螺钉 3，拧松螺母 1 2. 拆下主轴头部下面的端盖 6，取下由两个半圆环构成的垫片 5 3. 根据需要消除间隙的多少配磨垫片，由于轴颈与轴承内孔的锥度为 1∶12，即每消除 0.01 mm 的径向间隙，需将垫片厚度磨去 0.12 mm 4. 将磨后的垫片重新装回主轴，然后用较大的扭矩拧紧螺母 1，使轴承内圈胀开，直到把垫片压紧为止 5. 把锁紧螺钉 3 拧紧，以防螺母 1 松动，然后装上端盖 6 和专用调整孔盖板 2 主轴轴承轴向间隙是靠调整两个角接触球轴承间的垫圈尺寸来调节的。在两轴承内圈的距离不变时，只要减薄外垫圈 4，就能减小主轴轴承的间隙 轴承间隙大小的测定方法与 X6132 型卧式铣床相同
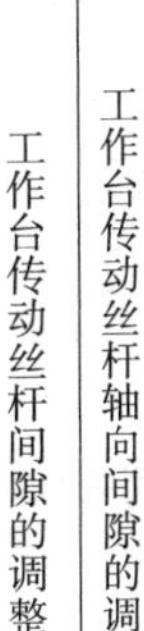 工作台传动丝杆间隙的调整 工作台传动丝杆轴向间隙的调整	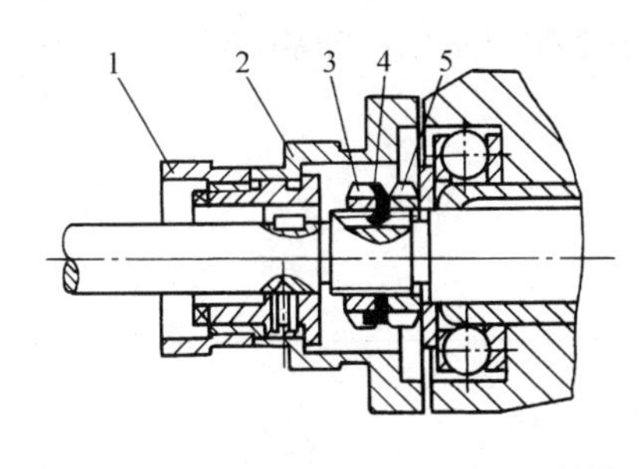 工作台纵向传动丝杆左端轴承支承的结构 1、3、5—螺母　2—刻度盘　4—止动垫圈 工作台传动丝杆的轴向间隙和丝杆与螺母之间的间隙使工作台在铣削过程中存在进给反向空程。过大的反向空程会导致通过移动工作台控制尺寸时准确性差或产生粗大误差，当采用顺铣方式铣削时，在铣削力作用下会使工作台产生窜动，导致进给移动不均匀，引起振动。这不仅影响加工零件的尺寸精度和表面粗糙度，还会损坏刀具，加速丝杆螺母运动副的磨损。工作台传动丝杆轴向间隙的调整方法如下： 1. 卸下手轮（图中未画出），然后卸下螺母 1 和刻度盘 2，打开（扳直）止动垫圈 4 的卡爪，松开螺母 3 2. 转动螺母 5，调节丝杆轴向间隙（即调节推力球轴承与支架间的间隙），一般轴向间隙量以 0.01 ~ 0.03 mm 为宜 3. 拧紧螺母 3，并反向旋转螺母 5，使两螺母压紧，套上手轮，摇动手轮检验其间隙是否合适 4. 调整合适后，压下并扣紧止动垫圈 4 的卡爪，再装上刻度盘 2 和螺母 1，最后装好手轮

续表

<table>
<tr><th colspan="2">内容</th><th>简图及调整方法</th></tr>
<tr><td>工作台传动丝杆间隙的调整</td><td>工作台丝杆与螺母之间间隙的调整</td><td> 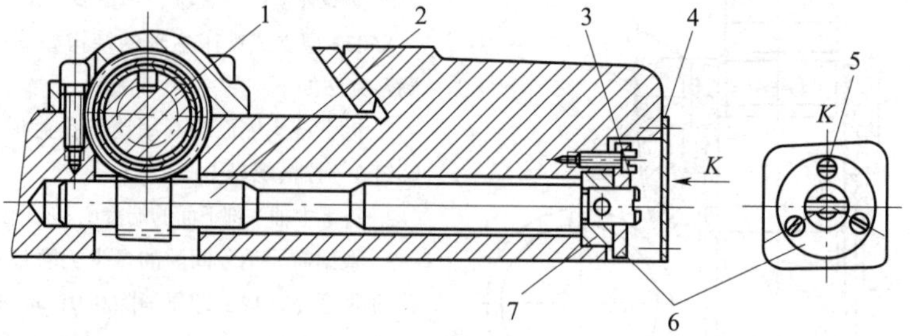1—可调螺母　2—调节蜗杆　3、5—紧固螺钉　4—盖板　6—锁紧压板　7—套环
随着使用时间的延长，因螺纹之间的磨损量逐渐增加，工作台丝杆与螺母之间的间隙增大。这样不但影响加工精度，还会在顺铣时，由于铣削力带动工作台窜动而损坏刀具，以及引起进给不均匀、丝杆螺母运动副加速磨损等一系列问题。常用铣床（X6132、X5032）具有丝杆与螺母间隙调整机构，其调整方法如下：
1. 卸下工作台鞍座前面的盖板
2. 松开锁紧压板上的三个紧固螺钉，但无须取下或旋得过松
3. 顺时针转动调节蜗杆，带动外圆部是蜗轮的可调螺母旋转，使可调螺母和主螺母的牙侧分别与丝杆齿牙的两个不同侧面靠紧时，丝杆与螺母之间的间隙即可消除
4. 摇动手轮，工作台移动时松紧适当，无卡住现象；反摇手轮时空转量小于刻度盘上的3格（0.15 mm），顺铣时空转量小于2格（0.10 mm）
5. 间隙调整好后，拧紧锁紧压板上的三个紧固螺钉，使锁紧压板压紧套环，固定调整好的位置，最后装好盖板</td></tr>
<tr><td>铣床各进给导轨间隙的调整</td><td>纵向</td><td> 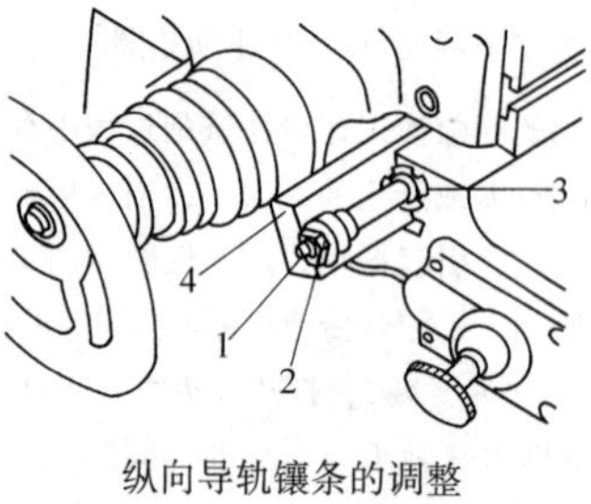纵向导轨镶条的调整
1—调整螺杆　2—螺母　3—锁紧螺母　4—镶条
松开螺母2和锁紧螺母3，拧动调整螺杆1，带动镶条4推进或拉出，达到减小或增大间隙的目的
间隙的大小以进给手轮用147 N的力能摇动为宜</td></tr>
</table>

续表

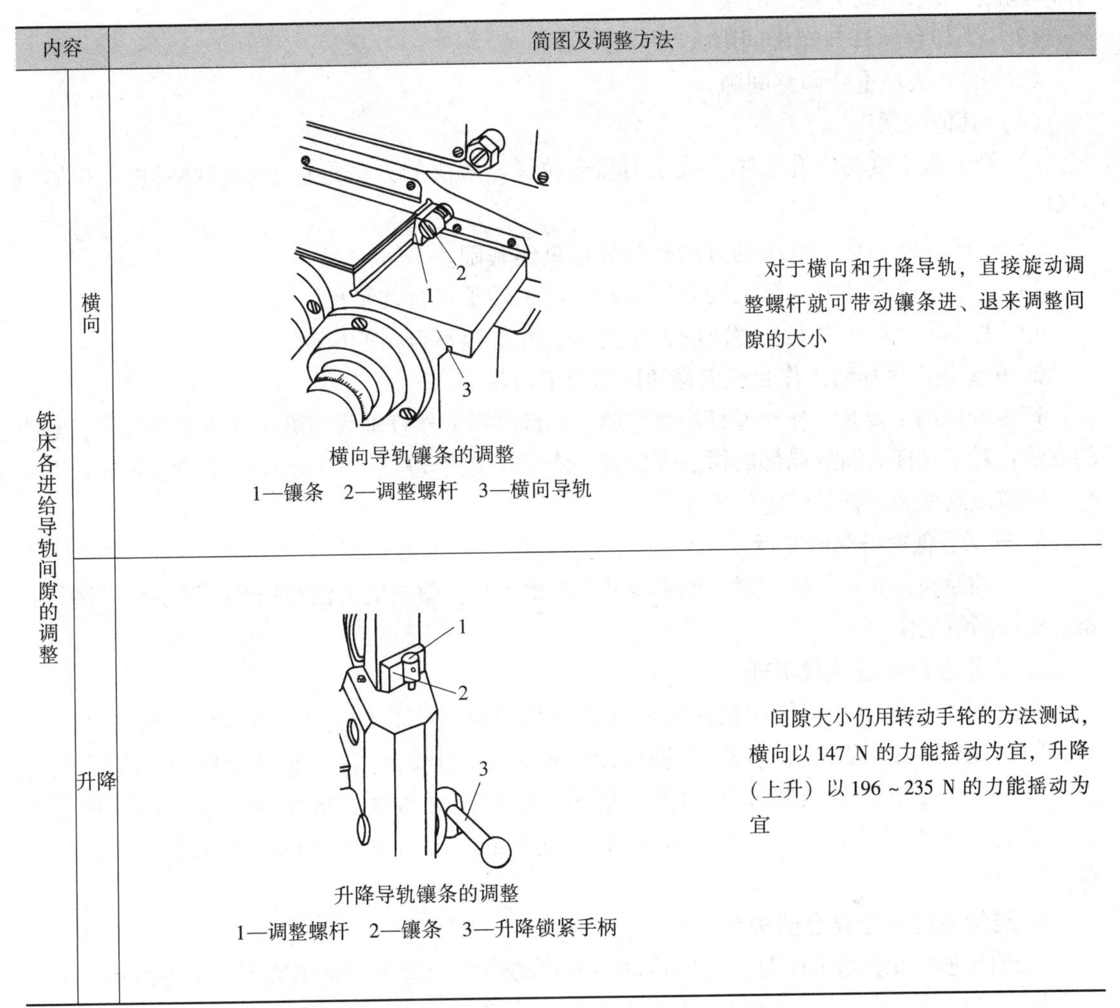

内容		简图及调整方法	
铣床各进给导轨间隙的调整	横向	横向导轨镶条的调整 1—镶条　2—调整螺杆　3—横向导轨	对于横向和升降导轨，直接旋动调整螺杆就可带动镶条进、退来调整间隙的大小
	升降	升降导轨镶条的调整 1—调整螺杆　2—镶条　3—升降锁紧手柄	间隙大小仍用转动手轮的方法测试，横向以 147 N 的力能摇动为宜，升降（上升）以 196 ~ 235 N 的力能摇动为宜

三、常用铣床的故障及排除

铣削加工中，铣床本身的精度直接影响所加工零件的尺寸精度、形状精度、位置精度。因此，除定期对铣床进行精度检验外，还应对铣床出现的故障及时发现和排除。铣床常见的故障现象、产生原因和解决方法如下：

1. 铣削时振动很大

不能按常规的铣削用量加工，铣削时容易打刀，零件表面粗糙度值大，不能采用顺铣。

（1）主轴松动

主轴是否松动可通过检验主轴的径向圆跳动和轴向窜动来判定。造成主轴松动的原因主要是主轴轴承间隙过大和主轴轴承的滚道产生点蚀。解决方法：前者可重新调整主轴轴承的间隙，使其符合规定要求；后者则需要更换轴承。

（2）工作台松动

造成工作台松动的原因主要是工作台导轨间隙过大。解决的方法是重新调整导轨间隙。此外，若间隙过小，会在工作台低速运动时出现爬行现象。导轨镶条不直也会引起工作台运动不平稳，需修刮或更换新的镶条。

(3) 工作台丝杆与螺母间隙大

解决的方法是重新调整间隙。

(4) 其他因素

1) 铣刀盘锥度与锥孔不吻合或铣刀盘未拉紧。解决的方法是检查和修磨锥度，拉紧铣刀盘。

2) 机床基础不良。解决的方法是按要求重建基础。

3) 主电动机振动大。解决的方法是对电动机转子进行动平衡。

4) 主传动齿轮噪声大。解决的方法是检查并更换不合格的齿轮。

2. 在全程内手摇动工作台纵向移动时松紧不均匀

产生的原因主要是工作台丝杆产生弯曲、局部磨损或丝杆轴线与纵向导轨不平行等。解决的方法：对于丝杆弯曲或局部磨损，应校直、修理或更换丝杆；对于丝杆轴线与纵向导轨不平行，则应重新校装丝杆并铰定位销孔。

3. 升降台低速升降时爬行

产生的原因是立柱导轨锁紧手柄未松开和润滑不良。解决的方法是松开锁紧手柄并调整镶条，做好润滑工作。

4. 工作台快速进给脱不开

实际操作过程中，常使用快速退回或快速移动较大空程的进给（快进），以缩短非切削时间。在快速进给后接着启动慢速的工作进给时，出现仍为快速进给的故障称为快速进给脱不开。虽然这种故障出现的概率很小，但危险性极大，应特别注意。产生的原因主要是电磁铁的剩磁太大或慢速复位弹簧弹力不足。应由电工和机修钳工进行修理及调整。

5. 进给系统安全离合器失灵

当机床进给系统超负荷时，进给运动不能自动停止。造成安全离合器失灵的原因主要是离合器调节的转矩太大。解决的方法是重新调节安全离合器，以 157 ~ 196 N · m 转矩能转动为宜。

课题二　铣床的一级保养

一级保养是指以机床操作者为主，维修人员配合，对设备进行的较全面的维护和保养。铣床一般运转 500 h 左右应进行一次一级保养。

一、铣床一级保养的内容和要求

铣床一级保养的内容和要求见表 11 – 2。

表 11－2　铣床一级保养的内容和要求

内容	要求
机床外观	擦拭铣床的各表面、防护罩及死角，使其清洁、无油垢；检查铣床外部应无缺件，如手柄胶木球、紧固螺钉等，如有缺损应及时修配
进给系统	清洗工作台纵向丝杆、横向丝杆、升降台丝杆和螺母；保证工作台各润滑表面无毛刺、无划伤，且表面清洁；调整导轨镶条、丝杆和螺母，使其间隙适当；丝杆与工作台两端轴承间隙适当
专用附件	清洗悬梁、刀杆支架、立铣头，使其表面清洁、无油垢，并清洁立铣头内部，更换润滑脂
润滑系统	清洗并检查各油孔、油杯、油线、油毡、油路、油标等，均应齐全、清洁，油路畅通，油标醒目，油质、油量均符合要求
冷却系统	清洗并检查冷却泵、过滤网、切削液槽（箱）等，要清洁，无切屑及沉淀的杂物，冷却管路应牢固、畅通、清洁且无泄漏
电气系统	断电清扫，使电动机和电气箱内外无积尘、油垢；检查蛇皮管，应无脱落，接地牢固、可靠，照明设备齐全、清洁
其他	清洗机用虎钳、分度头等附件，并进行润滑，涂防锈油；清理工具箱内外及机床周围环境，做到合理、整洁、有序

二、铣床一级保养的方法和步骤

1. 首先要切断铣床外接电源，以防触电或造成人身及设备事故。

2. 用棉纱或软布擦拭床身各部位，包括悬梁、刀杆支架、各导轨、主轴锥孔、主轴端面、拨块、后尾等，并修光毛刺。

3. 拆卸工作台部分

（1）卸去工作台前面 T 形槽中的左撞块，并将工作台向右摇至极限位置。

（2）拆卸工作台左端（见图 11－13）。先将手轮 1 拆下，然后将紧固螺母 2、刻度盘 3 拆下，再将离合器 4、螺母 5、止退垫圈 6 和推力球轴承组件 7 拆下。

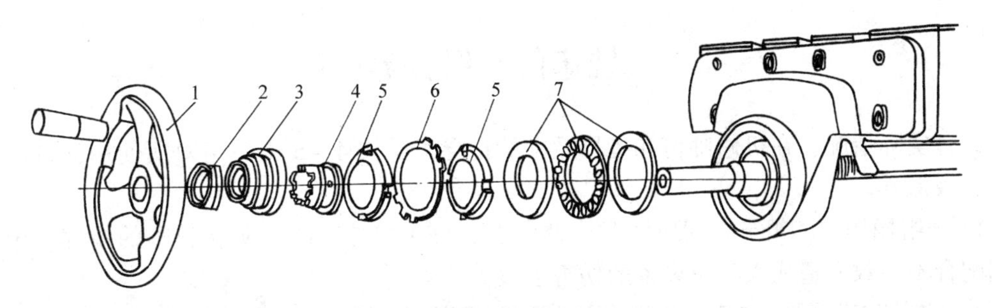

图 11－13　工作台左端拆卸示意图

1—手轮　2—紧固螺母　3—刻度盘　4—离合器　5—螺母　6—止退垫圈　7—推力球轴承组件

（3）拆卸纵向导轨镶条。

（4）拆卸工作台右端（见图 11－14）。先拆下端盖 1，然后拆下螺钉 3，再取下螺母 2 和推力球轴承 4，最后拆去支架 5 上的紧固螺钉和定位销，卸下支架 5。

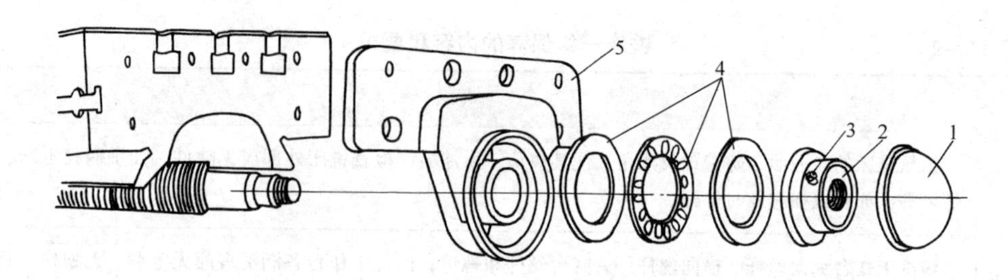

图 11－14　工作台右端拆卸示意图

1—端盖　2—螺母　3—螺钉　4—推力球轴承　5—支架

（5）拆下右撞块。

（6）将丝杆转动至最右端，取下丝杆。注意：取下丝杆时应将丝杆的键槽向下，以防卡在离合器中的平键脱落，取下的丝杆应垂直悬挂，以免因放置不当而造成变形、弯曲。

（7）将工作台推至右端，调整升降台，利用滚杠、垫木将工作台小心取下，置于事先设置的专用架板上。

4. 清洗卸下的各零件，并修光毛刺。

5. 清洗工作台鞍座内部零件、油槽、油路、油管，并检查手拉油泵、油管等是否畅通。

6. 检查工作台各部位无误后，按与拆卸时相反的步骤进行安装。

7. 调整镶条与导轨、推力球轴承与丝杆之间的间隙以及丝杆与螺母之间的间隙，使其运转正常。

8. 拆卸工作台鞍座上的油毡、横向导轨上的镶条和丝杆，修光毛刺后涂油复位安装。调整镶条松紧，使工作台横向移动时松紧适当、灵活正常。

9. 上下移动升降台，清洗升降丝杆、垂直导轨和镶条，修光毛刺并涂油调整，使其移动正常。

10. 拆擦电动机防护罩，清扫电气箱、蛇皮管，并检查是否安全可靠。

11. 擦拭整机，检查各传动部分、润滑系统、冷却系统确实无误后，先手动后机动试车，使机床正常运转。

技能训练

铣床的一级保养

结合实际情况，在机修师傅和指导教师的指导下，按 4～6 人一组对所使用的铣床进行一次一级保养。

1. 分组操作时，组员之间应注意协调配合，分工协作，统一听从教师的指挥。千万不要因配合不一致而造成人身及设备的伤害事故。

2. 在拆卸零件需要敲击时，不得用锤子敲击或用旋具硬撬，应用木质锤、橡胶锤或铜锤敲打。

3. 在调整工作台丝杆与螺母之间的间隙时，若机床服役期较长，往往丝杆中部比两端磨损严重，应注意在调整间隙时以两端为准，否则间隙过小，工作台无法在全程顺畅移动。

4. 根据一级保养时观察到的情况，总结铣床的各部位容易出现哪些问题，为了保持铣床的精度，延长铣床的使用寿命，了解在使用时应注意哪些问题。

第十二单元

铣刀几何参数、铣削用量的选择和铣床夹具

课题一　铣刀几何参数的选择

铣刀的几何参数对铣削时金属的变形、铣削力、切削温度和铣刀的磨损都有显著的影响，并由此影响加工质量、铣刀使用寿命和生产效率。为了充分发挥铣刀的切削性能，除了正确选择铣刀的材料外，还应根据具体铣削条件合理地选择铣刀的几何参数。

一、铣刀直径和齿数的选择原则

1. 铣刀直径的选择原则

铣刀直径大，散热条件好，铣刀杆刚度高，所允许的铣削速度和切削量大。但铣刀直径大时，铣削时铣刀的切入长度增加，工作时间长，铣削力矩大，刀具材料消耗也大。

圆柱形铣刀的直径，粗铣时可根据一次被铣去的余量来选择，具体可参考表 12－1 所列数值；精铣时可选用较大直径的铣刀，以减小加工表面的表面粗糙度值。

表 12－1　粗铣时圆柱形铣刀直径的选择　mm

铣削宽度 a_e（切削层深度）	≤5	≤8	≤10
铣削深度 a_p（切削层宽度）	≤70	≤90	≤100
铣刀直径 D	60～70	90～100	110～130

面铣刀的直径应比工件宽度略大，一般按工件宽度的 1.2～1.6 倍选取。

2. 铣刀齿数的选择原则

铣刀有粗齿和细齿之分。粗齿铣刀的刀齿强度高，容屑空间大，但铣削时同时参与切削的齿数少，因而工作平稳性差，振动较大，适用于粗铣；细齿铣刀在铣削时同时参与切削的齿数多，每齿进给量 f_z 小，铣削平稳，适用于精铣。

硬质合金铣刀的齿数一般都较少，主要是为了保证它的刀齿有足够的刚度和强度。

二、前角的选择原则

合理地增大前角，可减少切削层金属的塑性变形，切屑变形小，容易减小切削刃刃口处

的圆弧半径，使切削刃锋利，切割作用增强。因此，有利于减小铣削力、切削热和功率消耗，提高加工精度，减小已加工表面的表面粗糙度值，并提高铣刀的耐用度。但前角太大会减弱切削刃部分的强度和散热条件，使铣刀耐用度下降，甚至造成崩刃。

铣刀前角 γ_o 的合理选择见表 12－2。

表 12－2　铣刀前角 γ_o 的合理选择

铣刀材料	工件材料					
	钢			铸铁		铝镁合金
	<600 MPa	≥600～1 000 MPa	>1 000 MPa	≤150HBW	>150HBW	
高速钢	20°	15°	10°～12°	5°～15°	5°～10°	15°～35°
硬质合金	15°	－5°～5°	－15°～－10°	5°	－5°	20°～30°

前角主要根据刀具材料、加工条件和加工材料来选择，其选择原则如下：

1. 高速钢铣刀抗弯强度和冲击韧度较高，可取较大的前角；硬质合金铣刀抗弯强度和冲击韧度较低，应取较小的前角。

2. 粗加工时，为了保证铣刀切削刃有较好的强度和散热条件，前角应选小一些；精加工时，为了保证加工表面质量，使切削刃锋利，应选取较大的前角。

3. 工件材料的强度、硬度高，前角应选得小些。加工塑性材料时，应选取较大的前角；加工脆性材料时，则选取较小的前角。用硬质合金铣刀铣削脆性材料，前角一般取 0°左右（－5°～5°）。

三、后角的选择原则

增大后角可减小铣刀后面与工件过渡表面之间的摩擦，并使刃口锋利；但后角过大，将削弱切削刃部分的强度和散热条件，降低铣刀的耐用度，甚至造成崩刃。

后角的选择原则如下：

1. 高速钢铣刀抗弯强度和冲击韧度高，其后角可比硬质合金铣刀大。

2. 粗铣时，铣刀承受的铣削抗力较大，为了保证铣刀刃口的强度，后角应取小些；精铣时，为了减小摩擦和使铣刀刃口锋利，提高加工表面质量，应取较大的后角。

3. 铣削塑性和弹性变形大的材料时，应取较大的后角，以减小后面的摩擦；铣削强度和硬度高的材料时，宜取较小的后角，以保证铣刀刃口的强度。当铣刀采用负前角，铣刀刃口已得到加强时，为了提高铣刀切削刃的锐利性，也可采用较大的后角。

高速钢铣刀后角 α_o 的合理选择见表12－3。

表 12－3　高速钢铣刀后角 α_o 的合理选择

铣刀类型	铣刀特征	α_o	
		圆周齿	端齿
圆柱形铣刀和面铣刀	细齿 粗齿和镶齿	16° 12°	8°
双面刃和三面刃盘铣刀	直细齿 直粗齿和镶齿 螺旋细齿 螺旋粗齿和镶齿	20° 16° 12° 12°	6°

续表

铣刀类型	铣刀特征	α_o	
		圆周齿	端齿
立铣刀、角度铣刀	$D<10$ mm $D=10\sim20$ mm $D>20$ mm	25° 20° 16°	8°
切槽铣刀、锯片铣刀	—	20°	—

硬质合金铣刀的后角 α_o 在粗铣时一般为 6°~8°，精铣时一般为 12°~15°。

四、主偏角的选择原则

减小主偏角可使铣刀刀尖强度提高，参与切削的切削刃长度也增加，从而使切削层厚度 h_D 减小（见图 12-1），提高铣刀耐用度，加工表面的残留面积高度减小，刀纹较平，表面粗糙度值减小，在相同切削层厚度条件下，可适当增大进给量。但主偏角的减小使切削层宽度增大，铣削力增大，尤其是使作用在铣刀和工件上的轴向（分）力迅速增大，容易产生振动。

面铣刀的主偏角 κ_r 在 30°~90°范围内选取，一般为 75°。为了获得 90°台阶时，取 $\kappa_r=90°$。

主偏角的选择原则如下：

1. 工艺系统刚度足够时，可取较小的主偏角，以提高生产效率和铣刀的耐用度；工艺系统刚度较低及功率不够时，应取较大的主偏角。

2. 精铣时采用较小的主偏角，以减小已加工表面的残留面积高度，且较容易获得带状切屑，从而减小表面粗糙度值。

3. 铣削高硬度、高强度材料时，取较小的主偏角，以提高刀尖强度，改善散热条件。

4. 为了提高刀尖强度，改善散热条件，又不至于使铣削抗力尤其是轴向铣削抗力明显增大，常采取磨出过渡切削刃和过渡刃偏角 $\kappa_{r\varepsilon}$ 的方法，如图 12-2 所示。过渡切削刃长度 b_ε 一般为铣削深度 a_p 的 1/5~1/4，或 $b_\varepsilon=0.5\sim2$ mm；过渡刃偏角一般取主偏角的 1/2，即 $\kappa_{r\varepsilon}=1/2\kappa_r$。

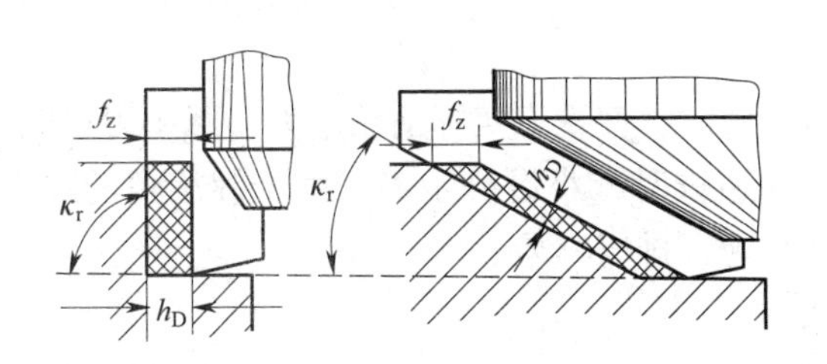

图 12-1　主偏角与切削层厚度的关系

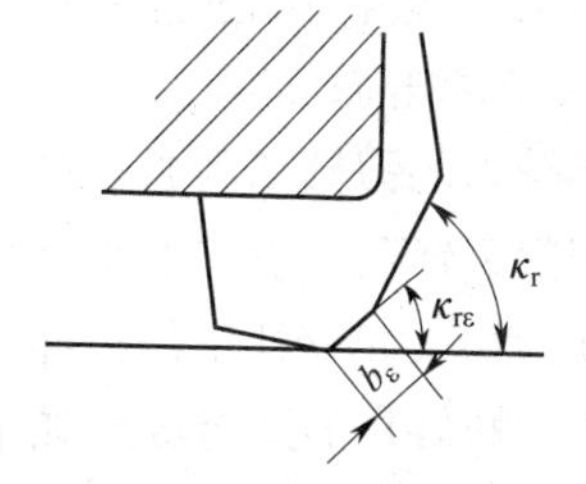

图 12-2　面铣刀的过渡切削刃

五、副偏角的选择原则

副偏角 κ_r' 的作用主要是减小副切削刃、副后面与已加工表面之间的摩擦。适当减小副偏角，可有效地减小残留面积的高度，改善加工表面质量。此外，减小副偏角能提高刀尖强度。

副偏角 κ_r'的选择原则如下：

1. 精铣时，副偏角应取小些；粗铣时，可适当增大副偏角。

2. 工件材料弹性变形较大或铣削中振动较大时，应适当增大副偏角。

3. 为了使锯片铣刀、三面刃铣刀、T 形槽铣刀等刃磨后宽度变化小，以保持其需要的加工尺寸，还可提高刀尖强度，一般均采用很小的副偏角。盘形槽铣刀的副偏角要求更小。

高速钢铣刀副偏角 κ_r'的合理选择见表 12－4。

表 12－4　　高速钢铣刀副偏角 κ_r'的合理选择

铣刀类型	铣刀特征		副偏角 κ_r'
	直径/mm	宽度/mm	
面铣刀			1°～2°
双面刃和三面刃铣刀			1°～2°
切槽铣刀	40～60	0.6～0.8	0°15′
		>0.8	0°30′
	75	1～3	0°30′
		>3	1°30′
切断铣刀（锯片铣刀）	75～110	1～2	0°30′
		>2	1°
	>110～200	2～3	0°15′
		>3	0°30′

硬质合金面铣刀的副偏角可取得大些，一般为 3°～10°。

六、刃倾角和螺旋角的选择原则

刃倾角和螺旋角在铣削过程中能起斜角切割作用。面铣刀上的刃倾角还起纵向（轴向）前角的作用，当面铣刀的刃倾角为正值时，可使端面切削刃获得正前角，刃口锋利，并能使切屑向上流出，不至于划伤已加工表面，但正刃倾角的切削部分在铣削时先接触到工件的是刀尖，由于刀尖强度低，容易损坏；负刃倾角的面铣刀在铣削时切屑向下流出，会损伤已加工表面，但先接触到工件的是离开刀尖处的刃口部分，可避免刀尖因受冲击而损坏。

圆柱形铣刀的刃倾角就是螺旋角。螺旋角增大时，使铣刀实际前角增大，减小刃口圆弧半径，使切削刃锋利，能切下很薄的切削层，在逆铣时减小滑移距离。由于螺旋角的存在，使切削刃逐渐切入和离开工件，冲击小，铣削平衡，排屑容易。

刃倾角和螺旋角的选择原则如下：

1. 高速钢铣刀强度较高，一般采用正刃倾角，$\lambda_s = 5° \sim 15°$；硬质合金铣刀在切削量较大时往往采用负刃倾角，$\lambda_s = -5° \sim -20°$。

2. 粗铣时，宜取负刃倾角，以增强刀尖抵抗冲击的能力；精铣时，取正刃倾角，以避免加工表面被划伤。

3. 铣削硬度高的钢料时，对刀尖强度和散热条件要求较高，可选取绝对值较大的负刃倾角。

4. 高速钢铣刀刀齿螺旋角β的合理选择见表12－5。

表12－5　　高速钢铣刀刀齿螺旋角β的合理选择

铣刀种类	圆柱形铣刀		立铣刀	三面刃铣刀	面铣刀
	粗齿	细齿			
β	40°～60°	30°～35°	20°～45°	10°～20°	10°～20°

技能训练

了解铣刀几何参数对铣削的影响

结合实际情况，在教师的指导下，按4～6人一组使用相同材料的试件，采用不同几何参数的铣刀进行比较练习，了解以下情况：

1. 不同几何参数的铣刀对加工质量（表面粗糙度）的影响。
2. 不同几何参数的铣刀对铣刀使用寿命（铣刀耐用度）的影响。
3. 不同几何参数的铣刀对生产效率的影响。

课题二　铣削用量的选择

一、选择铣削用量的原则

所谓合理的铣削用量，是指充分利用铣刀的切削能力和机床性能，在保证加工质量的前提下，获得高的生产效率和低的加工成本的铣削用量。

选择铣削用量的原则是在保证加工质量、降低加工成本和提高生产效率的前提下，使铣削宽度（或铣削深度）、进给量、铣削速度的乘积最大，这时工序的切削工时最少。

粗铣时，在机床动力和工艺系统刚度允许并具有合理的铣刀耐用度的条件下，按铣削宽度（或铣削深度）、进给量、铣削速度的次序选择及确定铣削用量。在铣削用量中，铣削宽度（或铣削深度）对铣刀耐用度影响最小，进给量的影响次之，而以铣削速度对铣刀耐用度的影响最大。因此，在确定铣削用量时，应尽可能选择较大的铣削宽度（或铣削深度），然后按工艺装备和技术条件的允许选择较大的每齿进给量，最后根据铣刀的耐用度选择允许的铣削速度。

精铣时，为了保证加工精度和表面粗糙度的要求，工件切削层宽度应尽量一次铣出；切削层深度一般在0.5 mm左右；再根据表面粗糙度要求选择合适的每齿进给量；最后根据铣刀的耐用度确定铣削速度。

二、切削层深度的选择

端铣时的铣削深度 a_p、周铣时的铣削宽度 a_e 就是被切金属层的深度（切削层深度）。当铣床功率足够，工艺系统的刚度和强度允许，且加工精度要求不高及加工余量不大时，可一次进给铣去全部余量。当加工精度要求较高或加工表面的表面粗糙度 Ra 值要小于6.3 μm时，应分粗铣和精铣。粗铣时，除留下精铣余量（0.5～2.0 mm）外，应尽可能一次进给切除全部粗加工余量。

端铣时铣削深度 a_p 的推荐值见表12－6。当工件材料的硬度和强度较高时，取表中较小值。当加工余量较大时，除增加进给次数外，可采用阶梯铣削法铣削（见图12－3），以提高生产效率。

表12－6　　端铣时铣削深度 a_p 的推荐值　　mm

工件材料	高速钢铣刀		硬质合金铣刀	
	粗铣	精铣	粗铣	精铣
铸铁	5～7	0.5～1	10～18	1～2
软钢	<5	0.5～1	<12	1～2
中硬钢	<4	0.5～1	<7	1～2
硬钢	<3	0.5～1	<4	1～2

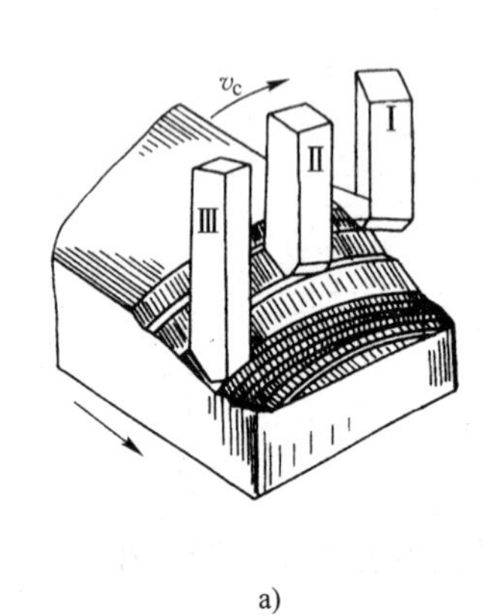

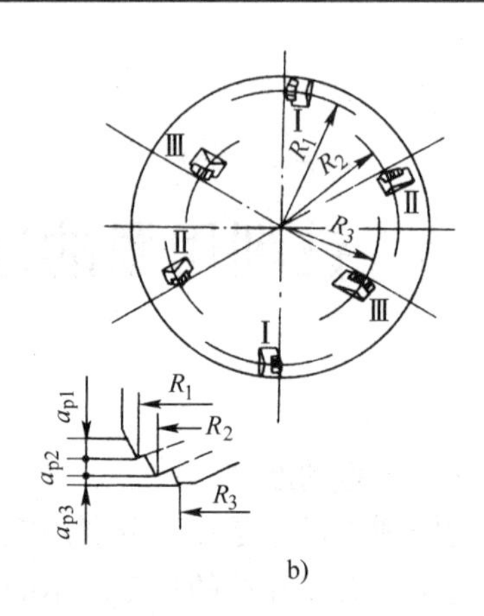

图12－3　阶梯铣刀和阶梯铣削法

a）阶梯铣削法的形式　b）刀齿分布情况

在粗铣时，周铣时的铣削宽度 a_e 可比端铣时的铣削深度 a_p 大，因此，在铣床功率足够、工艺系统的刚度和强度允许的条件下，尽量在一次进给中把粗铣余量全部切除。精铣时，a_e 值可参照端铣时的 a_p 值。

阶梯铣削法所用阶梯铣刀的刀齿分布在刀体不同的回转半径上，且各刀齿在轴向伸出刀体的距离也不相同。回转半径越大的刀齿在轴向伸出的距离越短。也就是后刀齿的位置比前刀齿在半径上小 ΔR 的距离，而在轴向则比前刀齿多伸出 Δa_p 的距离。阶梯铣削法能使工件的全部加工余量沿铣削深度方向分配到各刀齿上。采用阶梯铣削法，使每齿进给量和切削层深度增大，切削层宽度减小，切出的切屑窄而厚，既降低了铣削力，又有利于排屑，故可减小振动和功率消耗。

三、进给量的选择

粗铣时，限制进给量提高的主要因素是铣削力。进给量主要根据铣床进给机构的强度、铣刀杆尺寸、刀齿强度以及工艺系统（如机床、夹具等）的刚度来确定。在上述条件允许的情况下，进给量应尽量取得大些。

精铣时，限制进给量提高的主要因素是加工表面的表面粗糙度，进给量越大，表面粗糙度值也越大。为了减小工艺系统的弹性变形，减小已加工表面残留面积的高度，一般采用较小的进给量。

表 12－7 所列为各种常用铣刀铣削不同工件材料时每齿进给量的推荐值，粗铣时取较大值，精铣时取较小值。

表 12－7　　每齿进给量 f_z 的推荐值

工件材料	工件材料硬度	硬质合金（mm/z）		高速钢（mm/z）			
		面铣刀	三面刃铣刀	圆柱铣刀	立铣刀	面铣刀	三面刃铣刀
低碳钢	<150HBW	0.20～0.40	0.15～0.30	0.12～0.20	0.04～0.20	0.15～0.30	0.12～0.20
	150～200HBW	0.20～0.35	0.12～0.25	0.12～0.20	0.03～0.18	0.15～0.30	0.10～0.15
中、高碳钢	120～180HBW	0.15～0.50	0.15～0.30	0.12～0.20	0.05～0.20	0.15～0.30	0.12～0.20
	180～220HBW	0.15～0.40	0.12～0.25	0.12～0.20	0.04～0.20	0.15～0.25	0.07～0.15
	220～300HBW	0.12～0.25	0.07～0.20	0.07～0.15	0.03～0.15	0.10～0.20	0.05～0.12
灰铸铁	150～180HBW	0.20～0.50	0.12～0.30	0.20～0.30	0.07～0.18	0.20～0.35	0.15～0.25
	180～220HBW	0.20～0.40	0.12～0.25	0.15～0.25	0.05～0.15	0.15～0.30	0.12～0.20
	220～300HBW	0.15～0.30	0.10～0.20	0.10～0.20	0.03～0.10	0.10～0.15	0.07～0.12
可锻铸铁	110～160HBW	0.20～0.50	0.10～0.30	0.20～0.35	0.08～0.20	0.20～0.40	0.15～0.25
	160～200HBW	0.20～0.40	0.10～0.25	0.20～0.30	0.07～0.20	0.20～0.35	0.15～0.20
	200～240HBW	0.15～0.30	0.10～0.20	0.12～0.25	0.05～0.15	0.15～0.30	0.12～0.20
	240～280HBW	0.10～0.30	0.10～0.15	0.10～0.20	0.02～0.08	0.10～0.20	0.07～0.12
$w(C)<0.3\%$ 的合金钢	125～170HBW	0.15～0.50	0.12～0.30	0.12～0.20	0.05～0.20	0.15～0.30	0.12～0.20
	170～220HBW	0.15～0.40	0.12～0.25	0.10～0.20	0.05～0.10	0.15～0.25	0.07～0.15
	220～280HBW	0.10～0.30	0.08～0.20	0.07～0.12	0.03～0.08	0.12～0.20	0.07～0.12
	280～320HBW	0.08～0.20	0.05～0.15	0.05～0.10	0.025～0.05	0.07～0.12	0.05～0.10
$w(C)\geqslant0.3\%$ 的合金钢	170～220HBW	0.125～0.40	0.12～0.30	0.12～0.20	0.12～0.20	0.15～0.25	0.07～0.15
	220～280HBW	0.10～0.30	0.08～0.20	0.07～0.15	0.07～0.15	0.12～0.20	0.07～0.12
	280～320HBW	0.08～0.20	0.05～0.15	0.05～0.12	0.05～0.12	0.07～0.12	0.05～0.10
	320～380HBW	0.06～0.15	0.05～0.12	0.05～0.10	0.05～0.10	0.05～0.10	0.05～0.10
工具钢	退火状态	0.15～0.50	0.12～0.30	0.07～0.15	0.05～0.10	0.12～0.20	0.07～0.15
	36HRC	0.12～0.25	0.08～0.15	0.05～0.10	0.03～0.08	0.07～0.12	0.05～0.10
	46HRC	0.10～0.20	0.06～0.12	—	—	—	—
	50HRC	0.07～0.10	0.05～0.10	—	—	—	—
铝镁合金	95～100HBW	0.15～0.38	0.125～0.30	0.15～0.20	0.05～0.15	0.20～0.30	0.07～0.20

四、铣削速度的选择

在铣削深度 a_p、铣削宽度 a_e、进给量 f 确定后，最后选择确定铣削速度 v_c。铣削速度 v_c 是在保证加工质量和铣刀耐用度的前提下确定的。

铣削时，影响铣削速度的主要因素有铣刀材料的性质和铣刀耐用度、工件材料的性质、铣削条件及切削液的使用情况等。

粗铣时，由于金属切除量大，产生热量多，切削温度高，为了保证合理的铣刀耐用度，铣削速度要比精铣时低一些。在铣削不锈钢等韧性好、强度高的材料，以及其他一些硬度高、热强度性能高的材料时，铣削速度更应低一些。此外，粗铣时铣削力大，必须考虑铣床功率是否足够，必要时应适当降低铣削速度，以减小功率。

精铣时，由于金属切除量小，因此，在一般情形下可采用比粗铣时高一些的铣削速度。但铣削速度的提高将加快铣刀的磨损速度，从而影响加工精度。因此，精铣时限制铣削速度的主要因素是加工精度和铣刀耐用度。在精铣面积大的工件（即一次铣削宽而长的加工面）时，往往采用铣削速度比粗铣时还要低的低速铣削，以使切削刃和刀尖的磨损量极少，从而获得高的加工精度。

表 12－8 所列为常用材料铣削速度的推荐值，实际工作中可按具体情况适当修正。

表 12－8　　常用材料铣削速度 v_c 的推荐值

工件材料	硬度	铣削速度 v_c（m/min）	
		硬质合金铣刀	高速钢铣刀
低碳钢、中碳钢	<220HBW	80～150	21～40
	225～290HBW	60～115	15～36
	300～425HBW	40～75	9～20
高碳钢	<220HBW	60～130	18～36
	225～325HBW	53～105	14～24
	325～375HBW	36～48	9～12
	375～425HBW	35～45	9～10
合金钢	<220HBW	55～120	15～35
	225～325HBW	40～80	10～24
	325～425HBW	30～60	5～9
工具钢	200～250HBW	45～83	12～23
灰铸铁	100～140HBW	110～115	24～36
	150～225HBW	60～110	15～21
	230～290HBW	45～90	9～18
	300～320HBW	21～30	5～10
可锻铸铁	110～160HBW	100～200	42～50
	160～200HBW	83～120	24～33
	200～240HBW	72～110	15～24
	240～280HBW	40～60	9～21
铝镁合金	95～100HBW	360～600	180～300

技能训练

了解铣削用量对铣削的影响

结合实际情况，在教师的指导下，按4～6人一组使用相同材料的试件，采用不同的铣削用量进行比较练习，了解以下情况：

1. 不同铣削用量对加工质量（表面粗糙度）的影响。
2. 不同铣削用量对铣刀使用寿命（铣刀耐用度）的影响。
3. 不同铣削用量对生产效率的影响。

课题三 铣床夹具

一、夹具的基本概念

夹具是用以装夹工件（和引导刀具）的装置。在各类机床上所使用的夹具统称为机床夹具。在铣床上所使用的夹具即为铣床夹具。

在机械加工中，夹具起机床、工件、刀具之间的桥梁作用，用来保证加工时工件相对于刀具及切削运动处于一个正确的空间位置；对于批量生产，还应保证整批工件在同一加工工位上所占据的空间位置不变。

一般情况下，机床夹具担负工件在夹具中的定位和夹紧两大功能，而夹具相对于机床和刀具的位置正确性则要靠夹具与机床、刀具的对定来保证。工件的定位、夹紧和夹具的对定是研究机床夹具的三大主要问题。

由于工件的形状、尺寸不同，夹具应用的场合不同，夹具的结构、形式也各不相同，但不论哪一种形式的夹具，都由定位装置、夹紧装置和夹具体三大主要部分组成，此外，根据不同的使用要求，还可设置对刀装置、刀具引导装置、回转分度装置及其他各种辅助装置，如图12－4所示。

二、工件在夹具中的定位

使工件在夹具中占有预期确定位置的动作过程称为工件在夹具中的定位。工件在加工过程中的位置（定位）是否准确，是加工精度能否达到要求的决定因素之一，这在成批生产中尤为重要。因此，工件的定位是设计夹具和正确、合理使用夹具的重要内容，必须理解和正确运用。

1. 工件定位基本原理

（1）工件在工位上的位置不确定度

为保证工件的加工要求，工件在工位上装夹时必须保证其相对于刀具及刀具的切削成形

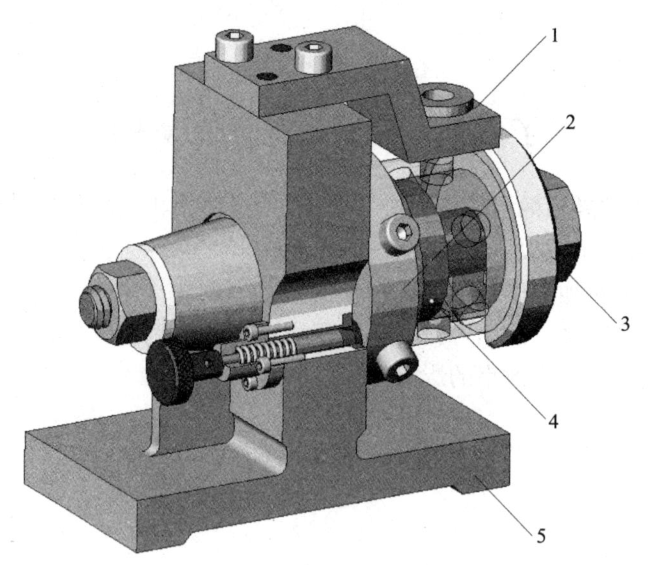

图 12－4　夹具的组成

1—刀具引导装置　2—回转分度装置　3—夹紧装置　4—定位装置　5—夹具体

运动处于正确的空间位置。凡使用夹具的工序都应通过两个环节来保证满足这一要求：一个是，工件在夹具中装夹时，要保证相对夹具处于正确的空间位置，这一环节是由夹具的定位装置来保证的；二是，要保证夹具与机床连接时，其相对于机床、刀具及其成形运动具有一个正确的相对位置，这一环节是由夹具的对定装置及通过夹具的正确调装来保证的。

1）不定度的概念。如果不采取相应的定位措施，工件在夹具中被夹紧时的位置将是不确定的。工件参与定位时，其空间位置的不确定程度可通过工件所在空间直角坐标系中六个独立的位置参量来描述和比较。

用来描述工件在某一预先设定的空间直角坐标系中定位时，其空间位置不确定程度的六个独立位置参量称为工件在此坐标系中的六个位置不确定度，简称六个不定度。

2）六个不定度及其符号。在工件定位的空间直角坐标系中：

①工件沿 X 轴方向的最终移动位置的不确定（见图 12－5a）称为工件沿 X 轴方向的移动不定度，用符号 $\overleftrightarrow{X}$ 表示。

②工件绕 X 轴方向的最终转动位置的不确定（见图 12－5b）称为工件绕 X 轴的转动不定度，用符号 $\overset{\frown}{X}$ 表示。

③工件沿 Y 轴方向的最终移动位置的不确定（见图 12－5c）称为工件沿 Y 轴方向的移动不定度，用符号 $\overleftrightarrow{Y}$ 表示。

④工件绕 Y 轴方向的最终转动位置的不确定（见图 12－5d）称为工件绕 Y 轴的转动不定度，用符号 $\overset{\frown}{Y}$ 表示。

⑤工件沿 Z 轴方向的最终移动位置的不确定（见图 12－5e）称为工件沿 Z 轴方向的移动不定度，用符号 $\overleftrightarrow{Z}$ 表示。

⑥工件绕 Z 轴方向的最终转动位置的不确定（见图 12－5f）称为工件绕 Z 轴的转动不定度，用符号 $\overset{\frown}{Z}$ 表示。

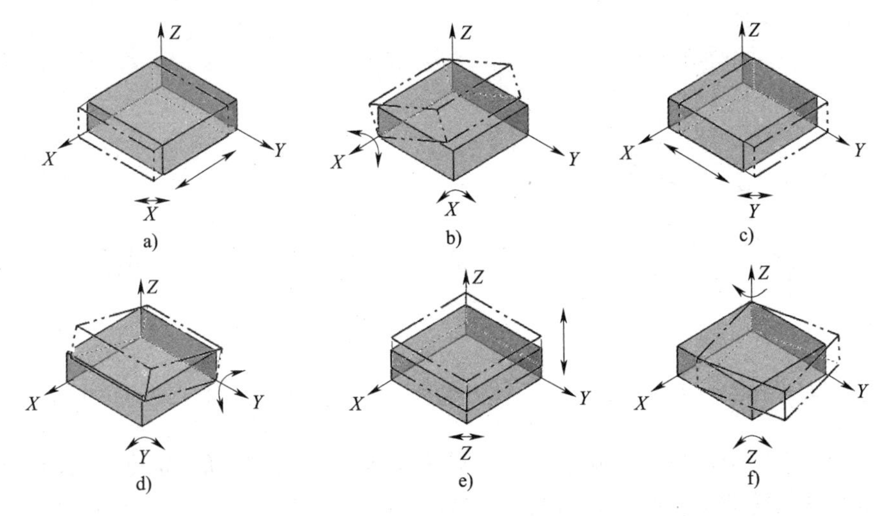

图 12－5　六个不定度

3）不定度的消除与工件的定位。当工件具有全部的六个不定度时，是工件在空间的位置不确定的最高程度。工件具有的不定度越少，说明工件的空间位置确定性越好。当工件的六个不定度都被消除时，它在这一空间的位置即被完全确定下来，具有位置的唯一性。

工件在夹具中的定位，就是要根据加工的需要，消除工件的某些不定度。夹具对工件消除不定度是通过对工件位置提供定位点来实现的。

（2）六点定位基本原理

当工件与固定不动的定位元件（如定位球）保持一点接触时（见图 12－6），定位元件上的这个固定点将形成对工件沿此接触点的法线方向最终移动位置的约束和限制。只要工件在定位、夹紧的过程中与此点保持接触，则工件在此方向上最终空间位置便有一个依据，此点在工件的定位中起到了消除工件沿此点法线方向上移动不定度的作用。

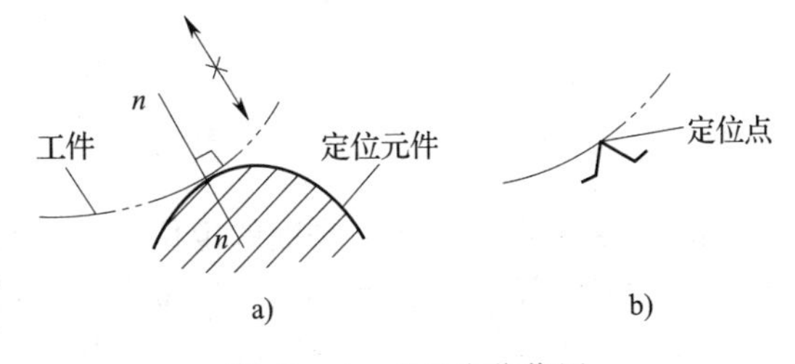

图 12－6　点的定位作用

在夹具中，能够起到消除工件不定度作用的约束点称为定位点。定位点是夹具为工件的装夹提供空间位置的依据，是对工件不定度起约束限制作用的基本要素。

当工件与固定不动的定位直尺尺面保持接触时（见图 12－7），沿尺面建立坐标轴，则工件沿尺面法线方向 n—n 的移动不定度将受到约束和限制。由于两点确定一条直线，此时的定位接触情况可以简化为沿尺面直线方向上距离较远的两个定位点对工件的约束作用。这两个定位点除对两点连线的法线方向上的移动不定度起约束限制作用外，还形成对工件在该法线方向上最终转动位置的约束。因此，当工件与定位元件保持直线（或距离较远的两个定位点）接触时，定位元件对工件的定位起到两个点的约束限制作用，它消除工件的两个不定度：一个是沿两定位点连线的法线方向上的移动不定度，另一个是绕任一定位点的法线方向的转动不定度，如图 12－8 所示。

同理，当工件以加工过的平面与定位平面相接触时，定位平面的定位作用可以简化为此平面内保持一定距离的不在一条直线上的三个定位点对工件的约束作用，消除工件的三个

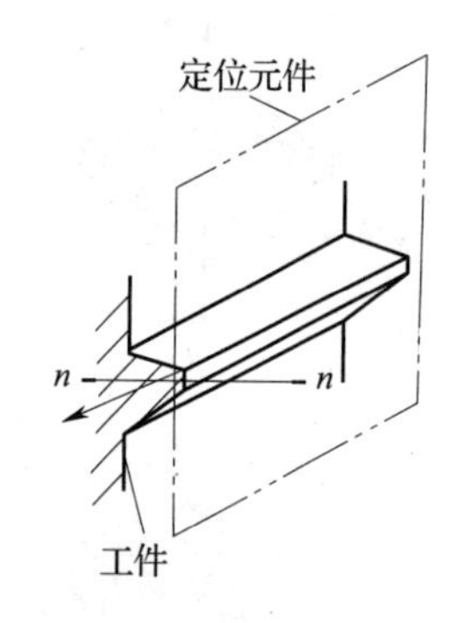

图 12－7　直线的定位作用

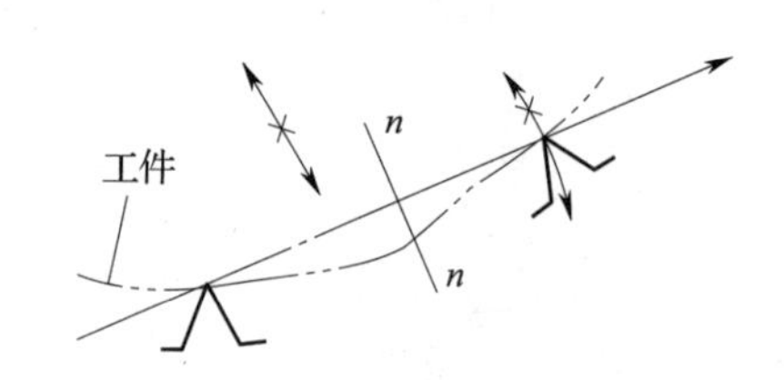

图 12－8　两定位点的定位作用

不定度：一个是沿三个定位点所确定的定位平面垂直方向上的移动不定度，另两个是绕定位平面内两坐标轴的转动不定度，如图 12－9 所示。

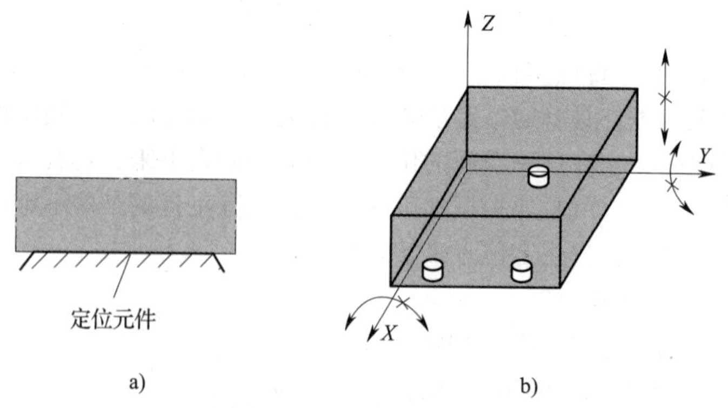

图 12－9　平面的定位作用

由上面关于点、直线、平面的定位作用可知，为工件的定位提供一个定位点，可以消除工件的一个位置不定度；提供两个定位点，可以消除工件的两个不定度；提供三个定位点，就可以消除三个不定度。由此可推出：空间保持一定距离且不在同一平面上的四个定位点可以消除工件的四个不定度（两个移动不定度和两个转动不定度）。同样，工件的全部六个空间位置不定度可以由六个定位点来消除。

在工件的定位中，用由空间合理分布的最多六个定位点来消除工件的最多六个空间位置不定度，这一原理称为六点定位基本原理，简称六点定位原理。由于六点定位原理中对定位点的空间分布位置要求遵守一定的规则（空间合理分布），因此又把此原理称为六点定则。

（3）六点定位原理的应用

1）六点定位原理在箱体类工件定位中的应用。一般箱体类工件多具有较规则的外形轮廓，如六面体、八面体等。为保证此类工件在工位上定位稳定、夹紧方便，多选择工件上较大的平面作为主要的定位基准面。如图 12－10 所示，夹具为工件的底平面设置了 1、2、3 三个支承点（定位点），为工件底平面提供空间位置依据，此三点消除了工件的 $\vec{Z}$、$\widehat{X}$ 和 $\widehat{Y}$ 三个不定度。习惯上把箱体类工件这一表面称为工件的“主要定位基准面”，又称“第一定位基准面”。

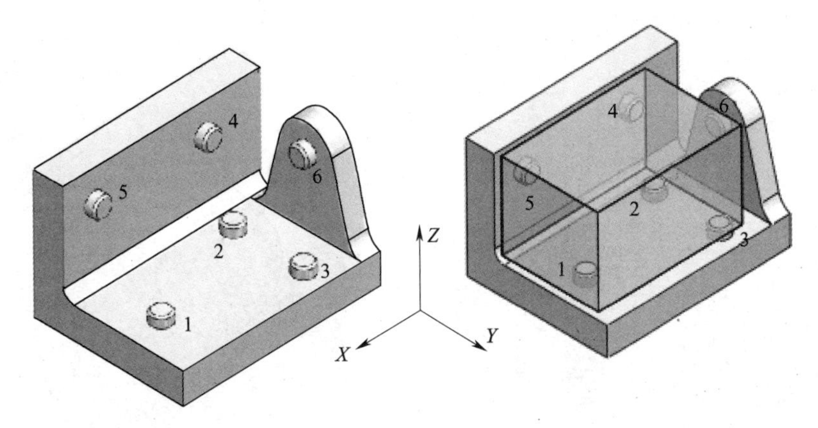

图 12－10　箱体类工件的六点定位

设置在工件侧面的 4、5 两个支承点消除了工件的 $\overleftrightarrow{Y}$ 和 $\overset{\frown}{Z}$ 两个不定度。习惯上把工件的这类侧表面称为工件的“导向定位基准面”，又称“第二定位基准面”。

设置在工件另一个侧面的支承点 6 起到消除工件 $\overleftrightarrow{X}$ 不定度的作用。习惯上把工件的这类表面称为“止推定位基准面”，又称“第三定位基准面”。

对箱体类工件的定位，夹具上常设置这种三个不同方向上的定位基准来形成一个空间定位系统，称为“三基面基准系统”，或称这种基准为“三基面基准”。

2）六点定位原理在盘类工件定位中的应用。一般盘类工件多具有较大的端（平）面，而其轴向尺寸或高度尺寸较小，考虑到工件装夹的稳定可靠，常以较大的端面作为主要定位基准面，即第一基准，夹具上常为工件的大端面设置一个环形面（三点）来作为主要定位基准的依据，如图 12－11 中的 1、2、3 支承点就起了这样的作用，它消除了工件的 $\overleftrightarrow{Z}$、$\overset{\frown}{X}$ 和 $\overset{\frown}{Y}$ 三个不定度。

支承点 4 和 5 分别消除了工件的 $\overleftrightarrow{Y}$ 和 $\overleftrightarrow{X}$ 两个移动不定度，形成了工件定位系统的第二定位基准依据。对圆盘类工件，习惯上称为“定心基准”。

支承点 6 在定位时，保持与工件键槽的一个固定侧面相接触，消除了工件的 $\overset{\frown}{Z}$ 不定度，形成工件定位系统的第三定位基准依据，习惯上称为“防转基准”。

3）六点定位原理在轴类工件定位中的应用。轴类工件的轴向尺寸大，且常以两端同轴的支承轴颈作为整个轴系（轴与轴上零件）的回转支承。对这类工件的定位，夹具一般以轴向尺寸较大的 V 形槽的两个斜面与工件支承轴颈相接触，形成不共面的四点约束，如图 12－12 中的 1、2、3、4 四个支承点，消除了工件的 $\overleftrightarrow{X}$、$\overleftrightarrow{Y}$、$\overset{\frown}{X}$、$\overset{\frown}{Y}$ 四个不定度，形成轴类工件的“第一定位基准”。

第二、第三定位基准的顺序依工序要求和定位精度高低而确定：当本工序内容的对称度、位置度有较严格的公差要求时，防转基准销 5 为第二定位基准，销 6 为第三定位基准；当本工序内容的轴向尺寸有较严格的公差要求时，止推基准销 6 成为第二定位基准，销 5 成为第三定位基准。

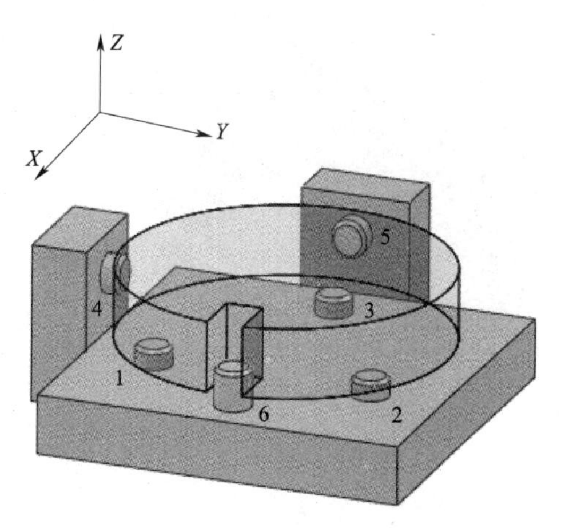

图 12－11　盘类工件的六点定位

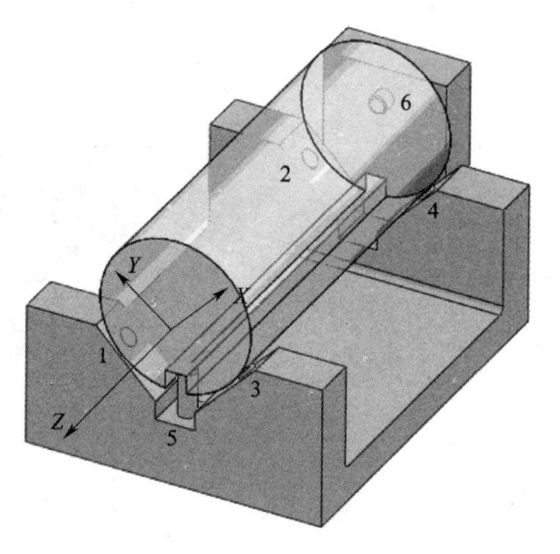

图 12－12　轴类工件的六点定位

2. 基本定位体的定位约束作用

夹具对工件的定位约束作用，是靠夹具上设置的各种形状定位元件的定位几何形面来实现的。为了准确地分析夹具定位元件对工件定位所起的实际约束作用，把各类定位元件的常用定位几何形面归纳为 10 种基本定位体，夹具定位元件的定位面都是由这些最基本的几何形体所组成的。

基本定位体是指工件定位时，夹具定位元件上用以限制工件空间位置的基本几何形体。掌握这些基本定位体的定位约束作用，有利于分析工件在夹具中的定位原理。

夹具定位中常用的 10 种基本定位体及其定位约束作用如下：

（1）短 V 形块（V 形架或 V 形刀口）

它与工件外圆柱面轮廓呈两条短线段或两点接触，对工件提供两点约束，消除两个方向上的移动不定度。

（2）长 V 形块（双 V 形架）

它与轴类工件呈两条长线段或四点接触，对工件提供四点约束，消除两个移动不定度和两个转动不定度。

（3）短圆柱销（短销）

它与工件定位孔呈被包容关系或与销槽呈点、线接触。被定位孔包容时，提供两点约束，消除两个移动不定度；作为防转销时，提供一点约束，消除一个转动不定度。

（4）长圆柱销（长销、心轴）

它与工件接触的轴向尺寸较大，提供四点约束，消除两个移动不定度和两个转动不定度。

（5）定位套（短套）

它与工件呈包容关系，一般为点、线接触，提供两点约束，消除两个移动不定度。

（6）长定位套（长套）

它与工件呈较长轴向尺寸的包容关系，提供四点约束，消除两个移动不定度和两个转动不定度。

（7）短圆锥销（短锥销）

它多与工件呈窄的环形锥面接触，提供三点约束，消除三个移动不定度。

(8) 长圆锥销（长锥销）

它与工件呈锥面接触，提供五点约束，消除三个移动不定度和两个转动不定度。

(9) 短圆锥套（短锥套）

它与工件呈窄的环形锥面接触，提供三点约束，消除三个移动不定度。

(10) 长圆锥套（长锥套）

它与工件呈锥面接触，提供五点约束，消除三个移动不定度和两个转动不定度。

上述 10 种基本定位体的应用示意图及其作用见表 12－9。

表 12－9　　基本定位体的应用示意图及其作用

基本定位体	应用示意图	提供约束点数	消除不定度
短 V 形块	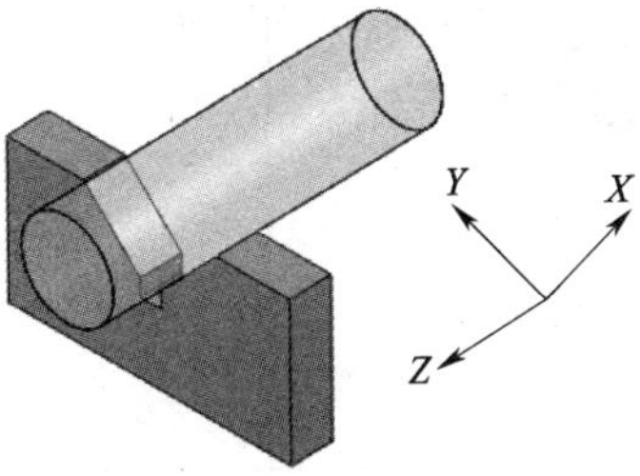	2	$\overleftrightarrow{X}$、$\overleftrightarrow{Y}$
长 V 形块	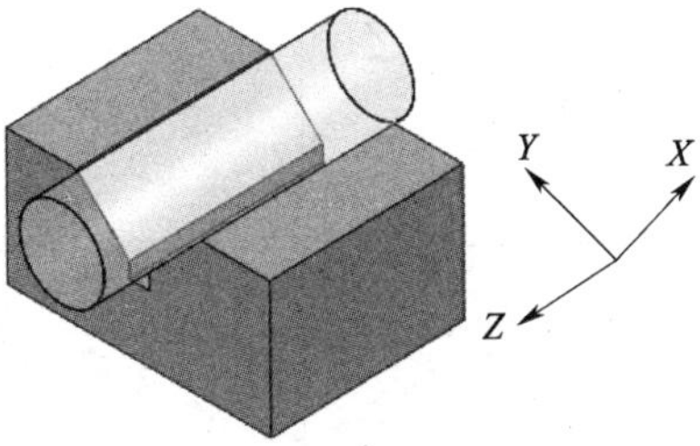	4	$\overleftrightarrow{X}$、$\overleftrightarrow{Y}$ $\widehat{X}$、$\widehat{Y}$
短圆柱销	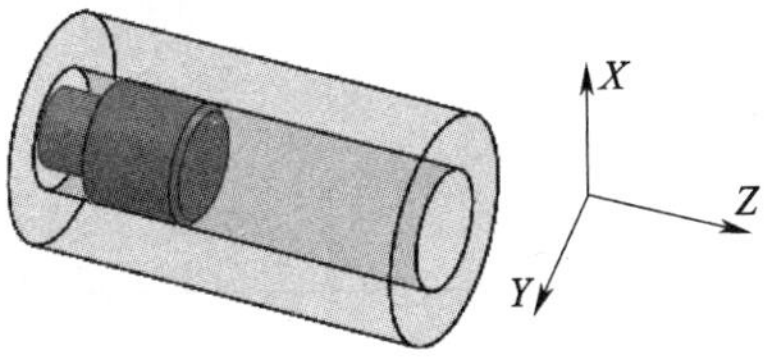	2	$\overleftrightarrow{X}$、$\overleftrightarrow{Y}$
长圆柱销	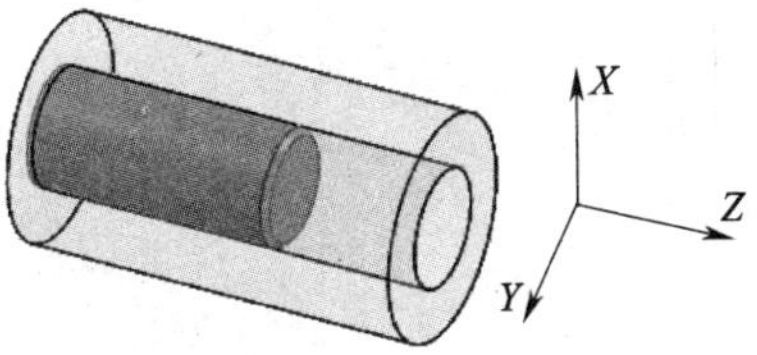	4	$\overleftrightarrow{X}$、$\overleftrightarrow{Y}$ $\widehat{X}$、$\widehat{Y}$

续表

基本定位体	应用示意图	提供约束点数	消除不定度
定位套	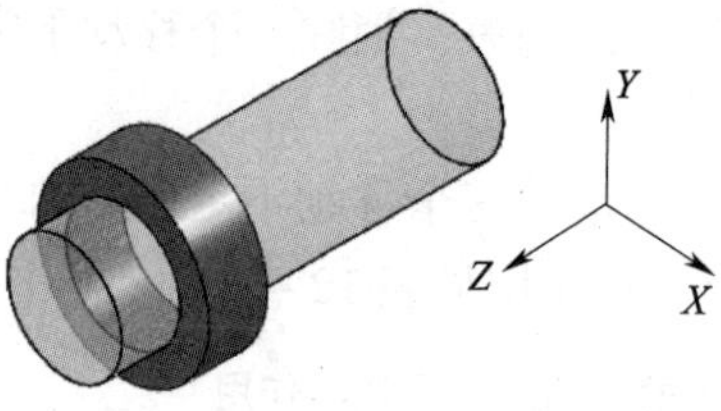	2	$\overleftrightarrow{X}$、$\overleftrightarrow{Y}$
长定位套	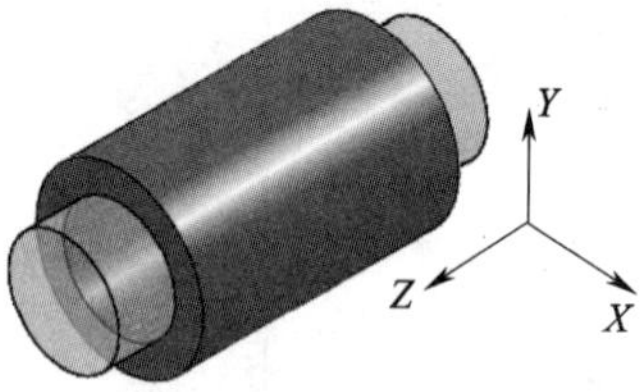	4	$\overleftrightarrow{X}$、$\overleftrightarrow{Y}$ $\overset{\frown}{X}$、$\overset{\frown}{Y}$
短圆锥销	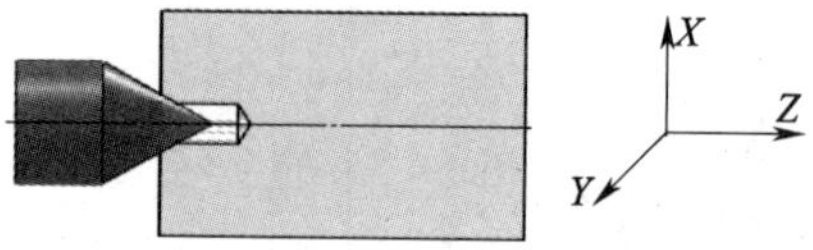	3	$\overleftrightarrow{X}$、$\overleftrightarrow{Y}$、$\overleftrightarrow{Z}$
长圆锥销	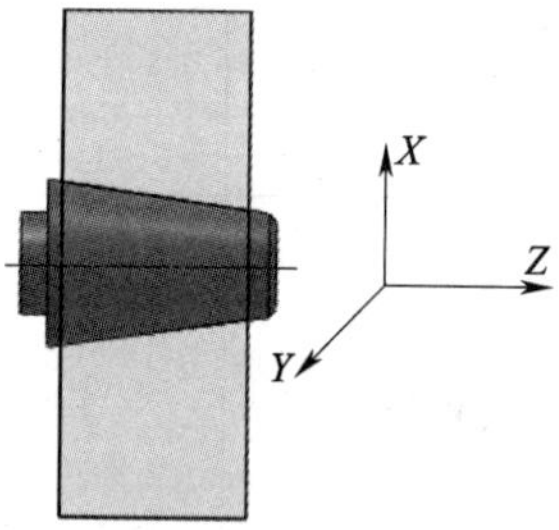	5	$\overleftrightarrow{X}$、$\overleftrightarrow{Y}$、$\overleftrightarrow{Z}$ $\overset{\frown}{X}$、$\overset{\frown}{Y}$
短圆锥套	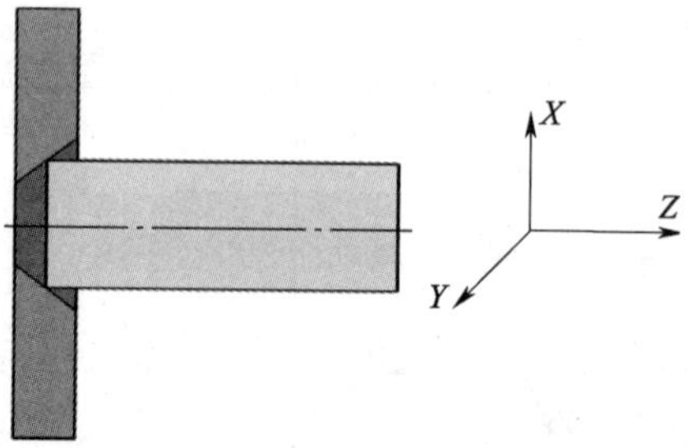	3	$\overleftrightarrow{X}$、$\overleftrightarrow{Y}$、$\overleftrightarrow{Z}$

续表

基本定位体	应用示意图	提供约束点数	消除不定度
长圆锥套		5	$\overleftrightarrow{X}$、$\overleftrightarrow{Y}$、$\overleftrightarrow{Z}$ $\widehat{X}$、$\widehat{Y}$

3. 完全定位、不完全定位、欠定位

（1）完全定位

工件在夹具中定位时，六个不定度全部被消除的定位称为完全定位。图 12－10 中的箱体类工件、图 12－11 中的盘类工件和图 12－12 中的轴类工件的六点定位都是完全定位。完全定位时，整批工件相对加工机床及刀具有一个统一的位置依据。一般情况下，当工件的工序内容在 *X*、*Y*、*Z* 三个坐标轴方向上均有尺寸或几何精度要求时，需要在加工工位上对工件施行完全定位。

（2）不完全定位

不完全定位又称部分定位，是在满足工件加工要求的条件下，六个不定度没有全部被消除的定位。例如，用三面刃铣刀铣削直角通槽，只要铣刀在直角通槽的长度方向上有足够的走刀长度，则铣床工作台上Ⅰ、Ⅱ、Ⅲ三个位置的工件都可以满足直角槽被铣通的加工要求，如图 12－13 所示。因此，走刀长度方向上工件移动不定度就不需要被限制，此时有五点定位就可以满足加工要求。这种工件的六个不定度没有全部被消除的定位属于不完全定位。除完全定位外，不完全定位在实际生产中也被广泛地应用。

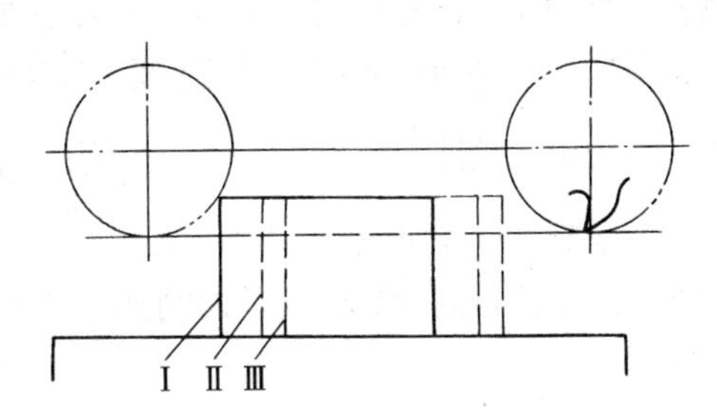

图 12－13　工件铣通槽时的安装方法

（3）欠定位

工件应该消除的不定度没有被消除，这样的定位称为欠定位。欠定位虽然也是不完全定位，但欠定位对影响加工精度的不定度没有全部限制，其结果将导致无法保证工序所规定的加工要求，因此，欠定位是不合理的不完全定位。例如，图 12－13 中如果加工的不是直角通槽而是半通槽，若走刀长度方向上的移动不定度没有加以限制，仍是五点定位，就属于欠定位。

欠定位即定位不足，夹具提供的定位点数量少于加工工件时应消除的不定度数量，它不能保证所加工工件合格的要求，所以，在实际生产中不允许出现欠定位。

4. 重复定位

（1）重复定位的概念

重复限制工件不定度的定位称为重复定位（又称过定位）。由于夹具定位系统是由各种基本定位体组合而成的，实际应用中的夹具有时会出现重复定位的现象。下面举一些实例来分析：

1）平面长销定位。图 12－14 中工件以内孔和一端面在夹具上定位、夹紧后加工上部键槽。夹具的定位系统为此设置环形平面 1 和长圆柱销 2 相结合（简称平面长销定位）来满足工件的定位要求。由前面基本定位体的定位约束分析可知，此定位方案为工件提供了七个定位点：其中环形平面 1 提供三点，长圆柱销提供四点，而本方案消除五个不定度，还留下一个转动不定度 $\overset{\frown}{Z}$ 没有消除。进一步分析各定位元件在定位中所起的约束作用，则环形平面 1 可消除 $\overleftrightarrow{Z}$、$\overset{\frown}{X}$ 、$\overset{\frown}{Y}$ 三个不定度；长圆柱销 2 可消除 $\overleftrightarrow{X}$、$\overleftrightarrow{Y}$、$\overset{\frown}{X}$ 、$\overset{\frown}{Y}$ 四个不定度。可以看出 $\overset{\frown}{X}$ 、$\overset{\frown}{Y}$ 两个转动不定度被环形平面和长圆柱销重复限制，属于重复定位。

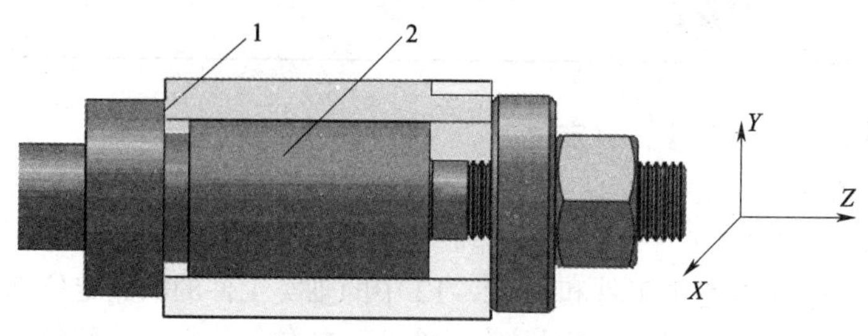

图 12－14　平面长销定位

1—环形平面　2—长圆柱销

2）平面双销定位。图 12－15 所示为箱体类工件以底平面和底面上两个定位孔在夹具上定位，夹具为工件的定位提供了由一个大平面 1 和距离较远的两个短圆柱销 2、3 组成的定位系统，即平面双销定位系统。此定位系统消除工件的六个不定度，但提供了七点约束：大平面提供三点约束，消除 $\overleftrightarrow{Z}$、$\overset{\frown}{X}$ 、$\overset{\frown}{Y}$ 三个不定度；两个短圆柱销各提供两点，共四点约束，每个短销均可限制 $\overleftrightarrow{X}$、$\overleftrightarrow{Y}$ 两个移动不定度，所以，对工件的 $\overleftrightarrow{X}$、$\overleftrightarrow{Y}$ 两个移动不定度属于重复限制。此外，由于两销间距离较远，两销还形成对工件 $\overset{\frown}{Z}$ 不定度的约束。这是一个较典型的重复定位实例。

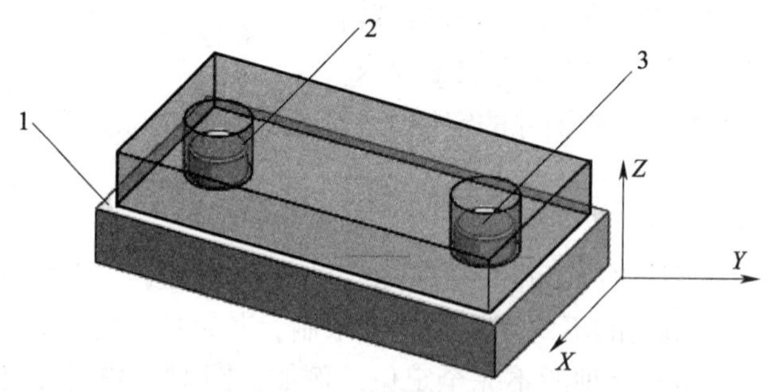

图 12－15　平面双销定位

1—大平面　2、3—短圆柱销

（2）重复定位的不良后果

一般情况下，重复定位结构直接应用于夹具会产生很多问题，尤其是当工件定位表面误差较大时，会造成诸多不良后果，在生产中应予以注意。

1）重复定位会造成定位质量不稳定且降低定位精度。工件的同一个不定度被夹具不同的定位元件重复限制，往往造成工件之间此项不定度最终限制的不确定性，即工件的该项不定度在工件甲定位时被定位元件 A 所限制，而更换成工件乙定位时，会由于工件表面的误差情况或装夹情况的差异被定位元件 B 所限制，从而造成两工件间的定位差异，破坏定位的唯一性。在图 12－14 所示的平面长销定位中，对于内孔尺寸较小的工件，与心轴配合时的间隙较小，定位时其 $\widehat{X}$ 和 $\widehat{Y}$ 两个转动不定度将由心轴来限制，其定位质量取决于工件内孔与心轴配合间隙的大小，如图 12－16a 所示，工件左端面的垂直度误差和内孔的配合间隙造成工件内孔轴线的定位误差 Δ。若工件内孔尺寸较大，定位时对工件的 $\widehat{X}$ 、$\widehat{Y}$ 两个转动不定度的约束就可能转移到心轴左端部的环形平面处，由环形平面来加以限制，如图 12－16b 所示，这时，这两项不定度的最终定位质量完全取决于工件左端面的垂直度误差或轴向圆跳动误差的大小。

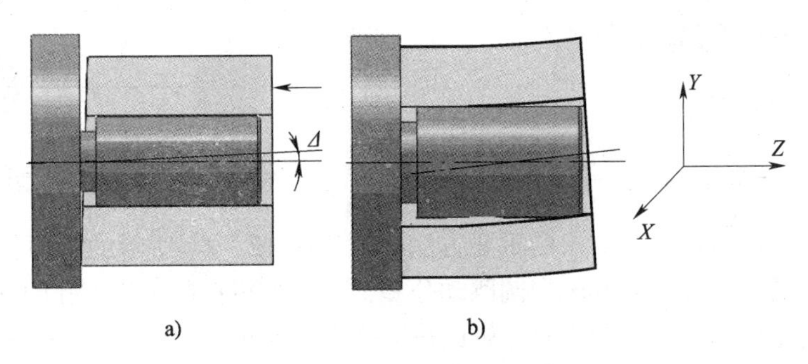

图 12－16　工件端面垂直度误差对重复定位的影响

从上面分析可知，工件的 $\widehat{X}$ 和 $\widehat{Y}$ 两个不定度可能由夹具的心轴来约束限制，也可能由环形平面来限制，实际定位时由哪一个定位元件来限制，则完全取决于每一个工件的定位表面加工误差情况，这就形成整批工件定位的不同一性，造成定位质量的不稳定，降低定位精度。

2）重复定位可能引起夹紧变形和虚假接触。由于工件不可避免地存在加工误差，因此，重复定位结构往往会引起定位元件的夹紧变形而破坏定位原状，并造成虚假接触。图 12－14 所示的平面长销定位，由于工件左端面存在的垂直度误差，造成工件定位时左端面与夹具环形平面呈一点接触（见图 12－16a），若此时夹紧力方向平行于轴线方向，夹紧时，当工件的内孔与心轴间的配合间隙较小时，定位心轴要靠其自身的刚度来维持工件左端面与夹具定位平面间一点接触的定位原状，夹紧会出现以下两种结果：

①若心轴刚度较高，其自身弯曲变形量很小，则工件左端面与夹具的环形平面将形成虚假接触，严重地影响夹紧效果。

②若心轴刚度较低，在较大的轴向夹紧力作用下，使工件左端面与夹具环形平面形成实接触，而此时定位心轴必然会产生严重弯曲变形，如图 12－17 所示。较大的弯曲变形破坏了原有的定位状态。可见，平面长销定位是一种很不稳定的重复定位结构。

3）重复定位可能造成工件装夹困难。在重复定位结构中，常会由于工件定位表面的某项制造误差过大，造成工件无法装到夹具中的困难。在图 12－15 所示的平面双销定位系统中，由于工件上的两定位孔间距离误差 ΔL_k 较大，使参与定位的两孔中心距 L_k 与夹具上两销中心距 L_x 有较大差异，往往会造成图 12－18 所示的月牙形阴影区域材料的干涉，给正常装夹带来困难。

（3）重复定位结构的改善措施

重复定位之所以能造成各种不良后果，主要是由于夹具定位结构中的重复因素和工件的加工误差过大而引起的。对重复定位结构的改善可从以下两个方面入手：

1）提高工件定位表面的加工精度。提高和保证参与定位的工件定位表面的加工精度，

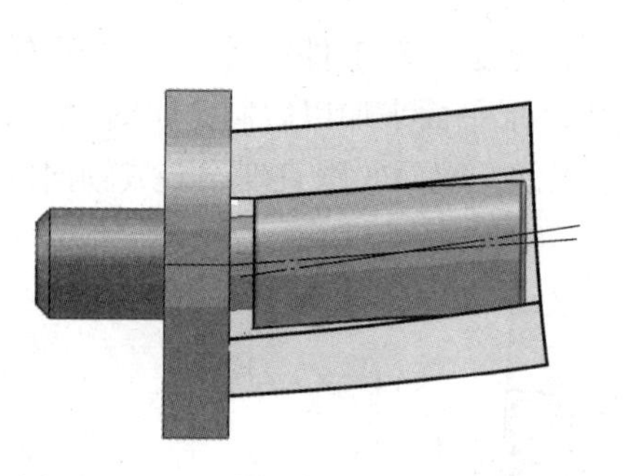

图 12－17　重复定位引起心轴弯曲变形

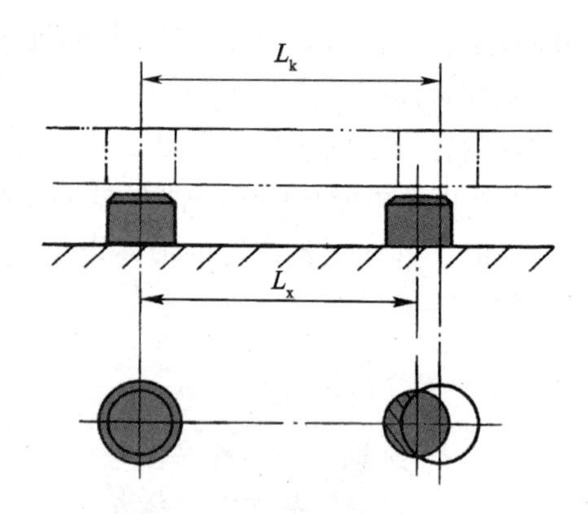

图 12－18　双圆柱销结构的干涉

是克服重复定位可能造成不良后果的重要方法。对于图 12－14 所示的平面长销定位，严格控制工件左端面的垂直度公差和轴向圆跳动公差，或者严格控制工件内孔的孔径公差，都能直接改善工件的定位精度，减少夹具心轴的弯曲变形。对于图 12－15 所示的平面双销定位，只要严格控制工件两定位孔的孔距和孔径公差，就不会发生材料干涉和插不进圆柱销的情况。

2）修改夹具的重复定位结构。合理地调整夹具定位结构中的定位点，使定位系统不再发生重复定位。

在图 12－14 所示的平面长销定位中，当工件以端面作为第一定位基准时，可以将长销结构改短，使其形成如图 12－19a 所示的平面短销组合定位系统，这时工件的两个转动不定度由环形定位面来限制，而短圆柱销只起消除两个方向上移动不定度的作用，避免了采用长销时对两个转动不定度的重复限制，解决了装夹不稳定和心轴变形的问题。当工件以内孔作为第一定位基准时，两个转动不定度应由心轴（长销）来限制，此时，端面只需起消除轴向移动不定度，即一个点的约束作用，可使用自位支承结构，如图 12－19b 所示在环形端面定位环节中加入一球面垫圈副组成球面浮动自位支承结构，使定位端面只起止推定位作用。

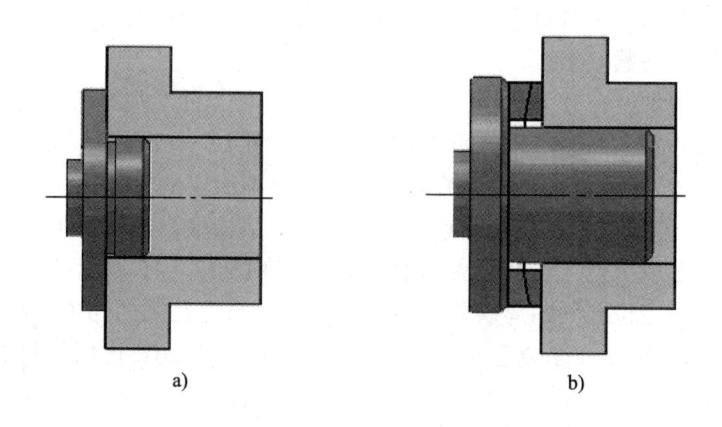

图 12－19　平面长销重复定位结构的改善

在图 12－15 所示的平面双销定位中，平面作为第一定位基准，三个定位点消除三个不定度；两个短圆柱销中选择其中之一作为第二定位基准，用来消除两个移动方向的不定度；

第三个定位基准只需一个定位点，消除工件的一个转动不定度，如图 12－20a 所示。采取的方法可在Ⅱ号孔的 a 点（不能在 c 点）处设置一小防转销，从而满足定位要求（见图 12－20b）。考虑到销的强度和装夹的方便，实际生产中常把销设计成削边结构（见图 12－20c），称为削边销。当削边销尺寸 $d \leqslant 50$ mm 时，为了提高销体的强度和刚度，常采用菱形结构，称为菱形销（见图 12－20d）。这样就成为一平面、一短圆柱销和一短削边销的常用平面双销结构六点定位系统，避免了重复定位带来的装夹困难。

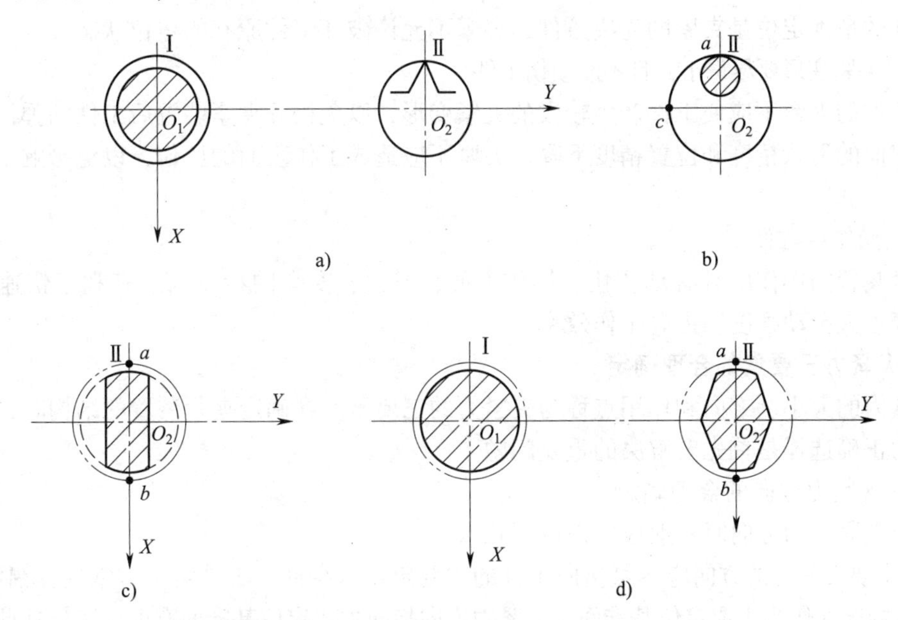

图 12－20　平面双销重复定位结构的改善

（4）重复定位的合理利用

如果工件定位表面的制造精度能够得到严格的保证，工件与夹具定位元件的接触较理想，重复定位结构就不会对装夹造成不良影响，反而会对工件的定位及夹紧带来以下有利结果：

1）可简化定位结构，有利于提高定位元件的结构刚度。在工件定位表面制造精度较高的前提下，削边销的削边结构可以省掉而改用普通的圆柱销；图 12－19b 中的自位支承球面垫圈副可以省掉；平面短销定位中的短销可以改用长销，这些方面都使定位元件自身的刚度得到提高，整个定位结构得以简化，有利于提高定位结构的刚度。

2）可以增加工件与夹具间的接触面积，提高接触刚度。在保证工件定位表面较严格的制造精度的前提下，合理地利用重复定位，可以使工件与夹具定位元件保持较稳定的接触状态，可以增大两者之间的接触面积，有效地提高接触刚度。

随着工件加工精度的不断提高，夹具重复定位结构在实际生产中已得到越来越多的应用。像平面双圆柱销定位系统、平面长销定位系统等重复定位结构已广泛地应用在数控机床和柔性制造系统中。

三、工件的夹紧

工件定位后将其固定，使其在加工过程中保持定位位置不变的操作称为夹紧。夹具中用来完成对工件夹紧的装置称为夹紧装置。同定位装置一样，夹紧装置也是夹具中的重要组成部分。

1. 对夹紧装置的基本要求

为保证加工的正常进行，对夹具的夹紧装置有下列基本要求：

（1）夹紧要可靠

夹紧装置的基本功能是夹固工件，以使工件在切削力、重力、离心惯性力等外力作用下能稳固地维持其定位位置不动，保证切削加工顺利、安全地进行。

（2）夹紧不允许破坏定位

工件的精确定位是夹紧的先决条件，夹紧不允许破坏工件原有的定位状态。

（3）夹紧变形要尽量小，且不能损伤工件

对工件的夹紧不应使工件产生较大的夹紧变形，以免松开夹紧装置后工件的弹性恢复造成加工表面的形状精度和位置精度下降。夹紧不应造成工作表面的压伤，以免影响工件的表面质量。

（4）操作要方便

夹紧装置的操作应具有动作快、操作方便、省力、安全的特点，以有利于快速装卸工件，减轻工人劳动强度，提高工作效率。

2. 夹紧力三要素的合理确定

夹紧力的大小、方向和作用点称为夹紧力的三要素。在确定夹紧装置的结构时，夹紧力三要素的正确选择是首先要解决的重要问题。

（1）夹紧力方向的合理确定

确定夹紧力的方向时一般应掌握以下几点：

1）主要夹紧力的方向应尽量指向工件的主要定位基准面。工件定位时常选择幅面较大、定位稳定的表面作为主要定位基准面，夹紧力方向指向主要定位基准面有助于工件在此基准面上的稳固接触，保证定位质量；同时可以增大工件与定位元件间的摩擦力，使夹紧可靠。

2）夹紧力的方向应尽量与切削力、重力方向一致。当夹紧力的方向与切削力、重力方向一致时，可以借助于切削力、工件的重力来承担部分夹持力作用，此时所需夹紧力最小，对夹紧机构的要求最低。

3）夹紧力的方向应尽量指向工件刚度较高的方向。各种不同结构、形状的工件，在不同方向上的刚度高低不同，为尽量减小工件的夹紧变形，应尽量选择工件刚度较高的方向来夹紧工件。这对于本身刚度较低的薄壁工件、细长工件等尤为重要。

4）夹紧力的作用线应分布于工件有效支承面范围内。当夹紧力的方向掌握不好，作用线分布于工件有效支承面范围以外时（见图 12－21a），会引起工件的失稳和倾覆，把力的作用线调至工件有效支承面范围内就可以保证工件装夹稳定，如图 12－21b 所示。

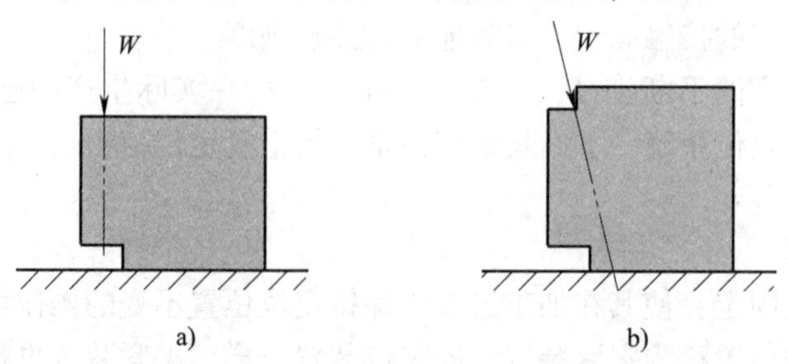

图 12－21　夹紧力作用线应分布于工件有效支承面范围内

(2) 夹紧力作用点的合理确定

1) 夹紧力作用点应选择工件上刚度高的部位。夹紧力的作用点应选择使工件夹紧变形小的凸缘、耳座、肋板、隔板等刚度较高的部位，以使工件夹得实、压得牢、变形小。图 12-22a 中的夹紧力作用点选在工件刚度最低的薄壁空腔顶部的中央，会使工件产生较大的压紧变形。正确的方法是把夹紧力作用点设置在工件底部凸缘处（见图 12-22b）。当工件无凸缘可利用时，可使用浮动压脚，把夹紧力作用点分散到箱壁和肋板处，如图 12-22c 所示，也可有效地防止过大的夹紧变形，提高夹紧的可靠性。

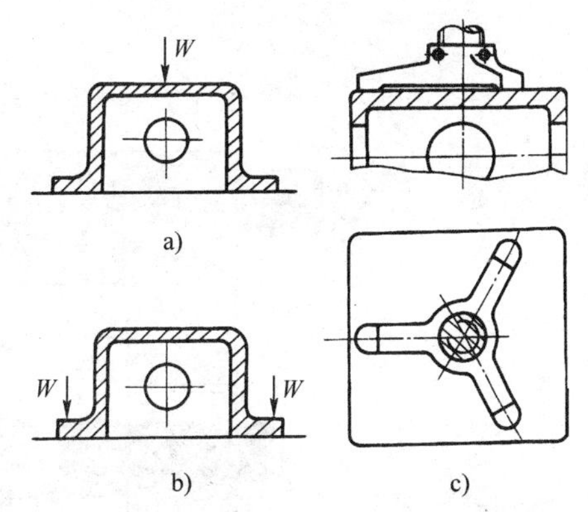

图 12-22　夹紧力作用点的合理选择

2) 夹紧力作用点应尽量靠近工件要加工的部位。夹紧力作用点越靠近工件要加工的部位，加工时振动越小，切削越平稳，加工质量就越高；而且可以采用较大的切削用量，有利于提高效率。

(3) 夹紧力大小的合理确定

夹紧力大小的确定是否合理，关系到工件装夹与加工的可靠性，关系到夹紧变形的大小，关系到夹紧机构的复杂程度和主要夹紧元件的规格尺寸，并影响到夹紧传动装置的结构尺寸和整个夹具外形轮廓尺寸的大小。夹紧力太小，则不能使工件的位置稳固，加工时会使工件产生振动和移动，轻则影响加工精度和表面粗糙度，严重时则会导致设备和人身事故。夹紧力太大，会使工件和夹具的变形过大，甚至损伤工件表面，从而影响加工质量。影响夹紧力大小最主要的因素是切削力。

实际生产中确定夹紧力的方法常采用类比法和估算法。类比法是根据工件具体加工要求，参照现有生产中相类似切削条件的夹紧装置应用情况，比较确定夹紧力的大小。估算法是简单计算理论切削力 P，然后乘以安全系数 K，即得所需基本夹紧力 W 的值，即 $W=KP$。安全系数 K 可根据具体加工条件取值：

一般切削：$K=1.5\sim3$。

粗加工：$K=2.5\sim3$。

精加工：$K=1.5\sim2$。

3. 常用的夹紧机构

(1) 斜楔夹紧机构

斜楔夹紧机构是最简单的夹紧机构，它利用斜面原理，通过斜楔对工件进行夹紧。如图 12-23 所示的斜楔夹紧机构中，工件装入夹具内，锤击斜楔的大端，斜楔在斜面的楔紧作用下对工件施加挤压力，而将工件楔紧在夹具中。斜楔夹紧机构要求工件与斜面间有良好的自锁性能，即在工件被楔紧，主动力撤除后，楔块应能被挤在夹具中，并且不会因切削力的作用及振动而退出。加工完毕，用锤子敲击斜楔小端，退出斜楔并松开工件。

为保证斜楔夹紧机构能可靠地自锁，一般取斜楔的楔升角 $\alpha=6°$，即斜楔的斜度为 1:10。此时，斜楔夹紧机构的有效夹紧力为主动力的 2.8 倍。减小楔升角 α 可以提高增力倍数，增大有效夹紧力，但 α 减小将影响斜楔夹紧机构的有效夹紧行程 h，如图 12-24 所示。斜楔夹紧机构的有效夹紧行程 h 与横向移动距离 s 及楔升角 α 之间的关系：

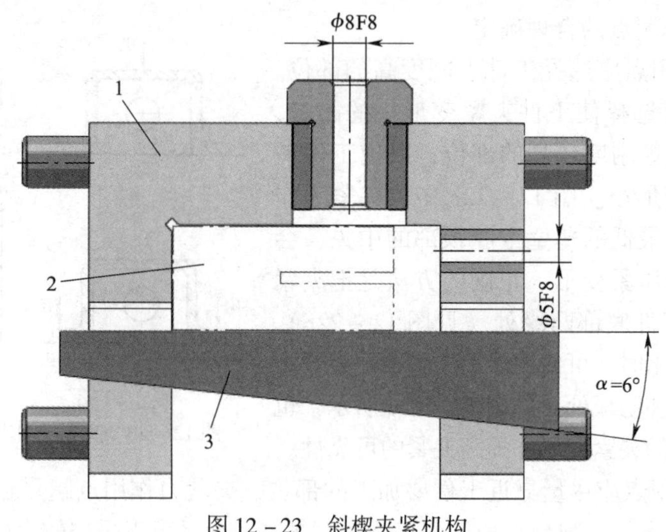

图 12-23 斜楔夹紧机构

1—夹具体 2—工件 3—斜楔

$$\tan\alpha = \frac{h}{s}$$

斜楔夹紧机构所产生的有效夹紧力较小，自锁性不太可靠，有效夹紧行程较小，工件装夹较费时，生产效率低，所以生产中很少直接应用，往往是把斜楔与其他机构组合在一起应用。由于斜楔夹紧机构结构简单，制造及维修方便，多用在生产批量不大、切削力小、切削振动小的小型工件夹紧中。

（2）螺旋夹紧机构

螺旋夹紧机构是斜楔夹紧机构的变形，当把一个很长的楔块环绕在圆柱上即形成螺旋，原来的直线楔紧就转化成螺杆、螺母间的旋转夹紧。由于楔块的长度可以很长，楔升角可以很小，再加上扳手的力臂较长，因此，螺旋夹紧机构不仅可以获得很大的增力倍数（可达100 多倍），而且有良好的自锁性能。

如图 12-25 所示为普通螺旋夹紧机构。由图可知，螺旋夹紧机构中的主要元件是螺钉（或螺杆）与螺母，在螺纹传动作用下，转动螺杆就可以对工件实行压紧或放松。为了减小螺杆端部与工件接触的有效半径，以防止夹紧和松开工件时因螺杆端部摩擦而造成工件的转动，一般把螺杆端部制成球面（见图 12-25a）。但这样又容易压伤工件表面，因此，采用如图 12-25b 所示的压块结构，既防止工件的转动，又把压紧面扩大，有助于保护工件的已加工表面。图 12-26 所示为两种常用压块的结构。其中，A 型压块的工作面是光滑环面，用于夹紧已加工表面；B 型压块采用齿纹端面，用于压紧毛坯面。

螺旋夹紧机构结构简单，制造方便，夹紧可靠，通用性强，在铣床夹具中使用非常普遍。但由于其旋转夹紧，动作较慢，用于装卸工件的辅助时间较长，装夹的操作效率较低。为了使装卸工件方便、快捷，常与结构简单、灵活的各类压板相组合，成为较理想的螺旋压板组合夹紧机构。

如图 12-27 所示为几种典型的螺旋压板组合机构。其中图 12-27a、b 均为移动式压板，图 12-27c 为回转式压板，图 12-27d 为翻转式压板。这些结构灵活的压板的应用克服了螺旋夹紧动作较慢的缺点，使整个机构的装夹效率得以提高。

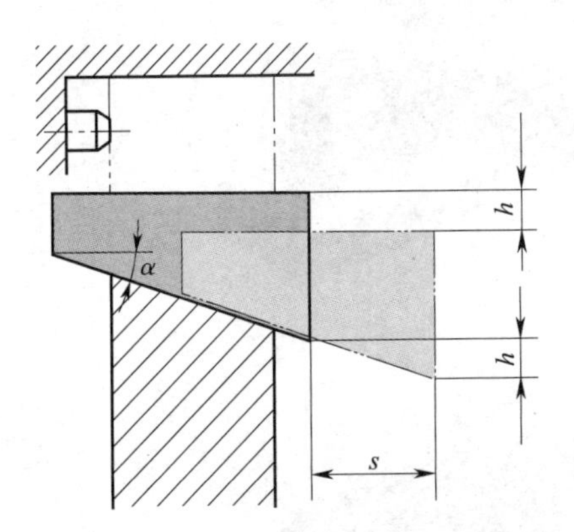

图 12－24　斜楔夹紧机构的有效夹紧行程

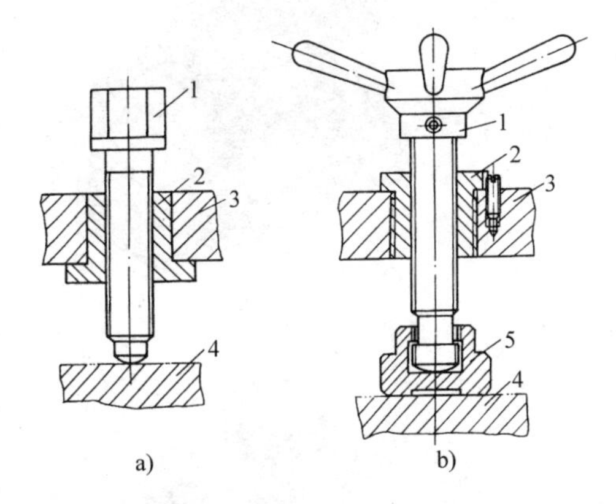

图 12－25　普通螺旋夹紧机构

1—螺钉　2—螺母　3—夹具体

4—工件　5—压块

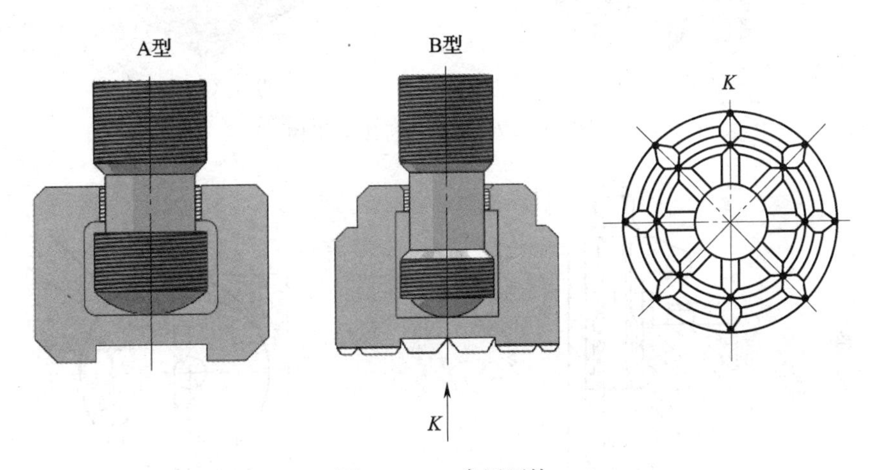

图 12－26　常用压块

如图 12－28 所示为常见的钩形压板螺旋夹紧机构，压板采用钩形结构，装卸工件时可以通过手动来回转钩形头部，为装卸工件让出空间位置。这种压板结构紧凑，占用空间很小，但压板强度较低，夹紧力小。

（3）偏心夹紧机构

偏心夹紧机构是指由偏心元件直接夹紧或与其他元件组合而夹紧工件的机构。机构的主要元件是偏心轮（或偏心轴），一般情况下，偏心轮多采用圆偏心结构，即将圆盘（或轴）的回转中心相对其几何中心偏置一定的距离 e，形成圆盘回转时的偏心，利用轮缘表面上各工作点至轮盘回转中心逐渐增大的距离来实现对工件的夹紧。圆偏心轮如图 12－29 所示。

如图 12－30 所示为一种常用的偏心夹紧机构。偏心轮通过销轴与悬置压板偏心铰接，压下手柄，工件即被压板压紧；抬起手柄，工件即被松开，向右移动压板及偏心轮，即可让出装卸空间。

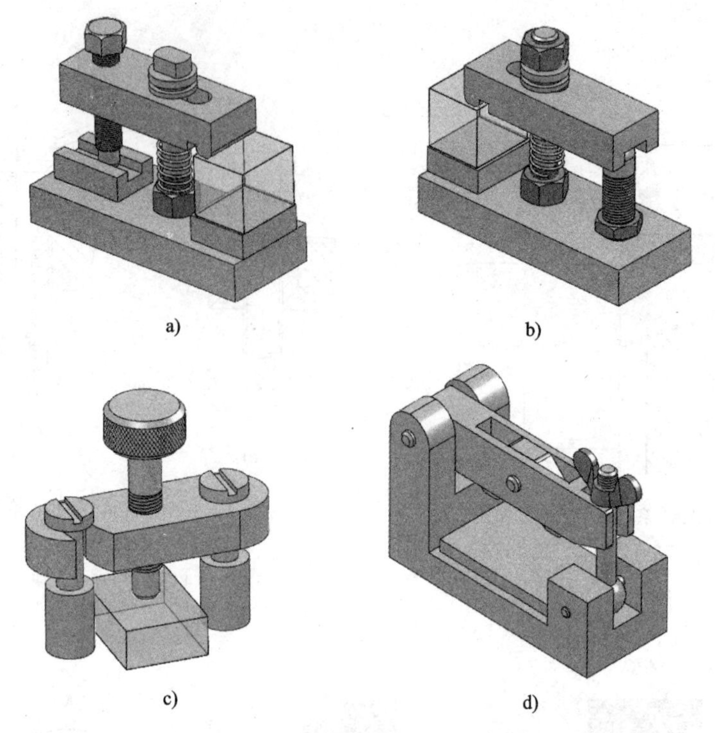

图 12－27　螺旋压板组合机构

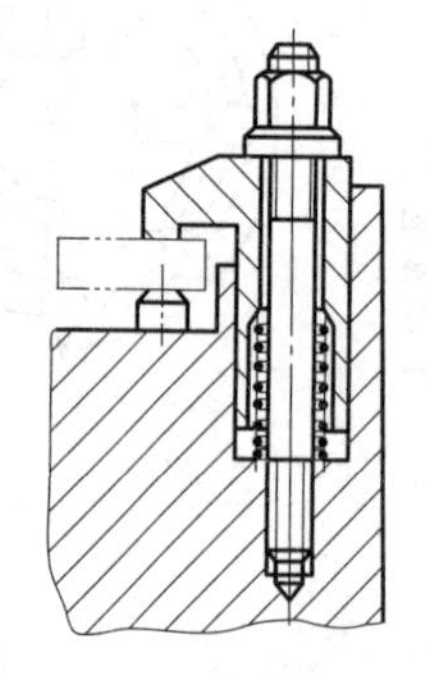

图 12－28　钩形压板螺旋夹紧机构

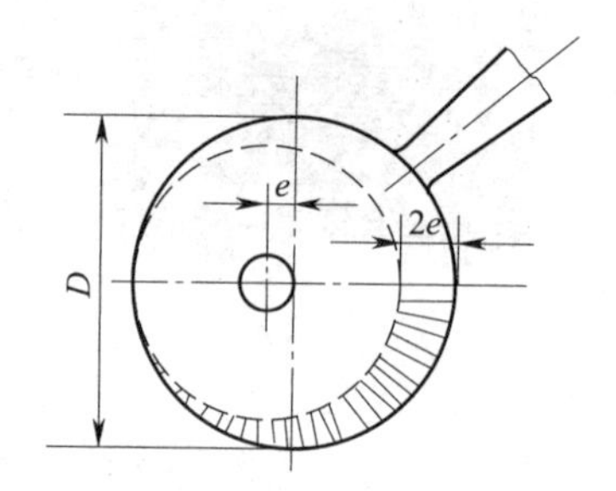

图 12－29　圆偏心轮

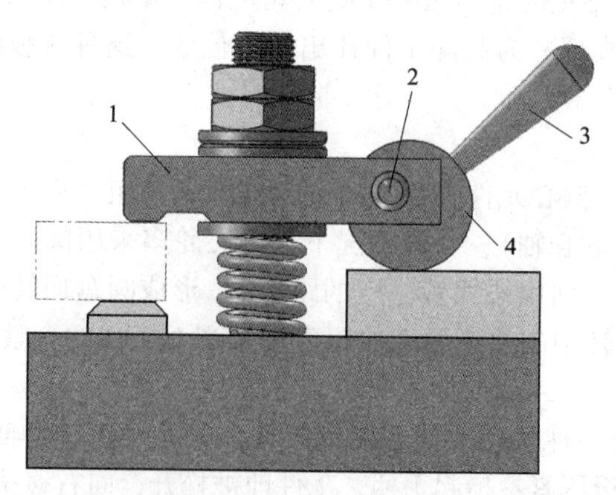

图 12－30　偏心夹紧机构

1—压板　2—销轴　3—手柄　4—偏心轮

圆偏心轮要保证自锁的结构条件就是偏心距不能太大，一般 $e<\frac{1}{14}D$（D 为圆盘直径）。

偏心夹紧机构的结构简单，制造容易，夹紧迅速，操作方便，在生产中应用广泛，但其有效夹紧力较小（只能达到主动力的十多倍），其自锁性能较差（受偏心距与圆盘直径的制约），所以一般不宜用于铣削、刨削等具有较大的振动和冲击的粗加工工序中。偏心夹紧机构的最大弱点是有效夹紧行程小，故只适用于切削较平稳、切削负荷小、夹紧尺寸较稳定的半精加工和精加工工序中。

四、铣床夹具介绍

1. 铣床夹具的特点

（1）铣削特点

1）铣削是一种冲击、振动很大的切削过程。铣刀是多刃刀具，且每一切削刃的切削为周期性切削，切削面积和切削力不断变化，所以，铣削是一种切削力不稳定变化的过程，并伴随着强烈的冲击和振动。

2）铣削的切削力较大。由于多刃切削的生产效率很高，使铣削被广泛地用以代替刨削，应用于大批量生产中对毛坯件的粗加工工序中，因此，铣削用量较大，切削力较大，使铣削成为一种重负荷切削。

3）刀具需要经常调刀和换刀。大负荷的切削使刀具材料磨损很快，生产中需要经常性地调整和更换刀具。

（2）铣床夹具特点

针对上述铣削的加工特点，铣床夹具应具有以下特点：

1）铣床夹具应具有足够的强度和刚度，以适应工件重负荷切削的装夹需要。

2）夹具都配备有较强大而可靠的夹紧系统，以保证夹紧有良好的抗振性和自锁性。

3）夹具一般多设置有专门的快速对刀装置，以减少调刀、换刀辅助时间，提高刀位精度。

2. 铣床典型夹具介绍

（1）单件装夹铣床夹具

如图 12－31 所示为铣削端面通槽夹具。根据工件外形特点及加工精度要求，夹具设置长 V 形块及端面组合定位系统。工件以外圆柱面在夹具固定 V 形块 7 上定位，消除两个移动和两个转动共四个不定度，此外以下端面在夹具支承面上定位，消除一个移动不定度，从而在夹具中实现五点定位。

扳动手柄使偏心轮 4 转动，可使活动 V 形块 5 向右移动夹紧工件或在弹簧力作用下向左移动松开工件。夹具上设置有对刀块 6，利于快速调刀。

利用夹具底面的定位键与工作台中央 T 形槽的对定安装，可以迅速确定夹具体相对机床工作台的位置关系，保证 V 形块对称中心平面相对于工作台纵向导轨的平行度。

夹具每次只能装夹一件工件，生产效率较低，主要用于小批量生产中。

（2）多件装夹铣床夹具

如图 12－32 所示为铣台阶轴上扁平面的多件装夹铣床夹具。工件以 ϕ14h9 的圆柱部分放置在夹具弹性滑块 2 的开槽孔中定位，并以 ϕ16 mm 的台阶面靠在弹性滑块的侧面上，消除五个不定度，实现五点定位。

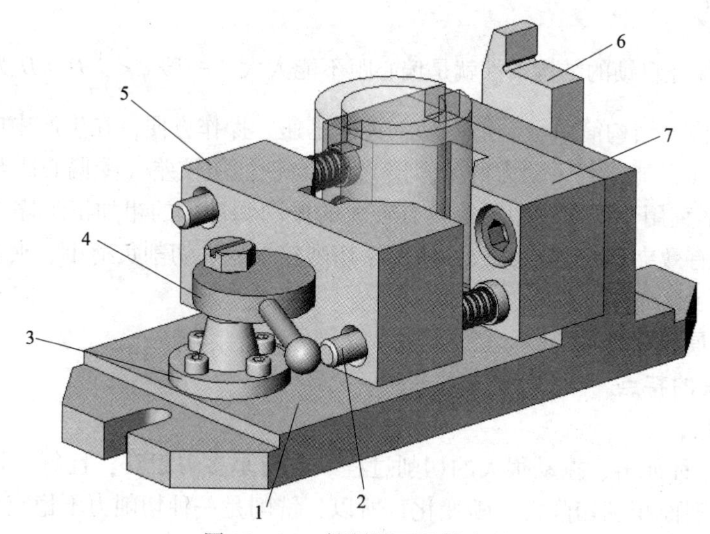

图 12－31　铣削端面通槽夹具

1—夹具体　2—圆柱导向销　3—偏心轮支座　4—偏心轮
5—活动 V 形块　6—对刀块　7—固定 V 形块

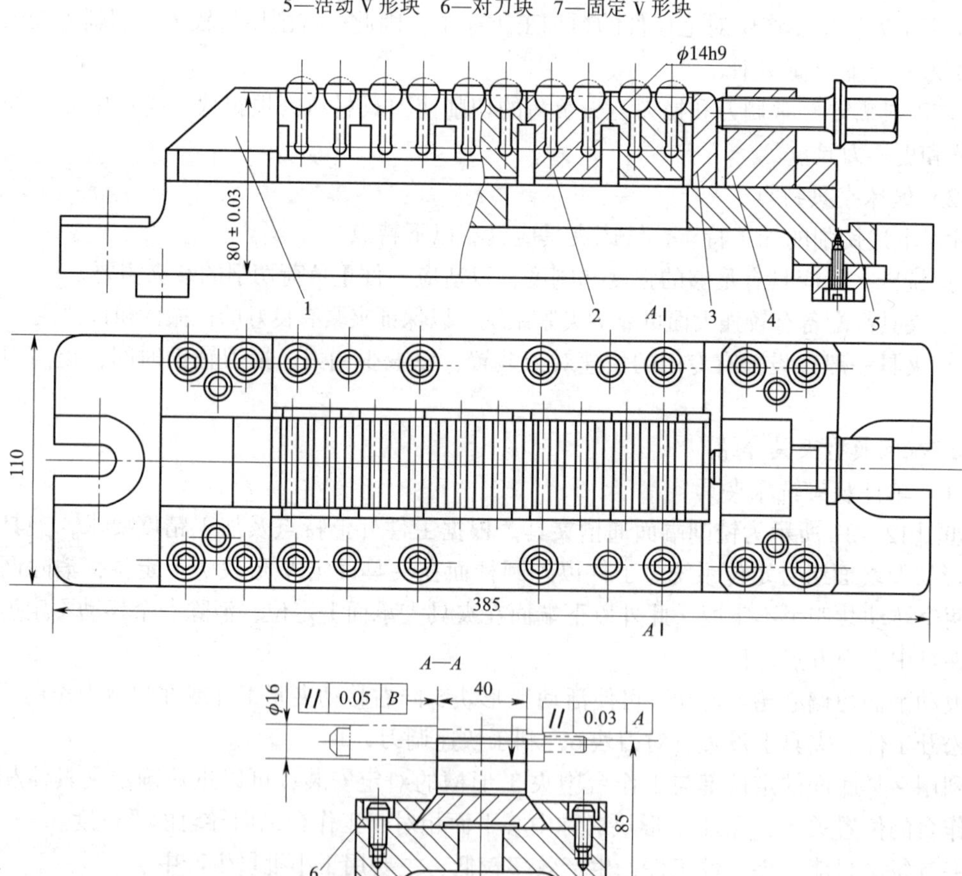

图 12－32　多件装夹铣床夹具

1—支座　2—弹性滑块　3—压块　4—螺杆支架　5—夹具体　6—压板　7—定位键

旋紧夹紧螺杆，推动压块3，使压块压向弹性滑块，从而把10个工件连续、均匀地夹紧。支座1相当于固定钳口，压板6与夹具体上平面组成燕尾形导轨，使弹性滑块沿其滑移，定位键7用于夹具的对定安装。

该夹具结构简单，操作方便，一次能装夹10个工件，生产效率较高。若将夹紧部分改用气动或气动—液压夹紧装置，可适用于大批量生产。

如图12－33所示为铣削连杆中部直槽的多件装夹铣床夹具。夹具一次可装夹6个工件，在一次装夹条件下可完成六件连杆直槽的铣削加工，大大提高了生产效率。夹具以支承板9与固定在其上的六组定位销作为定位元件，每组定位销由一个短圆柱销2和一个菱形销8组成，每组定位销与支承板9之间形成一个“两销一平面”的定位单元，当连杆上的孔插入定位销后，其底面与支承板贴合实现完全定位。当旋紧螺母时，浮动压板6便通过活节螺栓4和浮动杠杆3实现两侧一对浮动压板的联动，可同时将两个工件夹紧。该夹具上共有三组同样的夹紧机构，故可同时将6个工件夹紧。完成铣削后，只要松开同一侧的三个螺母，通过联动便可退出位于两边的6个浮动压板，卸下工件。夹具上还安装了对刀块7，可实现铣刀与夹具和工件间切削位置的快速调整。

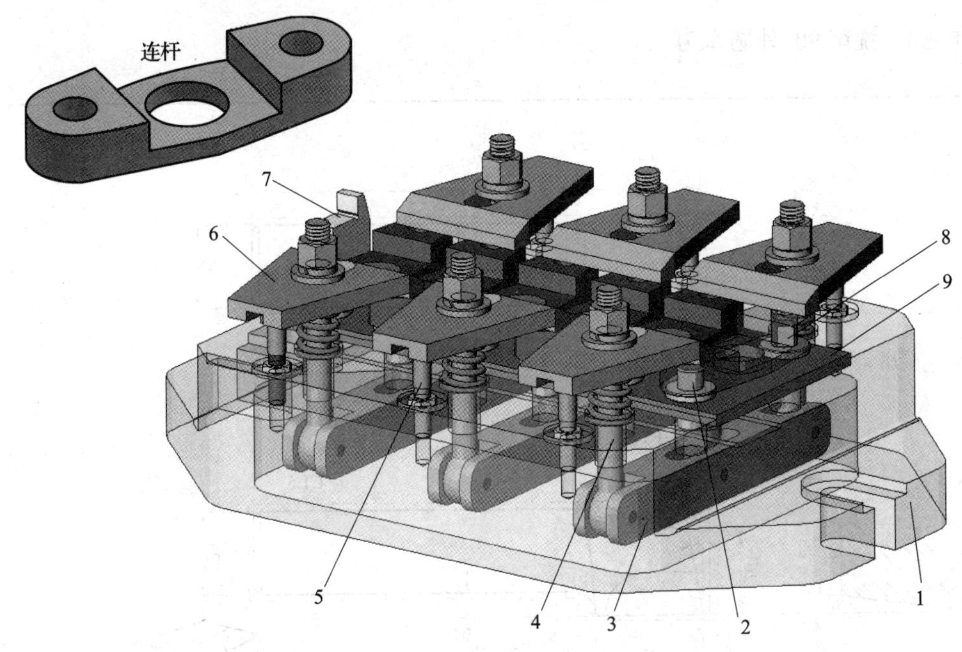

图12－33　铣削连杆中部直槽的多件装夹铣床夹具

1—夹具体　2—圆柱销　3—浮动杠杆　4—活节螺栓

5—螺旋辅助支承　6—浮动压板　7—对刀块　8—菱形销　9—支承板

技能训练

复杂工件的定位和夹紧

结合实际情况，在教师的指导下，按4～6人一组对复杂工件进行装夹练习，分析其定位和夹紧的情况及出现的问题。

第十三单元 综合技能训练与职业技能鉴定试题

课题一 综合技能训练

作业1. 铣削90°外圆车刀

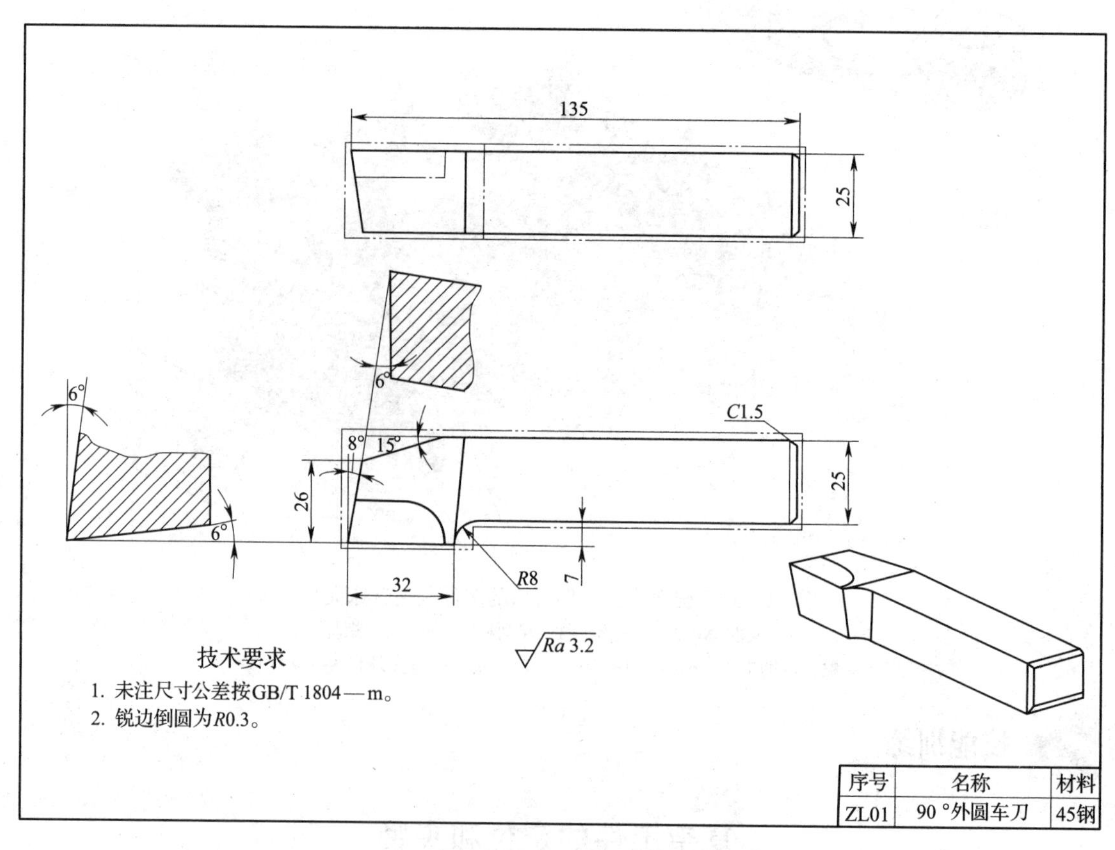

图13－1 90°外圆车刀

表 13 – 1　　　　　　　　　　　　　　　　**评分表**

序号	考核要求	配分	评分标准			检测方法
		T/*Ra*	≤*T* >*Ra* ≤2*Ra*	>*T* ≤2*T* ≤*Ra*	>*T* >*Ra*	
1	135 mm；*Ra*3.2 μm	10/2	10	2	0	用游标卡尺、表面粗糙度比较样块检测
2	32 mm	8	8	0	0	用游标卡尺检测
3	25 mm（2 处）；*Ra*3.2 μm	20/4	20	4	0	用游标卡尺、表面粗糙度比较样块检测
4	26 mm	6	6	0	0	用游标卡尺检测
5	7 mm	6	6	0	0	用游标卡尺检测
6	*C*1.5 mm（4 处）；*Ra*3.2 μm	8/4	8	4	0	用游标卡尺、表面粗糙度比较样块检测
7	15°	10	10	0	0	用游标万能角度尺检测
8	8°	10	10	0	0	用游标万能角度尺检测
9	6°（3 处）	6	6	0	0	用游标万能角度尺检测
10	技术要求 1	3	3	0	0	用游标卡尺检测
11	技术要求 2	3	3	0	0	目测
12	未列入尺寸及 *Ra*		每超差一处扣 1 分			用游标卡尺、表面粗糙度比较样块检测
13	外观		毛刺、损伤、畸形等扣 1～5 分；未加工或严重畸形另扣 5 分			目测
14	安全文明生产		酌情扣 1～5 分，严重者扣 10 分			现场记录
合计		100	得分			

作业 2. 铣削压板

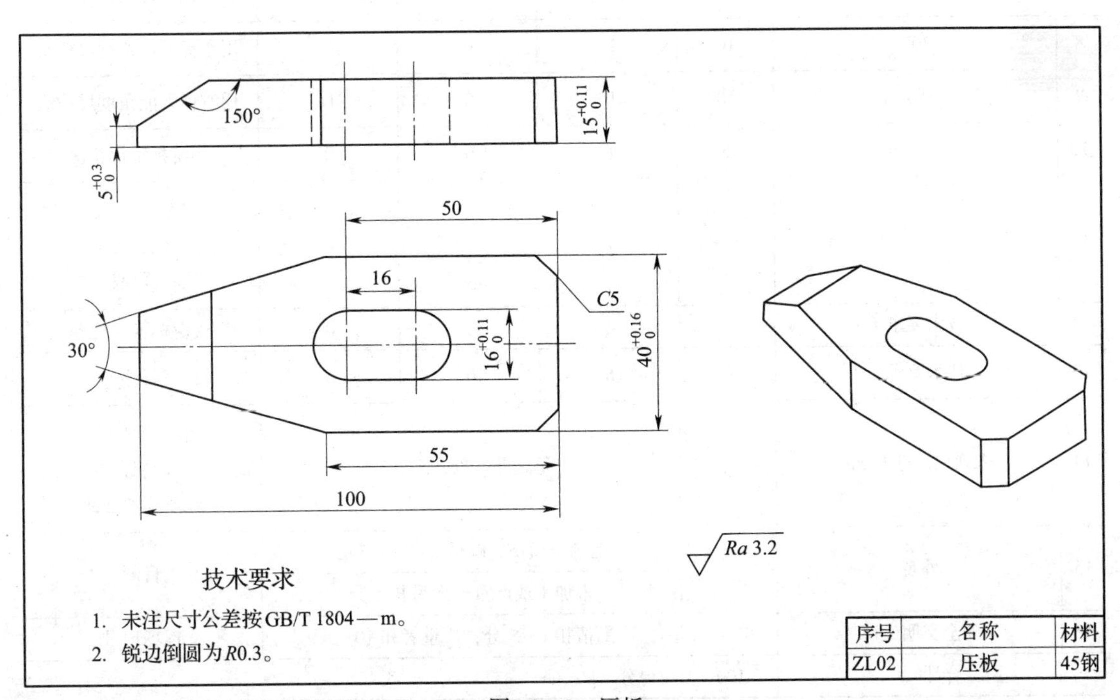

图 13 – 2　压板

表 13－2　　　　　　　　　　　　　　　　**评分表**

序号	考核要求	配分	评分标准			检测方法
		T/Ra	≤*T*　>*Ra* ≤2*Ra*	>*T* ≤2*T*　≤*Ra*	>*T* >*Ra*	
1	100 mm；*Ra*3.2 μm	7/1	7	1	0	用游标卡尺、表面粗糙度比较样块检测
2	$15^{+0.11}_{0}$ mm；*Ra*3.2 μm	7/1	7	1	0	用游标卡尺、表面粗糙度比较样块检测
3	$40^{+0.16}_{0}$ mm；*Ra*3.2 μm	7/1	7	1	0	用游标卡尺、表面粗糙度比较样块检测
4	50 mm	6	6	0	0	用游标卡尺检测
5	16 mm	6	6	0	0	用游标卡尺检测
6	$16^{+0.11}_{0}$ mm；*Ra*3.2 μm	8/2	8	2	0	用塞规、表面粗糙度比较样块检测
7	*C*5 mm（2 处）；*Ra*3.2 μm	6/2	6	2	0	用游标卡尺、表面粗糙度比较样块检测
8	30°	10	10	0	0	用游标万能角度尺检测
9	150°	10	10	0	0	用游标万能角度尺检测
10	55 mm	6	6	0	0	用游标卡尺检测
11	$5^{+0.3}_{0}$ mm；*Ra*3.2 μm	7/1	7	1	0	用游标卡尺、表面粗糙度比较样块检测
12	技术要求 1	6	6	0	0	用游标卡尺检测
13	技术要求 2	6	6	0	0	目测
14	未列入尺寸及 *Ra*		每超差一处扣 1 分			用游标卡尺、表面粗糙度比较样块检测
15	外观		毛刺、损伤、畸形等扣 1～5 分			目测
			未加工或严重畸形另扣 5 分			
16	安全文明生产		酌情扣 1～5 分，严重者扣 10 分			现场记录
	合计	100	得分			

作业 3. 铣削 V 形架

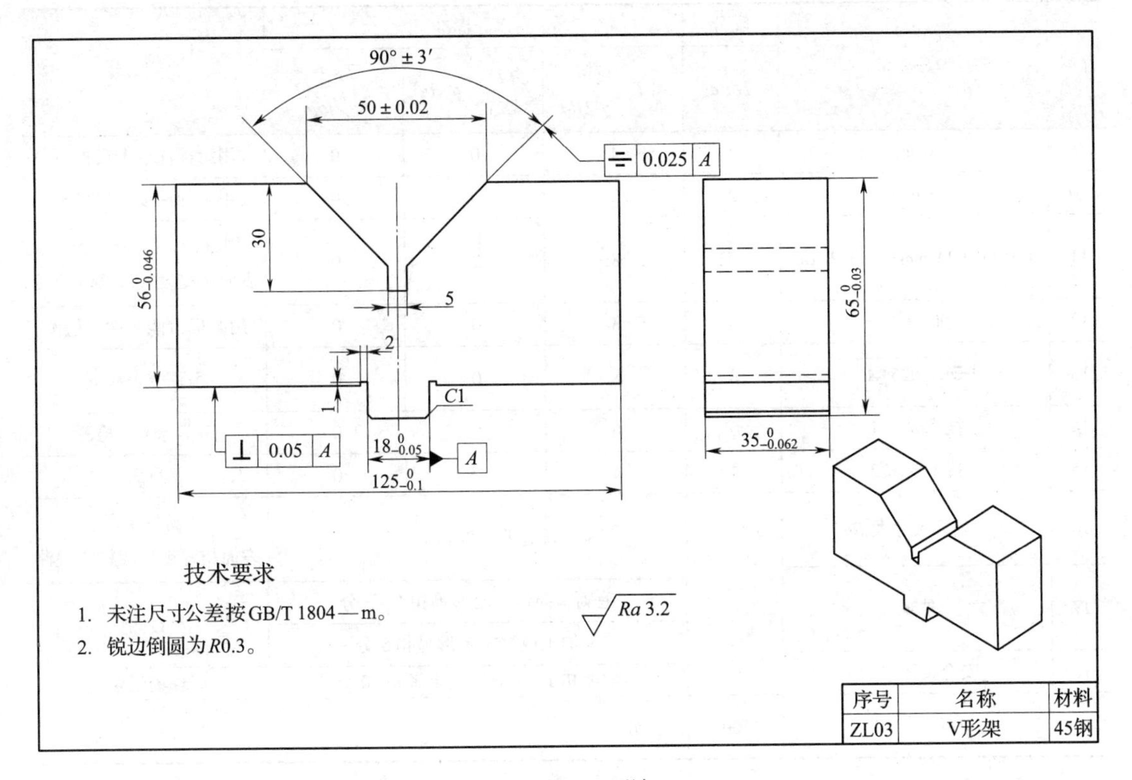

图 13 - 3　V 形架

表 13 - 3　　　　**评分表**

序号	考核要求	配分	评分标准			检测方法
		T/Ra	$\leq T$ / $>Ra$ $\leq 2Ra$	$>T$ $\leq 2T$ / $\leq Ra$	$>T$ $>Ra$	
1	$125_{-0.1}^{0}$ mm；$Ra3.2$ μm	6/2	6	2	0	用游标卡尺、表面粗糙度比较样块检测
2	$35_{-0.062}^{0}$ mm；$Ra3.2$ μm	6/2	6	2	0	用游标卡尺、表面粗糙度比较样块检测
3	$65_{-0.03}^{0}$ mm；$Ra3.2$ μm	6/2	6	2	0	用外径千分尺、表面粗糙度比较样块检测
4	$56_{-0.046}^{0}$ mm；$Ra3.2$ μm	8/2	8	2	0	用外径千分尺、表面粗糙度比较样块检测
5	$18_{-0.05}^{0}$ mm；$Ra3.2$ μm	8/2	8	2	0	用外径千分尺、表面粗糙度比较样块检测
6	2 mm（2 处）、1 mm（2 处）	4	4	0	0	用游标卡尺检测
7	C1 mm（2 处）	2	2	0	0	用游标卡尺检测
8	⊥ 0.05 A	8	8	0	0	用直角尺、塞尺检测

续表

序号	考核要求	配分	评分标准			检测方法
		T/Ra	$\leqslant T$ / $>Ra$ $\leqslant 2Ra$	$>T$ $\leqslant 2T$ / $\leqslant Ra$	$>T$ / $>Ra$	
9	30 mm	4	4	0	0	用游标深度卡尺检测
10	5 mm	2	2	0	0	用游标深度卡尺检测
11	(50 ±0.02) mm；Ra3.2 μm	8/2	8	2	0	用量棒、深度千分尺、表面粗糙度比较样块检测
12	90° ±3′	8	8	0	0	用游标万能角度尺检测
13	⌯ 0.025 A	8	8	0	0	用百分表检测
14	技术要求 1	6	6	0	0	用游标卡尺检测
15	技术要求 2	4	4	0	0	目测
16	未列入尺寸及 Ra		每超差一处扣 1 分			用游标卡尺、表面粗糙度比较样块检测
17	外观		毛刺、损伤、畸形等扣 1 ~5 分			目测
			未加工或严重畸形另扣 5 分			
18	安全文明生产		酌情扣 1 ~5 分，严重者扣 10 分			现场记录
合计		100	得分			

作业 4. 铣削扇形板

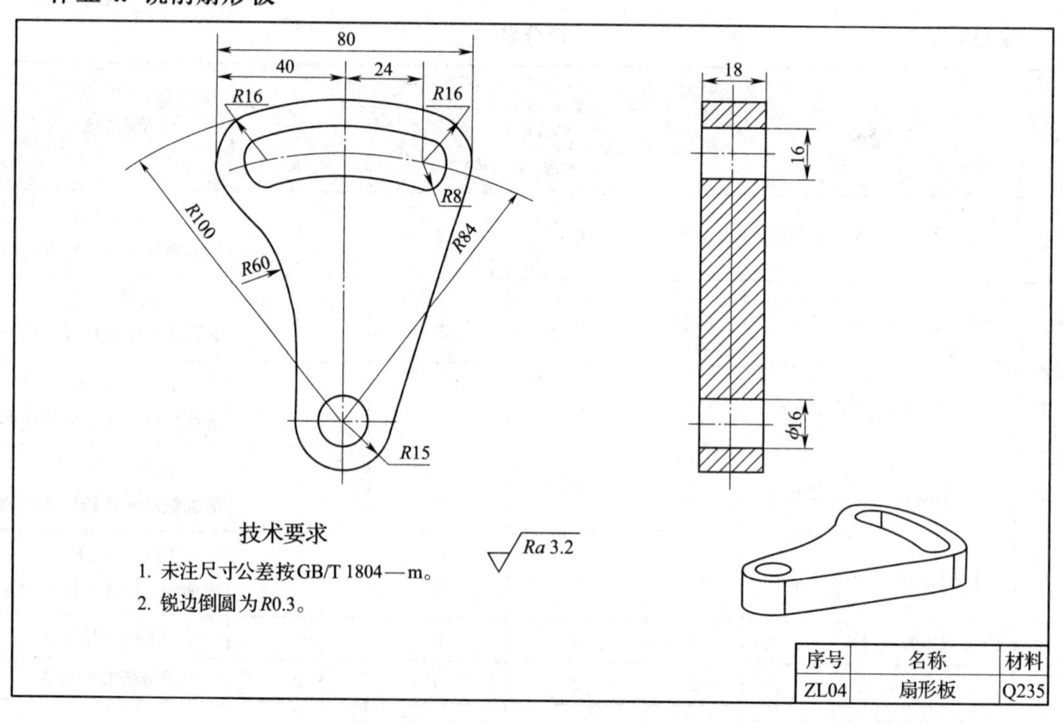

图 13 –4　扇形板

表 13 – 4　　　　　　　　　　　　**评分表**

序号	考核要求	配分	评分标准			检测方法
		T/Ra	≤T　>Ra ≤2Ra	>T ≤2T　≤Ra	>T >Ra	
1	R15 mm；Ra3.2 μm	10/3	10	3	0	用半径样板、表面粗糙度比较样块检测
2	40 mm	9	9	0	0	用游标卡尺检测
3	R100 mm；Ra3.2 μm	10/3	10	3	0	用半径样板、表面粗糙度比较样块检测
4	R16 mm（2 处）；Ra3.2 μm	10/3	10	3	0	用半径样板、表面粗糙度比较样块检测
5	R8 mm（2 处）；Ra3.2 μm	10/3	10	3	0	用游标卡尺、表面粗糙度比较样块检测
6	R60 mm；Ra3.2 μm	10/3	10	3	0	用半径样板、表面粗糙度比较样块检测
7	R84 mm	6	6	0	0	用游标卡尺检测
8	24 mm	6	6	0	0	用游标卡尺检测
9	80 mm	6	6	0	0	用游标卡尺检测
10	技术要求 1	4	4	0	0	用游标卡尺检测
11	技术要求 2	4	4	0	0	目测
12	未列入尺寸及 Ra		每超差一处扣 1 分			用游标卡尺、表面粗糙度比较样块检测
13	外观		毛刺、损伤、畸形等扣 1 ~ 5 分 未加工或严重畸形另扣 5 分			目测
14	安全文明生产		酌情扣 1 ~ 5 分，严重者扣 10 分			现场记录
合计		100	得分			

作业 5. 铣削套筒离合器

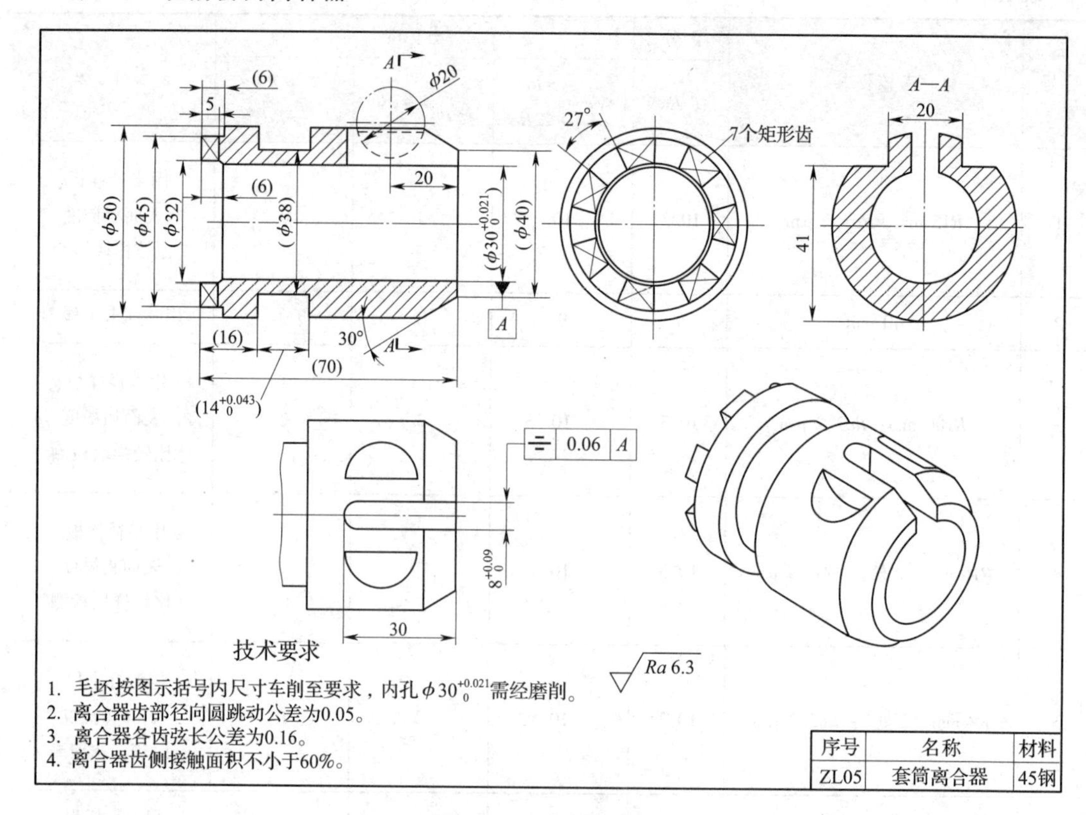

图 13－5　套筒离合器

表 13－5　　**评分表**

序号	考核要求	配分	评分标准			检测方法
		T/Ra	≤T　>Ra ≤2Ra	>T ≤2T　≤Ra	>T >Ra	
1	$z=7$；Ra6. 3 μm	10/4	10	4	0	目测及用表面粗糙度比较样块检测
2	27°	10	10	0	0	用游标万能角度尺检测
3	5 mm；Ra6. 3 μm	6/1	6	1	0	用游标深度卡尺、表面粗糙度比较样块检测
4	径向圆跳动公差 0. 05 mm	10	10	0	0	用百分表检测
5	各齿弦长公差 0. 16 mm	10	10	0	0	用游标卡尺检测
6	接触面积不小于 60%	10	10	0	0	用涂色法检测
7	φ20 mm	4	4	0	0	用半径样板检测
8	20 mm	2	2	0	0	用游标卡尺检测
9	20 mm；Ra6. 3 μm	4/1	4	1	0	用游标卡尺、表面粗糙度比较样块检测
10	41 mm；Ra6. 3 μm	3/1	3	1	0	用游标卡尺、表面粗糙度比较样块检测

续表

序号	考核要求	配分	评分标准				检测方法
		T/Ra	≤T	>Ra ≤2Ra	>T ≤2T	≤Ra	>T >Ra	
11	$8^{+0.09}_{0}$ mm；Ra6. 3 μm	10/2	10	2	0	用塞规、表面粗糙度比较样块检测
12	30 mm	2	2	0	0	用游标卡尺检测
13	⌯ 0.06 A	10	10	0	0	用百分表检测
14	未列入尺寸及 Ra		每超差一处扣 1 分			用游标卡尺、表面粗糙度比较样块检测
15	外观		毛刺、损伤、畸形等扣 1 ~5 分			目测
			未加工或严重畸形另扣 5 分			
16	安全文明生产		酌情扣 1 ~5 分，严重者扣 10 分			现场记录
合计		100	得分			

作业 6. 铣削拨叉

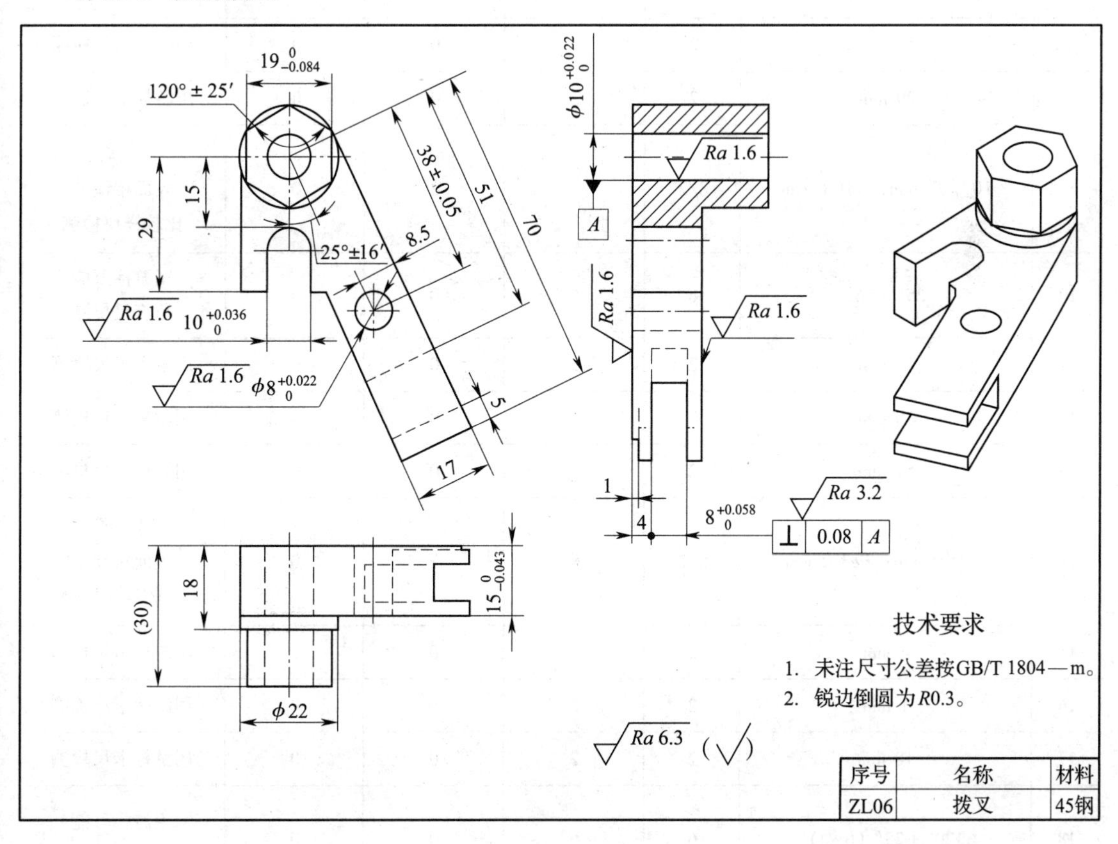

图 13 - 6　拨叉

表 13－6　　　　　　　　　　　　　评分表

序号	考核要求	配分	评分标准			检测方法
		T/Ra	$\leqslant T$ $>Ra$ $\leqslant 2Ra$	$>T$ $\leqslant 2T$ $\leqslant Ra$	$>T$ $>Ra$	
1	$\phi 10^{+0.022}_{0}$ mm；$Ra1.6$ μm	6/2	6	2	0	用塞规、表面粗糙度比较样块检测
2	$\phi 22$ mm	6	6	0	0	用游标卡尺、半径样板检测
3	$15^{0}_{-0.043}$ mm；$Ra6.3$ μm	8/2	8	2	0	用外径千分尺、表面粗糙度比较样块检测
4	(38 ± 0.05) mm	6	6	0	0	用游标卡尺检测
5	8.5 mm	2	2	0	0	用游标卡尺检测
6	$\phi 8^{+0.022}_{0}$ mm；$Ra1.6$ μm	6/2	6	2	0	用塞规、表面粗糙度比较样块检测
7	15 mm	2	2	0	0	用游标卡尺检测
8	29 mm	2	2	0	0	用游标卡尺检测
9	$10^{+0.036}_{0}$ mm；$Ra1.6$ μm	8/2	8	2	0	用塞规、表面粗糙度比较样块检测
10	$25° \pm 16'$	6	6	0	0	用游标万能角度尺检测
11	17 mm	2	2	0	0	用游标卡尺检测
12	70 mm	2	2	0	0	用游标卡尺检测
13	51 mm	2	2	0	0	用游标卡尺检测
14	$8^{+0.058}_{0}$ mm；$Ra3.2$ μm	8/2	8	2	0	用塞规、表面粗糙度比较样块检测
15	4 mm	2	2	0	0	用游标卡尺检测
16	1 mm	2	2	0	0	用游标卡尺检测
17	18 mm	2	2	0	0	用游标卡尺检测
18	$120° \pm 25'$（6 处）	6	6	0	0	用游标万能角度尺检测

续表

序号	考核要求	配分	评分标准			检测方法
		T/Ra	$\leqslant T$ $>Ra$ $\leqslant 2Ra$	$>T$ $\leqslant 2T$ $\leqslant Ra$	$>T$ $>Ra$	
19	$19_{-0.084}^{\ 0}$ mm（3 处）	6	6	0	0	用百分表检测
20	⊥ 0.08 A（2 处）	6	6	0	0	用直角尺、塞尺检测
21	未列入尺寸及 Ra		每超差一处扣 1 分			用游标卡尺、表面粗糙度比较样块检测
22	外观		毛刺、损伤、畸形等扣 1 ~ 5 分			目测
			未加工或严重畸形另扣 5 分			
23	安全文明生产		酌情扣 1 ~ 5 分，严重者扣 10 分			现场记录
合计		100	得分			

作业 7. 铣削直槽双向组件

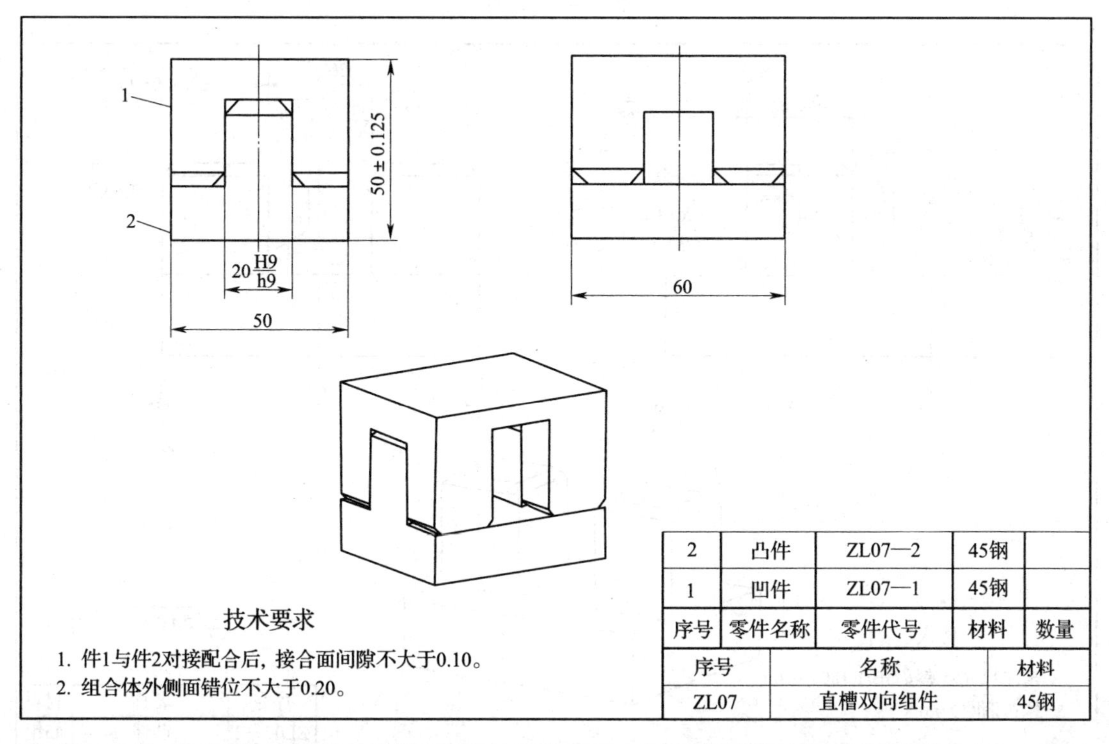

图 13 – 7　直槽双向组件

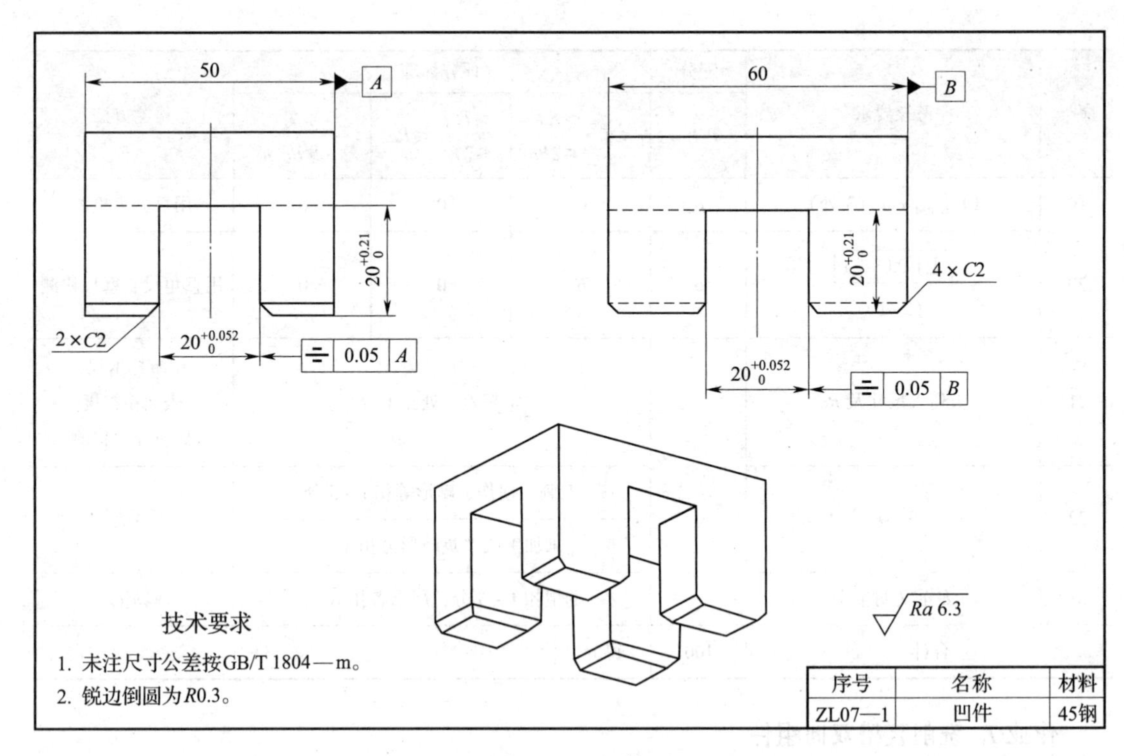

序号	名称	材料
ZL07—1	凹件	45钢

图 13－8　凹件

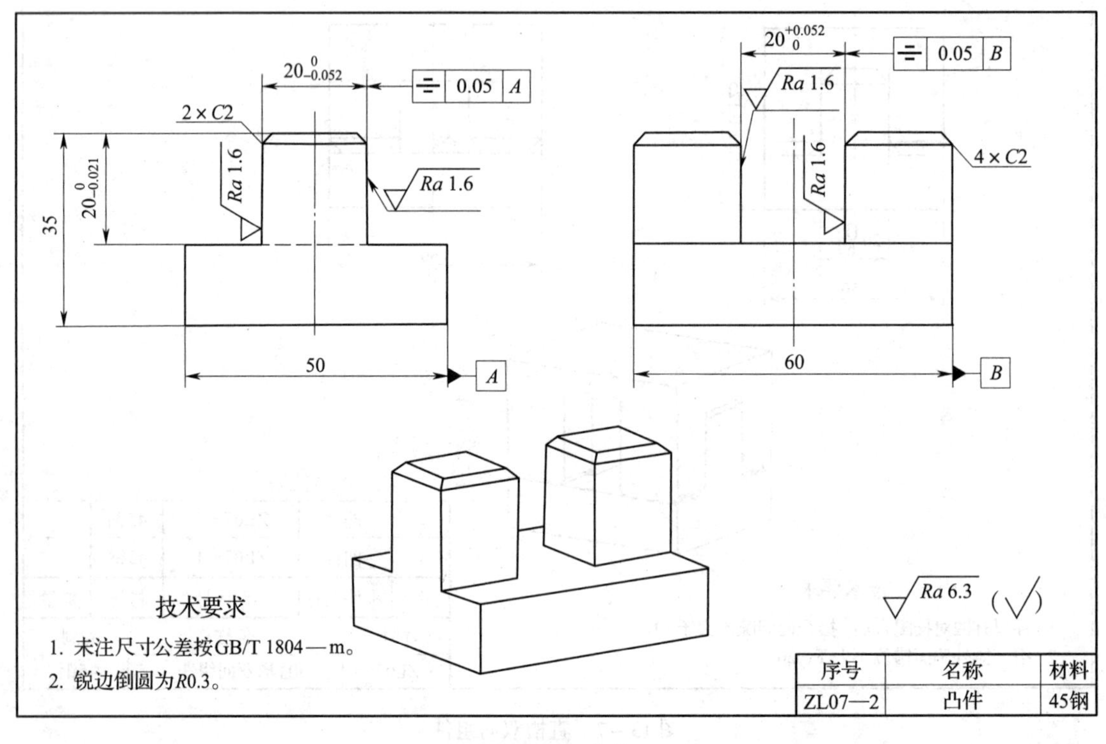

序号	名称	材料
ZL07—2	凸件	45钢

图 13－9　凸件

表 13－7　　　　　　　　　　　　　　　　**评分表**

序号	考核要求	配分	评分标准			检测方法
		T/*Ra*	≤*T* ＞*Ra* ≤2*Ra*	＞*T* ≤2*T* ≤*Ra*	＞*T* ＞*Ra*	
件 1　凸件						
1—1	$20^{+0.21}_{0}$ mm（2 处）；*Ra*6.3 μm	6/1	6	1	0	用游标深度卡尺、表面粗糙度比较样块检测
1—2	$20^{+0.052}_{0}$ mm；*Ra*6.3 μm	7/2	7	2	0	用外径千分尺、表面粗糙度比较样块检测
1—3	$20^{+0.052}_{0}$ mm；*Ra*6.3 μm	7/2	7	2	0	用外径千分尺、表面粗糙度比较样块检测
1—4	⌯ 0.05 *A*	6	6	0	0	用百分表检测
1—5	⌯ 0.05 *B*	6	6	0	0	用百分表检测
1—6	*C*2 mm（8 处）	6	6	0	0	用游标卡尺检测
件 2　凸件						
2—7	$20^{0}_{-0.021}$ mm；*Ra*1.6 μm	6/1	6	1	0	用游标深度卡尺、表面粗糙度比较样块检测
2—8	$20^{0}_{-0.052}$ mm；*Ra*1.6 μm	7/2	7	2	0	用外径千分尺、表面粗糙度比较样块检测
2—9	⌯ 0.05 *A*	6	6	0	0	用百分表检测
2—10	⌯ 0.05 *B*	6	6	0	0	用百分表检测
2—11	$20^{+0.052}_{0}$ mm；*Ra*1.6 μm	7/2	7	2	0	用外径千分尺、表面粗糙度比较样块检测
2—12	*C*2 mm（8 处）	6	6	0	0	用游标卡尺检测
直槽双向组件						
0—13	技术要求 1	8	8	0	0	用塞尺检测
0—14	技术要求 2	6	6	0	0	目测
15	未列入尺寸及 *Ra*		每超差一处扣 1 分			用游标卡尺、表面粗糙度比较样块检测
16	外观		毛刺、损伤、畸形等扣 1～5 分			目测
			未加工或严重畸形另扣 5 分			
17	安全文明生产		酌情扣 1～5 分，严重者扣 10 分			现场记录
合计		100	得分			

作业 8. 铣削对接组件

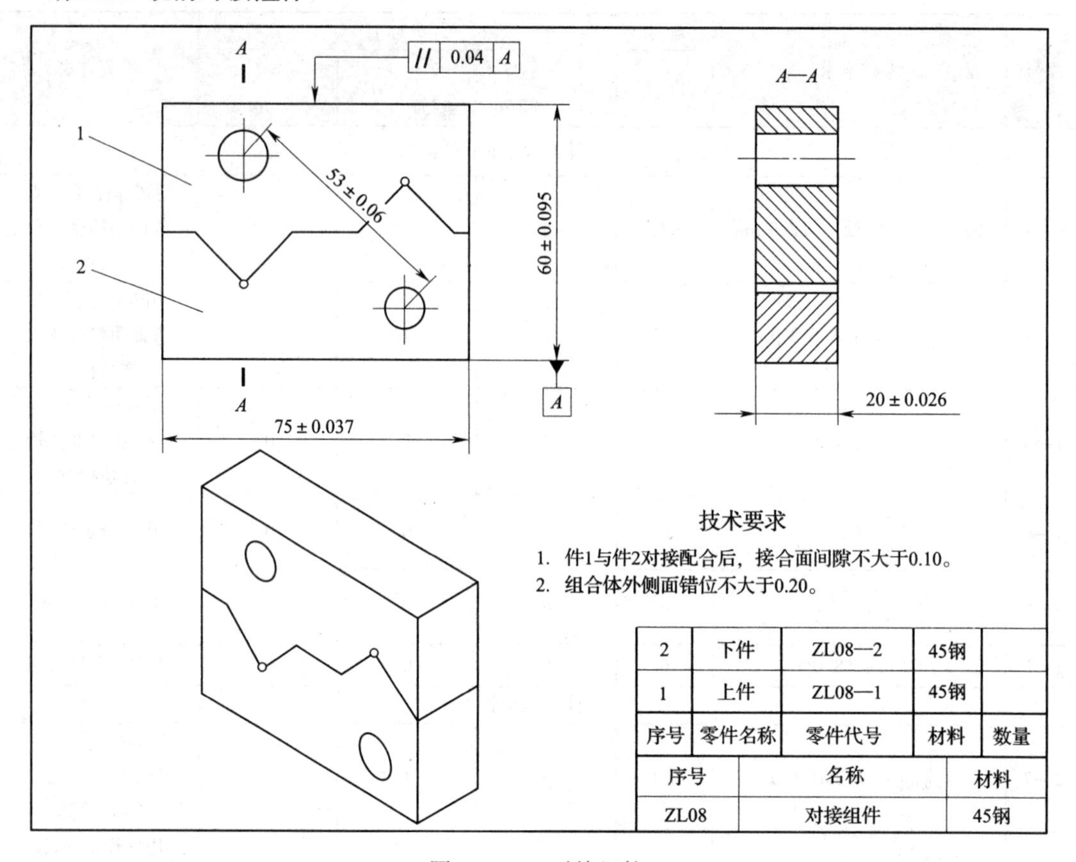

图 13－10　对接组件

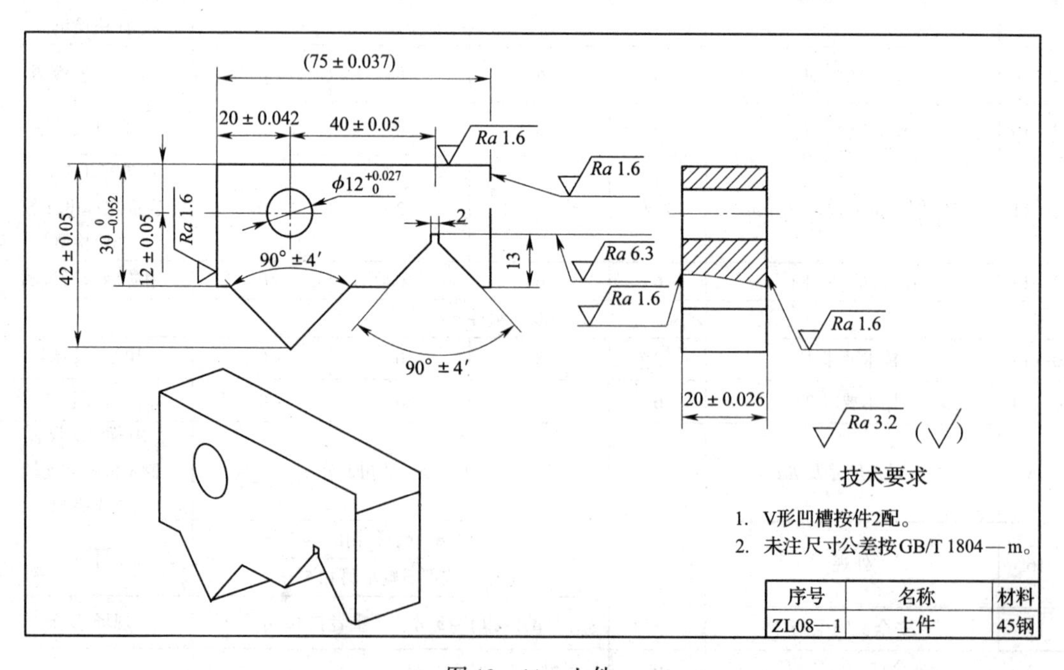

图 13－11　上件

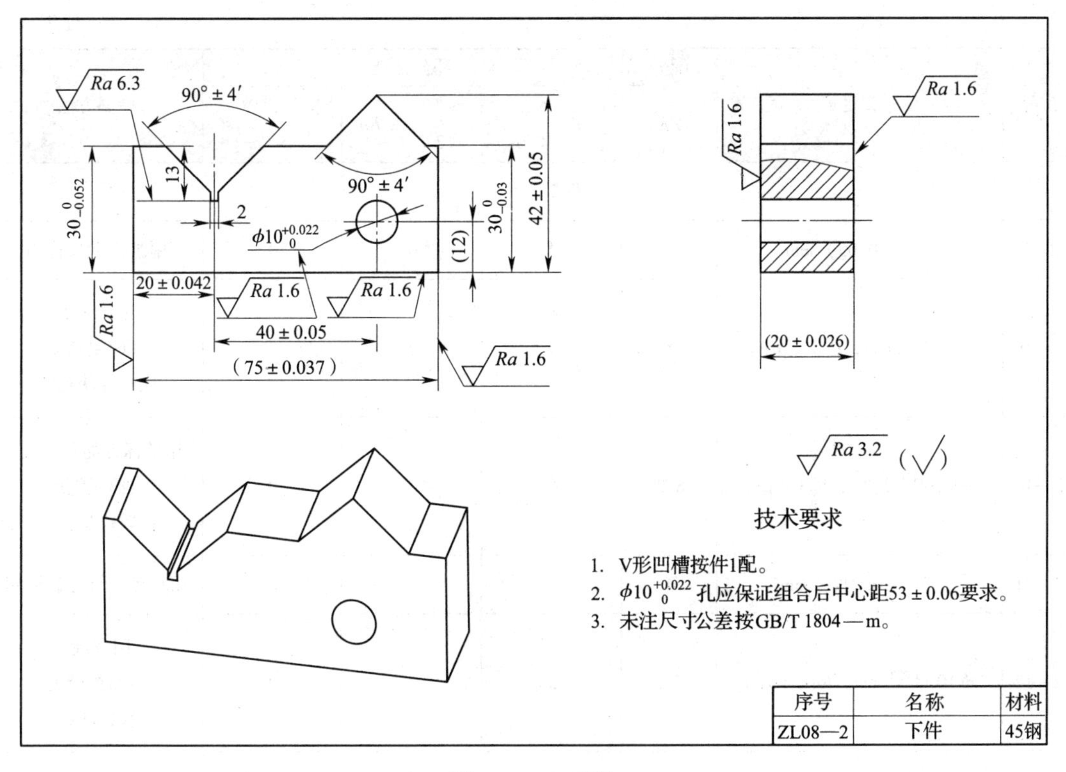

图 13－12　下件

表 13－8　　　　**评分表**

序号	考核要求	配分	评分标准			检测方法
		T/Ra	≤T　>Ra ≤2Ra	>T ≤2T　≤Ra	>T >Ra	
			件1　上件			
1—1	(42 ±0.05) mm	4	4	0	0	用游标卡尺检测
1—2	$30^{0}_{-0.052}$ mm；Ra1.6 μm	4/2	4	2	0	用千分尺、表面粗糙度比较样块检测
1—3	90° ±4′（2 处）；Ra3.2 μm	6/2	6	2	0	用游标万能角度尺、表面粗糙度比较样块检测
1—4	(20 ±0.042) mm	4	4	0	0	用量棒、百分表检测
1—5	(12 ±0.05) mm	4	4	0	0	用量棒、百分表检测
1—6	$\phi12^{+0.027}_{0}$ mm；Ra3.2 μm	5/2	5	2	0	用塞规、表面粗糙度比较样块检测
1—7	(40 ±0.05) mm	4	4	0	0	用量棒、百分表检测

续表

序号	考核要求	配分	评分标准				检测方法
		T/Ra	$\leqslant T$ / $>Ra$ $\leqslant 2Ra$	$>T$ $\leqslant 2T$ / $\leqslant Ra$	$>T$ $>Ra$		
件 2　下件							
2—8	(42 ±0.05) mm	4	4	0	0		用游标卡尺检测
2—9	$30_{-0.052}^{\ 0}$ mm；$Ra3.2$ μm	4/2	4	2	0		用千分尺、表面粗糙度比较样块检测
2—10	90° ±4′ (2 处)；$Ra3.2$ μm	6/2	6	2	0		用游标万能角度尺、表面粗糙度比较样块检测
2—11	(20 ±0.042) mm	4	4	0	0		用量棒、百分表检测
2—12	$\phi 10_{\ 0}^{+0.022}$ mm；$Ra1.6$ μm	5/2	5	2	0		用塞规、表面粗糙度比较样块检测
2—13	(40 ±0.05) mm	4	4	0	0		用量棒、百分表检测
对接组件							
0—14	(53 ±0.06) mm	8	8	0	0		用量棒、外径千分尺检测
0—15	(60 ±0.095) mm	4	4	0	0		用游标卡尺检测
0—16	∥ 0.04 A	6	6	0	0		用百分表检测
0—17	技术要求 1	6	6	0	0		用塞尺检测
0—18	技术要求 2	6	6	0	0		用塞尺检测
19	未列入尺寸及 Ra		每超差一处扣 1 分				用游标卡尺、表面粗糙度比较样块检测
20	外观		毛刺、损伤、畸形等扣 1 ~5 分				目测
			未加工或严重畸形另扣 5 分				
21	安全文明生产		酌情扣 1 ~5 分，严重者扣 10 分				现场记录
合计		100	得分				

课题二　职业技能鉴定试题

作业 1. 铣削调节块

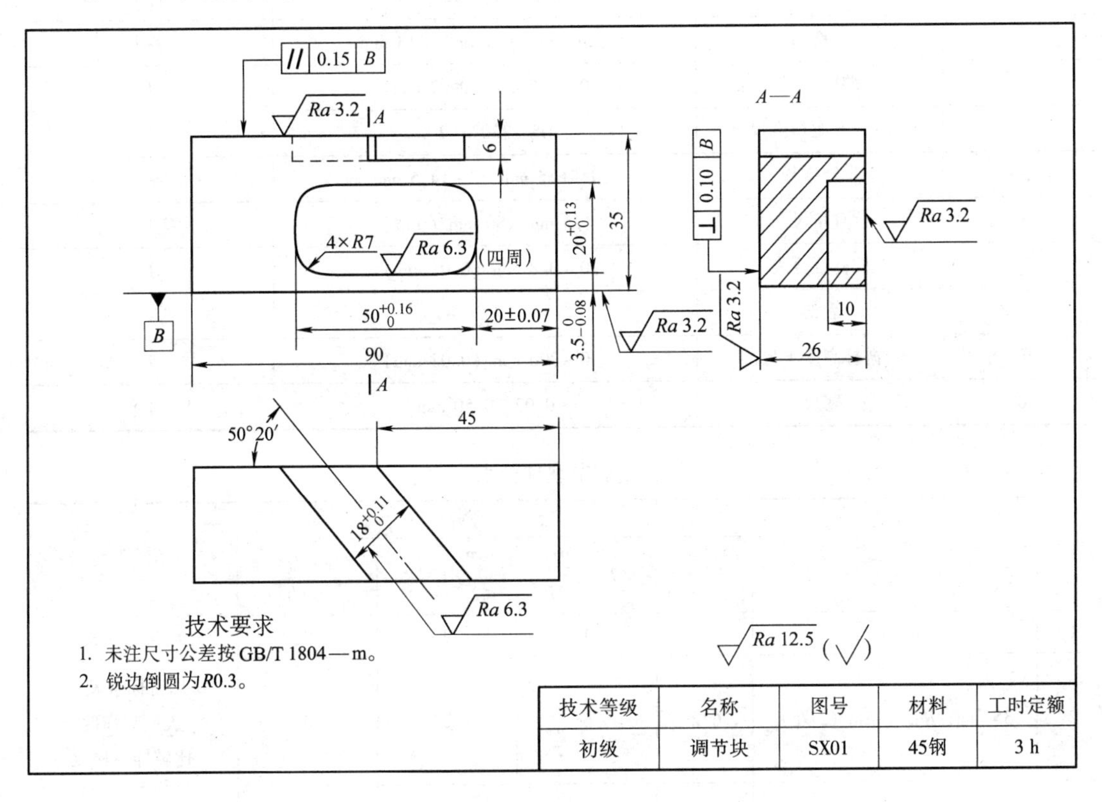

图 13－13　调节块零件图

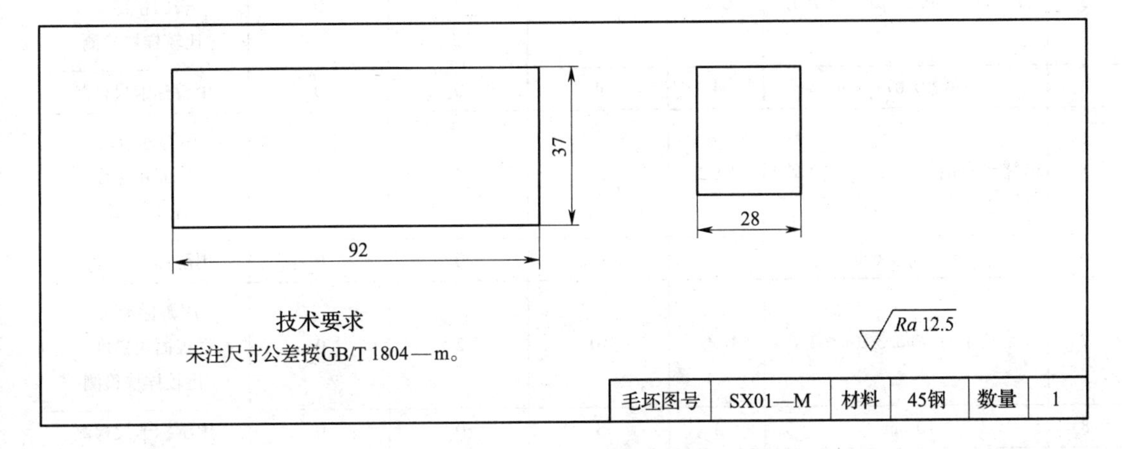

图 13－14　调节块毛坯图

表 13－9　铣削调节块工具、量具清单

工具、量具单	图号	零件名称	机床
	SX01	调节块	立式铣床
序号	名称	规格	数量
1	键槽铣刀	ϕ10 mm、ϕ12 mm	各 1
2	立铣刀	ϕ14 mm、ϕ16 mm、ϕ18 mm	各 1
3	游标卡尺	0～150 mm（0.02 mm）	1
4	游标万能角度尺	0°～320°（2′）	1
5	半径样板	1～6.5 mm、7～14.5 mm	各 1
6	直角尺	125 mm×80 mm（0 级）	1
7	杠杆百分表	0～0.8 mm（0.01 mm）	1
8	表架		1
9	游标高度卡尺	0～300 mm（0.02 mm）	1
10	塞尺	0.02～0.50 mm	1

表 13－10　铣削调节块评分表

序号	考核要求	配分	评分标准			检测方法
		T/Ra	$\leqslant T$　$>Ra$　$\leqslant 2Ra$	$>T$　$\leqslant 2T$　$\leqslant Ra$	$>T$　$>Ra$	
1	90 mm	4	4	0	0	用游标卡尺检测
2	35 mm；Ra3.2 μm（2 处）	6/2	6	2	0	用游标卡尺、表面粗糙度比较样块检测
3	26 mm；Ra3.2 μm（2 处）	6/2	6	2	0	用游标卡尺、表面粗糙度比较样块检测
4	（20±0.07）mm	4	4	0	0	用游标卡尺检测
5	$50^{+0.16}_{0}$ mm；Ra6.3 μm（2 处）	10/2	10	2	0	用游标卡尺、表面粗糙度比较样块检测
6	$3.5^{0}_{-0.08}$ mm	4	4	0	0	用游标卡尺检测
7	$20^{+0.13}_{0}$ mm；Ra6.3 μm（2 处）	10/2	10	2	0	用游标卡尺、表面粗糙度比较样块检测
8	10 mm	3	3	0	0	用游标卡尺检测
9	45 mm	4	4	0	0	用游标卡尺检测
10	50°20′	10	10	0	0	用游标万能角度尺检测

续表

序号	考核要求	配分	评分标准			检测方法
		T/Ra	≤T　>Ra ≤2Ra	>T ≤2T　≤Ra	>T >Ra	
11	$18^{+0.11}_{0}$ mm；Ra6.3 μm（2处）	10/2	10	2	0	用游标卡尺、表面粗糙度比较样块检测
12	6 mm	3	3	0	0	用游标卡尺检测
13	⊥ 0.10 B	6	6	0	0	用直角尺检测
14	// 0.15 B	6	6	0	0	用杠杆百分表检测
15	R7 mm（4处）	4	4	0	0	用半径样板检测
16	未列入尺寸及 Ra		每超差一处扣1分			用游标卡尺、表面粗糙度比较样块检测
17	外观		毛刺、损伤、畸形等扣1～5分			目测
			未加工或严重畸形另扣5分			
18	安全文明生产		酌情扣1～5分，严重者扣10分			现场记录
合计		100	得分			

作业 2. 铣削限位轴

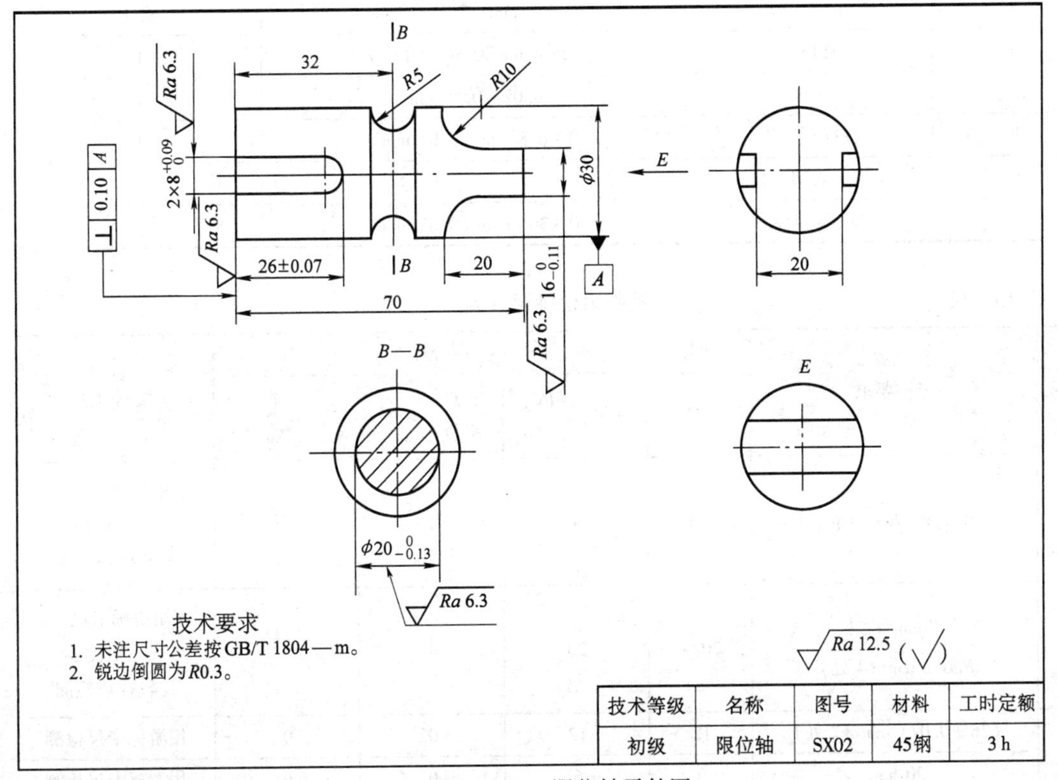

技术等级	名称	图号	材料	工时定额
初级	限位轴	SX02	45钢	3 h

图 13－15　限位轴零件图

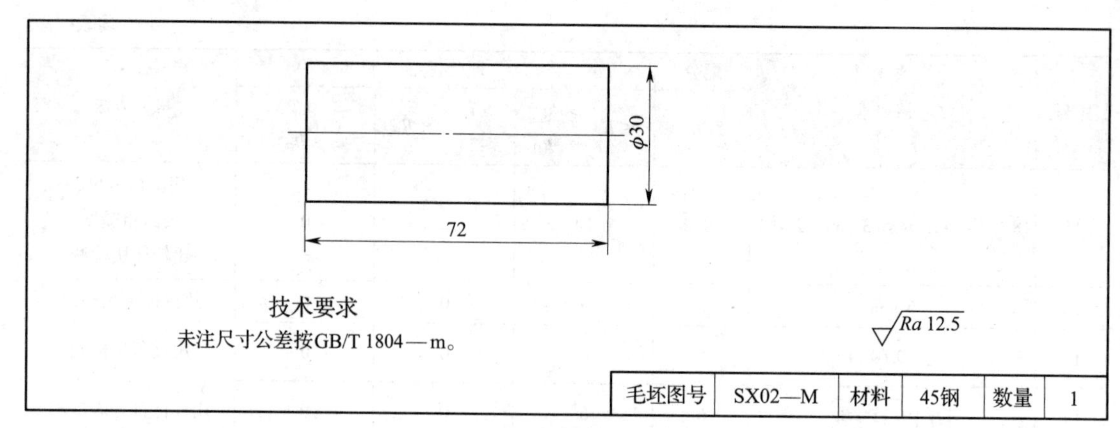

图 13－16　限位轴毛坯图

表 13－11　铣削限位轴工具、量具清单

工具、量具单	图号	零件名称	机床
	SX02	限位轴	立式铣床
序号	名称	规格	数量
1	键槽铣刀	ϕ6 mm、ϕ8 mm	各 1
2	立铣刀	ϕ6 mm、ϕ8 mm、ϕ10 mm	各 1
3	立铣刀	ϕ20 mm	1
4	游标卡尺	0～150 mm（0.02 mm）	1
5	半径样板	1～6.5 mm、7～14.5 mm	各 1
6	直角尺	125 mm×80 mm（0 级）	1
7	塞尺	0.02～0.50 mm	1
8	杠杆百分表	0～0.8 mm（0.01 mm）	1
9	表架		1
10	游标高度卡尺	0～300 mm（0.02 mm）	1

表 13－12　铣削限位轴评分表

序号	考核要求	配分	评分标准			检测方法
		T/Ra	$\leqslant T$　$>Ra$　$\leqslant 2Ra$	$>T$　$\leqslant 2T$　$\leqslant Ra$	$>T$　$>Ra$	
1	70 mm；Ra6.3 μm	4/1	4	1	0	用游标卡尺、表面粗糙度比较样块检测
2	$8^{+0.09}_{0}$ mm（2 处）；Ra6.3 μm（4 处）	20/4	20	4	0	用游标卡尺、表面粗糙度比较样块检测
3	（26±0.07）mm（2 处）	12	12	0	0	用游标卡尺检测
4	20 mm	6	6	0	0	用游标卡尺检测

续表

序号	考核要求	配分	评分标准			检测方法
		T/Ra	≤T　>Ra ≤2Ra	>T ≤2T　≤Ra	>T >Ra	
5	32 mm	4	4	0	0	用游标卡尺检测
6	R5 mm（2 处）	4	4	0	0	用半径样板检测
7	$\phi20_{-0.13}^{0}$ mm；Ra6.3 μm	12/2	12	2	0	用游标卡尺、表面粗糙度比较样块检测
8	$16_{-0.11}^{0}$ mm；Ra6.3 μm	10/2	10	2	0	用游标卡尺、表面粗糙度比较样块检测
9	20 mm	6	6	0	0	用游标卡尺检测
10	R10 mm（2 处）	6	6	0	0	用半径样板检测
11	⊥ 0.10 A	7	7	0	0	用直角尺检测
12	未列尺寸及 Ra		每超差一处扣 1 分			用游标卡尺、表面粗糙度比较样块检测
13	外观		毛刺、损伤、畸形等扣 1 ~ 5 分 未加工或严重畸形另扣 5 分			目测
14	安全文明生产		酌情扣 1 ~ 5 分，严重者扣 10 分			现场记录
合计		100	得分			

作业 3. 铣削止动块

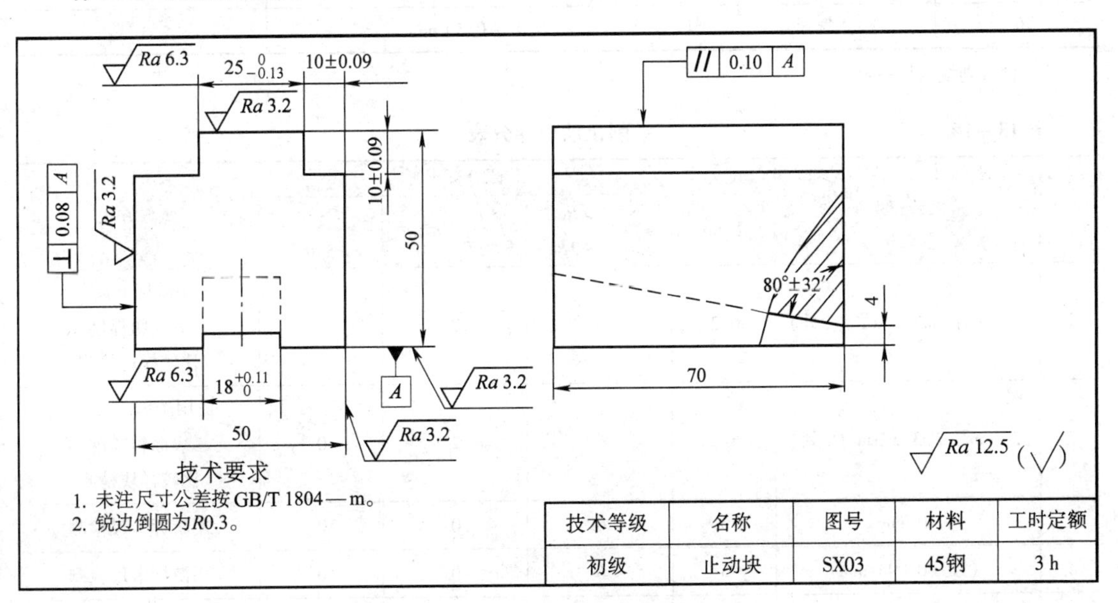

图 13 - 17　止动块零件图

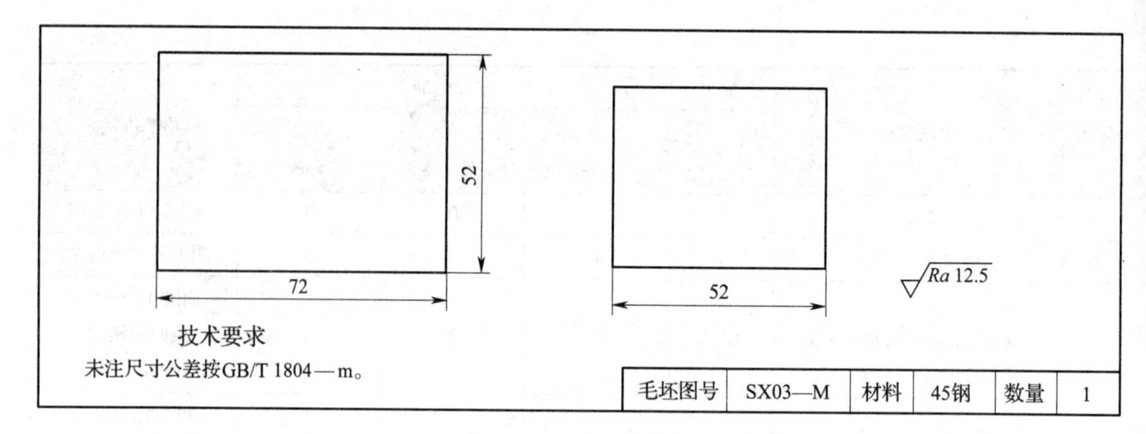

图 13－18　止动块毛坯图

表 13－13　　铣削止动块工具、量具清单

工具、量具单	图号	零件名称	机床
	SX03	止动块	卧式铣床
序号	名称	规格	数量
1	圆柱形铣刀	63 mm×63 mm×27 mm	1
2	三面刃铣刀	80 mm×16 mm×27 mm	1
3	游标卡尺	0～150 mm（0.02 mm）	1
4	游标万能角度尺	0°～320°（2′）	1
5	直角尺	125 mm×80 mm（0 级）	1
6	杠杆百分表	0～0.8 mm（0.01 mm）	1
7	表架		1
8	游标高度卡尺	0～300 mm（0.02 mm）	1
9	塞尺	0.02～0.50 mm	1

注：自备划线工具一套。

表 13－14　　铣削止动块评分表

序号	考核要求	配分	评分标准			检测方法
		T/Ra	$\leqslant T$　$>Ra$ $\leqslant 2Ra$	$>T$ $\leqslant 2T$　$\leqslant Ra$	$>T$ $>Ra$	
1	50 mm；Ra3.2 μm（2 处）	6/2	6	2	0	用游标卡尺、表面粗糙度比较样块检测
2	50 mm；Ra3.2 μm（2 处）	6/2	6	2	0	用游标卡尺、表面粗糙度比较样块检测
3	70 mm	6	6	0	0	用游标卡尺检测
4	（10±0.09）mm	6	6	0	0	用游标卡尺检测
5	（10±0.09）mm	6	6	0	0	用游标卡尺检测

续表

序号	考核要求	配分	评分标准			检测方法
		T/Ra	≤T >Ra ≤2Ra	>T ≤2T ≤Ra	>T >Ra	
6	$25_{-0.13}^{\ 0}$ mm； *Ra*6. 3 μm（2 处）	14/2	14	2	0	用游标卡尺、表面粗糙度比较样块检测
7	$18_{\ 0}^{+0.11}$ mm； *Ra*6. 3 μm（2 处）	14/2	14	2	0	用游标卡尺、表面粗糙度比较样块检测
8	4 mm	4	4	0	0	用游标卡尺检测
9	80° ±32′	14	14	0	0	用游标万能角度尺检测
10	⊥ 0.08 A	8	8	0	0	用直角尺检测
11	// 0.10 A	8	8	0	0	用杠杆百分表检测
12	未列尺寸及 *Ra*		每超差一处扣 1 分 毛刺、损伤、畸形等扣 1 ~5 分			用游标卡尺、表面粗糙度比较样块检测
13	外观		未加工或严重畸形另扣 5 分 酌情扣 1 ~5 分，严重者扣 10 分			目测
14	安全文明生产					现场记录
合计		100	得分			

作业 4. 铣削接长转轴

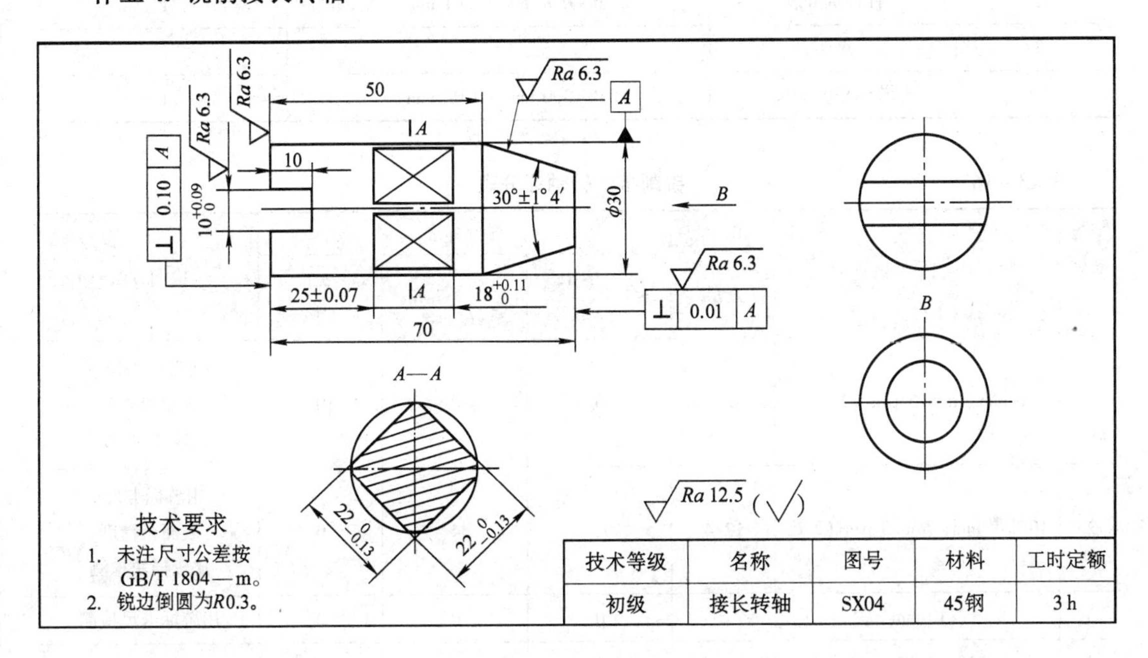

图 13－19　接长转轴零件图

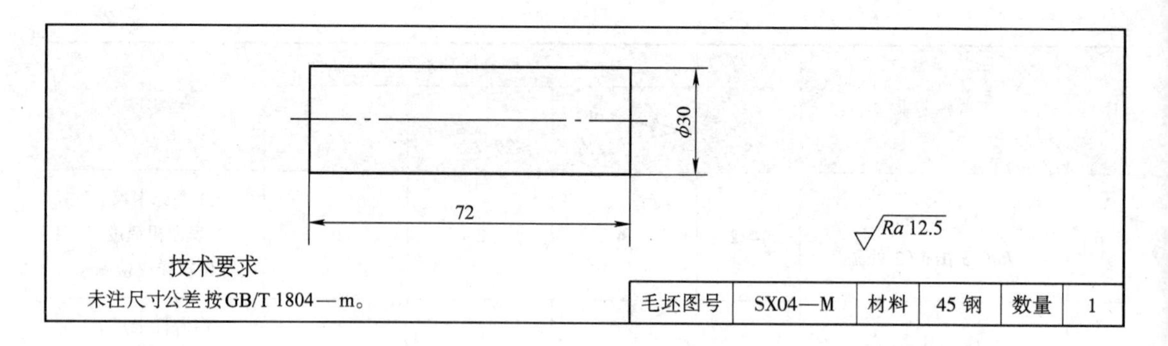

图 13－20　接长转轴毛坯图

表 13－15　　　　**铣削接长转轴工具、量具清单**

工具、量具单	图号	零件名称	机床
	SX04	接长转轴	立式铣床
序号	名称	规格	数量
1	键槽铣刀	ϕ8 mm、ϕ10 mm	各 1
2	立铣刀	ϕ8 mm、ϕ10 mm	各 1
3	立铣刀	ϕ16 mm、ϕ18 mm	各 1
4	游标卡尺	0 ~ 150 mm（0. 02 mm）	1
5	游标万能角度尺	0° ~ 320°（2′）	1
6	直角尺	125 mm × 80 mm（0 级）	1
7	塞尺	0. 02 ~ 0. 50 mm	1
8	杠杆百分表	0 ~ 0. 8 mm（0. 01 mm）	1
9	表架		1
10	游标高度卡尺	0 ~ 300 mm（0. 02 mm）	1

表 13－16　　　　**铣削接长转轴评分表**

序号	考核要求	配分	评分标准			检测方法
		T/*Ra*	≤*T* >*Ra* ≤2*Ra*	>*T* ≤2*T* ≤*Ra*	>*T* >*Ra*	
1	70 mm；*Ra*6. 3 μm（2 处）	6/4	6	4	0	用游标卡尺、表面粗糙度比较样块检测
2	$10^{+0.09}_{0}$ mm；*Ra*6. 3 μm（2 处）	12/4	12	4	0	用游标卡尺、表面粗糙度比较样块检测
3	10 mm	6	6	0	0	用游标卡尺检测
4	（25 ± 0. 07）mm	6	6	0	0	用游标卡尺检测

续表

序号	考核要求	配分	评分标准			检测方法
		T/Ra	$\leqslant T$ $>Ra$ $\leqslant 2Ra$	$>T$ $\leqslant 2T$ $\leqslant Ra$	$>T$ $>Ra$	
5	$18^{+0.11}_{0}$ mm	6	6	0	0	用游标卡尺检测
6	$22^{0}_{-0.13}$ mm（2 处）	24	24	0	0	用游标卡尺检测
7	50 mm	4	4	0	0	用游标卡尺检测
8	30° ±1°4′；*Ra*6.3 μm	12/2	12	2	0	用游标万能角度尺、表面粗糙度比较样块检测
9	⊥ 0.10 *A*（2 处）	14	14	0	0	用直角尺检测
10	未列尺寸及 *Ra*		每超差一处扣 1 分			用游标卡尺、表面粗糙度比较样块检测
11	外观		毛刺、损伤、畸形等扣 1 ~5 分			目测
			未加工或严重畸形另扣 5 分			
12	安全文明生产		酌情扣 1 ~5 分，严重者扣 10 分			现场记录
合计		100	得分			

作业 5. 铣削 V 形定位块

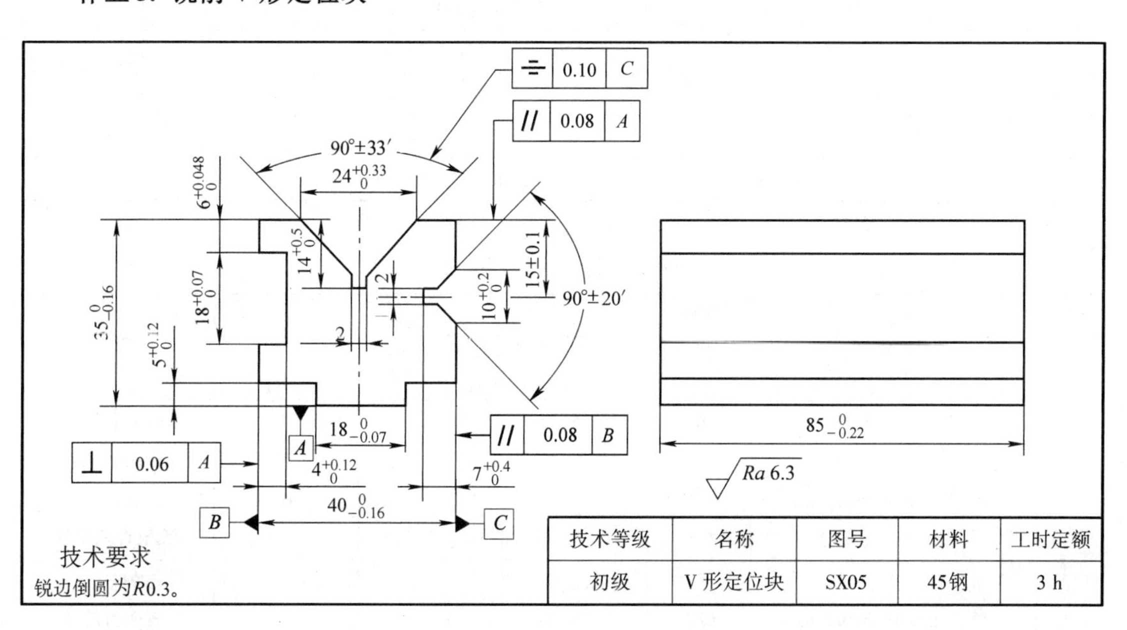

图 13－21　V 形定位块零件图

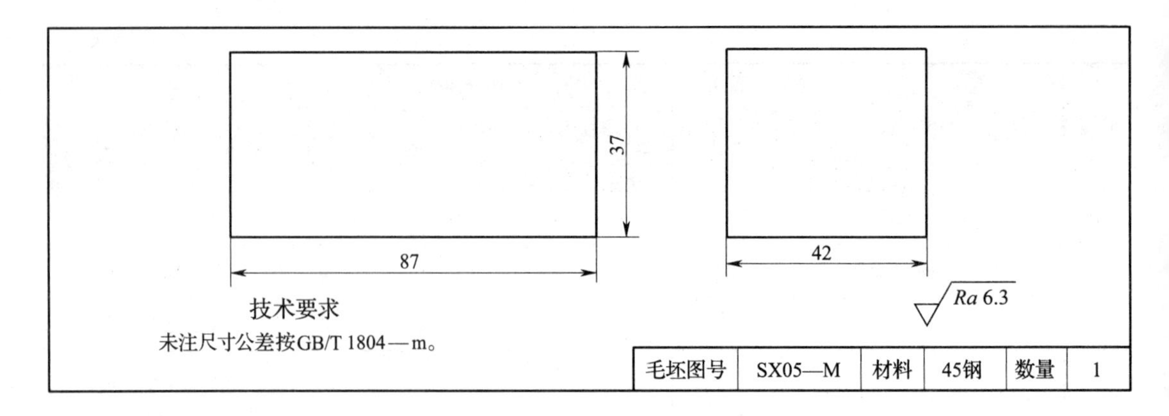

图 13－22　V 形定位块毛坯图

表 13－17　　铣削 V 形定位块工具、量具清单

工具、量具单	图号	零件名称	机床
	SX05	V 形定位块	卧式铣床
序号	名称	规格	数量
1	圆柱形铣刀	63 mm×63 mm×27 mm	1
2	三面刃铣刀	80 mm×12 mm×27 mm	1
3	锯片铣刀	100 mm×2 mm×27 mm	1
4	对称双角铣刀	100 mm×32 mm×32 mm×90°	1
5	游标卡尺	0～150 mm（0.02 mm）	1
6	游标万能角度尺	0°～320°（2′）	1
7	外径千分尺	0～25 mm（0.01 mm）	1
8	直角尺	125 mm×80 mm（0 级）	1
9	杠杆百分表	0～0.8 mm（0.01 mm）	1
10	表架		1
11	游标高度卡尺	0～300 mm（0.02 mm）	1

注：自备划线工具一套。

表 13－18　　铣削 V 形定位块评分表

序号	考核要求	配分	评分标准			检测方法
		T/Ra	≤T；>Ra ≤2Ra	>T ≤2T；≤Ra	>T >Ra	
1	$85^{0}_{-0.22}$ mm	6	6	0		用游标卡尺检测
2	$40^{0}_{-0.16}$ mm；Ra6.3 μm	6/2	6	2	0	用游标卡尺、表面粗糙度比较样块检测
3	$35^{0}_{-0.16}$ mm；Ra6.3 μm	6/2	6	2	0	用游标卡尺、表面粗糙度比较样块检测
4	$24^{+0.33}_{0}$ mm	2	2	0	0	用游标卡尺检测

续表

序号	考核要求	配分	评分标准			检测方法
		T/Ra	$\leqslant T$ $>Ra$ $\leqslant 2Ra$	$>T$ $\leqslant 2T$ $\leqslant Ra$	$>T$ $>Ra$	
5	90°±20′；Ra6.3 μm	4/2	4	2	0	用游标万能角度尺、表面粗糙度比较样块检测
6	2 mm、$14^{+0.5}_{0}$ mm	2	2	0	0	用游标卡尺检测
7	(15±0.1) mm	4	4	0	0	用游标卡尺检测
8	$10^{+0.2}_{0}$ mm	2	2	0	0	用游标卡尺检测
9	90°±33′	4	4	0	0	用游标万能角度尺检测
10	2 mm、$7^{+0.4}_{0}$ mm	2	2	0	0	用游标卡尺检测
11	$18^{0}_{-0.07}$ mm；Ra6.3 μm	8/2	8	2	0	用外径千分尺、表面粗糙度比较样块检测
12	$5^{+0.12}_{0}$ mm	2	2	0	0	用游标卡尺检测
13	$6^{+0.048}_{0}$ mm	8	8	0	0	用外径千分尺检测
14	$18^{+0.07}_{0}$ mm；Ra6.3 μm	8/2	8	2	0	用游标卡尺、表面粗糙度比较样块检测
15	$4^{+0.12}_{0}$ mm	2	2	0	0	用游标卡尺检测
16	⊥ 0.06 A	6	6	0	0	用直角尺检测
17	// 0.08 A	6	6	0	0	用杠杆百分表检测
18	// 0.08 B	6	6	0	0	用杠杆百分表检测
19	≡ 0.10 C	6	6	0	0	用杠杆百分表检测
20	未列尺寸及 Ra		每超差一处扣 1 分			用游标卡尺、表面粗糙度比较样块检测
21	外观		毛刺、损伤、畸形等扣 1~5 分			目测
			未加工或严重畸形另扣 5 分			
22	安全文明生产		酌情扣 1~5 分，严重者扣 10 分			现场记录
合计		100	得分			

作业 6. 铣削十字槽底板

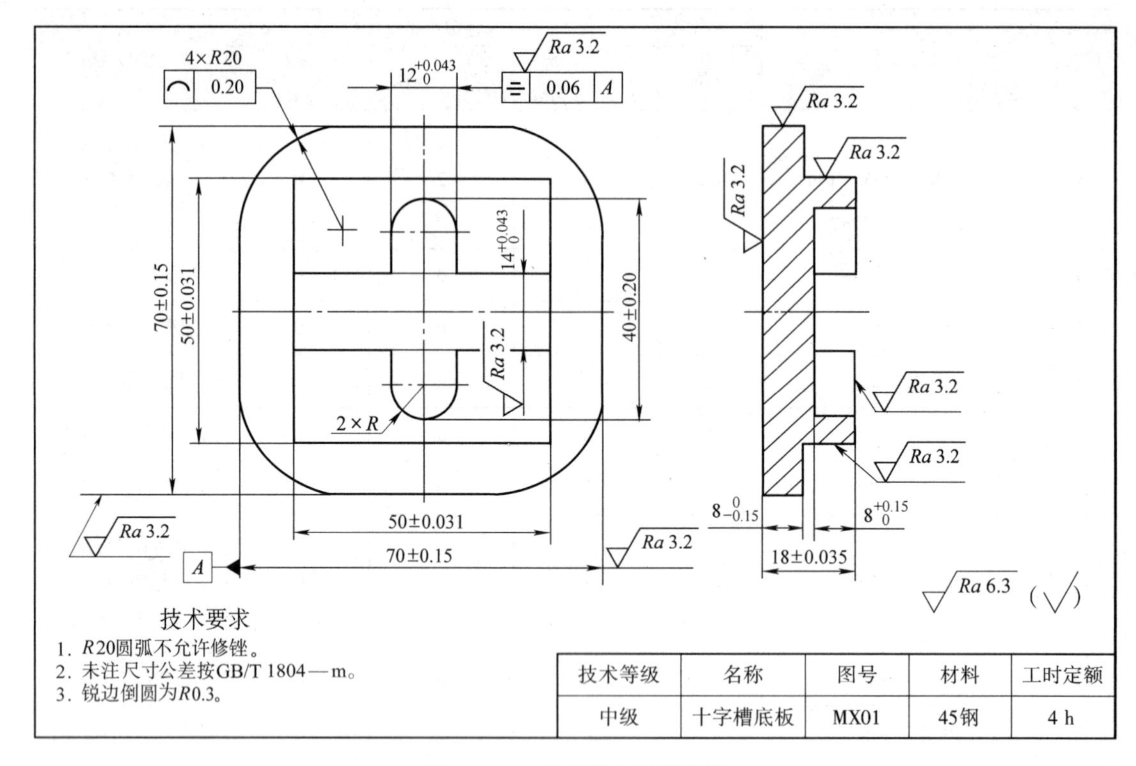

图 13－23　十字槽底板零件图

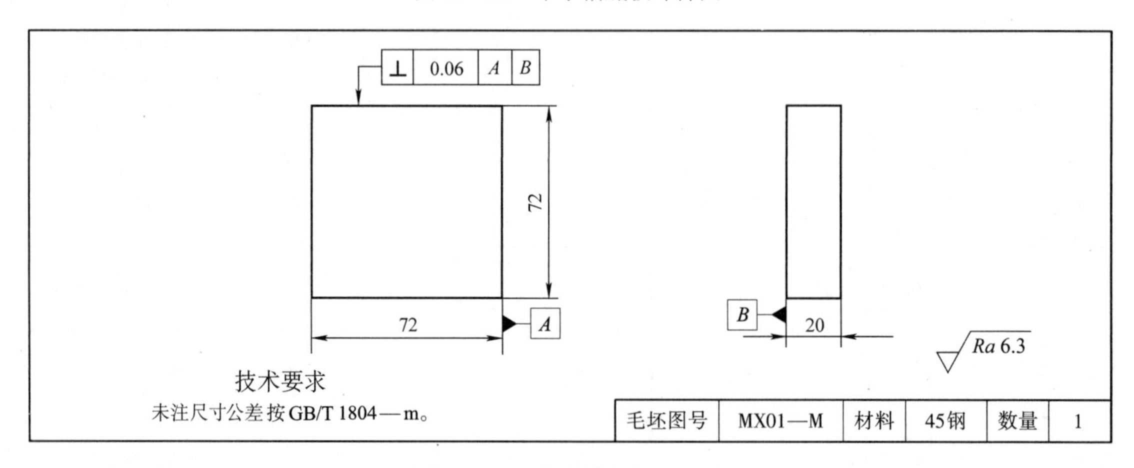

图 13－24　十字槽底板毛坯图

表 13－19　　铣削十字槽底板工具、量具清单

工具、量具单	图号	零件名称	机床
	MX01	十字槽底板	立式铣床
序号	名称	规格	数量
1	立铣刀	ϕ20 mm、ϕ30 mm	各 1
2	键槽铣刀	ϕ10 mm、ϕ12 mm、ϕ14 mm	各 1

续表

工具、量具单	图号	零件名称	机床
	MX01	十字槽底板	立式铣床
序号	名称	规格	数量
3	立铣刀	ϕ10 mm	1
4	游标卡尺	0 ~ 150 mm（0.02 mm）	1
5	外径千分尺	0 ~ 25 mm、25 ~ 50 mm	各 1
6	杠杆百分表	0 ~ 0.8 mm（0.01 mm）	1
7	表架		1
8	半径样板	15 ~ 25 mm	1
9	塞规	ϕ12H9、ϕ14H9	各 1
10	游标高度卡尺	0 ~ 300 mm（0.02 mm）	1
11	塞尺	0.02 ~ 0.50 mm	1
12	半径样板	1 ~ 6.5 mm	1

注：自备划线工具一套。

表 13 – 20　　铣削十字槽底板评分表

序号	考核要求	配分	评分标准			检测方法
		T/Ra	$\leq T$　$>Ra$　$\leq 2Ra$	$>T$　$\leq 2T$　$\leq Ra$	$>T$　$>Ra$	
1	(70 ± 0.15) mm(2 处)； Ra3.2 μm（4 处）	8/2	8	2	0	用游标卡尺、表面粗糙度比较样块检测
2	(18 ± 0.035) mm； Ra3.2 μm（2 处）	10/2	10	2	0	用外径千分尺、表面粗糙度比较样块检测
3	⌒ 0.20（4 处）、R20 mm（4 处）	12	12	0	0	用半径样板检测
4	(50 ± 0.031) mm(2 处)； Ra3.2 μm（2 处）	16/4	16	4	0	用外径千分尺、表面粗糙度比较样块检测
5	$8_{-0.15}^{0}$ mm	5	5	0	0	用游标卡尺检测
6	$12_{0}^{+0.043}$ mm（2 处）； Ra3.2 μm（2 处）	10/2	10	2	0	用塞规、表面粗糙度比较样块检测
7	$14_{0}^{+0.043}$ mm（2 处）；Ra3.2 μm	10/2	10	2	0	用塞规、表面粗糙度比较样块检测
8	(40 ± 0.20) mm	4	4	0	0	用游标卡尺检测

续表

序号	考核要求	配分	评分标准			检测方法
		T/Ra	≤T >Ra ≤2Ra	>T ≤2T ≤Ra	>T >Ra	
9	$8^{+0.15}_{0}$ mm	5	5	0	0	用游标卡尺检测
10	2×R	2	2	0	0	用半径样板检测
11	⌯ 0.06 A	6	6	0	0	用杠杆百分表检测
12	未列尺寸及 Ra		每超差一处扣 1 分			用游标卡尺、表面粗糙度比较样块检测
13	外观		毛刺、损伤、畸形等扣 1 ~ 5 分			目测
			未加工或严重畸形另扣 5 分			
14	安全文明生产		酌情扣 1 ~ 5 分，严重者扣 10 分			现场记录
合计		100	得分			

作业 7. 铣削配油盘

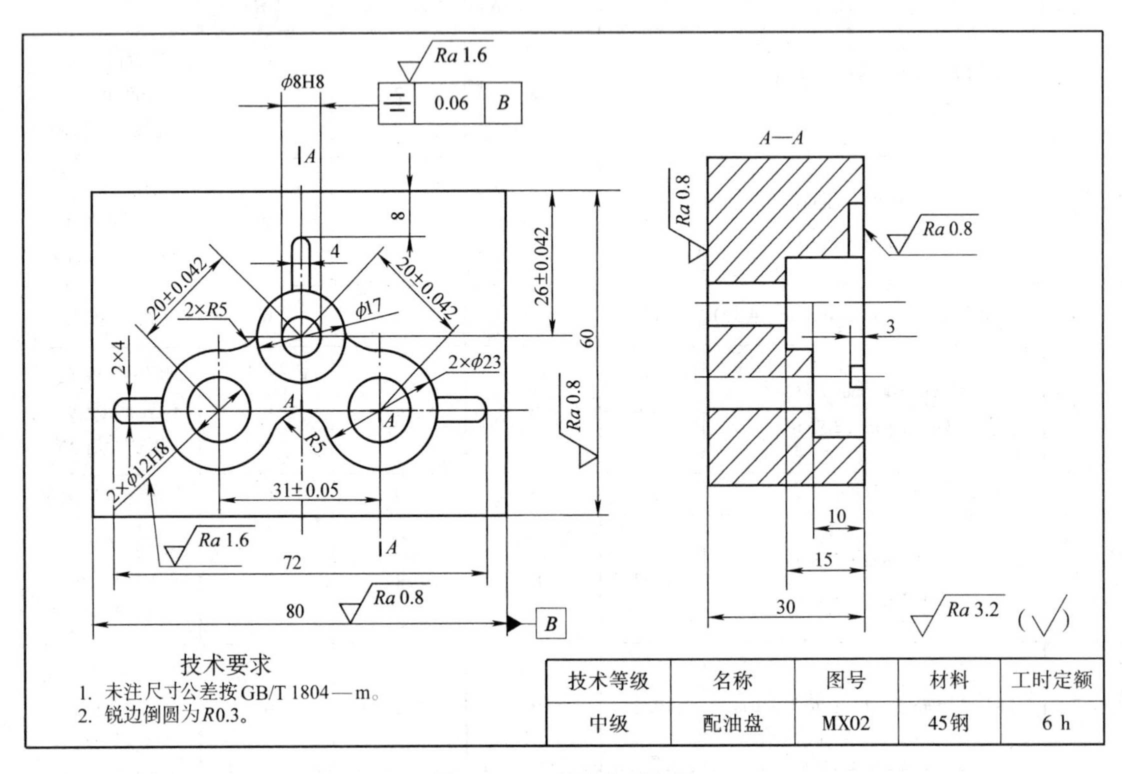

图 13－25 配油盘零件图

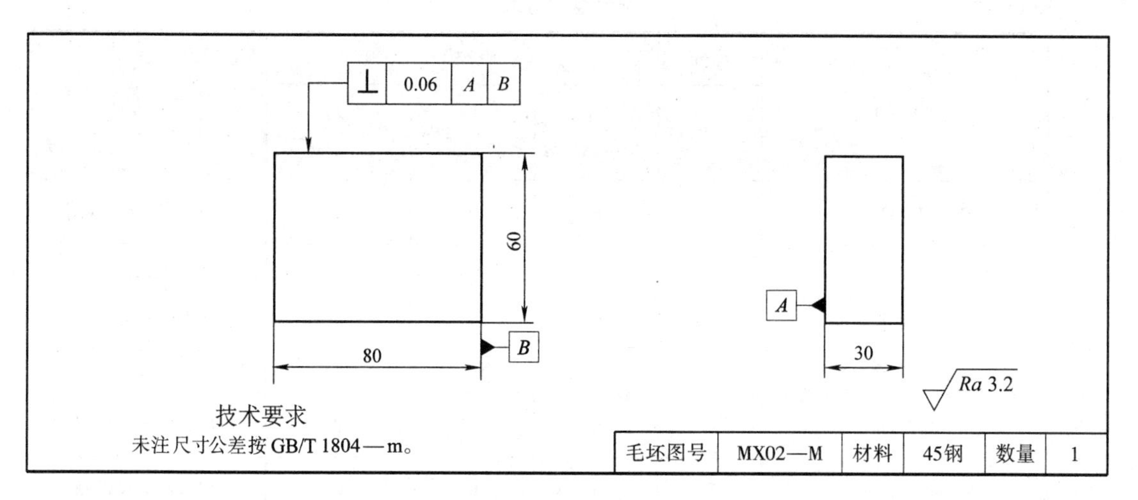

图 13－26　配油盘毛坯图

表 13－21　　铣削配油盘工具、量具清单

工具、量具单	图号	零件名称	机床
	MX02	配油盘	立式铣床
序号	名称	规格	数量
1	立铣刀	ϕ4 mm、ϕ8 mm、ϕ10 mm	各 1
2	直柄麻花钻	ϕ6 mm、ϕ7.8 mm、ϕ11.8 mm	各 1
3	键槽铣刀	ϕ4 mm、ϕ8 mm、ϕ12 mm	各 1
4	机用铰刀	ϕ8H8、ϕ12H8	各 1
5	游标卡尺	0 ~ 150 mm（0.02 mm）	1
6	塞规	ϕ8H8、ϕ12H8	各 1
7	量棒	ϕ8H8（l = 30 mm）	1
8	量棒	ϕ12H8（l = 30 mm）	2
9	外径千分尺	0 ~ 25 mm、25 ~ 50 mm	各 1
10	杠杆百分表	0 ~ 0.8 mm（0.01 mm）	1
11	表架		1
12	游标高度卡尺	0 ~ 300 mm（0.02 mm）	1
13	半径样板	1 ~ 6.5 mm	1

表 13－22　　配油盘评分表

序号	考核要求	配分	评分标准			检测方法
		T/Ra	≤T　>Ra ≤2Ra	>T ≤2T　≤Ra	>T >Ra	
1	（26 ±0.042）mm	8	8	0	0	用外径千分尺检测
2	ϕ8H8，Ra1.6 μm	6/4	6	4	0	用塞规、表面粗糙度比较样块检测
3	ϕ17 mm	6	6	0	0	用游标卡尺检测
4	4 mm、8 mm	3	3	0	0	用游标卡尺检测
5	3 mm、15 mm	2	2	0	0	用游标卡尺检测
6	（20 ±0.042）mm（2 处）	16	16	0	0	用外径千分尺、量棒检测
7	（31 ±0.05）mm	8	8	0	0	用外径千分尺、量棒检测
8	ϕ12H8（2 处）；Ra1.6 μm（2 处）	12/8	12	8	0	用塞规、表面粗糙度比较样块检测
9	ϕ23 mm（2 处）	12	12	0	0	用游标卡尺检测
10	10 mm	2	2	0	0	用游标卡尺检测
11	4 mm（2 处）	2	2	0	0	用游标卡尺检测
12	72 mm	2	2	0	0	用游标卡尺检测
13	R5 mm（3 处）	3	3	0	0	用半径样板检测
14	⌯ 0.06 B	6	6	0	0	用杠杆百分表检测
15	未列尺寸及 Ra		每超差一处扣 1 分			用游标卡尺、表面粗糙度比较样块检测
16	外观		毛刺、损伤、畸形等扣 1 ~5 分			目测
			未加工或严重畸形另扣 5 分			
17	安全文明生产		酌情扣 1 ~5 分，严重者扣 10 分			现场记录
合计		100	得分			

作业 8. 铣削升降 V 形支座

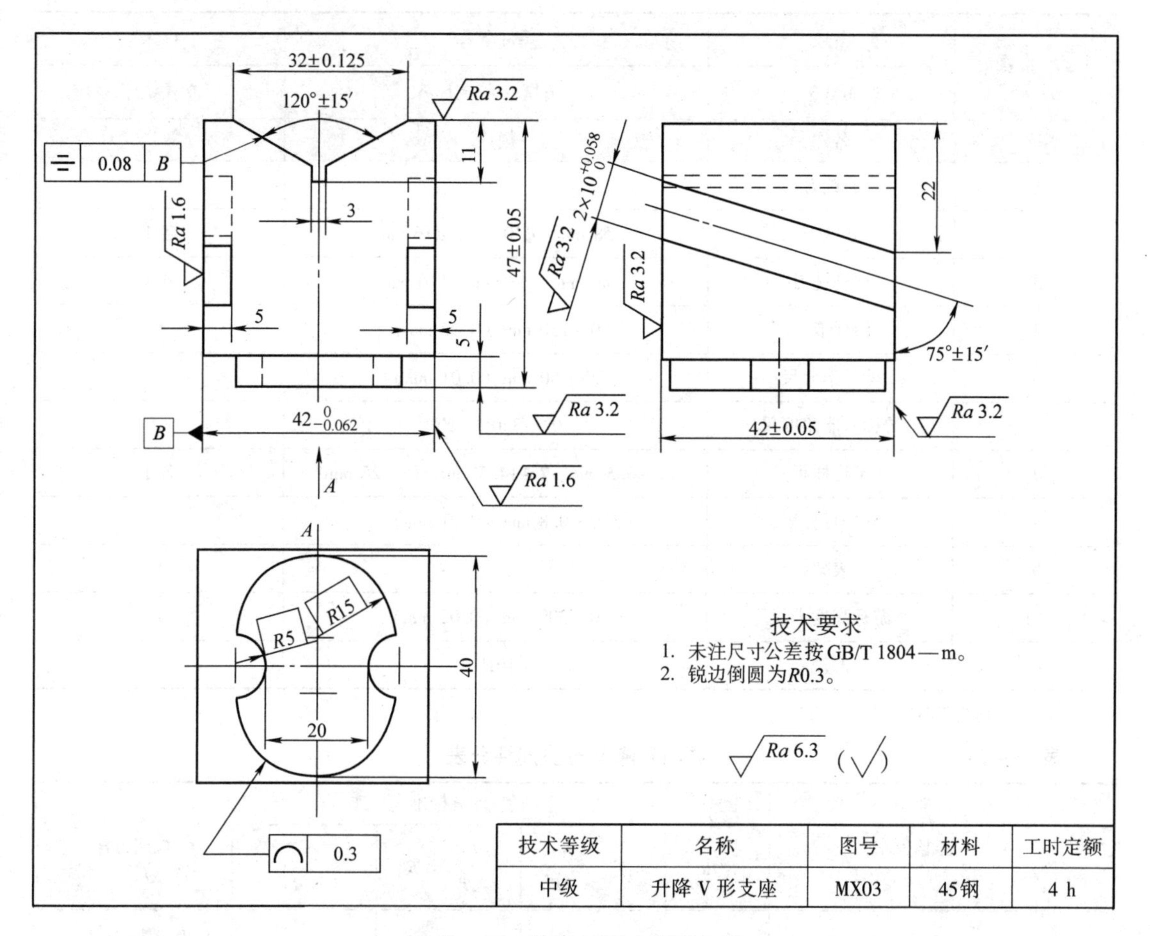

技术等级	名称	图号	材料	工时定额
中级	升降 V 形支座	MX03	45钢	4 h

图 13－27　升降 V 形支座零件图

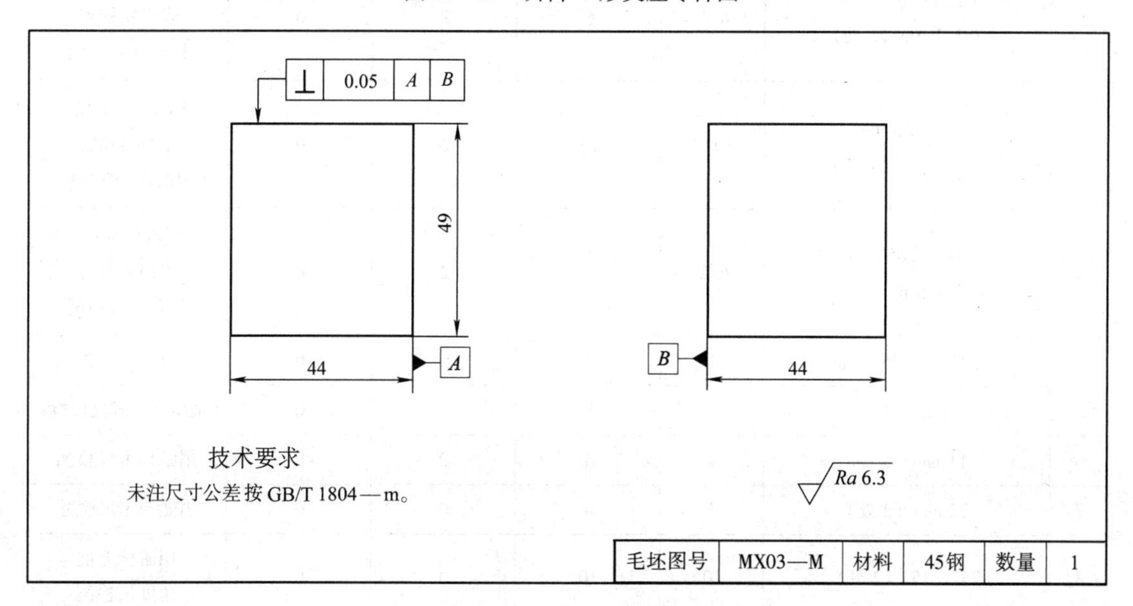

毛坯图号	MX03—M	材料	45钢	数量	1

图 13－28　升降 V 形支座毛坯图

表 13－23　铣削升降 V 形支座工具、量具清单

工具、量具单	图号	零件名称	机床
	MX03	升降 V 形支座	立式铣床
序号	名称	规格	数量
1	面铣刀		1
2	立铣刀	ϕ8 mm、ϕ10 mm、ϕ16 mm	各 1
3	键槽铣刀	ϕ3 mm、ϕ8 mm、ϕ10 mm	各 1
4	游标卡尺	0～150 mm（0.02 mm）	1
5	外径千分尺	25～50 mm（0.01 mm）	1
6	游标万能角度尺	0°～320°（2′）	1
7	半径样板	1～6.5 mm、7～14.5 mm、15～25 mm	各 1
8	杠杆百分表	0～0.8 mm（0.01 mm）	1
9	表架		1
10	游标高度卡尺	0～300 mm（0.02 mm）	1
11	塞规	ϕ10H10	1

注：自备划线工具一套。

表 13－24　铣削升降 V 形支座评分表

序号	考核要求	配分	评分标准			检测方法
		T/Ra	$\leqslant T$ $>Ra$ $\leqslant 2Ra$	$>T$ $\leqslant 2T$ $\leqslant Ra$	$>T$ $>Ra$	
1	（42 ±0.05）mm；Ra3.2 μm（2 处）	6/2	6	2	0	用游标卡尺、表面粗糙度比较样块检测
2	$42_{-0.062}^{0}$ mm；Ra1.6 μm（2 处）	10/2	10	2	0	用外径千分尺、表面粗糙度比较样块检测
3	（47 ±0.05）mm；Ra3.2 μm（2 处）	6/2	6	2	0	用游标卡尺、表面粗糙度比较样块检测
4	（32 ±0.125）mm	4	4	0	0	用游标卡尺检测
5	120° ±15′	8	8	0	0	用游标万能角度尺检测
6	11 mm、3 mm	4	4	0	0	用游标卡尺检测
7	22 mm（2 处）	4	4	0	0	用游标卡尺检测
8	75° ±15′（2 处）	10	10	0	0	用游标万能角度尺检测

续表

序号	考核要求	配分	评分标准			检测方法
		T/Ra	≤T >Ra ≤2Ra	>T ≤2T ≤Ra	>T >Ra	
9	$10^{+0.058}_{0}$ mm（2处）；Ra3.2 μm	12/2	12	2	0	用塞规、表面粗糙度比较样块检测
10	5 mm（3处）	3	3	0	0	用游标卡尺检测
11	20 mm	5	5	0	0	用游标卡尺检测
12	40 mm	4	4	0	0	用游标卡尺检测
13	R5 R15 ⌒ 0.3	10	10	0	0	用半径样板检测
14	⌯ 0.08 B	6	6	0	0	用杠杆百分表检测
15	未列尺寸及 Ra		每超差一处扣1分			用游标卡尺、表面粗糙度比较样块检测
16	外观		毛刺、损伤、畸形等扣1～5分			目测
			未加工或严重畸形另扣5分			
17	安全文明生产		酌情扣1～5分，严重者扣10分			现场记录
合计		100	得分			

作业9. 铣削凸耳柱塞组件

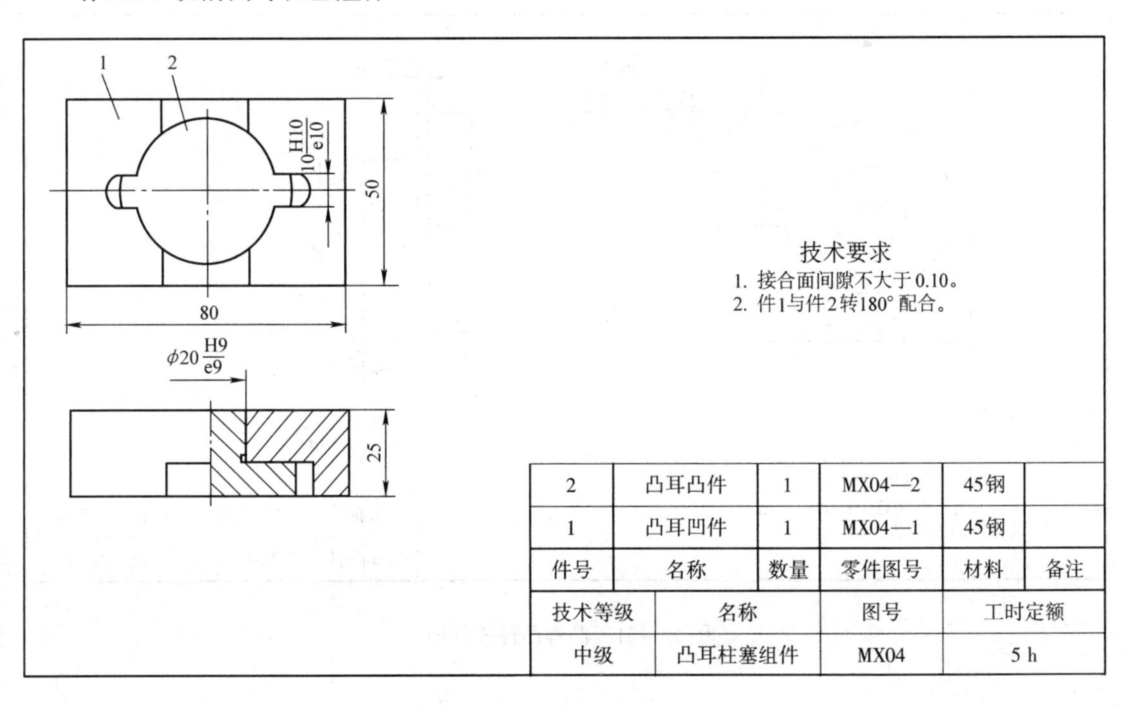

图13－29 凸耳柱塞组件装配图

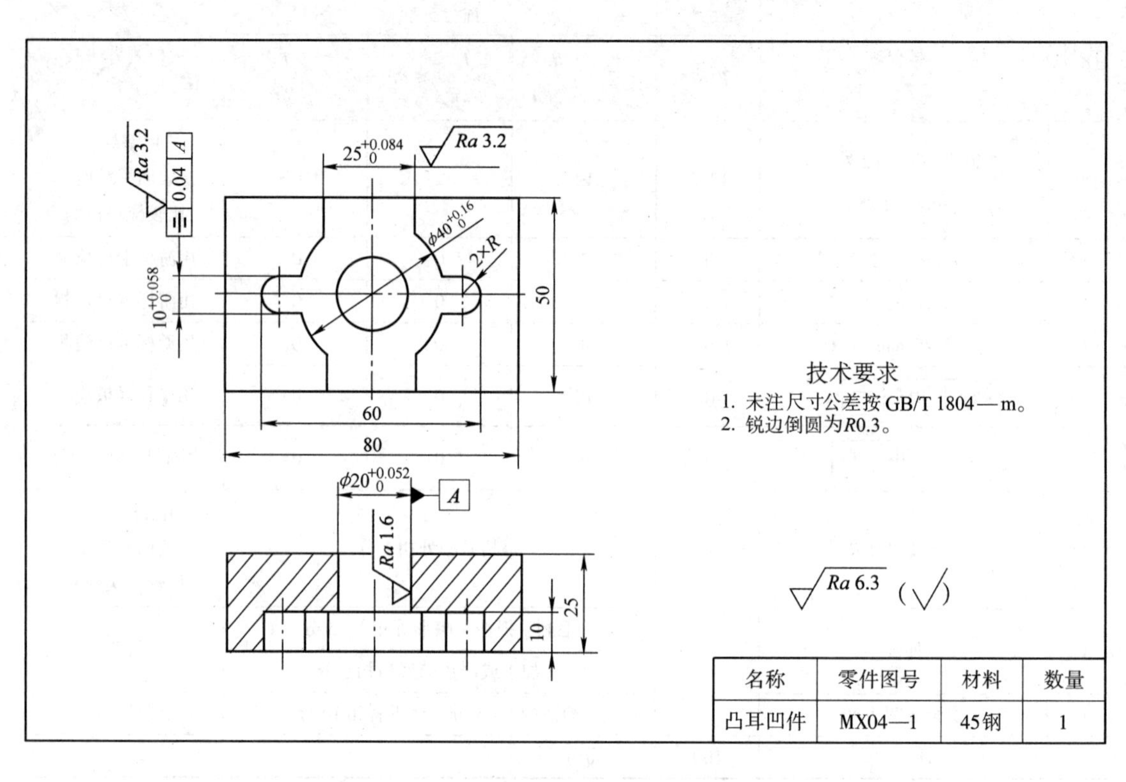

图 13－30　凸耳凹件零件图

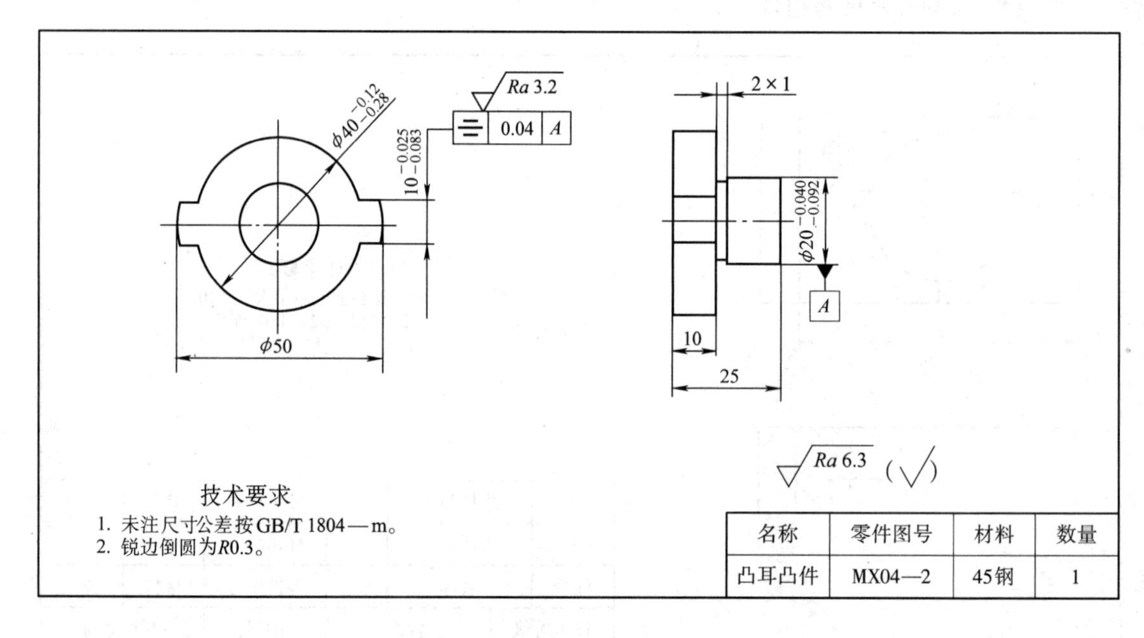

图 13－31　凸耳凸件零件图

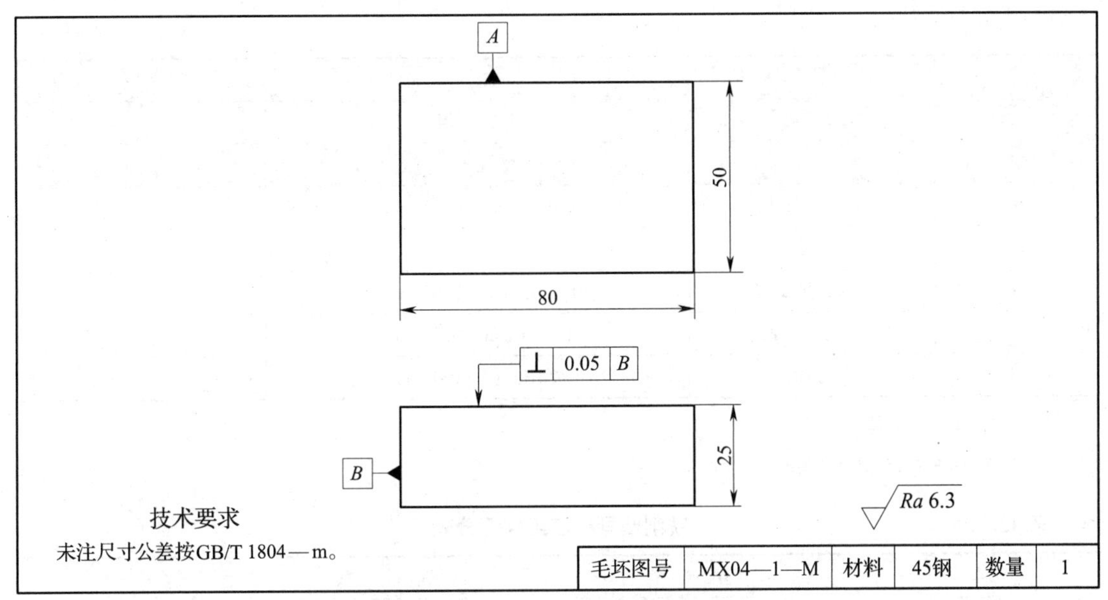

图 13－32　凸耳凹件毛坯图

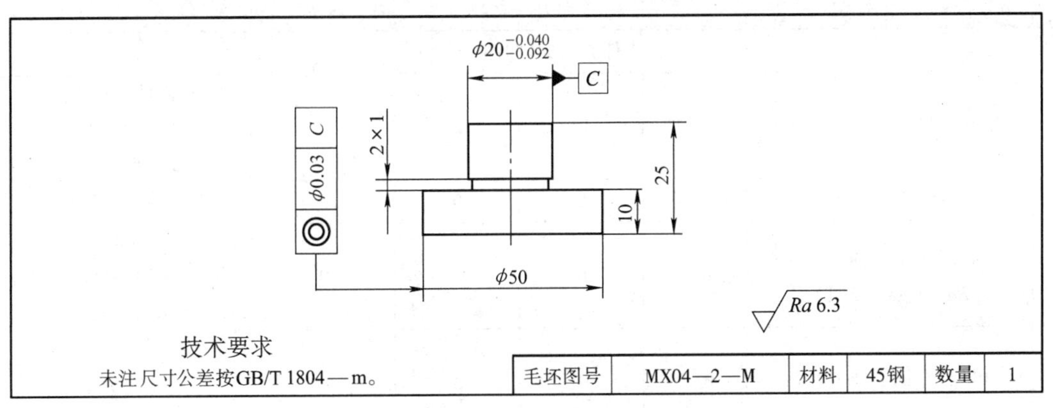

图 13－33　凸耳凸件毛坯图

表 13－25　　铣削凸耳柱塞组件工具、量具清单

工具、量具单	图号	名称	机床
	MX04	凸耳柱塞组件	立式铣床
序号	名称	规格	数量
1	立铣刀	φ8 mm、φ10 mm、φ16 mm	各 1
2	键槽铣刀	φ8 mm、φ10 mm	各 1
3	镗刀	φ19 ~40 mm	1
4	游标卡尺	0 ~150 mm（0. 02 mm）	1
5	外径千分尺	0 ~25 mm（0. 01 mm）	1
6	塞规	φ10H10	1
7	半径样板	1 ~6. 5 mm、15 ~25 mm	各 1
8	塞尺	0. 02 ~0. 50 mm	1

续表

工具、量具单	图号	名称	机床
	MX04	凸耳柱塞组件	立式铣床
序号	名称	规格	数量
9	杠杆百分表	0～0.8 mm（0.01 mm）	1
10	表架		1
11	游标高度卡尺	0～300 mm（0.02 mm）	1
12	内径百分表	10～18 mm（0.01 mm）	1
13	心棒	ϕ20H6（l=100 mm）	1

注：1. 自备划线工具一套。

2. 选用 F11125 型分度头。

表 13－26　　铣削凸耳柱塞组件评分表

序号	考核要求	配分	评分标准			检测方法
		T/Ra	$\leq T$	$>Ra$ $\leq 2Ra$ / $>T$ $\leq 2T$	$\leq Ra$ / $>T$ $>Ra$	
件1　凸耳凹件						
1—1	$\phi 20^{+0.052}_{0}$ mm；Ra1.6 μm	10/2	10	2	0	用内径百分表、表面粗糙度比较样块检测
1—2	$\phi 40^{+0.16}_{0}$ mm	8	8	0	0	用游标卡尺检测
1—3	$25^{+0.084}_{0}$ mm；Ra3.2 μm（2 处）	8/2	8	2	0	用游标卡尺、表面粗糙度比较样块检测
1—4	$10^{+0.058}_{0}$ mm；Ra3.2 μm	10/2	10	2	0	用塞规、表面粗糙度比较样块检测
1—5	60 mm	4	4	0	0	用游标卡尺检测
1—6	2×R	2	2	0	0	用半径样板检测
1—7	10 mm	2	2	0	0	用游标卡尺检测
1—8	⌯ 0.04 A	8	8	0	0	用杠杆百分表检测
件2　凸耳凸件						
2—9	$10^{-0.025}_{-0.083}$ mm（2 处）；Ra3.2 μm（2 处）	12/2	12	2	0	用外径千分尺、表面粗糙度比较样块检测
2—10	$\phi 40^{-0.12}_{-0.28}$ mm	8	8	0	0	用游标卡尺、半径样板检测
2—11	⌯ 0.04 A	8	8	0	0	用杠杆百分表检测
凸耳柱塞组件						
0—12	技术要求 1	8	8	0	0	用塞尺检测

续表

序号	考核要求	配分	评分标准			检测方法
		T/Ra	≤T　>Ra ≤2Ra	>T ≤2T　≤Ra	>T >Ra	
0—13	技术要求 2	4	4	0	0	手感
14	未列尺寸及 Ra		每超差一处扣 1 分			用游标卡尺、表面粗糙度比较样块检测
15	外观		毛刺、损伤、畸形等扣 1～5 分 未加工或严重畸形另扣 5 分			目测
16	安全文明生产		酌情扣 1～5 分，严重者扣 10 分			现场记录
合计		100	得分			

作业 10. 铣削 T 形组合

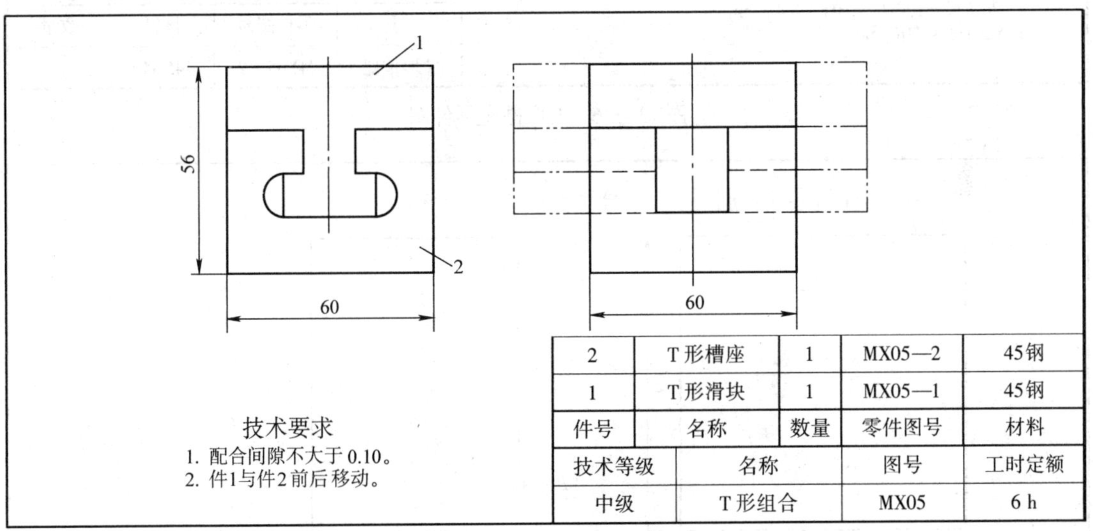

图 13－34　T 形组合装配图

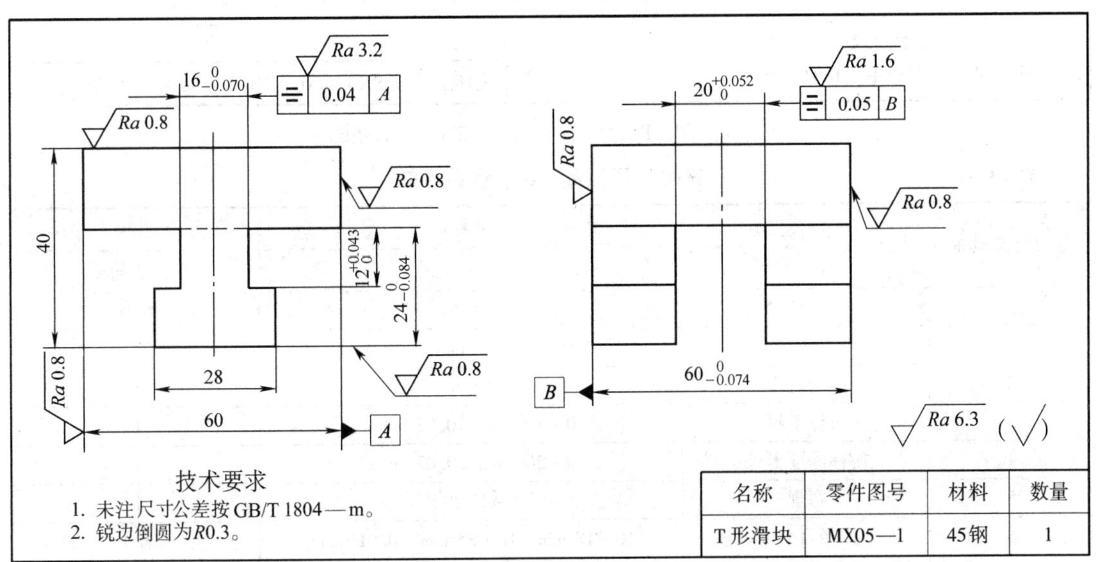

图 13－35　T 形滑块零件图

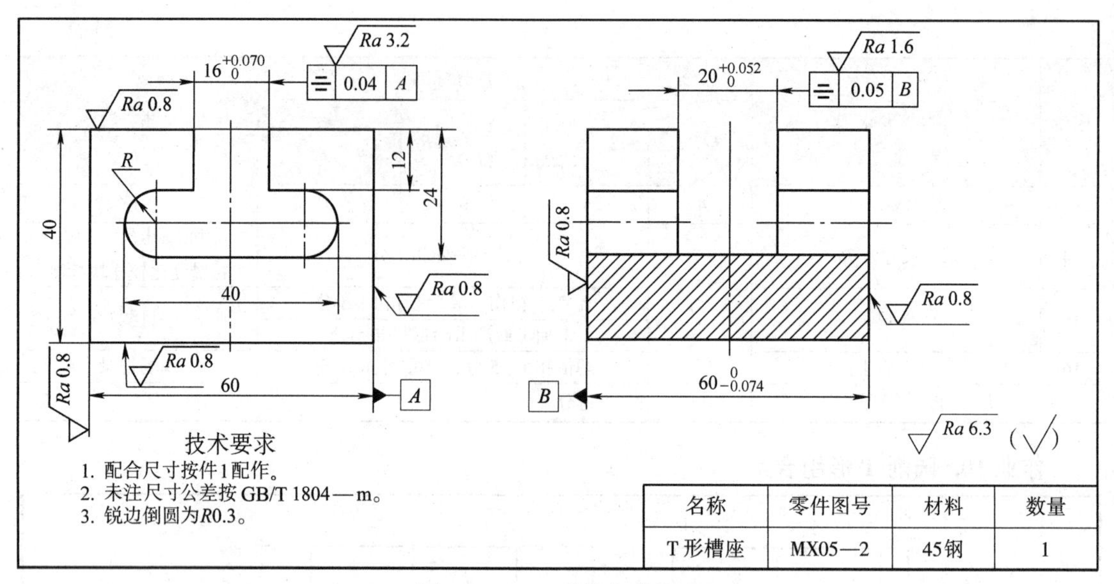

图 13－36　T 形槽座零件图

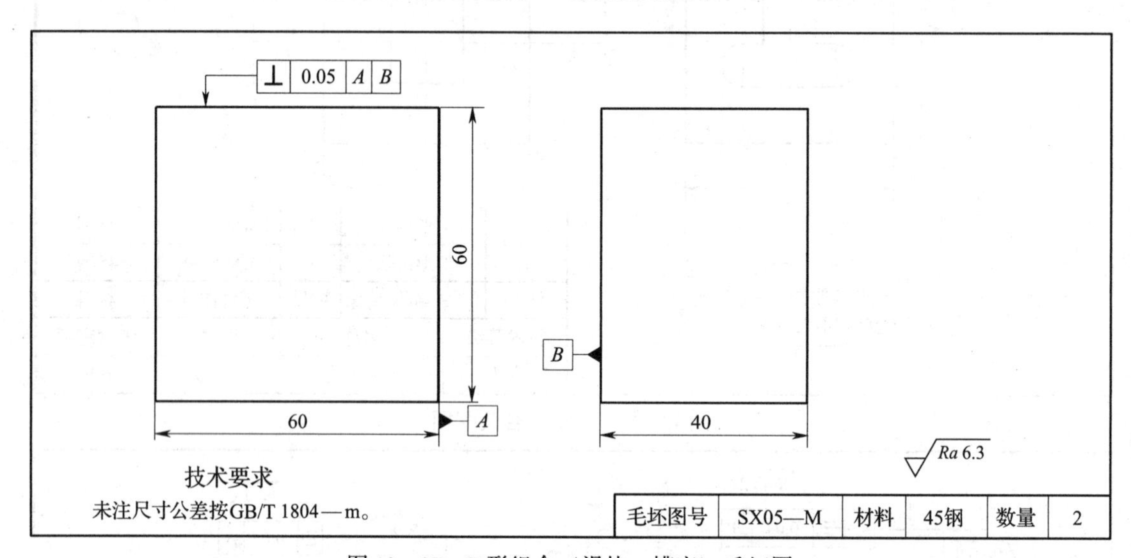

图 13－37　T 形组合（滑块、槽座）毛坯图

表 13－27　　**铣削 T 形组合工具、量具清单**

工具、量具单	图号	名称	机床
	MX05	T 形组合	立式铣床
序号	名称	规格	数量
1	立铣刀	ϕ10 mm、ϕ14 mm、ϕ18 mm	各 1
2	键槽铣刀	ϕ12 mm	1
3	游标卡尺	0～150 mm（0.02 mm）	1
4	游标深度卡尺	0～200 mm（0.02 mm）	1
5	塞规	ϕ12H9	1
6	内径百分表	10～18 mm、18～35 mm（0.01 mm）	各 1
7	外径千分尺	0～25 mm、25～50 mm（0.01 mm）	各 1

续表

工具、量具单	图号	名称	机床
	MX05	T形组合	立式铣床
序号	名称	规格	数量
8	杠杆百分表	0 ~ 0.8 mm（0.01 mm）	1
9	磁性表架		1
10	游标高度卡尺	0 ~ 300 mm（0.02 mm）	1
11	塞尺	0.02 ~ 0.50 mm	1
12	半径样板	1 ~ 6.5 mm	1

表 13－28　　　　铣削 T 形组合评分表

序号	考核要求	配分	评分标准			检测方法
		T/*Ra*	≤*T*　>*Ra* ≤2*Ra*	>*T* ≤2*T*　≤*Ra*	>*T* >*Ra*	
件1　T形滑块						
1—1	28 mm	2	2	0	0	用游标卡尺检测
1—2	$24_{-0.084}^{0}$ mm	6	6	0	0	用游标深度卡尺检测
1—3	$12_{0}^{+0.043}$ mm	6	6	0	0	用塞规检测
1—4	$16_{-0.070}^{0}$ mm；*Ra*3.2 μm	8/2	8	2	0	用外径千分尺、表面粗糙度比较样块检测
1—5	⌯ 0.04 A	4	4	0	0	用杠杆百分表检测
1—6	$20_{0}^{+0.052}$ mm；*Ra*1.6 μm	8/4	8	4	0	用内径百分表、表面粗糙度比较样块检测
1—7	⌯ 0.05 B	4	4	0	0	用杠杆百分表检测
件2　T形槽座						
2—8	40 mm、*R*（2处）	4	4	0	0	用游标卡尺、半径样板检测
2—9	24 mm	4	4	0	0	用游标深度卡尺检测
2—10	12 mm（配作）	4	4	0	0	用外径千分尺检测
2—11	$16_{0}^{+0.070}$ mm；*Ra*3.2 μm	6/2	6	2	0	用内径百分表、表面粗糙度比较样块检测
2—12	⌯ 0.04 A	4	4	0	0	用杠杆百分表检测

续表

序号	考核要求	配分	评分标准			检测方法
		T/Ra	≤T　>Ra ≤2Ra	>T ≤2T　≤Ra	>T >Ra	
2—13	$20^{+0.052}_{0}$ mm；Ra1.6 μm	8/4	8	4	0	用内径百分表、表面粗糙度比较样块检测
2—14	⌯ 0.05 B	4	4	0	0	用杠杆百分表检测
T形组合						
0—15	技术要求1	12	12	0	0	用塞尺检测
0—16	技术要求2	4	4	0	0	手感
17	未列尺寸及Ra		每超差一处扣1分			用游标卡尺、表面粗糙度比较样块检测
18	外观		毛刺、损伤、畸形等扣1～5分			目测
			未加工或严重畸形另扣5分			
19	安全文明生产		酌情扣1～5分，严重者扣10分			现场记录
合计		100	得分